厚德博學
經濟匡時

首批上海高等教育精品教材

国家统计局优秀教材

上海普通高校优秀教材

国家级线上一流课程教材

统计学系列

第6版

应用多元统计分析

王学民 编著

上海财经大学出版社
SHANGHAI UNIVERSITY OF FINANCE & ECONOMICS PRESS
上海学术·经济学出版中心

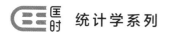

图书在版编目(CIP)数据

应用多元统计分析 / 王学民编著. —6 版. —上海:上海财经大学出版社,2021.12
(匡时·统计学系列)
ISBN 978-7-5642-3910-7/F·3910

Ⅰ. ①应… Ⅱ. ①王… Ⅲ. ①多元分析-统计分析-高等学校-教材 Ⅳ. ①O212.4

中国版本图书馆 CIP 数据核字(2021)第 231567 号

责任编辑:江 玉
封面设计:张克瑶
版式设计:朱静怡
投稿邮箱:jiangyu@msg.sufe.edu.cn

应用多元统计分析(第 6 版)

著 作 者: 王学民 编著
出版发行: 上海财经大学出版社有限公司
地 址: 上海市中山北一路 369 号(邮编 200083)
网 址: http://www.sufep.com
经 销: 全国新华书店
印刷装订: 上海叶大印务发展有限公司
开 本: 787mm×1092mm 1/16
印 张: 23 印张(插页:2)
字 数: 574 千字
版 次: 2021 年 12 月第 6 版
印 次: 2024 年 8 月第 4 次印刷
印 数: 78 501—81 500
定 价: 58.00 元

前　言

多元统计分析(简称多元分析)是统计学中内容十分丰富、应用性极强的一个重要分支，它在自然科学、社会科学和经济学等各领域中得到了越来越广泛的应用，是一种非常重要和实用的多元数据处理方法，也是处理大数据问题的一个非常重要的统计工具。

本教材主要是针对财经类院校统计学专业的本科生而写的，也可作为其他各专业本科生和研究生的多元统计分析教材或教学参考书。书中的绝大部分内容曾向上海财经大学统计与管理学院的本科生和研究生分别讲授过二十多届。

关于本教材，有以下几点需要说明：

(1) 全书对数学基础知识的要求较低，只需读者掌握初步的微积分、线性代数和概率统计知识。尽管如此，为便于读者能顺利地阅读本书，书中第一章对矩阵代数以及第四章第一节对一元统计推断知识都作了简要的回顾和介绍。

(2) 本教材以十分细致和深入浅出的方式阐述了多元统计分析的基本概念、统计思想和数据处理方法，在充分考虑到适合财经院校学生使用的前提下进行了严谨的论述。整本书说得清清楚楚，讲得明明白白，很便于读者深刻理解和自学。

(3) 书中提供的大量例题和习题为读者展示了多元分析在社会科学和经济学等领域中的应用，每章的例题和习题安排侧重于对基本概念的理解、知识的实际应用以及该章一些结论的证明需要，并不刻意强调解题的数学技巧和难度。书中有不少例题和习题，其结论较重要或较有用，特在题序号后面标注"有用结论"，这些题目的结论本身或许比如何解题更为重要。为便于读者学习(特别是自学)，书后的附录给出了简要的习题解答。

(4) 本书每一章末尾都附有"R 的应用"。此外，还配有电子版的相应"SAS 的应用""JMP 的应用"和"SPSS 的应用"。这四款统计软件读者可选择使用，其中 R(免费开源的)和 SAS 都主要基于编程，它们都具有强大的统计分析功能；而 JMP 和 SPSS 则都主要基于菜单操作，功能相对不那么强，但易于学习和掌握。

(5) 书中的一些数学证明和理论性较强的内容被安排在了各章的附录或打"*"的章节(或段落)里，一些理论性较强的习题也打了"*"，读者可视情况决定取舍。另外，为结构显示清晰，在正文中所有的例题和证明的结束处都标记有"□"。

(6) 描述数据的图表示法内容分散在有关章节中，一般结合 R 和实际用途进行介绍，主要包括：散点图矩阵和旋转图（见附录 3-1 三），箱线图（见附录 4-1 三），平行图、星形图和切尔诺夫脸谱图（见附录 6-1 五）。

（7）读者在“中国大学 MOOC”平台（https://www.icourse163.org/）上搜索“多元统计分析”或“王学民”，或者扫描右侧二维码，即可看到作者讲授的“多元统计分析”国家级线上一流课程，（尤其是自学的）读者可结合之进行学习。

MOOC课程

（8）此次修订主要有以下几点：(i) 将每一章后面附录 1 的内容改为“R 的应用”，而原先的“SAS 的应用”则以电子版的形式提供给读者；(ii) 书中的一些计算结果和图形改由 R 输出的替代，也有一些计算结果或图形，其相应 R 的输出不及原有 SAS 或 JMP 的输出理想，该部分就未作改变，这对读者了解更多的优秀输出也是有利的；(iii) 第二章至第十章的习题后面新增了客观思考题（全部由作者原创），这些题都是理解性的，对读者理解本书知识有极大的帮助，大有裨益；(iv) 为便于读者更好地理解，增加（或改写）了许多“脚注”及若干证明；(v) 新增了星形图和切尔诺夫脸谱图的介绍。此外，一般的改写基本上贯穿全书。

全书共分 10 章。第一章介绍了多元分析中常用的矩阵代数知识，这是全书的数学基础。第二章至第四章介绍的基本上是一元统计推广到多元统计的内容，主要阐述了多元分布的基本概念和多元正态分布及其统计推断。第五章至第十章是多元统计独有的内容，这部分内容具有很强的实用性，特别是介绍了各种降维技术。涉及的降维方法包括：费希尔判别、主成分分析、因子分析、对应分析和典型相关分析等。

读者可输入上海财经大学文档云网址 https://anyshare.sufe.edu.cn/#/link/187F5D51F87C4BFCC1C5A02993945D71，或者扫描右侧二维码，下载以下配书资料（会不时更新）：(i) PPT；(ii) 书中例题和习题的数据、R 代码及 SAS 代码；(iii) 与本教材配套的“SAS 的应用”“JMP 的应用”和“SPSS 的应用”；(iv) 被删除的前几版中的一些内容等。此外，为方便教师教学，微信扫描右侧二维码验证教师身份后，可以获取更多教学资料。

配书资料

教学资料获取通道

由于编者水平有限，再加上长期以来眼睛不能多看书，书中错误、不足之处在所难免，恳请读者批评指正。

王学民
2021 年 9 月

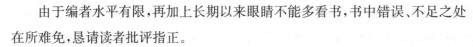

目　录

第一章　矩阵代数

本章我们对书中需要用到的有关矩阵代数知识作一些简单的回顾和介绍，熟悉这些内容将为以后各章的阅读带来很大的方便。如果读者希望对这方面知识有更多、更详细的了解，可参考有关的教科书。

§1.1　定　义

将 $p\times q$ 个实数 $a_{11},a_{12},\cdots,a_{pq}$ 排列成的一个有 p 行、q 列的矩形阵列

$$\boldsymbol{A}=\begin{pmatrix} a_{11} & a_{12} & \cdots & a_{1q} \\ a_{21} & a_{22} & \cdots & a_{2q} \\ \vdots & \vdots & & \vdots \\ a_{p1} & a_{p2} & \cdots & a_{pq} \end{pmatrix}$$

称为 $p\times q$ **矩阵**[①]，常记作 $\boldsymbol{A}=(a_{ij}):p\times q$，其中 a_{ij} 是第 i 行、第 j 列的元素。例如，矩阵

$$\boldsymbol{A}=\begin{pmatrix} 5 & 2 & 9 \\ 3 & 7 & 1 \end{pmatrix}$$

是一个 2×3 矩阵，其中 $a_{11}=5,a_{12}=2,a_{13}=9,a_{21}=3,a_{22}=7,a_{23}=1$。

若 $q=1$，则称 $\boldsymbol{A}$ 为 p 维**列向量**，记作

$$\boldsymbol{a}=\begin{pmatrix} a_1 \\ a_2 \\ \vdots \\ a_p \end{pmatrix}$$

例如，带有元素 6，9 和 3 的 3 维列向量可写为

$$\boldsymbol{a}=\begin{pmatrix} 6 \\ 9 \\ 3 \end{pmatrix}$$

若 $p=1$，则称 $\boldsymbol{A}$ 为 q 维**行向量**，用转置符号记作

$$\boldsymbol{a}'=(a_1,a_2,\cdots,a_q)$$

例如，带有元素 2，7，3，4，3 的 5 维行向量可写为

$$\boldsymbol{a}'=(2,7,3,4,3)$$

---

① 本书中矩阵用大写的黑体字母表示，向量用小写的黑体字母表示。

$\sqrt{\boldsymbol{a}'\boldsymbol{a}}$ 称为向量 $\boldsymbol{a}$ 的**长度**，记作 $\|\boldsymbol{a}\|$。若 $\|\boldsymbol{a}\|=1$，则称 $\boldsymbol{a}$ 为**单位向量**。任一非零向量(即元素不全为零) $\boldsymbol{a}$ 被其长度 $\|\boldsymbol{a}\|$ 相除后即为单位向量，即 $\boldsymbol{c}=\boldsymbol{a}/\|\boldsymbol{a}\|$ 是一个单位向量。在 p 维欧氏空间 R^p 中，p 维向量 $\boldsymbol{a}$ 既可看作是一个带有方向和长度的量，也可看作是一个带有 p 个分量坐标的点。

若 $\boldsymbol{A}$ 的所有元素全为零，则称 $\boldsymbol{A}$ 为**零矩阵**，记作 $\boldsymbol{0}_{pq}$ 或 $\boldsymbol{0}$。例如，

$$\boldsymbol{0}_{23}=\begin{pmatrix}0&0&0\\0&0&0\end{pmatrix}$$

若 $p=q$，则称 $\boldsymbol{A}$ 为 p 阶**方阵**，$a_{11},a_{22},\cdots,a_{pp}$ 称为它的**对角线元素**，其他元素 $a_{ij}(i\neq j)$ 称为**非对角线元素**。

若方阵 $\boldsymbol{A}$ 的对角线下方的元素全为零，则称 $\boldsymbol{A}$ 为**上三角矩阵**。显然，$a_{ij}=0,i>j$。例如，

$$\begin{pmatrix}4&1&3\\0&8&9\\0&0&7\end{pmatrix},\quad\begin{pmatrix}3&1\\0&4\end{pmatrix},\quad\begin{pmatrix}2&5&0\\0&4&0\\0&0&0\end{pmatrix}$$

若方阵 $\boldsymbol{A}$ 的对角线上方的元素全为零，则称 $\boldsymbol{A}$ 为**下三角矩阵**。显然，$a_{ij}=0,i<j$。

若方阵 $\boldsymbol{A}$ 的所有非对角线元素均为零，则称 $\boldsymbol{A}$ 为**对角矩阵**，可记为 $\mathrm{diag}(a_{11},a_{22},\cdots,a_{pp})$。例如，

$$\mathrm{diag}(2,1,3)=\begin{pmatrix}2&0&0\\0&1&0\\0&0&3\end{pmatrix}$$

若 p 阶对角矩阵 $\boldsymbol{A}$ 的所有 p 个对角线元素均为 1，则称 $\boldsymbol{A}$ 为 p 阶**单位矩阵**，记作 $\boldsymbol{I}_p$ 或 $\boldsymbol{I}$。例如，

$$\boldsymbol{I}_1=(1),\quad\boldsymbol{I}_2=\begin{pmatrix}1&0\\0&1\end{pmatrix},\quad\boldsymbol{I}_3=\begin{pmatrix}1&0&0\\0&1&0\\0&0&1\end{pmatrix}$$

若将矩阵 $\boldsymbol{A}$ 的行与列互换，则得到的矩阵称为 $\boldsymbol{A}$ 的**转置**，记作 $\boldsymbol{A}'$，即

$$\boldsymbol{A}'=\begin{pmatrix}a_{11}&a_{21}&\cdots&a_{p1}\\a_{12}&a_{22}&\cdots&a_{p2}\\\vdots&\vdots&&\vdots\\a_{1q}&a_{2q}&\cdots&a_{pq}\end{pmatrix}$$

例如，若

$$\boldsymbol{A}=\begin{pmatrix}1&3&1\\2&4&6\end{pmatrix}$$

则

$$\boldsymbol{A}'=\begin{pmatrix}1&2\\3&4\\1&6\end{pmatrix}$$

若方阵 $\boldsymbol{A}$ 满足 $\boldsymbol{A}'=\boldsymbol{A}$，则称 $\boldsymbol{A}$ 为**对称矩阵**。显然，$a_{ij}=a_{ji}$。例如，

$$\begin{pmatrix}1&3\\3&4\end{pmatrix},\quad\begin{pmatrix}9&0&0\\0&7&0\\0&0&1\end{pmatrix},\quad\begin{pmatrix}2&3&5\\3&0&1\\5&1&1\end{pmatrix}$$

§1.2　矩阵的运算

若 $\boldsymbol{A}=(a_{ij}):p\times q$,$\boldsymbol{B}=(b_{ij}):p\times q$,则 $\boldsymbol{A}$ 与 $\boldsymbol{B}$ 的**和**定义为

$$\boldsymbol{A}+\boldsymbol{B}=(a_{ij}+b_{ij}):p\times q$$

若 c 为一常数,则它与 $\boldsymbol{A}$ 的**积**定义为

$$c\boldsymbol{A}=(ca_{ij}):p\times q$$

若 $\boldsymbol{A}=(a_{ij}):p\times q$,$\boldsymbol{B}=(b_{ij}):q\times r$,则 $\boldsymbol{A}$ 与 $\boldsymbol{B}$ 的**积**定义为

$$\boldsymbol{AB}=\left(\sum_{k=1}^{q}a_{ik}b_{kj}\right):p\times r$$

从上述定义中容易得出如下**规律**:

(1) $(\boldsymbol{A}+\boldsymbol{B})'=\boldsymbol{A}'+\boldsymbol{B}'$。

(2) $(\boldsymbol{AB})'=\boldsymbol{B}'\boldsymbol{A}'$。

(3) $\boldsymbol{A}(\boldsymbol{B}_1+\boldsymbol{B}_2)=\boldsymbol{AB}_1+\boldsymbol{AB}_2$。

(4) $\boldsymbol{A}\left(\sum_{i=1}^{k}\boldsymbol{B}_i\right)=\sum_{i=1}^{k}\boldsymbol{AB}_i$。

(5) $c(\boldsymbol{A}+\boldsymbol{B})=c\boldsymbol{A}+c\boldsymbol{B}$。

例 1.2.1　设

$$\boldsymbol{A}=\begin{pmatrix}1&4&2\\3&1&5\end{pmatrix},\quad \boldsymbol{B}=\begin{pmatrix}6&0&2\\3&1&4\end{pmatrix},\quad \boldsymbol{C}=\begin{pmatrix}1&1\\2&3\end{pmatrix}$$

则

(1) $\boldsymbol{A}'=\begin{pmatrix}1&3\\4&1\\2&5\end{pmatrix}$,$\boldsymbol{B}'=\begin{pmatrix}6&3\\0&1\\2&4\end{pmatrix}$;

(2) $\boldsymbol{A}+\boldsymbol{B}=\begin{pmatrix}7&4&4\\6&2&9\end{pmatrix}$;

(3) $(\boldsymbol{A}+\boldsymbol{B})'=\boldsymbol{A}'+\boldsymbol{B}'=\begin{pmatrix}7&6\\4&2\\4&9\end{pmatrix}$;

(4) $\boldsymbol{CA}=\begin{pmatrix}1&1\\2&3\end{pmatrix}\begin{pmatrix}1&4&2\\3&1&5\end{pmatrix}=\begin{pmatrix}4&5&7\\11&11&19\end{pmatrix}$。

注意:$\boldsymbol{AC}$ 是没有定义的。 □

若两个 p 维向量 $\boldsymbol{a}$ 和 $\boldsymbol{b}$ 满足

$$\boldsymbol{a}'\boldsymbol{b}=a_1b_1+a_2b_2+\cdots+a_pb_p=0$$

则称 $\boldsymbol{a}$ 和 $\boldsymbol{b}$ **正交**。几何上,正交向量之间相互垂直。

若方阵 $\boldsymbol{A}$ 满足 $\boldsymbol{AA}'=\boldsymbol{I}$,则称 $\boldsymbol{A}$ 为**正交矩阵**。例如,

$$\begin{pmatrix}1&0\\0&-1\end{pmatrix},\quad \begin{pmatrix}\frac{\sqrt{2}}{2}&\frac{\sqrt{2}}{2}\\-\frac{\sqrt{2}}{2}&\frac{\sqrt{2}}{2}\end{pmatrix},\quad \begin{pmatrix}\frac{1}{\sqrt{3}}&\frac{1}{\sqrt{3}}&\frac{1}{\sqrt{3}}\\\frac{1}{\sqrt{2\cdot 1}}&\frac{-1}{\sqrt{2\cdot 1}}&0\\\frac{1}{\sqrt{3\cdot 2}}&\frac{1}{\sqrt{3\cdot 2}}&\frac{-2}{\sqrt{3\cdot 2}}\end{pmatrix}$$

由稍后§1.4可知，$AA'=I \Leftrightarrow A'=A^{-1} \Leftrightarrow A'A=I$，因此正交矩阵可有这三种等价定义。

正交矩阵 $\boldsymbol{A}$ 有着较好的几何意义。如将 p 维向量 $\boldsymbol{x}$ 看作是在 R^p 中的一个点，则 $\boldsymbol{x}$ 的各分量是该点在相应各坐标轴上的坐标。正交变换 $\boldsymbol{y}=\boldsymbol{A}\boldsymbol{x}$ 意味着对原 p 维坐标系作一刚性旋转(或称正交旋转，此时 $|\boldsymbol{A}|=1$)或反射(此时 $|\boldsymbol{A}|=-1$)[①]，$\boldsymbol{y}$ 的各分量正是该点在新坐标系下的坐标。习题1.7是二维情形下的一种直观展示，在三维情形下同样可以有着直观的展示。由于

$$\boldsymbol{y}'\boldsymbol{y}=(\boldsymbol{A}\boldsymbol{x})'(\boldsymbol{A}\boldsymbol{x})=\boldsymbol{x}'\boldsymbol{A}'\boldsymbol{A}\boldsymbol{x}=\boldsymbol{x}'\boldsymbol{x}$$

因此，在新、旧坐标系下，该点到原点的距离保持不变。当然，这一点也可从几何上直观理解，坐标轴的旋转显然并不改变点之间的距离。

若方阵 $\boldsymbol{A}$ 满足 $\boldsymbol{A}^2=\boldsymbol{A}$，则称 $\boldsymbol{A}$ 为**幂等矩阵**。例如，

$$\begin{pmatrix}1&0\\0&1\end{pmatrix},\quad \begin{pmatrix}1&1\\0&0\end{pmatrix},\quad \begin{pmatrix}\frac{1}{2}&\frac{1}{2}\\\frac{1}{2}&\frac{1}{2}\end{pmatrix}$$

对称的幂等矩阵称为**投影矩阵**。

矩阵的分块是在处理阶数较高的矩阵时常用的方法。有时，我们把一个大矩阵看成是由一些小矩阵组成的，就像矩阵是由数组成的一样。设 $\boldsymbol{A}=(a_{ij}):p\times q$，将它分成四块，表示成

$$\boldsymbol{A}=\left(\begin{array}{c:c}\boldsymbol{A}_{11}&\boldsymbol{A}_{12}\\\hdashline\boldsymbol{A}_{21}&\boldsymbol{A}_{22}\end{array}\right)$$

其中 $\boldsymbol{A}_{11}:k\times l$，$\boldsymbol{A}_{12}:k\times(q-l)$，$\boldsymbol{A}_{21}:(p-k)\times l$，$\boldsymbol{A}_{22}:(p-k)\times(q-l)$。例如，若

$$\boldsymbol{A}_{11}=\begin{pmatrix}1&3\\2&4\end{pmatrix},\quad \boldsymbol{A}_{12}=\begin{pmatrix}3\\1\end{pmatrix},\quad \boldsymbol{A}_{21}=(5,4),\quad \boldsymbol{A}_{22}=(6)$$

则

$$\boldsymbol{A}=\left(\begin{array}{cc:c}1&3&3\\2&4&1\\\hdashline 5&4&6\end{array}\right)$$

若 $\boldsymbol{A}$ 和 $\boldsymbol{B}$ 有相同的分块，则

$$\boldsymbol{A}+\boldsymbol{B}=\begin{pmatrix}\boldsymbol{A}_{11}+\boldsymbol{B}_{11}&\boldsymbol{A}_{12}+\boldsymbol{B}_{12}\\\boldsymbol{A}_{21}+\boldsymbol{B}_{21}&\boldsymbol{A}_{22}+\boldsymbol{B}_{22}\end{pmatrix}$$

若 $\boldsymbol{C}$ 为 $q\times r$ 矩阵，分成

$$\boldsymbol{C}=\begin{pmatrix}\boldsymbol{C}_{11}&\boldsymbol{C}_{12}\\\boldsymbol{C}_{21}&\boldsymbol{C}_{22}\end{pmatrix}$$

其中 $\boldsymbol{C}_{11}:l\times m$，$\boldsymbol{C}_{12}:l\times(r-m)$，$\boldsymbol{C}_{21}:(q-l)\times m$，$\boldsymbol{C}_{22}:(q-l)\times(r-m)$，则有

---

① 反射相当于旋转后再将其中的一个轴作镜面反射。在三维空间中，经反射后右(左)手坐标系将变为左(右)手坐标系。在统计上，反射和旋转所起的作用完全相同，本书后面将只提旋转，因为它更易于理解。

$$\boldsymbol{AC}=\begin{pmatrix}\boldsymbol{A}_{11} & \boldsymbol{A}_{12}\\ \boldsymbol{A}_{21} & \boldsymbol{A}_{22}\end{pmatrix}\begin{pmatrix}\boldsymbol{C}_{11} & \boldsymbol{C}_{12}\\ \boldsymbol{C}_{21} & \boldsymbol{C}_{22}\end{pmatrix}$$
$$=\begin{pmatrix}\boldsymbol{A}_{11}\boldsymbol{C}_{11}+\boldsymbol{A}_{12}\boldsymbol{C}_{21} & \boldsymbol{A}_{11}\boldsymbol{C}_{12}+\boldsymbol{A}_{12}\boldsymbol{C}_{22}\\ \boldsymbol{A}_{21}\boldsymbol{C}_{11}+\boldsymbol{A}_{22}\boldsymbol{C}_{21} & \boldsymbol{A}_{21}\boldsymbol{C}_{12}+\boldsymbol{A}_{22}\boldsymbol{C}_{22}\end{pmatrix}$$

例 1.2.2(有用结论) 证明正交矩阵 $\boldsymbol{A}: p\times p$ 的 p 个列向量和 p 个行向量都是一组正交单位向量。

证明 将矩阵 $\boldsymbol{A}$ 分别按列向量和行向量分块,并记

$$\boldsymbol{A}=(\boldsymbol{a}_1,\boldsymbol{a}_2,\cdots,\boldsymbol{a}_p)=\begin{pmatrix}\boldsymbol{a}'_{(1)}\\ \boldsymbol{a}'_{(2)}\\ \vdots\\ \boldsymbol{a}'_{(p)}\end{pmatrix}$$

由 $\boldsymbol{A}'\boldsymbol{A}=\boldsymbol{I}$,得

$$\begin{pmatrix}\boldsymbol{a}'_1\\ \boldsymbol{a}'_2\\ \vdots\\ \boldsymbol{a}'_p\end{pmatrix}(\boldsymbol{a}_1,\boldsymbol{a}_2,\cdots,\boldsymbol{a}_p)=\boldsymbol{I}$$

于是

$$\begin{pmatrix}\boldsymbol{a}'_1\boldsymbol{a}_1 & \boldsymbol{a}'_1\boldsymbol{a}_2 & \cdots & \boldsymbol{a}'_1\boldsymbol{a}_p\\ \boldsymbol{a}'_2\boldsymbol{a}_1 & \boldsymbol{a}'_2\boldsymbol{a}_2 & \cdots & \boldsymbol{a}'_2\boldsymbol{a}_p\\ \vdots & \vdots & & \vdots\\ \boldsymbol{a}'_p\boldsymbol{a}_1 & \boldsymbol{a}'_p\boldsymbol{a}_2 & \cdots & \boldsymbol{a}'_p\boldsymbol{a}_p\end{pmatrix}=\begin{pmatrix}1 & & & 0\\ & 1 & & \\ & & \ddots & \\ 0 & & & 1\end{pmatrix}$$

故有

$$\boldsymbol{a}'_i\boldsymbol{a}_j=\begin{cases}1, & 若\ i=j\\ 0, & 若\ 1\leqslant i\neq j\leqslant p\end{cases}$$

即 $\boldsymbol{a}_1,\boldsymbol{a}_2,\cdots,\boldsymbol{a}_p$ 为一组正交单位向量。同理,由 $\boldsymbol{AA}'=\boldsymbol{I}$ 可证 $\boldsymbol{a}_{(1)},\boldsymbol{a}_{(2)},\cdots,\boldsymbol{a}_{(p)}$ 也是一组正交单位向量。 □

显然,上例证明过程中的每一步推导都是可逆的。由此可见,要验证一个方阵是否为正交矩阵只需验一下其所有列或所有行是否为一组正交单位向量即可,这比直接从正交矩阵的定义出发进行验证要方便些。

§1.3 行列式

p 阶方阵 $\boldsymbol{A}=(a_{ij})$ 的**行列式**定义为

$$|\boldsymbol{A}|=\sum_{j_1j_2\cdots j_p}(-1)^{\tau(j_1j_2\cdots j_p)}a_{1j_1}a_{2j_2}\cdots a_{pj_p} \tag{1.3.1}$$

这里 $\sum\limits_{j_1j_2\cdots j_p}$ 表示对 $1,2,\cdots,p$ 的所有排列求和，$\tau(j_1j_2\cdots j_p)$ 是排列 $j_1,j_2,\cdots,j_p$ 中逆序的总数，称它为这个排列的**逆序数**，一个逆序是指在一个排列中一对数的前后位置与大小顺序相反，即前面的数大于后面的数。例如，$\tau(3142)=1+\tau(1342)=3+\tau(1234)=3$。

例 1.3.1

(1) $\begin{vmatrix} 3 & 1 \\ 2 & 6 \end{vmatrix}=3\times6-2\times1=16$；

(2) $\begin{vmatrix} 0 & 0 & 0 & 1 \\ 0 & 0 & 2 & 0 \\ 0 & 3 & 0 & 0 \\ 4 & 0 & 0 & 0 \end{vmatrix}$是一个四阶行列式，在展开式中应该有 $4!=24$ 项，但不为零的项只有 $a_{14}a_{23}a_{32}a_{41}$ 这一项，而 $\tau(4321)=6$，所以，该行列式为$(-1)^6\times1\times2\times3\times4=24$。 □

由行列式的定义可以得到如下的一些**基本性质**：

(1) 若 $\boldsymbol{A}$ 的某行（或列）为零，则 $|\boldsymbol{A}|=0$。

(2) $|\boldsymbol{A}'|=|\boldsymbol{A}|$。

(3) 若将 $\boldsymbol{A}$ 的某一行（或列）乘以常数 c，则所得矩阵的行列式为 $c|\boldsymbol{A}|$。

(4) 若 $\boldsymbol{A}$ 是一个 p 阶方阵，c 为一常数，则 $|c\boldsymbol{A}|=c^p|\boldsymbol{A}|$。

(5) 若互换 $\boldsymbol{A}$ 的任意两行（或列），则行列式符号改变。

(6) 若 $\boldsymbol{A}$ 的某两行（或列）相同，则行列式为零。

(7) 若将 $\boldsymbol{A}$ 的某一行（或列）的倍数加到另一行（或列），则所得行列式不变。

(8) 若 $\boldsymbol{A}$ 的某一行（或列）是其他一些行（或列）的线性组合，则行列式为零。

(9) 若 $\boldsymbol{A}$ 为上三角矩阵或下三角矩阵或对角矩阵，则 $|\boldsymbol{A}|=\prod\limits_{i=1}^{p}a_{ii}$。

(10) 若 $\boldsymbol{A}$ 和 $\boldsymbol{B}$ 均为 p 阶方阵，则 $|\boldsymbol{AB}|=|\boldsymbol{A}||\boldsymbol{B}|$。

例 1.3.2 设 $\boldsymbol{A}$ 和 $\boldsymbol{B}$ 均为 p 阶方阵，则 $\boldsymbol{AB}$ 和 $\boldsymbol{BA}$ 有相同的行列式。 □

(11) $|\boldsymbol{AA}'|\geqslant0$。

证明 由本章稍后 §1.7 中的性质(6)和(5)即可证得。 □

(12) 若 $\boldsymbol{A}$ 与 $\boldsymbol{B}$ 都是方阵，则

$$\begin{vmatrix} \boldsymbol{A} & \boldsymbol{C} \\ \boldsymbol{0} & \boldsymbol{B} \end{vmatrix}=\begin{vmatrix} \boldsymbol{A} & \boldsymbol{0} \\ \boldsymbol{C} & \boldsymbol{B} \end{vmatrix}=|\boldsymbol{A}||\boldsymbol{B}| \tag{1.3.2}$$

证明 设 $\boldsymbol{A}=(a_{ij}):p\times p$，$\boldsymbol{B}=(b_{kl}):q\times q$，则由行列式的定义(1.3.1)可得，

$$\begin{aligned}
\begin{vmatrix} \boldsymbol{A} & \boldsymbol{C} \\ \boldsymbol{0} & \boldsymbol{B} \end{vmatrix} &= \sum_{\substack{j_1\cdots j_p \\ l_1\cdots l_q}} (-1)^{\tau(j_1\cdots j_p(p+l_1)\cdots(p+l_q))} a_{1j_1}\cdots a_{pj_p}b_{1l_1}\cdots b_{ql_q} \\
&= \sum_{\substack{j_1\cdots j_p \\ l_1\cdots l_q}} (-1)^{\tau(j_1\cdots j_p)} a_{1j_1}\cdots a_{pj_p}\cdot(-1)^{\tau(l_1\cdots l_q)} b_{1l_1}\cdots b_{ql_q} \\
&= \sum_{j_1\cdots j_p} (-1)^{\tau(j_1\cdots j_p)} a_{1j_1}\cdots a_{pj_p}\cdot\sum_{l_1\cdots l_q} (-1)^{\tau(l_1\cdots l_q)} b_{1l_1}\cdots b_{ql_q} \\
&= |\boldsymbol{A}||\boldsymbol{B}|
\end{aligned}$$

□

(13) 若 $\boldsymbol{A}:p\times q$，$\boldsymbol{B}:q\times p$，则

$$|\boldsymbol{I}_p+\boldsymbol{AB}|=|\boldsymbol{I}_q+\boldsymbol{BA}| \tag{1.3.3}$$

证明　因为

$$\begin{pmatrix}\boldsymbol{I}_p & \boldsymbol{A}\\ \boldsymbol{0} & \boldsymbol{I}_q\end{pmatrix}\begin{pmatrix}\boldsymbol{I}_p & -\boldsymbol{A}\\ \boldsymbol{B} & \boldsymbol{I}_q\end{pmatrix}=\begin{pmatrix}\boldsymbol{I}_p+\boldsymbol{AB} & \boldsymbol{0}\\ \boldsymbol{B} & \boldsymbol{I}_q\end{pmatrix}$$

$$\begin{pmatrix}\boldsymbol{I}_p & \boldsymbol{0}\\ -\boldsymbol{B} & \boldsymbol{I}_q\end{pmatrix}\begin{pmatrix}\boldsymbol{I}_p & -\boldsymbol{A}\\ \boldsymbol{B} & \boldsymbol{I}_q\end{pmatrix}=\begin{pmatrix}\boldsymbol{I}_p & -\boldsymbol{A}\\ \boldsymbol{0} & \boldsymbol{I}_q+\boldsymbol{BA}\end{pmatrix}$$

上述两个等式两边各取行列式，故得

$$|\boldsymbol{I}_p+\boldsymbol{AB}|=|\boldsymbol{I}_q+\boldsymbol{BA}|$$ □

例 1.3.3(有用结论)　设 $\boldsymbol{x},\boldsymbol{y}$ 为两个 p 维向量，则

$$|\boldsymbol{I}_p+\boldsymbol{xy}'|=1+\boldsymbol{y}'\boldsymbol{x}$$ □

设 $\boldsymbol{A}$ 为 p 阶方阵，将其元素 a_{ij} 所在的第 i 行与第 j 列划去之后所得 $(p-1)$ 阶矩阵的行列式，称为元素 a_{ij} 的**余子式**，记为 M_{ij}。$A_{ij}=(-1)^{i+j}M_{ij}$ 称为元素 a_{ij} 的**代数余子式**。有以下公式成立

$$|\boldsymbol{A}|=\sum_{j=1}^{p}a_{ij}A_{ij}=\sum_{i=1}^{p}a_{ij}A_{ij} \tag{1.3.4}$$

例 1.3.4　设

$$\boldsymbol{A}=\begin{pmatrix}6 & 5 & 10 & 1\\ 7 & 10 & 7 & 6\\ 9 & 8 & 12 & 2\\ 4 & 9 & 11 & 3\end{pmatrix}$$

则 a_{32} 的余子式为

$$M_{32}=\begin{vmatrix}6 & 10 & 1\\ 7 & 7 & 6\\ 4 & 11 & 3\end{vmatrix}=-191$$

其代数余子式为

$$A_{32}=(-1)^{3+2}M_{32}=-M_{32}=191$$ □

§1.4　矩阵的逆

若方阵 $\boldsymbol{A}$ 满足 $|\boldsymbol{A}|\neq 0$，则称 $\boldsymbol{A}$ 为**非退化**(或**非奇异**)**方阵**；若 $|\boldsymbol{A}|=0$，则称 $\boldsymbol{A}$ 为**退化**(或**奇异**)**方阵**。设 $\boldsymbol{A}=(a_{ij})$ 是一非退化方阵，若方阵 $\boldsymbol{C}$ 满足 $\boldsymbol{AC}=\boldsymbol{I}$，则称 $\boldsymbol{C}$ 为 $\boldsymbol{A}$ 的**逆矩阵**，记为 $\boldsymbol{C}=\boldsymbol{A}^{-1}$，$\boldsymbol{A}^{-1}$ 必是一个非退化矩阵。令

$$\boldsymbol{B}'=(A_{ij})/|\boldsymbol{A}| \tag{1.4.1}$$

其中 A_{ij} 是 a_{ij} 的代数余子式，则容易验证 $\boldsymbol{AB}=\boldsymbol{BA}=\boldsymbol{I}$。由于 $\boldsymbol{C}=\boldsymbol{BAC}=\boldsymbol{B}$，因此 $\boldsymbol{A}^{-1}$ 是唯一的，且 $(\boldsymbol{A}^{-1})^{-1}=\boldsymbol{A}$。

逆矩阵具有如下的**基本性质**：

(1) $\boldsymbol{AA}^{-1}=\boldsymbol{A}^{-1}\boldsymbol{A}=\boldsymbol{I}$。

(2) $(\boldsymbol{A}')^{-1}=(\boldsymbol{A}^{-1})'$。

(3) 若 $\boldsymbol{A}$ 和 $\boldsymbol{C}$ 均为 p 阶非退化方阵,则

$$(\boldsymbol{AC})^{-1}=\boldsymbol{C}^{-1}\boldsymbol{A}^{-1}$$

(4) $|\boldsymbol{A}^{-1}|=|\boldsymbol{A}|^{-1}$。

(5) 若 $\boldsymbol{A}$ 是正交矩阵,则 $\boldsymbol{A}^{-1}=\boldsymbol{A}'$。

(6) 若 $\boldsymbol{A}=\mathrm{diag}(a_{11},a_{22},\cdots,a_{pp})$非退化(即 $a_{ii}\neq 0$, $i=1,2,\cdots,p$),则 $\boldsymbol{A}^{-1}=\mathrm{diag}(a_{11}^{-1},a_{22}^{-1},\cdots,a_{pp}^{-1})$。

(7) 若 $\boldsymbol{A}$ 和 $\boldsymbol{B}$ 为非退化方阵,则

$$\begin{pmatrix}\boldsymbol{A} & \boldsymbol{0}\\ \boldsymbol{0} & \boldsymbol{B}\end{pmatrix}^{-1}=\begin{pmatrix}\boldsymbol{A}^{-1} & \boldsymbol{0}\\ \boldsymbol{0} & \boldsymbol{B}^{-1}\end{pmatrix}\tag{1.4.2}$$

例 1.4.1　设

$$\boldsymbol{A}=\begin{pmatrix}a_{11} & a_{12}\\ a_{21} & a_{22}\end{pmatrix}$$

是一个非退化 2 阶方阵,则由(1.4.1)式或直接验证可得,

$$\boldsymbol{A}^{-1}=\begin{pmatrix}a_{11} & a_{12}\\ a_{21} & a_{22}\end{pmatrix}^{-1}=\frac{1}{|\boldsymbol{A}|}\begin{pmatrix}a_{22} & -a_{12}\\ -a_{21} & a_{11}\end{pmatrix}$$

例 1.4.2　设

$$\boldsymbol{A}=\begin{pmatrix}2 & -1 & 0\\ 3 & 6 & 0\\ 0 & 0 & -4\end{pmatrix}$$

则

$$\boldsymbol{A}^{-1}=\begin{pmatrix}\begin{pmatrix}2 & -1\\ 3 & 6\end{pmatrix}^{-1} & \begin{matrix}0\\0\end{matrix}\\ \begin{matrix}0 & \quad 0\end{matrix} & (-4)^{-1}\end{pmatrix}=\begin{pmatrix}\frac{2}{5} & \frac{1}{15} & 0\\ -\frac{1}{5} & \frac{2}{15} & 0\\ 0 & 0 & -\frac{1}{4}\end{pmatrix}$$ □

§1.5　矩阵的秩

一组同维向量 $\boldsymbol{a}_1,\boldsymbol{a}_2,\cdots,\boldsymbol{a}_n$,若存在不全为零的常数 $c_1,c_2,\cdots,c_n$,使得

$$c_1\boldsymbol{a}_1+c_2\boldsymbol{a}_2+\cdots+c_n\boldsymbol{a}_n=\boldsymbol{0}\tag{1.5.1}$$

则称该组向量**线性相关**。若向量 $\boldsymbol{a}_1,\boldsymbol{a}_2,\cdots,\boldsymbol{a}_n$ 不线性相关,就称为**线性无关**。如果等式(1.5.1)成立,则至少有一个向量 $\boldsymbol{a}_i$ 可以表示成该组其余向量的线性组合,这意味着该组有“多余”的向量,而在线性无关的向量组中却没有这种“多余”的向量。

矩阵 $\boldsymbol{A}$ 的线性无关行向量的最大数目称为**行秩**,其线性无关列向量的最大数目称为**列**

秩。矩阵的行秩和列秩必相等，故统一将其称为$\boldsymbol{A}$的**秩**，记作$\operatorname{rank}(\boldsymbol{A})$。

矩阵的秩具有下述**基本性质**：

(1) $\operatorname{rank}(\boldsymbol{A})=0$，当且仅当$\boldsymbol{A}=\boldsymbol{0}$。

(2) 若$\boldsymbol{A}$为$p\times q$矩阵，且$\boldsymbol{A}\neq\boldsymbol{0}$，则$1\leqslant\operatorname{rank}(\boldsymbol{A})\leqslant\min\{p,q\}$[若$\operatorname{rank}(\boldsymbol{A})=p$，则称$\boldsymbol{A}$为**行满秩**的；若$\operatorname{rank}(\boldsymbol{A})=q$，则称$\boldsymbol{A}$为**列满秩**的]。

(3) $\operatorname{rank}(\boldsymbol{A})=\operatorname{rank}(\boldsymbol{A}')$。

(4) $\operatorname{rank}\begin{pmatrix}\boldsymbol{A} & \boldsymbol{0}\\ \boldsymbol{0} & \boldsymbol{B}\end{pmatrix}=\operatorname{rank}\begin{pmatrix}\boldsymbol{0} & \boldsymbol{A}\\ \boldsymbol{B} & \boldsymbol{0}\end{pmatrix}=\operatorname{rank}(\boldsymbol{A})+\operatorname{rank}(\boldsymbol{B})$。

(5) $\operatorname{rank}(\boldsymbol{AB})\leqslant\min\{\operatorname{rank}(\boldsymbol{A}),\operatorname{rank}(\boldsymbol{B})\}$。

(6) 若$\boldsymbol{A}$和$\boldsymbol{C}$为非退化方阵，则

$$\operatorname{rank}(\boldsymbol{ABC})=\operatorname{rank}(\boldsymbol{B})$$

(7) p阶方阵$\boldsymbol{A}$是非退化的，当且仅当$\operatorname{rank}(\boldsymbol{A})=p$(称作$\boldsymbol{A}$是**满秩**的)。

(8) $\operatorname{rank}(\boldsymbol{AA}')=\operatorname{rank}(\boldsymbol{A}'\boldsymbol{A})=\operatorname{rank}(\boldsymbol{A})$。

证明　不妨设$\boldsymbol{A}$的阶数为$p\times q$，则线性方程组$\boldsymbol{Ax}=\boldsymbol{0}$和$\boldsymbol{A}'\boldsymbol{Ax}=\boldsymbol{0}$的解空间维数分别是$q-\operatorname{rank}(\boldsymbol{A})$和$q-\operatorname{rank}(\boldsymbol{A}'\boldsymbol{A})$。若$\boldsymbol{x}$是$\boldsymbol{Ax}=\boldsymbol{0}$的解，则$\boldsymbol{x}$也必然是$\boldsymbol{A}'\boldsymbol{Ax}=\boldsymbol{0}$的解；反之，若$\boldsymbol{x}$是$\boldsymbol{A}'\boldsymbol{Ax}=\boldsymbol{0}$的解，则$(\boldsymbol{Ax})'(\boldsymbol{Ax})=\boldsymbol{x}'(\boldsymbol{A}'\boldsymbol{Ax})=0$，从而$\boldsymbol{Ax}=\boldsymbol{0}$。所以两个线性方程组有完全相同的解空间，即有

$$q-\operatorname{rank}(\boldsymbol{A})=q-\operatorname{rank}(\boldsymbol{A}'\boldsymbol{A})$$

故

$$\operatorname{rank}(\boldsymbol{A}'\boldsymbol{A})=\operatorname{rank}(\boldsymbol{A})$$

再利用这一结论，可得，

$$\operatorname{rank}(\boldsymbol{AA}')=\operatorname{rank}(\boldsymbol{A}')=\operatorname{rank}(\boldsymbol{A})$$ □

例 1.5.1　设

$$\boldsymbol{A}=\begin{pmatrix}1 & 2 & 3\\ 4 & -2 & 5\end{pmatrix}$$

显然，$\boldsymbol{A}$的两个行向量线性无关，即$\boldsymbol{A}$是行满秩的，从而$\operatorname{rank}(\boldsymbol{A})=2$。因$\operatorname{rank}(\boldsymbol{A})<3$，即$\boldsymbol{A}$不是列满秩的，故$\boldsymbol{A}$的三个列向量必线性相关，这一点读者也可按(1.5.1)式解方程组直接验证。 □

§1.6　特征值、特征向量和矩阵的迹

一、特征值和特征向量

设$\boldsymbol{A}$是p阶方阵，若对于一个数λ，存在一个p维非零向量$\boldsymbol{x}$，使得$\boldsymbol{Ax}=\lambda\boldsymbol{x}$，则称$\lambda$为$\boldsymbol{A}$的一个**特征值**或**特征根**，而称$\boldsymbol{x}$为$\boldsymbol{A}$的属于特征值$\lambda$的一个**特征向量**。依该定义有，$(\boldsymbol{A}-\lambda\boldsymbol{I})\boldsymbol{x}=\boldsymbol{0}$，而$\boldsymbol{x}\neq\boldsymbol{0}$，故必有

$$|\boldsymbol{A}-\lambda\boldsymbol{I}|=0 \tag{1.6.1}$$

$|\boldsymbol{A}-\lambda\boldsymbol{I}|$是$\lambda$的$p$次多项式，称为**特征多项式**。(1.6.1)式有p个根(可能有重根)，记作λ_1，λ_2，…，λ_p，它们可能为实数，也可能为复数(虽然$\boldsymbol{A}$是实数矩阵)。反过来，若λ_i是(1.6.1)式的一个根，则$\boldsymbol{A}-\lambda_i\boldsymbol{I}$为退化矩阵，故存在一个$p$维非零向量$\boldsymbol{x}_i$，使得

$$(\boldsymbol{A}-\lambda_i\boldsymbol{I})\boldsymbol{x}_i=\boldsymbol{0} \tag{1.6.2}$$

即λ_i是$\boldsymbol{A}$的一个特征值，而$\boldsymbol{x}_i$是相应的特征向量。今后，一般情况下取$\boldsymbol{x}_i$为单位向量，即满足$\|\boldsymbol{x}_i\|=1$。

例 1.6.1　设

$$\boldsymbol{A}=\begin{pmatrix}3 & 2\\ 2 & 6\end{pmatrix}$$

试求$\boldsymbol{A}$的特征值和单位特征向量。

解
$$|\boldsymbol{A}-\lambda\boldsymbol{I}|=(3-\lambda)(6-\lambda)-4=(\lambda-2)(\lambda-7)$$

故$\boldsymbol{A}$的特征值是$\lambda_1=7$和$\lambda_2=2$，相应的单位特征向量$\boldsymbol{x}_1$和$\boldsymbol{x}_2$是方程$\boldsymbol{A}\boldsymbol{x}_i=\lambda_i\boldsymbol{x}_i$的(单位化)解。所以，由$\boldsymbol{A}\boldsymbol{x}_1=\lambda_1\boldsymbol{x}_1$，有

$$\begin{pmatrix}3 & 2\\ 2 & 6\end{pmatrix}\begin{pmatrix}x_{11}\\ x_{21}\end{pmatrix}=7\begin{pmatrix}x_{11}\\ x_{21}\end{pmatrix}$$

即

$$\begin{cases}3x_{11}+2x_{21}=7x_{11}\\ 2x_{11}+6x_{21}=7x_{21}\end{cases}$$

解得$x_{21}=2x_{11}$，从而相应于$\lambda_1=7$的单位特征向量为$\boldsymbol{x}_1=\left(\frac{1}{\sqrt{5}},\frac{2}{\sqrt{5}}\right)'$。同样可求得相应于$\lambda_2=2$的单位特征向量为$\boldsymbol{x}_2=\left(\frac{2}{\sqrt{5}},-\frac{1}{\sqrt{5}}\right)'$。

特征值和特征向量具有下述**基本性质**：

(1) $\boldsymbol{A}$和$\boldsymbol{A}'$有相同的特征值。

(2) 若$\boldsymbol{A}$和$\boldsymbol{B}$分别是$p\times q$和$q\times p$矩阵，则$\boldsymbol{AB}$和$\boldsymbol{BA}$有相同的非零特征值。

证明　因为

$$\begin{pmatrix}\boldsymbol{I}_p & -\boldsymbol{A}\\ \boldsymbol{0} & \lambda\boldsymbol{I}_q\end{pmatrix}\begin{pmatrix}\lambda\boldsymbol{I}_p & \boldsymbol{A}\\ \boldsymbol{B} & \boldsymbol{I}_q\end{pmatrix}=\begin{pmatrix}\lambda\boldsymbol{I}_p-\boldsymbol{AB} & \boldsymbol{0}\\ \lambda\boldsymbol{B} & \lambda\boldsymbol{I}_q\end{pmatrix}$$

$$\begin{pmatrix}\boldsymbol{I}_p & \boldsymbol{0}\\ -\boldsymbol{B} & \lambda\boldsymbol{I}_q\end{pmatrix}\begin{pmatrix}\lambda\boldsymbol{I}_p & \boldsymbol{A}\\ \boldsymbol{B} & \boldsymbol{I}_q\end{pmatrix}=\begin{pmatrix}\lambda\boldsymbol{I}_p & \boldsymbol{A}\\ \boldsymbol{0} & \lambda\boldsymbol{I}_q-\boldsymbol{BA}\end{pmatrix}$$

所以

$$\begin{vmatrix}\lambda\boldsymbol{I}_p-\boldsymbol{AB} & \boldsymbol{0}\\ \lambda\boldsymbol{B} & \lambda\boldsymbol{I}_q\end{vmatrix}=\begin{vmatrix}\lambda\boldsymbol{I}_p & \boldsymbol{A}\\ \boldsymbol{0} & \lambda\boldsymbol{I}_q-\boldsymbol{BA}\end{vmatrix}$$

$$\lambda^q|\lambda\boldsymbol{I}_p-\boldsymbol{AB}|=\lambda^p|\lambda\boldsymbol{I}_q-\boldsymbol{BA}|$$

由复系数多项式的因式分解定理可得出，两个关于λ的方程$|\lambda\boldsymbol{I}_p-\boldsymbol{AB}|=0$和$|\lambda\boldsymbol{I}_q-\boldsymbol{BA}|=0$

有着完全相同的非零根(若有重根,则它们的重数也相同)①,故而 $\boldsymbol{AB}$ 和 $\boldsymbol{BA}$ 有相同的非零特征值。 □

例 1.6.2(有用结论) 设 $\boldsymbol{A}$ 和 $\boldsymbol{B}$ 为两个 $p\times p$ 矩阵,则 $\boldsymbol{AB}$ 和 $\boldsymbol{BA}$ 有完全相同的特征值。 □

例 1.6.3 设 $\boldsymbol{a}=(2,-4,1)'$,$\boldsymbol{b}=(3,5,-1)'$,试求 $\boldsymbol{ab}'$ 的特征值。

解 由于

$$\boldsymbol{b}'\boldsymbol{a}=(3,5,-1)\begin{pmatrix}2\\-4\\1\end{pmatrix}=-15$$

因此,$\boldsymbol{ab}'$ 有一个非零特征值 -15,而另两个特征值为零。 □

(3) 若 $\boldsymbol{A}$ 为实对称矩阵,则 $\boldsymbol{A}$ 的特征值全为实数,p 个特征值按大小依次表示为 $\lambda_1\geqslant\lambda_2\geqslant\cdots\geqslant\lambda_p$。若 $\lambda_i\neq\lambda_j$,则相应的特征向量 $\boldsymbol{x}_i$ 和 $\boldsymbol{x}_j$ 必正交,即 $\boldsymbol{x}_i'\boldsymbol{x}_j=0$。

证明 (i) 设 λ 是 $\boldsymbol{A}$ 的任一特征值,$\boldsymbol{x}$ 是相应的特征向量,于是

$$\boldsymbol{Ax}=\lambda\boldsymbol{x}$$

两边取共轭复数,并注意 $\boldsymbol{A}$ 为实数矩阵,得

$$\boldsymbol{A}\bar{\boldsymbol{x}}=\bar{\lambda}\,\bar{\boldsymbol{x}}$$

两边左乘 $\boldsymbol{x}'$ 得

$$\boldsymbol{x}'\boldsymbol{A}\bar{\boldsymbol{x}}=\bar{\lambda}\boldsymbol{x}'\bar{\boldsymbol{x}}$$

又

$$\boldsymbol{x}'\boldsymbol{A}\bar{\boldsymbol{x}}=(\boldsymbol{Ax})'\bar{\boldsymbol{x}}=\lambda\boldsymbol{x}'\bar{\boldsymbol{x}}$$

因此

$$\bar{\lambda}\boldsymbol{x}'\bar{\boldsymbol{x}}=\lambda\boldsymbol{x}'\bar{\boldsymbol{x}}$$

由于 $\boldsymbol{x}\neq\boldsymbol{0}$,从而 $\boldsymbol{x}'\bar{\boldsymbol{x}}\neq0$,故而 $\bar{\lambda}=\lambda$,即 λ 为实数。

(ii) 因为

$$\boldsymbol{Ax}_i=\lambda_i\boldsymbol{x}_i,\quad \boldsymbol{Ax}_j=\lambda_j\boldsymbol{x}_j$$

所以

---

① 由复系数多项式的因式分解定理,可有如下的唯一因式分解:

$$|\lambda\boldsymbol{I}_p-\boldsymbol{AB}|=\lambda^{l_0}(\lambda-\alpha_1)^{l_1}\cdots(\lambda-\alpha_s)^{l_s}$$

其中 $\alpha_1,\cdots,\alpha_s$ 为各不相同的非零复数,l_0 为非负整数,$l_1,\cdots,l_s$ 为正整数,且 $l_0+l_1+\cdots+l_s=p$。同样有

$$|\lambda\boldsymbol{I}_q-\boldsymbol{BA}|=\lambda^{k_0}(\lambda-\beta_1)^{k_1}\cdots(\lambda-\beta_r)^{k_r}$$

其中 $\beta_1,\cdots,\beta_r$ 为各不相同的非零复数,k_0 为非负整数,$k_1,\cdots,k_r$ 为正整数,且 $k_0+k_1+\cdots+k_r=q$。由于

$$\lambda^q|\lambda\boldsymbol{I}_p-\boldsymbol{AB}|=\lambda^p|\lambda\boldsymbol{I}_q-\boldsymbol{BA}|$$

于是

$$(\lambda-\alpha_1)^{l_1}\cdots(\lambda-\alpha_s)^{l_s}=(\lambda-\beta_1)^{k_1}\cdots(\lambda-\beta_r)^{k_r}$$

从而,$s=r$,$\alpha_1,\cdots,\alpha_s$ 与 $\beta_1,\cdots,\beta_s$ 是相同的非零复数,只是可能顺序不同。不妨假定顺序相同,即有

$$\alpha_i=\beta_i,\quad i=1,2,\cdots,s$$

从而

$$l_i=k_i,\quad i=1,2,\cdots,s$$

故 $|\lambda\boldsymbol{I}_p-\boldsymbol{AB}|=0$ 和 $|\lambda\boldsymbol{I}_q-\boldsymbol{BA}|=0$ 有着完全相同的非零根(若有重根,则它们的重数相同)。

$$\boldsymbol{x}'_j\boldsymbol{A}\boldsymbol{x}_i=\lambda_i\boldsymbol{x}'_j\boldsymbol{x}_i,\quad \boldsymbol{x}'_i\boldsymbol{A}\boldsymbol{x}_j=\lambda_j\boldsymbol{x}'_i\boldsymbol{x}_j$$

而

$$\boldsymbol{x}'_j\boldsymbol{A}\boldsymbol{x}_i=\boldsymbol{x}'_i\boldsymbol{A}\boldsymbol{x}_j$$

故

$$\lambda_i\boldsymbol{x}'_j\boldsymbol{x}_i=\lambda_j\boldsymbol{x}'_i\boldsymbol{x}_j$$

由于 $\lambda_i\neq\lambda_j$，因而有 $\boldsymbol{x}'_i\boldsymbol{x}_j=0$。 □

(4) 若 $\boldsymbol{A}=\mathrm{diag}(a_{11},a_{22},\cdots,a_{pp})$，则 $a_{11},a_{22},\cdots,a_{pp}$ 为 $\boldsymbol{A}$ 的 p 个特征值，相应的特征向量分别为 $\boldsymbol{e}_1=(1,0,\cdots,0)'$，$\boldsymbol{e}_2=(0,1,0,\cdots,0)'$，$\cdots$，$\boldsymbol{e}_p=(0,\cdots,0,1)'$。

(5) $|\boldsymbol{A}|=\prod_{i=1}^{p}\lambda_i$，即 $\boldsymbol{A}$ 的行列式等于其特征值的乘积。可见，$\boldsymbol{A}$ 为非退化矩阵，当且仅当 $\boldsymbol{A}$ 的特征值均不为零；$\boldsymbol{A}$ 为退化矩阵，当且仅当 $\boldsymbol{A}$ 至少有一个特征值为零。

例 1.6.4(有用结论)　设方阵 $\boldsymbol{A}:p\times p$ 的 p 个特征值为 $\lambda_1,\lambda_2,\cdots,\lambda_p$，试证

(i) 若 $\boldsymbol{A}$ 可逆，相应于 $\lambda_1,\lambda_2,\cdots,\lambda_p$ 的特征向量分别为 $\boldsymbol{x}_1,\boldsymbol{x}_2,\cdots,\boldsymbol{x}_p$，则 $\boldsymbol{A}^{-1}$ 的 p 个特征值为 $\lambda_1^{-1},\lambda_2^{-1},\cdots,\lambda_p^{-1}$，相应的特征向量仍可为 $\boldsymbol{x}_1,\boldsymbol{x}_2,\cdots,\boldsymbol{x}_p$；

(ii) 若 $\boldsymbol{A}$ 为幂等矩阵，则 $\boldsymbol{A}$ 的特征值为 0 或 1；

(iii) 若 $\boldsymbol{A}$ 为正交矩阵，则 $\boldsymbol{A}$ 的特征值为 1 或 -1。

证明　设 λ 是 $\boldsymbol{A}$ 的一个特征值，$\boldsymbol{x}$ 为相应的特征向量，即有 $\boldsymbol{A}\boldsymbol{x}=\lambda\boldsymbol{x}$。

(i) 由于 $\boldsymbol{A}\boldsymbol{x}_i=\lambda_i\boldsymbol{x}_i$，且 $\boldsymbol{A}$ 可逆，从而 $\boldsymbol{A}^{-1}\boldsymbol{x}_i=\lambda_i^{-1}\boldsymbol{x}_i$，故 λ_i^{-1} 是 $\boldsymbol{A}^{-1}$ 的特征值，其相应的特征向量仍可为 $\boldsymbol{x}_i$；

(ii) $\boldsymbol{A}^2\boldsymbol{x}=\boldsymbol{A}(\boldsymbol{A}\boldsymbol{x})=\boldsymbol{A}(\lambda\boldsymbol{x})=\lambda(\boldsymbol{A}\boldsymbol{x})=\lambda(\lambda\boldsymbol{x})=\lambda^2\boldsymbol{x}$，又因 $\boldsymbol{A}^2=\boldsymbol{A}$，于是又有 $\boldsymbol{A}^2\boldsymbol{x}=\boldsymbol{A}\boldsymbol{x}=\lambda\boldsymbol{x}$，从而 $\lambda^2\boldsymbol{x}=\lambda\boldsymbol{x}$，即 $\lambda(\lambda-1)\boldsymbol{x}=\boldsymbol{0}$，由于 $\boldsymbol{x}\neq\boldsymbol{0}$，所以 $\lambda=0$ 或 $\lambda=1$；

(iii) 由于 $\boldsymbol{A}'\boldsymbol{A}=\boldsymbol{I}$，从而 $\boldsymbol{x}'\boldsymbol{x}=\boldsymbol{x}'\boldsymbol{A}'\boldsymbol{A}\boldsymbol{x}=(\boldsymbol{A}\boldsymbol{x})'(\boldsymbol{A}\boldsymbol{x})=(\lambda\boldsymbol{x})'(\lambda\boldsymbol{x})=\lambda^2\boldsymbol{x}'\boldsymbol{x}$，即有 $(\lambda^2-1)\boldsymbol{x}'\boldsymbol{x}=0$，因 $\boldsymbol{x}\neq\boldsymbol{0}$，所以 $\lambda=1$ 或 $\lambda=-1$。 □

(6) 若 $\boldsymbol{A}$ 为 p 阶对称矩阵，则存在正交矩阵 $\boldsymbol{T}$ 及对角矩阵 $\boldsymbol{\Lambda}=\mathrm{diag}(\lambda_1,\lambda_2,\cdots,\lambda_p)$，使得

$$\boldsymbol{A}=\boldsymbol{T}\boldsymbol{\Lambda}\boldsymbol{T}' \tag{1.6.3}$$

对称矩阵 $\boldsymbol{A}$ 不但可由正交矩阵 $\boldsymbol{T}$ 和对角矩阵 $\boldsymbol{\Lambda}$ 来表达，而且 $\boldsymbol{T}$ 和 $\boldsymbol{\Lambda}$ 中的元素还有着特定的含义。将等式(1.6.3)两边右乘 $\boldsymbol{T}$，得

$$\boldsymbol{A}\boldsymbol{T}=\boldsymbol{T}\boldsymbol{\Lambda} \tag{1.6.4}$$

将 $\boldsymbol{T}$ 按列向量分块，并记作 $\boldsymbol{T}=(\boldsymbol{t}_1,\boldsymbol{t}_2,\cdots,\boldsymbol{t}_p)$，于是有

$$\boldsymbol{A}(\boldsymbol{t}_1,\boldsymbol{t}_2,\cdots,\boldsymbol{t}_p)=(\boldsymbol{t}_1,\boldsymbol{t}_2,\cdots,\boldsymbol{t}_p)\begin{pmatrix}\lambda_1 & & & 0\\ & \lambda_2 & & \\ & & \ddots & \\ 0 & & & \lambda_p\end{pmatrix}$$

$$(\boldsymbol{A}\boldsymbol{t}_1,\boldsymbol{A}\boldsymbol{t}_2,\cdots,\boldsymbol{A}\boldsymbol{t}_p)=(\lambda_1\boldsymbol{t}_1,\lambda_2\boldsymbol{t}_2,\cdots,\lambda_p\boldsymbol{t}_p)$$

故

$$\boldsymbol{A}\boldsymbol{t}_i=\lambda_i\boldsymbol{t}_i,\quad i=1,2,\cdots,p \tag{1.6.5}$$

这表明 $\lambda_1,\lambda_2,\cdots,\lambda_p$ 是 $\boldsymbol{A}$ 的 p 个特征值，而 $\boldsymbol{t}_1,\boldsymbol{t}_2,\cdots,\boldsymbol{t}_p$ 为相应的特征向量。由于 $\boldsymbol{T}$ 是正交矩阵，所以可以更确切地说，它们是一组正交单位特征向量。

上述矩阵 $\boldsymbol{A}$ 可作如下分解：

$$A=T\Lambda T'=(t_1,t_2,\cdots,t_p)\begin{pmatrix}\lambda_1 & & & 0\\ & \lambda_2 & & \\ & & \ddots & \\ 0 & & & \lambda_p\end{pmatrix}\begin{pmatrix}t'_1\\ t'_2\\ \vdots\\ t'_p\end{pmatrix}=\sum_{i=1}^{p}\lambda_i t_i t'_i \tag{1.6.6}$$

称之为 A 的**谱分解**。

例 1.6.5　考虑对称矩阵

$$A=\begin{pmatrix}1&2&2\\2&1&2\\2&2&1\end{pmatrix}$$

可求得特征值 $\lambda_1=5,\lambda_2=\lambda_3=-1$。相应于特征值 5 的单位特征向量为 $t_1=\left(\frac{1}{\sqrt{3}},\frac{1}{\sqrt{3}},\frac{1}{\sqrt{3}}\right)'$，相应于特征值 -1 的两个彼此正交的单位特征向量为 $t_2=\left(\frac{1}{\sqrt{2}},0,-\frac{1}{\sqrt{2}}\right)'$ 和 $t_3=\left(\frac{1}{\sqrt{6}},-\frac{2}{\sqrt{6}},\frac{1}{\sqrt{6}}\right)'$。[①] 所以，$A$ 的谱分解是

$$\begin{pmatrix}1&2&2\\2&1&2\\2&2&1\end{pmatrix}=5\begin{pmatrix}\frac{1}{\sqrt{3}}\\ \frac{1}{\sqrt{3}}\\ \frac{1}{\sqrt{3}}\end{pmatrix}\left(\frac{1}{\sqrt{3}},\frac{1}{\sqrt{3}},\frac{1}{\sqrt{3}}\right)+(-1)\begin{pmatrix}\frac{1}{\sqrt{2}}\\ 0\\ -\frac{1}{\sqrt{2}}\end{pmatrix}\left(\frac{1}{\sqrt{2}},0,-\frac{1}{\sqrt{2}}\right)$$

$$+(-1)\begin{pmatrix}\frac{1}{\sqrt{6}}\\ -\frac{2}{\sqrt{6}}\\ \frac{1}{\sqrt{6}}\end{pmatrix}\left(\frac{1}{\sqrt{6}},-\frac{2}{\sqrt{6}},\frac{1}{\sqrt{6}}\right)$$

□

(7)[②] 设 A 为 $p\times q$ 矩阵，$\mathrm{rank}(A)=k$，则存在 $p\times k$ 阶矩阵 $U=(u_1,u_2,\cdots,u_k)$，$q\times k$ 阶矩阵 $V=(v_1,v_2,\cdots,v_k)$，k 阶对角矩阵 $\Lambda=\mathrm{diag}(\lambda_1,\lambda_2,\cdots,\lambda_k)$，使得

$$A=U\Lambda V'=\sum_{i=1}^{k}\lambda_i u_i v'_i \tag{1.6.7}$$

其中，$u_1,u_2,\cdots,u_k$ 是一组 p 维正交单位向量，$v_1,v_2,\cdots,v_k$ 是一组 q 维正交单位向量，$\lambda_i>0$，$i=1,2,\cdots,k$。λ_i 称为 A 的**奇异值**，分解式(1.6.7)称为**奇异值分解**。

由(1.6.7)式知，$AA'=U\Lambda^2U'$，$A'A=V\Lambda^2V'$，于是

$$AA'U=U\Lambda^2,\quad A'AV=V\Lambda^2$$

从而

$$\begin{aligned}AA'u_i&=\lambda_i^2u_i,\quad i=1,2,\cdots,k\\ A'Av_i&=\lambda_i^2v_i,\quad i=1,2,\cdots,k\end{aligned} \tag{1.6.8}$$

---

① t_1,t_2,t_3 也都可取成相反符号。

② 该性质读者也可先跳过，等到学习本书第九章内容时再学。

即 $\lambda_1^2,\lambda_2^2,\cdots,\lambda_k^2$ 是 $\boldsymbol{AA}'$ 的 k 个正特征值，$\boldsymbol{u}_1,\boldsymbol{u}_2,\cdots,\boldsymbol{u}_k$ 是相应的特征向量；$\lambda_1^2,\lambda_2^2,\cdots,\lambda_k^2$ 也是 $\boldsymbol{A}'\boldsymbol{A}$ 的 k 个正特征值，$\boldsymbol{v}_1,\boldsymbol{v}_2,\cdots,\boldsymbol{v}_k$ 是相应的特征向量。

例 1.6.6　设

$$\boldsymbol{A}=\begin{pmatrix}1 & 2 & 2\\ 1 & -2 & 2\end{pmatrix}$$

则

$$\boldsymbol{AA}'=\begin{pmatrix}1 & 2 & 2\\ 1 & -2 & 2\end{pmatrix}\begin{pmatrix}1 & 1\\ 2 & -2\\ 2 & 2\end{pmatrix}=\begin{pmatrix}9 & 1\\ 1 & 9\end{pmatrix}$$

可求得 $\boldsymbol{AA}'$ 的特征值是 $\lambda_1^2=10,\lambda_2^2=8$，相应的单位特征向量可以是 $\boldsymbol{u}_1=\left(\frac{1}{\sqrt{2}},\frac{1}{\sqrt{2}}\right)'$，$\boldsymbol{u}_2=\left(\frac{1}{\sqrt{2}},-\frac{1}{\sqrt{2}}\right)'$。又

$$\boldsymbol{A}'\boldsymbol{A}=\begin{pmatrix}1 & 1\\ 2 & -2\\ 2 & 2\end{pmatrix}\begin{pmatrix}1 & 2 & 2\\ 1 & -2 & 2\end{pmatrix}=\begin{pmatrix}2 & 0 & 4\\ 0 & 8 & 0\\ 4 & 0 & 8\end{pmatrix}$$

$\boldsymbol{A}'\boldsymbol{A}$ 的非零特征值同样是 $\lambda_1^2=10,\lambda_2^2=8$，相应的单位特征向量取为 $\boldsymbol{v}_1=\left(\frac{1}{\sqrt{5}},0,\frac{2}{\sqrt{5}}\right)'$，$\boldsymbol{v}_2=(0,1,0)'$。① $\lambda_1=\sqrt{\lambda_1^2}=\sqrt{10}$，$\lambda_2=\sqrt{\lambda_2^2}=2\sqrt{2}$，从而得到 $\boldsymbol{A}$ 的奇异值分解为

$$\boldsymbol{A}=\begin{pmatrix}1 & 2 & 2\\ 1 & -2 & 2\end{pmatrix}=\sqrt{10}\begin{bmatrix}\frac{1}{\sqrt{2}}\\ \frac{1}{\sqrt{2}}\end{bmatrix}\left(\frac{1}{\sqrt{5}},0,\frac{2}{\sqrt{5}}\right)+2\sqrt{2}\begin{bmatrix}\frac{1}{\sqrt{2}}\\ -\frac{1}{\sqrt{2}}\end{bmatrix}(0,1,0)$$

□

二、矩阵的迹

设 $\boldsymbol{A}$ 为 p 阶方阵，则它的对角线元素之和称为 $\boldsymbol{A}$ 的**迹**，记作 $\mathrm{tr}(\boldsymbol{A})$，即

$$\mathrm{tr}(\boldsymbol{A})=a_{11}+a_{22}+\cdots+a_{pp} \tag{1.6.9}$$

方阵的迹具有下述**基本性质**：

(1) $\mathrm{tr}(\boldsymbol{AB})=\mathrm{tr}(\boldsymbol{BA})$。特别地，$\mathrm{tr}(\boldsymbol{ab}')=\boldsymbol{b}'\boldsymbol{a}$。

(2) $\mathrm{tr}(\boldsymbol{A})=\mathrm{tr}(\boldsymbol{A}')$。

(3) $\mathrm{tr}(\boldsymbol{A}+\boldsymbol{B})=\mathrm{tr}(\boldsymbol{A})+\mathrm{tr}(\boldsymbol{B})$。

(4) $\mathrm{tr}\left(\sum_{i=1}^{k}\boldsymbol{A}_i\right)=\sum_{i=1}^{k}\mathrm{tr}(\boldsymbol{A}_i)$。

(5) 设 $\boldsymbol{A}=(a_{ij})$ 为 $p\times q$ 矩阵，则

$$\mathrm{tr}(\boldsymbol{A}'\boldsymbol{A})=\mathrm{tr}(\boldsymbol{AA}')=\sum_{i=1}^{p}\sum_{j=1}^{q}a_{ij}^2 \tag{1.6.10}$$

---

① $\boldsymbol{u}_1$ 与 $\boldsymbol{v}_1$，$\boldsymbol{u}_2$ 与 $\boldsymbol{v}_2$ 也都可同时取成相反符号。

证明 将 $\boldsymbol{A}$ 按列分块，并记 $\boldsymbol{A}=(\boldsymbol{a}_1,\boldsymbol{a}_2,\cdots,\boldsymbol{a}_q)$，则

$$\operatorname{tr}(\boldsymbol{A}'\boldsymbol{A})=\sum_{j=1}^{q}\boldsymbol{a}'_j\boldsymbol{a}_j=\sum_{j=1}^{q}\sum_{i=1}^{p}a_{ij}^2=\sum_{i=1}^{p}\sum_{j=1}^{q}a_{ij}^2$$ □

$\operatorname{tr}(\boldsymbol{A}'\boldsymbol{A})$ 是 $\boldsymbol{A}$ 的元素平方和。若该值接近于零，则表明 $\boldsymbol{A}$ 接近于零矩阵。

(6) 设 $\lambda_1,\lambda_2,\cdots,\lambda_p$ 为方阵 $\boldsymbol{A}$ 的特征值，则

$$\operatorname{tr}(\boldsymbol{A})=\lambda_1+\lambda_2+\cdots+\lambda_p \tag{1.6.11}$$

证明

$$|\lambda\boldsymbol{I}-\boldsymbol{A}|=(\lambda-\lambda_1)(\lambda-\lambda_2)\cdots(\lambda-\lambda_p)$$

等式左边的行列式展开后，唯一含有 λ^{p-1} 的项是 $(\lambda-a_{11})(\lambda-a_{22})\cdots(\lambda-a_{pp})$，该项再展开后 λ^{p-1} 项的系数是 $-(a_{11}+a_{22}+\cdots+a_{pp})$，而等式右边 $(\lambda-\lambda_1)(\lambda-\lambda_2)\cdots(\lambda-\lambda_p)$ 展开后 λ^{p-1} 项的系数是 $-(\lambda_1+\lambda_2+\cdots+\lambda_p)$，故得(1.6.11)式。 □

*(7) 若 $\boldsymbol{A}$ 为投影矩阵，则

$$\operatorname{tr}(\boldsymbol{A})=\operatorname{rank}(\boldsymbol{A}) \tag{1.6.12}$$

证明 设 $\lambda_1,\lambda_2,\cdots,\lambda_p$ 为 p 阶方阵 $\boldsymbol{A}$ 的 p 个特征值，则由例 1.6.4(ii)及习题 1.13 知，

$$\operatorname{tr}(\boldsymbol{A})=\lambda_1+\lambda_2+\cdots+\lambda_p=\lambda_1,\lambda_2,\cdots,\lambda_p\text{ 中的非零个数}=\operatorname{rank}(\boldsymbol{A})$$ □

§1.7 正定矩阵和非负定矩阵

设 $\boldsymbol{A}$ 是 p 阶对称矩阵，$\boldsymbol{x}$ 是一 p 维向量，则 $\boldsymbol{x}'\boldsymbol{A}\boldsymbol{x}$ 称为 $\boldsymbol{A}$ 的**二次型**。若对一切 $\boldsymbol{x}\neq\boldsymbol{0}$，有 $\boldsymbol{x}'\boldsymbol{A}\boldsymbol{x}>0$，则称 $\boldsymbol{A}$ 为**正定矩阵**，记作 $\boldsymbol{A}>0$；若对一切 $\boldsymbol{x}$，有 $\boldsymbol{x}'\boldsymbol{A}\boldsymbol{x}\geqslant 0$，则称 $\boldsymbol{A}$ 为**非负定矩阵**，记作 $\boldsymbol{A}\geqslant 0$。对非负定矩阵 $\boldsymbol{A}$ 和 $\boldsymbol{B}$，$\boldsymbol{A}>\boldsymbol{B}$ 表示 $\boldsymbol{A}-\boldsymbol{B}>0$；$\boldsymbol{A}\geqslant\boldsymbol{B}$ 表示 $\boldsymbol{A}-\boldsymbol{B}\geqslant 0$。①

显然，阶数 $p=1$ 时的正定矩阵(非负定矩阵)就是一个正数(非负数)，因此正定矩阵(非负定矩阵)可看成是一个正数(非负数)向方阵的推广。

正定矩阵和非负定矩阵具有下述**基本性质**：

(1) 设 $\boldsymbol{A}$ 是对称矩阵，则 $\boldsymbol{A}$ 是正定(或非负定)矩阵，当且仅当 $\boldsymbol{A}$ 的所有特征值均为正(或非负)。

证明 必要性。由于 $\boldsymbol{A}$ 是对称矩阵，故存在一正交矩阵 $\boldsymbol{T}$，使得 $\boldsymbol{T}'\boldsymbol{A}\boldsymbol{T}=\boldsymbol{\Lambda}=\operatorname{diag}(\lambda_1,\lambda_2,\cdots,\lambda_p)$。令 $\boldsymbol{e}_i=(0,\cdots,0,1,0,\cdots,0)'$，其中 1 位于第 i 个位置，于是

$$\lambda_i=\boldsymbol{e}'_i\boldsymbol{\Lambda}\boldsymbol{e}_i=(\boldsymbol{T}\boldsymbol{e}_i)'\boldsymbol{A}(\boldsymbol{T}\boldsymbol{e}_i)$$

因为 $\boldsymbol{T}\boldsymbol{e}_i\neq\boldsymbol{0}$，所以当 $\boldsymbol{A}>0$ 时，$\lambda_i>0$；$\boldsymbol{A}\geqslant 0$ 时，$\lambda_i\geqslant 0$。

充分性。对任意的 $\boldsymbol{x}\neq\boldsymbol{0}$，令 $\boldsymbol{y}=\boldsymbol{T}'\boldsymbol{x}$，则

$$\boldsymbol{x}'\boldsymbol{A}\boldsymbol{x}=\boldsymbol{x}'\boldsymbol{T}\boldsymbol{\Lambda}\boldsymbol{T}'\boldsymbol{x}=\boldsymbol{y}'\boldsymbol{\Lambda}\boldsymbol{y}=\sum_{i=1}^{p}\lambda_i y_i^2$$

---

① 设 $\boldsymbol{A},\boldsymbol{B},\boldsymbol{C}$ 为非负定矩阵，若 $\boldsymbol{A}>(\geqslant)\boldsymbol{B}$，$\boldsymbol{B}>(\geqslant)\boldsymbol{C}$，则 $\boldsymbol{A}>(\geqslant)\boldsymbol{C}$。因此，对于一系列非负定矩阵，如果任意两个之间都存在“$>$”或“$\geqslant$”的关系，则该系列矩阵就自然存在一种顺序关系。这在比较一未知参数向量的若干个无偏估计的优劣时是有用的。

由于 $\boldsymbol{y}\neq\boldsymbol{0}$,即 $y_1,y_2,\cdots,y_p$ 不全为零,所以当 $\lambda_i>0$(或$\geqslant 0$), $i=1,2,\cdots,p$ 时,$\boldsymbol{x}'\boldsymbol{A}\boldsymbol{x}>0$(或$\geqslant 0$),故而 $\boldsymbol{A}>0$(或$\geqslant 0$)。 □

(2) 设 $\boldsymbol{A}\geqslant 0$,则 $\boldsymbol{A}$ 的秩等于 $\boldsymbol{A}$ 的正特征值个数。

证明　因 $\boldsymbol{A}\geqslant 0$,故 $\boldsymbol{A}$ 的所有特征值非负,再由习题 1.13 即可得到所要的结论。 □

(3) 若 $\boldsymbol{A}>0$,则 $\boldsymbol{A}^{-1}>0$。

证明　因为 $\boldsymbol{A}>0$,所以 $\boldsymbol{A}'=\boldsymbol{A}$ 且 $\boldsymbol{A}$ 的特征值 $\lambda_i>0$, $i=1,2,\cdots,p$,于是 $(\boldsymbol{A}^{-1})'=(\boldsymbol{A}')^{-1}=\boldsymbol{A}^{-1}$,$\boldsymbol{A}^{-1}$ 的特征值 $\lambda_i^{-1}>0$, $i=1,2,\cdots,p$,故而 $\boldsymbol{A}^{-1}>0$。 □

(4) 设 $\boldsymbol{A}\geqslant 0$,则 $\boldsymbol{A}>0$,当且仅当 $|\boldsymbol{A}|\neq 0$。

证明　由于 $\boldsymbol{A}\geqslant 0$,于是 $\lambda_i\geqslant 0$, $i=1,2,\cdots,p$,从而 $\lambda_i>0$, $i=1,2,\cdots,p$,当且仅当 $|\boldsymbol{A}|=\prod\limits_{i=1}^{p}\lambda_i\neq 0$,所以 $\boldsymbol{A}>0$,当且仅当 $|\boldsymbol{A}|\neq 0$。 □

这一性质表明,若 $\boldsymbol{A}\geqslant 0$,则 $\boldsymbol{A}$ 可分为 $\boldsymbol{A}>0$ 和 $|\boldsymbol{A}|=0$ 这两种情况,就像一个非负数可分为正数和零两种情况。今后一个非负定矩阵 $\boldsymbol{A}$ 若是非退化的,则一般就表达为 $\boldsymbol{A}>0$,这比表示为 $|\boldsymbol{A}|\neq 0$ 形式更简洁,含义更丰富。

(5) 若 $\boldsymbol{A}>0$(或$\geqslant 0$),则 $|\boldsymbol{A}|>0$(或$\geqslant 0$)。

(6) $\boldsymbol{B}\boldsymbol{B}'\geqslant 0$,对一切矩阵 $\boldsymbol{B}$ 成立。

证明　对任意的 $\boldsymbol{x}$,$\boldsymbol{x}'\boldsymbol{B}\boldsymbol{B}'\boldsymbol{x}=(\boldsymbol{B}'\boldsymbol{x})'(\boldsymbol{B}'\boldsymbol{x})=\|\boldsymbol{B}'\boldsymbol{x}\|^2\geqslant 0$,所以 $\boldsymbol{B}\boldsymbol{B}'\geqslant 0$。 □

(7) 若 $\boldsymbol{A}>0$(或$\geqslant 0$),则存在 $\boldsymbol{A}^{1/2}>0$(或$\geqslant 0$),使得 $\boldsymbol{A}=\boldsymbol{A}^{1/2}\boldsymbol{A}^{1/2}$,$\boldsymbol{A}^{1/2}$ 称为 $\boldsymbol{A}$ 的**平方根矩阵**。

证明　因为 $\boldsymbol{A}$ 是对称矩阵,所以存在正交矩阵 $\boldsymbol{T}$ 和对角矩阵 $\boldsymbol{\Lambda}=\mathrm{diag}(\lambda_1,\lambda_2,\cdots,\lambda_p)$,使得 $\boldsymbol{A}=\boldsymbol{T}\boldsymbol{\Lambda}\boldsymbol{T}'$。由 $\boldsymbol{A}>0$(或$\geqslant 0$)知,$\lambda_i>0$(或$\geqslant 0$), $i=1,2,\cdots,p$。令 $\boldsymbol{\Lambda}^{1/2}=\mathrm{diag}(\sqrt{\lambda_1},\sqrt{\lambda_2},\cdots,\sqrt{\lambda_p})$,$\boldsymbol{A}^{1/2}=\boldsymbol{T}\boldsymbol{\Lambda}^{1/2}\boldsymbol{T}'$,则有

$$\boldsymbol{A}=\boldsymbol{T}\boldsymbol{\Lambda}^{1/2}\boldsymbol{\Lambda}^{1/2}\boldsymbol{T}'=\boldsymbol{T}\boldsymbol{\Lambda}^{1/2}\boldsymbol{T}'\boldsymbol{T}\boldsymbol{\Lambda}^{1/2}\boldsymbol{T}'=\boldsymbol{A}^{1/2}\boldsymbol{A}^{1/2}$$

由于 $\boldsymbol{A}^{1/2}$ 对称且其特征值 $\sqrt{\lambda_i}>0$(或$\geqslant 0$), $i=1,2,\cdots,p$,所以 $\boldsymbol{A}^{1/2}>0$(或$\geqslant 0$)。 □

*(8) 设 $\boldsymbol{A}\geqslant 0$ 是 p 阶秩为 r 的矩阵,则存在一个秩为 r(即列满秩)的 $p\times r$ 矩阵 $\boldsymbol{B}$,使得 $\boldsymbol{A}=\boldsymbol{B}\boldsymbol{B}'$。

证明　因为 $\boldsymbol{A}\geqslant 0$, $\mathrm{rank}(\boldsymbol{A})=r$,所以存在正交矩阵 $\boldsymbol{T}$ 和对角矩阵 $\boldsymbol{\Lambda}=\mathrm{diag}(\lambda_1,\lambda_2,\cdots,\lambda_p)$,其中 $\lambda_1\geqslant\lambda_2\geqslant\cdots\geqslant\lambda_r>\lambda_{r+1}=\cdots=\lambda_p=0$,使得 $\boldsymbol{A}=\boldsymbol{T}\boldsymbol{\Lambda}\boldsymbol{T}'$。令

$$\boldsymbol{\Lambda}_1=\mathrm{diag}(\lambda_1,\lambda_2,\cdots,\lambda_r),\quad \boldsymbol{T}=(\underset{r}{\boldsymbol{T}_1}\quad\underset{p-r}{\boldsymbol{T}_2}),\quad \boldsymbol{B}=\boldsymbol{T}_1\boldsymbol{\Lambda}_1^{1/2}$$

则 $\boldsymbol{B}$ 是秩为 r 的 $p\times r$ 矩阵,并且有

$$\begin{aligned}\boldsymbol{A}&=\boldsymbol{T}\boldsymbol{\Lambda}\boldsymbol{T}'\\&=(\boldsymbol{T}_1\quad\boldsymbol{T}_2)\begin{pmatrix}\boldsymbol{\Lambda}_1&\boldsymbol{0}\\\boldsymbol{0}&\boldsymbol{0}\end{pmatrix}\begin{pmatrix}\boldsymbol{T}_1'\\\boldsymbol{T}_2'\end{pmatrix}\\&=\boldsymbol{T}_1\boldsymbol{\Lambda}_1\boldsymbol{T}_1'\\&=\boldsymbol{T}_1\boldsymbol{\Lambda}_1^{1/2}\boldsymbol{\Lambda}_1^{1/2}\boldsymbol{T}_1'\\&=(\boldsymbol{T}_1\boldsymbol{\Lambda}_1^{1/2})(\boldsymbol{T}_1\boldsymbol{\Lambda}_1^{1/2})'\\&=\boldsymbol{B}\boldsymbol{B}'\end{aligned}$$

□

§1.8　特征值的极值问题①

本节介绍几个与特征值有关的极值问题。

(1) **柯西-许瓦兹**(Cauchy-Schwarz) **不等式**　设 $\boldsymbol{x}$ 和 $\boldsymbol{y}$ 是两个 p 维向量,则

$$(\boldsymbol{x}'\boldsymbol{y})^2 \leqslant (\boldsymbol{x}'\boldsymbol{x})(\boldsymbol{y}'\boldsymbol{y}) \tag{1.8.1}$$

等号成立当且仅当 $\boldsymbol{y}=c\boldsymbol{x}$(或 $\boldsymbol{x}=c\boldsymbol{y}$),这里 c 为一常数。

证明　如果 $\boldsymbol{x}=\boldsymbol{0}$ 或 $\boldsymbol{y}=\boldsymbol{0}$,则(1.8.1)式显然成立。现排除这种可能性,考虑含变量 t 的绝对不等式

$$(\boldsymbol{x}t-\boldsymbol{y})'(\boldsymbol{x}t-\boldsymbol{y}) \geqslant 0$$

展开后

$$(\boldsymbol{x}'\boldsymbol{x})t^2-2(\boldsymbol{x}'\boldsymbol{y})t+\boldsymbol{y}'\boldsymbol{y} \geqslant 0$$

于是上述(下)凸二次函数的判别式

$$\Delta=4\left[(\boldsymbol{x}'\boldsymbol{y})^2-(\boldsymbol{x}'\boldsymbol{x})(\boldsymbol{y}'\boldsymbol{y})\right] \leqslant 0$$

所以

$$(\boldsymbol{x}'\boldsymbol{y})^2 \leqslant (\boldsymbol{x}'\boldsymbol{x})(\boldsymbol{y}'\boldsymbol{y})$$

$$\begin{aligned}
\text{(1.8.1)式等号成立} &\Leftrightarrow \Delta=0\\
&\Leftrightarrow (\boldsymbol{x}'\boldsymbol{x})t^2-2(\boldsymbol{x}'\boldsymbol{y})t+\boldsymbol{y}'\boldsymbol{y}=0 \text{ 有(唯一)解}\\
&\Leftrightarrow (\boldsymbol{x}t-\boldsymbol{y})'(\boldsymbol{x}t-\boldsymbol{y})=0 \text{ 有解}\\
&\Leftrightarrow \boldsymbol{x}t-\boldsymbol{y}=\boldsymbol{0} \text{ 有解}\\
&\Leftrightarrow \text{存在 } t=c\text{,使得 } \boldsymbol{y}=c\boldsymbol{x}
\end{aligned}$$

□

(2) **推广的柯西-许瓦兹不等式**　设 $\boldsymbol{B}>0$,则

$$(\boldsymbol{x}'\boldsymbol{y})^2 \leqslant (\boldsymbol{x}'\boldsymbol{B}\boldsymbol{x})(\boldsymbol{y}'\boldsymbol{B}^{-1}\boldsymbol{y}) \tag{1.8.2}$$

等号成立当且仅当 $\boldsymbol{x}=c\boldsymbol{B}^{-1}\boldsymbol{y}$(或 $\boldsymbol{y}=c\boldsymbol{B}\boldsymbol{x}$),这里 c 为一常数。

证明　因 $\boldsymbol{B}>0$,于是可令 $\boldsymbol{u}=\boldsymbol{B}^{1/2}\boldsymbol{x}$,$\boldsymbol{v}=\boldsymbol{B}^{-1/2}\boldsymbol{y}$,故依(1.8.1)式,有

$$(\boldsymbol{x}'\boldsymbol{y})^2=(\boldsymbol{u}'\boldsymbol{v})^2 \leqslant (\boldsymbol{u}'\boldsymbol{u})(\boldsymbol{v}'\boldsymbol{v})=(\boldsymbol{x}'\boldsymbol{B}\boldsymbol{x})(\boldsymbol{y}'\boldsymbol{B}^{-1}\boldsymbol{y})$$

$$\begin{aligned}
\text{上述等号成立} &\Leftrightarrow \text{对某一常数 } c\text{,有 } \boldsymbol{u}=c\boldsymbol{v}\text{(或 } \boldsymbol{v}=c\boldsymbol{u}\text{)}\\
&\Leftrightarrow \boldsymbol{B}^{1/2}\boldsymbol{x}=c\boldsymbol{B}^{-1/2}\boldsymbol{y}\text{(或 } \boldsymbol{B}^{-1/2}\boldsymbol{y}=c\boldsymbol{B}^{1/2}\boldsymbol{x}\text{)}\\
&\Leftrightarrow \boldsymbol{x}=c\boldsymbol{B}^{-1}\boldsymbol{y}\text{(或 } \boldsymbol{y}=c\boldsymbol{B}\boldsymbol{x}\text{)}
\end{aligned}$$

□

(3) 设 $\boldsymbol{A}$ 是 p 阶对称矩阵,其特征值依次是 $\lambda_1 \geqslant \lambda_2 \geqslant \cdots \geqslant \lambda_p$,相应的一组正交特征向量是 $\boldsymbol{t}_1,\boldsymbol{t}_2,\cdots,\boldsymbol{t}_p$,则

(i)

$$\begin{aligned}
&\max_{\boldsymbol{x}\neq\boldsymbol{0}} \frac{\boldsymbol{x}'\boldsymbol{A}\boldsymbol{x}}{\boldsymbol{x}'\boldsymbol{x}}\left(=\max_{\|\boldsymbol{x}\|=1} \boldsymbol{x}'\boldsymbol{A}\boldsymbol{x}\right)=\lambda_1 \quad \text{(当 } \boldsymbol{x}=\boldsymbol{t}_1 \text{ 时达到)}\\
&\min_{\boldsymbol{x}\neq\boldsymbol{0}} \frac{\boldsymbol{x}'\boldsymbol{A}\boldsymbol{x}}{\boldsymbol{x}'\boldsymbol{x}}\left(=\min_{\|\boldsymbol{x}\|=1} \boldsymbol{x}'\boldsymbol{A}\boldsymbol{x}\right)=\lambda_p \quad \text{(当 } \boldsymbol{x}=\boldsymbol{t}_p \text{ 时达到)}
\end{aligned} \tag{1.8.3}$$

---

① 该节内容在本书中仅用于后面章节的若干证明,对证明要求不高的读者可略之。

(ii)

$$\max_{\substack{x't_k=0\\k=1,\cdots,i-1\\x\neq 0}}\frac{x'Ax}{x'x}\left(=\max_{\substack{x't_k=0\\k=1,\cdots,i-1\\\|x\|=1}}x'Ax\right)=\lambda_i\quad(\text{当 } x=t_i \text{ 时达到}),\quad i=2,3,\cdots,p \tag{1.8.4}$$

证明　不妨限制 $t_1,t_2,\cdots,t_p$ 皆为单位向量，这显然并不失一般性。

(i) 记 $T=(t_1,t_2,\cdots,t_p)$，$\Lambda=\mathrm{diag}(\lambda_1,\lambda_2,\cdots,\lambda_p)$，则 T 是正交矩阵，且有 $A=T\Lambda T'$。令 $y=\frac{T'x}{\sqrt{x'x}}$，于是 $y'y=1$，即 $\sum_{i=1}^{p}y_i^2=1$，可得

$$\frac{x'Ax}{x'x}=y'\Lambda y=\sum_{i=1}^{p}\lambda_i y_i^2$$

所以

$$\max_{x\neq 0}\frac{x'Ax}{x'x}=\max_{\sum_{i=1}^{p}y_i^2=1}\sum_{i=1}^{p}\lambda_i y_i^2=\lambda_1$$

$$\min_{x\neq 0}\frac{x'Ax}{x'x}=\min_{\sum_{i=1}^{p}y_i^2=1}\sum_{i=1}^{p}\lambda_i y_i^2=\lambda_p$$

且当 $x=t_1$ 时，$\frac{x'Ax}{x'x}=t_1'At_1=t_1'(\lambda_1 t_1)=\lambda_1$ 达到了最大值；当 $x=t_p$ 时，$\frac{x'Ax}{x'x}=t_p'At_p=t_p'(\lambda_p t_p)=\lambda_p$ 达到了最小值。

(ii) 由于当 $x't_k=0$ 时，$y_k=\frac{t_k'x}{\sqrt{x'x}}=0$，$k=1,2,\cdots,i-1$，故

$$\max_{\substack{x't_k=0\\k=1,\cdots,i-1\\x\neq 0}}\frac{x'Ax}{x'x}=\max_{\sum_{k=i}^{p}y_k^2=1}\sum_{k=i}^{p}\lambda_k y_k^2=\lambda_i$$

又当 $x=t_i$ 时，$\frac{x'Ax}{x'x}=t_i'At_i=t_i'(\lambda_i t_i)=\lambda_i$ 达到了上述最大值。　□

上述性质(3)可作如下的进一步推广。

(4) 设 A 是 p 阶对称矩阵，B 是 p 阶正定矩阵，$\mu_1\geqslant\mu_2\geqslant\cdots\geqslant\mu_p$ 是 $B^{-1}A$ 的 p 个特征值，相应的一组特征向量是 $t_1,t_2,\cdots,t_p$，满足 $t_i'Bt_j=0$，$1\leqslant i\neq j\leqslant p$①，则

(i)

$$\begin{aligned}&\max_{x\neq 0}\frac{x'Ax}{x'Bx}=\mu_1\quad(\text{当 } x=t_1 \text{ 时达到})\\&\min_{x\neq 0}\frac{x'Ax}{x'Bx}=\mu_p\quad(\text{当 } x=t_p \text{ 时达到})\end{aligned}\tag{1.8.5}$$

---

① 这样的 $t_1,t_2,\cdots,t_p$ 是存在的。事实上，只需先令 $u_1,u_2,\cdots,u_p$ 是 $B^{-1/2}AB^{-1/2}$ 的相应于 $\mu_1,\mu_2,\cdots,\mu_p$ 的一组正交特征向量，再令 $t_i=B^{-1/2}u_i$，$i=1,2,\cdots,p$ 即可。

(ii)

$$\max_{\substack{x'Bt_k=0\\k=1,\cdots,i-1\\x\neq 0}}\frac{x'Ax}{x'Bx}=\mu_i \quad (\text{当 } x=t_i \text{ 时达到}),\quad i=2,3,\cdots,p \tag{1.8.6}$$

证明　(i) 由于 $B>0$，可令 $y=B^{1/2}x$，$A_1=B^{-1/2}AB^{-1/2}$，于是 A_1 为对称矩阵，且由例 1.6.2 知，A_1 与 $B^{-1}A$ 有相同的特征值，即为 $\mu_1\geqslant\mu_2\geqslant\cdots\geqslant\mu_p$（可以排序是因 A_1 是对称矩阵），所以

$$\max_{x\neq 0}\frac{x'Ax}{x'Bx}=\max_{y\neq 0}\frac{y'A_1y}{y'y}=\mu_1$$

$$\min_{x\neq 0}\frac{x'Ax}{x'Bx}=\min_{y\neq 0}\frac{y'A_1y}{y'y}=\mu_p$$

令 $u_i=B^{1/2}t_i$，$i=1,2,\cdots,p$，于是

$$\begin{aligned}A_1u_i&=(B^{-1/2}AB^{-1/2})(B^{1/2}t_i)=B^{1/2}(B^{-1}At_i)\\&=B^{1/2}(\mu_it_i)=\mu_iu_i,\qquad i=1,2,\cdots,p\end{aligned}$$

$$u_i'u_j=(B^{1/2}t_i)'(B^{1/2}t_j)=t_i'Bt_j=0,\qquad 1\leqslant i\neq j\leqslant p$$

即 $u_1,u_2,\cdots,u_p$ 是 A_1 的相应于 $\mu_1,\mu_2,\cdots,\mu_p$ 的一组正交特征向量。当 $x=t_1$ 时，$y=u_1$，从而由(1.8.3)式知，$\frac{x'Ax}{x'Bx}\left(=\frac{y'A_1y}{y'y}\right)$达到最大值 μ_1；同理，当 $x=t_p$ 时，$y=u_p$，从而$\frac{x'Ax}{x'Bx}$达到最小值 μ_p。

(ii) 从(i)中的证明和(1.8.4)式可知，

$$\max_{\substack{x'Bt_k=0\\k=1,\cdots,i-1\\x\neq 0}}\frac{x'Ax}{x'Bx}=\max_{\substack{y'u_k=0\\k=1,\cdots,i-1\\y\neq 0}}\frac{y'A_1y}{y'y}=\mu_i$$

当 $x=t_i$ 时，$y=u_i$，从而$\frac{x'Ax}{x'Bx}\left(=\frac{y'A_1y}{y'y}\right)$达到上述最大值 μ_i，$i=2,3,\cdots,p$。　□

小　结

1. 列向量和行向量都是特殊的矩阵，因此有关矩阵的一些概念和运算性质也适用于向量。比如，矩阵的加法运算、数乘矩阵运算、矩阵的分块及其运算等。

2. 矩阵的运算对矩阵的阶有一定的要求，加法运算要求相加的矩阵必须同阶，乘法运算要求乘号左边矩阵的列数必须与右边矩阵的行数相等。

3. 一个数 c 乘以矩阵 $A:p\times q$，相当于 A 左边乘以一个 p 阶对角矩阵 $\mathrm{diag}(c,\cdots,c):p\times p$ 或 A 右边乘以一个 q 阶对角矩阵 $\mathrm{diag}(c,\cdots,c):q\times q$。

4. 正交矩阵是一个非常重要的矩阵，它有很好的数学性质，它的所有列、所有行都是单位向量，并且所有的列彼此正交，所有的行也彼此正交。行列式为 1 的正交矩阵在几何上起着正交旋转的作用。

5. 对矩阵进行分块，有时不同的块会有不同的含义，分块有时也会减少矩阵运算的工作量。分块的矩阵间进行运算时，必须注意块的剖分和块的阶数都应彼此相对应。

6. p 阶方阵 A 为非退化矩阵 $\Leftrightarrow |A|\neq 0\Leftrightarrow A^{-1}$ 存在(必然唯一) $\Leftrightarrow \mathrm{rank}(A)=p$($A$ 满秩) $\Leftrightarrow A$ 的特征值均不为零。也可把这种等价关系表达为：A 为退化矩阵 $\Leftrightarrow |A|=0\Leftrightarrow A^{-1}$ 不存在 $\Leftrightarrow \mathrm{rank}(A)<p$($A$ 不满

秩)⇔$\boldsymbol{A}$ 的特征值至少有一个为零。

7. 特征值和特征向量是两个极为重要的概念,它们在判别分析、主成分分析、因子分析、对应分析和典型相关分析等多元分析方法中起着重要的作用。在多元分析中,常常要求出非负定矩阵 $\boldsymbol{A}:p\times p$ 的特征值和特征向量,其特征值都是非负的,可按大小依次记为 $\lambda_1\geqslant\lambda_2\geqslant\cdots\geqslant\lambda_p\geqslant0$。记 $\mathrm{rank}(\boldsymbol{A})=r$,若 $r=p$,则 $\lambda_1\geqslant\lambda_2\geqslant\cdots\geqslant\lambda_p>0$;若 $r<p$,则 $\lambda_1\geqslant\lambda_2\geqslant\cdots\geqslant\lambda_r>\lambda_{r+1}=\cdots=\lambda_p=0$。相应的 p 个特征向量常常被取为一组正交单位向量。

附录 1-1　R 的应用

矩阵运算的计算量往往很大,我们可以借助于 R 软件来解决这一问题。

一、基于例 1.2.1 的 R 中的一些基本函数及运算

```
> x=c(1, 3, 4, 1, 2, 5)  #创建一个向量
> x
> length(x)  #向量的长度
[1] 6
> A=matrix(x, nrow=2)  #利用 x 数据按列填充创建一个 2×3 矩阵
> A
     [,1] [,2] [,3]
[1,]    1    4    2
[2,]    3    1    5
> mode(A)  #数据的模式
[1] "numeric"
> class(A)  #数据的类或类型
[1] "matrix" "array"
> dim(A)  #矩阵的维数
[1] 2 3
> t(A)  #矩阵转置
     [,1] [,2]
[1,]    1    3
[2,]    4    1
[3,]    2    5
> sum(A)  #矩阵求和
[1] 16
> rowSums(A)  #矩阵按行求和
[1] 7 9
> colSums(A)  #矩阵按列求和
[1] 4 5 7
```

```
> mean(A)   # 矩阵求均值
[1] 2.666667
> rowMeans(A)   # 矩阵按行求均值
[1] 2.333333 3.000000
> colMeans(A)   # 矩阵按列求均值
[1] 2.0 2.5 3.5
> B=matrix(c(6, 0, 2, 3, 1, 4), nrow=2, byrow=TRUE)   # 按行填充创建一个 2×3 矩阵
> B
     [,1] [,2] [,3]
[1,]    6    0    2
[2,]    3    1    4
> A+B   # 矩阵相加
     [,1] [,2] [,3]
[1,]    7    4    4
[2,]    6    2    9
> A-B   # 矩阵相减
     [,1] [,2] [,3]
[1,]   -5    4    0
[2,]    0    0    1
> C=matrix(c(1, 2, 1, 3), nrow=2); C
     [,1] [,2]
[1,]    1    1
[2,]    2    3
> C%*%A   # 矩阵相乘
     [,1] [,2] [,3]
[1,]    4    5    7
[2,]   11   11   19
```

二、计算方阵的一些函数值

例 1-1.1　设对称矩阵

$$\boldsymbol{A}=\begin{pmatrix}1 & 2 & 3 & 4 & 5\\ 2 & 4 & 7 & 8 & 9\\ 3 & 7 & 10 & 15 & 20\\ 4 & 8 & 15 & 30 & 20\\ 5 & 9 & 20 & 20 & 40\end{pmatrix}$$

现来计算它的一些函数值,包括:逆矩阵、特征值、特征向量、行列式和迹等。

```
> A=rbind(c(1, 2, 3, 4, 5), c( 2, 4, 7, 8, 9), c(3, 7, 10, 15, 20), c(4, 8, 15, 30, 20),
          c(5, 9, 20, 20, 40))   # 将 5 个 5 维向量按行合并创建一个 5 阶(对称)方阵
```

```
> A
     [,1] [,2] [,3] [,4] [,5]
[1,]    1    2    3    4    5
[2,]    2    4    7    8    9
[3,]    3    7   10   15   20
[4,]    4    8   15   30   20
[5,]    5    9   20   20   40
> diag(A)  #由矩阵的对角线元素构成的向量
[1]  1  4 10 30 40
> diag(diag(A))  #由向量 diag(A)的元素创建对角矩阵
     [,1] [,2] [,3] [,4] [,5]
[1,]    1    0    0    0    0
[2,]    0    4    0    0    0
[3,]    0    0   10    0    0
[4,]    0    0    0   30    0
[5,]    0    0    0    0   40
> diag(5)  #创建一个 5 阶单位矩阵
(输出略)
> solve(A)  #矩阵的逆(solve(A, b)可解线性方程组 Ax=b,b 缺省时为单位矩阵)
           [,1]       [,2]         [,3]         [,4]         [,5]
[1,]  9.7887324 -2.1830986 -1.859154930  0.112676056  0.140845070
[2,] -2.1830986  0.7746479  0.788732394 -0.169014085 -0.211267606
[3,] -1.8591549  0.7887324  0.039436620 -0.008450704  0.039436620
[4,]  0.1126761 -0.1690141 -0.008450704  0.073239437 -0.008450704
[5,]  0.1408451 -0.2112676  0.039436620 -0.008450704  0.039436620
> det(A)  #矩阵的行列式
[1] -355
> eigen(A)  #矩阵的特征值与特征向量
eigen() decomposition
$values
[1] 70.33488803 14.44024095  1.99760600  0.09374538 -1.86648037
$vectors
           [,1]         [,2]       [,3]        [,4]        [,5]
[1,] -0.1051393 -0.007331246  0.2667369  0.95627367 -0.05730686
[2,] -0.2059666 -0.055498345  0.8285898 -0.22629386  0.46554035
[3,] -0.3970768  0.025855072  0.3238266 -0.18402887 -0.83840992
[4,] -0.5462168 -0.785693847 -0.2585168  0.01391472  0.13155919
[5,] -0.7003576  0.615534630 -0.2656987  0.01647760  0.24443626
```

```
> sum(diag(A))   #矩阵的迹，即对向量 diag(A)中的元素求和
[1] 85
```

由于 $\boldsymbol{A}$ 是一个实对称矩阵，因此 5 个特征值均为实数(由大到小依次列出)，5 个特征向量均为单位向量且彼此正交。从最小特征值(或行列式值)为负可以看出，$\boldsymbol{A}$ 不是一个非负定矩阵。

三、例 1.6.6 中的奇异值分解

```
> A=matrix(c(1, 1, 2, -2, 2, 2), nrow=2); A
     [,1] [,2] [,3]
[1,]    1    2    2
[2,]    1   -2    2
> svd(A)  #奇异值分解
$d
[1] 3.162278 2.828427
$u
           [,1]       [,2]
[1,] -0.7071068 -0.7071068
[2,] -0.7071068  0.7071068
$v
              [,1]          [,2]
[1,] -4.472136e-01  8.326673e-17
[2,] -3.885781e-16 -1.000000e+00
[3,] -8.944272e-01  2.775558e-16
```

习　题

1.1　设 $\boldsymbol{x},\boldsymbol{y}$ 为 p 维向量，试证

$$\|\boldsymbol{x}-\boldsymbol{y}\|^2=\|\boldsymbol{x}\|^2-2\boldsymbol{x}'\boldsymbol{y}+\|\boldsymbol{y}\|^2$$

1.2(有用结论)　设 $\boldsymbol{a}$ 和 $\boldsymbol{b}$ 为两个 p 维向量，试证几何上 $\boldsymbol{a}$ 和 $\boldsymbol{b}$ 之间夹角 θ 的余弦

$$\cos(\theta)=\frac{\boldsymbol{a}'\boldsymbol{b}}{\|\boldsymbol{a}\|\ \|\boldsymbol{b}\|}$$

[提示：利用公式 $\cos(\theta)=\cos(\theta_2-\theta_1)=\cos(\theta_2)\cos(\theta_1)+\sin(\theta_2)\sin(\theta_1)$或使用余弦定理]

1.3(有用结论)　设 $\boldsymbol{a}$ 为 p 维向量，$\boldsymbol{b}$ 为 p 维单位向量，试证几何上 $\boldsymbol{a}$ 在 $\boldsymbol{b}$ 上的投影为$(\boldsymbol{a}'\boldsymbol{b})\boldsymbol{b}$(或者说投影值为 $\boldsymbol{a}'\boldsymbol{b}$)。

1.4　设 $\boldsymbol{A}=\begin{pmatrix}1 & x & x^2 & 0\\ 0 & 1 & x & x^2\\ x^2 & 0 & 1 & x\\ x & x^2 & 0 & 1\end{pmatrix}$，试求$|\boldsymbol{A}|$。

1.5　设 $\boldsymbol{B}$ 是非退化矩阵，$\boldsymbol{c}$ 是一个相应维数的向量，试证

$$|\boldsymbol{B}+\boldsymbol{c}\boldsymbol{c}'|=|\boldsymbol{B}|(1+\boldsymbol{c}'\boldsymbol{B}^{-1}\boldsymbol{c})$$

1.6 求下列矩阵的逆

(1) $\begin{pmatrix}2 & -1 & 0 & 0\\ 3 & 5 & 0 & 0\\ 0 & 0 & 2 & 0\\ 0 & 0 & 0 & 4\end{pmatrix}$；

(2) $\begin{pmatrix}1 & 2 & 3\\ 2 & 3 & 1\\ 3 & 1 & 2\end{pmatrix}$。

1.7(有用结论) 试找出一个二阶正交矩阵，它能被用来解释按逆时针方向将直角坐标系 xOy 旋转一个角度 θ。

1.8 设 p 阶方阵 $\boldsymbol{A}=\begin{pmatrix}1 & \rho & \cdots & \rho\\ \rho & 1 & \cdots & \rho\\ \vdots & \vdots & & \vdots\\ \rho & \rho & \cdots & 1\end{pmatrix}$，试证

(1) $|\boldsymbol{A}|=(1-\rho)^{p-1}[1+(p-1)\rho]$；

(2) $\boldsymbol{A}$ 是退化矩阵，当且仅当 $\rho=1$ 或 $\rho=-1/(p-1)$；

(3) $\boldsymbol{A}$ 的 p 个特征值中，有 $(p-1)$ 个特征值为 $1-\rho$，另一个特征值为 $1+(p-1)\rho$。

1.9 利用习题 1.8 的结论，求 $\boldsymbol{A}=\begin{pmatrix}2 & 1 & 1\\ 1 & 2 & 1\\ 1 & 1 & 2\end{pmatrix}$ 的特征值，并找出一组可能的单位特征向量。

1.10 试证 § 1.4 中的性质(2)和(3)。

1.11(有用结论) 试证正交矩阵的行列式为 1 或 −1。

1.12(有用结论) 设 $\boldsymbol{A}$ 为 p 阶方阵，$\boldsymbol{Q}$ 为 p 阶正交矩阵，试证 $\boldsymbol{Q}'\boldsymbol{A}\boldsymbol{Q}$ 和 $\boldsymbol{A}$ 有相同的特征值。

1.13(有用结论) 设 $\boldsymbol{A}$ 为对称矩阵，试证 $\boldsymbol{A}$ 的秩等于 $\boldsymbol{A}$ 的非零特征值个数。

1.14(有用结论) 将二次型 $\sum_{i=1}^{n}(x_i-\bar{x})^2$ 表示成 $\boldsymbol{x}'\boldsymbol{A}\boldsymbol{x}$，其中 $\boldsymbol{x}=(x_1,x_2,\cdots,x_n)'$，$\boldsymbol{A}$ 为对称矩阵。

(1) 试求出 $\boldsymbol{A}$；

(2) 试证 $\boldsymbol{A}$ 是投影矩阵；

(3) $\boldsymbol{A}$ 是否为正定矩阵或非负定矩阵？

(4) 试求 $\boldsymbol{A}$ 的秩。

1.15(有用结论) 设 $n\times p$ 矩阵 $\boldsymbol{X}$ 的秩为 $p(\leqslant n)$，试证 $\boldsymbol{B}=\boldsymbol{I}_n-\boldsymbol{X}(\boldsymbol{X}'\boldsymbol{X})^{-1}\boldsymbol{X}'$ 是投影矩阵，并求出 $\boldsymbol{B}$ 的秩。

1.16 试求矩阵 $\boldsymbol{A}=\begin{pmatrix}1 & 2 & 3 & 4\\ 4 & 3 & 2 & 1\\ 3 & 6 & 9 & 12\\ 8 & 6 & 4 & 2\\ -1 & 3 & 7 & 11\end{pmatrix}$ 的秩。

1.17 设 $\boldsymbol{A}=\begin{pmatrix}1 & \rho\\ \rho & 1\end{pmatrix}$，其中 $|\rho|\neq 1$，试求 $\boldsymbol{A}$ 和 $\boldsymbol{A}^{-1}$ 的谱分解，并作比较。

1.18(有用结论) 试证正定矩阵的对角线元素为正，非负定矩阵的对角线元素为非负。

*1.19(有用结论) 设 $\boldsymbol{A}>0$，将它剖分为 $\boldsymbol{A}=\begin{pmatrix}\boldsymbol{A}_{11} & \boldsymbol{A}_{12}\\ \boldsymbol{A}_{21} & \boldsymbol{A}_{22}\end{pmatrix}$，其中 $\boldsymbol{A}_{11}$ 为方阵，试证

(1) $\boldsymbol{A}_{11}>0,\boldsymbol{A}_{22}>0$；

(2) $\boldsymbol{A}_{22\cdot1}=\boldsymbol{A}_{22}-\boldsymbol{A}_{21}\boldsymbol{A}_{11}^{-1}\boldsymbol{A}_{12}>0,\boldsymbol{A}_{11\cdot2}=\boldsymbol{A}_{11}-\boldsymbol{A}_{12}\boldsymbol{A}_{22}^{-1}\boldsymbol{A}_{21}>0$。

[提示：在(2)的证明中，利用关系式

$$\begin{pmatrix}\boldsymbol{I} & \boldsymbol{0}\\ -\boldsymbol{A}_{21}\boldsymbol{A}_{11}^{-1} & \boldsymbol{I}\end{pmatrix}\begin{pmatrix}\boldsymbol{A}_{11} & \boldsymbol{A}_{12}\\ \boldsymbol{A}_{21} & \boldsymbol{A}_{22}\end{pmatrix}\begin{pmatrix}\boldsymbol{I} & -\boldsymbol{A}_{11}^{-1}\boldsymbol{A}_{12}\\ \boldsymbol{0} & \boldsymbol{I}\end{pmatrix}=\begin{pmatrix}\boldsymbol{A}_{11} & \boldsymbol{0}\\ \boldsymbol{0} & \boldsymbol{A}_{22\cdot1}\end{pmatrix}$$

和

$$\begin{pmatrix}\boldsymbol{I} & -\boldsymbol{A}_{12}\boldsymbol{A}_{22}^{-1}\\ \boldsymbol{0} & \boldsymbol{I}\end{pmatrix}\begin{pmatrix}\boldsymbol{A}_{11} & \boldsymbol{A}_{12}\\ \boldsymbol{A}_{21} & \boldsymbol{A}_{22}\end{pmatrix}\begin{pmatrix}\boldsymbol{I} & \boldsymbol{0}\\ -\boldsymbol{A}_{22}^{-1}\boldsymbol{A}_{21} & \boldsymbol{I}\end{pmatrix}=\begin{pmatrix}\boldsymbol{A}_{11\cdot2} & \boldsymbol{0}\\ \boldsymbol{0} & \boldsymbol{A}_{22}\end{pmatrix}]$$

*1.20(有用结论)　设方阵 $\boldsymbol{A}$ 作了与习题 1.19 相同的剖分，试证

(1) 若 $|\boldsymbol{A}_{11}|\neq0$，则 $|\boldsymbol{A}|=|\boldsymbol{A}_{11}||\boldsymbol{A}_{22\cdot1}|$；若 $|\boldsymbol{A}_{22}|\neq0$，则 $|\boldsymbol{A}|=|\boldsymbol{A}_{11\cdot2}||\boldsymbol{A}_{22}|$；

(2) 若 $|\boldsymbol{A}|\neq0,|\boldsymbol{A}_{11}|\neq0,|\boldsymbol{A}_{22}|\neq0$，则

$$\begin{aligned}\boldsymbol{A}^{-1}&=\begin{pmatrix}\boldsymbol{I} & -\boldsymbol{A}_{11}^{-1}\boldsymbol{A}_{12}\\ \boldsymbol{0} & \boldsymbol{I}\end{pmatrix}\begin{pmatrix}\boldsymbol{A}_{11}^{-1} & \boldsymbol{0}\\ \boldsymbol{0} & \boldsymbol{A}_{22\cdot1}^{-1}\end{pmatrix}\begin{pmatrix}\boldsymbol{I} & \boldsymbol{0}\\ -\boldsymbol{A}_{21}\boldsymbol{A}_{11}^{-1} & \boldsymbol{I}\end{pmatrix}\\&=\begin{pmatrix}\boldsymbol{I} & \boldsymbol{0}\\ -\boldsymbol{A}_{22}^{-1}\boldsymbol{A}_{21} & \boldsymbol{I}\end{pmatrix}\begin{pmatrix}\boldsymbol{A}_{11\cdot2}^{-1} & \boldsymbol{0}\\ \boldsymbol{0} & \boldsymbol{A}_{22}^{-1}\end{pmatrix}\begin{pmatrix}\boldsymbol{I} & -\boldsymbol{A}_{12}\boldsymbol{A}_{22}^{-1}\\ \boldsymbol{0} & \boldsymbol{I}\end{pmatrix}\end{aligned}$$

1.21　设 $\boldsymbol{A}=\begin{pmatrix}9 & -4 & 2\\ -4 & 3 & 2\\ 2 & 2 & 10\end{pmatrix}$，对任何非零向量 $\boldsymbol{x}=(x_1,x_2,x_3)'$，试求 $\boldsymbol{x}'\boldsymbol{A}\boldsymbol{x}/\boldsymbol{x}'\boldsymbol{x}$ 的最大值和最小值。

第二章　随机向量

一个向量,若它的分量都是随机变量,则称之为**随机向量**。本章介绍随机向量的分布、数字特征及多维情形下的距离概念等。本章中的许多概念和结果是一元情形向多元情形的直接推广,也有不少内容为多元情形所独有,尤其是多元情形下往往还需考虑到变量之间的相关性。

§2.1　多元分布

在许多随机现象中,我们需同时面对多个随机变量。例如,在体检时,要测量的指标有身高、体重、心跳、舒张压、收缩压等;在对居民家庭经济状况作调查时,调查指标有家庭收入、生活费支出、教育费支出、家庭人口等;医生在给病人诊断时,往往需根据病人的多项检查指标对其病症作出判断。这些指标都可以视为随机变量,那么,是否可以只是对这多个随机变量中的每一个单独地进行研究呢?如果这样的话,研究所得到的结论一般就仅是每一单个随机变量的结论,而不是多个随机变量的整体结论。这多个随机变量之间一般存在着某种相互依存的甚至是非常密切的关系,孤立地研究每一随机变量将忽略了这种重要关系,从而很难得到有效、完整的结论。因此,我们需要将多个随机变量作为一个整体来进行研究。

一、多元概率分布函数

多元概率分布函数是一元概率分布函数在多元场合下的直接推广。随机向量 $\boldsymbol{x}=(x_1, x_2,\cdots,x_p)'$ 的**概率分布函数**定义为

$$F(a_1,a_2,\cdots,a_p)=P(x_1\leqslant a_1,x_2\leqslant a_2,\cdots,x_p\leqslant a_p) \tag{2.1.1}$$

它全面地描述了随机向量 $\boldsymbol{x}$ 的统计规律性。

本章我们将着重对连续型的多元分布进行讨论①,而对于离散型,只在本节介绍两个常用的多元分布。

*二、两个常用的离散型多元分布

(一)多项分布

设进行 n 次独立试验,每次试验可能有 m 个不同的结果,其中第 i 个结果出现的概率为

---

① 本书中我们主要讨论连续型的情形。现实世界中的许多分布严格来说往往是离散型的(有限总体的分布必是离散型的),其分布列难求、繁杂,且不易数学处理,因此在可能的情况下我们常常将其近似看成是连续型的(当然,若是有限总体则自然近似看成为无限总体),分布用密度来描述,这样就大大方便于我们的问题研究。

p_i，且 $p_1+\cdots+p_m=1$，x_i 为 n 次试验中第 i 个结果出现的次数，则随机向量 $\boldsymbol{x}=(x_1,\cdots,x_m)'$ 具有如下的多元分布列：

$$P(x_1=k_1,\cdots,x_m=k_m)=\frac{n!}{k_1!\cdots k_m!}p_1^{k_1}\cdots p_m^{k_m}$$

$$k_i=0,1,\cdots,n,\quad i=1,\cdots,m,\quad k_1+\cdots+k_m=n \tag{2.1.2}$$

称 $\boldsymbol{x}$ 服从**多项分布**。

(2.1.2)式中各变量的取值有一个约束：$k_1+\cdots+k_m=n$，x_m 的取值被其余 $m-1$ 个变量 $x_1,\cdots,x_{m-1}$ 的取值唯一确定，因此，(2.1.2)式可以等价地表达为$(m-1)$维随机向量 $\boldsymbol{x}^*=(x_1,\cdots,x_{m-1})'$的分布列，即

$$P(x_1=k_1,\cdots,x_{m-1}=k_{m-1})$$

$$=\frac{n!}{k_1!\cdots k_{m-1}!\left(n-\sum_{i=1}^{m-1}k_i\right)!}p_1^{k_1}\cdots p_{m-1}^{k_{m-1}}\left(1-\sum_{i=1}^{m-1}p_i\right)^{n-\sum_{i=1}^{m-1}k_i}$$

$$k_i=0,1,\cdots,n,\quad i=1,\cdots,m-1,\quad k_1+\cdots+k_{m-1}\leqslant n \tag{2.1.3}$$

其中 $0<p_i<1$，$i=1,\cdots,m-1$，$p_1+\cdots+p_{m-1}<1$。

当 $m=2$ 时，(2.1.3)式退化为二项分布的分布列，因此，多项分布是二项分布在多元场合下的直接推广。

（二）多元超几何分布

设袋中装 i 号球 N_i 只，$i=1,\cdots,m$，$N_1+\cdots+N_m=N$，从中随机摸出 n 只，x_i 为 i 号球的出现数，则随机向量 $\boldsymbol{x}=(x_1,\cdots,x_m)'$具有如下的多元分布列：

$$P(x_1=k_1,\cdots,x_m=k_m)=\frac{\binom{N_1}{k_1}\cdots\binom{N_m}{k_m}}{\binom{N}{n}}$$

$$k_i=0,1,\cdots,\min(n,N_i),\quad i=1,\cdots,m,\quad k_1+\cdots+k_m=n \tag{2.1.4}$$

称 $\boldsymbol{x}$ 服从**多元超几何分布**。

由于(2.1.4)式中有一个约束：$k_1+\cdots+k_m=n$，所以，(2.1.4)式可以等价地表达为随机向量 $\boldsymbol{x}^*=(x_1,\cdots,x_{m-1})'$的分布列，即

$$P(x_1=k_1,\cdots,x_{m-1}=k_{m-1})=\frac{\binom{N_1}{k_1}\cdots\binom{N_{m-1}}{k_{m-1}}\binom{N-\sum_{i=1}^{m-1}N_i}{n-\sum_{i=1}^{m-1}k_i}}{\binom{N}{n}}$$

$$k_i=0,1,\cdots,\min(n,N_i),\quad i=1,\cdots,m-1,\quad k_1+\cdots+k_{m-1}\leqslant n \tag{2.1.5}$$

其中 $N_1+\cdots+N_{m-1}<N$，$N_1,\cdots,N_{m-1}$ 为自然数。

当 $m=2$ 时，(2.1.5)式退化为超几何分布的分布列，故多元超几何分布是超几何分布在多元场合下的直接推广。

例 2.1.1　一副麻将牌除“花”之外有 34 种不同的牌，每种牌有相同的 4 张，共有 $34\times4=136$ 张。打牌开始时，每人摸牌 13 张，由这 13 张所组成的一副牌具有怎样的概率分布呢？

首先，我们将不同的 34 种牌编号为 $1,2,\cdots,34$，用 x_i 表示这 13 张牌中编号为 i 的牌出现的张数，$i=1,2,\cdots,34$，它们都是随机变量。因此，摸到一副怎样的牌完全可以用随机向量 $\boldsymbol{x}=(x_1,\cdots,x_{34})'$ 的取值来描述，$\boldsymbol{x}$ 显然具有如下的多元超几何分布：

$$P(x_1=k_1,\cdots,x_{34}=k_{34})=\frac{\binom{4}{k_1}\cdots\binom{4}{k_{34}}}{\binom{136}{13}}$$

$$k_i=0,1,2,3,4,\quad i=1,\cdots,34,\quad k_1+\cdots+k_{34}=13$$

由此我们容易算得一个人们感兴趣的结果：一副牌中的 13 张牌各不相同的概率为

$$P(13\text{ 张牌各不相同})=\binom{34}{13}\times\frac{\binom{4}{1}^{13}}{\binom{136}{13}}=0.128\ 73$$

对立事件的概率

$$P(13\text{ 张牌有重复})=1-0.128\ 73=0.871\ 27$$

也就是说，大约每八副牌中只有一副没有重复牌，而其余七副都有牌重复。

如果这 13 张牌是采用放回的方式一一摸取的（当然，实际打牌不是这样的），则 $\boldsymbol{x}$ 服从多项分布，其多元分布列为

$$\frac{13!}{k_1!\cdots k_{34}!}\left(\frac{1}{34}\right)^{k_1}\cdots\left(\frac{1}{34}\right)^{k_{34}}=\frac{13!}{k_1!\cdots k_{34}!}\frac{1}{34^{13}}$$

$$k_i=0,1,\cdots,13,\quad i=1,\cdots,34,\quad k_1+\cdots+k_{34}=13$$ □

三、多元概率密度函数

若随机向量 $\boldsymbol{x}=(x_1,\cdots,x_p)'$ 的分布函数可以表示为

$$F(a_1,\cdots,a_p)=\int_{-\infty}^{a_1}\cdots\int_{-\infty}^{a_p}f(x_1,\cdots,x_p)\mathrm{d}x_1\cdots\mathrm{d}x_p \tag{2.1.6}$$

对一切 $(a_1,\cdots,a_p)\in R^p$ 成立，其中 $f(x_1,\cdots,x_p)\geqslant0$，则称 $\boldsymbol{x}$ 为**连续型随机向量**，称 $f(x_1,\cdots,x_p)$ 为 $\boldsymbol{x}$ 的**多元概率密度函数**，简称**多元密度**或**密度**。对于给定的分布函数 $F(x_1,\cdots,x_p)$，若 $f(x_1,\cdots,x_p)$ 在点 $(x_1,\cdots,x_p)$ 处连续，则有

$$f(x_1,\cdots,x_p)=\frac{\partial^p}{\partial x_1\cdots\partial x_p}F(x_1,\cdots,x_p) \tag{2.1.7}$$

多元密度 $f(x_1,\cdots,x_p)$ 具有下述两个**性质**：

(1) $f(x_1,\cdots,x_p)\geqslant0$，对一切实数 $x_1,\cdots,x_p$；

(2) $\int_{-\infty}^{\infty}\cdots\int_{-\infty}^{\infty}f(x_1,\cdots,x_p)\mathrm{d}x_1\cdots\mathrm{d}x_p=1$。

四、边缘分布

设 $\boldsymbol{x}$ 是 p 维随机向量，由它的 $q(<p)$ 个分量组成的向量 $\boldsymbol{x}_{(1)}$ 的分布称为 $\boldsymbol{x}$ 的关于 $\boldsymbol{x}_{(1)}$ 的

边缘分布。不妨设 $\boldsymbol{x}_{(1)}=(x_1,\cdots,x_q)'$，若 $\boldsymbol{x}$ 是连续型的，则 $\boldsymbol{x}_{(1)}$ 的分布函数为

$$\begin{aligned}F_{(1)}(a_1,\cdots,a_q)&=P(x_1\leqslant a_1,\cdots,x_q\leqslant a_q)\\&=P(x_1\leqslant a_1,\cdots,x_q\leqslant a_q,x_{q+1}<\infty,\cdots,x_p<\infty)\\&=F(a_1,\cdots,a_q,\infty,\cdots,\infty)\\&=\int_{-\infty}^{a_1}\cdots\int_{-\infty}^{a_q}\int_{-\infty}^{\infty}\cdots\int_{-\infty}^{\infty}f(x_1,\cdots,x_p)\mathrm{d}x_1\cdots\mathrm{d}x_p\\&=\int_{-\infty}^{a_1}\cdots\int_{-\infty}^{a_q}\left[\int_{-\infty}^{\infty}\cdots\int_{-\infty}^{\infty}f(x_1,\cdots,x_p)\mathrm{d}x_{q+1}\cdots\mathrm{d}x_p\right]\mathrm{d}x_1\cdots\mathrm{d}x_q\end{aligned}$$

所以关于 $\boldsymbol{x}_{(1)}$ 的边缘密度为

$$f_{(1)}(x_1,\cdots,x_q)=\int_{-\infty}^{\infty}\cdots\int_{-\infty}^{\infty}f(x_1,\cdots,x_p)\mathrm{d}x_{q+1}\cdots\mathrm{d}x_p \tag{2.1.8}$$

五、条件分布

设 $\boldsymbol{x}=(x_1,\cdots,x_p)'$ 是 p 维连续型随机向量，在给定 $\boldsymbol{x}_{(2)}=(x_{q+1},\cdots,x_p)'[f_{(2)}(\boldsymbol{x}_{(2)})>0]$ 的条件下，$\boldsymbol{x}_{(1)}=(x_1,\cdots,x_q)'$ 的**条件概率密度函数**定义为

$$f(x_1,\cdots,x_q|x_{q+1},\cdots,x_p)=\frac{f(x_1,\cdots,x_p)}{f_{(2)}(x_{q+1},\cdots,x_p)} \tag{2.1.9}$$

或表达为

$$f(\boldsymbol{x}_{(1)}|\boldsymbol{x}_{(2)})=\frac{f(\boldsymbol{x})}{f_{(2)}(\boldsymbol{x}_{(2)})} \tag*{(2.1.9)$'$}$$

条件分布这一概念有着较强的直观意义。给定条件就是将研究对象限制在符合该条件的一个局部范围内，条件分布实际上就是该局部范围内形成的一个分布。范围缩小了，其分布将更具针对性，所做的描述和分析通常也就更精确、可靠了。比如，考虑随机向量 $\boldsymbol{x}=(x_1,x_2)'$，其密度函数为 $f(x_1,x_2)$，其中 x_1 表示人的身高（单位：米），x_2 表示人的体重（单位：千克）。在身高 $x_1=1.80$（米）的人群中，体重 x_2 的分布再用边缘密度 $f_2(x_2)$ 来描述就显得粗糙和不合适了，此时应采用在 $x_1=1.80$ 的条件下 x_2 的条件密度 $f(x_2|x_1=1.80)$ 进行描述。

例 2.1.2　设 $\boldsymbol{x}=(x_1,x_2)'$ 有概率密度

$$f(x_1,x_2)=\begin{cases}\dfrac{6}{5}x_1^2(4x_1x_2+1), & 0<x_1<1,\ 0<x_2<1\\0, & \text{其他}\end{cases}$$

试求条件密度 $f(x_1|x_2)$ 和 $f(x_2|x_1)$。

解

$$\begin{aligned}f_1(x_1)&=\int_{-\infty}^{\infty}f(x_1,x_2)\mathrm{d}x_2\\&=\int_0^1\frac{6}{5}x_1^2(4x_1x_2+1)\mathrm{d}x_2\\&=\frac{24}{5}x_1^3\int_0^1x_2\mathrm{d}x_2+\frac{6}{5}x_1^2\\&=\frac{12}{5}x_1^3+\frac{6}{5}x_1^2,\qquad 0<x_1<1\end{aligned}$$

$$f_2(x_2)=\int_{-\infty}^{\infty}f(x_1,x_2)\mathrm{d}x_1$$

$$=\int_0^1 \frac{6}{5}x_1^2(4x_1x_2+1)\mathrm{d}x_1$$

$$=\frac{24}{5}x_2\int_0^1 x_1^3\mathrm{d}x_1+\frac{6}{5}\int_0^1 x_1^2\mathrm{d}x_1$$

$$=\frac{6}{5}x_2+\frac{2}{5},\qquad 0<x_2<1$$

所以,对于 $0<x_2<1$,

$$f(x_1|x_2)=\frac{f(x_1,x_2)}{f_2(x_2)}=\frac{3x_1^2(4x_1x_2+1)}{3x_2+1},\qquad 0<x_1<1$$

对于 $0<x_1<1$,

$$f(x_2|x_1)=\frac{f(x_1,x_2)}{f_1(x_1)}=\frac{4x_1x_2+1}{2x_1+1},\qquad 0<x_2<1$$

□

六、独立性

设 $\boldsymbol{x}$ 和 $\boldsymbol{y}$ 是两个随机向量,若

$$F(\boldsymbol{x},\boldsymbol{y})=F_x(\boldsymbol{x})\cdot F_y(\boldsymbol{y})\tag{2.1.10}$$

对一切 $\boldsymbol{x},\boldsymbol{y}$ 成立,则称 $\boldsymbol{x}$ 和 $\boldsymbol{y}$ **相互独立**。若$(\boldsymbol{x},\boldsymbol{y})$是连续型的,则 $\boldsymbol{x}$ 和 $\boldsymbol{y}$ 相互独立,当且仅当

$$f(\boldsymbol{x},\boldsymbol{y})=f_x(\boldsymbol{x})\cdot f_y(\boldsymbol{y})\tag{2.1.11}$$

对一切 $\boldsymbol{x},\boldsymbol{y}$ 成立,或当且仅当

$$f(\boldsymbol{x}|\boldsymbol{y})=f_x(\boldsymbol{x})\tag{2.1.12}$$

对一切 $\boldsymbol{x},\boldsymbol{y}$ 成立,即条件分布等同于无条件分布,直观意义是 $\boldsymbol{x}$ 的分布不受 $\boldsymbol{y}$ 取值的影响。

独立性的概念可以推广到 n 个随机向量的情形。设 $\boldsymbol{x}_1,\boldsymbol{x}_2,\cdots,\boldsymbol{x}_n$ 是 n 个随机向量,若

$$F(\boldsymbol{x}_1,\boldsymbol{x}_2,\cdots,\boldsymbol{x}_n)=F_1(\boldsymbol{x}_1)F_2(\boldsymbol{x}_2)\cdots F_n(\boldsymbol{x}_n)\tag{2.1.13}$$

对一切 $\boldsymbol{x}_1,\boldsymbol{x}_2,\cdots,\boldsymbol{x}_n$ 成立,则称 $\boldsymbol{x}_1,\boldsymbol{x}_2,\cdots,\boldsymbol{x}_n$ **相互独立**。在连续型情形下,$\boldsymbol{x}_1,\boldsymbol{x}_2,\cdots,\boldsymbol{x}_n$ 相互独立,当且仅当

$$f(\boldsymbol{x}_1,\boldsymbol{x}_2,\cdots,\boldsymbol{x}_n)=f_1(\boldsymbol{x}_1)f_2(\boldsymbol{x}_2)\cdots f_n(\boldsymbol{x}_n)\tag{2.1.14}$$

对一切 $\boldsymbol{x}_1,\boldsymbol{x}_2,\cdots,\boldsymbol{x}_n$ 成立。在实际应用中,如 $\boldsymbol{x}_1,\boldsymbol{x}_2,\cdots,\boldsymbol{x}_n$ 的取值互不影响,就可认为这 n 个随机向量相互独立。

例 2.1.3　设随机向量 $\boldsymbol{x}=(x_1,x_2,x_3)'$的概率密度函数为

$$f(x_1,x_2,x_3)=\begin{cases}\mathrm{e}^{-(x_1+x_2+x_3)}, & x_1>0,x_2>0,x_3>0\\ 0, & \text{其他}\end{cases}$$

试证 x_1,x_2,x_3 相互独立。

证明

$$f_1(x_1)=\int_{-\infty}^{\infty}\int_{-\infty}^{\infty} f(x_1,x_2,x_3)\mathrm{d}x_2\mathrm{d}x_3$$

$$=\int_0^{\infty}\int_0^{\infty}\mathrm{e}^{-(x_1+x_2+x_3)}\mathrm{d}x_2\mathrm{d}x_3$$

$$=\mathrm{e}^{-x_1}\int_0^{\infty}\mathrm{e}^{-x_2}\mathrm{d}x_2\int_0^{\infty}\mathrm{e}^{-x_3}\mathrm{d}x_3$$

$$=\mathrm{e}^{-x_1},\qquad x_1>0$$

同理

$$f_2(x_2)=e^{-x_2}, \quad x_2>0$$

$$f_3(x_3)=e^{-x_3}, \quad x_3>0$$

从而

$$f(x_1,x_2,x_3)=f_1(x_1)f_2(x_2)f_3(x_3)$$

所以 x_1,x_2,x_3 相互独立。 □

§2.2 数字特征

若矩阵 $\boldsymbol{X}=(x_{ij})$ 的每个元素都是随机变量,则称 $\boldsymbol{X}$ 为**随机矩阵**。随机向量 $\boldsymbol{x}=(x_1,x_2,\cdots,x_p)'$ 可以看作是只有一列的随机矩阵。以下假定涉及的随机变量数字特征均存在。

一、数学期望(均值)

$p\times q$ 随机矩阵 $\boldsymbol{X}=(x_{ij})$ 的**数学期望**(或称**均值**)定义为

$$E(\boldsymbol{X})=(E(x_{ij}))=\begin{pmatrix} E(x_{11}) & E(x_{12}) & \cdots & E(x_{1q}) \\ E(x_{21}) & E(x_{22}) & \cdots & E(x_{2q}) \\ \vdots & \vdots & & \vdots \\ E(x_{p1}) & E(x_{p2}) & \cdots & E(x_{pq}) \end{pmatrix} \tag{2.2.1}$$

特别地,当 $q=1$ 时,便可得到随机向量 $\boldsymbol{x}=(x_1,x_2,\cdots,x_p)'$ 的**数学期望**定义,即

$$E(\boldsymbol{x})=[E(x_1),E(x_2),\cdots,E(x_p)]' \tag{2.2.2}$$

可记为 $\boldsymbol{\mu}=(\mu_1,\mu_2,\cdots,\mu_p)'$。

在给定 $\boldsymbol{x}_2$ 的条件下,$\boldsymbol{x}_1$ 的数学期望称为**条件数学期望**(或称**条件均值**),记作 $E(\boldsymbol{x}_1|\boldsymbol{x}_2)$。举一个要用到条件期望的例子,假设某地区男子寿命 x 的期望值为 $E(x)=80$ 岁,已知某男子现年 65 岁,则他的期望寿命不应该就是 80 岁,而应是条件期望 $E(x|x\geqslant 65)$。① 直观上,$E(x)$ 是该地区男子的平均寿命,而 $E(x|x\geqslant 65)$ 是该地区 65 岁以上男子的平均寿命,显然后者要明显大于前者。

随机矩阵 $\boldsymbol{X}$ 的数学期望具有下述**性质**:

(1) 设 a 为常数,则

$$E(a\boldsymbol{X})=aE(\boldsymbol{X}) \tag{2.2.3}$$

(2) 设 $\boldsymbol{A},\boldsymbol{B},\boldsymbol{C}$ 为常数矩阵,则

$$E(\boldsymbol{AXB}+\boldsymbol{C})=\boldsymbol{A}E(\boldsymbol{X})\boldsymbol{B}+\boldsymbol{C} \tag{2.2.4}$$

特别地,对于随机向量 $\boldsymbol{x}$,有

$$E(\boldsymbol{Ax})=\boldsymbol{A}E(\boldsymbol{x}) \tag{2.2.5}$$

(3) 设 $\boldsymbol{X}_1,\boldsymbol{X}_2,\cdots,\boldsymbol{X}_n$ 为 n 个同阶的随机矩阵,则

---

① 容易得出其条件密度为 $f(x|x\geqslant 65)=\dfrac{f(x)}{1-F(65)}$, $x\geqslant 65$。

$$E(\boldsymbol{X}_1+\boldsymbol{X}_2+\cdots+\boldsymbol{X}_n)=E(\boldsymbol{X}_1)+E(\boldsymbol{X}_2)+\cdots+E(\boldsymbol{X}_n) \tag{2.2.6}$$

上述各项性质容易由定义(2.2.1)逐一加以验证。

二、协方差矩阵

随机变量之间的线性联系程度可用协方差来描述。设 x 和 y 是两个随机变量，它们之间的**协方差**定义为

$$\mathrm{Cov}(x,y)=E[x-E(x)][y-E(y)] \tag{2.2.7}$$

通常按如下公式计算较为方便

$$\mathrm{Cov}(x,y)=E(xy)-E(x)E(y)$$

若 $\mathrm{Cov}(x,y)=0$，则称 x 和 y **不相关**。两个独立的随机变量必然不相关，但两个不相关的随机变量未必独立。当 $x=y$ 时，协方差即为方差，也就是

$$\mathrm{Cov}(x,x)=V(x)$$

设 $\boldsymbol{x}=(x_1,x_2,\cdots,x_p)'$ 和 $\boldsymbol{y}=(y_1,y_2,\cdots,y_q)'$ 分别为 p 维和 q 维随机向量，$\boldsymbol{x}$ 和 $\boldsymbol{y}$ 的**协方差矩阵**(简称**协差阵**)定义为

$$\begin{pmatrix} \mathrm{Cov}(x_1,y_1) & \mathrm{Cov}(x_1,y_2) & \cdots & \mathrm{Cov}(x_1,y_q) \\ \mathrm{Cov}(x_2,y_1) & \mathrm{Cov}(x_2,y_2) & \cdots & \mathrm{Cov}(x_2,y_q) \\ \vdots & \vdots & & \vdots \\ \mathrm{Cov}(x_p,y_1) & \mathrm{Cov}(x_p,y_2) & \cdots & \mathrm{Cov}(x_p,y_q) \end{pmatrix} \tag{2.2.8}$$

记作 $\mathrm{Cov}(\boldsymbol{x},\boldsymbol{y})$，可将其简洁地表达为

$$\mathrm{Cov}(\boldsymbol{x},\boldsymbol{y})=E[\boldsymbol{x}-E(\boldsymbol{x})][\boldsymbol{y}-E(\boldsymbol{y})]' \tag{2.2.8$'$}$$

显然，$\boldsymbol{y}$ 和 $\boldsymbol{x}$ 的协方差矩阵与 $\boldsymbol{x}$ 和 $\boldsymbol{y}$ 的协方差矩阵互为转置关系，即有

$$\mathrm{Cov}(\boldsymbol{y},\boldsymbol{x})=[\mathrm{Cov}(\boldsymbol{x},\boldsymbol{y})]' \tag{2.2.9}$$

若 $\mathrm{Cov}(\boldsymbol{x},\boldsymbol{y})=\boldsymbol{0}$，则称 $\boldsymbol{x}$ 和 $\boldsymbol{y}$ **不相关**。不相关性和独立性这两个概念存在着这样的关系：由 $\boldsymbol{x}$ 和 $\boldsymbol{y}$ 相互独立，可推知 $\mathrm{Cov}(\boldsymbol{x},\boldsymbol{y})=\boldsymbol{0}$，即它们不相关；反之，由 $\boldsymbol{x}$ 和 $\boldsymbol{y}$ 不相关，并不能推知它们独立。当 $\boldsymbol{x}=\boldsymbol{y}$(自然 $p=q$)时，$\mathrm{Cov}(\boldsymbol{x},\boldsymbol{x})$ 称为 $\boldsymbol{x}$ 的**协方差矩阵**，记作 $V(\boldsymbol{x})$，即有

$$\begin{aligned} V(\boldsymbol{x}) &= E[\boldsymbol{x}-E(\boldsymbol{x})][\boldsymbol{x}-E(\boldsymbol{x})]' \\ &= \begin{pmatrix} V(x_1) & \mathrm{Cov}(x_1,x_2) & \cdots & \mathrm{Cov}(x_1,x_p) \\ \mathrm{Cov}(x_2,x_1) & V(x_2) & \cdots & \mathrm{Cov}(x_2,x_p) \\ \vdots & \vdots & & \vdots \\ \mathrm{Cov}(x_p,x_1) & \mathrm{Cov}(x_p,x_2) & \cdots & V(x_p) \end{pmatrix} \end{aligned} \tag{2.2.10}$$

协方差矩阵 $V(\boldsymbol{x})$ 也可记作 $\boldsymbol{\Sigma}=(\sigma_{ij})$，其中 $\sigma_{ij}=\mathrm{Cov}(x_i,x_j)$，$\sigma_{ii}=\sigma_i^2=V(x_i)$。在给定 $\boldsymbol{x}_2$ 的条件下，$\boldsymbol{x}_1$ 的协方差矩阵称为**条件协方差矩阵**，记作 $V(\boldsymbol{x}_1|\boldsymbol{x}_2)$。

例 2.2.1(有用结论)　一随机向量由 $\boldsymbol{x}$ 和 $\boldsymbol{y}$ 组成，其协方差矩阵可作如下剖分：

$$\begin{aligned} V\begin{pmatrix}\boldsymbol{x}\\ \boldsymbol{y}\end{pmatrix} &= E\left[\begin{pmatrix}\boldsymbol{x}\\ \boldsymbol{y}\end{pmatrix}-E\begin{pmatrix}\boldsymbol{x}\\ \boldsymbol{y}\end{pmatrix}\right]\left[\begin{pmatrix}\boldsymbol{x}\\ \boldsymbol{y}\end{pmatrix}-E\begin{pmatrix}\boldsymbol{x}\\ \boldsymbol{y}\end{pmatrix}\right]' \\ &= E\begin{pmatrix}\boldsymbol{x}-E\boldsymbol{x}\\ \boldsymbol{y}-E\boldsymbol{y}\end{pmatrix}[(\boldsymbol{x}-E\boldsymbol{x})',(\boldsymbol{y}-E\boldsymbol{y})'] \end{aligned}$$

$$=E\begin{pmatrix}(\boldsymbol{x}-E\boldsymbol{x})(\boldsymbol{x}-E\boldsymbol{x})' & (\boldsymbol{x}-E\boldsymbol{x})(\boldsymbol{y}-E\boldsymbol{y})' \\ (\boldsymbol{y}-E\boldsymbol{y})(\boldsymbol{x}-E\boldsymbol{x})' & (\boldsymbol{y}-E\boldsymbol{y})(\boldsymbol{y}-E\boldsymbol{y})'\end{pmatrix}$$

$$=\begin{pmatrix}V(\boldsymbol{x}) & \mathrm{Cov}(\boldsymbol{x},\boldsymbol{y}) \\ \mathrm{Cov}(\boldsymbol{y},\boldsymbol{x}) & V(\boldsymbol{y})\end{pmatrix}$$ ①

□

协方差矩阵具有下述性质：

(1) 随机向量 $\boldsymbol{x}$ 的协方差矩阵 $\boldsymbol{\Sigma}$ 一定是非负定矩阵。

证明　显然，$\boldsymbol{\Sigma}$ 是对称矩阵。② 设 $\boldsymbol{a}$ 为任意与 $\boldsymbol{x}$ 具有相同维数的常数向量，则

$$\boldsymbol{a}'\boldsymbol{\Sigma a}=\boldsymbol{a}'E[(\boldsymbol{x}-\boldsymbol{\mu})(\boldsymbol{x}-\boldsymbol{\mu})']\boldsymbol{a}=E[\boldsymbol{a}'(\boldsymbol{x}-\boldsymbol{\mu})]^2\geqslant 0$$

故 $\boldsymbol{\Sigma}\geqslant 0$，即 $\boldsymbol{x}$ 的协方差矩阵是非负定矩阵。　□

(2) 设 $\boldsymbol{A}$ 为常数矩阵，$\boldsymbol{b}$ 为常数向量，则

$$V(\boldsymbol{Ax}+\boldsymbol{b})=\boldsymbol{A}V(\boldsymbol{x})\boldsymbol{A}' \tag{2.2.11}$$

证明

$$\begin{aligned}V(\boldsymbol{Ax}+\boldsymbol{b})&=E[(\boldsymbol{Ax}+\boldsymbol{b})-(\boldsymbol{A\mu}+\boldsymbol{b})][(\boldsymbol{Ax}+\boldsymbol{b})-(\boldsymbol{A\mu}+\boldsymbol{b})]'\\&=\boldsymbol{A}E[(\boldsymbol{x}-\boldsymbol{\mu})(\boldsymbol{x}-\boldsymbol{\mu})']\boldsymbol{A}'\\&=\boldsymbol{A}V(\boldsymbol{x})\boldsymbol{A}'\end{aligned}$$

□

例 2.2.2(有用结论)　试证 $|\boldsymbol{\Sigma}|=0$，当且仅当 $\boldsymbol{x}$ 的分量之间以概率 1 存在线性关系。

证明　因 $\boldsymbol{\Sigma}\geqslant 0$，从而按正定矩阵的定义，$\boldsymbol{\Sigma}>0 \Leftrightarrow$ 对一切 $\boldsymbol{a}\neq\boldsymbol{0}$，有 $\boldsymbol{a}'\boldsymbol{\Sigma a}>0$，故

$|\boldsymbol{\Sigma}|=0 \Leftrightarrow$ 存在常数向量 $\boldsymbol{a}\neq\boldsymbol{0}$，使得 $\boldsymbol{a}'\boldsymbol{\Sigma a}=0$，即 $V(\boldsymbol{a}'\boldsymbol{x})=0$

$\Leftrightarrow$ 存在 $\boldsymbol{a}\neq\boldsymbol{0}$，使得 $P(\boldsymbol{a}'\boldsymbol{x}=\boldsymbol{a}'\boldsymbol{\mu})=1$

$\Leftrightarrow$ $\boldsymbol{x}$ 的分量之间以概率 1 存在线性关系　□

在实际问题中，有时 $|\boldsymbol{\Sigma}|=0$，其原因是指标之间存在着线性关系，如某一指标是其他一些指标的汇总值，这在一般数据报表中是常出现的。我们通常可以通过删去“多余”指标③的办法来确保 $\boldsymbol{\Sigma}>0$。因此，在本书的绝大部分讨论中，我们假定 $\boldsymbol{\Sigma}>0$ 并不失一般性，而且这可使数学问题得以简化，便于读者理解。

例 2.2.3　设随机向量 $\boldsymbol{x}=(x_1,x_2,x_3)'$ 的数学期望和协方差矩阵分别为

$$\boldsymbol{\mu}=\begin{pmatrix}5\\-2\\7\end{pmatrix}\quad 和 \quad \boldsymbol{\Sigma}=\begin{pmatrix}4&1&2\\1&9&-3\\2&-3&25\end{pmatrix}$$

令 $y_1=2x_1-x_2+4x_3$，$y_2=x_2-x_3$，$y_3=x_1+3x_2-2x_3$，试求 $\boldsymbol{y}=(y_1,y_2,y_3)'$ 的数学期望和协方差矩阵。

解

$$\boldsymbol{y}=\begin{pmatrix}y_1\\y_2\\y_3\end{pmatrix}=\begin{pmatrix}2&-1&4\\0&1&-1\\1&3&-2\end{pmatrix}\begin{pmatrix}x_1\\x_2\\x_3\end{pmatrix}=\boldsymbol{Ax}$$

所以

---

① 记住该分块矩阵各块的统计含义是很有益处的，并有助于对本书后面有关内容的理解。

② 这一步不可缺。

③ 统计上的“多余”指标是指不提供额外信息的指标。例如，$x_4=x_1-3x_2+7x_3$，x_4 可由 x_1,x_2,x_3 所确定，它所含的信息包含在 x_1,x_2,x_3 中，并不提供除 x_1,x_2,x_3 之外的额外信息。

$$E(\boldsymbol{y})=\boldsymbol{A}E(\boldsymbol{x})=\begin{pmatrix}2&-1&4\\0&1&-1\\1&3&-2\end{pmatrix}\begin{pmatrix}5\\-2\\7\end{pmatrix}=\begin{pmatrix}40\\-9\\-15\end{pmatrix}$$

$$\begin{aligned}V(\boldsymbol{y})&=\boldsymbol{A}V(\boldsymbol{x})\boldsymbol{A}'\\&=\begin{pmatrix}2&-1&4\\0&1&-1\\1&3&-2\end{pmatrix}\begin{pmatrix}4&1&2\\1&9&-3\\2&-3&25\end{pmatrix}\begin{pmatrix}2&0&1\\-1&1&3\\4&-1&-2\end{pmatrix}\\&=\begin{pmatrix}477&-126&-256\\-126&40&91\\-256&91&219\end{pmatrix}\end{aligned}$$

□

(3) 设 $\boldsymbol{A}$ 和 $\boldsymbol{B}$ 为常数矩阵,则

$$\mathrm{Cov}(\boldsymbol{Ax},\boldsymbol{By})=\boldsymbol{A}\mathrm{Cov}(\boldsymbol{x},\boldsymbol{y})\boldsymbol{B}' \tag{2.2.12}$$

证明

$$\begin{aligned}\mathrm{Cov}(\boldsymbol{Ax},\boldsymbol{By})&=E[\boldsymbol{Ax}-\boldsymbol{A}E(\boldsymbol{x})][\boldsymbol{By}-\boldsymbol{B}E(\boldsymbol{y})]'\\&=\boldsymbol{A}E[\boldsymbol{x}-E(\boldsymbol{x})][\boldsymbol{y}-E(\boldsymbol{y})]'\boldsymbol{B}'\\&=\boldsymbol{A}\mathrm{Cov}(\boldsymbol{x},\boldsymbol{y})\boldsymbol{B}'\end{aligned}$$

□

(4) 设 $\boldsymbol{A}_1,\boldsymbol{A}_2,\cdots,\boldsymbol{A}_n$ 和 $\boldsymbol{B}_1,\boldsymbol{B}_2,\cdots,\boldsymbol{B}_m$ 为常数矩阵,则

$$\mathrm{Cov}\left(\sum_{i=1}^{n}\boldsymbol{A}_i\boldsymbol{x}_i,\sum_{j=1}^{m}\boldsymbol{B}_j\boldsymbol{y}_j\right)=\sum_{i=1}^{n}\sum_{j=1}^{m}\boldsymbol{A}_i\mathrm{Cov}(\boldsymbol{x}_i,\boldsymbol{y}_j)\boldsymbol{B}_j' \tag{2.2.13}$$

证明

$$\begin{aligned}&\mathrm{Cov}\left(\sum_{i=1}^{n}\boldsymbol{A}_i\boldsymbol{x}_i,\sum_{j=1}^{m}\boldsymbol{B}_j\boldsymbol{y}_j\right)\\&=E\left[\sum_{i=1}^{n}\boldsymbol{A}_i\boldsymbol{x}_i-E\left(\sum_{i=1}^{n}\boldsymbol{A}_i\boldsymbol{x}_i\right)\right]\left[\sum_{j=1}^{m}\boldsymbol{B}_j\boldsymbol{y}_j-E\left(\sum_{j=1}^{m}\boldsymbol{B}_j\boldsymbol{y}_j\right)\right]'\\&=\sum_{i=1}^{n}\sum_{j=1}^{m}E[\boldsymbol{A}_i\boldsymbol{x}_i-E(\boldsymbol{A}_i\boldsymbol{x}_i)][\boldsymbol{B}_j\boldsymbol{y}_j-E(\boldsymbol{B}_j\boldsymbol{y}_j)]'\\&=\sum_{i=1}^{n}\sum_{j=1}^{m}\boldsymbol{A}_iE[\boldsymbol{x}_i-E(\boldsymbol{x}_i)][\boldsymbol{y}_j-E(\boldsymbol{y}_j)]'\boldsymbol{B}_j'\\&=\sum_{i=1}^{n}\sum_{j=1}^{m}\boldsymbol{A}_i\mathrm{Cov}(\boldsymbol{x}_i,\boldsymbol{y}_j)\boldsymbol{B}_j'\end{aligned}$$

□

例 2.2.4　设随机向量 $\boldsymbol{x}=\begin{pmatrix}\boldsymbol{x}_1\\\boldsymbol{x}_2\end{pmatrix}\begin{matrix}p\\p\end{matrix}$,其协方差矩阵 $\boldsymbol{\Sigma}=\begin{pmatrix}\boldsymbol{\Sigma}_{11}&\boldsymbol{\Sigma}_{12}\\\boldsymbol{\Sigma}_{21}&\boldsymbol{\Sigma}_{22}\end{pmatrix}$,则 $\boldsymbol{x}_1+\boldsymbol{x}_2$ 与 $\boldsymbol{x}_1-\boldsymbol{x}_2$ 的协方差矩阵

$$\begin{aligned}\mathrm{Cov}(\boldsymbol{x}_1+\boldsymbol{x}_2,\boldsymbol{x}_1-\boldsymbol{x}_2)&=\mathrm{Cov}(\boldsymbol{x}_1,\boldsymbol{x}_1)-\mathrm{Cov}(\boldsymbol{x}_1,\boldsymbol{x}_2)+\mathrm{Cov}(\boldsymbol{x}_2,\boldsymbol{x}_1)-\mathrm{Cov}(\boldsymbol{x}_2,\boldsymbol{x}_2)\\&=\boldsymbol{\Sigma}_{11}-\boldsymbol{\Sigma}_{12}+\boldsymbol{\Sigma}_{21}-\boldsymbol{\Sigma}_{22}\end{aligned}$$

当 $p=1$ 时,记 $\boldsymbol{\Sigma}=\begin{pmatrix}\sigma_{11}&\sigma_{12}\\\sigma_{21}&\sigma_{22}\end{pmatrix}$,此时

$$\mathrm{Cov}(x_1+x_2,x_1-x_2)=\sigma_{11}-\sigma_{22}$$

若进一步假设 $\sigma_{11}=\sigma_{22}$,则有

$$\mathrm{Cov}(x_1+x_2,x_1-x_2)=0$$

这表明了一个有趣的结论:方差相等的两个随机变量的和与差是不相关的。 □

(5) 设 $k_1,k_2,\cdots,k_n$ 是 n 个常数,$\boldsymbol{x}_1,\boldsymbol{x}_2,\cdots,\boldsymbol{x}_n$ 是 n 个互不相关(或者说两两不相关)的 p

维随机向量，则

$$V\left(\sum_{i=1}^{n} k_i \boldsymbol{x}_i\right)=\sum_{i=1}^{n} k_i^2 V(\boldsymbol{x}_i) \tag{2.2.14}$$

证明

$$\begin{aligned} V\left(\sum_{i=1}^{n} k_i \boldsymbol{x}_i\right) &= \mathrm{Cov}\left(\sum_{i=1}^{n} k_i \boldsymbol{x}_i, \sum_{j=1}^{n} k_j \boldsymbol{x}_j\right) \\ &= \sum_{i=1}^{n}\sum_{j=1}^{n} k_i k_j \mathrm{Cov}(\boldsymbol{x}_i, \boldsymbol{x}_j) \\ &= \sum_{i=1}^{n} k_i^2 V(\boldsymbol{x}_i) \end{aligned}$$

□

三、相关矩阵

设 x 和 y 是两个随机变量，它们之间的**相关系数**定义为

$$\rho=\rho(x,y)=\frac{\mathrm{Cov}(x,y)}{[V(x)\cdot V(y)]^{1/2}} \tag{2.2.15}$$

它度量了 x 和 y 之间线性依赖关系的强弱，ρ 的取值范围为 $[-1,1]$。$\rho=0$ 时，表明 x 和 y 不相关；$\rho>0$ 时，称 x 和 y **正相关**；$\rho<0$ 时，称 x 和 y **负相关**；$|\rho|=1$，当且仅当 x 和 y 中的一个变量可表示成另一个变量的线性函数（以概率 1 成立）。

设 $\boldsymbol{x}=(x_1,x_2,\cdots,x_p)'$ 和 $\boldsymbol{y}=(y_1,y_2,\cdots,y_q)'$ 分别为 p 维和 q 维随机向量，$\boldsymbol{x}$ 和 $\boldsymbol{y}$ 的**相关矩阵**定义为

$$\rho(\boldsymbol{x},\boldsymbol{y})=\begin{pmatrix} \rho(x_1,y_1) & \rho(x_1,y_2) & \cdots & \rho(x_1,y_q) \\ \rho(x_2,y_1) & \rho(x_2,y_2) & \cdots & \rho(x_2,y_q) \\ \vdots & \vdots & & \vdots \\ \rho(x_p,y_1) & \rho(x_p,y_2) & \cdots & \rho(x_p,y_q) \end{pmatrix} \tag{2.2.16}$$

若 $\rho(\boldsymbol{x},\boldsymbol{y})=\boldsymbol{0}$，则表明 $\boldsymbol{x}$ 和 $\boldsymbol{y}$ 不相关。当 $\boldsymbol{x}=\boldsymbol{y}$ 时，$\rho(\boldsymbol{x},\boldsymbol{x})$ 称为 $\boldsymbol{x}$ 的**相关矩阵**，记作 $\boldsymbol{R}=(\rho_{ij})$，这里 $\rho_{ij}=\rho(x_i,x_j)$，$\rho_{ii}=1$，即

$$\boldsymbol{R}=\begin{pmatrix} 1 & \rho_{12} & \cdots & \rho_{1p} \\ \rho_{21} & 1 & \cdots & \rho_{2p} \\ \vdots & \vdots & & \vdots \\ \rho_{p1} & \rho_{p2} & \cdots & 1 \end{pmatrix} \tag{2.2.17}$$ ①

显然，$\boldsymbol{R}$ 不随各变量度量单位的改变而变化，其元素都是（无单位的）纯数值。

相关矩阵 $\boldsymbol{R}=(\rho_{ij})$ 和协方差矩阵 $\boldsymbol{\Sigma}=(\sigma_{ij})$ 之间有关系式

$$\boldsymbol{R}=\boldsymbol{D}^{-1}\boldsymbol{\Sigma}\boldsymbol{D}^{-1} \tag{2.2.18}$$ ②

其中 $\boldsymbol{D}=\mathrm{diag}(\sqrt{\sigma_{11}},\sqrt{\sigma_{22}},\cdots,\sqrt{\sigma_{pp}})$；$\boldsymbol{R}$ 和 $\boldsymbol{\Sigma}$ 相应的元素之间的关系式为

$$\rho_{ij}=\frac{\sigma_{ij}}{\sqrt{\sigma_{ii}}\sqrt{\sigma_{jj}}} \tag{2.2.19}$$

---

① 由于 $\boldsymbol{\Sigma}$ 和 $\boldsymbol{R}$ 都是对称矩阵，故也可只显示其（包含对角线的）下三角或上三角部分。

② 从该式可见，由 $\boldsymbol{\Sigma}$ 可确定 $\boldsymbol{R}$，但单由 $\boldsymbol{R}$ 并不能确定 $\boldsymbol{\Sigma}$，$\boldsymbol{R}$ 需和各变量的方差一起才能确定 $\boldsymbol{\Sigma}$。

需要指出，$\boldsymbol{\Sigma}$ 中的$\sigma_{ij}(i\neq j)$之间在一般情况下不可直接比较大小①，而 $\boldsymbol{R}$ 中的$\rho_{ij}(i\neq j)$之间的大小却可以直接比较。

例 2.2.5　在例 2.2.3 中，随机向量 $\boldsymbol{x}$ 的相关矩阵为

$$\boldsymbol{R}=\begin{pmatrix}\frac{1}{2}&0&0\\0&\frac{1}{3}&0\\0&0&\frac{1}{5}\end{pmatrix}\begin{pmatrix}4&1&2\\1&9&-3\\2&-3&25\end{pmatrix}\begin{pmatrix}\frac{1}{2}&0&0\\0&\frac{1}{3}&0\\0&0&\frac{1}{5}\end{pmatrix}=\begin{pmatrix}1&\frac{1}{6}&\frac{1}{5}\\\frac{1}{6}&1&-\frac{1}{5}\\\frac{1}{5}&-\frac{1}{5}&1\end{pmatrix}$$ □

在数据处理时，常常因各变量的单位不完全相同而需要对每个变量作标准化变换，最常用的标准化变换是令

$$x_i^*=\frac{x_i-\mu_i}{\sqrt{\sigma_{ii}}},\quad i=1,2,\cdots,p$$

记 $\boldsymbol{x}^*=(x_1^*,x_2^*,\cdots,x_p^*)'$，于是

$$\boldsymbol{x}^*=\boldsymbol{D}^{-1}(\boldsymbol{x}-\boldsymbol{\mu})\tag{2.2.20}$$

从而

$$\begin{aligned}E(\boldsymbol{x}^*)&=\boldsymbol{D}^{-1}[E(\boldsymbol{x})-\boldsymbol{\mu}]=\boldsymbol{0}\\V(\boldsymbol{x}^*)&=V[\boldsymbol{D}^{-1}(\boldsymbol{x}-\boldsymbol{\mu})]=\boldsymbol{D}^{-1}\boldsymbol{\Sigma}\boldsymbol{D}^{-1}=\boldsymbol{R}\end{aligned}\tag{2.2.21}$$

即标准化后的协方差矩阵正好是原始向量的相关矩阵。由此可见，相关矩阵 $\boldsymbol{R}$ 也是一个非负定矩阵。

四、总变异性的度量

方差可用来描述单个随机变量的变异程度，而随机向量 $\boldsymbol{x}$ 的变异性则可以使用其协方差矩阵 $\boldsymbol{\Sigma}$ 作多方面的描述，$\boldsymbol{\Sigma}$ 包含有各分量的方差和两两分量之间的协方差。有时，我们希望用一个数值来描述随机向量的总变异性，以下我们介绍其两个常用的度量：总方差和广义方差。

（一）总方差

称 $\mathrm{tr}(\boldsymbol{\Sigma})=\sum_{i=1}^{p}\sigma_{ii}$ 为 p 维随机向量 $\boldsymbol{x}$ 的**总方差**，它可用来描述随机向量的总变异性，这是第七章的主成分分析所采用的。当 $p=1$ 时，总方差就退化为方差。总方差未考虑到变量之间的相关性，这是它的一个缺陷。

（二）广义方差

1. 广义方差的概念

随机向量总变异性的一个最为常用的度量是行列式$|\boldsymbol{\Sigma}|$，称之为 p 维随机向量 $\boldsymbol{x}$ 的**广义方差**。当 $p=1$ 时，广义方差也退化为方差。广义方差考虑到了各分量之间的相关性，但也有其缺陷，广义方差可能会被误导（两个协方差矩阵可有很不相同的结构，但却有相同的行列

---

① 在各变量的单位都相同且方差也都相同的这一特殊情形下，$\sigma_{ij}(i\neq j)$之间可直接比较大小。

式)。

×2. 广义方差的解释

广义方差有一个几何解释。设 $E(\boldsymbol{x})=\boldsymbol{\mu}, V(\boldsymbol{x})=\boldsymbol{\Sigma}>0, \lambda_1\geqslant\lambda_2\geqslant\cdots\geqslant\lambda_p>0$ 是 $\boldsymbol{\Sigma}$ 的 p 个特征值,c 为一正数,则由下一节的(2.3.6)式知,

$$(\boldsymbol{x}-\boldsymbol{\mu})'\boldsymbol{\Sigma}^{-1}(\boldsymbol{x}-\boldsymbol{\mu})=c^2 \tag{2.2.22}$$

当 $p=2$ 时是一个椭圆,当 $p=3$ 时是一个椭球面,当 $p>3$ 时是一个超椭球面。该(超)椭球面的 p 个半轴分别为 $c\sqrt{\lambda_1}, c\sqrt{\lambda_2}, \cdots, c\sqrt{\lambda_p}$。可以证明,相应(超)椭球的体积是 $|\boldsymbol{\Sigma}|^{1/2}$ 的常数倍,即

$$(\text{椭球的体积})^2=\text{常数}\times\text{广义方差}^{①}$$

当最小特征值 λ_p 接近于零时,椭球的体积也将接近于零,从而广义方差近似为零。关于这一点我们也可以从关系式 $|\boldsymbol{\Sigma}|=\lambda_1\lambda_2\cdots\lambda_p$ 看出,并由该关系式还可看出,广义方差达到最小值零,当且仅当存在零特征值(即 $\lambda_p=0$),由例 2.2.2 知,此时 $\boldsymbol{x}$ 的各分量之间以概率 1 存在线性关系。

设 $\lambda_1^*\geqslant\lambda_2^*\geqslant\cdots\geqslant\lambda_p^*\geqslant0$ 是 $\boldsymbol{x}$ 的相关矩阵 $\boldsymbol{R}$ 的 p 个特征值,于是由习题 2.11 知,

$$|\boldsymbol{\Sigma}|=(\sigma_{11}\sigma_{22}\cdots\sigma_{pp})|\boldsymbol{R}|=(\sigma_{11}\sigma_{22}\cdots\sigma_{pp})(\lambda_1^*\lambda_2^*\cdots\lambda_p^*) \tag{2.2.23}$$

因此,广义方差 $|\boldsymbol{\Sigma}|$ 的大小取决于 $\sigma_{11}\sigma_{22}\cdots\sigma_{pp}$ 和 $\lambda_1^*\lambda_2^*\cdots\lambda_p^*$ 这两部分,前者依赖于 $\boldsymbol{x}$ 各分量的方差,而后者似乎与 $\boldsymbol{x}$ 各分量之间的线性依赖程度有较大关系。注意到 $\lambda_1^*+\lambda_2^*+\cdots+\lambda_p^*=\mathrm{tr}(\boldsymbol{R})=p$,这是一个固定值,故直观上 $\lambda_1^*, \lambda_2^*, \cdots, \lambda_p^*$ 之间越是接近,$\lambda_1^*\lambda_2^*\cdots\lambda_p^*$ 一般就越大。特别地,当 $\boldsymbol{x}$ 各分量之间两两不相关时,$\lambda_1^*=\lambda_2^*=\cdots=\lambda_p^*=1$,从而 $\lambda_1^*\lambda_2^*\cdots\lambda_p^*$ 达到最大值 1(此时椭球面 $(\boldsymbol{x}-\boldsymbol{\mu})'\boldsymbol{R}^{-1}(\boldsymbol{x}-\boldsymbol{\mu})=c^2$ 为圆球面,其球体积达到最大);反之,$\lambda_1^*, \lambda_2^*, \cdots, \lambda_p^*$ 之间越是大小拉开,特别是 λ_p^* 越小,$\lambda_1^*\lambda_2^*\cdots\lambda_p^*$ 一般就越小。因此,若广义方差 $|\boldsymbol{\Sigma}|$ 很小,则意味着 $\boldsymbol{x}$ 有变异程度很小的分量或其分量之间存在着多重共线性关系(即至少有一个很小的特征值,见§7.2 二 5)。

§2.3 欧氏距离和马氏距离

通常情况下,我们所说的距离一般是指欧氏距离,但在统计学,特别是多元统计分析中,也常常使用马氏距离。本节我们将讨论这两种距离,并在讨论中将 p 维向量视作 p 维欧氏空间 R^p 中的一个点。

一、欧氏距离

p 维欧氏空间 R^p 中的两点 $\boldsymbol{x}=(x_1, x_2, \cdots, x_p)'$ 和 $\boldsymbol{y}=(y_1, y_2, \cdots, y_p)'$ 之间的欧氏距离为

$$d(\boldsymbol{x}, \boldsymbol{y})=\sqrt{(x_1-y_1)^2+(x_2-y_2)^2+\cdots+(x_p-y_p)^2}$$

为避免根号表达的麻烦,我们常使用平方欧氏距离

---

① 该常数为 $2\pi^{p/2}p\Gamma(p/2)$,其中 $\Gamma(x)$ 是在 x 处的 Γ 函数值。

$$d^2(\boldsymbol{x},\boldsymbol{y})=(\boldsymbol{x}-\boldsymbol{y})'(\boldsymbol{x}-\boldsymbol{y})=(x_1-y_1)^2+(x_2-y_2)^2+\cdots+(x_p-y_p)^2 \quad (2.3.1)$$

几何上，欧氏距离是两点之间的直线距离。如果各分量的单位不全相同，则直接使用上述欧氏距离一般是没有意义的。

在各分量的单位相同的情形下，为了看清平方欧氏距离中每一项在平方和里所起的作用，我们考虑随机向量 $\boldsymbol{x}=(x_1,x_2,\cdots,x_p)'$ 到其总体均值向量 $\boldsymbol{\mu}=(\mu_1,\mu_2,\cdots,\mu_p)'$ 的平方欧氏距离

$$d^2(\boldsymbol{x},\boldsymbol{\mu})=(\boldsymbol{x}-\boldsymbol{\mu})'(\boldsymbol{x}-\boldsymbol{\mu})=(x_1-\mu_1)^2+(x_2-\mu_2)^2+\cdots+(x_p-\mu_p)^2 \quad (2.3.2)$$

由于该式平方和中的每一项都是随机变量，故应从平均意义上来看各项所起作用的大小。第 i 项的平均取值为 $E(x_i-\mu_i)^2=V(x_i)$，$i=1,2,\cdots,p$。因此，平均来说，变异性大的分量在平方和中起的作用就大；反之，起的作用就小。在实际问题中，各分量的变异性相差过大往往会使得直接计算欧氏距离不合理或没有意义。例如，第六章习题 6.6 的数据中，将其各变量的单位统一为秒（或分），则在欧氏距离的计算中，马拉松径赛记录变量因变异性很大而在平方和中起着独大的、决定性的作用，其余变量与之相比几乎都不起什么作用，这显然很不合理。

在实际应用中，为了消除单位不同的影响和均等地对待每一分量，我们常须先对各分量作标准化变换，然后再计算欧氏距离。这样，(2.3.2)式就变为

$$d^2(\boldsymbol{x}^*,\boldsymbol{0})=\boldsymbol{x}^{*\prime}\boldsymbol{x}^*=x_1^{*2}+x_2^{*2}+\cdots+x_p^{*2} \quad (2.3.3)$$

其中 $x_i^*=\dfrac{x_i-\mu_i}{\sqrt{\sigma_{ii}}}$①，$i=1,2,\cdots,p$，$\boldsymbol{x}^*=(x_1^*,x_2^*,\cdots,x_p^*)'$。由于 $E(x_i^{*2})=V(x_i^*)=1$，$i=1,2,\cdots,p$，故(2.3.3)式的平方和中各项的平均取值均为相同的 1，从而各分量在欧氏距离中所起的平均作用都一样。从几何上来看，不妨设想 p 维坐标系中有 n 个点，这些点在不同变量轴方向上的散布程度是不一样的，方差大的轴方向上点的散布程度就大，反之就小。各变量的标准化使得 n 个点在散布程度较大的变量轴方向上相对压缩，而在散布程度较小的变量轴方向上相对拉伸，最终使得这些点在所有 p 个变量轴方向上的散布程度一致。

二、马氏距离

（一）马氏距离概念的引出

在图 2.3.1 的坐标系 x_1Ox_2 中，有以 O 为中心的呈椭圆状的点群以及点群外的两点 A 和 B。试想，这两个点哪个更离群呢？从统计角度看，显然是 B 点，但如计算这两个点到点群中心 O 的欧氏距离，则 A 点较 B 点更远，似乎 A 点更离群。即便对坐标 x_1 和 x_2 都作标准化处理，采用欧氏距离情况仍未得到明显改变，仍然似乎是 A 点更离群。这种不合理结论的出现缘于 x_1 和 x_2 呈现某种（线性）相关性。

为了克服变量之间相关性对距离计算的不利影响，我们首先将该坐标系按逆时针方向旋转某个角度 θ 变成新坐标系 y_1Oy_2，使得点群在新坐标系下的坐标 y_1 和 y_2 不相关。然后为使得两个新坐标在欧氏距离中所起的平均作用相同，分别对 y_1 和 y_2 作标准化变换，此时椭圆点群已变形为圆点群，再计算点之间的欧氏距离，此距离即为马氏距离，它由印度著名统计学家马哈拉诺比斯（Mahalanobis，1936 年）提出。易见，A 点到 O 点的马氏距离要小于 B 点到 O 点的马氏距离，即 B 点更离群，这与我们的直觉判断是一致的。

---

① 在具体应用时，一般 μ_i 和 σ_{ii} 都是未知的，需用相应的样本值代替。

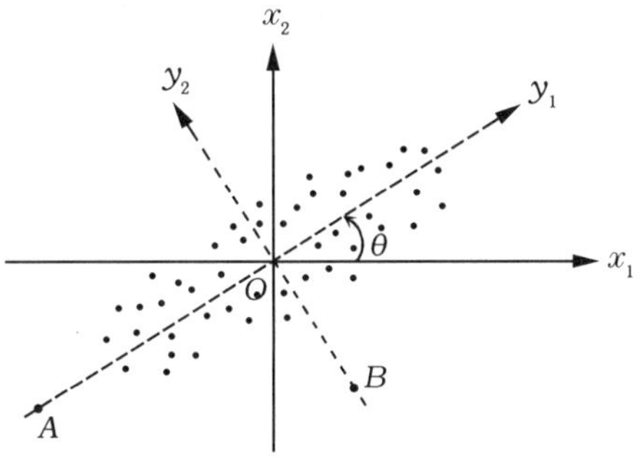

图 2.3.1　旋转后两个新坐标不相关

*(二)马氏距离公式的导出

现按上述思路正式推导出 p 维向量间的马氏距离。设 $\boldsymbol{x}_1,\boldsymbol{x}_2$ 是从均值为 $\boldsymbol{\mu}$,协方差矩阵为 $\boldsymbol{\Sigma}\ (>0)$的总体 π 中抽取的两个样品(p 维),则存在正交矩阵 $\boldsymbol{T}$ 和对角线元素皆为正的对角矩阵 $\boldsymbol{\Lambda}=\mathrm{diag}(\lambda_1,\lambda_2,\cdots,\lambda_p)$,使得 $\boldsymbol{\Sigma}=\boldsymbol{T\Lambda T}'$。令 $\boldsymbol{y}=\boldsymbol{T}'\boldsymbol{x}=(y_1,y_2,\cdots,y_p)'$[①],也就是几何上对原 p 维坐标轴作一正交旋转,于是 $\boldsymbol{y}_1=\boldsymbol{T}'\boldsymbol{x}_1=(y_{11},y_{12},\cdots,y_{1p})'$ 和 $\boldsymbol{y}_2=\boldsymbol{T}'\boldsymbol{x}_2=(y_{21},y_{22},\cdots,y_{2p})'$为两个样品的新坐标。由于

$$V(\boldsymbol{y})=\boldsymbol{T}'\boldsymbol{\Sigma}\boldsymbol{T}=\boldsymbol{\Lambda}$$

故正交旋转后的新坐标 $y_1,y_2,\cdots,y_p$ 是两两不相关的,这样就可在无变量间相关性的影响下计算欧氏距离。[②] 为进一步消除 $y_1,y_2,\cdots,y_p$ 之间的方差差异影响,计算 $\boldsymbol{y}_1$ 与 $\boldsymbol{y}_2$ 之间经各分量标准化之后的平方欧氏距离,即为

$$\begin{aligned}&\left(\frac{y_{11}-y_{21}}{\sqrt{\lambda_1}}\right)^2+\left(\frac{y_{12}-y_{22}}{\sqrt{\lambda_2}}\right)^2+\cdots+\left(\frac{y_{1p}-y_{2p}}{\sqrt{\lambda_p}}\right)^2\\&=(\boldsymbol{y}_1-\boldsymbol{y}_2)'\boldsymbol{\Lambda}^{-1}(\boldsymbol{y}_1-\boldsymbol{y}_2)\\&=(\boldsymbol{T}'\boldsymbol{x}_1-\boldsymbol{T}'\boldsymbol{x}_2)'\boldsymbol{\Lambda}^{-1}(\boldsymbol{T}'\boldsymbol{x}_1-\boldsymbol{T}'\boldsymbol{x}_2)\\&=(\boldsymbol{x}_1-\boldsymbol{x}_2)'\boldsymbol{\Sigma}^{-1}(\boldsymbol{x}_1-\boldsymbol{x}_2)\end{aligned}$$

(三)马氏距离的定义

设 $\boldsymbol{x},\boldsymbol{y}$ 是总体 π 中的两个样品,该总体的均值和协方差矩阵分别为 $\boldsymbol{\mu}$ 和 $\boldsymbol{\Sigma}(>0)$,则 $\boldsymbol{x}$ 和 $\boldsymbol{y}$ 之间的平方**马氏距离**定义为

$$d^2(\boldsymbol{x},\boldsymbol{y})=(\boldsymbol{x}-\boldsymbol{y})'\boldsymbol{\Sigma}^{-1}(\boldsymbol{x}-\boldsymbol{y}) \tag{2.3.4}$$

$\boldsymbol{x}$ 到总体 π 的平方**马氏距离**定义为[③]

$$d^2(\boldsymbol{x},\pi)=(\boldsymbol{x}-\boldsymbol{\mu})'\boldsymbol{\Sigma}^{-1}(\boldsymbol{x}-\boldsymbol{\mu}) \tag{2.3.5}$$

当 $p=1$ 时上述两个马氏距离分别化为

---

① 该正交变换与第七章中产生主成分的正交变换是完全相同的,但其目的却明显不同。我们这里是将各方向上的变异性看成是同等重要的,这与主成分分析完全不同。

② 相关性虽消除了,但新变量之间的异方差性却变得更为明显了(见第七章)。由于旋转后点之间的欧氏距离仍然保持不变,因此实际上这一利一弊正好彼此抵消。旋转后的“利”我们可以保持着,而“弊”则很容易通过标准化加以克服。

③ $\boldsymbol{x}$ 未必属于总体 π。

$$d(x,y)=\frac{|x-y|}{\sigma} \quad 和 \quad d(x,\pi)=\frac{|x-\mu|}{\sigma}$$

例 2.3.1(有用结论) 设 $\boldsymbol{x}$ 是一个 p 维随机向量,$E(\boldsymbol{x})=\boldsymbol{\mu}$,$V(\boldsymbol{x})=\boldsymbol{\Sigma}>0$,$c$ 为一正数,试证到 $\boldsymbol{\mu}$ 的马氏距离固定为 c 的 $\boldsymbol{x}$ 集合,即

$$\{\boldsymbol{x}:(\boldsymbol{x}-\boldsymbol{\mu})'\boldsymbol{\Sigma}^{-1}(\boldsymbol{x}-\boldsymbol{\mu})=c^2\} \tag{2.3.6}$$

是一个椭圆($p=2$)或椭球面($p=3$)或超椭球面($p>3$)。

证明 存在正交矩阵 $\boldsymbol{T}$ 和对角线元素皆为正的对角矩阵 $\boldsymbol{\Lambda}=\mathrm{diag}(\lambda_1,\lambda_2,\cdots,\lambda_p)$,使得 $\boldsymbol{\Sigma}=\boldsymbol{T\Lambda T}'$。令 $\boldsymbol{y}=\boldsymbol{T}'(\boldsymbol{x}-\boldsymbol{\mu})$①,于是

$$\begin{aligned}c^2&=(\boldsymbol{x}-\boldsymbol{\mu})'\boldsymbol{\Sigma}^{-1}(\boldsymbol{x}-\boldsymbol{\mu})\\&=[\boldsymbol{T}'(\boldsymbol{x}-\boldsymbol{\mu})]'\boldsymbol{\Lambda}^{-1}[\boldsymbol{T}'(\boldsymbol{x}-\boldsymbol{\mu})]\\&=\boldsymbol{y}'\boldsymbol{\Lambda}^{-1}\boldsymbol{y}=\frac{y_1^2}{\lambda_1}+\frac{y_2^2}{\lambda_2}+\cdots+\frac{y_p^2}{\lambda_p}\end{aligned}$$

故(2.3.6)式当 $p=2$ 时是一个椭圆,当 $p=3$ 时是一个椭球面,当 $p>3$ 时是一个超椭球面。

□

在例 2.3.1 中,当 $\boldsymbol{\Sigma}=\sigma^2\boldsymbol{I}$ 时,(2.3.6)式是圆或圆球面或超圆球面(见习题 2.14)。

(四)马氏距离的特点

(1) 马氏距离对下列形式的 p 维向量 $\boldsymbol{x}$ 度量单位的改变具有不变性:

$$\boldsymbol{y}=\boldsymbol{Cx}+\boldsymbol{b} \tag{2.3.7}$$

其中 $\boldsymbol{C}$ 为 $p\times p$ 阶的非退化常数矩阵,$\boldsymbol{b}$ 为 p 维常数向量。

证明 依(2.3.7)式

$$\boldsymbol{\Sigma}_y=V(\boldsymbol{y})=\boldsymbol{C}V(\boldsymbol{x})\boldsymbol{C}'=\boldsymbol{C\Sigma}_x\boldsymbol{C}'$$

$\boldsymbol{x}_1,\boldsymbol{x}_2$ 经单位变换后为 $\boldsymbol{y}_1,\boldsymbol{y}_2$,即有

$$\boldsymbol{y}_1=\boldsymbol{Cx}_1+\boldsymbol{b},\quad \boldsymbol{y}_2=\boldsymbol{Cx}_2+\boldsymbol{b}$$

于是

$$\begin{aligned}&(\boldsymbol{y}_1-\boldsymbol{y}_2)'\boldsymbol{\Sigma}_y^{-1}(\boldsymbol{y}_1-\boldsymbol{y}_2)\\&=[(\boldsymbol{Cx}_1+\boldsymbol{b})-(\boldsymbol{Cx}_2+\boldsymbol{b})]'(\boldsymbol{C\Sigma}_x\boldsymbol{C}')^{-1}[(\boldsymbol{Cx}_1+\boldsymbol{b})-(\boldsymbol{Cx}_2+\boldsymbol{b})]\\&=(\boldsymbol{x}_1-\boldsymbol{x}_2)'\boldsymbol{C}'\boldsymbol{C}'^{-1}\boldsymbol{\Sigma}_x^{-1}\boldsymbol{C}^{-1}\boldsymbol{C}(\boldsymbol{x}_1-\boldsymbol{x}_2)\\&=(\boldsymbol{x}_1-\boldsymbol{x}_2)'\boldsymbol{\Sigma}_x^{-1}(\boldsymbol{x}_1-\boldsymbol{x}_2)\end{aligned}$$

故单位改变后的马氏距离保持不变。 □

注 (i) 像长度、重量、速度、费用和用时等这类比例尺度变量,单位变换可表达为 $y=cx$;摄氏温度与华氏温度之间有关系式:华氏温度=(摄氏温度×9/5)+32,这类变换可表达为 $y=cx+b$。因此,通常情况下随机向量的度量单位变换可表达为

$$\begin{pmatrix}y_1\\y_2\\\vdots\\y_p\end{pmatrix}=\begin{pmatrix}c_1x_1+b_1\\c_2x_2+b_2\\\vdots\\c_px_p+b_p\end{pmatrix}=\begin{pmatrix}c_1&0&\cdots&0\\0&c_2&\cdots&0\\\vdots&\vdots&&\vdots\\0&0&\cdots&c_p\end{pmatrix}\begin{pmatrix}x_1\\x_2\\\vdots\\x_p\end{pmatrix}+\begin{pmatrix}b_1\\b_2\\\vdots\\b_p\end{pmatrix}$$

---

① 几何上表示将坐标原点移至均值 $\boldsymbol{\mu}$,然后再作正交旋转。为便于理解,读者可就 $p=2$ 时,结合习题 1.7 在平面坐标系上感知一下。

或

$$\boldsymbol{y}=\boldsymbol{C}\boldsymbol{x}+\boldsymbol{b}$$

其中 $\boldsymbol{C}=\mathrm{diag}(c_1,c_2,\cdots,c_p)$，$c_i>0$，$i=1,2,\cdots,p$，该关系式是(2.3.7)式的一个特例。

(ii) 对各分量作标准化变换的(2.2.20)式可以表达为

$$\boldsymbol{x}^*=\boldsymbol{D}^{-1}(\boldsymbol{x}-\boldsymbol{\mu})=\boldsymbol{D}^{-1}\boldsymbol{x}-\boldsymbol{D}^{-1}\boldsymbol{\mu}$$

此具有(2.3.7)式中的变换形式，故各分量作标准化变换后的马氏距离仍保持不变。因标准化后计算出的值无单位，因此马氏距离是一个与各变量度量单位无关的纯数值。

(2) 马氏距离是 $\boldsymbol{x}$ 和 $\boldsymbol{y}$ 经(多元)标准化之后的欧氏距离。这是因为，若令 $\boldsymbol{x}^*=\boldsymbol{\Sigma}^{-1/2}(\boldsymbol{x}-\boldsymbol{\mu})$，$\boldsymbol{y}^*=\boldsymbol{\Sigma}^{-1/2}(\boldsymbol{y}-\boldsymbol{\mu})$[显然有 $E(\boldsymbol{x}^*)=E(\boldsymbol{y}^*)=\boldsymbol{0}$，$V(\boldsymbol{x}^*)=V(\boldsymbol{y}^*)=\boldsymbol{I}$]，则

$$d^2(\boldsymbol{x},\boldsymbol{y})=(\boldsymbol{x}^*-\boldsymbol{y}^*)'(\boldsymbol{x}^*-\boldsymbol{y}^*)$$

(3) 若 $\boldsymbol{\Sigma}=\mathrm{diag}(\sigma_{11},\sigma_{22},\cdots,\sigma_{pp})$，则

$$d^2(\boldsymbol{x},\boldsymbol{y})=\frac{(x_1-y_1)^2}{\sigma_{11}}+\frac{(x_2-y_2)^2}{\sigma_{22}}+\cdots+\frac{(x_p-y_p)^2}{\sigma_{pp}}$$

即当各分量不相关时马氏距离即为各分量经标准化后的欧氏距离。

* §2.4　随机向量的变换

设连续型随机变量 x 具有概率密度 $f_x(x)$，函数 $y=\varphi(x)$ 严格单调，其反函数 $x=\psi(y)$ 有连续导数，则 y 的概率密度为

$$f_y(y)=f_x(\psi(y))|\psi'(y)| \tag{2.4.1}$$

其中 y 的取值范围与 x 的取值范围相对应。

例 2.4.1　设随机变量 x 服从均匀分布 $U(0,1)$，即密度

$$f_x(x)=\begin{cases}1, & 0\leqslant x\leqslant 1\\ 0, & \text{其他}\end{cases}$$

试求 $y=-\dfrac{1}{\lambda}\ln x(\lambda>0)$ 的分布。

解　$x=\mathrm{e}^{-\lambda y}$，$y$ 的取值范围为$[0,\infty)$，所以

$$f_y(y)=f_x(\mathrm{e}^{-\lambda y})|(\mathrm{e}^{-\lambda y})'|=1\cdot|(-\lambda)\mathrm{e}^{-\lambda y}|=\lambda\mathrm{e}^{-\lambda y},\qquad y\geqslant 0$$

y 的这个分布正是参数为 λ 的指数分布。□

(2.4.1)式可推广到随机向量的情形。设 $\boldsymbol{x}=(x_1,x_2,\cdots,x_p)'$ 具有概率密度 $f(x_1,x_2,\cdots,x_p)$，函数组 $y_i=\varphi_i(x_1,x_2,\cdots,x_p)$，$i=1,2,\cdots,p$，其逆变换存在：$x_j=\psi_j(y_1,y_2,\cdots,y_p)$，$j=1,2,\cdots,p$，则 $\boldsymbol{y}=(y_1,y_2,\cdots,y_p)'$ 的概率密度为

$$g(y_1,\cdots,y_p)=f(\psi_1(y_1,\cdots,y_p),\cdots,\psi_p(y_1,\cdots,y_p))\cdot|J| \tag{2.4.2}$$

其中

$$J=\frac{\partial(x_1,x_2,\cdots,x_p)}{\partial(y_1,y_2,\cdots,y_p)}=\begin{vmatrix}\frac{\partial x_1}{\partial y_1} & \frac{\partial x_1}{\partial y_2} & \cdots & \frac{\partial x_1}{\partial y_p}\\ \frac{\partial x_2}{\partial y_1} & \frac{\partial x_2}{\partial y_2} & \cdots & \frac{\partial x_2}{\partial y_p}\\ \vdots & \vdots & & \vdots\\ \frac{\partial x_p}{\partial y_1} & \frac{\partial x_p}{\partial y_2} & \cdots & \frac{\partial x_p}{\partial y_p}\end{vmatrix}$$

称为**雅可比行列式**，也可记为 $J(\boldsymbol{x}\to\boldsymbol{y})$，这些一阶偏导数都是连续的。

雅可比行列式有一个重要性质：

$$J(\boldsymbol{y}\to\boldsymbol{x})=\frac{1}{J(\boldsymbol{x}\to\boldsymbol{y})} \tag{2.4.3}$$

当 $p=1$ 时，(2.4.3)式就退化为大家熟知的公式

$$\frac{\mathrm{d}y}{\mathrm{d}x}=\frac{1}{\frac{\mathrm{d}x}{\mathrm{d}y}}$$

例 2.4.2　设 $\boldsymbol{y}=\boldsymbol{A}\boldsymbol{x}+\boldsymbol{b}$，其中 $\boldsymbol{A}$ 为 p 阶常数矩阵，$\boldsymbol{b}$ 为 p 维常数向量，则

$$J(\boldsymbol{y}\to\boldsymbol{x})=|\boldsymbol{A}| \tag{2.4.4}$$

若 $\boldsymbol{A}$ 可逆，则

$$J(\boldsymbol{x}\to\boldsymbol{y})=\frac{1}{J(\boldsymbol{y}\to\boldsymbol{x})}=|\boldsymbol{A}|^{-1} \tag{2.4.5}$$

□

* §2.5　特征函数

设 x 是任一随机变量，称

$$\varphi(t)=E(\mathrm{e}^{itx}),\quad -\infty<t<\infty \tag{2.5.1}$$

为 x 的**特征函数**，这里 $i=\sqrt{-1}$ 是虚数单位。对任一随机变量，它的特征函数总是存在的。若 x 是连续型随机变量，具有密度函数 $f(x)$，则 x 的特征函数的计算公式为

$$\varphi(t)=\int_{-\infty}^{\infty}\mathrm{e}^{itx}f(x)\mathrm{d}x$$

一般需要利用复变函数中的围道积分来求之。

设 $x\sim N(\mu,\sigma^2)$，即密度为

$$f(x)=\frac{1}{\sqrt{2\pi}\sigma}\mathrm{e}^{-\frac{(x-\mu)^2}{2\sigma^2}},\quad -\infty<x<\infty$$

则可推得 x 的特征函数为

$$\varphi(t)=\mathrm{e}^{i\mu t-\sigma^2t^2/2} \tag{2.5.2}$$

特别地，若 $x\sim N(0,1)$，则

$$\varphi(t)=\mathrm{e}^{-t^2/2} \tag{2.5.3}$$

随机变量的特征函数概念可以推广到随机向量的情形。设 $\boldsymbol{x}$ 为任一 p 维随机向量，则称

$$\varphi(\boldsymbol{t})=E(\mathrm{e}^{i\boldsymbol{t}'\boldsymbol{x}}),\quad \boldsymbol{t}\in R^p \tag{2.5.4}$$

为 $\boldsymbol{x}$ 的**特征函数**。

特征函数有一个极其重要的**性质**：随机向量的分布和特征函数是一一对应的，即它们可以相互唯一确定。因此，我们往往可以通过求出随机向量的特征函数来确定其分布。

例 2.5.1　设随机变量 $x\sim N(0,1)$，试用特征函数来求得 $y=\mu+\sigma x$ 的分布。

解　由(2.5.3)式知，$\varphi_x(t)=\mathrm{e}^{-t^2/2}$，$y$ 的特征函数

$$\begin{aligned}\varphi_y(t)&=E(\mathrm{e}^{ity})=E[\mathrm{e}^{it(\mu+\sigma x)}]=\mathrm{e}^{it\mu}E[\mathrm{e}^{i(t\sigma)x}]=\mathrm{e}^{it\mu}\varphi_x(t\sigma)\\&=\mathrm{e}^{it\mu}\mathrm{e}^{-(t\sigma)^2/2}=\mathrm{e}^{it\mu-\sigma^2t^2/2}\end{aligned}$$

所以，由(2.5.2)式知，$y\sim N(\mu,\sigma^2)$。y 的分布也可利用(2.4.1)式求得，读者不妨一试。□

利用特征函数这个工具可以得到一个非常重要的**结论**：设 $\boldsymbol{x}$ 为一个 p 维随机向量，则它的分布可由一切形如 $\boldsymbol{a}'\boldsymbol{x}$($\boldsymbol{a}$ 为 p 维常数向量)的分布所唯一确定。这是因为，若令 $y=\boldsymbol{a}'\boldsymbol{x}$，则 y 的特征函数为

$$\varphi_y(t)=E(\mathrm{e}^{ity})=E(\mathrm{e}^{it\boldsymbol{a}'\boldsymbol{x}})$$

由此可以得到 $\boldsymbol{x}$ 的特征函数

$$\varphi_{\boldsymbol{x}}(\boldsymbol{a})=E(\mathrm{e}^{i\boldsymbol{a}'\boldsymbol{x}})=\varphi_y(1)$$

$\boldsymbol{a}'\boldsymbol{x}$ 的分布确定了 $\varphi_{\boldsymbol{x}}(\boldsymbol{a})$的值，这一点对一切 $\boldsymbol{a}\in R^p$ 都是成立的，因而一切形如 $\boldsymbol{a}'\boldsymbol{x}$ 的分布确定了 $\boldsymbol{x}$ 的特征函数 $\varphi_{\boldsymbol{x}}(\boldsymbol{a})$，这也就确定了 $\boldsymbol{x}$ 的分布。

上述结论指出了一个重要的事实，也就是研究随机向量 $\boldsymbol{x}$ 可以通过研究它的一切线性组合 $\boldsymbol{a}'\boldsymbol{x}$ 来进行，当然这样的线性组合有无穷多个。为了能使问题得以简化，人们自然希望能够仅使用一个或几个具有综合代表性的线性组合来近似替代原随机向量 $\boldsymbol{x}$，以后章节中将介绍的(费希尔)判别分析、主成分分析和典型相关分析等多元分析方法正是基于这种想法。

小　结

1. 随机向量有这样两个特点：取值的随机性和取值的统计规律性。

2. 常用的随机向量(或分布)有离散型和连续型两种，离散型的分布常用分布列来描述，连续型的分布常用概率密度函数来描述。本书中主要讨论连续型的情形。

3. n 个 p 维随机向量 $\boldsymbol{x}_1,\boldsymbol{x}_2,\cdots,\boldsymbol{x}_n$ 相互独立 $\Rightarrow$ $\boldsymbol{x}_1,\boldsymbol{x}_2,\cdots,\boldsymbol{x}_n$ 之间两两相互独立 $\Rightarrow$ $\boldsymbol{x}_1,\boldsymbol{x}_2,\cdots,\boldsymbol{x}_n$ 之间(两两)互不相关，但反过来未必成立。

4. 随机向量之间是否相互独立，除少数的理论结果之外，在实际应用中，往往是凭直观来判断的。如果它们的取值互不影响，就可认为它们是相互独立的。

5. 两个随机向量 $\boldsymbol{x}$ 和 $\boldsymbol{y}$ 不相关 $\Leftrightarrow \mathrm{Cov}(\boldsymbol{x},\boldsymbol{y})=\boldsymbol{0}\Leftrightarrow \rho(\boldsymbol{x},\boldsymbol{y})=\boldsymbol{0}$。

6. 随机向量 $\boldsymbol{x}$ 的协方差矩阵 $\boldsymbol{\Sigma}$ 和相关矩阵 $\boldsymbol{R}$ 都是非负定矩阵，如果 $\boldsymbol{x}$ 的各分量是已标准化了的，则 $\boldsymbol{\Sigma}$ 和 $\boldsymbol{R}$ 相同。

7. 设 $E(\boldsymbol{x})=\boldsymbol{\mu}$，$V(\boldsymbol{x})=\boldsymbol{\Sigma}$，$\boldsymbol{D}=\mathrm{diag}(\sqrt{\sigma_{11}},\sqrt{\sigma_{22}},\cdots,\sqrt{\sigma_{pp}})$，则 $\boldsymbol{z}=\boldsymbol{\Sigma}^{-1/2}(\boldsymbol{x}-\boldsymbol{\mu})$ 和 $\boldsymbol{x}^*=\boldsymbol{D}^{-1}(\boldsymbol{x}-\boldsymbol{\mu})$ 都是标准化变换，它们的共同之处是 $\boldsymbol{z}$ 和 $\boldsymbol{x}^*$ 的分量均具有零均值和单位方差，但前者分量间互不相关，而后

者分量间常常是相关的。

8. 在使用欧氏距离计算时，如果各变量的单位不全相同或虽单位全相同但各变量的变异性相差较大，则在计算欧氏距离之前一般应先对各变量作适当的标准化处理。欧氏距离的使用效果也受变量之间相关性的影响，它更适合变量之间相关程度较低的情形。

9. 马氏距离考虑到了变量之间相关性的影响，并且它不受变量单位的影响，是一个无单位的数值。

*10. 如果两个连续型随机向量之间存在一一对应的变换，而其中的一个随机向量的分布是已知的，则一般可利用(2.4.2)式方便地计算出另一个随机向量的分布密度。

*11. 任何随机向量的分布函数和特征函数都一定存在，两者可以相互唯一确定，所以随机向量的分布也完全可以用特征函数来描述。特征函数具有一些非常好的数学性质，是一个很有用的工具，有时利用它去解决一些问题，会显得非常锐利和方便。

附录 2-1　R 的应用

以下使用 R 对例 2.2.3 和例 2.2.5 进行计算。

```
> A=rbind(c(2, -1, 4), c(0, 1, -1), c(1, 3, -2))   #创建一个 3 阶方阵
> A
     [,1] [,2] [,3]
[1,]    2   -1    4
[2,]    0    1   -1
[3,]    1    3   -2
> Ex=c(5, -2, 7); Ex
[1]  5 -2  7
> Vx=rbind(c(4, 1, 2), c(1, 9, -3), c(2, -3, 25)); Vx
     [,1] [,2] [,3]
[1,]    4    1    2
[2,]    1    9   -3
[3,]    2   -3   25
> D=sqrt(diag(diag(Vx)))   #sqrt( )是平方根函数
> D
     [,1] [,2] [,3]
[1,]    2    0    0
[2,]    0    3    0
[3,]    0    0    5
> Ey=A%*%Ex; Ey
     [,1]
[1,]   40
[2,]   -9
[3,]  -15
```

```
> Vy=A%*%Vx%*%t(A); Vy
     [,1]  [,2]  [,3]
[1,]  477  -126  -256
[2,] -126    40    91
[3,] -256    91   219
> Rx=solve(D)%*%Vx%*%solve(D); Rx
          [,1]       [,2] [,3]
[1,] 1.0000000  0.1666667  0.2
[2,] 0.1666667  1.0000000 -0.2
[3,] 0.2000000 -0.2000000  1.0
```

习　题

2.1　设三个随机变量 x,y,z 的联合密度函数为

$$f(x,y,z)=\begin{cases}kxyz^2, & 0<x,y<1;\quad 0<z<3\\ 0, & \text{其他}\end{cases}$$

(1) 试求常数 k；

(2) x,y,z 是否相互独立？

(3) 试求在给定 $y=\dfrac{1}{2}$，$z=1$ 的条件下 x 的条件分布。

2.2　设随机向量 $\boldsymbol{x}=(x_1,x_2,x_3)'$ 的分布函数为

$$F(x_1,x_2,x_3)=\begin{cases}(1-\mathrm{e}^{-ax_1})(1-\mathrm{e}^{-bx_2})(1-\mathrm{e}^{-cx_3}), & x_1\geqslant 0,x_2\geqslant 0,x_3\geqslant 0\\ 0, & \text{其他}\end{cases}$$

试求其密度函数。

2.3　设 $\boldsymbol{x}=(x_1,x_2)'$ 有概率密度

$$f(x_1,x_2)=\frac{1}{2\pi}\mathrm{e}^{-\frac{x_1^2+x_2^2}{2}}(1+\sin x_1\sin x_2),\qquad -\infty<x_1,x_2<\infty$$

试证 x_1 和 x_2 皆服从 $N(0,1)$。

2.4　设随机向量 $\boldsymbol{x}=(x_1,x_2,x_3)'$ 有密度函数

$$f(x_1,x_2,x_3)=\begin{cases}\dfrac{1}{8\pi^3}(1-\sin x_1\sin x_2\sin x_3), & 0\leqslant x_1,x_2,x_3\leqslant 2\pi\\ 0, & \text{其他}\end{cases}$$

试证 x_1,x_2,x_3 两两独立但不相互独立。

2.5(有用结论)　设两个随机向量 $\boldsymbol{x}$ 和 $\boldsymbol{y}$ 相互独立，试证 $\boldsymbol{x}$ 的每个分量与 $\boldsymbol{y}$ 的每个分量也是相互独立的。

2.6　设随机向量(x,y)的密度函数为

(1) $f(x,y)=\begin{cases}6xy(2-x-y), & 0\leqslant x\leqslant 1,0\leqslant y\leqslant 1\\ 0, & \text{其他}\end{cases}$

(2) $f(x,y)=\begin{cases}4xy\mathrm{e}^{-(x^2+y^2)}, & x>0,y>0\\ 0, & \text{其他}\end{cases}$

试求条件密度函数 $f(x|y)$ 和 $f(y|x)$。x 和 y 独立吗？

2.7　设 p 维随机向量 $\boldsymbol{x}$ 的均值向量和协方差矩阵分别为 $\boldsymbol{\mu}$ 和 $\boldsymbol{\Sigma}$，试证

(1) $E(\boldsymbol{x}\boldsymbol{x}')=\boldsymbol{\Sigma}+\boldsymbol{\mu}\boldsymbol{\mu}'$；

(2) $E(\boldsymbol{x}'\boldsymbol{A}\boldsymbol{x})=E[\mathrm{tr}(\boldsymbol{x}\boldsymbol{x}'\boldsymbol{A})]=\mathrm{tr}(\boldsymbol{\Sigma}\boldsymbol{A})+\boldsymbol{\mu}'\boldsymbol{A}\boldsymbol{\mu}$；

(3) 假设 $\boldsymbol{\mu}=\mu\mathbf{1}$，$\boldsymbol{\Sigma}=\sigma^2\boldsymbol{I}$ 和 $\boldsymbol{A}=\boldsymbol{I}-\mathbf{1}\mathbf{1}'/p$，其中 $\mathbf{1}=(1,1,\cdots,1)'$，试利用(2)的结果证明

$$E(\boldsymbol{x}'\boldsymbol{A}\boldsymbol{x})/\sigma^2=p-1$$

2.8　设 $\boldsymbol{x}$ 为 p 维随机向量，$E(\boldsymbol{x})=\boldsymbol{\mu}$，$V(\boldsymbol{x})=\boldsymbol{\Sigma}$，试证 $E[(\boldsymbol{x}-\boldsymbol{\mu})'\boldsymbol{\Sigma}^{-1}(\boldsymbol{x}-\boldsymbol{\mu})]=p$。

2.9　设随机向量 $\boldsymbol{x}=(x_1,x_2,x_3)'$ 的协方差矩阵为

$$\boldsymbol{\Sigma}=\begin{pmatrix} 9 & 1 & -2 \\ 1 & 20 & 3 \\ -2 & 3 & 12 \end{pmatrix}$$

令 $y_1=2x_1+3x_2+x_3$，$y_2=x_1-2x_2+5x_3$，$y_3=x_2-x_3$，试求 $\boldsymbol{y}=(y_1,y_2,y_3)'$ 的协方差矩阵。

2.10(有用结论)　设 $\boldsymbol{A}_1,\boldsymbol{A}_2,\cdots,\boldsymbol{A}_n$ 为常数矩阵，试证

$$V\left(\sum_{i=1}^{n}\boldsymbol{A}_i\boldsymbol{x}_i\right)=\sum_{i=1}^{n}\boldsymbol{A}_iV(\boldsymbol{x}_i)\boldsymbol{A}_i'+\sum_{1\leqslant i\neq j\leqslant n}\boldsymbol{A}_i\mathrm{Cov}(\boldsymbol{x}_i,\boldsymbol{x}_j)\boldsymbol{A}_j'$$

特别地，若 $\boldsymbol{x}_1,\boldsymbol{x}_2,\cdots,\boldsymbol{x}_n$ 两两不相关，则有

$$V\left(\sum_{i=1}^{n}\boldsymbol{A}_i\boldsymbol{x}_i\right)=\sum_{i=1}^{n}\boldsymbol{A}_iV(\boldsymbol{x}_i)\boldsymbol{A}_i'$$

2.11(有用结论)　试证 $|\boldsymbol{\Sigma}|=(\sigma_{11}\sigma_{22}\cdots\sigma_{pp})|\boldsymbol{R}|$。

2.12　设随机向量 $\boldsymbol{x}=(x_1,x_2,x_3)'$ 的协方差矩阵为

$$\boldsymbol{\Sigma}=\begin{pmatrix} 16 & -4 & 3 \\ -4 & 4 & -2 \\ 3 & -2 & 9 \end{pmatrix}$$

试求相关矩阵 $\boldsymbol{R}$。

2.13(有用结论)　设随机变量 x_1 和 x_2 的相关系数为 ρ，试求 $y_1=ax_1+b$ 和 $y_2=cx_2+d$ 的相关系数，其中 $a(\neq0)$，b，$c(\neq0)$，d 均为常数。

2.14(有用结论)　试证在例 2.3.1 中，当 $\boldsymbol{\Sigma}=\sigma^2\boldsymbol{I}$ 时，(2.3.6)式是圆($p=2$)或圆球面($p=3$)或超圆球面($p>3$)。

客观思考题

一、判断题

2.1　n 个随机向量两两独立未必意味着这 n 个随机向量相互独立。　(　　)

2.2　相关系数度量了两个随机变量之间依赖关系的强弱。　(　　)

2.3　两个随机变量的相关系数接近于零表明它们之间的关系一定很弱。　(　　)

2.4　随机向量 $\boldsymbol{x}$ 的各分量经标准化后的相关矩阵等于 $\boldsymbol{x}$ 的相关矩阵。　(　　)

2.5　若 n 个随机向量两两独立，则这 n 个随机向量彼此之间互不相关。　(　　)

2.6　若向量的各分量单位都相同，则两个向量之间的欧氏距离一定是有意义的。　(　　)

2.7　在向量间的欧氏距离计算中，取值大的分量在计算中所起的作用就必然大。　(　　)

2.8　若随机向量的各分量都做了标准化变换，则各分量在欧氏距离中所起的平均作用一定相同。　(　　)

2.9　马氏距离是无单位的。　(　　)

2.10　在样品 $\boldsymbol{x}$ 到总体 π 的马氏距离定义中，要求 $\boldsymbol{x}$ 必须来自 π。　(　　)

二、单选题

2.11 设 $\boldsymbol{x}$ 和 $\boldsymbol{y}$ 是两个随机向量，则 $\boldsymbol{x}$ 和 $\boldsymbol{y}$ 的协方差矩阵与 $\boldsymbol{y}$ 和 $\boldsymbol{x}$ 的协方差矩阵(　　)。

A. 相等　　B. 互为转置

C. 没有关系　　D. 不相等，但阶数一定相同

2.12 马氏距离在(　　)时退化为欧氏距离。

A. 各变量单位相同　　B. 协方差矩阵为对角矩阵

C. 协方差矩阵为单位矩阵　　D. 协方差矩阵为正定矩阵

三、多选题

2.13 单个随机变量的数字特征包括(　　)。

A. 数学期望　　B. 标准差　　C. 协方差　　D. 分位数

2.14 下列矩阵中，(　　)肯定不是随机向量 $\boldsymbol{x}$ 的协方差矩阵。

A. $\begin{pmatrix} 6 & -2 & 0 & 0 \\ -2 & 8 & 0 & 3 \\ 0 & 0 & 3 & 0 \\ 0 & 2 & 0 & 5 \end{pmatrix}$　　B. $\begin{pmatrix} 4 & 1 & 3 \\ 1 & 1 & -2 \\ 3 & -2 & -6 \end{pmatrix}$　　C. $\begin{pmatrix} 4 & 1 & 3 \\ 1 & 1 & -5 \\ 3 & -5 & 12 \end{pmatrix}$　　D. $\begin{pmatrix} 4 & 0 & 0 \\ 0 & 0 & 0 \\ 0 & 0 & 8 \end{pmatrix}$

第三章　多元正态分布

多元正态分布是多元统计中最重要的一个分布，其原因有三个：(1) 许多随机现象近似服从多元正态分布；(2) 由于多元中心极限定理的作用，有不少统计量的极限分布为多元正态分布；(3) 多元正态分布的理论非常完善，有许多好的性质，便于数学上的处理。多元统计分析中的许多理论和方法都是建立在多元正态分布基础上的，且相比一元情形，多元情形下更依赖于正态性的假定。其原因是，多元统计较一元统计更为复杂，处理起来更有难度，尤其是多元数据不能像一元数据那样易于排序，也就很难直接利用基于数据排序的非参数方法。本章介绍的多元正态分布及其性质是学好多元统计分析的十分重要的基础。

§3.1　多元正态分布的定义

一、多元正态分布

由例 2.5.1 知，若随机变量 $u \sim N(0,1)$，则 u 的任一线性变换 $x=\mu+\sigma u(\sigma \neq 0) \sim N(\mu, \sigma^2)$。因此，我们也可以这样来定义正态分布：首先用密度函数定义什么是标准正态分布，然后将标准正态变量 u 的线性函数 $x=\mu+\sigma u(\sigma>0)$ 的分布定义为一般的正态分布。以下我们将这种定义分布的方式推广到多元，引出多元正态分布的定义。

设随机向量 $\boldsymbol{u}=(u_1,u_2,\cdots,u_p)'$，其中 $u_1,u_2,\cdots,u_p$ 独立同分布于 $N(0,\ 1)$，则 $\boldsymbol{u}$ 的概率密度为

$$\prod_{i=1}^{p}(2\pi)^{-1/2}\exp\left(-\frac{1}{2}u_i^2\right)=(2\pi)^{-p/2}\exp\left(-\frac{1}{2}\sum_{i=1}^{p}u_i^2\right)=(2\pi)^{-p/2}\exp\left(-\frac{1}{2}\boldsymbol{u}'\boldsymbol{u}\right)$$

$$-\infty<u_i<\infty,\quad i=1,2,\cdots,p \tag{3.1.1}$$

$\boldsymbol{u}$ 的均值和协方差矩阵分别为

$$E(\boldsymbol{u})=[E(u_1),\ E(u_2),\cdots,E(u_p)]'=\boldsymbol{0}$$

和

$$V(\boldsymbol{u})=\mathrm{diag}[V(u_1),V(u_2),\cdots,V(u_p)]=\boldsymbol{I}$$

$\boldsymbol{u}$ 的分布记作 $N_p(\boldsymbol{0},\boldsymbol{I})$，这是一个最简单的 p 元正态分布，是标准正态分布 $N(0,1)$ 向多元情形的直接推广。

我们考虑 $\boldsymbol{u}$ 的一个非退化线性变换

$$\boldsymbol{x}=\boldsymbol{\mu}+\boldsymbol{A}\boldsymbol{u} \tag{3.1.2}$$

其中 $\boldsymbol{A}$ 是一个 p 阶非退化矩阵(即 $|\boldsymbol{A}|\neq 0$)，p 维随机向量 $\boldsymbol{x}$ 的分布称为 **p 元正态分布**，记作 $\boldsymbol{x}\sim N_p(\boldsymbol{\mu},\boldsymbol{\Sigma})$，这里 $\boldsymbol{\Sigma}=\boldsymbol{AA}'$。$\boldsymbol{x}$ 的均值和协方差矩阵为

$$\begin{aligned} E(\boldsymbol{x})&=\boldsymbol{\mu}+\boldsymbol{A}E(\boldsymbol{u})=\boldsymbol{\mu} \\ V(\boldsymbol{x})&=\boldsymbol{A}V(\boldsymbol{u})\boldsymbol{A}'=\boldsymbol{AA}'=\boldsymbol{\Sigma} \end{aligned} \tag{3.1.3}$$

由下面的例 3.1.1 知，$\boldsymbol{x}$ 的概率密度函数为

$$f(\boldsymbol{x})=(2\pi)^{-p/2}|\boldsymbol{\Sigma}|^{-1/2}\exp\left[-\frac{1}{2}(\boldsymbol{x}-\boldsymbol{\mu})'\boldsymbol{\Sigma}^{-1}(\boldsymbol{x}-\boldsymbol{\mu})\right] \qquad (3.1.4)^{①}$$

当 $p=1$ 时，(3.1.4)式退化为

$$\begin{aligned} f(x)&=(2\pi)^{-1/2}(\sigma^2)^{-1/2}\exp\left[-\frac{1}{2}(x-\mu)(\sigma^2)^{-1}(x-\mu)\right] \\ &=\frac{1}{\sqrt{2\pi}\sigma}e^{-\frac{(x-\mu)^2}{2\sigma^2}}, \qquad -\infty<x<\infty \end{aligned}$$

此正为 $N(\mu,\sigma^2)$ 的密度函数。由于 $f(\boldsymbol{x})$ 完全由 $\boldsymbol{\mu}$ 和 $\boldsymbol{\Sigma}$ 确定，所以 $\boldsymbol{x}$ 的分布记为 $N_p(\boldsymbol{\mu},\boldsymbol{\Sigma})$ 是合适的。

* **例 3.1.1**　试证(3.1.4)式。

证明　由(2.4.5)式知，雅可比行列式

$$J(\boldsymbol{u}\to\boldsymbol{x})=|\boldsymbol{A}|^{-1}=|\boldsymbol{AA}'|^{-1/2}=|\boldsymbol{\Sigma}|^{-1/2}$$

由(2.4.2)式可求得

$$\begin{aligned} f(\boldsymbol{x})&=(2\pi)^{-p/2}\exp\left(-\frac{1}{2}\boldsymbol{u}'\boldsymbol{u}\right)\cdot|J(\boldsymbol{u}\to\boldsymbol{x})| \\ &=(2\pi)^{-p/2}\exp\left\{-\frac{1}{2}[\boldsymbol{A}^{-1}(\boldsymbol{x}-\boldsymbol{\mu})]'[\boldsymbol{A}^{-1}(\boldsymbol{x}-\boldsymbol{\mu})]\right\}|\boldsymbol{\Sigma}|^{-1/2} \\ &=(2\pi)^{-p/2}|\boldsymbol{\Sigma}|^{-1/2}\exp\left[-\frac{1}{2}(\boldsymbol{x}-\boldsymbol{\mu})'\boldsymbol{\Sigma}^{-1}(\boldsymbol{x}-\boldsymbol{\mu})\right] \end{aligned}$$

□

例 3.1.2　(二元正态分布)　设 $\boldsymbol{x}\sim N_2(\boldsymbol{\mu},\boldsymbol{\Sigma})$，这里

$$\boldsymbol{x}=\begin{pmatrix}x_1\\x_2\end{pmatrix},\quad \boldsymbol{\mu}=\begin{pmatrix}\mu_1\\\mu_2\end{pmatrix},\quad \boldsymbol{\Sigma}=\begin{pmatrix}\sigma_1^2 & \sigma_1\sigma_2\rho\\ \sigma_1\sigma_2\rho & \sigma_2^2\end{pmatrix}$$

易见，ρ 是 x_1 和 x_2 的相关系数。$|\boldsymbol{\Sigma}|=\sigma_1^2\sigma_2^2(1-\rho^2)$，当 $|\rho|<1$ 时，$|\boldsymbol{\Sigma}|\neq 0$，这时有

$$\boldsymbol{\Sigma}^{-1}=\frac{1}{\sigma_1^2\sigma_2^2(1-\rho^2)}\begin{pmatrix}\sigma_2^2 & -\sigma_1\sigma_2\rho\\ -\sigma_1\sigma_2\rho & \sigma_1^2\end{pmatrix}$$

由(3.1.4)式得，$\boldsymbol{x}$ 的概率密度为

$$\begin{aligned} f(x_1,x_2)=&\frac{1}{2\pi\sigma_1\sigma_2\sqrt{1-\rho^2}}\exp\left\{-\frac{1}{2(1-\rho^2)}\left[\left(\frac{x_1-\mu_1}{\sigma_1}\right)^2\right.\right. \\ &\left.\left.-2\rho\left(\frac{x_1-\mu_1}{\sigma_1}\right)\left(\frac{x_2-\mu_2}{\sigma_2}\right)+\left(\frac{x_2-\mu_2}{\sigma_2}\right)^2\right]\right\} \end{aligned} \tag{3.1.5}$$

容易求得 x_1 和 x_2 的边缘密度分别是

---

① 也可以(3.1.4)式的概率密度函数来定义 p 元正态分布。

$$f_1(x_1)=\frac{1}{\sqrt{2\pi}\sigma_1}\exp\left[-\frac{1}{2}\left(\frac{x_1-\mu_1}{\sigma_1}\right)^2\right]$$

和

$$f_2(x_2)=\frac{1}{\sqrt{2\pi}\sigma_2}\exp\left[-\frac{1}{2}\left(\frac{x_2-\mu_2}{\sigma_2}\right)^2\right]$$

当 $\rho=0$ 时，(3.1.5)式可简化为

$$f(x_1,x_2)=\frac{1}{2\pi\sigma_1\sigma_2}\exp\left\{-\frac{1}{2}\left[\left(\frac{x_1-\mu_1}{\sigma_1}\right)^2+\left(\frac{x_2-\mu_2}{\sigma_2}\right)^2\right]\right\}$$

此时有

$$f(x_1,x_2)=f_1(x_1)\cdot f_2(x_2)$$

即 x_1 和 x_2 相互独立，因此，对于二元正态分布来说，两个分量的不相关性和独立性是等价的。

图 3.1.1 所示的是当 $\sigma_1^2=\sigma_2^2,\rho=0.75$ 时二元正态分布的钟形密度曲面图，因较高的相关性，概率密度沿一直线集中。

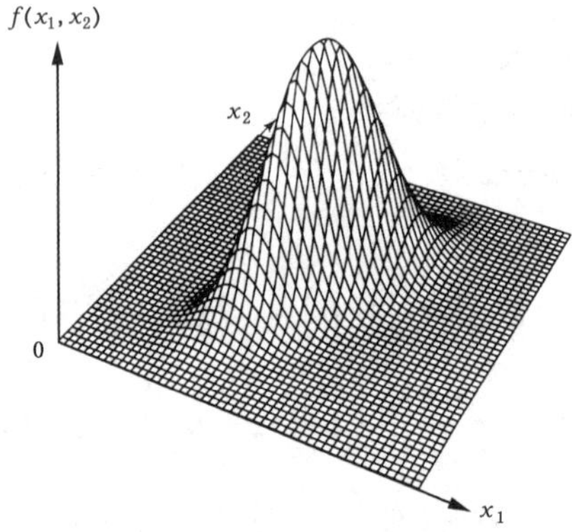

图 3.1.1 当 $\sigma_1^2=\sigma_2^2,\rho=0.75$ 时二元正态分布的密度曲面图

二元正态分布情形下的概率密度等高线是一个椭圆[见稍后(3.1.6)式]，具有形式：

$$\left(\frac{x_1-\mu_1}{\sigma_1}\right)^2-2\rho\left(\frac{x_1-\mu_1}{\sigma_1}\right)\left(\frac{x_2-\mu_2}{\sigma_2}\right)+\left(\frac{x_2-\mu_2}{\sigma_2}\right)^2=c^2$$

其中 c 为(正)常数，$|\rho|$ 越大，长轴越长，短轴越短，即椭圆越是扁平，$|\rho|$ 趋于 1 时，椭圆趋向于一条线段。同中心的密度等高椭圆族如图 3.1.2 所示。 □

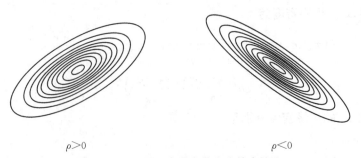

图 3.1.2 二元正态分布的密度等高线族

从(3.1.4)式可见,多元正态密度的指数上含有$(\boldsymbol{x}-\boldsymbol{\mu})'\boldsymbol{\Sigma}^{-1}(\boldsymbol{x}-\boldsymbol{\mu})$这一项,它是$\boldsymbol{x}$到均值$\boldsymbol{\mu}$的平方马氏距离,于是可表示成

$$d^2(\boldsymbol{x},\boldsymbol{\mu})=(\boldsymbol{x}-\boldsymbol{\mu})'\boldsymbol{\Sigma}^{-1}(\boldsymbol{x}-\boldsymbol{\mu})$$

对于给定的多元正态分布,在$\boldsymbol{x}$处的密度值完全取决于$d^2(\boldsymbol{x},\boldsymbol{\mu})$值的大小。可见,$\boldsymbol{x}$离均值$\boldsymbol{\mu}$越远,其密度就越小;反之,$\boldsymbol{x}$离$\boldsymbol{\mu}$越近,其密度就越大。这里的"远"和"近"是由马氏距离来度量的。到$\boldsymbol{\mu}$的马氏距离为(正)常数c的所有$\boldsymbol{x}$的集合为

$$\{\boldsymbol{x}:(\boldsymbol{x}-\boldsymbol{\mu})'\boldsymbol{\Sigma}^{-1}(\boldsymbol{x}-\boldsymbol{\mu})=c^2\} \tag{3.1.6}$$

由(2.3.6)式知,这是一个(超)椭球面。显然,它是概率密度等高面,中心在$\boldsymbol{\mu}$,而$\boldsymbol{\Sigma}$决定了其形状和方向。与一元情形类似,当$\boldsymbol{x}=\boldsymbol{\mu}$时密度函数$f(\boldsymbol{x})$达到最大,其值为$f(\boldsymbol{\mu})=(2\pi)^{-p/2}\cdot|\boldsymbol{\Sigma}|^{-1/2}$,该值由广义方差$|\boldsymbol{\Sigma}|$确定。$|\boldsymbol{\Sigma}|$越小,$f(\boldsymbol{\mu})$就越大;反之,$|\boldsymbol{\Sigma}|$越大,$f(\boldsymbol{\mu})$就越小。

*二、退化多元正态分布

(3.1.2)式中的$\boldsymbol{A}$规定为非退化方阵,如果取消这一限制,则多元正态分布的概念可作更一般的定义。设随机向量$\boldsymbol{u}\sim N_q(\boldsymbol{0},\boldsymbol{I})$,$\boldsymbol{\mu}$为$p$维常数向量,$\boldsymbol{A}$是一个$p\times q$常数矩阵,则

$$\boldsymbol{x}=\boldsymbol{\mu}+\boldsymbol{A}\boldsymbol{u} \tag{3.1.7}$$

的分布称为**p 元正态分布**,仍记作$\boldsymbol{x}\sim N_p(\boldsymbol{\mu},\boldsymbol{\Sigma})$,其中$\boldsymbol{\Sigma}=\boldsymbol{A}\boldsymbol{A}'$。若$\text{rank}(\boldsymbol{A})=p$(自然$p\leqslant q$),则$\boldsymbol{\Sigma}^{-1}$存在,此时$\boldsymbol{x}$的分布称为**非退化**(或**非奇异**)**$p$ 元正态分布**,具有概率密度(3.1.4);若$\text{rank}(\boldsymbol{A})<p$,则$\boldsymbol{\Sigma}^{-1}$不存在,此时$\boldsymbol{x}$的分布称为**退化**(或**奇异**)**$p$ 元正态分布**,不存在概率密度。[①] 例如,设$\boldsymbol{x}=\boldsymbol{A}\boldsymbol{u}$,其中$\boldsymbol{u}\sim N_2(\boldsymbol{0},\boldsymbol{I})$,$\boldsymbol{A}=\begin{pmatrix}1&0\\0&1\\1&1\end{pmatrix}$,则$\boldsymbol{x}$的分布就是一个退化三元正态分布,即$\boldsymbol{x}\sim N_3(\boldsymbol{0},\boldsymbol{\Sigma})$,其中

$$\boldsymbol{\Sigma}=\boldsymbol{A}\boldsymbol{A}'=\begin{pmatrix}1&0\\0&1\\1&1\end{pmatrix}\begin{pmatrix}1&0&1\\0&1&1\end{pmatrix}=\begin{pmatrix}1&0&1\\0&1&1\\1&1&2\end{pmatrix}$$

例 3.1.3 在例 3.1.2 中,当$|\rho|=1$时,$|\boldsymbol{\Sigma}|=0$,即$\boldsymbol{\Sigma}^{-1}$不存在。此时,$\boldsymbol{x}$的概率密度不存在,$\boldsymbol{x}$服从一个退化二元正态分布,并且x_1与x_2之间以概率 1 存在着线性关系。 □

本书中,退化的多元正态分布仅在本节和下一节中涉及,之后各章节涉及的多元正态分布都是非退化的,即均假定$\boldsymbol{\Sigma}>0$。

§3.2 多元正态分布的性质

本节中我们将介绍多元正态分布的一些**重要性质**。

*(1) 由(3.1.7)式定义的多元正态分布的特征函数是

$$\varphi_{\boldsymbol{x}}(\boldsymbol{t})=\exp\left(i\boldsymbol{t}'\boldsymbol{\mu}-\frac{1}{2}\boldsymbol{t}'\boldsymbol{\Sigma}\boldsymbol{t}\right) \tag{3.2.1}$$

---

① 此时的分布已不是连续型的,而是奇异型的,所谓奇异型分布是指既非离散型又非连续型的分布。

其中 $\boldsymbol{\Sigma}=\boldsymbol{AA}'$。(证明请见附录 3-2 一)

* **例 3.2.1** 在例 3.1.2 中,由(3.2.1)式知,$\boldsymbol{x}=(x_1,x_2)'$ 的特征函数为

$$\varphi(t_1,t_2)=\exp\left[i(t_1\mu_1+t_2\mu_2)-\frac{1}{2}(t_1^2\sigma_1^2+2t_1t_2\rho\sigma_1\sigma_2+t_2^2\sigma_2^2)\right] \tag{3.2.2}$$

□

(2) 设 $\boldsymbol{x}$ 是一个 p 维随机向量,则 $\boldsymbol{x}$ 服从多元正态分布,当且仅当它的任何线性函数 $\boldsymbol{a}'\boldsymbol{x}$ ($\boldsymbol{a}$ 为 p 维常数向量)均服从一元正态分布。(充分性的证明请见附录 3-2 二)

* **证明** 必要性。设 $\boldsymbol{x}$ 服从 p 元正态分布,由(3.1.7)式的定义知,存在 p 维常数向量 $\boldsymbol{\mu}$ 和 $p\times q$ 常数矩阵 $\mathbf{A}$,使得 $\boldsymbol{x}=\boldsymbol{\mu}+\boldsymbol{Au}$,其中 $\boldsymbol{u}\sim N_q(\mathbf{0},\boldsymbol{I})$,于是对任意的 $\boldsymbol{a}\in R^p$,有 $\boldsymbol{a}'\boldsymbol{x}=\boldsymbol{a}'\boldsymbol{\mu}+\boldsymbol{a}'\boldsymbol{Au}$,因此再由(3.1.7)式的定义知,$\boldsymbol{a}'\boldsymbol{x}$ 服从一元正态分布。 □

此性质具有非常重要的理论价值,其重要性主要在于多元正态性可通过(其分量的无限多个线性组合的)一元正态性加以确认。该性质常可用来证明随机向量 $\boldsymbol{x}$ 服从多元正态分布。

(3) 设 $\boldsymbol{x}\sim N_p(\boldsymbol{\mu},\boldsymbol{\Sigma})$,$\boldsymbol{y}=\boldsymbol{Cx}+\boldsymbol{b}$,其中 $\boldsymbol{C}$ 为 $r\times p$ 常数矩阵,$\boldsymbol{b}$ 为 r 维常数向量,则

$$\boldsymbol{y}\sim N_r(\boldsymbol{C\mu}+\boldsymbol{b},\boldsymbol{C\Sigma C}') \tag{3.2.3}$$

证明 对任意 $\boldsymbol{a}\in R^r$,$\boldsymbol{a}'\boldsymbol{y}=\boldsymbol{a}'\boldsymbol{Cx}+\boldsymbol{a}'\boldsymbol{b}$,因为 $\boldsymbol{x}$ 是多元正态变量,而 $\boldsymbol{a}'\boldsymbol{Cx}$ 是 $\boldsymbol{x}$ 的一个线性函数,从而由上述性质(2)的必要性知,$\boldsymbol{a}'\boldsymbol{Cx}$ 是一元正态变量,所以 $\boldsymbol{a}'\boldsymbol{y}$ 是一元正态变量;再由性质(2)的充分性知,$\boldsymbol{y}$ 是一个 r 元正态变量。又由于

$$E(\boldsymbol{y})=\boldsymbol{C}E(\boldsymbol{x})+\boldsymbol{b}=\boldsymbol{C\mu}+\boldsymbol{b}$$
$$V(\boldsymbol{y})=\boldsymbol{C}V(\boldsymbol{x})\boldsymbol{C}'=\boldsymbol{C\Sigma C}'$$

因而

$$\boldsymbol{y}\sim N_r(\boldsymbol{C\mu}+\boldsymbol{b},\boldsymbol{C\Sigma C}')$$ □

这个性质表明,(多元)正态变量的任何线性变换仍为(多元)正态变量。

例 3.2.2 设 $\boldsymbol{x}\sim N_p(\boldsymbol{\mu},\boldsymbol{\Sigma})$,$\boldsymbol{a}$ 为 p 维常数向量,则 $\boldsymbol{a}'\boldsymbol{x}\sim N(\boldsymbol{a}'\boldsymbol{\mu},\boldsymbol{a}'\boldsymbol{\Sigma a})$。 □

例 3.2.3 设 $\boldsymbol{x}\sim N_2(\boldsymbol{\mu},\boldsymbol{\Sigma})$,这里

$$\boldsymbol{x}=\begin{pmatrix}x_1\\x_2\end{pmatrix},\quad \boldsymbol{\mu}=\begin{pmatrix}\mu_1\\\mu_2\end{pmatrix},\quad \boldsymbol{\Sigma}=\begin{pmatrix}\sigma_1^2 & \rho\sigma_1\sigma_2\\ \rho\sigma_1\sigma_2 & \sigma_2^2\end{pmatrix}$$

则 $x_1-x_2=(1,-1)\boldsymbol{x}$ 服从一元正态分布,且

$$E(x_1-x_2)=(1,-1)\begin{pmatrix}\mu_1\\\mu_2\end{pmatrix}=\mu_1-\mu_2$$

$$V(x_1-x_2)=(1,-1)\begin{pmatrix}\sigma_1^2 & \rho\sigma_1\sigma_2\\ \rho\sigma_1\sigma_2 & \sigma_2^2\end{pmatrix}\begin{pmatrix}1\\-1\end{pmatrix}=\sigma_1^2+\sigma_2^2-2\rho\sigma_1\sigma_2$$

即 $x_1-x_2\sim N(\mu_1-\mu_2,\sigma_1^2+\sigma_2^2-2\rho\sigma_1\sigma_2)$。 □

(4) 设 $\boldsymbol{x}\sim N_p(\boldsymbol{\mu},\boldsymbol{\Sigma})$,则 $\boldsymbol{x}$ 的任何子向量也服从(多元)正态分布,其均值为 $\boldsymbol{\mu}$ 的相应子向量,协方差矩阵为 $\boldsymbol{\Sigma}$ 的相应子矩阵。

证明 不妨对 $\boldsymbol{x}$ 的前 $k(<p)$ 个变量组成的子向量作出证明,将 $\boldsymbol{x},\boldsymbol{\mu},\boldsymbol{\Sigma}$ 作如下的剖分:

$$\boldsymbol{x}=\begin{pmatrix}\boldsymbol{x}_1\\\boldsymbol{x}_2\end{pmatrix}\begin{matrix}k\\p-k\end{matrix},\quad \boldsymbol{\mu}=\begin{pmatrix}\boldsymbol{\mu}_1\\\boldsymbol{\mu}_2\end{pmatrix}\begin{matrix}k\\p-k\end{matrix},\quad \boldsymbol{\Sigma}=\underset{\qquad k\qquad p-k}{\begin{pmatrix}\boldsymbol{\Sigma}_{11} & \boldsymbol{\Sigma}_{12}\\ \boldsymbol{\Sigma}_{21} & \boldsymbol{\Sigma}_{22}\end{pmatrix}}\begin{matrix}k\\p-k\end{matrix}$$

令 $\boldsymbol{C}=(\boldsymbol{I}_k,\ \boldsymbol{0}):k\times p$，则由(3.2.3)式知，$\boldsymbol{x}_1=\boldsymbol{Cx}\sim N_k(\boldsymbol{C\mu},\boldsymbol{C\Sigma C}')=N_k(\boldsymbol{\mu}_1,\boldsymbol{\Sigma}_{11})$。 □

这一性质说明了多元正态分布的任何边缘分布仍为多元正态分布。但是，一个随机向量的任何边缘分布均为正态，并不表明它一定服从多元正态分布。例如，在习题 2.3 中，$\boldsymbol{x}=(x_1,x_2)'$的两个边缘分布都是正态分布，但 $\boldsymbol{x}$ 并不服从二元正态分布。由此我们可以知道，正态变量的线性组合未必就是正态变量。这是因为

$$
\begin{aligned}
& x_1,x_2,\cdots,x_n \text{ 均为一元正态变量} \\
\Leftarrow(\not\Rightarrow)\ & x_1,x_2,\cdots,x_n \text{ 的联合分布为多元正态分布} \\
\Leftrightarrow\ & x_1,x_2,\cdots,x_n \text{ 的一切线性组合是一元正态变量}
\end{aligned}
$$

例 3.2.4　设 $\boldsymbol{x}\sim N_4(\boldsymbol{\mu},\boldsymbol{\Sigma})$，这里

$$
\boldsymbol{x}=\begin{pmatrix}x_1\\x_2\\x_3\\x_4\end{pmatrix},\quad \boldsymbol{\mu}=\begin{pmatrix}\mu_1\\\mu_2\\\mu_3\\\mu_4\end{pmatrix},\quad \boldsymbol{\Sigma}=\begin{pmatrix}\sigma_{11}&\sigma_{12}&\sigma_{13}&\sigma_{14}\\\sigma_{21}&\sigma_{22}&\sigma_{23}&\sigma_{24}\\\sigma_{31}&\sigma_{32}&\sigma_{33}&\sigma_{34}\\\sigma_{41}&\sigma_{42}&\sigma_{43}&\sigma_{44}\end{pmatrix}
$$

则

(i) $x_i\sim N(\mu_i,\sigma_{ii}),\ i=1,2,3,4$；

(ii) $\begin{pmatrix}x_1\\x_4\end{pmatrix}\sim N_2\left(\begin{pmatrix}\mu_1\\\mu_4\end{pmatrix},\begin{pmatrix}\sigma_{11}&\sigma_{14}\\\sigma_{41}&\sigma_{44}\end{pmatrix}\right)$；

(iii) $\begin{pmatrix}x_4\\x_1\\x_3\end{pmatrix}=\begin{pmatrix}0&0&1\\1&0&0\\0&1&0\end{pmatrix}\begin{pmatrix}x_1\\x_3\\x_4\end{pmatrix}\sim N_3\left(\begin{pmatrix}\mu_4\\\mu_1\\\mu_3\end{pmatrix},\begin{pmatrix}\sigma_{44}&\sigma_{41}&\sigma_{43}\\\sigma_{14}&\sigma_{11}&\sigma_{13}\\\sigma_{34}&\sigma_{31}&\sigma_{33}\end{pmatrix}\right)$。① □

(5) 设 $\boldsymbol{x}_1,\boldsymbol{x}_2,\cdots,\boldsymbol{x}_n$ 相互独立，且 $\boldsymbol{x}_i\sim N_p(\boldsymbol{\mu}_i,\boldsymbol{\Sigma}_i),\ i=1,2,\cdots,n$，则对任意 n 个常数 $k_1,k_2,\cdots,k_n$，有

$$
\sum_{i=1}^n k_i\boldsymbol{x}_i\sim N_p\left(\sum_{i=1}^n k_i\boldsymbol{\mu}_i,\sum_{i=1}^n k_i^2\boldsymbol{\Sigma}_i\right) \tag{3.2.4}
$$

证明　令 $\boldsymbol{y}=\sum_{i=1}^n k_i\boldsymbol{x}_i$，对任意的 $\boldsymbol{a}\in R^p$，$\boldsymbol{a}'\boldsymbol{y}=\sum_{i=1}^n k_i(\boldsymbol{a}'\boldsymbol{x}_i)$，由于一元正态变量 $\boldsymbol{a}'\boldsymbol{x}_1,\boldsymbol{a}'\boldsymbol{x}_2,\cdots,\boldsymbol{a}'\boldsymbol{x}_n$ 相互独立，从而它们的线性组合 $\boldsymbol{a}'\boldsymbol{y}$ 也服从一元正态分布，所以 $\boldsymbol{y}$ 服从 p 元正态分布。又由(2.2.6)式和(2.2.14)式知，

$$
E(\boldsymbol{y})=\sum_{i=1}^n k_iE(\boldsymbol{x}_i)=\sum_{i=1}^n k_i\boldsymbol{\mu}_i
$$

$$
V(\boldsymbol{y})=\sum_{i=1}^n k_i^2V(\boldsymbol{x}_i)=\sum_{i=1}^n k_i^2\boldsymbol{\Sigma}_i
$$

因此

① 也可由 $\begin{pmatrix}x_4\\x_1\\x_3\end{pmatrix}=\begin{pmatrix}0&0&0&1\\1&0&0&0\\0&0&1&0\end{pmatrix}\begin{pmatrix}x_1\\x_2\\x_3\\x_4\end{pmatrix}$ 得出，该随机向量服从三元正态分布。

$$\boldsymbol{y} \sim N_p\left(\sum_{i=1}^{n} k_i \boldsymbol{\mu}_i, \sum_{i=1}^{n} k_i^2 \boldsymbol{\Sigma}_i\right)$$ □

此性质表明，独立的多元正态变量（维数相同）的任意线性组合仍为多元正态变量。

(6) 设 $\boldsymbol{x} \sim N_p(\boldsymbol{\mu}, \boldsymbol{\Sigma})$，对 $\boldsymbol{x}, \boldsymbol{\mu}, \boldsymbol{\Sigma}(>0)$ 的剖分如下：

$$\boldsymbol{x} = \begin{pmatrix} \boldsymbol{x}_1 \\ \boldsymbol{x}_2 \end{pmatrix} \begin{matrix} k \\ p-k \end{matrix}, \quad \boldsymbol{\mu} = \begin{pmatrix} \boldsymbol{\mu}_1 \\ \boldsymbol{\mu}_2 \end{pmatrix} \begin{matrix} k \\ p-k \end{matrix}, \quad \boldsymbol{\Sigma} = \begin{pmatrix} \boldsymbol{\Sigma}_{11} & \boldsymbol{\Sigma}_{12} \\ \boldsymbol{\Sigma}_{21} & \boldsymbol{\Sigma}_{22} \end{pmatrix} \begin{matrix} k \\ p-k \end{matrix}$$
$$\qquad\qquad\qquad\qquad\qquad\qquad\qquad\qquad k \quad p-k$$

则子向量 $\boldsymbol{x}_1$ 和 $\boldsymbol{x}_2$ 相互独立，当且仅当 $\boldsymbol{\Sigma}_{12} = \boldsymbol{0}$。①

证明　必要性。设 $\boldsymbol{x}_1$ 和 $\boldsymbol{x}_2$ 相互独立，则 $\boldsymbol{\Sigma}_{12} = \mathrm{Cov}(\boldsymbol{x}_1, \boldsymbol{x}_2) = \boldsymbol{0}$。

充分性。设 $\boldsymbol{\Sigma}_{12} = \boldsymbol{0}$，于是

$$\boldsymbol{\Sigma} = \begin{pmatrix} \boldsymbol{\Sigma}_{11} & \boldsymbol{0} \\ \boldsymbol{0} & \boldsymbol{\Sigma}_{22} \end{pmatrix}, \quad |\boldsymbol{\Sigma}| = |\boldsymbol{\Sigma}_{11}| \, |\boldsymbol{\Sigma}_{22}|, \quad \boldsymbol{\Sigma}^{-1} = \begin{pmatrix} \boldsymbol{\Sigma}_{11}^{-1} & \boldsymbol{0} \\ \boldsymbol{0} & \boldsymbol{\Sigma}_{22}^{-1} \end{pmatrix}$$

从而

$$\begin{aligned} f(\boldsymbol{x}) &= (2\pi)^{-p/2} |\boldsymbol{\Sigma}|^{-1/2} \exp\left[-\frac{1}{2}(\boldsymbol{x}-\boldsymbol{\mu})'\boldsymbol{\Sigma}^{-1}(\boldsymbol{x}-\boldsymbol{\mu})\right] \\ &= (2\pi)^{-k/2} |\boldsymbol{\Sigma}_{11}|^{-1/2} \exp\left[-\frac{1}{2}(\boldsymbol{x}_1-\boldsymbol{\mu}_1)'\boldsymbol{\Sigma}_{11}^{-1}(\boldsymbol{x}_1-\boldsymbol{\mu}_1)\right] \\ &\quad \cdot (2\pi)^{-(p-k)/2} |\boldsymbol{\Sigma}_{22}|^{-1/2} \exp\left[-\frac{1}{2}(\boldsymbol{x}_2-\boldsymbol{\mu}_2)'\boldsymbol{\Sigma}_{22}^{-1}(\boldsymbol{x}_2-\boldsymbol{\mu}_2)\right] \\ &= f_1(\boldsymbol{x}_1) \cdot f_2(\boldsymbol{x}_2) \end{aligned}$$

所以 $\boldsymbol{x}_1$ 和 $\boldsymbol{x}_2$ 相互独立。 □

这个性质可作一般化推广，并指出，对于多元正态变量而言，其子向量之间互不相关和相互独立是等价的。

例 3.2.5　设 $\boldsymbol{x} \sim N_3(\boldsymbol{\mu}, \boldsymbol{\Sigma})$，其中

$$\boldsymbol{\Sigma} = \begin{pmatrix} 3 & 0 & 0 \\ 0 & 5 & -1 \\ 0 & -1 & 1 \end{pmatrix}$$

则 x_2 和 x_3 不独立，x_1 和 (x_2, x_3) 独立。 □

(7) 设 $\boldsymbol{x} \sim N_p(\boldsymbol{\mu}, \boldsymbol{\Sigma})$，$\boldsymbol{\Sigma} > 0$，则

$$(\boldsymbol{x}-\boldsymbol{\mu})'\boldsymbol{\Sigma}^{-1}(\boldsymbol{x}-\boldsymbol{\mu}) \sim \chi^2(p) \tag{3.2.5}$$

证明　令 $\boldsymbol{y} = \boldsymbol{\Sigma}^{-1/2}(\boldsymbol{x}-\boldsymbol{\mu})$，于是 $\boldsymbol{y} \sim N_p(\boldsymbol{0}, \boldsymbol{I})$，由习题 3.5 知，$y_1, y_2, \cdots, y_p$ 独立同分布于 $N(0,1)$，所以由卡方分布的定义知，

$$(\boldsymbol{x}-\boldsymbol{\mu})'\boldsymbol{\Sigma}^{-1}(\boldsymbol{x}-\boldsymbol{\mu}) = \boldsymbol{y}'\boldsymbol{y} = y_1^2 + y_2^2 + \cdots + y_p^2 \sim \chi^2(p)$$ □

当 $p=1$ 时，(3.2.5) 式退化为 $u^2 \sim \chi^2(1)$，其中 $u = \dfrac{x-\mu}{\sigma} \sim N(0,1)$。

例 3.2.6(有用结论)　(i) 在(3.1.6)式中，若取 $c^2 = \chi_\alpha^2(p)$，则由(3.2.5)式知，$\boldsymbol{x}$ 值落在

---

① $\boldsymbol{x}$ 服从 p 元正态分布意味着 $\boldsymbol{x}_1$ 和 $\boldsymbol{x}_2$ 的联合分布为 p 元正态分布，如果将该性质的条件减弱为“$\boldsymbol{x}_1$ 是 k 元正态变量，$\boldsymbol{x}_2$ 是 $p-k$ 元正态变量”，则由 $\boldsymbol{x}_1$ 和 $\boldsymbol{x}_2$ 不相关并不能得出 $\boldsymbol{x}_1$ 和 $\boldsymbol{x}_2$ 相互独立。

该密度等高椭圆线($p=2$)或密度等高(超)椭球面($p\geqslant 3$)内的概率为$1-\alpha$；

(ii) 在图3.1.2中，可根据$\chi^2(2)$分布和椭圆方程中的c^2值求得$\boldsymbol{x}$值落在密度等高椭圆线内的概率。 □

*(8) 设$\boldsymbol{x}\sim N_n(\boldsymbol{0},\boldsymbol{I})$，$\boldsymbol{y}=\boldsymbol{A}\boldsymbol{x}+\boldsymbol{a}$，$\boldsymbol{z}=\boldsymbol{B}\boldsymbol{x}+\boldsymbol{b}$，其中$\boldsymbol{A}:p\times n$，$\boldsymbol{a}:p\times 1$，$\boldsymbol{B}:q\times n$，$\boldsymbol{b}:q\times 1$，$\text{rank}(\boldsymbol{A})=p$，$\text{rank}(\boldsymbol{B})=q$，则$\boldsymbol{y}$和$\boldsymbol{z}$相互独立，当且仅当$\boldsymbol{A}\boldsymbol{B}'=\boldsymbol{0}$。(证明请见附录3-2三)

这个性质可作如下推广。

*(9) 设$\boldsymbol{x}\sim N_n(\boldsymbol{\mu},\boldsymbol{\Sigma})$，$\boldsymbol{y}=\boldsymbol{A}\boldsymbol{x}+\boldsymbol{a}$，$\boldsymbol{z}=\boldsymbol{B}\boldsymbol{x}+\boldsymbol{b}$，其中$\boldsymbol{\Sigma}>0$，$\boldsymbol{A}:p\times n$，$\boldsymbol{a}:p\times 1$，$\boldsymbol{B}:q\times n$，$\boldsymbol{b}:q\times 1$，$\text{rank}(\boldsymbol{A})=p$，$\text{rank}(\boldsymbol{B})=q$，则$\boldsymbol{y}$和$\boldsymbol{z}$相互独立，当且仅当$\boldsymbol{A}\boldsymbol{\Sigma}\boldsymbol{B}'=\boldsymbol{0}$。(证明请见附录3-2四)

*(10) 设$\boldsymbol{x}\sim N_p(\boldsymbol{\mu},\boldsymbol{\Sigma})$，$\boldsymbol{\Sigma}>0$，将其作与性质(6)同样的剖分，则$\boldsymbol{x}_1-\boldsymbol{\Sigma}_{12}\boldsymbol{\Sigma}_{22}^{-1}\boldsymbol{x}_2$和$\boldsymbol{x}_2$相互独立，$\boldsymbol{x}_1$和$\boldsymbol{x}_2-\boldsymbol{\Sigma}_{21}\boldsymbol{\Sigma}_{11}^{-1}\boldsymbol{x}_1$也相互独立。(证明请见附录3-2五)

这一性质说明，对于多元正态变量而言，从子向量$\boldsymbol{x}_1$中扣除受另一子向量$\boldsymbol{x}_2$(线性)影响的部分后便和$\boldsymbol{x}_2$相互独立[①]，同样，从$\boldsymbol{x}_2$中扣除受$\boldsymbol{x}_1$(线性)影响的部分后也和$\boldsymbol{x}_1$相互独立。

(11) 设$\boldsymbol{x}\sim N_p(\boldsymbol{\mu},\boldsymbol{\Sigma})$，$\boldsymbol{\Sigma}>0$，作了与性质(6)相同的剖分，则已知$\boldsymbol{x}_2$时$\boldsymbol{x}_1$的条件分布为$N_k(\boldsymbol{\mu}_{1\cdot 2},\ \boldsymbol{\Sigma}_{11\cdot 2})$，其中

$$\boldsymbol{\mu}_{1\cdot 2}=\boldsymbol{\mu}_1+\boldsymbol{\Sigma}_{12}\boldsymbol{\Sigma}_{22}^{-1}(\boldsymbol{x}_2-\boldsymbol{\mu}_2) \tag{3.2.6}$$

$$\boldsymbol{\Sigma}_{11\cdot 2}=\boldsymbol{\Sigma}_{11}-\boldsymbol{\Sigma}_{12}\boldsymbol{\Sigma}_{22}^{-1}\boldsymbol{\Sigma}_{21} \tag{3.2.7}$$

(证明请见附录3-2六)。

$\boldsymbol{\mu}_{1\cdot 2}$和$\boldsymbol{\Sigma}_{11\cdot 2}$分别是条件数学期望和条件协方差矩阵，这是在多元正态假定下的结论。事实上，无论多元正态性假定是否成立，$\boldsymbol{\Sigma}_{11\cdot 2}$都是偏协方差矩阵[见稍后(3.4.19)式的定义]。

这一性质可作一般化推广，并表明，对于多元正态变量，其子向量的条件分布仍是(多元)正态的。

$$E(\boldsymbol{x}_1\mid\boldsymbol{x}_2)=(\boldsymbol{\mu}_1-\boldsymbol{\Sigma}_{12}\boldsymbol{\Sigma}_{22}^{-1}\boldsymbol{\mu}_2)+\boldsymbol{\Sigma}_{12}\boldsymbol{\Sigma}_{22}^{-1}\boldsymbol{x}_2 \tag{3.2.6$'$}$$

这是一个$\boldsymbol{x}_1$对给定的$\boldsymbol{x}_2$的多元多重回归模型[②]的回归函数，因此称$\boldsymbol{\Sigma}_{12}\boldsymbol{\Sigma}_{22}^{-1}$为$\boldsymbol{x}_1$对$\boldsymbol{x}_2$的**回归系数矩阵**。特别地，当$k=1$时，(3.2.6)$'$就简化为大家熟知的$x_1$对$x_2,\cdots,x_p$的线性回归函数形式，即

$$\begin{aligned}E(x_1\mid\boldsymbol{x}_2)&=\mu_1+\boldsymbol{\sigma}_{21}'\boldsymbol{\Sigma}_{22}^{-1}(\boldsymbol{x}_2-\boldsymbol{\mu}_2)\\&=\mu_1+\beta_2(x_2-\mu_2)+\cdots+\beta_p(x_p-\mu_p)\\&=\beta_0+\beta_2x_2+\cdots+\beta_px_p\end{aligned}$$

其中$\boldsymbol{\Sigma}=\begin{pmatrix}\sigma_{11} & \boldsymbol{\sigma}_{21}'\\ \boldsymbol{\sigma}_{21} & \boldsymbol{\Sigma}_{22}\end{pmatrix}$，回归系数$\beta_2,\cdots,\beta_p$为$\boldsymbol{\sigma}_{21}'\boldsymbol{\Sigma}_{22}^{-1}$的$p-1$个元素，$\beta_0=\mu_1-\beta_2\mu_2-\cdots$

---

① $\boldsymbol{x}_1$可作这样的分解：$\boldsymbol{x}_1=\boldsymbol{\Sigma}_{12}\boldsymbol{\Sigma}_{22}^{-1}\boldsymbol{x}_2+(\boldsymbol{x}_1-\boldsymbol{\Sigma}_{12}\boldsymbol{\Sigma}_{22}^{-1}\boldsymbol{x}_2)$，分解后的这两部分彼此独立，$\boldsymbol{\Sigma}_{12}\boldsymbol{\Sigma}_{22}^{-1}\boldsymbol{x}_2$受$\boldsymbol{x}_2$的(线性)影响，而$\boldsymbol{x}_1-\boldsymbol{\Sigma}_{12}\boldsymbol{\Sigma}_{22}^{-1}\boldsymbol{x}_2$是与$\boldsymbol{x}_2$独立的，当然不受$\boldsymbol{x}_2$的影响。

② 这里的"多元"是指模型的因变量为多元变量，"多重"是指自变量是多变量的，这种模型本书不作讨论。

$-\beta_p\mu_p$。其回归的剩余方差就是条件方差①，而由(3.2.7)式知，

$$V(x_1 \mid \boldsymbol{x}_2)=\sigma_{11}-\boldsymbol{\sigma}_{21}'\boldsymbol{\Sigma}_{22}^{-1}\boldsymbol{\sigma}_{21}$$

例 3.2.7　设 $\boldsymbol{x}\sim N_2(\boldsymbol{\mu},\boldsymbol{\Sigma})$，这里

$$\boldsymbol{x}=\begin{pmatrix}x_1\\x_2\end{pmatrix},\quad \boldsymbol{\mu}=\begin{pmatrix}\mu_1\\\mu_2\end{pmatrix},\quad \boldsymbol{\Sigma}=\begin{pmatrix}\sigma_1^2 & \sigma_1\sigma_2\rho\\ \sigma_1\sigma_2\rho & \sigma_2^2\end{pmatrix}$$

x_1 对 x_2 的线性回归函数

$$E(x_1 \mid x_2)=\mu_1+\rho\frac{\sigma_1}{\sigma_2}(x_2-\mu_2)=\left(\mu_1-\rho\frac{\sigma_1}{\sigma_2}\mu_2\right)+\rho\frac{\sigma_1}{\sigma_2}x_2$$

其剩余方差

$$V(x_1 \mid x_2)=\sigma_1^2(1-\rho^2)$$

故已知 x_2 时 x_1 的条件分布为

$$N\left(\mu_1+\rho\frac{\sigma_1}{\sigma_2}(x_2-\mu_2),\ \sigma_1^2(1-\rho^2)\right)$$

□

例 3.2.8　设 $\boldsymbol{x}\sim N_3(\boldsymbol{\mu},\boldsymbol{\Sigma})$，其中

$$\boldsymbol{\mu}=\begin{pmatrix}1\\0\\-2\end{pmatrix},\quad \boldsymbol{\Sigma}=\begin{pmatrix}16 & -4 & 2\\ -4 & 4 & -1\\ 2 & -1 & 4\end{pmatrix}$$

试求已知 x_1+2x_3 时 $\begin{pmatrix}x_2-x_3\\x_1\end{pmatrix}$ 的条件分布。

解　令 $\boldsymbol{y}_1=\begin{pmatrix}x_2-x_3\\x_1\end{pmatrix}$，$y_2=x_1+2x_3$，于是

$$\begin{pmatrix}\boldsymbol{y}_1\\y_2\end{pmatrix}=\begin{pmatrix}x_2-x_3\\x_1\\x_1+2x_3\end{pmatrix}=\begin{pmatrix}0 & 1 & -1\\1 & 0 & 0\\1 & 0 & 2\end{pmatrix}\begin{pmatrix}x_1\\x_2\\x_3\end{pmatrix}$$

服从三元正态分布，且

$$E\begin{pmatrix}\boldsymbol{y}_1\\y_2\end{pmatrix}=\begin{pmatrix}0 & 1 & -1\\1 & 0 & 0\\1 & 0 & 2\end{pmatrix}\begin{pmatrix}1\\0\\-2\end{pmatrix}=\begin{pmatrix}2\\1\\ \hdashline -3\end{pmatrix}$$

$$V\begin{pmatrix}\boldsymbol{y}_1\\y_2\end{pmatrix}=\begin{pmatrix}0 & 1 & -1\\1 & 0 & 0\\1 & 0 & 2\end{pmatrix}\begin{pmatrix}16 & -4 & 2\\-4 & 4 & -1\\2 & -1 & 4\end{pmatrix}\begin{pmatrix}0 & 1 & 1\\1 & 0 & 0\\-1 & 0 & 2\end{pmatrix}=\left(\begin{array}{cc:c}10 & -6 & -16\\-6 & 16 & 20\\ \hdashline -16 & 20 & 40\end{array}\right)$$

---

① 回归的剩余部分是 $x_1-E(x_1 \mid \boldsymbol{x}_2)$，剩余方差

$$\begin{aligned}V[x_1-E(x_1 \mid \boldsymbol{x}_2)]&=V[x_1-\mu_1-\boldsymbol{\sigma}_{21}'\boldsymbol{\Sigma}_{22}^{-1}(\boldsymbol{x}_2-\boldsymbol{\mu}_2)]\\&=V(x_1-\boldsymbol{\sigma}_{21}'\boldsymbol{\Sigma}_{22}^{-1}\boldsymbol{x}_2)\\&=V(x_1)+V(\boldsymbol{\sigma}_{21}'\boldsymbol{\Sigma}_{22}^{-1}\boldsymbol{x}_2)-2\mathrm{Cov}(x_1,\boldsymbol{\sigma}_{21}'\boldsymbol{\Sigma}_{22}^{-1}\boldsymbol{x}_2)\\&=\sigma_{11}+\boldsymbol{\sigma}_{21}'\boldsymbol{\Sigma}_{22}^{-1}V(\boldsymbol{x}_2)\boldsymbol{\Sigma}_{22}^{-1}\boldsymbol{\sigma}_{21}-2\mathrm{Cov}(x_1,\boldsymbol{x}_2)\boldsymbol{\Sigma}_{22}^{-1}\boldsymbol{\sigma}_{21}\\&=\sigma_{11}-\boldsymbol{\sigma}_{21}'\boldsymbol{\Sigma}_{22}^{-1}\boldsymbol{\sigma}_{21}\\&=V(x_1 \mid \boldsymbol{x}_2)\end{aligned}$$

利用(3.2.6)和(3.2.7)式，可得已知 y_2 时 $\boldsymbol{y}_1$ 的条件均值和条件协方差矩阵分别为

$$\begin{pmatrix}2\\1\end{pmatrix}+\begin{pmatrix}-16\\20\end{pmatrix}\frac{1}{40}(y_2+3)=\begin{pmatrix}-\frac{2}{5}y_2+\frac{4}{5}\\ \frac{1}{2}y_2+2\frac{1}{2}\end{pmatrix}=\begin{pmatrix}-\frac{2}{5}x_1-\frac{4}{5}x_3+\frac{4}{5}\\ \frac{1}{2}x_1+x_3+2\frac{1}{2}\end{pmatrix}$$

和

$$\begin{pmatrix}10&-6\\-6&16\end{pmatrix}-\begin{pmatrix}-16\\20\end{pmatrix}\frac{1}{40}(-16,20)=\begin{pmatrix}3\frac{3}{5}&2\\2&6\end{pmatrix}$$

所以

$$\begin{pmatrix}x_2-x_3\\x_1\end{pmatrix}\Bigg|\,x_1+2x_3\sim N_2\left(\begin{pmatrix}-\frac{2}{5}x_1-\frac{4}{5}x_3+\frac{4}{5}\\ \frac{1}{2}x_1+x_3+2\frac{1}{2}\end{pmatrix},\ \begin{pmatrix}3\frac{3}{5}&2\\2&6\end{pmatrix}\right)$$

□

§3.3　极大似然估计及估计量的性质

设 $\boldsymbol{x}\sim N_p(\boldsymbol{\mu},\boldsymbol{\Sigma}),\boldsymbol{\Sigma}>0,\boldsymbol{x}_1,\boldsymbol{x}_2,\cdots,\boldsymbol{x}_n$ 是从总体 $\boldsymbol{x}$ 中抽取的一个**简单随机样本**(今后简称为**样本**)，即满足：$\boldsymbol{x}_1,\boldsymbol{x}_2,\cdots,\boldsymbol{x}_n$ 独立同分布于 $N_p(\boldsymbol{\mu},\boldsymbol{\Sigma})$。也可将样本 $\boldsymbol{x}_1,\boldsymbol{x}_2,\cdots,\boldsymbol{x}_n$ 写成如下的矩阵形式：

$$\boldsymbol{X}=\begin{pmatrix}\boldsymbol{x}_1'\\\boldsymbol{x}_2'\\\vdots\\\boldsymbol{x}_n'\end{pmatrix}=\begin{pmatrix}x_{11}&x_{12}&\cdots&x_{1p}\\x_{21}&x_{22}&\cdots&x_{2p}\\\vdots&\vdots&&\vdots\\x_{n1}&x_{n2}&\cdots&x_{np}\end{pmatrix}\tag{3.3.1}$$

称之为(样本)**数据矩阵**(或称**观测值矩阵**)[①]，它是一个随机矩阵。

一、极大似然估计

(一)$\boldsymbol{\mu}$ 和 $\boldsymbol{\Sigma}$ 的极大似然估计

多元正态总体中的参数 $\boldsymbol{\mu}$ 和 $\boldsymbol{\Sigma}$ 一般都是未知的，需要通过样本 $\boldsymbol{x}_1,\boldsymbol{x}_2,\cdots,\boldsymbol{x}_n$ 进行估计。由于总体分布的类型已知，我们自然想到使用属参数方法的极大似然估计，这样可以较充分地利用分布类型的信息。极大似然估计是通过似然函数求得的，**似然函数**可以是样本联合概率密度 $f(\boldsymbol{x}_1,\boldsymbol{x}_2,\cdots,\boldsymbol{x}_n)$ 的任意正常数倍，记为 $L(\boldsymbol{\mu},\boldsymbol{\Sigma})$。$L(\boldsymbol{\mu},\boldsymbol{\Sigma})$ 和 $f(\boldsymbol{x}_1,\boldsymbol{x}_2,\cdots,\boldsymbol{x}_n)$ 在数学表达式上只相差一个正的常数，但这两个概念的理解角度有所不同：$f(\boldsymbol{x}_1,\boldsymbol{x}_2,\cdots,\boldsymbol{x}_n)$ 可看作是 $\boldsymbol{x}_1,\boldsymbol{x}_2,\cdots,\boldsymbol{x}_n$ 的函数，将 $\boldsymbol{\mu}$ 和 $\boldsymbol{\Sigma}$ 视为固定的值；与此相反，$L(\boldsymbol{\mu},\boldsymbol{\Sigma})$ 把 $\boldsymbol{x}_1,\boldsymbol{x}_2,\cdots,\boldsymbol{x}_n$ 看作是固定的值，而将 $\boldsymbol{\mu}$ 和 $\boldsymbol{\Sigma}$ 视为变量。所谓 $\boldsymbol{\mu}$ 和 $\boldsymbol{\Sigma}$ 的**极大似然估计**是指满足如下条件的 $\hat{\boldsymbol{\mu}}$ 和 $\hat{\boldsymbol{\Sigma}}$：

---

① 将数据矩阵排列成 $n\times p$ 阵列是考虑到，我们在输入观测数据时，通常将列作为变量，一行输入一条观测数据。$\boldsymbol{X}$ 中元素的第一个下标表示观测(行)序号，第二个下标表示变量(列)序号。

$$L(\hat{\boldsymbol{\mu}},\hat{\boldsymbol{\Sigma}})=\max_{\boldsymbol{\mu},\boldsymbol{\Sigma}} L(\boldsymbol{\mu},\boldsymbol{\Sigma}) \tag{3.3.2}$$

“极大似然”的意思就是估计值 $\hat{\boldsymbol{\mu}}$ 和 $\hat{\boldsymbol{\Sigma}}$“最像”是真值 $\boldsymbol{\mu}$ 和 $\boldsymbol{\Sigma}$。

我们不妨将似然函数取成联合概率密度，于是

$$\begin{aligned}
L(\boldsymbol{\mu},\boldsymbol{\Sigma}) &= f(\boldsymbol{x}_1,\boldsymbol{x}_2,\cdots,\boldsymbol{x}_n)\\
&=\prod_{i=1}^{n} f(\boldsymbol{x}_i)\\
&=\prod_{i=1}^{n}(2\pi)^{-p/2}|\boldsymbol{\Sigma}|^{-1/2}\exp\left[-\frac{1}{2}(\boldsymbol{x}_i-\boldsymbol{\mu})'\boldsymbol{\Sigma}^{-1}(\boldsymbol{x}_i-\boldsymbol{\mu})\right]\\
&=[(2\pi)^{p}|\boldsymbol{\Sigma}|]^{-n/2}\exp\left[-\frac{1}{2}\sum_{i=1}^{n}(\boldsymbol{x}_i-\boldsymbol{\mu})'\boldsymbol{\Sigma}^{-1}(\boldsymbol{x}_i-\boldsymbol{\mu})\right]
\end{aligned} \tag{3.3.3}$$

可推导出 $n>p$ 时，$\boldsymbol{\mu}$ 和 $\boldsymbol{\Sigma}$ 的极大似然估计为

$$\hat{\boldsymbol{\mu}}=\bar{\boldsymbol{x}}=\frac{1}{n}\sum_{i=1}^{n}\boldsymbol{x}_i \tag{3.3.4}$$

$$\hat{\boldsymbol{\Sigma}}=\frac{1}{n}\sum_{i=1}^{n}(\boldsymbol{x}_i-\bar{\boldsymbol{x}})(\boldsymbol{x}_i-\bar{\boldsymbol{x}})'=\frac{1}{n}\boldsymbol{A}=\frac{n-1}{n}\boldsymbol{S} \tag{3.3.5}$$

其中 $\bar{\boldsymbol{x}}$ 称为**样本均值向量**，$\boldsymbol{A}=\sum_{i=1}^{n}(\boldsymbol{x}_i-\bar{\boldsymbol{x}})(\boldsymbol{x}_i-\bar{\boldsymbol{x}})'$ 称为**样本离差矩阵**①，$\boldsymbol{S}=\frac{1}{n-1}\boldsymbol{A}$ 称为**样本协方差矩阵**②，$|\boldsymbol{S}|$ 称为**广义样本方差**。事实上，(3.3.4)式的结果容易从(3.3.3)式中直接看出，因为从习题 3.11 可得，

$$L(\bar{\boldsymbol{x}},\boldsymbol{\Sigma})=\max_{\boldsymbol{\mu}} L(\boldsymbol{\mu},\boldsymbol{\Sigma})$$

(二)相关系数的极大似然估计

相关系数 $\rho_{ij}=\rho(x_i,\ x_j)$ 的极大似然估计为

$$r_{ij}=\frac{\hat{\sigma}_{ij}}{\sqrt{\hat{\sigma}_{ii}}\sqrt{\hat{\sigma}_{jj}}}=\frac{s_{ij}}{\sqrt{s_{ii}}\sqrt{s_{jj}}}=\frac{\sum_{k=1}^{n}(x_{ki}-\bar{x}_i)(x_{kj}-\bar{x}_j)}{\sqrt{\sum_{k=1}^{n}(x_{ki}-\bar{x}_i)^2}\sqrt{\sum_{k=1}^{n}(x_{kj}-\bar{x}_j)^2}} \tag{3.3.6}$$

其中 $\hat{\boldsymbol{\Sigma}}=(\hat{\sigma}_{ij})$，$\boldsymbol{S}=(s_{ij})$，$\bar{\boldsymbol{x}}=(\bar{x}_1,\bar{x}_2,\cdots,\bar{x}_p)'$。称 r_{ij} 为**样本相关系数**、$\hat{\boldsymbol{R}}=(r_{ij})$为**样本相关矩阵**。

显然，$\boldsymbol{A}$，$\hat{\boldsymbol{\Sigma}}$，$\boldsymbol{S}$ 和 $\hat{\boldsymbol{R}}$ 都是非负定矩阵。

二、估计量的性质

为了对未知参数 θ 作出估计，首先应通过好的统计思想产生合理的估计量 $\hat{\theta}$，而这样的估

---

① $\boldsymbol{A}$ 的对角线元素为平方和，非对角线元素为(交)叉(乘)积和。

② 样本协方差矩阵有时也定义为 $\hat{\boldsymbol{\Sigma}}=\frac{1}{n}\boldsymbol{A}$，这样定义的好处是在多元正态的情形下它是 $\boldsymbol{\Sigma}$ 的极大似然估计，其不足之处在于它是 $\boldsymbol{\Sigma}$ 的稍有偏差的估计[见(3.3.9)式]。当 n 很大时，$\hat{\boldsymbol{\Sigma}}$ 和 $\boldsymbol{S}$ 非常接近，几乎相同。R 自带包和 SAS 软件中，样本协方差矩阵的缺省输出都是 $\boldsymbol{S}$。

计量往往不止一个；然后对这些估计量按某些准则进行评价和比较，从中选出一个最好的估计量或对某个合适的估计量作适当的修正。评价估计量好坏的常用准则有四个：无偏性、有效性、一致性和充分性。为了避免涉及较深的数学知识，对于后两个准则我们将只从直观的角度作粗略的介绍。

（一）无偏性

设 $\hat{\boldsymbol{\theta}}$ 是未知参数 $\boldsymbol{\theta}$（可以是一个向量或矩阵）的一个估计量，$\hat{\boldsymbol{\theta}}$ 的取值随样本的不同而变化，具有随机性。我们希望 $\hat{\boldsymbol{\theta}}$ 在平均的意义上离 $\boldsymbol{\theta}$ 越近越好，即 $E(\hat{\boldsymbol{\theta}})$ 应尽量接近于 $\boldsymbol{\theta}$。如果 $E(\hat{\boldsymbol{\theta}})=\boldsymbol{\theta}$，则称估计量 $\hat{\boldsymbol{\theta}}$ 是被估参数 $\boldsymbol{\theta}$ 的一个**无偏估计**，否则就称为**有偏**的。

我们现验证 $\boldsymbol{\mu}$ 和 $\boldsymbol{\Sigma}$ 的极大似然估计 $\hat{\boldsymbol{\mu}}$ 和 $\hat{\boldsymbol{\Sigma}}$ 是否为无偏的，事实上所作的验证是一元情形向多元情形的直接推广。因

$$E(\bar{\boldsymbol{x}})=\frac{1}{n}\sum_{i=1}^{n}E(\boldsymbol{x}_i)=\frac{1}{n}\sum_{i=1}^{n}\boldsymbol{\mu}=\boldsymbol{\mu} \tag{3.3.7}$$

故 $\hat{\boldsymbol{\mu}}=\bar{\boldsymbol{x}}$ 是 $\boldsymbol{\mu}$ 的无偏估计。依(2.2.14)式

$$V(\bar{\boldsymbol{x}})=\frac{1}{n^2}\sum_{i=1}^{n}V(\boldsymbol{x}_i)=\frac{1}{n^2}\sum_{i=1}^{n}\boldsymbol{\Sigma}=\frac{1}{n}\boldsymbol{\Sigma} \tag{3.3.8}$$

于是

$$\begin{aligned}
E(\hat{\boldsymbol{\Sigma}})&=\frac{1}{n}E\left[\sum_{i=1}^{n}(\boldsymbol{x}_i-\bar{\boldsymbol{x}})(\boldsymbol{x}_i-\bar{\boldsymbol{x}})'\right]\\
&=\frac{1}{n}E\left\{\sum_{i=1}^{n}\left[(\boldsymbol{x}_i-\boldsymbol{\mu})-(\bar{\boldsymbol{x}}-\boldsymbol{\mu})\right]\left[(\boldsymbol{x}_i-\boldsymbol{\mu})-(\bar{\boldsymbol{x}}-\boldsymbol{\mu})\right]'\right\}\\
&=\frac{1}{n}E\left[\sum_{i=1}^{n}(\boldsymbol{x}_i-\boldsymbol{\mu})(\boldsymbol{x}_i-\boldsymbol{\mu})'-n(\bar{\boldsymbol{x}}-\boldsymbol{\mu})(\bar{\boldsymbol{x}}-\boldsymbol{\mu})'\right]\\
&=\frac{1}{n}\left[\sum_{i=1}^{n}V(\boldsymbol{x}_i)-nV(\bar{\boldsymbol{x}})\right]\\
&=\frac{1}{n}\left(n\boldsymbol{\Sigma}-n\cdot\frac{1}{n}\boldsymbol{\Sigma}\right)\\
&=\frac{n-1}{n}\boldsymbol{\Sigma}
\end{aligned} \tag{3.3.9}$$

故 $\hat{\boldsymbol{\Sigma}}$ 不是 $\boldsymbol{\Sigma}$ 的无偏估计，而是有偏的。估计量 $\hat{\boldsymbol{\Sigma}}$ 是通过极大似然法这个很好的统计思想产生的，但按无偏性准则进行评价时，它是有点缺陷的。为此，我们可考虑对 $\hat{\boldsymbol{\Sigma}}$ 作适当的修正。显然，样本协方差矩阵

$$\boldsymbol{S}=\frac{n}{n-1}\hat{\boldsymbol{\Sigma}}=\frac{1}{n-1}\sum_{i=1}^{n}(\boldsymbol{x}_i-\bar{\boldsymbol{x}})(\boldsymbol{x}_i-\bar{\boldsymbol{x}})' \tag{3.3.10}$$

是 $\boldsymbol{\Sigma}$ 的无偏估计。在实际应用中，当 n 很大时，$\hat{\boldsymbol{\Sigma}}$ 是 $\boldsymbol{\Sigma}$ 的近似无偏估计，这时使用 $\hat{\boldsymbol{\Sigma}}$ 和 $\boldsymbol{S}$ 的效果几乎相同；但当 n 较小时，使用无偏估计 $\boldsymbol{S}$ 较为妥当。应该指出，上述无偏性的结论无需假定总体具有多元正态分布。

样本相关系数 r_{ij} 是相应参数 ρ_{ij} 的有偏估计，但当 n 较大时，偏差的影响是可以忽略的。

样本均值 $\bar{\boldsymbol{x}}$、样本协方差矩阵 $\boldsymbol{S}$ 和样本相关矩阵 $\hat{\boldsymbol{R}}$ 等除可用来对相应的总体参数值进行估计外，还常常用于对多元样本数据做数值概括的描述。需要指出的是，样本协方差和样本相关系数对异常值非常敏感，并且协方差和相关系数这两个量也不是很适用于变量间存在明显非线性结合模式的场合。

（二）有效性

同一个被估参数的无偏估计常常不止一个，因此需要有一个准则来评判它们的好坏。设 $\hat{\theta}$ 是未知参数 θ（只表示一个参数）的一个无偏估计，$\hat{\theta}$ 的方差是 $V(\hat{\theta})=E(\hat{\theta}-\theta)^2$，反映了估计值 $\hat{\theta}$ 偏离真值 θ 的平均程度，因此它可以用来作为评价无偏估计好坏的准则。对被估参数 θ 的两个无偏估计 $\hat{\theta}_1$ 和 $\hat{\theta}_2$，若 $V(\hat{\theta}_1)\leqslant V(\hat{\theta}_2)$，对一切的 $\theta\in\Theta$ 成立，且在 Θ 中至少有一个 θ，使得严格的不等号成立，则称**估计量 $\hat{\boldsymbol{\theta}}_1$ 比 $\hat{\boldsymbol{\theta}}_2$ 有较高的效率**，简称 **$\hat{\boldsymbol{\theta}}_1$ 比 $\hat{\boldsymbol{\theta}}_2$ 有效**。如果 θ 的某个无偏估计 $\hat{\theta}$ 是 θ 的所有无偏估计中最有效的一个，即对 θ 的任一无偏估计 $\tilde{\theta}$ 有

$$V(\hat{\theta})\leqslant V(\tilde{\theta}),\quad \theta\in\Theta \tag{3.3.11}$$

则称 $\hat{\theta}$ 为 θ 的**一致最小方差无偏估计**。

当被估的未知参数不止一个时，可把它们表示成一个未知参数向量 $\boldsymbol{\theta}$（$\boldsymbol{\theta}\in\Theta$，$\Theta$ 为参数空间）。设 $\hat{\boldsymbol{\theta}}$ 是 $\boldsymbol{\theta}$ 的一个无偏估计，若对 $\boldsymbol{\theta}$ 的任一无偏估计 $\tilde{\boldsymbol{\theta}}$ 有

$$V(\hat{\boldsymbol{\theta}})\leqslant V(\tilde{\boldsymbol{\theta}}),\quad \boldsymbol{\theta}\in\Theta \tag{3.3.12}$$

即 $V(\tilde{\boldsymbol{\theta}})-V(\hat{\boldsymbol{\theta}})$ 为非负定矩阵，则称 $\hat{\boldsymbol{\theta}}$ 为 $\boldsymbol{\theta}$ 的**一致最优无偏估计**。

可以证明，对于多元正态总体，$\bar{\boldsymbol{x}}$ 和 $\boldsymbol{S}$ 分别是 $\boldsymbol{\mu}$ 和 $\boldsymbol{\Sigma}$ 的一致最优无偏估计。

（三）一致性（或称相合性）

如果未知参数 $\boldsymbol{\theta}$（可以是一个向量或矩阵）的估计量 $\hat{\boldsymbol{\theta}}_n$ 随着样本容量 n 的不断增大，而无限地逼近于真值 $\boldsymbol{\theta}$，则称 $\hat{\boldsymbol{\theta}}_n$ 为 $\boldsymbol{\theta}$ 的**一致估计**[①]，或称**相合估计**。这是一个好的估计量应该具有的性质。估计量的一致性是在大样本情形下提出的一种要求，而对于小样本，它不能作为评价估计量好坏的准则。并且，在大样本情形下，样本容量越大，一致性准则就越显得重要，满足一致性的估计基本上也越接近于被估的真实值。可以证明，$\bar{\boldsymbol{x}}$ 和 $\hat{\boldsymbol{\Sigma}}$（或 $\boldsymbol{S}$）分别是 $\boldsymbol{\mu}$ 和 $\boldsymbol{\Sigma}$ 的一致估计（无需总体正态性的假定）。

（四）充分性

如果一个统计量能把含在样本中的有关总体（或有关未知参数）的信息一点都不损失地充分提取出来，则这种统计量就称为**充分统计量**。因此，在统计推断中使用充分统计量是十分有利的，如果存在，就应尽量使用。可以证明，对于总体 $N_p(\boldsymbol{\mu},\boldsymbol{\Sigma})$，当 $\boldsymbol{\mu}$ 和 $\boldsymbol{\Sigma}$ 均未知时，$(\bar{\boldsymbol{x}},\boldsymbol{A})$ 是

---

① 理论上，若 $\hat{\boldsymbol{\theta}}_n$ 中的每一元素都是 $\boldsymbol{\theta}$ 中相应元素的一致估计，则 $\hat{\boldsymbol{\theta}}_n$ 必是 $\boldsymbol{\theta}$ 的一致估计。也可将此作为多元场合下一致估计的定义。

$(\boldsymbol{\mu},\boldsymbol{\Sigma})$的充分统计量。

用来作为估计量的充分统计量称为**充分估计量**。$\boldsymbol{A},\hat{\boldsymbol{\Sigma}},\boldsymbol{S}$ 这三者之间只相差一个常数倍，所含的信息完全相同，故当 $\boldsymbol{\mu}$ 和 $\boldsymbol{\Sigma}$ 均未知时，$(\bar{\boldsymbol{x}},\hat{\boldsymbol{\Sigma}})$ 和 $(\bar{\boldsymbol{x}},\boldsymbol{S})$ 也都是 $(\boldsymbol{\mu},\boldsymbol{\Sigma})$ 的充分统计量。因此，若按无偏性的准则，则可采用 $(\bar{\boldsymbol{x}},\boldsymbol{S})$ 作为未知参数 $(\boldsymbol{\mu},\boldsymbol{\Sigma})$ 的充分估计量。

§3.4　复相关系数和偏相关系数

一、复相关系数

我们常常希望用一个数值指标来度量一个随机变量 y 和一组随机变量 $\boldsymbol{x}=(x_1,x_2,\cdots,x_p)'$ 之间的相关性，而感兴趣的是这种相关性可以达到多高程度。一个直观想法是，用 $x_1,x_2,\cdots,x_p$ 的一个线性组合将其中包含的关于 y 的信息（在线性关系的意义上）最大限度地提取出来，然后再计算 y 与该线性组合的相关系数，此即为复相关系数，以下作正式的定义。

设

$$E\begin{pmatrix} y \\ \boldsymbol{x} \end{pmatrix}=\begin{pmatrix} \mu_y \\ \boldsymbol{\mu}_x \end{pmatrix},\quad V\begin{pmatrix} y \\ \boldsymbol{x} \end{pmatrix}=\begin{pmatrix} \sigma_{yy} & \boldsymbol{\sigma}'_{xy} \\ \boldsymbol{\sigma}_{xy} & \boldsymbol{\Sigma}_{xx} \end{pmatrix},\quad \begin{pmatrix} y \\ \boldsymbol{x} \end{pmatrix}\text{的相关矩阵}=\begin{pmatrix} 1 & \boldsymbol{\rho}'_{xy} \\ \boldsymbol{\rho}_{xy} & \boldsymbol{R}_{xx} \end{pmatrix}$$

则 y 和 $\boldsymbol{x}$ 的线性函数 $\boldsymbol{l}'\boldsymbol{x}$（$\boldsymbol{l}$ 为任一 p 维非零常数向量）间的最大相关系数称为 y 和 $\boldsymbol{x}$ 间的**复（或多重）相关系数**（multiple correlation coefficient），记作 $\rho_{y\cdot\boldsymbol{x}}$ 或 $\rho_{y\cdot 1,2,\cdots,p}$，它度量了一个变量 y 和一组变量 $x_1,x_2,\cdots,x_p$ 间的相关程度。

y 和 $\boldsymbol{l}'\boldsymbol{x}$ 的相关系数的平方

$$\begin{aligned}\rho^2(y,\boldsymbol{l}'\boldsymbol{x})&=\frac{\text{Cov}^2(y,\boldsymbol{l}'\boldsymbol{x})}{V(y)\cdot V(\boldsymbol{l}'\boldsymbol{x})}\\&=\frac{(\boldsymbol{\sigma}'_{xy}\boldsymbol{l})^2}{\sigma_{yy}\cdot\boldsymbol{l}'\boldsymbol{\Sigma}_{xx}\boldsymbol{l}}\\&\leqslant\frac{(\boldsymbol{\sigma}'_{xy}\boldsymbol{\Sigma}_{xx}^{-1}\boldsymbol{\sigma}_{xy})(\boldsymbol{l}'\boldsymbol{\Sigma}_{xx}\boldsymbol{l})}{\sigma_{yy}\cdot\boldsymbol{l}'\boldsymbol{\Sigma}_{xx}\boldsymbol{l}}\\&=\frac{(\boldsymbol{\sigma}'_{xy}\boldsymbol{\Sigma}_{xx}^{-1}\boldsymbol{\sigma}_{xy})}{\sigma_{yy}}\end{aligned}$$

上述不等式是由柯西不等式(1.8.2)得到的，若取 $\boldsymbol{l}=\boldsymbol{\Sigma}_{xx}^{-1}\boldsymbol{\sigma}_{xy}$，则上述等号成立。所以，$y$ 和 $\boldsymbol{x}$ 的复相关系数为

$$\begin{aligned}\rho_{y\cdot\boldsymbol{x}}&=\max_{\boldsymbol{l}\neq\boldsymbol{0}}\rho(y,\boldsymbol{l}'\boldsymbol{x})=\rho(y,\boldsymbol{\sigma}'_{xy}\boldsymbol{\Sigma}_{xx}^{-1}\boldsymbol{x})\\&=\sqrt{\frac{\boldsymbol{\sigma}'_{xy}\boldsymbol{\Sigma}_{xx}^{-1}\boldsymbol{\sigma}_{xy}}{\sigma_{yy}}}=\sqrt{\boldsymbol{\rho}'_{xy}\boldsymbol{R}_{xx}^{-1}\boldsymbol{\rho}_{xy}}\end{aligned}\tag{3.4.1}$$

（最后一个等式见习题3.17）。从该式可见：(1) 当 $p=1$ 时，y 和 $\boldsymbol{x}$ 的复相关系数退化为简单相关系数的绝对值；(2) y 和 $\boldsymbol{x}$ 的复相关系数为零，当且仅当 y 和 $\boldsymbol{x}$ 不相关（即 $\boldsymbol{\sigma}_{xy}=\boldsymbol{0}$ 或 $\boldsymbol{\rho}_{xy}=\boldsymbol{0}$）；(3) 由于复相关系数可通过 $\boldsymbol{\rho}_{xy}$ 和 $\boldsymbol{R}_{xx}$ 求得，而其中的相关系数对变量单位的改变具有不变性，故复相关系数对变量单位的改变也具有不变性，是一个纯数值。

若 $x_1, x_2, \cdots, x_p$ 互不相关，则 $\boldsymbol{R}_{xx}=\boldsymbol{I}$，于是有

$$\rho_{y\cdot\boldsymbol{x}}^2=\boldsymbol{\rho}_{xy}'\boldsymbol{R}_{xx}^{-1}\boldsymbol{\rho}_{xy}=\boldsymbol{\rho}_{xy}'\boldsymbol{\rho}_{xy}=\rho^2(y,x_1)+\cdots+\rho^2(y,x_p) \tag{3.4.2}$$

即此时 y 和 $\boldsymbol{x}$ 的复相关系数的平方等于 y 和 $\boldsymbol{x}$ 各分量的相关系数的平方和。①

例 3.4.1　试证随机变量 $x_1, x_2, \cdots, x_p$ 的任一线性函数 $F=a_1x_1+a_2x_2+\cdots+a_px_p$ 与 $x_1, x_2, \cdots, x_p$ 的复相关系数为 1。

证明　由于

$$\begin{aligned}1&\geqslant\rho_{F\cdot1,2,\cdots,p}\\&=\max_{\boldsymbol{l}\neq\boldsymbol{0}}\rho(F,l_1x_1+l_2x_2+\cdots+l_px_p)\\&\geqslant\rho(F,a_1x_1+a_2x_2+\cdots+a_px_p)\\&=1\end{aligned}$$

所以 $\rho_{F\cdot1,2,\cdots,p}=1$。□

设

$$样本 V\begin{pmatrix}y\\\boldsymbol{x}\end{pmatrix}=\begin{pmatrix}s_{yy}&\boldsymbol{s}_{xy}'\\\boldsymbol{s}_{xy}&\boldsymbol{S}_{xx}\end{pmatrix},\quad\begin{pmatrix}y\\\boldsymbol{x}\end{pmatrix}的样本相关矩阵=\begin{pmatrix}1&\boldsymbol{r}_{xy}'\\\boldsymbol{r}_{xy}&\hat{\boldsymbol{R}}_{xx}\end{pmatrix}$$

这里 $n>p$，则在多元正态的假定下，复相关系数 $\rho_{y\cdot\boldsymbol{x}}$ 的极大似然估计为

$$r_{y\cdot\boldsymbol{x}}=\sqrt{\frac{\boldsymbol{s}_{xy}'\boldsymbol{S}_{xx}^{-1}\boldsymbol{s}_{xy}}{s_{yy}}}=\sqrt{\boldsymbol{r}_{xy}'\hat{\boldsymbol{R}}_{xx}^{-1}\boldsymbol{r}_{xy}} \tag{3.4.3}$$

称之为**样本复相关系数**。

例 3.4.2　今对 31 个人进行人体测试，考察或测试的七个指标是：年龄(x_1)、体重(x_2)、肺活量(x_3)、1.5 英里跑的时间(x_4)、休息时的脉搏(x_5)、跑步时的脉搏(x_6)和跑步时的最大脉搏(x_7)。数据列于表 3.4.1。

表 3.4.1　**人体的测试数据**

编号	x_1	x_2	x_3	x_4	x_5	x_6	x_7
1	44	89.47	44.609	11.37	62	178	182
2	40	75.07	45.313	10.07	62	185	185
3	44	85.84	54.297	8.65	45	156	168
4	42	68.15	59.571	8.17	40	166	172
5	38	89.02	49.874	9.22	55	178	180
6	47	77.45	44.811	11.63	58	176	176
7	40	75.98	45.681	11.95	70	176	180
8	43	81.19	49.091	10.85	64	162	170
9	44	81.42	39.442	13.08	63	174	176

① 按稍后(3.4.11)式也可表述为：y 的方差可由 $\boldsymbol{x}$ 解释的比例等于可由 $\boldsymbol{x}$ 各分量解释的比例之和。

续表

编号	x_1	x_2	x_3	x_4	x_5	x_6	x_7
10	38	81.87	60.055	8.63	48	170	186
11	44	73.03	50.541	10.13	45	168	168
12	45	87.66	37.388	14.03	56	186	192
13	45	66.45	44.754	11.12	51	176	176
14	47	79.15	47.273	10.60	47	162	164
15	54	83.12	51.855	10.33	50	166	170
16	49	81.42	49.156	8.95	44	180	185
17	51	69.63	40.836	10.95	57	168	172
18	51	77.91	46.672	10.00	48	162	168
19	48	91.63	46.774	10.25	48	162	164
20	49	73.37	50.388	10.08	67	168	168
21	57	73.37	39.407	12.63	58	174	176
22	54	79.38	46.080	11.17	62	156	165
23	52	76.32	45.441	9.63	48	164	166
24	50	70.87	54.625	8.92	48	146	155
25	51	67.25	45.118	11.08	48	172	172
26	54	91.63	39.203	12.88	44	168	172
27	51	73.71	45.790	10.47	59	186	188
28	57	59.08	50.545	9.93	49	148	155
29	49	76.32	48.673	9.40	56	186	188
30	48	61.24	47.920	11.50	52	170	176
31	52	82.78	47.467	10.50	53	170	172

肺活量与其余六个变量中的每一个都具有相关性，我们感兴趣的是肺活量与这六个变量的整体相关性，可算得 x_3 与 x_1,x_2,x_4,x_5,x_6,x_7 的样本复相关系数 $r_{3\cdot 1,2,4,5,6,7}=0.920\,9$。

□

*二、最优线性预测

（一）从总体出发

当我们用随机向量 $\boldsymbol{x}$ 的函数 $g(\boldsymbol{x})$ 来预测随机变量 y 时，可用均方误差 $E[y-g(\boldsymbol{x})]^2$ 作为预测精度的度量。① 如果限制 $g(\boldsymbol{x})$ 为线性函数，则使 $E[y-g(\boldsymbol{x})]^2$ 达到最小的线性预测

① $E|y-g(\boldsymbol{x})|$ 也可用来度量预测的精度，但它不像均方误差那样有着好的数学性质及数学上的易处理性。

函数是

$$\tilde{y}=\mu_y+\boldsymbol{\sigma}'_{xy}\boldsymbol{\Sigma}_{xx}^{-1}(\boldsymbol{x}-\boldsymbol{\mu}_x) \tag{3.4.4}$$

即有

$$E(y-\tilde{y})^2=\min_{g(\boldsymbol{x})}E[y-g(\boldsymbol{x})]^2 \tag{3.4.5}$$

(见习题3.18),其中$g(\boldsymbol{x})$是$\boldsymbol{x}$的任一线性函数,我们称$\tilde{y}$为用$\boldsymbol{x}$对y的**最优线性预测**。①

由(3.4.4)和(3.4.1)式知,

$$\rho(y,\tilde{y})=\rho(y,\boldsymbol{\sigma}'_{xy}\boldsymbol{\Sigma}_{xx}^{-1}\boldsymbol{x})=\rho_{y\cdot\boldsymbol{x}} \tag{3.4.6}$$

即y与其最优线性预测$\tilde{y}$之间的相关系数为复相关系数$\rho_{y\cdot\boldsymbol{x}}$。这一点我们也可从直观上来理解,最优线性预测$\tilde{y}$应能做到最大限度地将$\boldsymbol{x}$中所含的有关$y$的信息(在线性意义上)集中起来,这体现在$\rho(y,\tilde{y})$达到了最大,其值就是$\rho_{y\cdot\boldsymbol{x}}$。

最优线性预测$\tilde{y}$的预测精度,即其均方误差

$$\begin{aligned}E(y-\tilde{y})^2&=E\{y-[\mu_y+\boldsymbol{\sigma}'_{xy}\boldsymbol{\Sigma}_{xx}^{-1}(\boldsymbol{x}-\boldsymbol{\mu}_x)]\}^2\\&=V(y-\boldsymbol{\sigma}'_{xy}\boldsymbol{\Sigma}_{xx}^{-1}\boldsymbol{x})\\&=V(y)+V(\boldsymbol{\sigma}'_{xy}\boldsymbol{\Sigma}_{xx}^{-1}\boldsymbol{x})-2\mathrm{Cov}(y,\boldsymbol{\sigma}'_{xy}\boldsymbol{\Sigma}_{xx}^{-1}\boldsymbol{x})\\&=\sigma_{yy}+\boldsymbol{\sigma}'_{xy}\boldsymbol{\Sigma}_{xx}^{-1}\boldsymbol{\Sigma}_{xx}\boldsymbol{\Sigma}_{xx}^{-1}\boldsymbol{\sigma}_{xy}-2\mathrm{Cov}(y,\boldsymbol{x})\boldsymbol{\Sigma}_{xx}^{-1}\boldsymbol{\sigma}_{xy}\\&=\sigma_{yy}-\boldsymbol{\sigma}'_{xy}\boldsymbol{\Sigma}_{xx}^{-1}\boldsymbol{\sigma}_{xy}\\&=\sigma_{yy}(1-\rho_{y\cdot\boldsymbol{x}}^2)\end{aligned} \tag{3.4.7}$$

可见,$\tilde{y}$的精度与σ_{yy}和$\rho_{y\cdot\boldsymbol{x}}$有关,这从直观上也不难理解。$\sigma_{yy}$越大,表明$y$取值的变异性越大,也就越难预测准,反之则越容易预测准确;$\rho_{y\cdot\boldsymbol{x}}$越大,表明$\boldsymbol{x}$中所含的有关$y$的信息越多,预测效果自然也就越好,反之预测效果就越差。

被预测变量y可作如下分解:

$$\begin{aligned}y&=\tilde{y}+(y-\tilde{y})\\&=[\mu_y+\boldsymbol{\sigma}'_{xy}\boldsymbol{\Sigma}_{xx}^{-1}(\boldsymbol{x}-\boldsymbol{\mu}_x)]+\{y-[\mu_y+\boldsymbol{\sigma}'_{xy}\boldsymbol{\Sigma}_{xx}^{-1}(\boldsymbol{x}-\boldsymbol{\mu}_x)]\}\\&=\text{最优线性预测(受}\boldsymbol{x}\text{线性影响部分)}+\text{预测误差(不受}\boldsymbol{x}\text{线性影响部分)}\end{aligned} \tag{3.4.8}$$

预测误差部分可看作是从y中扣除$\boldsymbol{x}$的线性影响后剩余的部分,它不受$\boldsymbol{x}$的线性影响,因为

$$\begin{aligned}\mathrm{Cov}\{\boldsymbol{x},y-[\mu_y+\boldsymbol{\sigma}'_{xy}\boldsymbol{\Sigma}_{xx}^{-1}(\boldsymbol{x}-\boldsymbol{\mu}_x)]\}&=\mathrm{Cov}(\boldsymbol{x},y)-\mathrm{Cov}(\boldsymbol{x},\boldsymbol{\sigma}'_{xy}\boldsymbol{\Sigma}_{xx}^{-1}\boldsymbol{x})\\&=\boldsymbol{\sigma}_{xy}-V(\boldsymbol{x})\boldsymbol{\Sigma}_{xx}^{-1}\boldsymbol{\sigma}_{xy}\\&=\boldsymbol{\sigma}_{xy}-\boldsymbol{\sigma}_{xy}\\&=\boldsymbol{0}\end{aligned} \tag{3.4.9}$$

从(3.4.9)式可见,(3.4.8)式中的两个部分是不相关的,从而

$$V(y)=V(\tilde{y})+V(y-\tilde{y}) \tag{3.4.10}$$

---

① 若取消函数$g(\boldsymbol{x})$的"线性"限制,则有

$$E[y-E(y|\boldsymbol{x})]^2=\min_{g(\boldsymbol{x})}E[y-g(\boldsymbol{x})]^2$$

称条件期望$E(y|\boldsymbol{x})$为用$\boldsymbol{x}$对y的**最优预测**。对于多元正态向量$\begin{pmatrix}y\\\boldsymbol{x}\end{pmatrix}$,由(3.2.6)′式知,$E(y|\boldsymbol{x})$为$\boldsymbol{x}$的线性函数,故此时最优线性预测就是最优预测。

即 y 的方差可分解成两部分：可由 $\boldsymbol{x}$ 解释的部分和除此之外的剩余部分。依(3.4.7)和(3.4.10)式得，

$$\rho_{y\cdot x}^2=1-\frac{E(y-\tilde{y})^2}{\sigma_{yy}}=1-\frac{V(y-\tilde{y})}{\sigma_{yy}}=\frac{V(\tilde{y})}{\sigma_{yy}} \tag{3.4.11}$$

称之为**总体复判定系数**，它表示 y 的方差可由 $x_1,x_2,\cdots,x_p$ 联合解释的比例。

(二)从样本出发

设 $\begin{pmatrix} y_i \\ \boldsymbol{x}_i \end{pmatrix}$，$i=1,2,\cdots,n$ 是取自总体 $\begin{pmatrix} y \\ \boldsymbol{x} \end{pmatrix}$ 的一个(简单随机)样本，则最优线性预测 $\tilde{y}$ 中的未知参数用样本估计后，即为

$$\hat{y}=\bar{y}+\boldsymbol{s}_{xy}'\boldsymbol{S}_{xx}^{-1}(\boldsymbol{x}-\bar{\boldsymbol{x}}) \tag{3.4.12}$$

并有

$$\sum_{i=1}^n(y_i-\hat{y}_i)^2=\min_{g(\boldsymbol{x})}\sum_{i=1}^n[y_i-g(\boldsymbol{x}_i)]^2 \tag{3.4.13}$$

(见习题3.19)，其中

$$\hat{y}_i=\bar{y}+\boldsymbol{s}_{xy}'\boldsymbol{S}_{xx}^{-1}(\boldsymbol{x}_i-\bar{\boldsymbol{x}}) \tag{3.4.14}$$

是 y_i 的拟合值，$i=1,2,\cdots,n$，$g(\boldsymbol{x})$ 是 $\boldsymbol{x}$ 的任一线性函数。在(3.4.13)式中的偏差平方和达到最小的意义上，$\hat{y}$ 是从样本出发的最优线性预测。

在通常的 y 对 $x_1,x_2,\cdots,x_p$ 的多元线性回归模型中，从(3.4.13)式易见，$\sum_{i=1}^n(y_i-\hat{y}_i)^2$ 就是残差平方和，而 $\hat{y}$ 正是用最小二乘法算得的拟合线性回归函数(或称线性回归方程)。此外，y 与预测值 $\hat{y}$ 的样本相关系数等于 y 与 $x_1,x_2,\cdots,x_p$ 的样本复相关系数，即

$$r(y,\hat{y})=r_{y\cdot x} \tag{3.4.15}$$

(见习题3.20)，(样本)复判定系数为

$$R^2=r_{y\cdot x}^2 \tag{3.4.16}$$

(见习题3.21)。

例3.4.3　在例3.4.2中，建立 x_3 对 x_1,x_2,x_4,x_5,x_6,x_7 的六元线性回归模型，拟合函数为

$$\hat{x}_3=102.238-0.220x_1-0.072x_2-2.681x_4-0.001x_5-0.373x_6+0.305x_7$$

可用来对 x_3 进行预测，经计算，复判定系数 $R^2=0.848\ 0$。(样本)复相关系数 $r_{3\cdot 1,2,4,5,6,7}=\sqrt{R^2}=0.920\ 9$，它也是 x_3 与预测值 $\hat{x}_3$ 的样本相关系数。□

三、偏相关系数

两个变量之间的相关性，除了受这两个变量彼此间的影响外，常常还受其他一系列变量的影响。由于这个原因，相关系数有时也称为**总(或毛，gross)相关系数**，其意思是包含了由一切影响带来的相关性。此外，相关系数有时亦称为**简单相关系数**或**皮尔逊**(Pearson)**相关系数**或**零阶偏相关系数**。

例3.4.4　一个家庭的饮食支出(x_1)和衣着支出(x_2)之间存在着较强的正相关性，也就是吃的费用大一般穿的费用也大，反之亦然。那么，是否可以说好吃的人多半好穿，好穿的人

又多半好吃呢？显然未必。其实，饮食支出和衣着支出之间的较强正相关性很大程度上缘于该家庭的收入(x_3)这另一变量。一般说来，收入高的家庭各方面的消费都倾向于高，即 x_3 的增加带动了 x_1 和 x_2 的增长。x_3 分别与 x_1 和 x_2 的强正相关性导致了 x_1 和 x_2 的较强正相关性。可以设想，如果我们能用某种方式把 x_3 的影响消除掉，或者说控制了 x_3(即 x_3 保持某种意义上的不变)，则 x_1 和 x_2 之间(反映净关系)的相关性可能就很不一样了，很有可能会显示负相关性。因为收入一定的家庭中，吃和穿一方的多消费往往导致另一方的少消费。 □

注　为便于更好地理解本例，我们可设想某地区的这样两个样本：样本 1 由贫富悬殊的 100 户家庭组成，其 x_1 和 x_2 之间一般会有非常强的正相关性；样本 2 由 x_3 基本相同的 100 户家庭组成，x_1 和 x_2 间的相关性一般会比较小或者为负。可以想象，在样本 1 和样本 2 中，消除了 x_3 影响后的 x_1 和 x_2 间的相关性一般会比较接近，且样本 2 中 x_1 和 x_2 间的相关性往往不太受 x_3 的影响。

对 $\boldsymbol{x},\boldsymbol{\mu},\boldsymbol{\Sigma}(>0),\boldsymbol{S}(n>p)$ 的剖分如下：

$$\boldsymbol{x}=\begin{pmatrix}\boldsymbol{x}_1\\ \boldsymbol{x}_2\end{pmatrix}\begin{matrix}k\\ p-k\end{matrix},\quad \boldsymbol{\mu}=\begin{pmatrix}\boldsymbol{\mu}_1\\ \boldsymbol{\mu}_2\end{pmatrix}\begin{matrix}k\\ p-k\end{matrix},\quad \boldsymbol{\Sigma}=\begin{pmatrix}\boldsymbol{\Sigma}_{11} & \boldsymbol{\Sigma}_{12}\\ \boldsymbol{\Sigma}_{21} & \boldsymbol{\Sigma}_{22}\end{pmatrix}\begin{matrix}k\\ p-k\end{matrix},\quad \boldsymbol{S}=\begin{pmatrix}\boldsymbol{S}_{11} & \boldsymbol{S}_{12}\\ \boldsymbol{S}_{21} & \boldsymbol{S}_{22}\end{pmatrix}\begin{matrix}k\\ p-k\end{matrix}$$
$$\qquad\qquad\qquad\qquad\qquad\qquad k\quad p-k \qquad\qquad\qquad k\quad p-k$$

其中 $\boldsymbol{S}$ 是相应的样本协方差矩阵。

以下我们讨论消除 $\boldsymbol{x}_2$ 的线性影响之后的 $\boldsymbol{x}_1$ 分量之间的相关性，这里 $\boldsymbol{x}_2$ 可称为**偏变量**。

*(一)偏协方差矩阵的导出

令$\boldsymbol{a}_i=(0,\cdots,0,1,0,\cdots,0)':k\times1$，其中 1 位于第 i 个位置，则由(3.4.4)式知，用 $\boldsymbol{x}_2$ 对 x_i 的最优线性预测为 $\tilde{x}_i=\mu_i+\boldsymbol{a}_i'\boldsymbol{\Sigma}_{12}\boldsymbol{\Sigma}_{22}^{-1}(\boldsymbol{x}_2-\boldsymbol{\mu}_2)$，$i=1,2,\cdots,k$。我们考虑用预测误差 $e_i=x_i-\tilde{x}_i=x_i-[\mu_i+\boldsymbol{a}_i'\boldsymbol{\Sigma}_{12}\boldsymbol{\Sigma}_{22}^{-1}(\boldsymbol{x}_2-\boldsymbol{\mu}_2)]$ 之间的相关系数来描述 $\boldsymbol{x}_1$ 的各分量在消除 $\boldsymbol{x}_2$ 的线性影响之后的相关性。记 $\boldsymbol{e}=(e_1,e_2,\cdots,e_k)'$，于是

$$\begin{aligned}\boldsymbol{e}&=\boldsymbol{x}_1-[\boldsymbol{\mu}_1+(\boldsymbol{a}_1,\boldsymbol{a}_2,\cdots,\boldsymbol{a}_k)'\boldsymbol{\Sigma}_{12}\boldsymbol{\Sigma}_{22}^{-1}(\boldsymbol{x}_2-\boldsymbol{\mu}_2)]\\&=\boldsymbol{x}_1-[\boldsymbol{\mu}_1+\boldsymbol{\Sigma}_{12}\boldsymbol{\Sigma}_{22}^{-1}(\boldsymbol{x}_2-\boldsymbol{\mu}_2)]\end{aligned}\tag{3.4.17}$$

所以

$$\begin{aligned}V(\boldsymbol{e})&=V(\boldsymbol{x}_1-\boldsymbol{\Sigma}_{12}\boldsymbol{\Sigma}_{22}^{-1}\boldsymbol{x}_2)\\&\quad[=\mathrm{Cov}(\boldsymbol{x}_1-\boldsymbol{\Sigma}_{12}\boldsymbol{\Sigma}_{22}^{-1}\boldsymbol{x}_2,\boldsymbol{x}_1-\boldsymbol{\Sigma}_{12}\boldsymbol{\Sigma}_{22}^{-1}\boldsymbol{x}_2)]^{①}\\&\quad=V(\boldsymbol{x}_1)-\boldsymbol{\Sigma}_{12}\boldsymbol{\Sigma}_{22}^{-1}\mathrm{Cov}(\boldsymbol{x}_2,\boldsymbol{x}_1)-\mathrm{Cov}(\boldsymbol{x}_1,\boldsymbol{x}_2)\boldsymbol{\Sigma}_{22}^{-1}\boldsymbol{\Sigma}_{21}+\boldsymbol{\Sigma}_{12}\boldsymbol{\Sigma}_{22}^{-1}V(\boldsymbol{x}_2)\boldsymbol{\Sigma}_{22}^{-1}\boldsymbol{\Sigma}_{21}\\&\quad=\boldsymbol{\Sigma}_{11}-\boldsymbol{\Sigma}_{12}\boldsymbol{\Sigma}_{22}^{-1}\boldsymbol{\Sigma}_{21}-\boldsymbol{\Sigma}_{12}\boldsymbol{\Sigma}_{22}^{-1}\boldsymbol{\Sigma}_{21}+\boldsymbol{\Sigma}_{12}\boldsymbol{\Sigma}_{22}^{-1}\boldsymbol{\Sigma}_{21}\\&\quad=\boldsymbol{\Sigma}_{11}-\boldsymbol{\Sigma}_{12}\boldsymbol{\Sigma}_{22}^{-1}\boldsymbol{\Sigma}_{21}\\&\quad=\boldsymbol{\Sigma}_{11\cdot2}\end{aligned}\tag{3.4.18}$$

这里，$\boldsymbol{\Sigma}_{11\cdot2}$ 见(3.2.7)或(3.4.19)式。

(二)偏相关系数的定义

我们称

$$\boldsymbol{\Sigma}_{11\cdot2}=\boldsymbol{\Sigma}_{11}-\boldsymbol{\Sigma}_{12}\boldsymbol{\Sigma}_{22}^{-1}\boldsymbol{\Sigma}_{21}=(\sigma_{ij\cdot k+1,\cdots,p})\tag{3.4.19}$$

---

① 可直接利用习题 2.10，省略中括号内的步骤。

为 $\boldsymbol{x}_2$ 是偏变量时 $\boldsymbol{x}_1$ 的**偏协方差矩阵**，$\boldsymbol{\Sigma}_{11\cdot 2}$ 的非对角线元素称为**偏协方差**，对角线元素称为**偏方差**。

$$\rho_{ij\cdot k+1,\cdots,p}=\frac{\sigma_{ij\cdot k+1,\cdots,p}}{\sqrt{\sigma_{ii\cdot k+1,\cdots,p}\sigma_{jj\cdot k+1,\cdots,p}}},\quad 1\leqslant i,j\leqslant k \tag{3.4.20}$$

称为 $\boldsymbol{x}_2$ 是偏变量时 x_i 和 x_j 的 $(p-k)$ 阶**偏相关系数**(partial correlation coefficient)，它度量了剔除 $x_{k+1},\cdots,x_p$ 的(线性)影响之后，x_i 和 x_j 间相关关系的强弱。由于 $\rho_{ij\cdot k+1,\cdots,p}$ 是前述的 e_i 和 e_j 间的相关系数，故相关系数所具有的性质偏相关系数也相应地都具有。

由(3.4.19)式可见，偏协方差矩阵 $\boldsymbol{\Sigma}_{11\cdot 2}$ 与偏变量 $\boldsymbol{x}_2$ 的取值无关，由此相应的偏相关系数亦是如此。

对于多元正态变量 $\boldsymbol{x}$，由于 $\boldsymbol{\Sigma}_{11\cdot 2}$ 也是条件协方差矩阵，故此时偏相关系数与条件相关系数是同一个值，从而此时的 $\rho_{ij\cdot k+1,\cdots,p}$ 同时也度量了在 $x_{k+1},\cdots,x_p$ 值已知的条件下 x_i 和 x_j 间(条件)相关关系的强弱。

当 $\boldsymbol{x}_1$ 和 $\boldsymbol{x}_2$ 不相关(即 $\boldsymbol{\Sigma}_{12}=\boldsymbol{0}$)时，$\boldsymbol{\Sigma}_{11\cdot 2}=\boldsymbol{\Sigma}_{11}$，从而 $\rho_{ij\cdot k+1,\cdots,p}=\rho_{ij}$，$1\leqslant i,j\leqslant k$。

一阶偏相关系数可直接由相关系数算得。设 x_1,x_2,x_3 是三个随机变量，则有

$$\begin{aligned}\rho_{12\cdot 3}&=\frac{\rho_{12}-\rho_{13}\rho_{23}}{\sqrt{1-\rho_{13}^2}\sqrt{1-\rho_{23}^2}}\\ \rho_{13\cdot 2}&=\frac{\rho_{13}-\rho_{12}\rho_{23}}{\sqrt{1-\rho_{12}^2}\sqrt{1-\rho_{23}^2}}\\ \rho_{23\cdot 1}&=\frac{\rho_{23}-\rho_{12}\rho_{13}}{\sqrt{1-\rho_{12}^2}\sqrt{1-\rho_{13}^2}}\end{aligned} \tag{3.4.21}$$

①

从(3.4.21)的第一式可以看出：(i) $\rho_{12}=0$ 并不意味着 $\rho_{12\cdot 3}=0$，反之亦然；(ii) ρ_{12} 与 $\rho_{12\cdot 3}$ 未必同号。此外，ρ_{12} 与 $\rho_{12\cdot 3}$ 之间孰大孰小也没有必然的结论。

在例 3.4.4 中，$\rho_{12},\rho_{13},\rho_{23}$ 显然都是正的，一般 ρ_{13} 和 ρ_{23} 都会很大，如果大到满足 $\rho_{13}\rho_{23}>\rho_{12}$，则由(3.4.21)式知 $\rho_{12\cdot 3}<0$，也就是去除了收入的影响或者说控制了收入后，吃和穿的消费也许就变为负相关了。

在多元正态性的假定下，由(3.4.20)式定义的偏相关系数 $\rho_{ij\cdot k+1,\cdots,p}$ 的极大似然估计为

$$r_{ij\cdot k+1,\cdots,p}=\frac{s_{ij\cdot k+1,\cdots,p}}{\sqrt{s_{ii\cdot k+1,\cdots,p}s_{jj\cdot k+1,\cdots,p}}} \tag{3.4.22}$$

其中 $\boldsymbol{S}_{11\cdot 2}=\dfrac{n-1}{n-p+k-1}(\boldsymbol{S}_{11}-\boldsymbol{S}_{12}\boldsymbol{S}_{22}^{-1}\boldsymbol{S}_{21})=(s_{ij\cdot k+1,\cdots,p})$，通常用它来估计 $\boldsymbol{\Sigma}_{11\cdot 2}$。② $\boldsymbol{S}_{11\cdot 2}$ 称

---

① 偏相关系数的一般递推公式为

$$\rho_{ij\cdot k+1,\cdots,p}=\frac{\rho_{ij\cdot k+2,\cdots,p}-\rho_{i,k+1\cdot k+2,\cdots,p}\rho_{j,k+1\cdot k+2,\cdots,p}}{\sqrt{1-\rho_{i,k+1\cdot k+2,\cdots,p}^2}\sqrt{1-\rho_{j,k+1\cdot k+2,\cdots,p}^2}}$$

可见，二阶偏相关系数可由一阶的算出，三阶的可由二阶的算出，以此类推。虽然使用递推公式比直接使用(3.4.20)式计算简便，但实践中，超过一阶的偏相关系数一般都使用统计软件算得，很少会去使用递推公式的。

② 让 $\boldsymbol{S}_{11}-\boldsymbol{S}_{12}\boldsymbol{S}_{22}^{-1}\boldsymbol{S}_{21}$ 乘以系数 $\dfrac{n-1}{n-p+k-1}$ 是为了减小(有偏)估计的偏差，即使得偏差 $E(\boldsymbol{S}_{11\cdot 2})-\boldsymbol{\Sigma}_{11\cdot 2}$ 更接近于零矩阵。

为**样本偏协方差矩阵**，它的非对角线元素称为**样本偏协方差**，对角线元素称为**样本偏方差**。称 $r_{ij\cdot k+1,\cdots,p}$ 为**样本偏相关系数**。

分别建立 x_i 和 x_j 对 $x_{k+1},\cdots,x_p$ 的多元线性回归模型，所得残差分别记为 $\hat{e}_i$ 和 $\hat{e}_j$，则两个残差 $\hat{e}_i$ 和 $\hat{e}_j$ 的样本相关系数即为样本偏相关系数，即有

$$r(\hat{e}_i,\hat{e}_j)=r_{ij\cdot k+1,\cdots,p},\quad 1\leqslant i\neq j\leqslant k \tag{3.4.23}$$

（见习题 3.22）。

例 3.4.5　假设对 16 个婴儿测量了出生体重（盎司）、出生天数（日）及舒张压（mmHg），数据见表 3.4.2。

表 3.4.2　　**16 个婴儿的出生体重、年龄及血压的数据**

编号	出生体重(x_1)	出生天数(x_2)	舒张压(x_3)
1	135	3	89
2	120	4	90
3	100	3	83
4	105	2	77
5	130	4	92
6	125	5	98
7	125	2	82
8	105	3	85
9	120	5	96
10	90	4	95
11	120	2	80
12	95	3	79
13	120	3	86
14	150	4	97
15	160	3	92
16	125	3	88

求出样本相关矩阵为

$$\hat{\boldsymbol{R}}=\begin{pmatrix}1.0000 & 0.1068 & 0.4411\\ 0.1068 & 1.0000 & 0.8708\\ 0.4411 & 0.8708 & 1.0000\end{pmatrix}$$

由(3.4.21)式可算得在控制出生天数后，舒张压与出生体重的样本偏相关系数为

$$r_{13\cdot 2}=\frac{r_{13}-r_{12}r_{32}}{\sqrt{1-r_{12}^2}\sqrt{1-r_{32}^2}}=\frac{0.4411-0.1068\times 0.8708}{\sqrt{1-0.1068^2}\sqrt{1-0.8708^2}}=0.7121$$

在控制出生体重后，舒张压与出生天数的样本偏相关系数为

$$r_{23\cdot 1}=\frac{r_{23}-r_{21}r_{31}}{\sqrt{1-r_{21}^2}\sqrt{1-r_{31}^2}}=\frac{0.8708-0.1068\times 0.4411}{\sqrt{1-0.1068^2}\sqrt{1-0.4411^2}}=0.9231$$

□

§3.5　$\bar{\boldsymbol{x}}$ 和 $(n-1)\boldsymbol{S}$ 的抽样分布

一、$\bar{\boldsymbol{x}}$ 的抽样分布

(一)正态总体

设 $\boldsymbol{x}\sim N_p(\boldsymbol{\mu},\boldsymbol{\Sigma})$，$\boldsymbol{\Sigma}>0$，$\boldsymbol{x}_1,\boldsymbol{x}_2,\cdots,\boldsymbol{x}_n$ 是从总体 $\boldsymbol{x}$ 中抽取的一个样本，则从(3.2.4)式容易得出样本均值 $\bar{\boldsymbol{x}}$ 的抽样分布，即

$$\bar{\boldsymbol{x}}\sim N_p\left(\boldsymbol{\mu},\frac{1}{n}\boldsymbol{\Sigma}\right)\tag{3.5.1}$$

(二)非正态总体

在实际问题中，总体分布能够作正态近似的毕竟是少数，更多的总体分布并不能用正态近似，甚至我们可能对总体分布的情况一无所知。在这种情况下，我们还能否对总体均值 $\boldsymbol{\mu}$ 作出统计推断呢？与一元统计的情形类似，常需借助于多元中心极限定理来解决这一问题。

多元中心极限定理　设 $\boldsymbol{x}_1,\boldsymbol{x}_2,\cdots,\boldsymbol{x}_n$ 是来自总体 $\boldsymbol{x}$ 的一个样本，该总体有均值 $\boldsymbol{\mu}$ 和有限协方差矩阵 $\boldsymbol{\Sigma}$，则当 n 很大且 n 相对于 p 也很大时，

$$\sqrt{n}(\bar{\boldsymbol{x}}-\boldsymbol{\mu})\text{近似服从}N_p(\boldsymbol{0},\boldsymbol{\Sigma})\tag{3.5.2}$$

也即(3.5.1)式近似成立。

*二、$(n-1)\boldsymbol{S}$ 的抽样分布

设随机矩阵 $\boldsymbol{X}=(\boldsymbol{x}_1,\boldsymbol{x}_2,\cdots,\boldsymbol{x}_q)=(x_{ij})$：$p\times q$，将 $\boldsymbol{X}$ 的列向量一个接一个地组成一个长向量，记作 $\text{vec}(\boldsymbol{X})$，即

$$\text{vec}(\boldsymbol{X})=\begin{pmatrix}\boldsymbol{x}_1\\\boldsymbol{x}_2\\\vdots\\\boldsymbol{x}_q\end{pmatrix}\tag{3.5.3}$$

称"vec"为**拉直运算**。当 $\boldsymbol{X}$ 是 p 阶对称矩阵时，因 $x_{ij}=x_{ji}$，故只需取其下三角部分组成一个缩减了的长向量，记作 $\text{vech}(\boldsymbol{X})$，即

$$\text{vech}(\boldsymbol{X})=(x_{11},\cdots,x_{p1},x_{22},\cdots,x_{p2},\cdots,x_{p-1,p-1},x_{p,p-1},x_{pp})'\tag{3.5.4}$$

随机矩阵 $\boldsymbol{X}$ 的分布是指 $\text{vec}(\boldsymbol{X})$ 或(当 $\boldsymbol{X}'=\boldsymbol{X}$ 时) $\text{vech}(\boldsymbol{X})$ 的分布，拉直运算将矩阵分布问题转化为了向量分布的问题，这就方便了对问题的研究。

设随机向量 $\boldsymbol{x}_1,\boldsymbol{x}_2,\cdots,\boldsymbol{x}_n$ 独立同分布于 $N_p(\boldsymbol{0},\boldsymbol{\Sigma})$，$\boldsymbol{\Sigma}>0$，$n\geqslant p$，则 p 阶矩阵 $\boldsymbol{W}=\sum_{i=1}^{n}\boldsymbol{x}_i\boldsymbol{x}_i'$ 的分布称为自由度为 n 的(p 阶)**威沙特**(Wishart)**分布**，记作 $W_p(n,\boldsymbol{\Sigma})$。当 $p=1$，$\Sigma=\sigma^2=1$ 时，显然有 $W=\sum_{i=1}^{n}x_i^2\sim\chi^2(n)$，即有

$$W_1(n,1)=\chi^2(n)\tag{3.5.5}$$

因此，威沙特分布是卡方分布在多元场合下的一种推广。[①]

从上述定义出发容易推得威沙特分布具有如下**性质**：

(1) 设 $\boldsymbol{W}_i \sim W_p(n_i, \boldsymbol{\Sigma})$, $i=1,2,\cdots,k$，且相互独立，则

$$\boldsymbol{W}_1+\boldsymbol{W}_2+\cdots+\boldsymbol{W}_k \sim W_p(n_1+n_2+\cdots+n_k, \boldsymbol{\Sigma}) \tag{3.5.6}$$

(2) 设 $\boldsymbol{W} \sim W_p(n, \boldsymbol{\Sigma})$，$\boldsymbol{C}$ 为 $q\times p$ 常数矩阵，则

$$\boldsymbol{CWC}' \sim W_q(n, \boldsymbol{C\Sigma C}') \tag{3.5.7}$$

设 $\boldsymbol{x}_1,\boldsymbol{x}_2,\cdots,\boldsymbol{x}_n$ 是取自 $N_p(\boldsymbol{\mu}, \boldsymbol{\Sigma})$，$\boldsymbol{\Sigma}>0$ 的一个样本，$n>p$，则可以证明，$\bar{\boldsymbol{x}}$ 和 $\boldsymbol{S}$ 相互独立，且有

$$(n-1)\boldsymbol{S} \sim W_p(n-1, \boldsymbol{\Sigma}) \tag{3.5.8}$$

小　结

*1. 多元正态分布有非退化的和退化的两种，前者存在概率密度，后者不存在概率密度，是一个奇异型的分布。

*2. 利用§3.2 中的性质(1)和(2)可以给出多元正态分布的另两个等价定义，即用特征函数定义和用 $\boldsymbol{x}$ 分量的一切线性组合均为正态变量的性质定义。

3. 多元正态概率密度的等高面($p=2$ 时为等高线)是一个(超)椭球面($p=2$ 时为一个椭圆)。

4. 多元正态变量的线性变换、边缘分布和条件分布仍是(多元)正态的。

5. 维数相同的独立多元正态变量的线性组合仍为多元正态变量。

6. 对多元正态变量来说，其子向量间的不相关性与独立性是等价的。

7. 极大似然估计是一种参数方法。若总体的分布类型已知，则常采用该方法。它的优点在于能够较充分地利用总体分布类型的信息，并常使获得的估计量有较好的性质。

8. 评价估计量的好坏有这样四个常用准则：无偏性、有效性、一致性和充分性。对于多元正态分布，$(\bar{\boldsymbol{x}},\boldsymbol{S})$ 是$(\boldsymbol{\mu},\boldsymbol{\Sigma})$的一致最优无偏估计、一致估计和充分估计量。

9. 复相关系数度量了一个随机变量 y 和一组随机变量 $x_1,x_2,\cdots,x_p$ 之间相关关系的强弱，它也是 y 和用 $x_1,x_2,\cdots,x_p$ 对 y 的最优线性预测的相关系数。复相关可看成是(将在第十章介绍的)典型相关的一个特例。

10. 偏相关系数度量了剔除偏变量的(线性)影响(或控制偏变量)之后变量间的相关性。对于多元正态变量，偏相关系数与条件相关系数是相同的，此时的条件相关系数与已知条件变量的取值无关，这是多元正态分布的一个特点。

11. 偏相关系数为零，并不意味着相关系数为零，反之亦然；偏相关系数和相关系数未必同号；偏相关系数和相关系数之间孰大孰小没有必然的结论。

12. 在本章的统计推断中，通常要求样本容量 n 要大于总体的维数 p，否则样本协方差矩阵 $\boldsymbol{S}$ 将是退化的。对于多元正态总体[②]，$n>p \Leftrightarrow \boldsymbol{S}>0$ (以概率 1 成立)。

13. 对于多元正态总体，$\bar{\boldsymbol{x}}$ 和 $\boldsymbol{S}$ 相互独立，$\bar{\boldsymbol{x}}$ 和$(n-1)\boldsymbol{S}$ 的抽样分布分别为多元正态分布和威沙特分布。对于非多元正态总体，根据多元中心极限定理，在大样本情形下，$\bar{\boldsymbol{x}}$ 的抽样分布可用正态来近似。这些结论都可看作一元情形向多元情形的直接推广。

---

① 更确切地说，威沙特分布是 $\sigma^2\chi^2$ 分布在多元场合下的一种推广，这里的 $\sigma^2\chi^2$ 分布是指 σ^2 与 χ^2 变量(服从卡方分布的变量)相乘的分布。

② 可放宽到对于变量之间不存在线性关系的连续型多元总体。

附录 3-1　R 的应用

以下我们使用 R 对例 3.4.2 中的数据进行相关分析，并借助于该数据介绍散点图矩阵和旋转图，最后我们还将介绍正态随机数的产生。

读者可从本书前言提供的网址上下载配书资料，其中有一个"《应用多元统计分析》(第六版)文本数据(以逗号为间隔)"的文件夹。以下 R 代码中假定数据的存储目录为"D:/mvdata/"。

一、简单描述统计量

```
> examp3.4.2=read.table("D:/mvdata/examp3.4.2.csv", header=TRUE, sep=",")
#从带分隔符的文本文件中导入数据，第一行为变量名
> head(examp3.4.2, 2)  #列出数据框的前 2 行
  x1    x2     x3    x4  x5  x6  x7
1 44 89.47 44.609 11.37  62 178 182
2 40 75.07 45.313 10.07  62 185 185
> summary(examp3.4.2)  #计算五数概括及均值
       x1             x2             x3             x4
Min.    :38.00  Min.    :59.08  Min.    :37.39  Min.    : 8.17
1st Qu. :44.00  1st Qu. :73.20  1st Qu. :44.96  1st Qu. : 9.78
Median  :48.00  Median  :77.45  Median  :46.77  Median  :10.47
Mean    :47.68  Mean    :77.44  Mean    :47.38  Mean    :10.59
3rd Qu. :51.00  3rd Qu. :82.33  3rd Qu. :50.13  3rd Qu. :11.27
Max.    :57.00  Max.    :91.63  Max.    :60.05  Max.    :14.03
       x5             x6             x7
Min.    :40.00  Min.    :146.0  Min.    :155.0
1st Qu. :48.00  1st Qu. :163.0  1st Qu. :168.0
Median  :52.00  Median  :170.0  Median  :172.0
Mean    :53.74  Mean    :169.6  Mean    :173.8
3rd Qu. :58.50  3rd Qu. :176.0  3rd Qu. :180.0
Max.    :76.00  Max.    :186.0  Max.    :192.0
> apply(examp3.4.2, 2, sd)  #计算标准差
      x1       x2       x3       x4       x5        x6       x7
5.211443 8.328568 5.327231 1.387414 8.294447 10.251986 9.164095
```

二、作相关分析

```
> examp3.4.2=read.table("D:/mvdata/examp3.4.2.csv", header=TRUE, sep=",")
```

(一)协方差矩阵和相关矩阵

```
> round(cov(examp3.4.2), 4)  #计算协方差矩阵，保留4位小数
          x1       x2       x3      x4       x5       x6       x7
x1   27.1591 -10.1365  -8.4563  1.3647  -6.1194 -18.0516 -20.6753
x2  -10.1365  69.3650  -7.2211  1.6583   1.5682  15.4987  19.0337
x3   -8.4563  -7.2211  28.3794 -6.3725 -15.3064 -21.7352 -11.5575
x4    1.3647   1.6583  -6.3725  1.9249   4.6093   4.4612   2.8748
x5   -6.1194   1.5682 -15.3064  4.6093  68.7978  27.0387  19.5731
x6  -18.0516  15.4987 -21.7352  4.4612  27.0387 105.1032  87.3505
x7  -20.6753  19.0337 -11.5575  2.8748  19.5731  87.3505  83.9806
> round(cor(examp3.4.2), 4)  #计算相关矩阵
        x1      x2      x3      x4      x5      x6      x7
x1  1.0000 -0.2335 -0.3046  0.1887 -0.1416 -0.3379 -0.4329
x2 -0.2335  1.0000 -0.1628  0.1435  0.0227  0.1815  0.2494
x3 -0.3046 -0.1628  1.0000 -0.8622 -0.3464 -0.3980 -0.2367
x4  0.1887  0.1435 -0.8622  1.0000  0.4005  0.3136  0.2261
x5 -0.1416  0.0227 -0.3464  0.4005  1.0000  0.3180  0.2575
x6 -0.3379  0.1815 -0.3980  0.3136  0.3180  1.0000  0.9298
x7 -0.4329  0.2494 -0.2367  0.2261  0.2575  0.9298  1.0000
> install.packages("psych")  #安装psych包
> library(psych)  #加载psych包
> corr.test(examp3.4.2, use="complete", adjust="none")  #计算相关矩阵及其p值矩阵,"complete"表示删除有缺失值的行,是缺省选项
Call:corr.test(x = examp3.4.2, use = "complete", adjust = "none")
Correlation matrix
(输出略)
Sample Size
[1] 31
Probability values (Entries above the diagonal are adjusted for multiple tests.)
     x1   x2   x3   x4   x5   x6   x7
x1 0.00 0.21 0.10 0.31 0.45 0.06 0.01
x2 0.21 0.00 0.38 0.44 0.90 0.33 0.18
x3 0.10 0.38 0.00 0.00 0.06 0.03 0.20
x4 0.31 0.44 0.00 0.00 0.03 0.09 0.22
x5 0.45 0.90 0.06 0.03 0.00 0.08 0.16
x6 0.06 0.33 0.03 0.09 0.08 0.00 0.00
x7 0.01 0.18 0.20 0.22 0.16 0.00 0.00
To see confidence intervals of the correlations, print with the short=FALSE option
```

上述相关系数的检验将在下一章的§4.7中介绍。

（二）$x3$ 与 $x1$，$x2$，$x4$，$x5$，$x6$，$x7$ 的复相关系数

```
> R=cor(examp3.4.2[c(3, 1, 2, 4:7)])
> R21=R[2:7, 1]; R22=R[2:7, 2:7]
> MR=sqrt(t(R21)%*%solve(R22)%*%R21); MR
          [,1]
[1,] 0.9208709
#或使用下面的 cancor( )函数
> ca=cancor(examp3.4.2[3], examp3.4.2[c(1:2, 4:7)])   #典型相关分析(见第十章)
> ca$cor   #典型相关系数,复相关系数作为其特例
[1] 0.9208709
```

（三）偏变量为 $x1$ 和 $x2$ 时，$x3$，$x4$ 与 $x5$，$x6$，$x7$ 的偏相关矩阵

```
> n=dim(examp3.4.2)[1]; p=7; k=5
> S=cov(examp3.4.2[c(3:7, 1, 2)])
> S11=S[1:k, 1:k]; S12=S[1:k, (k+1):p]; S21=S[(k+1):p, 1:k]; S22=S[(k+1):p, (k+1):p]
> S11_2=(n-1)/(n-p+k-1)*(S11-S12%*%solve(S22)%*%S21)   #计算偏协方差矩阵
> names(examp3.4.2)   #提取数据框的变量名
[1] "x1" "x2" "x3" "x4" "x5" "x6" "x7"
> colnames(S11_2)=names(examp3.4.2)[3:7]   #添加矩阵列名
> rownames(S11_2)=names(examp3.4.2)[3:7]   #添加矩阵行名
> S11_2
          x3         x4         x5         x6         x7
x3  25.82619  -6.004980 -18.562485 -27.824423 -17.361629
x4  -6.00498   1.912178   5.293334   5.441505   3.792444
x5 -18.56248   5.293334  72.226348  24.714673  16.112336
x6 -27.82442   5.441505  24.714673  98.501324  77.246351
x7 -17.36163   3.792444  16.112336  77.246351  71.023239
> D=sqrt(diag(diag(S11_2)))
> pR=solve(D)%*% S11_2%*%solve(D)   #计算偏相关矩阵
> colnames(pR)=names(examp3.4.2)[3:7]
> rownames(pR)=names(examp3.4.2)[3:7]
> pR
```

```
          x3          x4          x5          x6          x7
x3  1.0000000  -0.8545100  -0.4297918  -0.5516644  -0.4053779
x4 -0.8545100   1.0000000   0.4504196   0.3964914   0.3254278
x5 -0.4297918   0.4504196   1.0000000   0.2930124   0.2249627
x6 -0.5516644   0.3964914   0.2930124   1.0000000   0.9235421
x7 -0.4053779   0.3254278   0.2249627   0.9235421   1.0000000
> pR[1:2, 3:5]
          x5          x6          x7
x3 -0.4297918  -0.5516644  -0.4053779
x4  0.4504196   0.3964914   0.3254278
```

三、散点图矩阵和旋转图

```
> examp3.4.2=read.table("D:/mvdata/examp3.4.2.csv", header=TRUE, sep=",")
```

（一）散点图矩阵

```
> plot(examp3.4.2)  #创建散点图矩阵
```

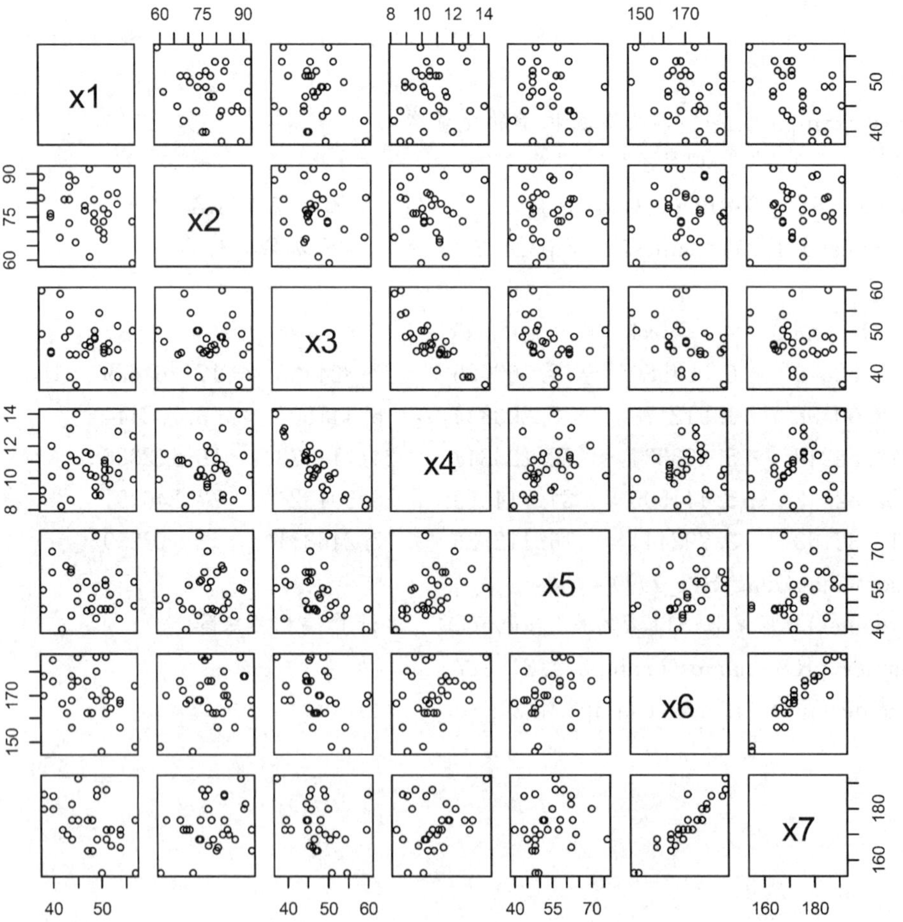

图 3-1.1 散点图矩阵

图 3-1.1 是对例 3.4.2 中数据所画的散点图矩阵，其中上三角和下三角格子中的散点图是对称的。在同一行的格子中，该行所含的(对角线上的)变量为该行所有格子的纵轴变量；在同一列的格子中，该列所含的变量为该列所有格子的横轴变量。观测散点图矩阵，可以得到关于异常数据以及变量间关系的直观印象。在作数据分析时，查看一下该矩阵图常常是很有益处的，甚至是必须的。

(二)旋转图

```
> install.packages("rgl")  #安装 rgl 包
> library(rgl)  #加载 rgl 包
> attach(examp3.4.2)  #将数据框添加到 R 的搜索路径中
> plot3d(x1, x2, x3)  #创建三维散点图,按住鼠标左键拖动可进行旋转
> detach(examp3.4.2)  #将数据框从搜索路径中移除
```

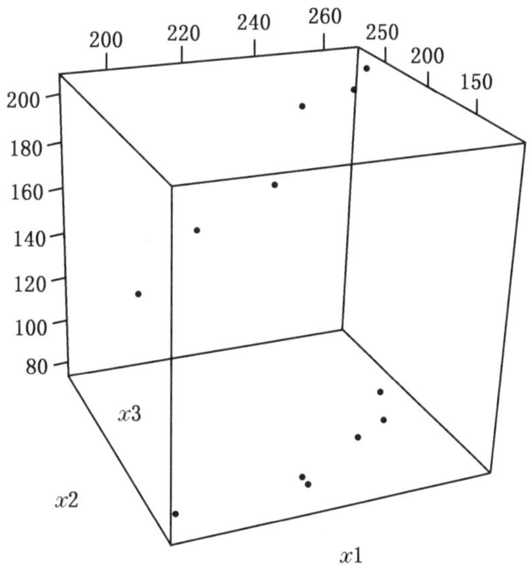

图 3-1.2　旋转图

图 3-1.2 是对例 3.4.2 中的 x1，x2，x3 所作的旋转图，它是一个三维图。观测旋转图，可以动态、持续地进行直至获得足够的信息，这样的图可以使我们从三维角度观测变量之间的关系，并可识别出在 x1，x2，x3 的两两平面散点图中发现不了的异常值。如果三个变量之间存在线性关系，则散点将分布在一个平面上，旋转到某一角度所有的散点会呈现在一直线上，此时提醒我们可能存在"多余"的变量。

对于感兴趣的点(特别是异常点)，(若使用的软件允许)可考虑设置点的颜色或形状，以便于在这三维图的不断旋转中从不同角度更清楚地进行观测。散点图矩阵等图形也可类似地考虑。

四、正态随机数的产生

```
> round(rnorm(30), 3)  #产生 30 个标准正态分布的随机数，保留 3 位小数
```

```
[1]  -0.330   0.877   1.795  -0.364  -0.719   0.043   0.667   1.117
[9]  -0.453  -0.875  -0.583   0.767   1.301   0.260  -0.710  -0.689
[17] -0.138   0.857  -0.690   0.469   0.109  -0.741   1.910   0.165
[25] -0.425   0.721   1.999   0.069   1.744   1.732
> round(rnorm(10, mean=20, sd=6), 3)  #产生 10 个均值为 20,标准差为 6 的正态分布随机数
[1] 21.237 22.760 14.692 17.911 18.370 22.332 20.918 28.154 27.974 24.862
> library(MASS)  #加载 MASS 包(R 中自带的包,无需安装)
> mean=c(3, 1, 4)  #指定均值向量
> sigma=matrix(c(6, 1, -2, 1, 13, 4, -2, 4, 4), nrow=3, ncol=3)  #指定协方差矩阵
> mvrnorm(5, mean, sigma)  #生成 5 个三元正态分布的随机数
           [,1]       [,2]      [,3]
[1,]   4.594593   3.031563  4.342940
[2,]  -1.210201  11.172530  9.300727
[3,]  -0.060373   7.055737  6.727038
[4,]   4.930046   4.302699  4.595398
[5,]   6.177730   6.642781  4.998647
```

附录 3-2　§3.2 中若干性质的证明

一、性质(1)的证明

由(2.5.3)式知,标准正态变量 u_j 的特征函数

$$\varphi_{u_j}(t)=\mathrm{e}^{-t^2/2},\quad j=1,2,\cdots,q$$

从而由 $u_1,u_2,\cdots,u_q$ 相互独立知,$\boldsymbol{u}=(u_1,u_2,\cdots,u_q)'$的特征函数

$$\begin{aligned}\varphi_{\boldsymbol{u}}(\boldsymbol{t})&=E(\mathrm{e}^{i\boldsymbol{t}'\boldsymbol{u}})=E\left[\exp\left(i\sum_{j=1}^{q}t_ju_j\right)\right]\\&=E\left(\prod_{j=1}^{q}\mathrm{e}^{it_ju_j}\right)=\prod_{j=1}^{q}E(\mathrm{e}^{it_ju_j})\\&=\prod_{j=1}^{q}\varphi_{u_j}(t_j)=\prod_{j=1}^{q}\mathrm{e}^{-t_j^2/2}\\&=\exp\left(-\frac{1}{2}\sum_{j=1}^{q}t_j^2\right)=\exp\left(-\frac{1}{2}\boldsymbol{t}'\boldsymbol{t}\right)\end{aligned}$$

所以,$\boldsymbol{x}$ 的特征函数

$$\begin{aligned}\varphi_{\boldsymbol{x}}(\boldsymbol{t})&=E(\mathrm{e}^{i\boldsymbol{t}'\boldsymbol{x}})=E[\mathrm{e}^{i\boldsymbol{t}'(\boldsymbol{\mu}+\boldsymbol{A}\boldsymbol{u})}]\\&=\mathrm{e}^{i\boldsymbol{t}'\boldsymbol{\mu}}E[\mathrm{e}^{i(\boldsymbol{A}'\boldsymbol{t})'\boldsymbol{u}}]=\mathrm{e}^{i\boldsymbol{t}'\boldsymbol{\mu}}\varphi_{\boldsymbol{u}}(\boldsymbol{A}'\boldsymbol{t})\end{aligned}$$

$$=\exp\left[i\boldsymbol{t}'\boldsymbol{\mu}-\frac{1}{2}(\boldsymbol{A}'\boldsymbol{t})'(\boldsymbol{A}'\boldsymbol{t})\right]$$
$$=\exp\left(i\boldsymbol{t}'\boldsymbol{\mu}-\frac{1}{2}\boldsymbol{t}'\boldsymbol{\Sigma}\boldsymbol{t}\right)$$

二、性质(2)的证明(充分性)

设对一切 $\boldsymbol{a}\in R^p$,$\boldsymbol{a}'\boldsymbol{x}$ 都服从一元正态分布。记 $\boldsymbol{\mu}=E(\boldsymbol{x})$,$\boldsymbol{\Sigma}=V(\boldsymbol{x})$,于是

$$E(\boldsymbol{a}'\boldsymbol{x})=\boldsymbol{a}'\boldsymbol{\mu},\quad V(\boldsymbol{a}'\boldsymbol{x})=\boldsymbol{a}'\boldsymbol{\Sigma}\boldsymbol{a}$$

从而 $\boldsymbol{a}'\boldsymbol{x}\sim N(\boldsymbol{a}'\boldsymbol{\mu},\boldsymbol{a}'\boldsymbol{\Sigma}\boldsymbol{a})$,由(2.5.2)式知,$\boldsymbol{a}'\boldsymbol{x}$ 的特征函数

$$\varphi_{a'x}(t)=E(\mathrm{e}^{ita'x})=\exp\left(it\boldsymbol{a}'\boldsymbol{\mu}-\frac{1}{2}t^2\boldsymbol{a}'\boldsymbol{\Sigma}\boldsymbol{a}\right)$$

所以,$\boldsymbol{x}$ 的特征函数

$$\varphi_x(\boldsymbol{a})=E(\mathrm{e}^{ia'x})=\varphi_{a'x}(1)=\exp\left(i\boldsymbol{a}'\boldsymbol{\mu}-\frac{1}{2}\boldsymbol{a}'\boldsymbol{\Sigma}\boldsymbol{a}\right)$$

这个式子对一切 $\boldsymbol{a}\in R^p$ 都是成立的,故而由(3.2.1)式知,$\boldsymbol{x}$ 服从 p 元正态分布。

三、性质(8)的证明

令

$$\boldsymbol{w}=\begin{pmatrix}\boldsymbol{y}\\\boldsymbol{z}\end{pmatrix}=\begin{pmatrix}\boldsymbol{A}\\\boldsymbol{B}\end{pmatrix}\boldsymbol{x}+\begin{pmatrix}\boldsymbol{a}\\\boldsymbol{b}\end{pmatrix}$$

则由(3.2.3)式知,

$$\boldsymbol{w}\sim N_{p+q}\left(\begin{pmatrix}\boldsymbol{a}\\\boldsymbol{b}\end{pmatrix},\ \begin{pmatrix}\boldsymbol{AA}' & \boldsymbol{AB}'\\\boldsymbol{BA}' & \boldsymbol{BB}'\end{pmatrix}\right)$$

必要性。设 $\boldsymbol{y}$ 和 $\boldsymbol{z}$ 相互独立,则 $\boldsymbol{AB}'=\mathrm{Cov}(\boldsymbol{y},\boldsymbol{z})=\boldsymbol{0}$。

充分性。设 $\boldsymbol{AB}'=\boldsymbol{0}$,于是

$$\begin{aligned}\mathrm{rank}\left(\begin{pmatrix}\boldsymbol{AA}' & \boldsymbol{0}\\\boldsymbol{0} & \boldsymbol{BB}'\end{pmatrix}\right)&=\mathrm{rank}(\boldsymbol{AA}')+\mathrm{rank}(\boldsymbol{BB}')\\&=\mathrm{rank}(\boldsymbol{A})+\mathrm{rank}(\boldsymbol{B})\\&=p+q\end{aligned}$$

从而 $\begin{pmatrix}\boldsymbol{AA}' & \boldsymbol{0}\\\boldsymbol{0} & \boldsymbol{BB}'\end{pmatrix}>0$,故由§3.2 中的性质(6)知,$\boldsymbol{y}$ 和 $\boldsymbol{z}$ 相互独立。

四、性质(9)的证明

令 $\boldsymbol{u}=\boldsymbol{\Sigma}^{-1/2}(\boldsymbol{x}-\boldsymbol{\mu})$,由(3.2.3)式知,$\boldsymbol{u}\sim N_n(\boldsymbol{0},\boldsymbol{I})$,因 $\boldsymbol{x}=\boldsymbol{\Sigma}^{1/2}\boldsymbol{u}+\boldsymbol{\mu}$,从而

$$\boldsymbol{y}=\boldsymbol{A}\boldsymbol{\Sigma}^{1/2}\boldsymbol{u}+(\boldsymbol{A\mu}+\boldsymbol{a}),\quad \boldsymbol{z}=\boldsymbol{B}\boldsymbol{\Sigma}^{1/2}\boldsymbol{u}+(\boldsymbol{B\mu}+\boldsymbol{b})$$

由于 $\mathrm{rank}(\boldsymbol{A\Sigma}^{1/2})=\mathrm{rank}(\boldsymbol{A})=p$,$\mathrm{rank}(\boldsymbol{B\Sigma}^{1/2})=\mathrm{rank}(\boldsymbol{B})=q$,所以,由§3.2 中的性质(8)知,$\boldsymbol{y}$ 和 $\boldsymbol{z}$ 相互独立当且仅当 $(\boldsymbol{A\Sigma}^{1/2})(\boldsymbol{B\Sigma}^{1/2})'=\boldsymbol{0}$,即 $\boldsymbol{A\Sigma B}'=\boldsymbol{0}$。

五、性质(10)的证明

令 $\boldsymbol{A}=(\boldsymbol{I}_k,\ -\boldsymbol{\Sigma}_{12}\boldsymbol{\Sigma}_{22}^{-1})$,$\boldsymbol{B}=(\boldsymbol{0},\ \boldsymbol{I}_{p-k})$,显然,$\mathrm{rank}(\boldsymbol{A})=k$,$\mathrm{rank}(\boldsymbol{B})=p-k$,于是

$$\boldsymbol{x}_1-\boldsymbol{\Sigma}_{12}\boldsymbol{\Sigma}_{22}^{-1}\boldsymbol{x}_2=(\boldsymbol{I}_k,\ -\boldsymbol{\Sigma}_{12}\boldsymbol{\Sigma}_{22}^{-1})\begin{pmatrix}\boldsymbol{x}_1\\ \boldsymbol{x}_2\end{pmatrix}=\boldsymbol{A}\boldsymbol{x}$$

$$\boldsymbol{x}_2=(\boldsymbol{0},\ \boldsymbol{I}_{p-k})\begin{pmatrix}\boldsymbol{x}_1\\ \boldsymbol{x}_2\end{pmatrix}=\boldsymbol{B}\boldsymbol{x}$$

从而

$$\begin{aligned}\boldsymbol{A}\boldsymbol{\Sigma}\boldsymbol{B}'&=(\boldsymbol{I}_k,\ -\boldsymbol{\Sigma}_{12}\boldsymbol{\Sigma}_{22}^{-1})\begin{pmatrix}\boldsymbol{\Sigma}_{11}&\boldsymbol{\Sigma}_{12}\\ \boldsymbol{\Sigma}_{21}&\boldsymbol{\Sigma}_{22}\end{pmatrix}\begin{pmatrix}\boldsymbol{0}\\ \boldsymbol{I}_{p-k}\end{pmatrix}\\&=(\boldsymbol{\Sigma}_{11}-\boldsymbol{\Sigma}_{12}\boldsymbol{\Sigma}_{22}^{-1}\boldsymbol{\Sigma}_{21},\ \boldsymbol{0})\begin{pmatrix}\boldsymbol{0}\\ \boldsymbol{I}_{p-k}\end{pmatrix}\\&=\boldsymbol{0}\end{aligned}$$

所以，由§3.2中的性质(9)知，$\boldsymbol{A}\boldsymbol{x}$ 和 $\boldsymbol{B}\boldsymbol{x}$ 相互独立。同理可证得 $\boldsymbol{x}_1$ 和 $\boldsymbol{x}_2-\boldsymbol{\Sigma}_{21}\boldsymbol{\Sigma}_{11}^{-1}\boldsymbol{x}_1$ 也相互独立。

六、性质(11)的证明

由 $\boldsymbol{\Sigma}>0$ 可知，$\boldsymbol{\Sigma}_{11}>0$，$\boldsymbol{\Sigma}_{22}>0$，$\boldsymbol{\Sigma}_{11\cdot 2}>0$（见习题1.19），记

$$\boldsymbol{A}=\begin{pmatrix}\boldsymbol{I}_k&-\boldsymbol{\Sigma}_{12}\boldsymbol{\Sigma}_{22}^{-1}\\ \boldsymbol{0}&\boldsymbol{I}_{p-k}\end{pmatrix}$$

令

$$\boldsymbol{y}=\begin{pmatrix}\boldsymbol{y}_1\\ \boldsymbol{y}_2\end{pmatrix}=\boldsymbol{A}\boldsymbol{x}=\begin{pmatrix}\boldsymbol{I}_k&-\boldsymbol{\Sigma}_{12}\boldsymbol{\Sigma}_{22}^{-1}\\ \boldsymbol{0}&\boldsymbol{I}_{p-k}\end{pmatrix}\begin{pmatrix}\boldsymbol{x}_1\\ \boldsymbol{x}_2\end{pmatrix}=\begin{pmatrix}\boldsymbol{x}_1-\boldsymbol{\Sigma}_{12}\boldsymbol{\Sigma}_{22}^{-1}\boldsymbol{x}_2\\ \boldsymbol{x}_2\end{pmatrix}$$

于是

$$E(\boldsymbol{y}_1)=\boldsymbol{\mu}_1-\boldsymbol{\Sigma}_{12}\boldsymbol{\Sigma}_{22}^{-1}\boldsymbol{\mu}_2$$

$$\begin{aligned}V(\boldsymbol{y}_1)&=(\boldsymbol{I}_k,\ -\boldsymbol{\Sigma}_{12}\boldsymbol{\Sigma}_{22}^{-1})\begin{pmatrix}\boldsymbol{\Sigma}_{11}&\boldsymbol{\Sigma}_{12}\\ \boldsymbol{\Sigma}_{21}&\boldsymbol{\Sigma}_{22}\end{pmatrix}\begin{pmatrix}\boldsymbol{I}_k\\ -\boldsymbol{\Sigma}_{22}^{-1}\boldsymbol{\Sigma}_{21}\end{pmatrix}\\&=\boldsymbol{\Sigma}_{11}-\boldsymbol{\Sigma}_{12}\boldsymbol{\Sigma}_{22}^{-1}\boldsymbol{\Sigma}_{21}\\&=\boldsymbol{\Sigma}_{11\cdot 2}\end{aligned}$$

故

$$\boldsymbol{y}_1\sim N_k(\boldsymbol{\mu}_1-\boldsymbol{\Sigma}_{12}\boldsymbol{\Sigma}_{22}^{-1}\boldsymbol{\mu}_2,\ \boldsymbol{\Sigma}_{11\cdot 2})$$

由§3.2中的性质(10)知，$\boldsymbol{y}_1$ 和 $\boldsymbol{y}_2$ 相互独立，从而

$$f_{\boldsymbol{y}}(\boldsymbol{y})=f_{\boldsymbol{y}_1}(\boldsymbol{y}_1)\cdot f_{\boldsymbol{y}_2}(\boldsymbol{y}_2)$$

又由(2.4.4)式知，$J(\boldsymbol{y}\to\boldsymbol{x})=|\boldsymbol{A}|=1$，所以

$$\begin{aligned}f_{\boldsymbol{x}}(\boldsymbol{x})&=f_{\boldsymbol{y}}(\boldsymbol{y})\,|J(\boldsymbol{y}\to\boldsymbol{x})|\\&=f_{\boldsymbol{y}}(\boldsymbol{y})\\&=f_{\boldsymbol{y}_1}(\boldsymbol{y}_1)f_{\boldsymbol{y}_2}(\boldsymbol{y}_2)\\&=f_{\boldsymbol{y}_1}(\boldsymbol{y}_1)f_{\boldsymbol{x}_2}(\boldsymbol{x}_2)\end{aligned}$$

故而，已知 $\boldsymbol{x}_2$ 时 $\boldsymbol{x}_1$ 的条件概率密度为

$$f(\boldsymbol{x}_1|\boldsymbol{x}_2)=\frac{f_{\boldsymbol{x}}(\boldsymbol{x})}{f_{\boldsymbol{x}_2}(\boldsymbol{x}_2)}$$

$$
\begin{aligned}
&= f_{\boldsymbol{y}_1}(\boldsymbol{y}_1) \\
&= (2\pi)^{-k/2}|\boldsymbol{\Sigma}_{11\cdot 2}|^{-1/2}\exp\left[-\frac{1}{2}(\boldsymbol{y}_1-\boldsymbol{\mu}_1+\boldsymbol{\Sigma}_{12}\boldsymbol{\Sigma}_{22}^{-1}\boldsymbol{\mu}_2)'\boldsymbol{\Sigma}_{11\cdot 2}^{-1}\right. \\
&\qquad \left.\cdot(\boldsymbol{y}_1-\boldsymbol{\mu}_1+\boldsymbol{\Sigma}_{12}\boldsymbol{\Sigma}_{22}^{-1}\boldsymbol{\mu}_2)\right] \\
&= (2\pi)^{-k/2}|\boldsymbol{\Sigma}_{11\cdot 2}|^{-1/2}\exp\left[-\frac{1}{2}(\boldsymbol{x}_1-\boldsymbol{\Sigma}_{12}\boldsymbol{\Sigma}_{22}^{-1}\boldsymbol{x}_2-\boldsymbol{\mu}_1+\boldsymbol{\Sigma}_{12}\boldsymbol{\Sigma}_{22}^{-1}\boldsymbol{\mu}_2)'\right. \\
&\qquad \left.\cdot\boldsymbol{\Sigma}_{11\cdot 2}^{-1}(\boldsymbol{x}_1-\boldsymbol{\Sigma}_{12}\boldsymbol{\Sigma}_{22}^{-1}\boldsymbol{x}_2-\boldsymbol{\mu}_1+\boldsymbol{\Sigma}_{12}\boldsymbol{\Sigma}_{22}^{-1}\boldsymbol{\mu}_2)\right] \\
&= (2\pi)^{-k/2}|\boldsymbol{\Sigma}_{11\cdot 2}|^{-1/2}\exp\left[-\frac{1}{2}(\boldsymbol{x}_1-\boldsymbol{\mu}_{1\cdot 2})'\boldsymbol{\Sigma}_{11\cdot 2}^{-1}(\boldsymbol{x}_1-\boldsymbol{\mu}_{1\cdot 2})\right]
\end{aligned}
$$

即已知 $\boldsymbol{x}_2$ 时 $\boldsymbol{x}_1$ 的条件分布为 $N_k(\boldsymbol{\mu}_{1\cdot 2},\ \boldsymbol{\Sigma}_{11\cdot 2})$。

习　题

*3.1　设 $\boldsymbol{x}\sim N_p(\boldsymbol{\mu},\boldsymbol{\Sigma})$，$\mathrm{rank}(\boldsymbol{\Sigma})=r$，$\boldsymbol{u}\sim N_r(\boldsymbol{0},\boldsymbol{I})$，试证存在秩为 r 的 $p\times r$ 矩阵 $\boldsymbol{A}$，使得 $\boldsymbol{x}$ 和 $\boldsymbol{\mu}+\boldsymbol{A}\boldsymbol{u}$ 服从相同的分布。

*3.2　设 $\boldsymbol{x}\sim N_3(\boldsymbol{\mu},\boldsymbol{\Sigma})$，其中

$$\boldsymbol{\Sigma}=\begin{pmatrix}4&-2&-2\\-2&2&0\\-2&0&2\end{pmatrix}$$

试求习题 3.1 中的 $\boldsymbol{A}$。

3.3　设 $\boldsymbol{x}\sim N_3(\boldsymbol{\mu},\boldsymbol{\Sigma})$，$\boldsymbol{A}=\begin{pmatrix}\frac{1}{2}&-1&\frac{1}{2}\\-\frac{1}{2}&0&-\frac{1}{2}\end{pmatrix}$，其中 $\boldsymbol{\mu}=(1,2,-1)'$，$\boldsymbol{\Sigma}=\begin{pmatrix}2&1&1\\1&2&-1\\1&-1&4\end{pmatrix}$，试求 $\boldsymbol{y}=\boldsymbol{A}\boldsymbol{x}$ 的分布。

3.4　设 $\boldsymbol{x}\sim N_3(\boldsymbol{\mu},\boldsymbol{\Sigma})$，其中

$$\boldsymbol{\mu}=\begin{pmatrix}3\\1\\4\end{pmatrix},\quad \boldsymbol{\Sigma}=\begin{pmatrix}6&1&-2\\1&13&4\\-2&4&4\end{pmatrix}$$

试求

(1) $y_1=x_1+x_2-2x_3$ 和 $y_2=3x_1-x_2+2x_3$ 的联合分布；

(2) x_1 和 x_3 的联合分布；

(3) x_1,x_3 和$\frac{1}{2}(x_1+x_2)$的联合分布。

3.5　设 $\boldsymbol{x}\sim N_p(\boldsymbol{\mu},\boldsymbol{\Sigma})$，其中 $\boldsymbol{x}=(x_1,x_2,\cdots,x_p)'$，$\boldsymbol{\mu}=(\mu_1,\mu_2,\cdots,\mu_p)'$，$\boldsymbol{\Sigma}=\mathrm{diag}(\sigma_1^2,\sigma_2^2,\cdots,\sigma_p^2)$，试证 $x_1,x_2,\cdots,x_p$ 相互独立。

3.6(有用结论)　试证独立正态变量的联合分布必然是多元正态的。

3.7　设 $\boldsymbol{x}\sim N_4(\boldsymbol{\mu},\boldsymbol{\Sigma})$，其中

$$\boldsymbol{\mu}=\begin{pmatrix}-4\\2\\5\\-1\end{pmatrix},\quad \boldsymbol{\Sigma}=\begin{pmatrix}8&0&-1&0\\0&3&0&2\\-1&0&5&0\\0&2&0&7\end{pmatrix}$$

以下哪些随机变量对是独立的?

(1) x_1 和 x_2;(2) x_1 和 x_3;(3) x_2 和 x_3;(4) x_3 和 x_4;(5) (x_1,x_2)和 x_3;(6) (x_1,x_3)和 x_4;(7) x_1 和 (x_2,x_4) ;(8) (x_1,x_2)和(x_3,x_4) ;(9) (x_1,x_3)和(x_2,x_4)。

3.8　设 $\boldsymbol{x}\sim N_2(\boldsymbol{\mu},\boldsymbol{\Sigma})$,其中 $\boldsymbol{x}=(x_1,x_2)'$,$\boldsymbol{\mu}=(\mu_1,\mu_2)'$,$\boldsymbol{\Sigma}=\sigma^2\begin{pmatrix}1&\rho\\\rho&1\end{pmatrix}$,试证 x_1+x_2 和 x_1-x_2 相互独立。

3.9　设 $\boldsymbol{x}\sim N_{2p}(\boldsymbol{\mu},\boldsymbol{\Sigma})$, $\boldsymbol{x},\boldsymbol{\mu},\boldsymbol{\Sigma}$ 的剖分如下:

$$\boldsymbol{x}=\begin{pmatrix}\boldsymbol{x}_1\\\boldsymbol{x}_2\end{pmatrix}\begin{matrix}p\\p\end{matrix},\quad \boldsymbol{\mu}=\begin{pmatrix}\boldsymbol{\mu}_1\\\boldsymbol{\mu}_2\end{pmatrix}\begin{matrix}p\\p\end{matrix},\quad \boldsymbol{\Sigma}=\underset{\begin{matrix}p\quad\ \ p\end{matrix}}{\begin{pmatrix}\boldsymbol{\Sigma}_1&\boldsymbol{\Sigma}_2\\\boldsymbol{\Sigma}_2&\boldsymbol{\Sigma}_1\end{pmatrix}}\begin{matrix}p\\p\end{matrix}$$

试证 $\boldsymbol{x}_1+\boldsymbol{x}_2$ 和 $\boldsymbol{x}_1-\boldsymbol{x}_2$ 相互独立。

3.10　设 $\boldsymbol{x}\sim N_2(\boldsymbol{0},\boldsymbol{I})$,其中 $\boldsymbol{x}=(x_1,x_2)'$,试求已知 x_1+x_2 时 x_1 的条件分布。

3.11　试证

$$\sum_{i=1}^{n}(\boldsymbol{x}_i-\bar{\boldsymbol{x}})'\boldsymbol{\Sigma}^{-1}(\boldsymbol{x}_i-\bar{\boldsymbol{x}})=\min_{\boldsymbol{\mu}}\sum_{i=1}^{n}(\boldsymbol{x}_i-\boldsymbol{\mu})'\boldsymbol{\Sigma}^{-1}(\boldsymbol{x}_i-\boldsymbol{\mu})$$

3.12　设 $\boldsymbol{x}\sim N_3(\boldsymbol{\mu},\boldsymbol{\Sigma})$,其中 $\boldsymbol{\mu}=\begin{pmatrix}10\\4\\7\end{pmatrix}$,$\boldsymbol{\Sigma}=\begin{pmatrix}9&-3&-3\\-3&5&1\\-3&1&5\end{pmatrix}$,试求

(1) (x_1,x_2)的边缘分布;

(2) $x_1|(x_2,x_3)$和$(x_1,x_2)|x_3$ 的条件分布;

(3) x_3 为偏变量时,x_1 与 x_2 的偏相关系数;

(4) x_1 与(x_2,x_3)的复相关系数。

3.13　设 $\boldsymbol{x}\sim N_3(\boldsymbol{0},\boldsymbol{\Sigma})$,其中

$$\boldsymbol{\Sigma}=\begin{pmatrix}1&\rho_{12}&\rho_{13}\\\rho_{12}&1&\rho_{23}\\\rho_{13}&\rho_{23}&1\end{pmatrix}$$

试求

(1) $x_3|(x_1,x_2)$的条件分布;

(2) 偏变量为 x_3 时,x_1 和 x_2 的偏协方差。

3.14　设

$$\boldsymbol{A}=\begin{pmatrix}\frac{1}{\sqrt{4}}&\frac{1}{\sqrt{4}}&\frac{1}{\sqrt{4}}&\frac{1}{\sqrt{4}}\\\frac{1}{\sqrt{2}}&-\frac{1}{\sqrt{2}}&0&0\\\frac{1}{\sqrt{6}}&\frac{1}{\sqrt{6}}&-\frac{2}{\sqrt{6}}&0\\\frac{1}{\sqrt{12}}&\frac{1}{\sqrt{12}}&\frac{1}{\sqrt{12}}&-\frac{3}{\sqrt{12}}\end{pmatrix}$$

(1) 试证 $\boldsymbol{AA}'=\boldsymbol{I}$，即 $\boldsymbol{A}$ 是一个正交矩阵；

(2) 设 $\boldsymbol{y}=\boldsymbol{Ax}$，其中 $\boldsymbol{x}\sim N_4(\mu\boldsymbol{1},\sigma^2\boldsymbol{I})$，$\boldsymbol{1}=(1,1,1,1)'$，试证

$$y_2^2+y_3^2+y_4^2=\sum_{i=1}^{4}x_i^2-\frac{1}{4}\left(\sum_{i=1}^{4}x_i\right)^2$$

及 y_1,y_2,y_3,y_4 相互独立，且 $y_1\sim N(2\mu,\sigma^2)$，$y_i\sim N(0,\sigma^2)$，$i=2,3,4$。

3.15　设 $\boldsymbol{x}\sim N_n(\boldsymbol{\mu},\sigma^2\boldsymbol{I})$，$\bar{x}=\dfrac{1}{n}\sum\limits_{i=1}^{n}x_i$，$(n-1)s^2=\sum\limits_{i=1}^{n}(x_i-\bar{x})^2=\sum\limits_{i=1}^{n}x_i^2-n\bar{x}^2=\sum\limits_{i=1}^{n}x_i^2-\dfrac{1}{n}\left(\sum\limits_{i=1}^{n}x_i\right)^2$，试证 $\bar{x}$ 和 s^2 相互独立。

[提示：证法一。参考习题 3.14，令

$$\boldsymbol{A}=\begin{pmatrix}\frac{1}{\sqrt{n}} & \frac{1}{\sqrt{n}} & \frac{1}{\sqrt{n}} & \cdots & \frac{1}{\sqrt{n}} & \frac{1}{\sqrt{n}}\\ \frac{1}{\sqrt{2\cdot1}} & \frac{-1}{\sqrt{2\cdot1}} & 0 & \cdots & 0 & 0\\ \frac{1}{\sqrt{3\cdot2}} & \frac{1}{\sqrt{3\cdot2}} & \frac{-2}{\sqrt{3\cdot2}} & \cdots & 0 & 0\\ \vdots & \vdots & \vdots & & \vdots & \vdots\\ \frac{1}{\sqrt{n(n-1)}} & \frac{1}{\sqrt{n(n-1)}} & \frac{1}{\sqrt{n(n-1)}} & \cdots & \frac{1}{\sqrt{n(n-1)}} & \frac{-(n-1)}{\sqrt{n(n-1)}}\end{pmatrix}$$

*证法二。利用§3.2 中的性质(9)，证明 $\bar{x}=\dfrac{1}{n}\boldsymbol{1}'\boldsymbol{x}$ 与 $\begin{pmatrix}x_1-\bar{x}\\ x_2-\bar{x}\\ \vdots\\ x_n-\bar{x}\end{pmatrix}=\left(\boldsymbol{I}-\dfrac{1}{n}\boldsymbol{11}'\right)\boldsymbol{x}$ 独立，其中 $\boldsymbol{1}=(1,1,\cdots,1)'$]

3.16(有用结论)　设 $\boldsymbol{x}_1,\boldsymbol{x}_2,\cdots,\boldsymbol{x}_n$ 是来自 p 维总体 $\boldsymbol{x}$ 的一个样本，样本协方差矩阵 $\boldsymbol{S}>0$，试证 $n>p$。

3.17　试证(3.4.1)式中的最后一个等式。

*3.18　试证(3.4.5)式。

*3.19　试证(3.4.13)式。

*3.20　试证(3.4.15)式。

*3.21　试证(3.4.16)式。

*3.22　试证(3.4.23)式。

客观思考题

一、判断题

3.1　二元正态分布的密度等高线有无穷多条，都是同中心同方向的椭圆。　(　　)

3.2　正态变量的线性组合一定也是正态变量。　(　　)

3.3　正态变量之间互不相关和相互独立是等价的。　(　　)

3.4　对于多元正态总体，$\boldsymbol{\mu}$ 和 $\boldsymbol{\Sigma}$ 的极大似然估计都是无偏的。　(　　)

3.5　样本相关系数是总体相关系数的无偏估计。　(　　)

3.6　y 和 $\boldsymbol{x}$ 的复相关系数为零，当且仅当 y 和 $\boldsymbol{x}$ 不相关。　(　　)

3.7　复相关系数和偏相关系数都是无单位的。　(　　)

二、单选题

3.8 设 $\boldsymbol{x}\sim N_p(\boldsymbol{\mu},\boldsymbol{\Sigma})$，则 $\boldsymbol{x}$ 离 $\boldsymbol{\mu}$ 越远(近)密度越小(大)。度量这里远近的距离应是(　　)。

A. 欧氏距离　　B. 马氏距离

C. 各变量标准化后的欧氏距离　　D. 其他距离

三、多选题

3.9 以下需多元正态性假定的结论是(　　)。

A. $\boldsymbol{S}$ 是 $\boldsymbol{\Sigma}$ 的无偏估计　　B. $\bar{\boldsymbol{x}}$ 和 $\boldsymbol{S}$ 分别是 $\boldsymbol{\mu}$ 和 $\boldsymbol{\Sigma}$ 的一致最优无偏估计

C. $\bar{\boldsymbol{x}}$ 和 $\boldsymbol{S}$ 分别是 $\boldsymbol{\mu}$ 和 $\boldsymbol{\Sigma}$ 的一致估计　　D. $\bar{\boldsymbol{x}}$ 和 $\boldsymbol{S}$ 分别是 $\boldsymbol{\mu}$ 和 $\boldsymbol{\Sigma}$ 的充分估计量

第四章　多元正态总体的统计推断

在实际应用中，多元正态总体 $N_p(\boldsymbol{\mu},\boldsymbol{\Sigma})$ 中的参数 $\boldsymbol{\mu}$ 和 $\boldsymbol{\Sigma}$ 一般都是未知的，需要通过样本进行统计推断。上一章中我们对 $\boldsymbol{\mu},\boldsymbol{\Sigma}$ 及相关系数等都作了点估计，本章还将对它们作进一步的统计推断。为便于本章学习，我们首先对一元统计推断作一简单回顾。

§4.1　一元情形的回顾

所谓**统计推断**就是根据从总体中观测到的部分数据对总体中我们感兴趣的未知部分作出推测，这种推测必然伴有某种程度的不确定性，需要用概率来表明其可靠的程度。概率的使用是统计推断的一个重要特点。

统计推断有参数估计和假设检验两大类问题，其统计推断的目的不同。参数估计回答诸如"未知参数 θ 的值有多大?"之类的问题，假设检验回答诸如"未知参数 θ 的值是 θ_0 吗?"之类的问题。

参数估计分为点估计和区间估计两种。简单地说，点估计就是用一个具体数值去估计某一未知参数，而区间估计则是把未知参数估计在某个区间之内。虽然点估计能给出一个明确的数值，但它不能指出这种估计的把握有多大。而区间估计却能弥补这种不足，它能以一定的置信度（概率）来保证估计的正确性。因此，在实际应用中区间估计较点估计更为重要，区间估计也称为置信区间。点估计通常较易得到，而置信区间有时却不易得到。这是因为，得到置信区间常常需要有一些较好的条件，比如，假定总体的分布类型已知（特别是正态分布）或在大样本情形下等。

在假设检验问题中通常有两个**统计假设**（简称**假设**），一个作为**原假设**（或称**零假设**），另一个作为**备择假设**（或称**对立假设**），分别记为 H_0 和 H_1。检验结果或者拒绝 H_0（即接受 H_1）或者接受 H_0。"拒绝 H_0"的意思是，样本及总体中所含有的信息足以（即提供了充分的理由）否定 H_0；"接受 H_0"的意思是，样本及总体中所含的信息不足以拒绝 H_0。因此，"接受 H_0"的确切含义是不拒绝 H_0，并不意味着 H_0 正确。

一、关于均值的置信区间

（一）正态总体均值的置信区间

设 $x_1,x_2,\cdots,x_n$ 是取自正态总体 $N(\mu,\sigma^2)$ 的一个样本。给定置信度 $1-\alpha$，当 σ^2 已知时，μ 的置信度为 $1-\alpha$ 的置信区间为

$$\bar{x} \pm u_{\alpha/2} \frac{\sigma}{\sqrt{n}} \tag{4.1.1}$$

$u_{\alpha/2}$ 为 $N(0,1)$的上 $\alpha/2$ 分位数。当 σ^2 未知时，在(4.1.1)式中用 s 代替 σ，且用 $t_{\alpha/2}(n-1)$代替 $u_{\alpha/2}$，即可得到 μ 的 $1-\alpha$ 置信区间为

$$\bar{x} \pm t_{\alpha/2}(n-1) \frac{s}{\sqrt{n}} \tag{4.1.2}$$

这里 $s^2 = \frac{1}{n-1}\sum_{i=1}^{n}(x_i - \bar{x})^2$ 为样本方差，$t_{\alpha/2}(n-1)$为 $t(n-1)$的上 $\alpha/2$ 分位数。

注　当 σ^2 已知时，(4.1.2)式也是 μ 的 $1-\alpha$ 置信区间，但它在精确度上不如(4.1.1)式，即(4.1.2)式的平均区间长度要大于(4.1.1)式的区间长度。关于这一点我们也可以从直觉上来理解，置信区间(4.1.2)没有利用 σ^2 值已知这一总体信息，而置信区间(4.1.1)却利用了。在统计学上，有用的信息利用得越充分，所得到的结果一般就越精确。此外，满足 $a_1 + a_2 + \cdots + a_n = 1$ 的 $(a_1x_1 + a_2x_2 + \cdots + a_nx_n) \pm u_{\alpha/2}\sqrt{a_1^2 + a_2^2 + \cdots + a_n^2}\,\sigma$ 也都是 μ 的 $1-\alpha$ 置信区间。一般书中只给出未知参数的某一个最佳置信区间(如果最佳的存在)，我们有时为表述方便就说对该参数构造的置信区间是唯一的(实际是指唯一最佳的)。假设检验中我们有时说检验方法是唯一的也是类似的道理。

(二)两个正态总体均值之差的置信区间

设 $x_1, x_2, \cdots, x_{n_1}$ 是取自总体 $N(\mu_1, \sigma_1^2)$的容量为 n_1 的样本，$y_1, y_2, \cdots, y_{n_2}$ 是取自总体 $N(\mu_2, \sigma_2^2)$的容量为 n_2 的样本，且两个样本相互独立。令

$$\bar{x} = \frac{1}{n_1}\sum_{i=1}^{n_1} x_i, \quad \bar{y} = \frac{1}{n_2}\sum_{i=1}^{n_2} y_i$$

则当 σ_1^2 和 σ_2^2 已知时，$\mu_1 - \mu_2$ 的 $1-\alpha$ 置信区间为

$$(\bar{x} - \bar{y}) \pm u_{\alpha/2}\sqrt{\frac{\sigma_1^2}{n_1} + \frac{\sigma_2^2}{n_2}} \tag{4.1.3}$$

当 σ_1^2 和 σ_2^2 都未知，但 $\sigma_1^2 = \sigma_2^2 = \sigma^2$ 时，$\mu_1 - \mu_2$ 的 $1-\alpha$ 置信区间为

$$(\bar{x} - \bar{y}) \pm t_{\alpha/2}(n_1 + n_2 - 2)s_p\sqrt{\frac{1}{n_1} + \frac{1}{n_2}} \tag{4.1.4}$$

其中

$$s_p^2 = \frac{(n_1 - 1)s_1^2 + (n_2 - 1)s_2^2}{n_1 + n_2 - 2}$$

该式中 $s_1^2 = \frac{1}{n_1 - 1}\sum_{i=1}^{n_1}(x_i - \bar{x})^2$ 和 $s_2^2 = \frac{1}{n_2 - 1}\sum_{i=1}^{n_2}(y_i - \bar{y})^2$ 集中了各自样本中有关 σ^2 的信息，s_p^2 能够将两者所含的信息很好地结合起来，它是一个联合无偏估计。

二、关于均值的假设检验

(一)正态总体均值的检验

考虑假设检验问题

$$H_0: \mu=\mu_0, \quad H_1: \mu\neq\mu_0 \tag{4.1.5}$$[①]

μ_0 通常是由早先经验指定的值或是一个目标值。[②] 设 $x_1, x_2, \cdots, x_n$ 是取自总体 $N(\mu, \sigma^2)$ 的一个样本，给定显著性水平 α。

注　我们检验假设(4.1.5)不是要验证 μ 是否准确地等于 μ_0，作这样的验证是没有希望的。真值 μ 是未知的，几乎不可能正好等于被检验值 μ_0(因为 μ 是在一个区间上取值的)。我们心里清楚 μ_0 一般是偏离真值 μ 的，我们只是想知道这种偏离是否显著，即 μ 和 μ_0 之间是否存在显著性差异。

1. σ^2 已知

构造检验统计量

$$u=\frac{\bar{x}-\mu_0}{\sigma/\sqrt{n}} \tag{4.1.6}$$

当原假设 H_0 成立时，$u\sim N(0,1)$，由此可得拒绝规则为：

$$若 |u|\geqslant u_{\alpha/2}，则拒绝 H_0 \tag{4.1.7}$$

2. σ^2 未知

当 σ^2 未知时，应取检验统计量

$$t=\frac{\bar{x}-\mu_0}{s/\sqrt{n}} \tag{4.1.8}$$

当 H_0 成立时，t 服从自由度为 $n-1$ 的 t 分布，即 $t\sim t(n-1)$。拒绝规则为：

$$若 |t|\geqslant t_{\alpha/2}(n-1)，则拒绝 H_0 \tag{4.1.9}$$

为推广到多元统计的需要，可将(4.1.8)式等价地写成

$$t^2=\frac{n(\bar{x}-\mu_0)^2}{s^2} \tag{4.1.10}$$

当 H_0 成立时，t^2 服从自由度为 1 和 $n-1$ 的 F 分布，即 $t^2\sim F(1,n-1)$。拒绝规则为：

$$若 t^2\geqslant F_\alpha(1,n-1)[=t_{\alpha/2}^2(n-1)]，则拒绝 H_0 \tag{4.1.11}$$

其中 $F_\alpha(1,n-1)$ 为 $F(1,n-1)$ 的上 α 分位数。

(二)两个正态总体均值的比较检验

考虑假设检验问题

$$H_0: \mu_1=\mu_2, \quad H_1: \mu_1\neq\mu_2 \tag{4.1.12}$$

设 $x_1, x_2, \cdots, x_{n_1}$ 是取自总体 $N(\mu_1, \sigma_1^2)$ 的容量为 n_1 的样本，$y_1, y_2, \cdots, y_{n_2}$ 是取自总体 $N(\mu_2, \sigma_2^2)$ 的容量为 n_2 的样本，且两个样本相互独立，给定显著性水平 α。

1. σ_1^2 和 σ_2^2 已知

构造检验统计量

$$u=\frac{\bar{x}-\bar{y}}{\sqrt{\dfrac{\sigma_1^2}{n_1}+\dfrac{\sigma_2^2}{n_2}}} \tag{4.1.13}$$

---

① 单侧假设检验问题不易推广到多元的情形，故这里不对它作回顾。

② 例如，在一元线性回归模型 $y_i=\beta_0+\beta_1 x_i+\varepsilon_i$，$i=1,2,\cdots,n$ 中，原假设 H_0：$\beta_1=0$ 中的 0 就是一个目标值，它有特定的含义，即 y 不线性依赖于 x。

当 H_0 成立时，$u \sim N(0,1)$。拒绝规则为：

$$\text{若} |u| \geqslant u_{\alpha/2}, \text{ 则拒绝 } H_0 \tag{4.1.14}$$

2. σ_1^2 和 σ_2^2 未知，但 $\sigma_1^2 = \sigma_2^2 = \sigma^2$

用 s_p 代替 σ，构造检验统计量

$$t = \frac{\bar{x} - \bar{y}}{s_p \sqrt{\frac{1}{n_1} + \frac{1}{n_2}}} \tag{4.1.15}$$

当 H_0 成立时，$t \sim t(n_1 + n_2 - 2)$。拒绝规则为：

$$\text{若} |t| \geqslant t_{\alpha/2}(n_1 + n_2 - 2), \text{ 则拒绝 } H_0 \tag{4.1.16}$$

（三）关于检验的 p 值

以上的检验都是事先给定显著性水平 α，然后通过比较检验统计量的取值与临界值的大小来决定拒绝还是接受 H_0。我们现介绍进行检验的另一种方式——p 值，我们就以拒绝规则(4.1.7)所针对的假设检验问题为例来加以说明。这里暂且用 U 表示随机变量时的 u，u 本身表示取值时的 u，则称 $P(|U| \geqslant |u|)$ 为检验的 **p 值**，记为 p。由于 $|u| \geqslant u_{\alpha/2}$，当且仅当 $p = P(|U| \geqslant |u|) \leqslant P(|U| \geqslant u_{\alpha/2}) = \alpha$，所以拒绝规则(4.1.7)可以等价地表达为：

$$\text{若 } p \leqslant \alpha, \text{ 则拒绝 } H_0 \tag{4.1.17}$$

p 值与按(4.1.7)式得出的检验结果相比含有更丰富的信息，p 值越小，拒绝原假设的理由就越充分。统计软件的计算机输出一般只给出 p 值，由你自己根据给定的 α 值来判断检验结果。

三、假设检验与置信区间的关系

假设检验与置信区间有着密切的联系，我们不妨以拒绝规则(4.1.7)为例。在显著性水平 α 下接受 $H_0: \mu = \mu_0 \Leftrightarrow \dfrac{|\bar{x} - \mu_0|}{\sigma/\sqrt{n}} < u_{\alpha/2} \Leftrightarrow \bar{x} - u_{\alpha/2} \dfrac{\sigma}{\sqrt{n}} < \mu_0 < \bar{x} + u_{\alpha/2} \dfrac{\sigma}{\sqrt{n}} \Leftrightarrow \mu_0$ 落在 μ 的 $1-\alpha$ 置信区间内。假设检验与置信区间的这种关系具有普遍性，因此通常我们可以通过构造未知参数置信区间的方法来进行假设检验。

检验的结果除了与被检验值 μ_0 偏离真值 μ 的程度有关外，也与样本容量 n 的大小有一定关系。n 越小，上述置信区间就越宽，μ_0 也就越容易落在这个区间内（即越易接受 H_0）；反之，n 越大，置信区间就越窄，μ_0 也就越不容易落在该区间内（即越易拒绝 H_0）。关于这一点我们还可从直觉上来理解：n 越小，样本所提供的信息就越少，也就越难检测出 μ_0 对真值 μ 的偏离；反之，n 越大，样本提供的信息就越多，也就越易检测出 μ_0 对 μ 的偏离。

对于过大的 n，哪怕 μ_0 对真值 μ 只有微小的偏离，检验也很有可能拒绝 $H_0: \mu = \mu_0$，但这只是表明 μ_0 与真值 μ 之间存在统计意义上的差异（即显著性差异），也许这点差异在科学意义上是无关紧要的，即并不是科学意义上的差异。与此相反，对于过小的 n，除非 μ 偏离 μ_0 很大，否则往往很难拒绝 H_0。因此，n 过大时拒绝 H_0 和 n 过小时接受 H_0，其检验结论一般都说明不了什么问题，此时的假设检验无多大实际意义。对非常大的 n，如检验接受 H_0，则表明真值 μ 接近于被检验值 μ_0。

四、多个总体均值的比较检验(方差分析)

设有 k 个总体 $\pi_1,\pi_2,\cdots,\pi_k$,它们的分布分别是 $N(\mu_1,\sigma^2),N(\mu_2,\sigma^2),\cdots,N(\mu_k,\sigma^2)$,今从每一总体中各自独立地抽取一个样本,取自总体 π_i 的样本为 $x_{i1},x_{i2},\cdots,x_{in_i}$, $i=1,2,\cdots,k$。现欲检验

$$H_0:\mu_1=\mu_2=\cdots=\mu_k,\quad H_1:\mu_i\neq\mu_j,\text{至少存在一对 } i\neq j \tag{4.1.18}$$

令

$$SST=\sum_{i=1}^{k}\sum_{j=1}^{n_i}(x_{ij}-\bar{x})^2 \tag{4.1.19}$$

$$SSE=\sum_{i=1}^{k}\sum_{j=1}^{n_i}(x_{ij}-\bar{x}_i)^2 \tag{4.1.20}$$

$$SSTR=\sum_{i=1}^{k}n_i(\bar{x}_i-\bar{x})^2 \tag{4.1.21}$$

其中 $\bar{x}=\dfrac{1}{n}\sum\limits_{i=1}^{k}\sum\limits_{j=1}^{n_i}x_{ij}$, $n=\sum\limits_{i=1}^{k}n_i$, $\bar{x}_i=\dfrac{1}{n_i}\sum\limits_{j=1}^{n_i}x_{ij}(i=1,2,\cdots,k)$。则容易验证

$$SST=SSE+SSTR \tag{4.1.22}$$

SST 称为**总平方和**,自由度为 $n-1$,它反映了所有 n 个数据 x_{ij} 之间的总变异程度;SSE 称为**误差(或组内)平方和**,具有自由度 $n-k$,它反映了各总体内数据的变异程度;$SSTR$ 称为**处理(或组间)平方和**,具有自由度 $k-1$,当原假设不真时,它反映了各总体均值间的差异程度。可以构造检验统计量

$$F=\frac{SSTR/(k-1)}{SSE/(n-k)} \tag{4.1.23}$$

当原假设 H_0 为真时,$F\sim F(k-1,n-k)$,拒绝规则为:

$$\text{若 } F\geqslant F_\alpha(k-1,n-k),\ \text{则拒绝 } H_0 \tag{4.1.24}$$

§4.2 单个总体均值的推断

一、均值向量的检验

设 $\boldsymbol{x}_1,\boldsymbol{x}_2,\cdots,\boldsymbol{x}_n$ 是取自多元正态总体 $N_p(\boldsymbol{\mu},\boldsymbol{\Sigma})$的一个样本,这里 $\boldsymbol{\Sigma}>0$,现欲检验

$$H_0:\boldsymbol{\mu}=\boldsymbol{\mu}_0,\quad H_1:\boldsymbol{\mu}\neq\boldsymbol{\mu}_0 \tag{4.2.1}$$

为便于学习和理解,以下我们先讨论 $\boldsymbol{\Sigma}$ 已知的情形,然后再过渡到具有一般性的 $\boldsymbol{\Sigma}$ 未知情形。

(一)$\boldsymbol{\Sigma}$ 已知时的检验

由于样本均值 $\bar{\boldsymbol{x}}\sim N_p\left(\boldsymbol{\mu},\dfrac{1}{n}\boldsymbol{\Sigma}\right)$,故由(3.2.5)式,当 H_0 为真时,

$$T_0^2=(\bar{\boldsymbol{x}}-\boldsymbol{\mu}_0)'\left(\frac{1}{n}\boldsymbol{\Sigma}\right)^{-1}(\bar{\boldsymbol{x}}-\boldsymbol{\mu}_0)=n(\bar{\boldsymbol{x}}-\boldsymbol{\mu}_0)'\boldsymbol{\Sigma}^{-1}(\bar{\boldsymbol{x}}-\boldsymbol{\mu}_0) \tag{4.2.2}$$

服从自由度为 p 的卡方分布，即 $T_0^2 \sim \chi^2(p)$。T_0^2 可作为检验统计量，对给定的显著性水平 α，拒绝规则为：

$$\text{若 } T_0^2 \geqslant \chi_\alpha^2(p),\ \text{则拒绝 } H_0 \tag{4.2.3}$$

其中 $\chi_\alpha^2(p)$ 是 $\chi^2(p)$ 的上 α 分位数。显然，当 $p=1$ 时，$T_0^2=u^2$，其中 u 见(4.1.6)式。

上述检验的合理性可以从马氏距离的概念直观看出。T_0^2 是总体 $N_p\left(\boldsymbol{\mu},\frac{1}{n}\boldsymbol{\Sigma}\right)$ 中(作为 $\boldsymbol{\mu}$ 的充分估计量的)$\bar{\boldsymbol{x}}$ 到 $\boldsymbol{\mu}_0$ 的平方马氏距离，此距离越小，说明反映真值 $\boldsymbol{\mu}$ 取值的 $\bar{\boldsymbol{x}}$ 与 $\boldsymbol{\mu}_0$ 越接近，我们就越倾向于接受 H_0；反之，此距离越大，则就越倾向于拒绝 H_0。作为平方马氏距离，T_0^2 不受变量单位的影响。

*(二)霍特林 T^2 分布

设 $\boldsymbol{x} \sim N_p(\boldsymbol{0},\boldsymbol{\Sigma})$，$\boldsymbol{W} \sim W_p(n,\boldsymbol{\Sigma})$，$\boldsymbol{x}$ 和 $\boldsymbol{W}$ 相互独立，则 $T^2=\boldsymbol{x}'(\boldsymbol{W}/n)^{-1}\boldsymbol{x}=n\boldsymbol{x}'\boldsymbol{W}^{-1}\boldsymbol{x}$ 的分布称为**霍特林**(Hotelling)$\boldsymbol{T}^2$ **分布**。由于 $T^2=n(\boldsymbol{\Sigma}^{-1/2}\boldsymbol{x})'(\boldsymbol{\Sigma}^{-1/2}\boldsymbol{W}\boldsymbol{\Sigma}^{-1/2})^{-1}(\boldsymbol{\Sigma}^{-1/2}\boldsymbol{x})$，而$\boldsymbol{\Sigma}^{-1/2}\boldsymbol{x} \sim N_p(\boldsymbol{0},\boldsymbol{I})$，$\boldsymbol{\Sigma}^{-1/2}\boldsymbol{W}\boldsymbol{\Sigma}^{-1/2} \sim W_p(n,\boldsymbol{I})$，故 T^2 的分布与 $\boldsymbol{\Sigma}$ 无关，通常将其记为 $T^2(p,n)$，这里 n 为自由度。$T^2(p,n)$分布可转化为 $F(p,n-p+1)$分布，即有

$$\frac{n-p+1}{pn}T^2(p,n)=F(p,n-p+1) \tag{4.2.4}$$①

于是相应的上 α 分位数存在关系：

$$\frac{n-p+1}{pn}T_\alpha^2(p,n)=F_\alpha(p,n-p+1) \tag{4.2.5}$$

设 $x \sim N(0,1)$，$W \sim \chi^2(n)[=W_1(n,1)]$，$x$ 和 W 相互独立，则分别依 t 分布和 T^2 分布的定义，有

$$T=\frac{x}{\sqrt{W/n}} \sim t(n), \quad T^2=\frac{nx^2}{W} \sim T^2(1,n)$$

即有

$$T^2(1,n)=t^2(n)[=F(1,n)] \tag{4.2.6}$$

[该式也可直接从(4.2.4)式得到]。由此可见，T^2 分布实际上是 t 分布在多元情形下的一种推广。

(三)$\boldsymbol{\Sigma}$ 未知时的检验

当 $\boldsymbol{\Sigma}$ 未知且 $n>p$ 时，我们自然想到用样本协方差矩阵 $\boldsymbol{S}$ 代替(4.2.2)式中的 $\boldsymbol{\Sigma}$，即有

$$T^2=n(\bar{\boldsymbol{x}}-\boldsymbol{\mu}_0)'\boldsymbol{S}^{-1}(\bar{\boldsymbol{x}}-\boldsymbol{\mu}_0) \tag{4.2.7}$$

称之为**霍特林 $\boldsymbol{T}^2$ 统计量**，它可以从似然比原则或交并原则正式导出(见附录 4-2 一)。与(4.2.2)式的 T_0^2 一样，T^2 统计量也与变量的单位无关。当 $p=1$ 时，(4.2.7)式退化为(4.1.10)式，即 $T^2=t^2$。当原假设 $H_0:\boldsymbol{\mu}=\boldsymbol{\mu}_0$ 为真时，有

$$\frac{n-p}{p(n-1)}T^2 \sim F(p,n-p) \tag{4.2.8}$$

---

① 该式的含义是，若 $T^2 \sim T^2(p,n)$，则$\frac{n-p+1}{pn}T^2 \sim F(p,n-p+1)$。其证明，有兴趣的读者可参见文献[9]第 70—71 页性质 3.4.2 的证明。

（证明见附录 4-2 二）。[1] 对给定的 α，拒绝规则为：

$$\text{若}\frac{n-p}{p(n-1)}T^2 \geqslant F_\alpha(p,n-p)\text{，则拒绝 } H_0 \tag{4.2.9}$$

从(4.2.5)式知，(4.2.9)式等价于拒绝规则：

$$\text{若 } T^2 \geqslant T_\alpha^2(p,n-1)\text{，则拒绝 } H_0 \tag{4.2.10}$$

其中

$$T_\alpha^2(p,n-1)=\frac{p(n-1)}{n-p}F_\alpha(p,n-p) \tag{4.2.11}$$ [2]

例 4.2.1 对某地区农村的 6 名 2 周岁男婴的身高、胸围、上半臂围进行测量(单位：cm)，得样本数据如表 4.2.1 所示。根据以往资料，该地区城市 2 周岁男婴的这三个指标的均值 $\boldsymbol{\mu}_0=(90,58,16)'$，现欲在多元正态性假定下检验该地区农村男婴的均值是否与城市男婴相同。这是假设检验问题：

$$H_0:\boldsymbol{\mu}=\boldsymbol{\mu}_0,\quad H_1:\boldsymbol{\mu}\neq\boldsymbol{\mu}_0$$

表 4.2.1　　**某地区农村男婴的体格测量数据**

编号	身高(x_1)	胸围(x_2)	上半臂围(x_3)
1	78	60.6	16.5
2	76	58.1	12.5
3	92	63.2	14.5
4	81	59.0	14.0
5	81	60.8	15.5
6	84	59.5	14.0

经计算，

$$\bar{\boldsymbol{x}}=\begin{pmatrix}82.0\\60.2\\14.5\end{pmatrix},\quad \bar{\boldsymbol{x}}-\boldsymbol{\mu}_0=\begin{pmatrix}-8.0\\2.2\\-1.5\end{pmatrix}$$

$$\boldsymbol{S}=\begin{pmatrix}31.600 & 8.040 & 0.500\\8.040 & 3.172 & 1.310\\0.500 & 1.310 & 1.900\end{pmatrix}$$

$$\boldsymbol{S}^{-1}=(23.138\,48)^{-1}\begin{pmatrix}4.310\,7 & -14.621\,0 & 8.946\,4\\-14.621\,0 & 59.790\,0 & -37.376\,0\\8.946\,4 & -37.376\,0 & 35.593\,6\end{pmatrix}$$

$$T^2=n(\bar{\boldsymbol{x}}-\boldsymbol{\mu}_0)'\boldsymbol{S}^{-1}(\bar{\boldsymbol{x}}-\boldsymbol{\mu}_0)=6\times 70.074\,1=420.445$$

---

① 该证明过程中有，此时 $T^2 \sim T^2(p,n-1)$。

② $T_\alpha^2(p,n-1)$是 $T^2(p,n-1)$分布的上 α 分位数。

查表得 $F_{0.01}(3,3)=29.5$，于是

$$T_{0.01}^2(3,5)=\frac{3\times5}{3}F_{0.01}(3,3)=147.5$$

所以，在显著性水平 $\alpha=0.01$ 下，拒绝原假设 H_0，即认为农村与城市的 2 周岁男婴上述三个指标的均值有显著差异($p=0.002$)。 □

二、置信区域

在多元情形下，人们较少有对检验单总体假设(4.2.1)的直接需求[①](不同于一元情形)，而通常更倾向于根据样本观测数据寻求 $\boldsymbol{\mu}$ 的一个置信区域。

用未知的真值 $\boldsymbol{\mu}$ 代替(4.2.7)式中的 $\boldsymbol{\mu}_0$，得

$$T^2=n(\bar{\boldsymbol{x}}-\boldsymbol{\mu})'\boldsymbol{S}^{-1}(\bar{\boldsymbol{x}}-\boldsymbol{\mu}) \tag{4.2.12}$$

有 $\frac{n-p}{p(n-1)}T^2\sim F(p,n-p)$(只需在附录 4-2 二的证明中用 $\boldsymbol{\mu}$ 代替 $\boldsymbol{\mu}_0$ 即得证)，从而

$$P\left[\frac{n-p}{p(n-1)}T^2\leqslant F_\alpha(p,n-p)\right]=1-\alpha$$

即

$$P[n(\bar{\boldsymbol{x}}-\boldsymbol{\mu})'\boldsymbol{S}^{-1}(\bar{\boldsymbol{x}}-\boldsymbol{\mu})\leqslant T_\alpha^2(p,n-1)]=1-\alpha \tag{4.2.13}$$

其中 $T_\alpha^2(p,n-1)$ 见(4.2.11)式，由此得到 $\boldsymbol{\mu}$ 的置信度为 $1-\alpha$ 的**置信区域**(confidence region)为

$$\{\boldsymbol{\mu}:n(\bar{\boldsymbol{x}}-\boldsymbol{\mu})'\boldsymbol{S}^{-1}(\bar{\boldsymbol{x}}-\boldsymbol{\mu})\leqslant T_\alpha^2(p,n-1)\} \tag{4.2.14}$$

这是一个到 $\bar{\boldsymbol{x}}$ 的马氏距离(用 $\boldsymbol{S}$ 代替未知的 $\boldsymbol{\Sigma}$)不超过 $T_\alpha(p,n-1)$(其中 T_α 是分位数 T_α^2 的算术平方根，本章节后面相同)的区域。类似于(2.3.6)式，当 $p=1$ 时，它是一个区间；当 $p=2$ 时，它是一个实心椭圆，这时可将其在坐标平面上画出；当 $p=3$ 时，它是一个椭球体；当 $p>3$ 时，它是一个超椭球体；它们均以 $\bar{\boldsymbol{x}}$ 为中心，$\bar{\boldsymbol{x}}$ 到区域边界(区间端点或椭圆或椭球面或超椭球面)的马氏距离恒为 $T_\alpha(p,n-1)$。同置信区间与假设检验的关系一样，置信区域与假设检验之间也有着同样的密切关系。一般来说，$\boldsymbol{\mu}_0$ 包含在置信区域(4.2.14)内，当且仅当原假设 $H_0:\boldsymbol{\mu}=\boldsymbol{\mu}_0$ 在显著性水平 α 下被接受。因此，可以通过构造 $\boldsymbol{\mu}$ 的置信区域的方法来进行假设检验。实践中，该方法通常用于 $p=2$ 时的情形，并借助于平面置信区域图形。

三、联合置信区间

设 $\boldsymbol{x}_1,\boldsymbol{x}_2,\cdots,\boldsymbol{x}_n$ 是来自总体 $N_p(\boldsymbol{\mu},\boldsymbol{\Sigma})$ 的一个样本，对任一 $\boldsymbol{a}\neq\boldsymbol{0}$，令 $y_i=\boldsymbol{a}'\boldsymbol{x}_i(i=1,2,\cdots,n)$，则 $y_1,y_2,\cdots,y_n$ 是来自总体 $N(\boldsymbol{a}'\boldsymbol{\mu},\boldsymbol{a}'\boldsymbol{\Sigma}\boldsymbol{a})$ 的一个样本，其样本均值和方差为

$$\bar{y}_{\boldsymbol{a}}=\frac{1}{n}\sum_{i=1}^n y_i=\frac{1}{n}\sum_{i=1}^n\boldsymbol{a}'\boldsymbol{x}_i=\boldsymbol{a}'\bar{\boldsymbol{x}}$$

---

① 实践中遇到的假设(4.2.1)往往是从别的假设问题转化而来的，如本章的假设(4.3.8)和(4.4.2)等。

$$\begin{aligned} s_{\boldsymbol{a}}^2 &= \frac{1}{n-1}\sum_{i=1}^{n}(y_i-\bar{y}_{\boldsymbol{a}})^2 \\ &= \frac{1}{n-1}\sum_{i=1}^{n}(\boldsymbol{a}'\boldsymbol{x}_i-\boldsymbol{a}'\bar{\boldsymbol{x}})^2 \\ &= \frac{1}{n-1}\boldsymbol{a}'\sum_{i=1}^{n}(\boldsymbol{x}_i-\bar{\boldsymbol{x}})(\boldsymbol{x}_i-\bar{\boldsymbol{x}})'\boldsymbol{a} \\ &= \boldsymbol{a}'\boldsymbol{S}\boldsymbol{a} \end{aligned}$$

故 $\boldsymbol{a}'\boldsymbol{\mu}$ 的 $1-\alpha$ 置信区间为

$$\bar{y}_{\boldsymbol{a}} \pm t_{\alpha/2}(n-1)\frac{s_{\boldsymbol{a}}}{\sqrt{n}} = \boldsymbol{a}'\bar{\boldsymbol{x}} \pm t_{\alpha/2}(n-1)\sqrt{\boldsymbol{a}'\boldsymbol{S}\boldsymbol{a}}/\sqrt{n}$$

考虑 $\boldsymbol{\mu}$ 分量的两个线性组合 $\boldsymbol{a}_1'\boldsymbol{\mu}$ 和 $\boldsymbol{a}_2'\boldsymbol{\mu}$，这两个参数的 $1-\alpha$ 置信区间分别用事件表达为

$$E_1=\{\boldsymbol{a}_1'\bar{\boldsymbol{x}}-t_{\alpha/2}(n-1)\sqrt{\boldsymbol{a}_1'\boldsymbol{S}\boldsymbol{a}_1}/\sqrt{n}\leqslant \boldsymbol{a}_1'\boldsymbol{\mu}\leqslant \boldsymbol{a}_1'\bar{\boldsymbol{x}}+t_{\alpha/2}(n-1)\sqrt{\boldsymbol{a}_1'\boldsymbol{S}\boldsymbol{a}_1}/\sqrt{n}\}$$

和

$$E_2=\{\boldsymbol{a}_2'\bar{\boldsymbol{x}}-t_{\alpha/2}(n-1)\sqrt{\boldsymbol{a}_2'\boldsymbol{S}\boldsymbol{a}_2}/\sqrt{n}\leqslant \boldsymbol{a}_2'\boldsymbol{\mu}\leqslant \boldsymbol{a}_2'\bar{\boldsymbol{x}}+t_{\alpha/2}(n-1)\sqrt{\boldsymbol{a}_2'\boldsymbol{S}\boldsymbol{a}_2}/\sqrt{n}\}$$

虽然它们都具有置信度 $1-\alpha$，即 $P(E_1)=1-\alpha$，$P(E_2)=1-\alpha$，但这两个置信区间同时成立的概率(即总的置信度)

$$P(E_1E_2)\leqslant \min\{P(E_1),P(E_2)\}=1-\alpha$$

要使得总的置信度达到 $1-\alpha$，就必须增加两个置信区间的宽度，也就是将分位数 $t_{\alpha/2}(n-1)$ 增大到某个值。如果希望有更多线性组合参数 $\boldsymbol{a}_1'\boldsymbol{\mu},\boldsymbol{a}_2'\boldsymbol{\mu},\cdots,\boldsymbol{a}_k'\boldsymbol{\mu}$ 的置信区间同时成立的概率达到 $1-\alpha$，则需进一步加大每个置信区间中的分位数值。置信区间的个数 k 越大，所需的分位数值也就越大。上述分位数值如增大到(4.2.11)式中的 $T_\alpha(p,n-1)$，则有

$$P\Big(\bigcap_{\boldsymbol{a}}\{\boldsymbol{a}'\bar{\boldsymbol{x}}-T_\alpha(p,n-1)\sqrt{\boldsymbol{a}'\boldsymbol{S}\boldsymbol{a}}/\sqrt{n}\leqslant \boldsymbol{a}'\boldsymbol{\mu} \leqslant \boldsymbol{a}'\bar{\boldsymbol{x}}+T_\alpha(p,n-1)\sqrt{\boldsymbol{a}'\boldsymbol{S}\boldsymbol{a}}/\sqrt{n}\}\Big)=1-\alpha \tag{4.2.15}$$

(证明见附录 4-2 三)，即

$$\boldsymbol{a}'\bar{\boldsymbol{x}}-T_\alpha(p,n-1)\sqrt{\boldsymbol{a}'\boldsymbol{S}\boldsymbol{a}}/\sqrt{n}\leqslant \boldsymbol{a}'\boldsymbol{\mu}\leqslant \boldsymbol{a}'\bar{\boldsymbol{x}}+T_\alpha(p,n-1)\sqrt{\boldsymbol{a}'\boldsymbol{S}\boldsymbol{a}}/\sqrt{n} \tag{4.2.16}$$

以 $1-\alpha$ 的概率对一切 $\boldsymbol{a}\in R^p$ 成立[①]，称它为一切线性组合 $\{\boldsymbol{a}'\boldsymbol{\mu},\boldsymbol{a}\in R^p\}$ 的(总)置信度为 $1-\alpha$ 的**联合置信区间**(simultaneous confidence intervals)。

有时，我们希望获得的只是少数几个线性组合 $\{\boldsymbol{a}_i'\boldsymbol{\mu},\ i=1,2,\cdots,k\}$ 的 $1-\alpha$ 联合置信区间。由(4.2.15)式可见

$$P\Big(\bigcap_{i=1}^{k}\{\boldsymbol{a}_i'\bar{\boldsymbol{x}}-T_\alpha(p,n-1)\sqrt{\boldsymbol{a}_i'\boldsymbol{S}\boldsymbol{a}_i}/\sqrt{n}\leqslant \boldsymbol{a}_i'\boldsymbol{\mu} \leqslant \boldsymbol{a}_i'\bar{\boldsymbol{x}}+T_\alpha(p,n-1)\sqrt{\boldsymbol{a}_i'\boldsymbol{S}\boldsymbol{a}_i}/\sqrt{n}\}\Big)\geqslant 1-\alpha \tag{4.2.17}$$

当 k 很小时，T^2 联合置信区间

$$\boldsymbol{a}_i'\bar{\boldsymbol{x}}-T_\alpha(p,n-1)\sqrt{\boldsymbol{a}_i'\boldsymbol{S}\boldsymbol{a}_i}/\sqrt{n}\leqslant \boldsymbol{a}_i'\boldsymbol{\mu}\leqslant \boldsymbol{a}_i'\bar{\boldsymbol{x}}+T_\alpha(p,n-1)\sqrt{\boldsymbol{a}_i'\boldsymbol{S}\boldsymbol{a}_i}/\sqrt{n}$$

---

① $\boldsymbol{a}$ 取遍 R^p 空间中的所有向量值，(4.2.16)式相应于每一 $\boldsymbol{a}$ 有一置信区间，所有这无穷多个置信区间同时成立的概率为 $1-\alpha$。

$$i=1,2,\cdots,k \tag{4.2.18}$$

的置信度一般会明显地大于 $1-\alpha$，因而区间(4.2.18)会显得过宽，即精确度明显偏低。这时，我们可以考虑采用邦弗伦尼(Bonferroni)联合置信区间：

$$\boldsymbol{a}_i'\bar{\boldsymbol{x}}-t_{\alpha/2k}(n-1)\sqrt{\boldsymbol{a}_i'\boldsymbol{S}\boldsymbol{a}_i}/\sqrt{n}\leqslant\boldsymbol{a}_i'\boldsymbol{\mu}\leqslant\boldsymbol{a}_i'\bar{\boldsymbol{x}}+t_{\alpha/2k}(n-1)\sqrt{\boldsymbol{a}_i'\boldsymbol{S}\boldsymbol{a}_i}/\sqrt{n}$$
$$i=1,2,\cdots,k \tag{4.2.19}$$

它的置信度至少为 $1-\alpha$。这是因为，若令

$$E_i=\{\boldsymbol{a}_i'\bar{\boldsymbol{x}}-t_{\alpha/2k}(n-1)\sqrt{\boldsymbol{a}_i'\boldsymbol{S}\boldsymbol{a}_i}/\sqrt{n}\leqslant\boldsymbol{a}_i'\boldsymbol{\mu}\leqslant\boldsymbol{a}_i'\bar{\boldsymbol{x}}+t_{\alpha/2k}(n-1)\sqrt{\boldsymbol{a}_i'\boldsymbol{S}\boldsymbol{a}_i}/\sqrt{n}\}$$
$$i=1,2,\cdots,k$$

则

$$P(E_i)=P\left(\frac{\sqrt{n}\,|\boldsymbol{a}_i'\bar{\boldsymbol{x}}-\boldsymbol{a}_i'\boldsymbol{\mu}|}{\sqrt{\boldsymbol{a}_i'\boldsymbol{S}\boldsymbol{a}_i}}\leqslant t_{\alpha/2k}(n-1)\right)=1-\alpha/k,\qquad i=1,2,\cdots,k$$

所以，邦弗伦尼联合置信区间的置信度

$$P(\bigcap_{i=1}^{k}E_i)=1-P(\bigcup_{i=1}^{k}\bar{E}_i)\geqslant 1-\sum_{i=1}^{k}P(\bar{E}_i)=1-\sum_{i=1}^{k}\alpha/k=1-\alpha$$

若 $t_{\alpha/2k}(n-1)\leqslant T_\alpha(p,n-1)$，则邦弗伦尼区间比 T^2 区间要窄或两区间相同，这时可采用前者作为联合置信区间；反之，若 $t_{\alpha/2k}(n-1)>T_\alpha(p,n-1)$，则邦弗伦尼区间比 T^2 区间宽，宜采用后者作为联合置信区间。可以证明，当 $k\leqslant p$ 时，邦弗伦尼区间要比 T^2 区间窄。因此，在求 $\boldsymbol{\mu}$ 的所有 p 个分量 $\mu_1,\mu_2,\cdots,\mu_p$ 的联合置信区间($k=p$)时，一般应采用邦弗伦尼区间，此时也不必考虑多维变量协方差矩阵的结构。

例 4.2.2 为评估某职业培训中心的教学效果，随机抽取 8 名受训者，进行甲和乙两个项目的测试，其数据列于表 4.2.2。假定 $\boldsymbol{x}=(x_1,x_2)'$ 服从二元正态分布。

表 4.2.2 **两个项目的测试成绩**

编号	1	2	3	4	5	6	7	8
甲项成绩(x_1)	62	80	66	84	75	80	54	79
乙项成绩(x_2)	70	77	75	87	87	91	61	84

该例中，$n=8,p=2$，取 $1-\alpha=0.90$，查 F 分布表得，$F_{0.10}(2,6)=3.46$，于是 $T_{0.10}^2(2,7)=\frac{2\times7}{6}F_{0.10}(2,6)=8.073$，$T_{0.10}(2,7)=2.841$。经计算得，

$$\bar{\boldsymbol{x}}=\begin{pmatrix}72.5\\79\end{pmatrix},\quad \boldsymbol{S}=\begin{pmatrix}112.5714 & 96.1429\\96.1429 & 103.1429\end{pmatrix},\quad \boldsymbol{S}^{-1}=\begin{pmatrix}0.0436 & -0.0406\\-0.0406 & 0.0475\end{pmatrix}$$

由(4.2.14)式，$\boldsymbol{\mu}$ 的 0.90 置信区域为

$$8\times(72.5-\mu_1,79-\mu_2)\begin{pmatrix}0.0436 & -0.0406\\-0.0406 & 0.0475\end{pmatrix}\begin{pmatrix}72.5-\mu_1\\79-\mu_2\end{pmatrix}\leqslant 8.073$$

也就是

$$0.0436\times(\mu_1-72.5)^2-0.0812\times(\mu_1-72.5)(\mu_2-79)+0.0475\times(\mu_2-79)^2\leqslant 1.009$$

这是一个椭圆区域，如图 4.2.1 所示。μ_1 和 μ_2 的 $0.90T^2$ 联合置信区间为

$$72.5\pm 2.841\times\sqrt{112.5714/8}=(61.84,83.16)$$

$$79\pm 2.841\times\sqrt{103.1429/8}=(68.80,89.20)$$

这两个区间分别正是椭圆在 μ_1 轴和 μ_2 轴上的投影。而 μ_1 和 μ_2 的 0.90 邦弗伦尼联合置信区间为(查表得，$t_{0.025}(7)=2.3646$)

$$72.5\pm 2.3646\times\sqrt{112.5714/8}=(63.63,81.37)$$

$$79\pm 2.3646\times\sqrt{103.1429/8}=(70.51,87.49)$$

显然，这个联合置信区间在精确度方面要好于 T^2 联合置信区间。由该联合置信区间可得到置信度至少为 0.90 的矩形置信区域(见图 4.2.1 中的实线矩形)，但其矩形面积要明显大于椭圆面积。

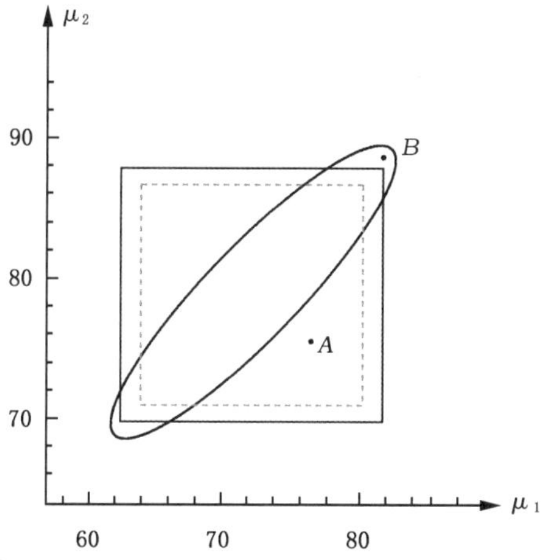

图 4.2.1　置信椭圆和联合置信区间

在该例中，如果在 $\alpha=0.10$ 下对假设

$$H_0:\boldsymbol{\mu}=\boldsymbol{\mu}_0,\quad H_1:\boldsymbol{\mu}\neq\boldsymbol{\mu}_0$$

进行检验，其中 $\boldsymbol{\mu}=(\mu_1,\mu_2)'$，$\boldsymbol{\mu}_0=(\mu_{01},\mu_{02})'$，则我们容易利用图 4.2.1 中的椭圆得出检验的结果。若被检验值 $\boldsymbol{\mu}_0$ 位于该椭圆外，则拒绝 H_0；反之，则接受 H_0。

图 4.2.1 中的虚线矩形在 μ_1 和 μ_2 轴上的区间范围分别是 μ_1 和 μ_2 的 0.90 置信区间，这些区间可分别用来在 $\alpha=0.10$ 下对相应均值进行假设检验。当 $\boldsymbol{\mu}_0$ 位于椭圆外虚线矩形内的位置(如图中 A 点)时，检验结果虽拒绝 H_0，但如在 $\alpha=0.10$ 下分别对 $\boldsymbol{\mu}$ 的两个分量进行检验，即分别检验

$$H_{01}:\mu_1=\mu_{01},\quad H_{11}:\mu_1\neq\mu_{01}$$

和

$$H_{02}:\mu_2=\mu_{02},\quad H_{12}:\mu_2\neq\mu_{02}$$

则检验结果都将接受原假设；当 $\boldsymbol{\mu}_0$ 位于椭圆内虚线矩形外的位置(如图中 B 点)时，检验结果虽接受 H_0，但 $H_{01}:\mu_1=\mu_{01}$ 和 $H_{02}:\mu_2=\mu_{02}$ 至少有其一将会被拒绝①，从图中该区域的大小可以看出，此种情形出现的机会并不低。 □

① 该现象称为拉奥(Rao)悖论。

例 4.2.3　设 $\boldsymbol{x}_1,\boldsymbol{x}_2,\cdots,\boldsymbol{x}_n$ 是来自总体 $N_p(\boldsymbol{\mu},\boldsymbol{\Sigma})$ 的一个样本，其中 $\boldsymbol{\mu}=(\mu_1,\mu_2,\cdots,\mu_p)'$，$\boldsymbol{\Sigma}=\mathrm{diag}(\sigma_{11},\sigma_{22},\cdots,\sigma_{pp})$。我们可以求得 $\mu_1,\mu_2,\cdots,\mu_p$ 的置信度至少为 $1-\alpha$ 的邦弗伦尼联合置信区间为

$$\bar{x}_i \pm t_{\alpha/2p}(n-1)\sqrt{s_{ii}}/\sqrt{n},\quad i=1,2,\cdots,p \qquad ①$$

其中 $\bar{x}_i$ 和 s_{ii} 分别为 x_i 的样本均值和样本方差，该邦弗伦尼区间虽好于 T^2 区间，但我们可利用 $\boldsymbol{\Sigma}$ 具有对角矩阵(即 $\boldsymbol{x}$ 的各分量相互独立)这一特殊结构的重要信息得到更好的结果。为此，只需各自求得 μ_i 的置信度为 $(1-\alpha)^{1/p}$ 的置信区间

$$\bar{x}_i \pm t_{[1-(1-\alpha)^{1/p}]/2}(n-1)\sqrt{s_{ii}}/\sqrt{n}$$

$i=1,2,\cdots,p$，由于 p 个置信区间成立与否是相互独立的，故它们同时成立的概率为 $[(1-\alpha)^{1/p}]^p=1-\alpha$，从而

$$\bar{x}_i \pm t_{[1-(1-\alpha)^{1/p}]/2}(n-1)\sqrt{s_{ii}}/\sqrt{n},\quad i=1,2,\cdots,p \qquad ②$$

是 $\mu_1,\mu_2,\cdots,\mu_p$ 的置信度恰为 $1-\alpha$ 的联合置信区间。直觉上，利用独立性的导出似乎更为合理，也就是联合区间②应好于联合区间①。再从数学上看，因 $[1-(1-\alpha)^{1/p}]/2>\alpha/2p$，于是 $t_{[1-(1-\alpha)^{1/p}]/2}(n-1)<t_{\alpha/2p}(n-1)$，所以联合区间②比联合区间①更短，即更为精确。

□

*四、均值向量的大样本推断

前面我们是在多元正态总体的假定下对总体均值向量进行了统计推断，但在实践中，即使一元正态性的假定往往也不易(近似)得到满足，更何况多元正态性的假定。所幸的是，只要样本容量足够大，对总体均值向量的推断就可以不依赖于总体正态性的假定。

设 $\boldsymbol{x}_1,\boldsymbol{x}_2,\cdots,\boldsymbol{x}_n$ 是来自均值为 $\boldsymbol{\mu}$，协方差矩阵为 $\boldsymbol{\Sigma}(>0)$ 的总体的一个(简单随机)样本。当 n 很大且 n 相对于 p 也很大时，由(3.5.2)和(3.2.5)式知，$n(\bar{\boldsymbol{x}}-\boldsymbol{\mu})'\boldsymbol{\Sigma}^{-1}(\bar{\boldsymbol{x}}-\boldsymbol{\mu})$ 近似服从自由度为 p 的卡方分布，用 $\boldsymbol{S}$ 替代 $\boldsymbol{\Sigma}$ 也有

$$n(\bar{\boldsymbol{x}}-\boldsymbol{\mu})'\boldsymbol{S}^{-1}(\bar{\boldsymbol{x}}-\boldsymbol{\mu})\text{ 近似服从 }\chi^2(p) \qquad (4.2.20)$$

由此可得到类似于(4.2.10)、(4.2.14)和(4.2.16)的近似统计推断结果。也就是，检验 $H_0:\boldsymbol{\mu}=\boldsymbol{\mu}_0$ 的拒绝规则为：

$$\text{若 } n(\bar{\boldsymbol{x}}-\boldsymbol{\mu}_0)'\boldsymbol{S}^{-1}(\bar{\boldsymbol{x}}-\boldsymbol{\mu}_0)\geqslant\chi^2_\alpha(p)\text{，则拒绝 } H_0 \qquad (4.2.21)$$

其中 $\chi^2_\alpha(p)$ 是 $\chi^2(p)$ 的上 α 分位数。$\boldsymbol{\mu}$ 的置信度是 $1-\alpha$ 的近似置信区域为

$$\{\boldsymbol{\mu}: n(\bar{\boldsymbol{x}}-\boldsymbol{\mu})'\boldsymbol{S}^{-1}(\bar{\boldsymbol{x}}-\boldsymbol{\mu})\leqslant\chi^2_\alpha(p)\} \qquad (4.2.22)$$

$\{\boldsymbol{a}'\boldsymbol{\mu},\boldsymbol{a}\in R^p\}$ 的 $1-\alpha$ 近似联合置信区间为

$$\boldsymbol{a}'\boldsymbol{\mu}:\boldsymbol{a}'\bar{\boldsymbol{x}}\pm\sqrt{\chi^2_\alpha(p)}\sqrt{\boldsymbol{a}'\boldsymbol{S}\boldsymbol{a}}/\sqrt{n} \qquad (4.2.23)$$

用 $u_{\alpha/2k}$ 替代(4.2.19)式中的 $t_{\alpha/2k}(n-1)$，可得到这里 $\{\boldsymbol{a}_i'\boldsymbol{\mu},\ i=1,2,\cdots,k\}$ 的 $1-\alpha$ 近似邦弗伦尼联合置信区间：

$$\boldsymbol{a}_i'\boldsymbol{\mu}:\boldsymbol{a}_i'\bar{\boldsymbol{x}}\pm u_{\alpha/2k}\sqrt{\boldsymbol{a}_i'\boldsymbol{S}\boldsymbol{a}_i}/\sqrt{n},\quad i=1,2,\cdots,k \qquad (4.2.24)$$

其中 $u_{\alpha/2k}$ 是 $N(0,1)$ 的上 $\alpha/2k$ 分位数。

我们知道，(4.2.19)式中的 t 分位数 $t_{\alpha/2k}(n-1)$ 随 n 的增大而递减，并以 $u_{\alpha/2k}$ 为极限。

类似地，(4.2.11)式的分位数 $T_{\alpha}^2(p,n-1)$ 也随 n 的增大而递减，并以 $\chi_{\alpha}^2(p)$ 为极限，当 n 相对于 p 较大时，$T_{\alpha}^2(p,n-1)$ 可用 $\chi_{\alpha}^2(p)$ 近似。①

§4.3　两个总体均值的比较推断

一、两个独立样本的情形

设从两个总体 $N_p(\boldsymbol{\mu}_1,\boldsymbol{\Sigma})$ 和 $N_p(\boldsymbol{\mu}_2,\boldsymbol{\Sigma})$ 中各自独立地抽取一个样本 $\boldsymbol{x}_1,\boldsymbol{x}_2,\cdots,\boldsymbol{x}_{n_1}$ 和 $\boldsymbol{y}_1,\boldsymbol{y}_2,\cdots,\boldsymbol{y}_{n_2}$，$\boldsymbol{\Sigma}>0$，我们希望检验

$$H_0:\boldsymbol{\mu}_1=\boldsymbol{\mu}_2,\quad H_1:\boldsymbol{\mu}_1\neq\boldsymbol{\mu}_2 \tag{4.3.1}$$

根据上述两个样本可以得到 $\boldsymbol{\mu}_1,\boldsymbol{\mu}_2$ 的无偏估计

$$\bar{\boldsymbol{x}}=\frac{1}{n_1}\sum_{i=1}^{n_1}\boldsymbol{x}_i,\quad \bar{\boldsymbol{y}}=\frac{1}{n_2}\sum_{i=1}^{n_2}\boldsymbol{y}_i$$

和 $\boldsymbol{\Sigma}$ 的联合（或合并）无偏估计

$$\boldsymbol{S}_p=\frac{(n_1-1)\boldsymbol{S}_1+(n_2-1)\boldsymbol{S}_2}{n_1+n_2-2}$$

其中

$$\boldsymbol{S}_1=\frac{1}{n_1-1}\sum_{i=1}^{n_1}(\boldsymbol{x}_i-\bar{\boldsymbol{x}})(\boldsymbol{x}_i-\bar{\boldsymbol{x}})'$$

$$\boldsymbol{S}_2=\frac{1}{n_2-1}\sum_{i=1}^{n_2}(\boldsymbol{y}_i-\bar{\boldsymbol{y}})(\boldsymbol{y}_i-\bar{\boldsymbol{y}})'$$

为两个样本协方差矩阵，集中了各自样本中有关 $\boldsymbol{\Sigma}$ 的信息，而 $\boldsymbol{S}_p$ 将两个样本中各自所含 $\boldsymbol{\Sigma}$ 的信息充分地集中了起来。

作为一元情形下两样本 t 检验统计量的推广，用似然比方法可以求得霍特林 T^2 检验统计量

$$T^2=\left(\frac{1}{n_1}+\frac{1}{n_2}\right)^{-1}(\bar{\boldsymbol{x}}-\bar{\boldsymbol{y}})'\boldsymbol{S}_p^{-1}(\bar{\boldsymbol{x}}-\bar{\boldsymbol{y}})=\frac{n_1n_2}{n_1+n_2}(\bar{\boldsymbol{x}}-\bar{\boldsymbol{y}})'\boldsymbol{S}_p^{-1}(\bar{\boldsymbol{x}}-\bar{\boldsymbol{y}}) \tag{4.3.2}$$②

当 $p=1$ 时，T^2 就退化为(4.1.15)式的 t^2。当原假设 H_0 为真时，有

$$\frac{n_1+n_2-p-1}{p(n_1+n_2-2)}T^2\sim F(p,n_1+n_2-p-1) \tag{4.3.3}$$

（证明见附录4-2四）。对给定的显著性水平 α，拒绝规则为：

$$\text{若 } T^2\geqslant T_{\alpha}^2(p,n_1+n_2-2)\text{，则拒绝 } H_0 \tag{4.3.4}$$

---

① 在大样本场合下，有些统计学家更愿意仍分别使用基于分位数 $T_{\alpha}^2(p,n-1)$ 的(4.2.14)、(4.2.16)式和基于分位数 $t_{\alpha/2k}(n-1)$ 的(4.2.19)式，因为它们可以提供稍大一些的置信区域或置信区间，从而更能确保事先给定的置信度得到满足（这是将确保置信度看得更为重要，宁可略牺牲一点精度）。

② 要使 $\boldsymbol{S}_p^{-1}$ 存在，必须有 $n_1+n_2-2\geqslant p$（见习题4.2）。

其中

$$T_\alpha^2(p,n_1+n_2-2)=\frac{p(n_1+n_2-2)}{n_1+n_2-p-1}F_\alpha(p,n_1+n_2-p-1) \qquad (4.3.5)$$

$F_\alpha(p,n_1+n_2-p-1)$是分布$F(p,n_1+n_2-p-1)$的上α分位数。

$\boldsymbol{\mu}_1$与$\boldsymbol{\mu}_2$之间存在显著差异，并不意味着它们一定存在有显著差异的分量。也就是说，原假设$H_0:\boldsymbol{\mu}_1=\boldsymbol{\mu}_2$被拒绝并不意味着存在某个$i(1\leqslant i\leqslant p)$，使得在同样的显著性水平$\alpha$下原假设$H_{0i}:\mu_{1i}=\mu_{2i}$被拒绝①，这里$\mu_{1i},\mu_{2i}$分别是$\boldsymbol{\mu}_1,\boldsymbol{\mu}_2$的第$i$个分量。图4.3.1有助于我们理解这一点，该图中有分别来自总体$\boldsymbol{x}$和$\boldsymbol{y}$的呈椭圆状的样本点群。显然，从二维图形来看，这两个点群是明显分开的(似乎会拒绝$H_0:\boldsymbol{\mu}_1=\boldsymbol{\mu}_2$)，但在每一坐标轴上，这两个点群在其轴上的取值范围却是高度重叠的(似乎会接受$H_{0i}:\mu_{1i}=\mu_{2i}$，$i=1,2$)。虽然如此，$\boldsymbol{\mu}_1$与$\boldsymbol{\mu}_2$的个别分量之间存在显著差异往往是导致$H_0:\boldsymbol{\mu}_1=\boldsymbol{\mu}_2$被拒绝的重要原因，因此在实际应用中一旦$H_0:\boldsymbol{\mu}_1=\boldsymbol{\mu}_2$被拒绝了，则可以考虑对所有的$i(1\leqslant i\leqslant p)$(可选择在相同的显著性水平下②)再进一步检验$H_{0i}:\mu_{1i}=\mu_{2i}$，以判断是否有分量及(若有)具体是哪些分量对拒绝$H_0:\boldsymbol{\mu}_1=\boldsymbol{\mu}_2$起了较大作用，这样做常常是有益的。类似地，前面例4.2.1中，在拒绝$H_0:\boldsymbol{\mu}=\boldsymbol{\mu}_0$后，如觉需要也可进一步对各分量进行检验。

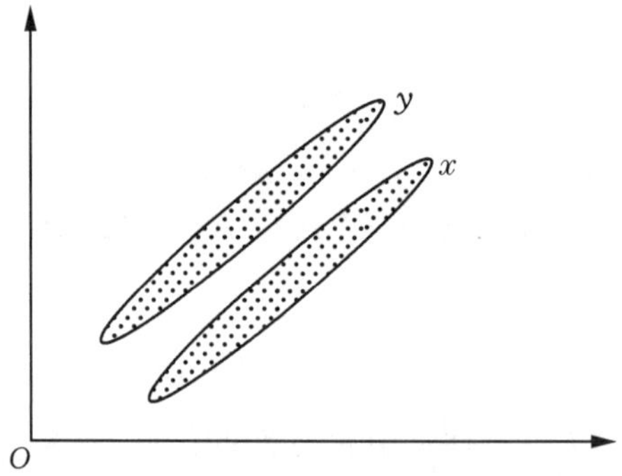

图4.3.1　两个椭圆点群

类似于(4.2.16)式，$\{\boldsymbol{a}'(\boldsymbol{\mu}_1-\boldsymbol{\mu}_2),\boldsymbol{a}\in R^p\}$的$1-\alpha$联合置信区间为

$$\boldsymbol{a}'(\bar{\boldsymbol{x}}-\bar{\boldsymbol{y}})\pm T_\alpha(p,n_1+n_2-2)\sqrt{\frac{n_1+n_2}{n_1n_2}}\sqrt{\boldsymbol{a}'\boldsymbol{S}_p\boldsymbol{a}} \qquad (4.3.6)$$

与(4.2.19)式类似，当k很小时，可采用$\{\boldsymbol{a}_i'(\boldsymbol{\mu}_1-\boldsymbol{\mu}_2),\ i=1,2,\cdots,k\}$的$1-\alpha$邦弗伦尼联合置信区间

① 若$H_0:\boldsymbol{\mu}_1=\boldsymbol{\mu}_2$被拒绝，则必至少存在一个系数向量$\boldsymbol{a}$[典型地，取$\boldsymbol{a}=\boldsymbol{S}_p^{-1}(\bar{\boldsymbol{x}}-\bar{\boldsymbol{y}})$，它是下一章所谓的判别系数向量]，使得在相同的显著性水平下原假设$H_{0\boldsymbol{a}}:\boldsymbol{a}'\boldsymbol{\mu}_1=\boldsymbol{a}'\boldsymbol{\mu}_2$被拒绝。可从图4.3.1中理解之，如果图中两组点群向左下角的某个合适方向投影，则它们的投影值就分得很开，从而也就很易拒绝$H_{0\boldsymbol{a}}$。

② 对每一$H_{0i}:\mu_{1i}=\mu_{2i}$分别进行检验，其显著性水平也可都取为α/p，这样总的显著性水平(即当原假设皆为真时检验至少拒绝一个原假设的概率)将不超过α。但是，当检验拒绝$H_0:\boldsymbol{\mu}_1=\boldsymbol{\mu}_2$之后再对各$H_{0i}:\mu_{1i}=\mu_{2i}$进行检验时，如此会使总的显著性水平明显低于$\alpha$，此时一般将其显著性水平皆取成$\alpha$更能接受。

$$\boldsymbol{a}_i'(\bar{\boldsymbol{x}}-\bar{\boldsymbol{y}})\pm t_{\alpha/2k}(n_1+n_2-2)\sqrt{\frac{n_1+n_2}{n_1n_2}}\sqrt{\boldsymbol{a}_i'\boldsymbol{S}_p\boldsymbol{a}_i} \tag{4.3.7}$$

例 4.3.1(例 4.2.1 续)　表 4.3.1 给出了相应于表 4.2.1 的 9 名 2 周岁女婴的数据。我们欲在多元正态性及两总体协方差矩阵相等的假定下检验 2 周岁的男婴与女婴的均值向量有无显著差异。

从例 4.2.1 得，

$$n_1=6,\quad \bar{\boldsymbol{x}}=(82.0,\ 60.2,\ 14.5)'$$

$$(n_1-1)\boldsymbol{S}_1=\begin{pmatrix}158.00 & 40.20 & 2.50\\ 40.20 & 15.86 & 6.55\\ 2.50 & 6.55 & 9.50\end{pmatrix}$$

从表 4.3.1 计算得，

$$n_2=9,\quad \bar{\boldsymbol{y}}=(76.0,\ 58.4,\ 13.5)'$$

$$(n_2-1)\boldsymbol{S}_2=\begin{pmatrix}196.00 & 45.10 & 34.50\\ 45.10 & 15.76 & 11.65\\ 34.50 & 11.65 & 14.50\end{pmatrix}$$

表 4.3.1　某地区农村女婴的体格测量数据

编号	身高(y_1)	胸围(y_2)	上半臂围(y_3)
1	80	58.4	14.0
2	75	59.2	15.0
3	78	60.3	15.0
4	75	57.4	13.0
5	79	59.5	14.0
6	78	58.1	14.5
7	75	58.0	12.5
8	64	55.5	11.0
9	80	59.2	12.5

所以

$$\bar{\boldsymbol{x}}-\bar{\boldsymbol{y}}=(6.0,\ 1.8,\ 1.0)'$$

$$\boldsymbol{S}_p=\frac{(n_1-1)\boldsymbol{S}_1+(n_2-1)\boldsymbol{S}_2}{n_1+n_2-2}=\begin{pmatrix}27.2308 & 6.5615 & 2.8462\\ 6.5615 & 2.4323 & 1.4000\\ 2.8462 & 1.4000 & 1.8462\end{pmatrix}$$

$$T^2=\frac{n_1n_2}{n_1+n_2}(\bar{\boldsymbol{x}}-\bar{\boldsymbol{y}})'\boldsymbol{S}_p^{-1}(\bar{\boldsymbol{x}}-\bar{\boldsymbol{y}})=5.312$$

由(4.3.5)式知，

$$T^2_{0.05}(p,n_1+n_2-2)=\frac{p(n_1+n_2-2)}{n_1+n_2-p-1}F_{0.05}(p,n_1+n_2-p-1)$$
$$=\frac{3\times13}{11}\times F_{0.05}(3,11)$$
$$=\frac{3\times13}{11}\times3.59$$
$$=12.728$$

因 $T^2<T^2_{0.05}(3,13)$，故不能拒绝原假设 H_0，即认为两个均值向量无显著差异($p=0.269$)。 □

二、成对试验的 T^2 统计量

在前面的讨论中，我们假定了两个样本 $\boldsymbol{x}_1,\boldsymbol{x}_2,\cdots,\boldsymbol{x}_{n_1}$ 和 $\boldsymbol{y}_1,\boldsymbol{y}_2,\cdots,\boldsymbol{y}_{n_2}$ 是相互独立的。但是，在不少实际问题中，两个样本可能是成对出现的，并不独立。例如，观测值 $\boldsymbol{x}_1,\boldsymbol{x}_2,\cdots,\boldsymbol{x}_n$ 表示 n 家工业企业上一年的指标向量，而观测值 $\boldsymbol{y}_1,\boldsymbol{y}_2,\cdots,\boldsymbol{y}_n$ 表示同样这 n 家工业企业今年的相同指标向量。来自上一年和今年这两个总体的样本数据不是彼此独立的，而是成对出现的。数据的成对出现避免了作为抽样误差来源之一的两个样本个体之间的差异，从而减少了抽样误差，以致往往得到比独立样本方法更精确的统计推断结论。

设$(\boldsymbol{x}_i,\boldsymbol{y}_i)$，$i=1,2,\cdots,n(n>p)$是成对试验的数据，令

$$\boldsymbol{d}_i=\boldsymbol{x}_i-\boldsymbol{y}_i,\quad i=1,2,\cdots,n$$

又设 $\boldsymbol{d}_1,\boldsymbol{d}_2,\cdots,\boldsymbol{d}_n$ 独立同分布于 $N_p(\boldsymbol{\delta},\boldsymbol{\Sigma})$，其中 $\boldsymbol{\Sigma}>0,\boldsymbol{\delta}=\boldsymbol{\mu}_1-\boldsymbol{\mu}_2,\boldsymbol{\mu}_1$ 和 $\boldsymbol{\mu}_2$ 分别是总体 $\boldsymbol{x}$ 和总体 $\boldsymbol{y}$ 的均值向量。我们希望检验的假设

$$H_0:\boldsymbol{\mu}_1=\boldsymbol{\mu}_2,\quad H_1:\boldsymbol{\mu}_1\neq\boldsymbol{\mu}_2$$

它等价于

$$H_0:\boldsymbol{\delta}=\boldsymbol{0},\quad H_1:\boldsymbol{\delta}\neq\boldsymbol{0}\tag{4.3.8}$$

这样，两个总体的均值比较检验问题就可以化为一个总体的情形。由(4.2.7)式知，检验统计量为

$$T^2=n\bar{\boldsymbol{d}}'\boldsymbol{S}_d^{-1}\bar{\boldsymbol{d}}\tag{4.3.9}$$

其中

$$\bar{\boldsymbol{d}}=\bar{\boldsymbol{x}}-\bar{\boldsymbol{y}},\quad \boldsymbol{S}_d=\frac{1}{n-1}\sum_{i=1}^{n}(\boldsymbol{d}_i-\bar{\boldsymbol{d}})(\boldsymbol{d}_i-\bar{\boldsymbol{d}})'$$

当原假设 $H_0:\boldsymbol{\delta}=\boldsymbol{0}$ 为真时，统计量

$$\frac{n-p}{p(n-1)}T^2\tag{4.3.10}$$

服从自由度为 p 和 $n-p$ 的 F 分布，对给定的 α，拒绝规则为：

$$\text{若 } T^2\geqslant T^2_\alpha(p,n-1),\ \text{则拒绝 } H_0\tag{4.3.11}$$

其中

$$T^2_\alpha(p,n-1)=\frac{p(n-1)}{n-p}F_\alpha(p,n-p)\tag{4.3.12}$$

§4.4　轮廓分析

设对同一个单元(个人、商店、小块土地等)施加 p 种处理(如测验,问卷调查等)或在相继 p 个时间段内重复测量,依次得到测量值 $x_1,x_2,\cdots,x_p$,其相应的均值依次为 $\mu_1,\mu_2,\cdots,\mu_p$。

图 4.4.1 是将点$(1,\mu_1),(2,\mu_2),\cdots,(p,\mu_p)$用直线连接起来的折线图,称为总体的**轮廓**(profile)。轮廓分析是轮廓的分析或多个轮廓的比较,它常用于分析比较相继一连串的心理测试或其他测试中。我们这里讨论单总体(或单组)和两总体(或两组)的轮廓分析。轮廓分析也可推广到多个总体(或多组)的情形,限于篇幅,本节不对此进行讨论。

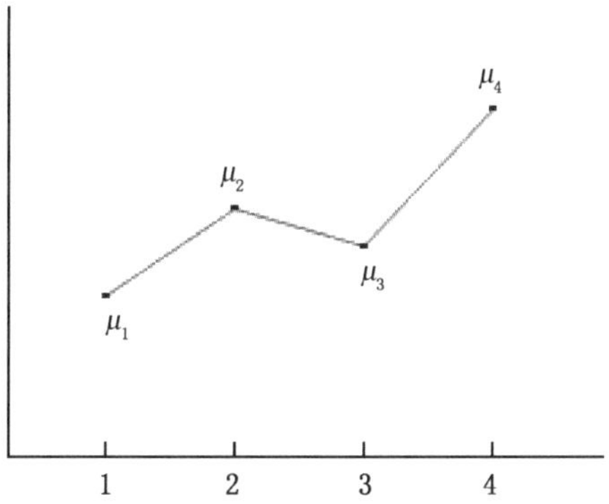

图 4.4.1　总体轮廓($p=4$)

一、单总体的轮廓分析

为了比较均值 $\mu_1,\mu_2,\cdots,\mu_p$,一个基本的假设为轮廓是水平的,即

$$H_0:\mu_1=\mu_2=\cdots=\mu_p,\quad H_1:\mu_i\neq\mu_j,\text{至少存在一对 } i\neq j \tag{4.4.1}$$

令

$$\boldsymbol{C}=\begin{pmatrix}1 & -1 & 0 & \cdots & 0\\ 1 & 0 & -1 & \cdots & 0\\ \vdots & \vdots & \vdots & & \vdots\\ 1 & 0 & 0 & \cdots & -1\end{pmatrix}$$

则假设(4.4.1)可表达为

$$H_0:\boldsymbol{C\mu}=\boldsymbol{0},\quad H_1:\boldsymbol{C\mu}\neq\boldsymbol{0} \tag{4.4.2}$$

其中 $\boldsymbol{\mu}=(\mu_1,\mu_2,\cdots,\mu_p)'$。由于 $\boldsymbol{C}$ 是行满秩的,即 $\text{rank}(\boldsymbol{C})=p-1$,且每行均为对比向量(元素之和为 0),故 $\boldsymbol{C}$ 称为**对比矩阵**。设样本 $\boldsymbol{x}_1,\boldsymbol{x}_2,\cdots,\boldsymbol{x}_n$ 来自总体 $N_p(\boldsymbol{\mu},\boldsymbol{\Sigma})$,则由习题 4.4 知,检验统计量为

$$T^2=n\bar{\boldsymbol{x}}'\boldsymbol{C}'(\boldsymbol{CSC}')^{-1}\boldsymbol{C}\bar{\boldsymbol{x}} \tag{4.4.3}$$

对给定的显著性水平 α,拒绝规则为:

$$\text{若 } T^2 \geqslant T_\alpha^2(p-1,n-1)\text{，则拒绝 } H_0 \tag{4.4.4}$$

其中

$$T_\alpha^2(p-1,n-1)=\frac{(p-1)(n-1)}{n-p+1}F_\alpha(p-1,n-p+1) \tag{4.4.5}$$

注　(1)(4.4.2)式中对比矩阵 $\boldsymbol{C}$ 的选择不是唯一的，比如也可以选取对比矩阵为

$$\boldsymbol{C}^*=\begin{pmatrix} 1 & -1 & 0 & \cdots & 0 \\ 0 & 1 & -1 & \cdots & 0 \\ \vdots & \vdots & \vdots & & \vdots \\ 0 & 0 & 0 & \cdots & -1 \end{pmatrix}$$

所得的结果是不变的(见习题 4.5)。(2) 我们不能利用一元方差分析的方法来检验假设(4.4.1)，因为 $x_1,x_2,\cdots,x_p$ 一般并不相互独立，且它们的方差也未必相等。

例 4.4.1　当施加的处理数 $p=2$ 时，单总体的轮廓分析就退化为基于成对数据的两个一元总体均值的比较检验。检验的假设为

$$H_0:\mu_1=\mu_2,\quad H_1:\mu_1\neq\mu_2$$

在 $\boldsymbol{x}=(x_1,x_2)'\sim N_2(\boldsymbol{\mu},\boldsymbol{\Sigma})$ 的假定下，按(4.4.3)式，检验统计量为

$$\begin{aligned} T^2 &= n(\boldsymbol{C}\bar{\boldsymbol{x}})'(\boldsymbol{CSC}')^{-1}\boldsymbol{C}\bar{\boldsymbol{x}} \\ &= n(\bar{x}_1-\bar{x}_2)\left[(1,-1)\begin{pmatrix} s_{11} & s_{12} \\ s_{21} & s_{22}\end{pmatrix}\begin{pmatrix}1\\-1\end{pmatrix}\right]^{-1}(\bar{x}_1-\bar{x}_2) \\ &= \frac{n(\bar{x}_1-\bar{x}_2)^2}{s_{11}-s_{21}-s_{12}+s_{22}} \end{aligned}$$

对给定的 α，拒绝规则为：

$$\text{若 } T^2\geqslant F_\alpha(1,n-1)\text{，则拒绝 } H_0$$

或等价为：

$$\text{若 } |t|\geqslant t_{\alpha/2}(n-1)\text{，则拒绝 } H_0$$

其中

$$t=\frac{\bar{x}_1-\bar{x}_2}{\sqrt{s_{11}-s_{21}-s_{12}+s_{22}}/\sqrt{n}}$$

是检验统计量，这里 $\bar{x}_1-\bar{x}_2$ 和 $s_{11}-s_{21}-s_{12}+s_{22}$ 分别是成对样本数据之差 $d_i=x_{i1}-x_{i2}$，$i=1,2,\cdots,n$ 的样本均值和样本方差。□

二、两总体的轮廓分析

设对两个总体的单元施加相同的 p 种处理，$\boldsymbol{\mu}_1=(\mu_{11},\mu_{12},\cdots,\mu_{1p})'$，$\boldsymbol{\mu}_2=(\mu_{21},\mu_{22},\cdots,\mu_{2p})'$分别为总体 1 和总体 2 的 p 种处理的均值向量。按照两总体轮廓分析的思想方法，依次包括如下三个感兴趣的假设：(1) 两轮廓外表上是相似的吗？或更精确地说它们是平行的吗？(2) 假如两轮廓是平行的，那么它们是否重合？(3) 假如两轮廓重合，它们是水平的吗？

假设(1)的原假设就是

$$H_{01}:\begin{pmatrix}\mu_{12}-\mu_{11}\\ \mu_{13}-\mu_{12}\\ \vdots\\ \mu_{1p}-\mu_{1,p-1}\end{pmatrix}=\begin{pmatrix}\mu_{22}-\mu_{21}\\ \mu_{23}-\mu_{22}\\ \vdots\\ \mu_{2p}-\mu_{2,p-1}\end{pmatrix}$$

于是可将假设检验问题写为

$$H_{01}:\boldsymbol{C\mu}_1=\boldsymbol{C\mu}_2,\quad H_{11}:\boldsymbol{C\mu}_1\neq\boldsymbol{C\mu}_2 \tag{4.4.6}$$

其中

$$\boldsymbol{C}=\begin{pmatrix}-1 & 1 & 0 & \cdots & 0\\ 0 & -1 & 1 & \cdots & 0\\ \vdots & \vdots & \vdots & & \vdots\\ 0 & 0 & 0 & \cdots & 1\end{pmatrix}$$

$\mathrm{rank}(\boldsymbol{C})=p-1$。

设两个独立样本$\boldsymbol{x}_1,\boldsymbol{x}_2,\cdots,\boldsymbol{x}_{n_1}$ 和$\boldsymbol{y}_1,\boldsymbol{y}_2,\cdots,\boldsymbol{y}_{n_2}$ 分别来自 $N_p(\boldsymbol{\mu}_1,\boldsymbol{\Sigma})$ 和 $N_p(\boldsymbol{\mu}_2,\boldsymbol{\Sigma})$，则由习题 4.7 知，假设(4.4.6)的检验统计量为

$$T^2=\frac{n_1n_2}{n_1+n_2}(\bar{\boldsymbol{x}}-\bar{\boldsymbol{y}})'\boldsymbol{C}'(\boldsymbol{CS}_p\boldsymbol{C}')^{-1}\boldsymbol{C}(\bar{\boldsymbol{x}}-\bar{\boldsymbol{y}}) \tag{4.4.7}$$

其中 $\boldsymbol{S}_p$ 是$\boldsymbol{\Sigma}$ 的联合无偏估计。对于给定的 α，拒绝规则为：

$$\text{若 } T^2\geqslant T_\alpha^2(p-1,n_1+n_2-2)\text{，则拒绝 } H_{01} \tag{4.4.8}$$

其中

$$T_\alpha^2(p-1,n_1+n_2-2)=\frac{(p-1)(n_1+n_2-2)}{n_1+n_2-p}F_\alpha(p-1,n_1+n_2-p) \tag{4.4.9}$$

当两总体的轮廓平行时，第 1 个总体的轮廓或者高于第 2 个总体的轮廓($\mu_{1i}>\mu_{2i}$，$i=1,2,\cdots,p$)，或者低于第 2 个总体的轮廓($\mu_{1i}<\mu_{2i}$，$i=1,2,\cdots,p$)，或者与第 2 个总体的轮廓重合($\mu_{1i}=\mu_{2i}$，$i=1,2,\cdots,p$)，三者必居其一。在此情形下，只有当两个轮廓的平均高度相同时，两轮廓才会重合。因此，假设(2)的原假设可写成

$$H_{02}:\frac{\mu_{11}+\mu_{12}+\cdots+\mu_{1p}}{p}=\frac{\mu_{21}+\mu_{22}+\cdots+\mu_{2p}}{p}$$

等价于考虑假设检验问题

$$H_{02}:\boldsymbol{1}'\boldsymbol{\mu}_1=\boldsymbol{1}'\boldsymbol{\mu}_2,\quad H_{12}:\boldsymbol{1}'\boldsymbol{\mu}_1\neq\boldsymbol{1}'\boldsymbol{\mu}_2 \tag{4.4.10}$$

其中 $\boldsymbol{1}'=(1,1,\cdots,1)$。

由习题 4.7 知，假设(4.4.10)的检验统计量为

$$T^2=\frac{n_1n_2}{n_1+n_2}(\bar{\boldsymbol{x}}-\bar{\boldsymbol{y}})'\boldsymbol{1}(\boldsymbol{1}'\boldsymbol{S}_p\boldsymbol{1})^{-1}\boldsymbol{1}'(\bar{\boldsymbol{x}}-\bar{\boldsymbol{y}})=\frac{n_1n_2}{n_1+n_2}\frac{[\boldsymbol{1}'(\bar{\boldsymbol{x}}-\bar{\boldsymbol{y}})]^2}{\boldsymbol{1}'\boldsymbol{S}_p\boldsymbol{1}} \tag{4.4.11}$$

或

$$t=\frac{\boldsymbol{1}'(\bar{\boldsymbol{x}}-\bar{\boldsymbol{y}})}{\sqrt{\left(\frac{1}{n_1}+\frac{1}{n_2}\right)\boldsymbol{1}'\boldsymbol{S}_p\boldsymbol{1}}} \tag{4.4.12}$$

对于给定的 α，拒绝规则为：

$$若\ T^2 \geqslant F_\alpha(1, n_1+n_2-2)，则拒绝\ H_{02} \tag{4.4.13}$$

或

$$若\ |t| \geqslant t_{\alpha/2}(n_1+n_2-2)，则拒绝\ H_{02} \tag{4.4.14}$$

若两总体的轮廓重合，即 $\boldsymbol{\mu}_1=\boldsymbol{\mu}_2=\boldsymbol{\mu}$，则 $\boldsymbol{x}_1, \boldsymbol{x}_2, \cdots, \boldsymbol{x}_{n_1}$ 和 $\boldsymbol{y}_1, \boldsymbol{y}_2, \cdots, \boldsymbol{y}_{n_2}$ 均来自同一 $N_p(\boldsymbol{\mu}, \boldsymbol{\Sigma})$，此时可将这两个样本合并成一个容量为 n_1+n_2 的新样本，其新样本均值为

$$\bar{\boldsymbol{z}}=\frac{n_1}{n_1+n_2}\bar{\boldsymbol{x}}+\frac{n_2}{n_1+n_2}\bar{\boldsymbol{y}}$$

并将其新样本协方差矩阵记为 $\boldsymbol{S}$。假设(3)的原假设为

$$H_{03}: \mu_1=\mu_2=\cdots=\mu_p$$

故假设检验问题可表达为

$$H_{03}: \boldsymbol{C\mu}=\boldsymbol{0}, \quad H_{13}: \boldsymbol{C\mu} \neq \boldsymbol{0} \tag{4.4.15}$$

其中

$$\boldsymbol{C}=\begin{pmatrix} 1 & -1 & 0 & \cdots & 0 \\ 1 & 0 & -1 & \cdots & 0 \\ \vdots & \vdots & \vdots & & \vdots \\ 1 & 0 & 0 & \cdots & -1 \end{pmatrix}$$

由(4.4.3)式知，其检验统计量为

$$T^2=(n_1+n_2)\bar{\boldsymbol{z}}'\boldsymbol{C}'(\boldsymbol{CSC}')^{-1}\boldsymbol{C}\bar{\boldsymbol{z}} \tag{4.4.16}$$

对给定的 α，拒绝规则为：

$$若\ T^2 \geqslant T_\alpha^2(p-1, n_1+n_2-1)，则拒绝\ H_{03} \tag{4.4.17}$$

其中

$$T_\alpha^2(p-1, n_1+n_2-1)=\frac{(p-1)(n_1+n_2-1)}{n_1+n_2-p+1}F_\alpha(p-1, n_1+n_2-p+1) \tag{4.4.18}$$

例 4.4.2 作为爱情与婚姻问题某项研究的一部分，对一个由若干名丈夫和妻子组成的样本进行了问卷调查，请他们回答下列问题：

(1) 您对伴侣的爱情的“热度”水平感觉如何？

(2) 伴侣对您的爱情的“热度”水平感觉如何？

(3) 您对伴侣的爱情的“可结伴”水平感觉如何？

(4) 伴侣对您的爱情的“可结伴”水平感觉如何？

回答均采用如下 5 级计分制：

1——没有，2——很小，3——有些，4——较大，5——非常大

30 名丈夫和 30 名妻子的回答列于表 4.4.1，其中的四个变量是：

x_1:对问题 1 的 5 级分制回答　　x_3:对问题 3 的 5 级分制回答

x_2:对问题 2 的 5 级分制回答　　x_4:对问题 4 的 5 级分制回答

两个总体的定义如下：

总体 1:丈夫对妻子　　总体 2:妻子对丈夫

两个样本的轮廓图如图 4.4.2 所示。

表 4.4.1　　配偶数据

丈夫对妻子				妻子对丈夫			
x_1	x_2	x_3	x_4	y_1	y_2	y_3	y_4
2	3	5	5	4	4	5	5
5	5	4	4	4	5	5	5
4	5	5	5	4	4	5	5
4	3	4	4	4	5	5	5
3	3	5	5	4	4	5	5
3	3	4	5	3	3	4	4
3	4	4	4	4	3	5	4
4	4	5	5	3	4	5	5
4	5	5	5	4	4	5	4
4	4	3	3	3	4	4	4
4	4	5	5	4	5	5	5
5	5	4	4	5	5	5	5
4	4	4	4	4	4	5	5
4	3	5	5	4	4	4	4
4	4	5	5	4	4	5	5
3	3	4	5	3	4	4	4
4	5	4	4	5	5	5	5
5	5	5	5	4	5	4	4
5	5	4	4	3	4	4	4
4	4	4	4	5	3	4	4
4	4	4	4	5	3	4	4
4	4	4	4	4	5	4	4
3	4	5	5	2	5	5	5
5	3	5	5	3	4	5	5
5	5	3	3	4	3	5	5
3	3	4	4	4	4	4	4
4	4	4	4	4	4	5	5
3	3	5	5	3	4	4	4
4	4	3	3	4	4	5	4
4	4	5	5	4	4	5	5

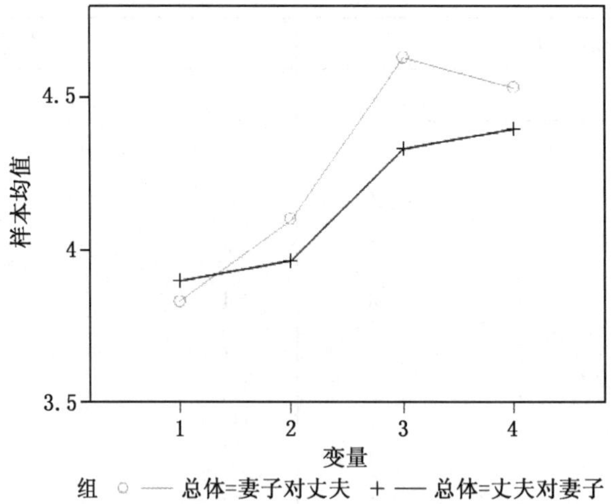

图 4.4.2　爱情与婚姻问题的两样本轮廓

虽然回答均取整数值，并不服从多元正态分布，但由于样本容量足够大，本节基于多元正态的方法仍可近似采用。经计算，

$$\bar{\boldsymbol{x}}=\begin{pmatrix}3.9\\3.967\\4.333\\4.4\end{pmatrix},\quad \bar{\boldsymbol{y}}=\begin{pmatrix}3.833\\4.1\\4.633\\4.533\end{pmatrix}$$

$$\boldsymbol{S}_p=\begin{pmatrix}0.532 & 0.179 & -0.032 & -0.071\\ 0.179 & 0.511 & -0.010 & -0.021\\ -0.032 & -0.010 & 0.339 & 0.308\\ -0.071 & -0.021 & 0.308 & 0.356\end{pmatrix}$$

在显著性水平 $\alpha=0.05$ 下，我们以下作轮廓分析的三个检验：

(1) 检验轮廓的平行性，即检验假设(4.4.6)，我们算得，

$$\boldsymbol{C}(\bar{\boldsymbol{x}}-\bar{\boldsymbol{y}})=\begin{pmatrix}-1 & 1 & 0 & 0\\ 0 & -1 & 1 & 0\\ 0 & 0 & -1 & 1\end{pmatrix}\begin{pmatrix}0.067\\-0.133\\-0.3\\-0.133\end{pmatrix}=\begin{pmatrix}-0.2\\-0.167\\0.167\end{pmatrix}$$

$$\boldsymbol{C}\boldsymbol{S}_p\boldsymbol{C}'=\begin{pmatrix}0.685 & -0.310 & 0.029\\ -0.310 & 0.870 & -0.020\\ 0.029 & -0.020 & 0.079\end{pmatrix}$$

故按(4.4.7) 式得，

$$T^2=\frac{30\times 30}{30+30}[\boldsymbol{C}(\bar{\boldsymbol{x}}-\bar{\boldsymbol{y}})]'(\boldsymbol{C}\boldsymbol{S}_p\boldsymbol{C}')^{-1}\boldsymbol{C}(\bar{\boldsymbol{x}}-\bar{\boldsymbol{y}})=8.015$$

由(4.4.9)式得，

$$T_{0.05}^2(3,58)=\frac{3\times58}{56}F_{0.05}(3,56)=\frac{3\times58}{56}\times2.7694=8.605$$

因 $T^2<T_{0.05}^2(3,58)$，所以不能拒绝两总体的轮廓是平行的假设($p=0.063$)。从 p 值来看，检验虽接受 H_{01}，但还略显勉强，这一点也可从图 4.4.2 中直觉感受一下。

(2) 在接受平行轮廓的假设后，我们再检验两轮廓是否重合，即检验假设(4.4.10)，为此需作下列计算：

$$\mathbf{1}'(\bar{\boldsymbol{x}}-\bar{\boldsymbol{y}})=\bar{\boldsymbol{x}}-\bar{\boldsymbol{y}}\text{ 中元素之和}=-0.5$$

$$\mathbf{1}'\boldsymbol{S}_p\mathbf{1}=\boldsymbol{S}_p\text{ 中元素之和}=2.446$$

依(4.4.11)式，有

$$T^2=\frac{30\times30}{30+30}\frac{[\mathbf{1}'(\bar{\boldsymbol{x}}-\bar{\boldsymbol{y}})]^2}{\mathbf{1}'\boldsymbol{S}_p\mathbf{1}}=1.532<4.007=F_{0.05}(1,58)$$

从而两总体的轮廓是重合的假设不能拒绝，即接受 H_{02}，也就是丈夫对妻子和妻子对丈夫的回答没有显著差异($p=0.221$)。

(3) 在接受两个轮廓是重合的前提下，现来检验共同轮廓是水平的，即检验假设(4.4.15)，我们计算如下：

$$\boldsymbol{C}\bar{\boldsymbol{z}}=0.5\boldsymbol{C}(\bar{\boldsymbol{x}}+\bar{\boldsymbol{y}})=\begin{pmatrix}-0.167\\-0.45\\0.017\end{pmatrix}$$

$$\boldsymbol{S}=\begin{pmatrix}0.524&0.174&-0.036&-0.072\\0.174&0.507&0.001&-0.016\\-0.036&0.001&0.356&0.313\\-0.072&-0.016&0.313&0.355\end{pmatrix}$$

$$\boldsymbol{CSC}'=\begin{pmatrix}0.684&-0.297&0.020\\-0.297&0.862&-0.026\\0.020&-0.026&0.085\end{pmatrix}$$

由(4.4.16)和(4.4.18)式分别得，

$$T^2=(30+30)(\boldsymbol{C}\bar{\boldsymbol{z}})'(\boldsymbol{CSC}')^{-1}(\boldsymbol{C}\bar{\boldsymbol{z}})=24.812$$

$$T_{0.05}^2(3,59)=\frac{3\times59}{57}F_{0.05}(3,57)=\frac{3\times59}{57}\times2.766=8.590$$

由于 $T^2>T_{0.05}^2(3,59)$，故拒绝 H_{03}，即共同轮廓是水平的说法被否定，从而对四个问题回答的得分水平有显著差异($p=0.0002$)。 □

注　由于样本容量的叠加效应，共同轮廓的水平性假设较单个轮廓的水平性假设更易被拒绝。

§4.5　多个总体均值的比较检验(多元方差分析)

设有 k 个总体 $\pi_1,\pi_2,\cdots,\pi_k$，它们的分布分别是 $N_p(\boldsymbol{\mu}_1,\boldsymbol{\Sigma}),N_p(\boldsymbol{\mu}_2,\boldsymbol{\Sigma}),\cdots,N_p(\boldsymbol{\mu}_k,\boldsymbol{\Sigma})$，

令从这 k 个总体中各自独立地抽取一个样本，取自总体 π_i 的样本为 $\boldsymbol{x}_{i1},\boldsymbol{x}_{i2},\cdots,\boldsymbol{x}_{in_i}$，$i=1,2,\cdots,k$。现欲检验

$$H_0:\boldsymbol{\mu}_1=\boldsymbol{\mu}_2=\cdots=\boldsymbol{\mu}_k,\quad H_1:\boldsymbol{\mu}_i\neq\boldsymbol{\mu}_j,\text{至少存在一对 } i\neq j \tag{4.5.1}$$

类似于一元的情形，令

$$\boldsymbol{T}=\boldsymbol{SST}=\sum_{i=1}^{k}\sum_{j=1}^{n_i}(\boldsymbol{x}_{ij}-\bar{\boldsymbol{x}})(\boldsymbol{x}_{ij}-\bar{\boldsymbol{x}})' \tag{4.5.2}$$

其中 $\bar{\boldsymbol{x}}=\frac{1}{n}\sum_{i=1}^{k}\sum_{j=1}^{n_i}\boldsymbol{x}_{ij}$，$n=\sum_{i=1}^{k}n_i$。再令 $\bar{\boldsymbol{x}}_i=\frac{1}{n_i}\sum_{j=1}^{n_i}\boldsymbol{x}_{ij}$，则

$$\begin{aligned}\boldsymbol{T}&=\sum_{i=1}^{k}\sum_{j=1}^{n_i}(\boldsymbol{x}_{ij}-\bar{\boldsymbol{x}})(\boldsymbol{x}_{ij}-\bar{\boldsymbol{x}})'\\&=\sum_{i=1}^{k}\sum_{j=1}^{n_i}(\boldsymbol{x}_{ij}-\bar{\boldsymbol{x}}_i+\bar{\boldsymbol{x}}_i-\bar{\boldsymbol{x}})(\boldsymbol{x}_{ij}-\bar{\boldsymbol{x}}_i+\bar{\boldsymbol{x}}_i-\bar{\boldsymbol{x}})'\\&=\sum_{i=1}^{k}\sum_{j=1}^{n_i}(\boldsymbol{x}_{ij}-\bar{\boldsymbol{x}}_i)(\boldsymbol{x}_{ij}-\bar{\boldsymbol{x}}_i)'+\sum_{i=1}^{k}n_i(\bar{\boldsymbol{x}}_i-\bar{\boldsymbol{x}})(\bar{\boldsymbol{x}}_i-\bar{\boldsymbol{x}})'\end{aligned}$$

其中交叉乘积项

$$\begin{aligned}&\sum_{i=1}^{k}\sum_{j=1}^{n_i}(\boldsymbol{x}_{ij}-\bar{\boldsymbol{x}}_i)(\bar{\boldsymbol{x}}_i-\bar{\boldsymbol{x}})'+\sum_{i=1}^{k}\sum_{j=1}^{n_i}(\bar{\boldsymbol{x}}_i-\bar{\boldsymbol{x}})(\boldsymbol{x}_{ij}-\bar{\boldsymbol{x}}_i)'\\&=\sum_{i=1}^{k}\Big(\sum_{j=1}^{n_i}\boldsymbol{x}_{ij}-n_i\bar{\boldsymbol{x}}_i\Big)(\bar{\boldsymbol{x}}_i-\bar{\boldsymbol{x}})'+\sum_{i=1}^{k}(\bar{\boldsymbol{x}}_i-\bar{\boldsymbol{x}})\Big(\sum_{j=1}^{n_i}\boldsymbol{x}_{ij}-n_i\bar{\boldsymbol{x}}_i\Big)'\\&=\boldsymbol{0}+\boldsymbol{0}\\&=\boldsymbol{0}\end{aligned}$$

记

$$\boldsymbol{E}=\boldsymbol{SSE}=\sum_{i=1}^{k}\sum_{j=1}^{n_i}(\boldsymbol{x}_{ij}-\bar{\boldsymbol{x}}_i)(\boldsymbol{x}_{ij}-\bar{\boldsymbol{x}}_i)' \tag{4.5.3}$$

$$\boldsymbol{H}=\boldsymbol{SSTR}=\sum_{i=1}^{k}n_i(\bar{\boldsymbol{x}}_i-\bar{\boldsymbol{x}})(\bar{\boldsymbol{x}}_i-\bar{\boldsymbol{x}})' \tag{4.5.4}$$

则

$$\boldsymbol{T}=\boldsymbol{E}+\boldsymbol{H} \tag{4.5.5}$$

$\boldsymbol{T}$，$\boldsymbol{E}$ 和 $\boldsymbol{H}$ 分别称为**总平方和及叉积和矩阵**、**误差（或组内）平方和及叉积和矩阵**（简称**组内矩阵**）以及**处理（或组间）平方和及叉积和矩阵**（简称**组间矩阵**），它们分别具有自由度 $(n-1)$，$(n-k)$ 和 $(k-1)$，这与一元方差分析相同。采用似然比方法可以得到**威尔克斯**（Wilks）**$\boldsymbol{\Lambda}$ 统计量**

$$\Lambda=\frac{|\boldsymbol{E}|}{|\boldsymbol{E}+\boldsymbol{H}|} \tag{4.5.6}$$

当原假设 H_0 为真时，Λ 服从参数为 $(p,k-1,n-k)$ 的**威尔克斯 $\boldsymbol{\Lambda}$ 分布**（定义及基本性质见附录 4-3），记作 $\Lambda(p,k-1,n-k)$。Λ 的取值范围是 $[0,1]$，当来自各总体的样本均值都相同时，$\boldsymbol{H}=\boldsymbol{0}$，从而 $\Lambda=1$。对给定的显著性水平 α，拒绝规则为：

$$\text{若 } \Lambda\leqslant\Lambda_{1-\alpha}(p,k-1,n-k)\text{，则拒绝 } H_0 \tag{4.5.7}$$

其中$\Lambda_{1-\alpha}(p,k-1,n-k)$是$\Lambda(p,k-1,n-k)$分布的下$\alpha$分位数，即满足：当原假设$H_0$为真时，

$$P[\Lambda \leqslant \Lambda_{1-\alpha}(p,k-1,n-k)]=\alpha \tag{4.5.8}$$

Λ分布的数值表($\alpha=0.05,0.01$)可从文献[19]中找到，但在许多情况下，Λ分布的分位数值可以根据附录4-3中该分布的基本性质，通过查F分布(或卡方分布)表来得到(或近似得到)。需要指出的是，Λ分布的下α分位数$\Lambda_{1-\alpha}$将对应F分布(或卡方分布)的上α分位数F_α(或χ_α^2)，并且Λ的左侧拒绝域也相应地变为F(或χ^2)的右侧拒绝域。

$\boldsymbol{\mu}_1,\boldsymbol{\mu}_2,\cdots,\boldsymbol{\mu}_k$之间无显著差异，并不意味着它们的分量之间也都无显著差异①；同样，$\boldsymbol{\mu}_1,\boldsymbol{\mu}_2,\cdots,\boldsymbol{\mu}_k$之间存在显著差异，也并不表明它们一定存在有显著差异的分量。无论何种情况，如果多元检验与一元检验不一致，则一般使用多元的结论而非一元的结论。但检验一旦拒绝$H_0:\boldsymbol{\mu}_1=\boldsymbol{\mu}_2=\cdots=\boldsymbol{\mu}_k$，我们还应继续对其各分量进行一元方差分析检验，以判明是否有分量或哪些分量对拒绝$H_0:\boldsymbol{\mu}_1=\boldsymbol{\mu}_2=\cdots=\boldsymbol{\mu}_k$起了较大作用。同样道理，如需要，我们也可对$\boldsymbol{\mu}_1,\boldsymbol{\mu}_2,\cdots,\boldsymbol{\mu}_k$中的每两个作相等性的检验。

应该指出，虽然在一元方差分析中通常只有一种合适的检验方法，但在多元场合下的检验方法并不唯一，而是有多种，如附录4-1中的(4-1.2)、(4-1.3)和(4-1.4)三式。

例4.5.1　为了研究销售方式对商品销售额的影响，选择四种商品(甲、乙、丙和丁)按三种不同的销售方式(Ⅰ，Ⅱ和Ⅲ)进行销售。这四种商品的销售额分别为x_1,x_2,x_3,x_4，其数据见表4.5.1。

表4.5.1　　**销售额数据**

编号	销售方式Ⅰ				销售方式Ⅱ				销售方式Ⅲ			
	x_1	x_2	x_3	x_4	x_1	x_2	x_3	x_4	x_1	x_2	x_3	x_4
1	125	60	338	210	66	54	455	310	65	33	480	260
2	119	80	233	330	82	45	403	210	100	34	468	295
3	63	51	260	203	65	65	312	280	65	63	416	265
4	65	51	429	150	40	51	477	280	117	48	468	250
5	130	65	403	205	67	54	481	293	114	63	395	380
6	69	45	350	190	38	50	468	210	55	30	546	235
7	46	60	585	200	42	45	351	190	64	51	507	320
8	146	66	273	250	113	40	390	310	110	90	442	225
9	87	54	585	240	80	55	520	200	60	62	440	248
10	110	77	507	270	76	60	507	189	110	69	377	260
11	107	60	364	200	94	33	260	280	88	78	299	360
12	130	61	391	200	60	51	429	190	73	63	390	320
13	80	45	429	270	55	40	390	295	114	55	494	240

① 此时，即使分量之间有显著差异，其检验的p值一般也不会比显著性水平小太多，往往比较接近。

续表

编号	销售方式Ⅰ				销售方式Ⅱ				销售方式Ⅲ			
	x_1	x_2	x_3	x_4	x_1	x_2	x_3	x_4	x_1	x_2	x_3	x_4
14	60	50	442	190	65	48	481	177	103	54	416	310
15	81	54	260	280	69	48	442	225	100	33	273	312
16	135	87	507	260	125	63	312	270	140	61	312	345
17	57	48	400	285	120	56	416	280	80	36	286	250
18	75	52	520	260	70	45	468	370	135	54	468	345
19	76	65	403	250	62	66	416	224	130	69	325	360
20	55	42	411	170	69	60	377	280	60	57	273	260

该题中,我们需要检验

$$H_0:\boldsymbol{\mu}_1=\boldsymbol{\mu}_2=\boldsymbol{\mu}_3,\quad H_1:\boldsymbol{\mu}_1,\boldsymbol{\mu}_2,\boldsymbol{\mu}_3\text{ 中至少有两个不相等}$$

其中$\boldsymbol{\mu}_1,\boldsymbol{\mu}_2,\boldsymbol{\mu}_3$分别为销售方式Ⅰ,Ⅱ和Ⅲ的总体均值向量,在进行检验时,我们假定这三个总体均为多元正态总体,并且它们的协方差矩阵相同。据题意,

$$p=4,\quad k=3,\quad n_1=n_2=n_3=20,\quad n=n_1+n_2+n_3=60$$

经计算,

$$\bar{\boldsymbol{x}}_1=\begin{pmatrix}90.80\\58.65\\404.50\\230.65\end{pmatrix},\quad \bar{\boldsymbol{x}}_2=\begin{pmatrix}72.90\\51.45\\417.75\\253.15\end{pmatrix},\quad \bar{\boldsymbol{x}}_3=\begin{pmatrix}94.15\\55.15\\403.75\\292.00\end{pmatrix}$$

$$\bar{\boldsymbol{x}}=\frac{1}{n}\sum_{i=1}^{3}n_i\bar{\boldsymbol{x}}_i=\frac{1}{3}\sum_{i=1}^{3}\bar{\boldsymbol{x}}_i=\begin{pmatrix}85.950\,0\\55.083\,3\\408.666\,7\\258.600\,0\end{pmatrix}$$

$$\boldsymbol{H}=\sum_{i=1}^{3}n_i\bar{\boldsymbol{x}}_i\bar{\boldsymbol{x}}_i'-n\bar{\boldsymbol{x}}\bar{\boldsymbol{x}}'$$

$$=\begin{pmatrix}5\,221.30 & 1\,305.20 & -3\,581.25 & 4\,188.90\\1\,305.20 & 518.53 & -963.83 & -1\,553.20\\-3\,581.25 & -963.83 & 2\,480.83 & -1\,945.25\\4\,188.90 & -1\,553.20 & -1\,945.25 & 38\,529.30\end{pmatrix}$$

$$\boldsymbol{T}=\sum_{i=1}^{3}\sum_{j=1}^{n_i}\boldsymbol{x}_{ij}\boldsymbol{x}_{ij}'-n\bar{\boldsymbol{x}}\bar{\boldsymbol{x}}'$$

$$=\begin{pmatrix}49\,290.85 & 8\,992.25 & -36\,444.00 & 28\,906.80\\8\,992.25 & 9\,666.58 & -4\,658.33 & 4\,859.00\\-36\,444.00 & -4\,658.33 & 429\,509.33 & -58\,114.00\\28\,906.80 & 4\,859.00 & -58\,114.00 & 175\,644.40\end{pmatrix}$$

$$\boldsymbol{E}=\boldsymbol{T}-\boldsymbol{H}$$
$$=\begin{pmatrix} 44\,069.55 & 7\,687.05 & -32\,862.75 & 24\,717.90 \\ 7\,687.05 & 9\,148.05 & -3\,694.50 & 6\,412.20 \\ -32\,862.75 & -3\,694.50 & 427\,028.50 & -56\,168.75 \\ 24\,717.90 & 6\,412.20 & -56\,168.75 & 137\,115.10 \end{pmatrix}$$

于是

$$\Lambda=\frac{|\boldsymbol{E}|}{|\boldsymbol{T}|}=\frac{1.646\,4\times10^{19}}{2.470\,8\times10^{19}}=0.666\,3$$

由附录4-3中的(4-3.4)式可得，

$$F=\frac{(57-4+1)(1-\sqrt{0.666\,3})}{4\times\sqrt{0.666\,3}}=3.039$$

查 F 分布表得，$F_{0.01}(8,108)=2.68<3.039$，从而在 $\alpha=0.01$ 的水平下拒绝原假设 H_0，因此可认为三种销售方式的销售额有十分显著的差异（$p=0.004$）。

为了解这三种销售方式的显著差异究竟是由哪些商品引起的，我们对这四种商品分别用一元方差分析方法进行检验分析。由(4.1.23)式，并利用 $\boldsymbol{H}$ 和 $\boldsymbol{E}$ 这两个矩阵对角线上的元素有

$$F_1=\frac{5\,221.30/2}{44\,069.55/57}=3.377$$
$$F_2=\frac{518.53/2}{9\,148.05/57}=1.615$$
$$F_3=\frac{2\,480.83/2}{427\,028.50/57}=0.166$$
$$F_4=\frac{38\,529.30/2}{137\,115.10/57}=8.008$$

查 F 分布表得，$F_{0.05}(2,57)=3.16$，$F_{0.01}(2,57)=5.01$，故甲商品有显著差异（$p=0.041$），丁商品有十分显著的差异（$p=0.001$），而乙和丙商品无显著差异（$p=0.208$ 和 $p=0.848$）。丁商品的检验 p 值非常小，我们首先得出丁商品对原假设 H_0 的拒绝起到了很大的作用。剔除丁商品后再对其他三种商品进行三元方差分析检验，则有

$$\Lambda=\frac{|\boldsymbol{E}|}{|\boldsymbol{T}|}=\frac{1.383\,1\times10^{14}}{1.590\,6\times10^{14}}=0.869\,5$$

$$F=\frac{(57-3+1)(1-\sqrt{0.869\,5})}{3\times\sqrt{0.869\,5}}=1.328$$

查表得，$F_{0.05}(6,110)=2.18>1.328$，不显著，这说明对甲、乙、丙这三种商品，销售方式Ⅰ，Ⅱ和Ⅲ的总体均值向量之间无显著差异（$p=0.251$）。因此，可认为甲商品对三种销售方式的差异无明显影响。① □

例 4.5.2（有用结论）　试证当 $k=2$ 时，(4.5.6)式的检验统计量 Λ 等价于(4.3.2)式的检验统计量 T^2，且有

① 因三元的检验结果是接受原假设，故可不必在意一元的检验结果。

$$\Lambda=\frac{1}{1+T^2/(n_1+n_2-2)} \tag{4.5.9}$$

*证明 这里使用§4.3第一部分中的记号，并将两个样本的总均值记为$\bar{\boldsymbol{z}}$，于是

$$\bar{\boldsymbol{z}}=\frac{n_1\bar{\boldsymbol{x}}+n_2\bar{\boldsymbol{y}}}{n_1+n_2},\quad \bar{\boldsymbol{x}}-\bar{\boldsymbol{z}}=\frac{n_2}{n_1+n_2}(\bar{\boldsymbol{x}}-\bar{\boldsymbol{y}}),\quad \bar{\boldsymbol{y}}-\bar{\boldsymbol{z}}=-\frac{n_1}{n_1+n_2}(\bar{\boldsymbol{x}}-\bar{\boldsymbol{y}})$$

从而

$$\begin{aligned}\boldsymbol{H}&=n_1(\bar{\boldsymbol{x}}-\bar{\boldsymbol{z}})(\bar{\boldsymbol{x}}-\bar{\boldsymbol{z}})'+n_2(\bar{\boldsymbol{y}}-\bar{\boldsymbol{z}})(\bar{\boldsymbol{y}}-\bar{\boldsymbol{z}})'\\&=\frac{n_1n_2^2}{(n_1+n_2)^2}(\bar{\boldsymbol{x}}-\bar{\boldsymbol{y}})(\bar{\boldsymbol{x}}-\bar{\boldsymbol{y}})'+\frac{n_1^2n_2}{(n_1+n_2)^2}(\bar{\boldsymbol{x}}-\bar{\boldsymbol{y}})(\bar{\boldsymbol{x}}-\bar{\boldsymbol{y}})'\\&=\frac{n_1n_2}{n_1+n_2}(\bar{\boldsymbol{x}}-\bar{\boldsymbol{y}})(\bar{\boldsymbol{x}}-\bar{\boldsymbol{y}})'\end{aligned}$$

$$\begin{aligned}\boldsymbol{E}&=\sum_{j=1}^{n_1}(\boldsymbol{x}_j-\bar{\boldsymbol{x}})(\boldsymbol{x}_j-\bar{\boldsymbol{x}})'+\sum_{j=1}^{n_2}(\boldsymbol{y}_j-\bar{\boldsymbol{y}})(\boldsymbol{y}_j-\bar{\boldsymbol{y}})'\\&=(n_1-1)\boldsymbol{S}_1+(n_2-1)\boldsymbol{S}_2\\&=(n_1+n_2-2)\boldsymbol{S}_p\end{aligned}$$

所以利用(1.3.3)和(4.3.2)式有

$$\begin{aligned}\Lambda&=\frac{|\boldsymbol{E}|}{|\boldsymbol{E}+\boldsymbol{H}|}\\&=\frac{1}{|\boldsymbol{I}+\boldsymbol{E}^{-1}\boldsymbol{H}|}\\&=\frac{1}{\left|\boldsymbol{I}+\frac{n_1n_2}{(n_1+n_2-2)(n_1+n_2)}\boldsymbol{S}_p^{-1}(\bar{\boldsymbol{x}}-\bar{\boldsymbol{y}})(\bar{\boldsymbol{x}}-\bar{\boldsymbol{y}})'\right|}\\&=\frac{1}{1+\frac{n_1n_2}{(n_1+n_2-2)(n_1+n_2)}(\bar{\boldsymbol{x}}-\bar{\boldsymbol{y}})'\boldsymbol{S}_p^{-1}(\bar{\boldsymbol{x}}-\bar{\boldsymbol{y}})}\\&=\frac{1}{1+\frac{T^2}{n_1+n_2-2}}\end{aligned}$$

由于Λ是关于T^2的严格递减函数，故Λ和T^2这两个检验统计量彼此等价。 □

§4.6 协方差矩阵相等性的检验①

当我们希望对多个总体均值向量进行比较检验或希望采用联合协方差矩阵(比如在下一章的判别分析中)时，常可考虑先对各总体的协方差矩阵进行齐性(即相等性)检验。设k个

① 本章未讨论单总体的假设检验问题$H_0:\boldsymbol{\Sigma}=\boldsymbol{\Sigma}_0$，$H_1:\boldsymbol{\Sigma}\neq\boldsymbol{\Sigma}_0$，是基于如下考虑：(1) 限于篇幅。有实际价值的被检验值$\boldsymbol{\Sigma}_0$通常是一些具有特殊结构的，而对不同结构的$\boldsymbol{\Sigma}_0$，其检验方法可能是不同的，需逐个介绍。(2) 对这单总体的协方差矩阵检验本书后面章节的内容中并未涉及。(3) 本节介绍的检验方法并不是单总体情形下检验方法的推广。

总体$\pi_1,\pi_2,\cdots,\pi_k$的分布分别是$N_p(\boldsymbol{\mu}_1,\boldsymbol{\Sigma}_1)$，$N_p(\boldsymbol{\mu}_2,\boldsymbol{\Sigma}_2)$，$\cdots$，$N_p(\boldsymbol{\mu}_k,\boldsymbol{\Sigma}_k)$，从这$k$个总体中各自独立地抽取一个样本，取自总体$\pi_i$的样本是$\boldsymbol{x}_{i1},\boldsymbol{x}_{i2},\cdots,\boldsymbol{x}_{in_i}$，$i=1,2,\cdots,k$。欲检验

$$H_0:\boldsymbol{\Sigma}_1=\boldsymbol{\Sigma}_2=\cdots=\boldsymbol{\Sigma}_k,\quad H_1:\boldsymbol{\Sigma}_i\neq\boldsymbol{\Sigma}_j,\text{至少存在一对 } i\neq j \tag{4.6.1}$$

对上述假设的一个常用检验是博克斯(Box)的M检验。该检验也用于两总体协方差矩阵的相等性检验，即作为$k=2$时的一个特例。

假设(4.6.1)的一个(修正的)似然比统计量为

$$\lambda=\frac{\prod_{i=1}^{k}|\boldsymbol{S}_i|^{(n_i-1)/2}}{|\boldsymbol{S}_p|^{(n-k)/2}} \tag{4.6.2}$$

其中

$$\boldsymbol{S}_i=\frac{1}{n_i-1}\sum_{j=1}^{n_i}(\boldsymbol{x}_{ij}-\bar{\boldsymbol{x}}_i)(\boldsymbol{x}_{ij}-\bar{\boldsymbol{x}}_i)'$$

是第i个样本协方差矩阵，$\bar{\boldsymbol{x}}_i=\frac{1}{n_i}\sum_{j=1}^{n_i}\boldsymbol{x}_{ij}$，$i=1,2,\cdots,k$；

$$\boldsymbol{S}_p=\frac{1}{n-k}\sum_{i=1}^{k}(n_i-1)\boldsymbol{S}_i=\frac{1}{n-k}\boldsymbol{E}$$

是联合(样本)协方差矩阵，$n=\sum_{i=1}^{k}n_i$，$\boldsymbol{E}$是组内矩阵[见(4.5.3)式]。

博克斯M统计量为

$$M=-2\ln\lambda=(n-k)\ln|\boldsymbol{S}_p|-\sum_{i=1}^{k}(n_i-1)\ln|\boldsymbol{S}_i| \tag{4.6.3}$$①

当H_0为真时，

$$u=(1-c)M \tag{4.6.4}$$

近似服从自由度为$\frac{1}{2}(k-1)p(p+1)$的卡方分布，其中

$$c=\left(\sum_{i=1}^{k}\frac{1}{n_i-1}-\frac{1}{n-k}\right)\frac{2p^2+3p-1}{6(p+1)(k-1)}$$

当n_i全相等时，上式简化为

$$c=\frac{(2p^2+3p-1)(k+1)}{6(p+1)(n-k)}$$

对于给定的显著性水平α，拒绝规则为：

$$\text{若 } u\geqslant\chi^2_\alpha\left[\frac{1}{2}(k-1)p(p+1)\right],\text{ 则拒绝 } H_0 \tag{4.6.5}$$

当n_i都超过20，且p和k都不超过5时，博克斯的卡方近似效果较好。

需要指出：(1)对足够大的样本容量，多元方差分析检验对于非正态性来说还是相当稳健的。(2)M检验对某些非正态情形非常敏感。(3)当各总体的样本容量大且相等时，协方差矩阵的一些差别对多元方差分析检验几乎没有影响。即使M检验拒绝了H_0，我们仍可继续

① 为使$\boldsymbol{S}_i>0$，须有$n_i>p$，$i=1,2,\cdots,k$。

使用通常的多元方差分析检验。

例 4.6.1 在例 4.5.1 中,检验

$$H_0:\boldsymbol{\Sigma}_1=\boldsymbol{\Sigma}_2=\boldsymbol{\Sigma}_3,\quad H_1:\boldsymbol{\Sigma}_1,\boldsymbol{\Sigma}_2,\boldsymbol{\Sigma}_3\text{ 中至少有两个不相等}$$

经计算,

$$|\boldsymbol{S}_1|=1.0048\times10^{12},\quad |\boldsymbol{S}_2|=4.8289\times10^{11}$$

$$|\boldsymbol{S}_3|=2.0339\times10^{12},\quad |\boldsymbol{S}_p|=1.5597\times10^{12}$$

对其取自然对数,得

$$\ln|\boldsymbol{S}_1|=27.6358,\ \ln|\boldsymbol{S}_2|=26.9030,\ \ln|\boldsymbol{S}_3|=28.3410,\ \ln|\boldsymbol{S}_p|=28.0755$$

于是进一步算得,

$$M=(60-3)\times28.0755-(20-1)(27.6358+26.9030+28.3410)=25.5873$$

$$u=(1-c)M=\left[1-\frac{(2\times4^2+3\times4-1)(3+1)}{6\times(4+1)(60-3)}\right]\times25.5873=23.014$$

自由度计算为

$$\frac{1}{2}\times(3-1)\times4\times(4+1)=20$$

查卡方分布表,有 $\chi^2_{0.05}(20)=31.410>23.014=u$,故在 $\alpha=0.05$ 的水平下接受 H_0,表明三种销售方式的协方差矩阵之间无显著差异($p=0.288$)。 □

§4.7 总体相关系数的推断

本节的统计推断都是在多元正态的假定下进行的。

一、无相关性的检验

(一)简单相关性

现欲检验

$$H_0:\rho_{ij}=0,\quad H_1:\rho_{ij}\neq0 \tag{4.7.1}$$

这里 $\rho_{ij}=\rho(x_i, x_j)$,我们可以从(3.3.6)式的样本相关系数 r_{ij} 出发来构造检验统计量。当 $\rho_{ij}=0$ 时,统计量

$$\frac{\sqrt{n-2}\,r_{ij}}{\sqrt{1-r_{ij}^2}} \tag{4.7.2}$$

服从自由度为 $n-2$ 的 t 分布,可将其作为检验统计量。对于给定的显著性水平 α,拒绝规则为:

$$\text{若}\frac{\sqrt{n-2}\,|r_{ij}|}{\sqrt{1-r_{ij}^2}}\geqslant t_{\alpha/2}(n-2),\text{则拒绝 }H_0 \tag{4.7.3}$$

(二)复相关性

欲检验

$$H_0:\rho_{y\cdot\boldsymbol{x}}=0,\quad H_1:\rho_{y\cdot\boldsymbol{x}}\neq0 \tag{4.7.4}$$

其中 $\rho_{y\cdot\boldsymbol{x}}$ 为(3.4.1)式的复相关系数。检验统计量为

$$\frac{n-p}{p-1}\frac{r_{y\cdot x}^2}{1-r_{y\cdot x}^2} \tag{4.7.5}$$

这里 $r_{y\cdot x}$ 为(3.4.3)式的样本复相关系数。当 $H_0:\rho_{y\cdot x}=0$ 为真时,它服从自由度为$(p-1)$和$(n-p)$的 F 分布。对于给定的 α,拒绝规则为:

$$\text{若}\frac{n-p}{p-1}\frac{r_{y\cdot x}^2}{1-r_{y\cdot x}^2}\geqslant F_\alpha(p-1,n-p),\text{则拒绝 }H_0 \tag{4.7.6}$$

(三)偏相关性

欲检验

$$H_0:\rho_{ij\cdot k+1,\cdots,p}=0,\quad H_1:\rho_{ij\cdot k+1,\cdots,p}\neq 0 \tag{4.7.7}$$

其中 $\rho_{ij\cdot k+1,\cdots,p}$ 为(3.4.20)式的偏相关系数。为此构造检验统计量为

$$\frac{\sqrt{n-p+k-2}\,r_{ij\cdot k+1,\cdots,p}}{\sqrt{1-r_{ij\cdot k+1,\cdots,p}^2}} \tag{4.7.8}$$

其中 $r_{ij\cdot k+1,\cdots,p}$ 为(3.4.22)式的样本偏相关系数。当 $H_0:\rho_{ij\cdot k+1,\cdots,p}=0$ 为真时,它服从自由度为$(n-p+k-2)$的 t 分布。对于给定的 α,拒绝规则为:

$$\text{若}\frac{\sqrt{n-p+k-2}\,|r_{ij\cdot k+1,\cdots,p}|}{\sqrt{1-r_{ij\cdot k+1,\cdots,p}^2}}\geqslant t_{\alpha/2}(n-p+k-2),\text{则拒绝 }H_0 \tag{4.7.9}$$

*二、简单相关系数和偏相关系数的大样本推断

(一)简单相关系数

如果我们希望检验

$$H_0:\rho_{ij}=\rho_{ij0},\quad H_1:\rho_{ij}\neq\rho_{ij0} \tag{4.7.10}$$

则可以使用一种近似的方法。在 n 很大的情况下,$\frac{1}{2}\ln\frac{1+r_{ij}}{1-r_{ij}}$ 近似服从 $N\left(\frac{1}{2}\ln\frac{1+\rho_{ij}}{1-\rho_{ij}},\ \frac{1}{n-2}\right)$。利用这一结论可构造检验统计量为

$$\frac{\sqrt{n-2}}{2}\left(\ln\frac{1+r_{ij}}{1-r_{ij}}-\ln\frac{1+\rho_{ij0}}{1-\rho_{ij0}}\right) \tag{4.7.11}$$

当原假设 $H_0:\rho_{ij}=\rho_{ij0}$ 为真时,它近似地服从 $N(0,1)$,对于给定的显著性水平 α,拒绝规则为:

$$\text{若 }\frac{\sqrt{n-2}}{2}\left|\ln\frac{1+r_{ij}}{1-r_{ij}}-\ln\frac{1+\rho_{ij0}}{1-\rho_{ij0}}\right|\geqslant u_{\alpha/2},\text{ 则拒绝 }H_0 \tag{4.7.12}$$

在(4.7.12)式中,若用 ρ_{ij} 来代替 ρ_{ij0},则可得到 ρ_{ij} 的 $1-\alpha$ 置信区间,即

$$\left\{\rho_{ij}:\frac{\sqrt{n-2}}{2}\left|\ln\frac{1+r_{ij}}{1-r_{ij}}-\ln\frac{1+\rho_{ij}}{1-\rho_{ij}}\right|<u_{\alpha/2}\right\} \tag{4.7.13}$$

等价于

$$\frac{g_1-1}{g_1+1}<\rho_{ij}<\frac{h_1-1}{h_1+1} \tag{4.7.14}$$

其中

$$g_1=\frac{1+r_{ij}}{1-r_{ij}}\exp\left(-\frac{2u_{\alpha/2}}{\sqrt{n-2}}\right),\quad h_1=\frac{1+r_{ij}}{1-r_{ij}}\exp\left(\frac{2u_{\alpha/2}}{\sqrt{n-2}}\right)$$

(二)偏相关系数

在样本容量 n 很大的情况下，$\frac{1}{2}\ln\frac{1+r_{ij\cdot k+1,\cdots,p}}{1-r_{ij\cdot k+1,\cdots,p}}$ 近似服从 $N\left(\frac{1}{2}\ln\frac{1+\rho_{ij\cdot k+1,\cdots,p}}{1-\rho_{ij\cdot k+1,\cdots,p}},\frac{1}{n-p+k-2}\right)$。由此我们可检验

$$H_0:\rho_{ij\cdot k+1,\cdots,p}=\rho_{ij0\cdot k+1,\cdots,p},\quad H_1:\rho_{ij\cdot k+1,\cdots,p}\neq\rho_{ij0\cdot k+1,\cdots,p}\tag{4.7.15}$$

构造检验统计量为

$$\frac{\sqrt{n-p+k-2}}{2}\left(\ln\frac{1+r_{ij\cdot k+1,\cdots,p}}{1-r_{ij\cdot k+1,\cdots,p}}-\ln\frac{1+\rho_{ij0\cdot k+1,\cdots,p}}{1-\rho_{ij0\cdot k+1,\cdots,p}}\right)\tag{4.7.16}$$

当原假设 $H_0:\rho_{ij\cdot k+1,\cdots,p}=\rho_{ij0\cdot k+1,\cdots,p}$ 为真时，它近似服从 $N(0,1)$。对于给定的 α，拒绝规则为：

$$\text{若}\frac{\sqrt{n-p+k-2}}{2}\left|\ln\frac{1+r_{ij\cdot k+1,\cdots,p}}{1-r_{ij\cdot k+1,\cdots,p}}-\ln\frac{1+\rho_{ij0\cdot k+1,\cdots,p}}{1-\rho_{ij0\cdot k+1,\cdots,p}}\right|\geqslant u_{\alpha/2}\text{，则拒绝 }H_0\tag{4.7.17}$$

与(4.7.14)式类似，$\rho_{ij\cdot k+1,\cdots,p}$ 的 $1-\alpha$ 置信区间为

$$\frac{g_2-1}{g_2+1}<\rho_{ij\cdot k+1,\cdots,p}<\frac{h_2-1}{h_2+1}\tag{4.7.18}$$

其中

$$g_2=\frac{1+r_{ij\cdot k+1,\cdots,p}}{1-r_{ij\cdot k+1,\cdots,p}}\exp\left(-\frac{2u_{\alpha/2}}{\sqrt{n-p+k-2}}\right)$$

$$h_2=\frac{1+r_{ij\cdot k+1,\cdots,p}}{1-r_{ij\cdot k+1,\cdots,p}}\exp\left(\frac{2u_{\alpha/2}}{\sqrt{n-p+k-2}}\right)$$

小　结

*1. 导出统计量 T^2 的常用方法有似然比原则和交并原则。T^2 分布可转换为 F 分布，从而 T^2 分布的分位数可以通过查 F 分布表计算得到。

2. 多元正态总体均值向量的置信区域是一个实心椭圆($p=2$)或椭球体($p=3$)或超椭球体($p>3$)。

3. 假设检验与置信区域之间有着密切的关系。一般而言，被检验向量值包含在 $1-\alpha$ 的置信区域内，当且仅当原假设 H_0 在 α 下被接受。

4. 当对多元正态总体的 k 个 $\boldsymbol{\mu}$ 的线性组合$\{\boldsymbol{a}_i'\boldsymbol{\mu},\ i=1,2,\cdots,k\}$求 $1-\alpha$ 的联合置信区间时，通常可以有 T^2 区间和邦弗伦尼区间两种方法。若 $t_{\alpha/2k}(n-1)\leqslant T_\alpha(p,n-1)$，则可采用邦弗伦尼区间；否则，应采用 T^2 区间。当 $k\leqslant p$ 时，邦弗伦尼区间要比 T^2 区间窄，故此时应采用前者。

5. 当 n 很大且 n 相对于 p 也很大时，对总体均值向量 $\boldsymbol{\mu}$(或 $\boldsymbol{\mu}$ 分量的线性组合)的推断可不依赖于总体正态性的假定。在多元正态假定下的均值推断结论中，只需将其中的分位数 $T_\alpha^2(p,n-1)$ 替换为 $\chi_\alpha^2(p)$，或 $T_\alpha(p,n-1)$ 替换为 $\sqrt{\chi_\alpha^2(p)}$，或 $t_{\alpha/2k}(n-1)$ 替换为 $u_{\alpha/2k}$，相应推断结论(近似)成立。

6. 在实际应用中，一旦 $H_0:\boldsymbol{\mu}_1=\boldsymbol{\mu}_2$ 被拒绝了，则可以考虑对这两个均值向量的每一对均值分量是否相等再分别进一步检验，以判断是否有分量及(若有)具体是哪些分量对拒绝 $H_0:\boldsymbol{\mu}_1=\boldsymbol{\mu}_2$ 起了较大作用。这对单总体和多总

体的情形也都同样是适用的。

7. 对于成对试验的数据，两个样本一般并不相互独立。数据的成对出现避免了作为抽样误差来源之一的两个样本个体之间的差异，从而减少了抽样误差，以致往往可以得到比独立样本方法更精确的统计推断结论。

8. 单总体轮廓分析是对轮廓的水平性进行检验。两总体轮廓分析依次检验两轮廓的平行性、在平行条件下的两轮廓的重合性、在重合条件下的共同轮廓的水平性，只有在前面的检验不拒绝原假设后方可进行后面的检验。对比矩阵 $\boldsymbol{C}$ 的选择一般不是唯一的，但检验结果不会因 $\boldsymbol{C}$ 的不同选择而改变。

9. 多元方差分析是一元方差分析的直接推广，但多元方差分析中的检验统计量并不唯一，而是可以有多个。

10. 偏相关系数与简单相关系数的检验方法是完全类似的，主要区别是检验统计量分布的自由度有所不同。

11. 当对 k 个多元正态总体使用联合协方差矩阵或对其均值向量进行比较检验时，常常可考虑先对 k 个总体协方差矩阵的相等性进行博克斯的 M 检验。$k=2$ 时的 M 检验用于对两总体协方差矩阵的相等性进行检验。

附录 4-1　R 的应用

以下 R 代码中假定文本数据的存储目录为“D:/mvdata/”。

一、对例 4.2.1 作单个总体均值的检验

```
> examp4.2.1=read.table("D:/mvdata/examp4.2.1.csv", header=TRUE, sep=",")
#读取文本文件
> n=dim(examp4.2.1)[1]; p=3; mu0=c(90, 58, 16)
> meanx=apply(examp4.2.1, 2, mean)   #计算列均值
> meanx
  x1    x2    x3
82.0  60.2  14.5
> Tsquare=n*t(meanx-mu0)%*%solve(cov(examp4.2.1))%*%(meanx-mu0)
#计算T方统计量
> Tsquare
         [,1]
[1,] 420.4447
> F=(n-p)/p/(n-1)*Tsquare
> pvalue=1-pf(F, p, n-p)   #计算p值
> pvalue
            [,1]
[1,] 0.002155272
```

二、对例 4.5.1 作多元方差分析

```
> examp4.5.1=read.table("D:/mvdata/examp4.5.1.csv", header=TRUE, sep=",")
```

```
> head(examp4.5.1, 2)
    x1   x2   x3   x4   g
1   125  60   338  210  1
2   119  80   233  330  1
> library(MASS)
> attach(examp4.5.1)
> g=factor(g)  #转换成因子
> y=cbind(x1, x2, x3, x4)  #按列合并4个变量的数据
> detach(examp4.5.1)
> fit=manova(y~g)  #多元方差分析
> summary.aov(fit)  #一元方差分析表
 Response x1 :
            Df  Sum Sq  Mean Sq  F value  Pr(>F)
g            2    5221  2610.65   3.3766  0.04113  *
Residuals   57   44070   773.15
---
Signif. codes:  0 '***' 0.001 '**' 0.01 '*' 0.05 '.' 0.1 ' ' 1
```

（x2,x3,x4 的一元方差分析表输出略）

```
> summary(fit, test="Wilks")  #采用 Wilks 统计量,test 为统计量选项,还包括:"Pillai"(缺省值),"Hotelling-Lawley","Roy"
            Df    Wilks  approx F  num Df  den Df    Pr(>F)
g            2  0.66636    3.0379       8     108  0.004048  **
Residuals   57
---
Signif. codes:  0 '***' 0.001 '**' 0.01 '*' 0.05 '.' 0.1 ' ' 1
```

Wilks Λ 统计量定义为

$$\Lambda=\frac{|\boldsymbol{E}|}{|\boldsymbol{E}+\boldsymbol{H}|}=\prod_{i=1}^{s}\frac{1}{1+\lambda_i} \tag{4-1.1}$$

其中 $\lambda_1\geqslant\lambda_2\geqslant\cdots\geqslant\lambda_s>0$ 是 $\boldsymbol{E}^{-1}\boldsymbol{H}$ 非零特征值，$s=\operatorname{rank}(\boldsymbol{H})$，由下一章的(5.4.2)式知，$s\leqslant\min(k-1,p)$，$\lambda_i$ 的非负性是因 $\boldsymbol{E}^{-1}\boldsymbol{H}$ 与 $\boldsymbol{E}^{-1/2}\boldsymbol{H}\boldsymbol{E}^{-1/2}$ 有相同的非零特征值(见第 152 页的脚注)。

```
> summary(fit)  #采用 Pillai 统计量
            Df   Pillai  approx F  num Df  den Df    Pr(>F)
g            2  0.36124    3.0309       8     110  0.004076  **
Residuals   57
---
Signif. codes:  0 '***' 0.001 '**' 0.01 '*' 0.05 '.' 0.1 ' ' 1
```

Pillai 迹统计量定义为

$$\mathrm{tr}[(\boldsymbol{E}+\boldsymbol{H})^{-1}\boldsymbol{H}]=\sum_{i=1}^{s}\frac{\lambda_i}{1+\lambda_i} \tag{4-1.2}$$

```
> summary(fit, test="Hotelling-Lawley")  #采用 Hotelling-Lawley 统计量
          Df  Hotelling-Lawley  approx F  num Df  den Df   Pr(>F)
g          2           0.45928    3.0427       8     106  0.004043  **
Residuals 57
---
Signif. codes:  0 '***' 0.001 '**' 0.01 '*' 0.05 '.' 0.1 ' ' 1
```

Hotelling-Lawley 迹统计量定义为

$$\mathrm{tr}(\boldsymbol{E}^{-1}\boldsymbol{H})=\sum_{i=1}^{s}\lambda_i \tag{4-1.3}$$

```
> summary(fit, test="Roy")  #采用 Roy 统计量
          Df      Roy  approx F  num Df  den Df    Pr(>F)
g          2  0.33605    4.6206       4      55  0.002745  **
Residuals 57
---
Signif. codes:  0 '***' 0.001 '**' 0.01 '*' 0.05 '.' 0.1 ' ' 1
```

Roy 最大特征值统计量定义为[①]

$$\max_{\boldsymbol{a}\neq\boldsymbol{0}}\frac{\boldsymbol{a}'\boldsymbol{H}\boldsymbol{a}}{\boldsymbol{a}'\boldsymbol{E}\boldsymbol{a}}=\lambda_1 \tag{4-1.4}$$

上述四个检验统计量中，只有 WilksΛ 统计量的 p 值是准确的，其余三个统计量的 p 值都可能是近似值。

当组数 $k=2$ 时，$s=1$，于是由(4-1.1)至(4-1.4)式及(4.5.9)式知，

$$\Lambda=\frac{1}{1+\lambda_1}=\frac{1}{1+T^2/(n_1+n_2-2)}$$

$$\mathrm{tr}[(\boldsymbol{E}+\boldsymbol{H})^{-1}\boldsymbol{H}]=\frac{\lambda_1}{1+\lambda_1}=\frac{T^2/(n_1+n_2-2)}{1+T^2/(n_1+n_2-2)}$$

$$\mathrm{tr}(\boldsymbol{E}^{-1}\boldsymbol{H})=\lambda_1=\frac{T^2}{n_1+n_2-2}$$

$$\max_{\boldsymbol{a}\neq\boldsymbol{0}}\frac{\boldsymbol{a}'\boldsymbol{H}\boldsymbol{a}}{\boldsymbol{a}'\boldsymbol{E}\boldsymbol{a}}=\lambda_1=\frac{T^2}{n_1+n_2-2}$$

可见，此时这四个检验统计量皆等价于(4.3.2)式的检验统计量 T^2，自然都有着相同的(准确的)p 值。

---

① (1) 如果 $\boldsymbol{E}^{-1}\boldsymbol{H}$ 只有一个大特征值，而其余特征值都较小(此时 k 个组均值在 p 维欧氏空间中接近于一条直线上)，则检验统计量(4-1.4)一般要优于(即检验功效要高于)检验统计量(4-1.1)、(4-1.2)和(4-1.3)；否则，前者一般不如后者。(2) Roy 最大特征值统计量也常定义为 $\lambda_1/(1+\lambda_1)$，它是$(\boldsymbol{E}+\boldsymbol{H})^{-1}\boldsymbol{H}$ 的最大特征值，该检验统计量与(4-1.4)式等价。

三、对例 4.5.1 作箱线图

```
> examp4.5.1=read.table("D:/mvdata/examp4.5.1.csv", header=TRUE, sep=",")
> attach(examp4.5.1)
> boxplot(x1~g)   #x1 各组的箱线图
```

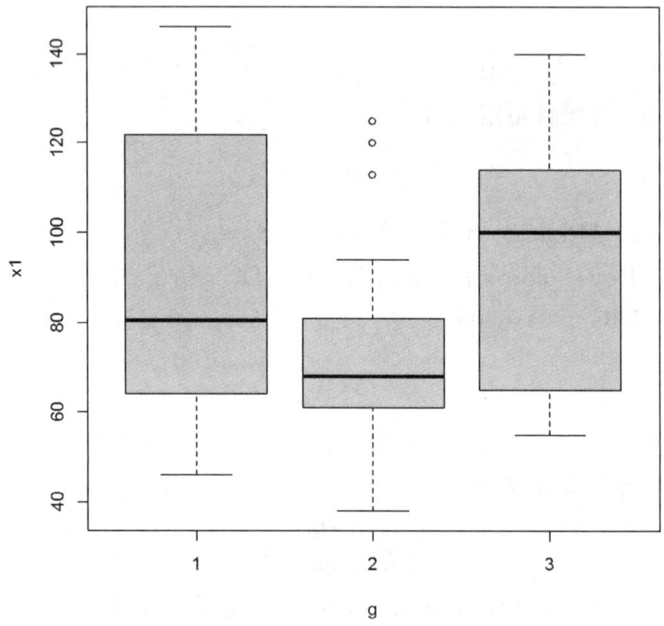


```
> boxplot(x2~g)
> boxplot(x3~g)
> boxplot(x4~g)
> detach(examp4.5.1)
```

(x2,x3,x4 各组的箱线图输出略)

箱线图(Boxplot,亦称**盒形图**),它是用简洁的方式概括数据的一种图形,它主要由一个矩形箱和两条须线(whisker)构成。矩形箱的上下边界分别是上四分位数和下四分位数,箱中间的一条水平线是中位数。下四分位数、中位数和上四分位数将整个数据等量地分割成四部分,各占 25%的数据,矩形箱包含有位于中心位置的 50%数据。从箱子的上下端出发各延伸一条须线至 1.5 倍的四分位数间距范围内的最远数据点的位置。① 对须线延伸端之外的数据点,在图中用点标出。这些点提示人们在作数据分析时是否要将其作为异常值对待。我们从箱线图上还能大致看出数据集中在什么范围,数据分布是否对称,如不对称那又是如何偏斜的,等等。箱线图在分析比较来自若干组的数据时尤为有用,这时,每一组可作一个箱线图,然后再比较组与组的差别。在上述输出的箱线图中,我们可凭目测直觉比较三个组的分布,尤其是比

---

① 须线长度的另一种定义是将须线的两端分别延伸至最小值点和最大值点。

较箱中间水平线的差异，以及三个箱子的大小（反映了变异性）。

四、对例 4.6.1 作博克斯 *M* 检验

```
> examp4.5.1=read.table("D:/mvdata/examp4.5.1.csv", header=TRUE, sep=",")
> install.packages("heplots")
> library(heplots)
> boxM(examp4.5.1[1:4], examp4.5.1[,5])
            Box's M-test for Homogeneity of Covariance Matrices
data:   examp4.5.1[1:4]
Chi-Sq (approx.) = 23.014, df = 20, p-value = 0.2881
```

附录 4-2　若干推导

一、T^2 统计量的导出

似然比原则和交并原则是多元统计中产生检验统计量的两种重要思想方法，以下分别用这两种方法导出 T^2 统计量。

（一）似然比原则

考虑假设检验问题

$$H_0:\boldsymbol{\mu}=\boldsymbol{\mu}_0,\quad H_1:\boldsymbol{\mu}\neq\boldsymbol{\mu}_0$$

由(3.3.3)式可推得，样本的似然函数

$$L(\boldsymbol{\mu},\boldsymbol{\Sigma})=(2\pi)^{-np/2}|\boldsymbol{\Sigma}|^{-n/2}\operatorname{etr}\left\{-\frac{1}{2}\boldsymbol{\Sigma}^{-1}[\boldsymbol{A}+n(\bar{\boldsymbol{x}}-\boldsymbol{\mu})(\bar{\boldsymbol{x}}-\boldsymbol{\mu})']\right\}\tag{4-2.1}$$

其中 etr 表示 exp(tr)，$\boldsymbol{A}$ 为样本离差矩阵[见(3.3.5)式]。参数空间

$$\Omega=\{(\boldsymbol{\mu},\boldsymbol{\Sigma}):\boldsymbol{\mu}\in R^p,\boldsymbol{\Sigma}>0\}$$

H_0 对应的子集

$$\omega=\{(\boldsymbol{\mu}_0,\boldsymbol{\Sigma}):\boldsymbol{\Sigma}>0\}$$

在 Ω 上，$\boldsymbol{\mu}$ 和 $\boldsymbol{\Sigma}$ 的极大似然估计为

$$\hat{\boldsymbol{\mu}}=\bar{\boldsymbol{x}}\quad 和\quad \hat{\boldsymbol{\Sigma}}=\frac{1}{n}\boldsymbol{A}=\frac{1}{n}\sum_{i=1}^{n}(\boldsymbol{x}_i-\bar{\boldsymbol{x}})(\boldsymbol{x}_i-\bar{\boldsymbol{x}})'$$

在 ω 上，$\boldsymbol{\mu}=\boldsymbol{\mu}_0$，$\boldsymbol{\Sigma}$ 的极大似然估计为

$$\begin{aligned}\tilde{\boldsymbol{\Sigma}}&=\frac{1}{n}\sum_{i=1}^{n}(\boldsymbol{x}_i-\boldsymbol{\mu}_0)(\boldsymbol{x}_i-\boldsymbol{\mu}_0)'\\&=\frac{1}{n}\left[\sum_{i=1}^{n}(\boldsymbol{x}_i-\bar{\boldsymbol{x}})(\boldsymbol{x}_i-\bar{\boldsymbol{x}})'+n(\bar{\boldsymbol{x}}-\boldsymbol{\mu}_0)(\bar{\boldsymbol{x}}-\boldsymbol{\mu}_0)'\right]\\&=\frac{1}{n}[\boldsymbol{A}+n(\bar{\boldsymbol{x}}-\boldsymbol{\mu}_0)(\bar{\boldsymbol{x}}-\boldsymbol{\mu}_0)']\end{aligned}$$

所以

$$\max_{\Omega} L(\boldsymbol{\mu},\boldsymbol{\Sigma})=L(\hat{\boldsymbol{\mu}},\hat{\boldsymbol{\Sigma}})$$
$$=(2\pi)^{-np/2}|\boldsymbol{A}|^{-n/2}n^{np/2}\mathrm{e}^{-np/2} \tag{4-2.2}$$
$$\max_{\omega} L(\boldsymbol{\mu},\boldsymbol{\Sigma})=L(\boldsymbol{\mu}_0,\tilde{\boldsymbol{\Sigma}})$$
$$=(2\pi)^{-np/2}|\boldsymbol{A}+n(\bar{\boldsymbol{x}}-\boldsymbol{\mu}_0)(\bar{\boldsymbol{x}}-\boldsymbol{\mu}_0)'|^{-n/2}n^{np/2}\mathrm{e}^{-np/2} \tag{4-2.3}$$

称

$$\lambda=\frac{\max\limits_{\omega} L(\boldsymbol{\mu},\boldsymbol{\Sigma})}{\max\limits_{\Omega} L(\boldsymbol{\mu},\boldsymbol{\Sigma})} \tag{4-2.4}$$

为**似然比统计量**。显然，$0<\lambda\leqslant 1$。当 $H_0:\boldsymbol{\mu}=\boldsymbol{\mu}_0$ 成立时，λ 的值应接近于 1；否则，λ 的值应远离 1。因此，我们可以根据 λ 值的大小来制定一个拒绝规则：λ 值越大，越倾向于接受 H_0；反之，λ 值越小，就越倾向于拒绝 H_0。具体来说，拒绝规则的形式为：

$$\text{若 } \lambda\leqslant\lambda_0\text{，则拒绝 } H_0 \tag{4-2.5}$$

其中常数 $\lambda_0(0<\lambda_0<1)$ 为这个检验的临界值。

由(4-2.2)、(4-2.3)和(4-2.4)三式以及(1.3.3)式可得，

$$\lambda=\frac{|\boldsymbol{A}|^{n/2}}{|\boldsymbol{A}+n(\bar{\boldsymbol{x}}-\boldsymbol{\mu}_0)(\bar{\boldsymbol{x}}-\boldsymbol{\mu}_0)'|^{n/2}}$$
$$=|\boldsymbol{I}_p+n\boldsymbol{A}^{-1}(\bar{\boldsymbol{x}}-\boldsymbol{\mu}_0)(\bar{\boldsymbol{x}}-\boldsymbol{\mu}_0)'|^{-n/2}$$
$$=[1+n(\bar{\boldsymbol{x}}-\boldsymbol{\mu}_0)'\boldsymbol{A}^{-1}(\bar{\boldsymbol{x}}-\boldsymbol{\mu}_0)]^{-n/2}$$
$$=[1+T^2/(n-1)]^{-n/2} \tag{4-2.6}$$

其中

$$T^2=n(\bar{\boldsymbol{x}}-\boldsymbol{\mu}_0)'\boldsymbol{S}^{-1}(\bar{\boldsymbol{x}}-\boldsymbol{\mu}_0)$$

由于 λ 是关于 T^2 的严格递减函数，所以拒绝形式(4-2.5)等价于形式：

$$\text{若 } T^2\geqslant c\text{，则拒绝 } H_0 \tag{4-2.7}$$

对给定的显著性水平 α，c 应能满足：当 $H_0:\boldsymbol{\mu}=\boldsymbol{\mu}_0$ 为真时，

$$P(T^2\geqslant c)=\alpha$$

由(4.2.8)和(4.2.11)式知，

$$c=T_\alpha^2(p,n-1) \tag{4-2.8}$$

由此得到拒绝规则(4.2.10)。

(二)交并原则

我们考虑将多元假设检验问题

$$H_0:\boldsymbol{\mu}=\boldsymbol{\mu}_0,\quad H_1:\boldsymbol{\mu}\neq\boldsymbol{\mu}_0$$

转化为一元假设检验问题

$$H_{0\boldsymbol{a}}:\boldsymbol{a}'\boldsymbol{\mu}=\boldsymbol{a}'\boldsymbol{\mu}_0,\quad H_{1\boldsymbol{a}}:\boldsymbol{a}'\boldsymbol{\mu}\neq\boldsymbol{a}'\boldsymbol{\mu}_0 \tag{4-2.9}$$

其中 $\boldsymbol{a}\in R^p$。显然，H_0 成立当且仅当对一切的 $\boldsymbol{a}\in R^p$，$H_{0\boldsymbol{a}}$ 成立。

对某个固定的 $\boldsymbol{a}\in R^p$，$\boldsymbol{a}\neq\boldsymbol{0}$，欲检验(4-2.9)式，可令 $y=\boldsymbol{a}'\boldsymbol{x}$，于是多元样本 $\boldsymbol{x}_1,\boldsymbol{x}_2,\cdots,\boldsymbol{x}_n$ 就转化为一元样本 $y_1=\boldsymbol{a}'\boldsymbol{x}_1,y_2=\boldsymbol{a}'\boldsymbol{x}_2,\cdots,y_n=\boldsymbol{a}'\boldsymbol{x}_n$，其样本均值和方差为

$$\bar{y}_a=\frac{1}{n}\sum_{i=1}^{n}y_i=\frac{1}{n}\sum_{i=1}^{n}\boldsymbol{a}'\boldsymbol{x}_i=\boldsymbol{a}'\bar{\boldsymbol{x}}$$

$$\begin{aligned}s_a^2&=\frac{1}{n-1}\sum_{i=1}^{n}(y_i-\bar{y}_a)^2\\&=\frac{1}{n-1}\sum_{i=1}^{n}(\boldsymbol{a}'\boldsymbol{x}_i-\boldsymbol{a}'\bar{\boldsymbol{x}})^2\\&=\frac{1}{n-1}\boldsymbol{a}'\sum_{i=1}^{n}(\boldsymbol{x}_i-\bar{\boldsymbol{x}})(\boldsymbol{x}_i-\bar{\boldsymbol{x}})'\boldsymbol{a}\\&=\boldsymbol{a}'\boldsymbol{S}\boldsymbol{a}\end{aligned}$$

由(4.1.10)式知,检验统计量为

$$t_a^2=\frac{n(\bar{y}_a-\boldsymbol{a}'\boldsymbol{\mu}_0)^2}{s_a^2}=\frac{n[\boldsymbol{a}'(\bar{\boldsymbol{x}}-\boldsymbol{\mu}_0)]^2}{\boldsymbol{a}'\boldsymbol{S}\boldsymbol{a}} \tag{4-2.10}$$

拒绝规则的形式为:

$$若\ t_a^2\geqslant c_a,\ 则拒绝\ H_{0a}$$

我们这里无需关注这个拒绝规则的显著性水平究竟是多少(至多是 α),因为我们的目的是要检验是否对一切的 $\boldsymbol{a}\in R^p$,H_{0a} 都是成立的,只要总的显著性水平(即检验 $H_0:\boldsymbol{\mu}=\boldsymbol{\mu}_0$ 的显著性水平)达到事先给定的 α 就可以了。

为了同时检验所有的假设 H_{0a},我们可以考虑给出一个不依赖于 $\boldsymbol{a}$ 的共同临界值 c,即对一切的 $\boldsymbol{a}\in R^p$,$\boldsymbol{a}\neq\boldsymbol{0}$,假设 H_{0a} 的拒绝规则形式统一为:

$$若\ t_a^2\geqslant c,\ 则拒绝\ H_0$$

所有的假设 H_{0a} 被接受,当且仅当对一切的 $\boldsymbol{a}\neq\boldsymbol{0}$ 有 $t_a^2<c$,也当且仅当 $\max\limits_{\boldsymbol{a}\neq\boldsymbol{0}}t_a^2<c$。所以假设 H_0 的拒绝规则形式为:

$$若\max_{\boldsymbol{a}\neq\boldsymbol{0}}t_a^2\geqslant c,\ 则拒绝\ H_0 \tag{4-2.11}$$

由柯西不等式(1.8.2)知,

$$[\boldsymbol{a}'(\bar{\boldsymbol{x}}-\boldsymbol{\mu}_0)]^2\leqslant(\boldsymbol{a}'\boldsymbol{S}\boldsymbol{a})(\bar{\boldsymbol{x}}-\boldsymbol{\mu}_0)'\boldsymbol{S}^{-1}(\bar{\boldsymbol{x}}-\boldsymbol{\mu}_0)$$

当 $\boldsymbol{a}\propto\boldsymbol{S}^{-1}(\bar{\boldsymbol{x}}-\boldsymbol{\mu}_0)$ 时,上面等号成立,所以

$$\max_{\boldsymbol{a}\neq\boldsymbol{0}}t_a^2=\max_{\boldsymbol{a}\neq\boldsymbol{0}}\frac{n[\boldsymbol{a}'(\bar{\boldsymbol{x}}-\boldsymbol{\mu}_0)]^2}{\boldsymbol{a}'\boldsymbol{S}\boldsymbol{a}}=n(\bar{\boldsymbol{x}}-\boldsymbol{\mu}_0)'\boldsymbol{S}^{-1}(\bar{\boldsymbol{x}}-\boldsymbol{\mu}_0)=T^2 \tag{4-2.12}$$

这就导出了 T^2 统计量,若给定显著性水平 α,则 $c=T_\alpha^2(p,n-1)$[见(4.2.11)式],这时(4-2.11)式即为(4.2.10)式。

二、(4.2.8)式的证明

由于 $\bar{\boldsymbol{x}}$ 和 $\boldsymbol{S}$ 相互独立,$(n-1)\boldsymbol{S}\sim W_p(n-1,\boldsymbol{\Sigma})$,当 $H_0:\boldsymbol{\mu}=\boldsymbol{\mu}_0$ 为真时,$\sqrt{n}(\bar{\boldsymbol{x}}-\boldsymbol{\mu}_0)\sim N_p(\boldsymbol{0},\boldsymbol{\Sigma})$。所以,按 T^2 分布的定义,此时有

$$\begin{aligned}T^2&=n(\bar{\boldsymbol{x}}-\boldsymbol{\mu}_0)'\boldsymbol{S}^{-1}(\bar{\boldsymbol{x}}-\boldsymbol{\mu}_0)\\&=(n-1)[\sqrt{n}(\bar{\boldsymbol{x}}-\boldsymbol{\mu}_0)]'[(n-1)\boldsymbol{S}]^{-1}[\sqrt{n}(\bar{\boldsymbol{x}}-\boldsymbol{\mu}_0)]\end{aligned}$$

服从 $T^2(p,n-1)$,再由(4.2.4)式知,(4.2.8)式成立。

三、联合 T^2 置信区间(4.2.15)的导出

在 (4-2.12)式中用 $\boldsymbol{\mu}$ 代替 $\boldsymbol{\mu}_0$，中间的等号依然成立，并利用(4.2.13)式可得：

$$P\left\{\max_{\boldsymbol{a}\neq\boldsymbol{0}}\frac{n\left[\boldsymbol{a}'(\bar{\boldsymbol{x}}-\boldsymbol{\mu})\right]^2}{\boldsymbol{a}'\boldsymbol{S}\boldsymbol{a}}\leqslant T_\alpha^2(p,n-1)\right\}=1-\alpha$$

$$P\left[\max_{\boldsymbol{a}\neq\boldsymbol{0}}\frac{\sqrt{n}\,|\boldsymbol{a}'\bar{\boldsymbol{x}}-\boldsymbol{a}'\boldsymbol{\mu}|}{\sqrt{\boldsymbol{a}'\boldsymbol{S}\boldsymbol{a}}}\leqslant T_\alpha(p,n-1)\right]=1-\alpha$$

$$P\left\{\bigcap_{\boldsymbol{a}\neq\boldsymbol{0}}\left[\frac{\sqrt{n}\,|\boldsymbol{a}'\bar{\boldsymbol{x}}-\boldsymbol{a}'\boldsymbol{\mu}|}{\sqrt{\boldsymbol{a}'\boldsymbol{S}\boldsymbol{a}}}\leqslant T_\alpha(p,n-1)\right]\right\}=1-\alpha$$

所以

$$P\{\bigcap_{\boldsymbol{a}}[\boldsymbol{a}'\bar{\boldsymbol{x}}-T_\alpha(p,n-1)\sqrt{\boldsymbol{a}'\boldsymbol{S}\boldsymbol{a}}/\sqrt{n}\leqslant\boldsymbol{a}'\boldsymbol{\mu}\leqslant\boldsymbol{a}'\bar{\boldsymbol{x}}+T_\alpha(p,n-1)\sqrt{\boldsymbol{a}'\boldsymbol{S}\boldsymbol{a}}/\sqrt{n}]\}$$
$$=1-\alpha$$

四、(4.3.3)式的证明

由于 $\bar{\boldsymbol{x}},\boldsymbol{S}_1,\bar{\boldsymbol{y}},\boldsymbol{S}_2$ 相互独立，故由(3.5.8)和(3.5.6)式可知，

$$(n_1+n_2-2)\boldsymbol{S}_p=(n_1-1)\boldsymbol{S}_1+(n_2-1)\boldsymbol{S}_2\sim W_p(n_1+n_2-2,\boldsymbol{\Sigma})$$

并且易推得，当 $H_0:\boldsymbol{\mu}_1=\boldsymbol{\mu}_2$ 为真时，$\left(\frac{1}{n_1}+\frac{1}{n_2}\right)^{-1/2}(\bar{\boldsymbol{x}}-\bar{\boldsymbol{y}})\sim N_p(\boldsymbol{0},\boldsymbol{\Sigma})$，故而此时有

$$\begin{aligned}T^2&=\left(\frac{1}{n_1}+\frac{1}{n_2}\right)^{-1}(\bar{\boldsymbol{x}}-\bar{\boldsymbol{y}})'\boldsymbol{S}_p^{-1}(\bar{\boldsymbol{x}}-\bar{\boldsymbol{y}})\\&=(n_1+n_2-2)\left[\left(\frac{1}{n_1}+\frac{1}{n_2}\right)^{-1/2}(\bar{\boldsymbol{x}}-\bar{\boldsymbol{y}})\right]'[(n_1+n_2-2)\boldsymbol{S}_p]^{-1}\\&\quad\cdot\left[\left(\frac{1}{n_1}+\frac{1}{n_2}\right)^{-1/2}(\bar{\boldsymbol{x}}-\bar{\boldsymbol{y}})\right]\sim T^2(p,n_1+n_2-2)\end{aligned}$$

再由(4.2.4)式即可得(4.3.3)式。

附录 4-3　威尔克斯 Λ 分布的定义及基本性质

一、威尔克斯 Λ 分布的定义

设 $\boldsymbol{W}_1\sim W_p(m,\boldsymbol{\Sigma}),\boldsymbol{W}_2\sim W_p(n,\boldsymbol{\Sigma}),\boldsymbol{\Sigma}>0,m,n\geqslant p$，且 $\boldsymbol{W}_1$ 和 $\boldsymbol{W}_2$ 相互独立，则称

$$\Lambda=\frac{|\boldsymbol{W}_1|}{|\boldsymbol{W}_1+\boldsymbol{W}_2|}\tag{4-3.1}$$

的分布为**威尔克斯 Λ 分布**。由于

$$\Lambda=\frac{|\boldsymbol{\Sigma}^{-1/2}\boldsymbol{W}_1\boldsymbol{\Sigma}^{-1/2}|}{|\boldsymbol{\Sigma}^{-1/2}\boldsymbol{W}_1\boldsymbol{\Sigma}^{-1/2}+\boldsymbol{\Sigma}^{-1/2}\boldsymbol{W}_2\boldsymbol{\Sigma}^{-1/2}|}$$

而依(3.5.7)式，

$$\boldsymbol{\Sigma}^{-1/2}\boldsymbol{W}_1\boldsymbol{\Sigma}^{-1/2}\sim W_p(m,\boldsymbol{I}),\quad \boldsymbol{\Sigma}^{-1/2}\boldsymbol{W}_2\boldsymbol{\Sigma}^{-1/2}\sim W_p(n,\boldsymbol{I})$$

所以 Λ 的分布与 $\boldsymbol{\Sigma}$ 无关，可将其记为 $\Lambda(p,n,m)$。

二、威尔克斯 Λ 分布的基本性质

设 $\Lambda\sim\Lambda(p,n,m)$，则有以下各性质：

(1)

$$\Lambda(p,n,m)=\Lambda(n,p,m+n-p) \tag{4-3.2}$$

(2) 当 $p=2$ 时，

$$\frac{(m-1)(1-\sqrt{\Lambda})}{n\sqrt{\Lambda}}\sim F(2n,2(m-1)) \tag{4-3.3}$$

由性质(1)知，$\Lambda(p,2,m)=\Lambda(2,p,m+2-p)$，故可得性质(2)的如下推论。

(3) 当 $n=2$ 时，

$$\frac{(m-p+1)(1-\sqrt{\Lambda})}{p\sqrt{\Lambda}}\sim F(2p,2(m-p+1)) \tag{4-3.4}$$

(4) 当 $p=1$ 时，

$$\frac{m(1-\Lambda)}{n\Lambda}\sim F(n,m) \tag{4-3.5}$$

由于 $\Lambda(p,1,m)=\Lambda(1,p,m+1-p)$，因此可得如下推论。

(5) 当 $n=1$ 时，

$$\frac{(m-p+1)(1-\Lambda)}{p\Lambda}\sim F(p,m-p+1) \tag{4-3.6}$$

(6) 近似地有

$$\frac{f_2(1-\Lambda^{1/t})}{f_1\Lambda^{1/t}}\sim F(f_1,f_2) \tag{4-3.7}$$

其中

$$f_1=pn,\quad f_2=\left[m+n-\frac{1}{2}(p+n+1)\right]t-\frac{1}{2}(pn-2),\quad t=\sqrt{\frac{p^2n^2-4}{p^2+n^2-5}}$$

f_2 需取整(>0)。当 p 或 n 的值为上述性质(2)至(5)中的值时，(4-3.7)式准确成立，且分别退化为(4-3.3)至(4-3.6)式。

(7) 当 m 很大时，

$$P\left\{-\left[m-\frac{1}{2}(p-n+1)\right]\ln\Lambda\geqslant c\right\}\approx P\left[\chi^2(pn)\geqslant c\right] \tag{4-3.8}$$

习　题

4.1　人的出汗多少与人体内钠和钾的含量有一定的关系。今测了 20 名健康成年女性的出汗量(x_1)、钠的含量(x_2)和钾的含量(x_3),其数据列于下表,假定 $\boldsymbol{x}=(x_1,x_2,x_3)'$服从三元正态分布。

试验者	x_1	x_2	x_3	试验者	x_1	x_2	x_3
1	3.7	48.5	9.3	11	3.9	36.9	12.7
2	5.7	65.1	8.0	12	4.5	58.8	12.3
3	3.8	47.2	10.9	13	3.5	27.8	9.8
4	3.2	53.2	12.0	14	4.5	40.2	8.4
5	3.1	55.5	9.7	15	1.5	13.5	10.1
6	4.6	36.1	7.9	16	8.5	56.4	7.1
7	2.4	24.8	14.0	17	4.5	71.6	8.2
8	7.2	33.1	7.6	18	6.5	52.8	10.9
9	6.7	47.4	8.5	19	4.1	44.1	11.2
10	5.4	54.1	11.3	20	5.5	40.9	9.4

(1) 试检验 $H_0:\boldsymbol{\mu}=\boldsymbol{\mu}_0=(4,50,10)',H_1:\boldsymbol{\mu}\neq\boldsymbol{\mu}_0(\alpha=0.05)$;

(2) 试求 $\boldsymbol{\mu}$ 的 0.95 置信区域;

(3) 试求 μ_1,μ_2,μ_3 的 $0.95T^2$ 联合置信区间和 0.95 邦弗伦尼联合置信区间,并对这两种区间进行比较。

4.2　设(4.3.2)式中的联合估计量 $\boldsymbol{S}_p>0$,试证 $n_1+n_2-2\geqslant p$。

4.3　有甲和乙两种品牌的轮胎,现各抽取 6 只进行耐用性试验,试验分三阶段进行,第一阶段旋转 1 000 次,第二阶段 1 000 次,第三阶段也 1 000 次,耐用性指标测量值列于下表。

甲的阶段			乙的阶段		
1	2	3	1	2	3
194	192	141	239	127	90
208	188	165	189	105	85
233	217	171	224	123	79
241	222	201	243	123	110
265	252	207	243	117	100
269	283	191	226	125	75

试问在多元正态性及两总体协方差矩阵相等的假定下甲和乙两种品牌轮胎的耐用性指标是否有显著的不同($\alpha=0.05$)? 如果有,是哪个阶段起了较大作用?

4.4(有用结论)　检验均值向量的分量之间是否存在某些指定线性结构关系的问题,可归结为假设检验

问题

$$H_0:\boldsymbol{C\mu}=\boldsymbol{\varphi},\quad H_1:\boldsymbol{C\mu}\neq\boldsymbol{\varphi}$$

其中 $\boldsymbol{C}$ 为一已知的 $k\times p$ 矩阵，$\mathrm{rank}(\boldsymbol{C})=k<p$，$\boldsymbol{\varphi}$ 为已知的 k 维向量。设 $\boldsymbol{x}_1,\boldsymbol{x}_2,\cdots,\boldsymbol{x}_n$ 是取自总体 $N_p(\boldsymbol{\mu},\boldsymbol{\Sigma})$ 的一个样本，$\boldsymbol{\Sigma}>0$，$n>p$，试利用§4.2中检验假设(4.2.1)的方法导出上述假设的检验统计量为

$$T^2=n(\boldsymbol{C}\bar{\boldsymbol{x}}-\boldsymbol{\varphi})'(\boldsymbol{CSC}')^{-1}(\boldsymbol{C}\bar{\boldsymbol{x}}-\boldsymbol{\varphi})$$

对给定的显著性水平 α，检验的拒绝规则为：

$$\text{若 } T^2\geqslant T_\alpha^2(k,n-1)\text{，则拒绝 } H_0$$

其中

$$T_\alpha^2(k,n-1)=\frac{k(n-1)}{n-k}F_\alpha(k,n-k)$$

特别地，若 $\boldsymbol{\varphi}=\boldsymbol{0}$，则 T^2 可简化为

$$T^2=n\bar{\boldsymbol{x}}'\boldsymbol{C}'(\boldsymbol{CSC}')^{-1}\boldsymbol{C}\bar{\boldsymbol{x}}$$

4.5(有用结论)　在上题中，令 $\boldsymbol{C}^*=\boldsymbol{QC}$，其中 $\boldsymbol{Q}$ 是 $k\times k$ 非退化矩阵，试证假设检验问题 $H_0:\boldsymbol{C}^*\boldsymbol{\mu}=\boldsymbol{0}$，$H_1:\boldsymbol{C}^*\boldsymbol{\mu}\neq\boldsymbol{0}$ 与上题 $\boldsymbol{\varphi}=\boldsymbol{0}$ 时的情形具有相同的检验结果。

4.6　在例4.2.1中，假定人类有这样一个一般规律：身高、胸围和上半臂围的平均尺寸比例为6∶4∶1，试在 $\alpha=0.01$ 下检验表4.2.1中的数据是否符合这一规律，也就是检验

$$H_0:\mu_1/6=\mu_2/4=\mu_3,\quad H_1:\mu_1/6,\mu_2/4,\mu_3\text{ 至少有两个不等}$$

(提示：令 $\boldsymbol{C}=\begin{pmatrix}2&-3&0\\1&0&-6\end{pmatrix}$ 或 $\boldsymbol{C}=\begin{pmatrix}0&1&-4\\1&0&-6\end{pmatrix}$，将题中假设表达为

$$H_0:\boldsymbol{C\mu}=\boldsymbol{0},\quad H_1:\boldsymbol{C\mu}\neq\boldsymbol{0}$$

然后利用习题4.4中提供的检验方法)

4.7(有用结论)　设两个独立的样本 $\boldsymbol{x}_1,\boldsymbol{x}_2,\cdots,\boldsymbol{x}_{n_1}$ 和 $\boldsymbol{y}_1,\boldsymbol{y}_2,\cdots,\boldsymbol{y}_{n_2}$ 分别取自总体 $N_p(\boldsymbol{\mu}_1,\boldsymbol{\Sigma})$ 和总体 $N_p(\boldsymbol{\mu}_2,\boldsymbol{\Sigma})$，$\boldsymbol{\Sigma}>0$，$n_1+n_2-2\geqslant p$，试利用§4.3中检验假设(4.3.1)的方法导出假设检验问题

$$H_0:\boldsymbol{C}(\boldsymbol{\mu}_1-\boldsymbol{\mu}_2)=\boldsymbol{\varphi},\quad H_1:\boldsymbol{C}(\boldsymbol{\mu}_1-\boldsymbol{\mu}_2)\neq\boldsymbol{\varphi}$$

的检验统计量为

$$T^2=\frac{n_1n_2}{n_1+n_2}[\boldsymbol{C}(\bar{\boldsymbol{x}}-\bar{\boldsymbol{y}})-\boldsymbol{\varphi}]'(\boldsymbol{CS}_p\boldsymbol{C}')^{-1}[\boldsymbol{C}(\bar{\boldsymbol{x}}-\bar{\boldsymbol{y}})-\boldsymbol{\varphi}]$$

其中 $\boldsymbol{C}$ 为一已知的 $k\times p$ 矩阵，$\mathrm{rank}(\boldsymbol{C})=k<p$，$\boldsymbol{\varphi}$ 为一已知的 k 维向量，$\boldsymbol{S}_p$ 是 $\boldsymbol{\Sigma}$ 的联合无偏估计，以及导出给定 α 下的拒绝规则为：

$$\text{若 } T^2\geqslant T_\alpha^2(k,n_1+n_2-2)\text{，则拒绝 } H_0$$

其中

$$T_\alpha^2(k,n_1+n_2-2)=\frac{k(n_1+n_2-2)}{n_1+n_2-k-1}F_\alpha(k,n_1+n_2-k-1)$$

特别地，若 $\boldsymbol{\varphi}=\boldsymbol{0}$，则 T^2 可简化为

$$T^2=\frac{n_1n_2}{n_1+n_2}(\bar{\boldsymbol{x}}-\bar{\boldsymbol{y}})'\boldsymbol{C}'(\boldsymbol{CS}_p\boldsymbol{C}')^{-1}\boldsymbol{C}(\bar{\boldsymbol{x}}-\bar{\boldsymbol{y}})$$

4.8　某种产品有甲、乙两种品牌，从甲产品批和乙产品批中分别随机地抽取5个样品，测量相同的5个指标，数据列于下表。在多元正态性假定下，试问甲、乙两种品牌产品的每个指标间的差异是否有显著的不同($\alpha=0.05$)？即要求检验

$$H_0:\boldsymbol{C}(\boldsymbol{\mu}_{\text{甲}}-\boldsymbol{\mu}_{\text{乙}})=\boldsymbol{0},\quad H_1:\boldsymbol{C}(\boldsymbol{\mu}_{\text{甲}}-\boldsymbol{\mu}_{\text{乙}})\neq\boldsymbol{0}$$

其中

$$C=\begin{pmatrix}1 & -1 & 0 & 0 & 0\\ 0 & 1 & -1 & 0 & 0\\ 0 & 0 & 1 & -1 & 0\\ 0 & 0 & 0 & 1 & -1\end{pmatrix}$$

样品 \ 指标		1	2	3	4	5
甲	1	11	18	15	18	15
	2	33	27	31	21	17
	3	20	28	27	23	19
	4	18	26	18	18	9
	5	22	23	22	16	10
均　值		20.8	24.4	22.6	19.2	14.0
乙	1	18	17	20	18	18
	2	31	24	31	26	20
	3	14	16	17	20	17
	4	25	24	31	26	18
	5	36	28	24	26	29
均　值		24.8	21.8	24.6	23.2	20.4

4.9　作为例 4.4.2 爱情与婚姻问题研究的一部分，一个问卷调查的样本由新近结婚的 30 名男性和 30 名女性组成，请他们回答了下列问题：

(1) 要是全面地考虑，您如何描述自己对婚姻的“贡献”程度？

(2) 要是全面地考虑，您如何描述自己婚姻的“结果”？

回答均采用如下 8 级计分制：

1——极端否定，2——很否定，3——中等程度否定，4——轻微否定

5——轻微肯定，6——中等程度肯定，7——很肯定，8——极端肯定

同时请调查对象按下列 5 级计分制回答如下问题：

(3) 您感觉您伴侣的爱情“热度”如何？

(4) 您感觉您伴侣的爱情“可结伴”程度如何？

1——没有，2——很小，3——有些，4——较大，5——非常大

设

x_1:对问题 1 的 8 级分制回答　　x_3:对问题 3 的 5 级分制回答

x_2:对问题 2 的 8 级分制回答　　x_4:对问题 4 的 5 级分制回答

两个总体的定义如下：

总体 1:已婚男性　　总体 2:已婚女性

根据样本数据算得的样本均值向量和联合协方差矩阵如下：

$$\bar{\boldsymbol{x}}=\begin{pmatrix}6.833\\ 7.033\\ 3.967\\ 4.700\end{pmatrix},\quad \bar{\boldsymbol{y}}=\begin{pmatrix}6.633\\ 7.000\\ 4.000\\ 4.533\end{pmatrix},\quad \boldsymbol{S}_p=\begin{pmatrix}0.606 & 0.262 & 0.066 & 0.161\\ 0.262 & 0.637 & 0.173 & 0.143\\ 0.066 & 0.173 & 0.810 & 0.029\\ 0.161 & 0.143 & 0.029 & 0.306\end{pmatrix}$$

试作两总体的轮廓分析(取 $\alpha=0.05$)。

4.10　在太平洋入口的三条河抽取了一些鱼(同一品种),测量三个变量:长度、生长系数及年龄,每条河测 76 条鱼,算得,

$$\bar{\boldsymbol{x}}_1=\begin{pmatrix}441.16\\0.13\\-3.36\end{pmatrix},\quad \boldsymbol{S}_1=\begin{pmatrix}294.76 & -0.60 & -32.57\\-0.60 & 0.0013 & 0.073\\-32.57 & 0.073 & 4.23\end{pmatrix}$$

$$\bar{\boldsymbol{x}}_2=\begin{pmatrix}505.97\\0.09\\-4.57\end{pmatrix},\quad \boldsymbol{S}_2=\begin{pmatrix}1596.18 & -1.19 & -91.05\\-1.19 & 0.001 & 0.071\\-91.05 & 0.071 & 5.76\end{pmatrix}$$

$$\bar{\boldsymbol{x}}_3=\begin{pmatrix}432.51\\0.14\\-3.31\end{pmatrix},\quad \boldsymbol{S}_3=\begin{pmatrix}182.67 & -0.42 & -22.00\\-0.42 & 0.0012 & 0.056\\-22.00 & 0.056 & 3.14\end{pmatrix}$$

假定三组均为正态总体及总体协方差矩阵相同,用 $\boldsymbol{\mu}_1,\boldsymbol{\mu}_2,\boldsymbol{\mu}_3$ 分别表示这三组的总体均值,试在显著性水平 $\alpha=0.01$ 下检验

$$H_0:\boldsymbol{\mu}_1=\boldsymbol{\mu}_2=\boldsymbol{\mu}_3,\quad H_1:\boldsymbol{\mu}_1,\boldsymbol{\mu}_2,\boldsymbol{\mu}_3\text{ 不全相等}$$

4.11　某监狱把犯人分为三部分:普通犯人、疯狂犯人和其他犯人。从这三部分各抽取 20 名犯人测量他们的耳朵长度,在多元正态性及总体协方差矩阵相同的假定下试检验三部分的犯人耳朵长度有无显著差异($\alpha=0.05$)。数据列于下表。

普通犯人			疯狂犯人			其他犯人		
测量对象	左耳	右耳	测量对象	左耳	右耳	测量对象	左耳	右耳
1	59	59	1	70	69	1	63	63
2	60	65	2	69	68	2	56	57
3	58	62	3	65	65	3	62	62
4	59	59	4	62	60	4	59	58
5	50	48	5	59	56	5	62	58
6	59	65	6	55	58	6	50	57
7	62	62	7	60	58	7	63	63
8	63	62	8	58	64	8	61	62
9	68	72	9	65	67	9	55	59
10	63	66	10	67	62	10	63	63
11	66	63	11	60	57	11	65	70
12	56	56	12	53	55	12	64	64
13	62	64	13	66	65	13	65	65
14	66	68	14	60	53	14	67	67
15	65	66	15	59	58	15	55	55
16	61	60	16	58	54	16	56	56
17	60	64	17	60	56	17	65	67
18	60	57	18	54	59	18	62	65
19	58	60	19	62	66	19	55	61
20	58	59	20	59	61	20	58	58

4.12　在习题 4.10 中，检验

$$H_0:\boldsymbol{\Sigma}_1=\boldsymbol{\Sigma}_2=\boldsymbol{\Sigma}_3,\quad H_1:\boldsymbol{\Sigma}_1,\boldsymbol{\Sigma}_2,\boldsymbol{\Sigma}_3\text{ 中至少有两个不相等}$$

客观思考题

一、判断题

4.1　置信区域有时也可用作检验。　(　　)

4.2　在一定的置信度下，T^2 联合置信区间中的区间个数越多，其涉及的分位数平方根就越大。　(　　)

4.3　在一定的置信度下，邦弗伦尼联合置信区间中的区间个数越多，其涉及的分位数就越大。　(　　)

*4.4　对多元总体均值的统计推断必须依赖于总体的正态性假定。　(　　)

4.5　在同样的显著性水平下，若关于均值向量的检验拒绝原假设，则关于均值向量各分量的检验也将拒绝原假设。　(　　)

4.6　若对均值向量的检验拒绝了原假设，则一般需再进一步对均值向量的各分量进行检验。　(　　)

4.7　两个独立样本情形下的比较均值向量的检验，一般可看成是多元方差分析的一个特例。　(　　)

4.8　基于成对数据的比较两个均值向量的检验，需要假设两个总体都服从多元正态分布。　(　　)

4.9　假设(4.4.1)也可使用一元方差分析的检验方法进行检验。　(　　)

4.10　在多元方差分析的检验中，如果接受原假设，则对均值分量的检验结果为拒绝可不必在意。　(　　)

4.11　在正态性假定下，一元方差分析的检验方法是唯一(最优)的，而多元方差分析的检验方法并不唯一。　(　　)

4.12　关于相关系数的检验需有多元正态性的假定。　(　　)

二、单选题

4.13　如果置信度为 $1-\alpha$ 的联合置信区间中包含有无穷多个置信区间，则(　　)。

A. 可能是 T^2 联合置信区间

B. 可能是邦弗伦尼联合置信区间

C. T^2 联合置信区间和邦弗伦尼联合置信区间都有可能

D. T^2 联合置信区间和邦弗伦尼联合置信区间都不可能

三、多选题

4.14　在多元方差分析中，使用威尔克斯 Λ 统计量进行检验理论上通常需假定(　　)。

A. 各总体皆为正态总体　　B. 来自各总体样本的样本容量相同

C. 各总体协方差矩阵相同　　D. 来自各总体的样本彼此独立

第五章　判别分析

§5.1　引　言

在科学研究和日常生活中，我们经常会遇到根据观测到的数据资料来对研究对象（或称样品）进行判别分类的问题。例如，在经济学中，可根据各国的人均国民收入、人均工农业产值和人均消费水平等多项指标来判定一个国家经济发展程度的所属类型；在人口学中，可根据平均预期寿命、经济水平和婴儿死亡率等因素来判定这个地区人口死亡水平的所属类型；在医学上，经常要根据患者的不同症状和化验结果等多项指标来诊断其患病类型；在气象学中，要根据最近的一些气象资料（气温、气压和湿度等）来判断第二天是否会下雨；在市场预测中，根据以往调查的含有多项指标的资料，判断下季度（或下个月）产品是畅销、正常销售还是滞销；在环境科学中，根据某地区的气象条件和大气污染元素浓度等来判别该地区是属严重污染、一般污染还是无污染；在考古学中，根据挖掘出来的人头盖骨的高和宽等特征来判别其民族或性别；等等。所有这些问题的一个重要解决途径是应用统计学中的判别分析方法。

对样品进行有效的判别一般需依据其多项观测指标，所以将**判别分析**（discriminant analysis）放在多元分析中讨论是合适的。判别分类要解决的问题是，在已知历史上用某些方法已把研究对象分成若干组（亦称类或总体）的情况下，来判定新的观测样品应归属的组别。

要判定一个样品的归属，理想的情况似乎是能够获得完备的用于分类的信息，以作出准确的判断。但这往往是不太现实的，因为要获得完备的信息可能根本做不到（如《红楼梦》后四十回的作者到底是谁）或要做破坏性的试验（如欲获知某电子仪器的寿命）或成本高昂（如许多疾病只有通过代价高昂的手术才能确诊）。因此，实践中往往是依据不完备的信息来进行判别分类的。

本章将讨论如何根据新样品的 p 维指标值 $\boldsymbol{x}=(x_1,x_2,\cdots,x_p)'$ 对其的组别归属进行判别。对于有效的判别，$\boldsymbol{x}$ 的取值情况在各组一般是有明显区别的。每一组中所有样品的 $\boldsymbol{x}$ 值构成了该组的一个 p 元总体分布，我们对新样品 $\boldsymbol{x}$ 进行的判别归类将在很大程度上依赖于各组的总体分布或其分布特征。

本章将介绍的判别分类方法有距离判别、贝叶斯（Bayes）判别和费希尔（Fisher）判别，这些都是基于判别变量为定量变量（或称间隔变量，定义见下一章§6.2）的。当判别变量中同时含有定量变量和定性变量（包括有序变量和名义变量两种，定义见§6.2）时，除了在某些场合下可使用逻辑斯蒂(logistic)回归[①](可参见文献[30]第 11 章 11.7 节)外,判别分类问题几乎没有什么理论。

判别分析除了分类这一目标外,还有一个目标,就是分离,即用图形(通常二维,有时三维或一维,一般通过降维实现)方法或代数方法描述来自各组的样品之间的差异性,最大限度地分离各组。费希尔判别主要用于此目的。

最后,本章还将介绍进行判别变量选择的逐步判别方法。

§5.2 距离判别

距离判别最为直观,其想法自然、简单,就是计算新样品 $\boldsymbol{x}$ 到各组的距离,然后将该样品判为离它距离最近的那一组。那么在判别分析中应该使用怎样的距离呢?正如图 2.3.1 曾揭示的,度量 A 点和 B 点到椭圆点群的统计意义上的远近用马氏距离比用欧氏距离要合适,因为欧氏距离未能将变量之间的相关性考虑在内,以致易产生不合理的结果,而马氏距离却能很好地弥补此种不足。因此,在判别分析中我们通常使用马氏距离。

一、两组距离判别

设组 π_1 和 π_2 的均值分别为 $\boldsymbol{\mu}_1$ 和 $\boldsymbol{\mu}_2$,协方差矩阵分别为 $\boldsymbol{\Sigma}_1$ 和 $\boldsymbol{\Sigma}_2(\boldsymbol{\Sigma}_1,\boldsymbol{\Sigma}_2>0)$,$\boldsymbol{x}$ 是一个新样品(p 维),现欲判断它来自哪一组。可计算 $\boldsymbol{x}$ 到两个组的平方马氏距离 $d^2(\boldsymbol{x},\pi_1)$ 和 $d^2(\boldsymbol{x},\pi_2)$,并按如下的判别规则进行判断:

$$\begin{cases} \boldsymbol{x}\in\pi_1, & \text{若 } d^2(\boldsymbol{x},\pi_1)\leqslant d^2(\boldsymbol{x},\pi_2)^{②} \\ \boldsymbol{x}\in\pi_2, & \text{若 } d^2(\boldsymbol{x},\pi_1)>d^2(\boldsymbol{x},\pi_2) \end{cases} \tag{5.2.1}$$

(一)$\boldsymbol{\Sigma}_1=\boldsymbol{\Sigma}_2=\boldsymbol{\Sigma}$ 时的判别

由于此时 $d^2(\boldsymbol{x},\pi_1)$ 和 $d^2(\boldsymbol{x},\pi_2)$ 中有着相同的二次项 $\boldsymbol{x}'\boldsymbol{\Sigma}^{-1}\boldsymbol{x}$,因此可简化(5.2.1)式。我们考虑 $d^2(\boldsymbol{x},\pi_1)$ 与 $d^2(\boldsymbol{x},\pi_2)$ 之间的差,有

$$\begin{aligned} d^2(\boldsymbol{x},\pi_1)-d^2(\boldsymbol{x},\pi_2) &= (\boldsymbol{x}-\boldsymbol{\mu}_1)'\boldsymbol{\Sigma}^{-1}(\boldsymbol{x}-\boldsymbol{\mu}_1)-(\boldsymbol{x}-\boldsymbol{\mu}_2)'\boldsymbol{\Sigma}^{-1}(\boldsymbol{x}-\boldsymbol{\mu}_2) \\ &= \boldsymbol{x}'\boldsymbol{\Sigma}^{-1}\boldsymbol{x}-2\boldsymbol{x}'\boldsymbol{\Sigma}^{-1}\boldsymbol{\mu}_1+\boldsymbol{\mu}_1'\boldsymbol{\Sigma}^{-1}\boldsymbol{\mu}_1-(\boldsymbol{x}'\boldsymbol{\Sigma}^{-1}\boldsymbol{x}-2\boldsymbol{x}'\boldsymbol{\Sigma}^{-1}\boldsymbol{\mu}_2+\boldsymbol{\mu}_2'\boldsymbol{\Sigma}^{-1}\boldsymbol{\mu}_2) \\ &= 2\boldsymbol{x}'\boldsymbol{\Sigma}^{-1}(\boldsymbol{\mu}_2-\boldsymbol{\mu}_1)+\boldsymbol{\mu}_1'\boldsymbol{\Sigma}^{-1}\boldsymbol{\mu}_1-\boldsymbol{\mu}_2'\boldsymbol{\Sigma}^{-1}\boldsymbol{\mu}_2 \\ &= 2\boldsymbol{x}'\boldsymbol{\Sigma}^{-1}(\boldsymbol{\mu}_2-\boldsymbol{\mu}_1)+(\boldsymbol{\mu}_1+\boldsymbol{\mu}_2)'\boldsymbol{\Sigma}^{-1}(\boldsymbol{\mu}_1-\boldsymbol{\mu}_2) \\ &= -2\left(\boldsymbol{x}-\frac{\boldsymbol{\mu}_1+\boldsymbol{\mu}_2}{2}\right)'\boldsymbol{\Sigma}^{-1}(\boldsymbol{\mu}_1-\boldsymbol{\mu}_2) \\ &= -2(\boldsymbol{x}-\bar{\boldsymbol{\mu}})'\boldsymbol{a} \\ &= -2\boldsymbol{a}'(\boldsymbol{x}-\bar{\boldsymbol{\mu}}) \end{aligned}$$

---

① 当多于两类时,一般较少使用逻辑斯蒂回归。

② 当等号成立时,无论将 $\boldsymbol{x}$ 判给哪一组,其判别效果一般都很不理想。一般地,$d^2(\boldsymbol{x},\pi_1)$ 和 $d^2(\boldsymbol{x},\pi_2)$ 越是接近,对样品 $\boldsymbol{x}$ 的判别效果往往也就越不好。对连续型总体,等号成立的概率为零。

其中 $\bar{\boldsymbol{\mu}}=\frac{1}{2}(\boldsymbol{\mu}_1+\boldsymbol{\mu}_2)$ 是两个组均值的平均值，$\boldsymbol{a}=\boldsymbol{\Sigma}^{-1}(\boldsymbol{\mu}_1-\boldsymbol{\mu}_2)$，令

$$W(\boldsymbol{x})=\boldsymbol{a}'(\boldsymbol{x}-\bar{\boldsymbol{\mu}}) \tag{5.2.2}$$

则判别规则(5.2.1)可简化为

$$\begin{cases}\boldsymbol{x}\in\pi_1, & \text{若 } W(\boldsymbol{x})\geqslant 0\\ \boldsymbol{x}\in\pi_2, & \text{若 } W(\boldsymbol{x})<0\end{cases} \tag{5.2.3}$$

称 $W(\boldsymbol{x})$ 为两组距离判别的**判别函数**，由于它是 $\boldsymbol{x}$ 的线性函数，故又可称为**线性判别函数**，$\boldsymbol{a}$ 称为**判别系数向量**。

使用判别函数进行判断，难免会发生错判。用 $P(2|1)$ 表示 $\boldsymbol{x}$ 来自 π_1，而误判为 π_2 的概率；用 $P(1|2)$ 表示 $\boldsymbol{x}$ 来自 π_2，而误判为 π_1 的概率，即

$$P(2|1)=P(W(\boldsymbol{x})<0|\boldsymbol{x}\in\pi_1)$$
$$P(1|2)=P(W(\boldsymbol{x})\geqslant 0|\boldsymbol{x}\in\pi_2)$$

若 π_1 和 π_2 皆为正态组，则当 $\boldsymbol{x}\in\pi_1$，即 $\boldsymbol{x}\sim N_p(\boldsymbol{\mu}_1,\boldsymbol{\Sigma})$ 时，$W(\boldsymbol{x})=\boldsymbol{a}'(\boldsymbol{x}-\bar{\boldsymbol{\mu}})\sim N\left(\frac{1}{2}\boldsymbol{a}'(\boldsymbol{\mu}_1-\boldsymbol{\mu}_2),\ \boldsymbol{a}'\boldsymbol{\Sigma}\boldsymbol{a}\right)$。令两组间的平方马氏距离为

$$\Delta^2=(\boldsymbol{\mu}_1-\boldsymbol{\mu}_2)'\boldsymbol{\Sigma}^{-1}(\boldsymbol{\mu}_1-\boldsymbol{\mu}_2)$$

于是

$$\boldsymbol{a}'(\boldsymbol{\mu}_1-\boldsymbol{\mu}_2)=\boldsymbol{a}'\boldsymbol{\Sigma}\boldsymbol{a}=\Delta^2$$

从而

$$W(\boldsymbol{x})\sim N\left(\frac{1}{2}\Delta^2,\Delta^2\right)$$

所以

$$P(W(\boldsymbol{x})<0)=P\left(\frac{W(\boldsymbol{x})-\Delta^2/2}{\Delta}<-\frac{\Delta}{2}\right)=\Phi\left(-\frac{\Delta}{2}\right)$$

其中 $\Phi(\cdot)$ 表示标准正态分布的分布函数。同理，当 $\boldsymbol{x}\in\pi_2$ 时，

$$P(W(\boldsymbol{x})\geqslant 0)=\Phi\left(-\frac{\Delta}{2}\right)$$

故而两个误判概率相同，均为

$$P(2|1)=P(1|2)=\Phi\left(-\frac{\Delta}{2}\right) \tag{5.2.4}$$

由于 Δ 是 π_1 和 π_2 这两组之间的马氏距离，因此两个组越是分开(即 Δ 越大)，两个误判概率就越小[由(5.2.4)式知]，此时的判别效果也就越佳。当两个组很接近时，两个误判概率都将很大(都接近于上限 0.5)，这时作判别分析也就没有什么实际意义。

那么，如何来界定两个组已过于接近，以至于作判别分析已无实际意义了呢？我们可对假设 $H_0:\boldsymbol{\mu}_1=\boldsymbol{\mu}_2,H_1:\boldsymbol{\mu}_1\neq\boldsymbol{\mu}_2$ 进行检验，若检验接受原假设 H_0，则说明两组均值之间无显著差异，此时作判别分析一般会是徒劳的；若检验拒绝 H_0，则两组均值之间虽然存在显著差异，但这种差异对进行有效的判别分析未必就足够大(即此时作判别分析未必有实际意义)，此时还

应看误判概率是否超过了一个合理的水平。① 对于多组的情形同样如此。

例 5.2.1 设 $p=1$，π_1 和 π_2 的分布分别为 $N(\mu_1,\sigma^2)$ 和 $N(\mu_2,\sigma^2)$，μ_1,μ_2,σ^2 均已知，$\mu_1<\mu_2$，则判别系数 $a=\dfrac{\mu_1-\mu_2}{\sigma^2}<0$，判别函数为

$$W(x)=a(x-\bar{\mu})$$

判别规则为

$$\begin{cases}x\in\pi_1, & x\leqslant\bar{\mu}\\ x\in\pi_2, & x>\bar{\mu}\end{cases}$$

由于

$$\Delta^2=\frac{(\mu_1-\mu_2)^2}{\sigma^2},\quad \Delta=\frac{\mu_2-\mu_1}{\sigma}$$

所以，来自 π_1 的 x 被误判为 π_2 的概率和来自 π_2 的 x 被误判为 π_1 的概率均是

$$P(2|1)=P(1|2)=\Phi\left(-\frac{\Delta}{2}\right)=\Phi\left(\frac{\mu_1-\mu_2}{2\sigma}\right)$$

π_1 和 π_2 的分布如图 5.2.1 所示，$P(2|1)$ 是 $\bar{\mu}$ 右边的阴影部分面积，而 $P(1|2)$ 是 $\bar{\mu}$ 左边的阴影部分面积。 □

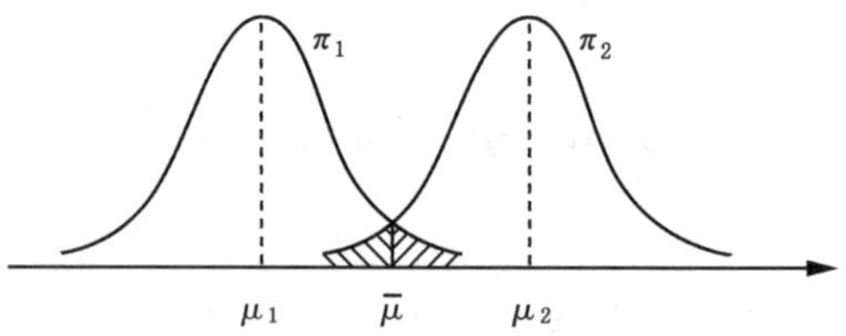

图 5.2.1 两个误判概率

在实际应用中，各组的均值和协方差矩阵一般都是未知的，可由样本均值和样本协方差矩阵分别进行估计。设 $\boldsymbol{x}_{11},\boldsymbol{x}_{12},\cdots,\boldsymbol{x}_{1n_1}$ 是来自组 π_1 的样本，$\boldsymbol{x}_{21},\boldsymbol{x}_{22},\cdots,\boldsymbol{x}_{2n_2}$ 是来自组 π_2 的样本，$n_1+n_2-2\geqslant p$，则 $\boldsymbol{\mu}_1$ 和 $\boldsymbol{\mu}_2$ 的一个无偏估计分别为

$$\bar{\boldsymbol{x}}_1=\frac{1}{n_1}\sum_{j=1}^{n_1}\boldsymbol{x}_{1j}\quad 和\quad \bar{\boldsymbol{x}}_2=\frac{1}{n_2}\sum_{j=1}^{n_2}\boldsymbol{x}_{2j}$$

$\boldsymbol{\Sigma}$ 的一个联合无偏估计为

$$\boldsymbol{S}_p=\frac{(n_1-1)\boldsymbol{S}_1+(n_2-1)\boldsymbol{S}_2}{n_1+n_2-2}$$

其中

$$\boldsymbol{S}_i=\frac{1}{n_i-1}\sum_{j=1}^{n_i}(\boldsymbol{x}_{ij}-\bar{\boldsymbol{x}}_i)(\boldsymbol{x}_{ij}-\bar{\boldsymbol{x}}_i)',\quad i=1,2$$

---

① 国内的不少多元统计书籍认为：一旦检验拒绝了原假设 $H_0:\mu_1=\mu_2$，则建立判别规则进行判别将是有意义的。这一说法是不正确的，因为拒绝 H_0 只是表明 μ_1 和 μ_2 有统计学上的差异，但并不意味着进行判别时误判概率将会是小的。判别是否有意义关键还得看误判概率的大小。至于可接受的误判概率上限应是多少，我们对此无法给出一个统一的标准，比如，将不合格的药判为合格的比将合格的药判为不合格的所允许的误判概率要小得多。

为第 i 组的样本协方差矩阵。此时,两组距离判别实际使用的判别函数为

$$\hat{W}(\boldsymbol{x})=\hat{\boldsymbol{a}}'(\boldsymbol{x}-\bar{\boldsymbol{x}}) \tag{5.2.5}$$

这里 $\bar{\boldsymbol{x}}=\frac{1}{2}(\bar{\boldsymbol{x}}_1+\bar{\boldsymbol{x}}_2)$, $\hat{\boldsymbol{a}}=\boldsymbol{S}_p^{-1}(\bar{\boldsymbol{x}}_1-\bar{\boldsymbol{x}}_2)$。其相应的判别规则为

$$\begin{cases}\boldsymbol{x}\in\pi_1, & 若\ \hat{W}(\boldsymbol{x})\geqslant 0\\ \boldsymbol{x}\in\pi_2, & 若\ \hat{W}(\boldsymbol{x})<0\end{cases} \tag{5.2.6}$$

若 π_1 和 π_2 都为正态组,则两个误判概率 $P(2|1)$ 和 $P(1|2)$ 可通过用

$$\hat{\Delta}=\sqrt{(\bar{\boldsymbol{x}}_1-\bar{\boldsymbol{x}}_2)'\boldsymbol{S}_p^{-1}(\bar{\boldsymbol{x}}_1-\bar{\boldsymbol{x}}_2)}$$

替代(5.2.4)式中 Δ 的方法估计得到,这些估计都是有偏的,但大样本时偏差的影响是可以忽略的。

注 在实际问题中,各组准确地服从多元正态分布几乎是不可能的,我们应关注的是各组的分布能否用多元正态来近似。即使经评估可作多元正态近似,但这种近似程度有多高往往也不易准确判断(比一元情形困难得多),所以此时通过估计(5.2.4)式得出的误判率有多可靠应用者心里可能不是很有底。以下介绍的非参数方法通常情况下看来更为稳妥。

若 π_1 和 π_2 不能假定为正态组,则 $P(2|1)$ 和 $P(1|2)$ 可以用样本中样品的误判比例来估计,这种用频率估计概率的方法将不依赖于总体的分布形式,属非参数方法。通常的估计方法有如下三种:

1. 回代法

令 $n(2|1)$ 为样本中来自 π_1 而误判为 π_2 的个数,$n(1|2)$ 为样本中来自 π_2 而误判为 π_1 的个数,则 $P(2|1)$ 和 $P(1|2)$ 可估计为

$$\hat{P}(2|1)=\frac{n(2|1)}{n_1},\quad \hat{P}(1|2)=\frac{n(1|2)}{n_2} \tag{5.2.7}$$

该方法称为**回代法**,它简单、直观,且易于计算。但遗憾的是,其给出的估计值通常偏低,除非 n_1 和 n_2 都非常大(此时偏低的影响可忽略)。出现这种乐观估计的原因是,被用来构造判别函数的样本数据又被用于对这个函数进行评估,该判别函数自然对构造它的样本数据有更好的适用性,以致出现偏低的误判率。

2. 划分样本

将整个样本一分为二,一部分作为**训练样本**,用于构造判别函数,另一部分用作**验证样本**,用于对判别函数进行评估。误判概率用验证样本的被误判比例来估计,其估计是无偏的。

这种方法有两个主要缺陷:

(1) 需要用大样本。

(2) 该方法构造的判别函数只用了部分样本数据,与使用全部样本数据构造的判别函数(这是作判别时实际使用的)相比,损失了较多有价值的信息,其效用自然不如后者,表现为前者的误判概率通常将高于后者的,而后者的误判概率才是我们真正感兴趣的。该缺陷随样本容量的增大而逐渐减弱,当样本容量相当大时此缺陷基本可忽略。

3. 交叉验证法

该方法是上述划分样本方法的一种改进,称为**交叉验证法**或**刀切法**。从组 π_1 中取出 $\boldsymbol{x}_{1j}$,用该组的其余 n_1-1 个观测值和组 π_2 的 n_2 个观测值构造判别函数,然后对 $\boldsymbol{x}_{1j}$ 进行判

别，$j=1,2,\cdots,n_1$。同样，从组 π_2 中取出 $\boldsymbol{x}_{2j}$，用这一组的其余 n_2-1 个观测值和组 π_1 的 n_1 个观测值构造判别函数，再对 $\boldsymbol{x}_{2j}$ 作出判别，$j=1,2,\cdots,n_2$。令 $n^*(2|1)$为样本中来自 π_1 而误判为 π_2 的个数，$n^*(1|2)$为样本中来自 π_2 而误判为 π_1 的个数，则两个误判概率 $P(2|1)$和 $P(1|2)$的估计量为

$$\hat{P}(2|1)=\frac{n^*(2|1)}{n_1},\quad \hat{P}(1|2)=\frac{n^*(1|2)}{n_2} \tag{5.2.8}$$

它们都是接近无偏的估计量。

需要指出，交叉验证法中所使用的 n_1+n_2 个判别函数只是用来估计误判概率的，如果是要对新样品进行判别归类，则这些判别函数并非最合适的，而应采用由所有 n_1+n_2 个样本数据构造的判别函数，因为其最大限度地利用了样本信息，从而倾向于有更好的判别效果。

该方法看来效果较好，一般情况下最值得推荐。[①] 它既避免了样本数据在构造判别函数的同时又被用来对该判别函数进行评价，造成不合理的信息重复使用，又几乎避免了构造判别函数时样本信息的损失（只损失了一个样本观测）。

以上所述误判概率的这三种非参数估计方法同样适用于其他的判别方法或判别情形，并且可类似地推广到多组的情形。

(二)$\boldsymbol{\Sigma}_1\neq\boldsymbol{\Sigma}_2$ 时的判别

可采用判别规则(5.2.1)。该规则还可用另一种表达方式：选择判别函数为

$$\begin{aligned}W(\boldsymbol{x})&=d^2(\boldsymbol{x},\pi_1)-d^2(\boldsymbol{x},\pi_2)\\&=(\boldsymbol{x}-\boldsymbol{\mu}_1)'\boldsymbol{\Sigma}_1^{-1}(\boldsymbol{x}-\boldsymbol{\mu}_1)-(\boldsymbol{x}-\boldsymbol{\mu}_2)'\boldsymbol{\Sigma}_2^{-1}(\boldsymbol{x}-\boldsymbol{\mu}_2)\end{aligned} \tag{5.2.9}$$

它是 $\boldsymbol{x}$ 的二次函数，相应的判别规则为

$$\begin{cases}\boldsymbol{x}\in\pi_1, & 若\ W(\boldsymbol{x})\leqslant 0\\ \boldsymbol{x}\in\pi_2, & 若\ W(\boldsymbol{x})>0\end{cases} \tag{5.2.10}$$

例 5.2.2　在例 5.2.1 中，设 π_1 和 π_2 这两个组的方差不相同，分别为 σ_1^2 和 σ_2^2，这时

$$d(x,\pi_i)=\frac{|x-\mu_i|}{\sigma_i},\quad i=1,2$$

对此 $p=1$ 的情形，判别函数可简单地取为

$$W(x)=d(x,\pi_1)-d(x,\pi_2)$$

当 $\mu_1<x<\mu_2$ 时，

$$W(x)=\frac{x-\mu_1}{\sigma_1}-\frac{\mu_2-x}{\sigma_2}=\frac{\sigma_1+\sigma_2}{\sigma_1\sigma_2}\left(x-\frac{\sigma_2\mu_1+\sigma_1\mu_2}{\sigma_1+\sigma_2}\right)=\frac{\sigma_1+\sigma_2}{\sigma_1\sigma_2}(x-\mu^*)$$

式中

$$\mu^*=\frac{\sigma_2\mu_1+\sigma_1\mu_2}{\sigma_1+\sigma_2}$$

它是 μ_1 与 μ_2 的加权平均，常称为**阈值点**，如图 5.2.2 所示。当 $\sigma_1^2=\sigma_2^2$ 时，μ^* 就化为例 5.2.1 中的 $\bar{\mu}$。这时判别规则为

---

① 回代法只需计算一次判别函数，而交叉验证法则需计算 n_1+n_2 次判别函数，可见后者的计算量远超前者。但除非海量数据，对计算机而言交叉验证法的计算量通常不是一个问题。

$$\begin{cases} x\in\pi_1, & 若\ x\leqslant\mu^* \\ x\in\pi_2, & 若\ x>\mu^* \end{cases}$$

□

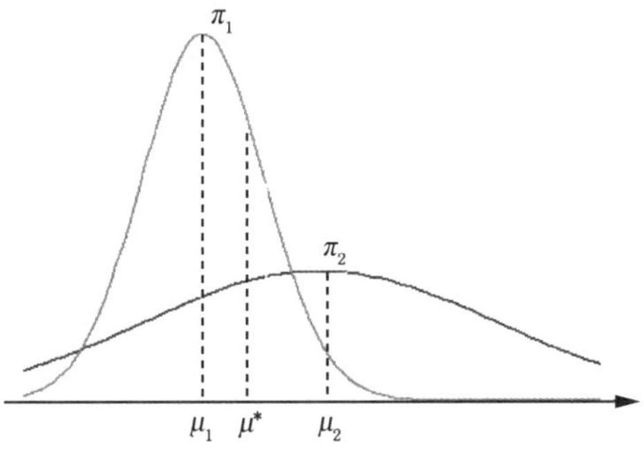

图 5.2.2　方差不同时两组判别的阈值点

实际应用中，$\boldsymbol{\mu}_1$ 和 $\boldsymbol{\mu}_2$，$\boldsymbol{\Sigma}_1$ 和 $\boldsymbol{\Sigma}_2$ 一般都是未知的，可由相应的样本值代替。$\boldsymbol{\mu}_1$ 和 $\boldsymbol{\mu}_2$ 可分别估计为 $\bar{\boldsymbol{x}}_1$ 和 $\bar{\boldsymbol{x}}_2$，$\boldsymbol{\Sigma}_1$ 和 $\boldsymbol{\Sigma}_2$ 可分别估计为 $\boldsymbol{S}_1$ 和 $\boldsymbol{S}_2$。

二、多组距离判别

设有 k 个组 $\pi_1,\pi_2,\cdots,\pi_k$，它们的均值分别是 $\boldsymbol{\mu}_1,\boldsymbol{\mu}_2,\cdots,\boldsymbol{\mu}_k$，协方差矩阵分别是 $\boldsymbol{\Sigma}_1(>0)$，$\boldsymbol{\Sigma}_2(>0)$，$\cdots$，$\boldsymbol{\Sigma}_k(>0)$，$\boldsymbol{x}$ 到总体 π_i 的平方马氏距离为

$$d^2(\boldsymbol{x},\pi_i)=(\boldsymbol{x}-\boldsymbol{\mu}_i)'\boldsymbol{\Sigma}_i^{-1}(\boldsymbol{x}-\boldsymbol{\mu}_i),\quad i=1,2,\cdots,k \tag{5.2.11}$$

判别规则为

$$\boldsymbol{x}\in\pi_l,\quad 若\ d^2(\boldsymbol{x},\pi_l)=\min_{1\leqslant i\leqslant k} d^2(\boldsymbol{x},\pi_i) \tag{5.2.12}$$

该判别规则不受变量单位的影响，因为它是由马氏距离决定的。

若 $\boldsymbol{\Sigma}_1=\boldsymbol{\Sigma}_2=\cdots=\boldsymbol{\Sigma}_k=\boldsymbol{\Sigma}$，则上述判别规则可简化。由于

$$\begin{aligned} d^2(\boldsymbol{x},\pi_i)&=(\boldsymbol{x}-\boldsymbol{\mu}_i)'\boldsymbol{\Sigma}^{-1}(\boldsymbol{x}-\boldsymbol{\mu}_i) \\ &=\boldsymbol{x}'\boldsymbol{\Sigma}^{-1}\boldsymbol{x}-2\boldsymbol{\mu}_i'\boldsymbol{\Sigma}^{-1}\boldsymbol{x}+\boldsymbol{\mu}_i'\boldsymbol{\Sigma}^{-1}\boldsymbol{\mu}_i \\ &=\boldsymbol{x}'\boldsymbol{\Sigma}^{-1}\boldsymbol{x}-2(\boldsymbol{I}_i'\boldsymbol{x}+c_i) \end{aligned} \tag{5.2.13}$$

其中 $\boldsymbol{I}_i=\boldsymbol{\Sigma}^{-1}\boldsymbol{\mu}_i$，$c_i=-\frac{1}{2}\boldsymbol{\mu}_i'\boldsymbol{\Sigma}^{-1}\boldsymbol{\mu}_i$，$i=1,2,\cdots,k$，所以此时的(5.2.12)式等价于判别规则

$$\boldsymbol{x}\in\pi_l,\quad 若\ \boldsymbol{I}_l'\boldsymbol{x}+c_l=\max_{1\leqslant i\leqslant k}(\boldsymbol{I}_i'\boldsymbol{x}+c_i) \tag{5.2.14}$$

这里 $\boldsymbol{I}_i'\boldsymbol{x}+c_i$ 为线性判别函数。

当组数 $k=2$ 时，可将上式写成

$$\begin{cases} \boldsymbol{x}\in\pi_1, & 若\ \boldsymbol{I}_1'\boldsymbol{x}+c_1\geqslant\boldsymbol{I}_2'\boldsymbol{x}+c_2 \\ \boldsymbol{x}\in\pi_2, & 若\ \boldsymbol{I}_1'\boldsymbol{x}+c_1<\boldsymbol{I}_2'\boldsymbol{x}+c_2 \end{cases} \tag{5.2.15}$$

对照(5.2.2)式，有

$$W(\boldsymbol{x})=(\boldsymbol{I}_1'\boldsymbol{x}+c_1)-(\boldsymbol{I}_2'\boldsymbol{x}+c_2) \tag{5.2.16}$$

(见习题 5.1)。可见，(5.2.15)式等价于(5.2.3)式。

实践中 $\boldsymbol{\mu}_1,\boldsymbol{\mu}_2,\cdots,\boldsymbol{\mu}_k$ 和 $\boldsymbol{\Sigma}_1,\boldsymbol{\Sigma}_2,\cdots,\boldsymbol{\Sigma}_k$ 一般都是未知的，它们的值可由相应的样本估计

值代替。设 $\boldsymbol{x}_{i1},\boldsymbol{x}_{i2},\cdots,\boldsymbol{x}_{in_i}$ 是从组 π_i 中抽取的一个样本，则 $\boldsymbol{\mu}_i$ 可估计为

$$\bar{\boldsymbol{x}}_i=\frac{1}{n_i}\sum_{j=1}^{n_i}\boldsymbol{x}_{ij}$$

$i=1,2,\cdots,k$。$\boldsymbol{\Sigma}_1,\boldsymbol{\Sigma}_2,\cdots,\boldsymbol{\Sigma}_k$ 的估计可分两种情况：当 $\boldsymbol{\Sigma}_1=\boldsymbol{\Sigma}_2=\cdots=\boldsymbol{\Sigma}_k=\boldsymbol{\Sigma}$ 时，$\boldsymbol{\Sigma}$ 的联合无偏估计为

$$\boldsymbol{S}_p=\frac{1}{n-k}\sum_{i=1}^{k}(n_i-1)\boldsymbol{S}_i$$

其中

$$n=n_1+n_2+\cdots+n_k$$

$$\boldsymbol{S}_i=\frac{1}{n_i-1}\sum_{j=1}^{n_i}(\boldsymbol{x}_{ij}-\bar{\boldsymbol{x}}_i)(\boldsymbol{x}_{ij}-\bar{\boldsymbol{x}}_i)'$$

为第 i 组的样本协方差矩阵；当 $\boldsymbol{\Sigma}_1,\boldsymbol{\Sigma}_2,\cdots,\boldsymbol{\Sigma}_k$ 不全相等时，$\boldsymbol{\Sigma}_i$ 可估计为 $\boldsymbol{S}_i$，$i=1,2,\cdots,k$。因此，实际应用中使用的判别规则是基于线性判别函数的

$$\boldsymbol{x}\in\pi_l,\quad 若\hat{\boldsymbol{I}}_l'\boldsymbol{x}+\hat{c}_l=\max_{1\leqslant i\leqslant k}(\hat{\boldsymbol{I}}_i'\boldsymbol{x}+\hat{c}_i)\tag{5.2.17}$$

其中 $\hat{\boldsymbol{I}}_i=\boldsymbol{S}_p^{-1}\bar{\boldsymbol{x}}_i$，$\hat{c}_i=-\frac{1}{2}\bar{\boldsymbol{x}}_i'\boldsymbol{S}_p^{-1}\bar{\boldsymbol{x}}_i$，$i=1,2,\cdots,k$；或基于二次判别函数的

$$\boldsymbol{x}\in\pi_l,\quad 若\hat{d}^2(\boldsymbol{x},\pi_l)=\min_{1\leqslant i\leqslant k}\hat{d}^2(\boldsymbol{x},\pi_i)\tag{5.2.18}$$

其中

$$\hat{d}^2(\boldsymbol{x},\pi_i)=(\boldsymbol{x}-\bar{\boldsymbol{x}}_i)'\boldsymbol{S}_i^{-1}(\boldsymbol{x}-\bar{\boldsymbol{x}}_i),\quad i=1,2,\cdots,k$$ ①

我们知道，在两组的情形下，除非两组分离得很好，否则所作的判别分类也许是不太有效的。对于多组的情形也是类似的，除非各组均值向量之间有明显的差异，否则就不适合作判别分类。在各组数据满足一定的条件下，我们可先进行多元方差分析。如果检验没有发现均值间有显著差异，则此时再作判别分类将是白费精力；如果检验结果有显著差异，则可考虑再进行判别分类，但并不意味着所作的判别一定有效，最终还得看一下误判概率。

在实际问题中，$\boldsymbol{\Sigma}_1,\boldsymbol{\Sigma}_2,\cdots,\boldsymbol{\Sigma}_k$ 一般不太会完全相等，我们需要考虑，是采用基于 $\boldsymbol{\Sigma}_1=\boldsymbol{\Sigma}_2=\cdots=\boldsymbol{\Sigma}_k=\boldsymbol{\Sigma}$ 假定的线性判别函数有利，还是采用基于 $\boldsymbol{\Sigma}_1,\boldsymbol{\Sigma}_2,\cdots,\boldsymbol{\Sigma}_k$ 不全相等的二次判别函数有利。我们一般可考虑如下策略(这些对于下一节的贝叶斯判别同样适用)：

(1) 一般而言，如果各组的样本容量普遍较小，则选择线性判别函数应是一个较好的策略。因为此时可以采用联合估计量 $\boldsymbol{S}_p$ 估计一个共同的 $\boldsymbol{\Sigma}$，它将分散在各组样本中的关于 $\boldsymbol{\Sigma}$ 的少量信息集中起来使用，从而得到一个较为精确、稳定的估计值，这比对每一组分别进行(不太精确的)单一的估计要好。相反地，如果各组的样本容量都非常大，则更倾向于采用二次判别函数，此时各 $\boldsymbol{\Sigma}_i$ 都可得到较精确的估计。

(2) 对 $\boldsymbol{\Sigma}_1,\boldsymbol{\Sigma}_2,\cdots,\boldsymbol{\Sigma}_k$ 作齐次性检验，即检验假设

$$H_0:\boldsymbol{\Sigma}_1=\boldsymbol{\Sigma}_2=\cdots=\boldsymbol{\Sigma}_k,\quad H_1:\boldsymbol{\Sigma}_1,\boldsymbol{\Sigma}_2,\cdots,\boldsymbol{\Sigma}_k 不全相等\tag{5.2.19}$$

---

① 要使 $\boldsymbol{S}_i^{-1}$ 都存在，须有 $n_i-1\geqslant p$，$i=1,2,\cdots,k$。如不满足，则只能使用判别规则(5.2.17)。要使 $\boldsymbol{S}_p^{-1}$ 存在，只须有 $n-k=(n_1-1)+\cdots+(n_k-1)\geqslant p$(证明类似于习题 4.2)。

以帮助判断是采用线性还是二次判别函数，该检验一般需各组的正态性假定。需要提醒的是，我们不应对这种齐次性检验寄予过高的期望。首先，如果正态性的假定不能较好满足，作这样的检验将是很困难的。其次，即使检验所需的正态性假定能够满足，检验的结果(因受样本容量大小等因素的影响)也只能作为重要的参考依据，而不宜作为决定性的依据，最终还是应视具体的情况而定。

(3) 我们有时也凭直觉判断一下计算出的 $\boldsymbol{S}_1,\boldsymbol{S}_2,\cdots,\boldsymbol{S}_k$ 是否比较接近，以决定是否应假定各组的协方差矩阵相等。

(4) 如果对使用线性还是二次判别函数拿不准，则可以同时采用判别规则(5.2.17)和(5.2.18)分别进行判别，然后用交叉验证法来比较其误判概率的大小，以判断到底采用哪种规则更为合适。但小样本情形下得到的误判概率估计不够可靠。

例 5.2.3　对破产的企业收集它们在破产前两年的年度财务数据，同时对财务良好的企业也收集同一时期的数据。数据涉及四个变量：x_1＝现金流量/总债务，x_2＝净收入/总资产，x_3＝流动资产/流动债务，以及 x_4＝流动资产/净销售额。数据列于表 5.2.1，Ⅰ组为破产企业，Ⅱ组为非破产企业。

表 5.2.1　　　　**破产状况数据**

编号	组别	x_1	x_2	x_3	x_4
1	Ⅰ	−0.45	−0.41	1.09	0.45
2	Ⅰ	−0.56	−0.31	1.51	0.16
3	Ⅰ	0.06	0.02	1.01	0.40
4	Ⅰ	−0.07	−0.09	1.45	0.26
5	Ⅰ	−0.10	−0.09	1.56	0.67
6	Ⅰ	−0.14	−0.07	0.71	0.28
7	Ⅰ	0.04	0.01	1.50	0.71
8	Ⅰ	−0.07	−0.06	1.37	0.40
9	Ⅰ	0.07	−0.01	1.37	0.34
10	Ⅰ	−0.14	−0.14	1.42	0.43
11	Ⅰ	−0.23	−0.30	0.33	0.18
12	Ⅰ	0.07	0.02	1.31	0.25
13	Ⅰ	0.01	0.00	2.15	0.70
14	Ⅰ	−0.28	−0.23	1.19	0.66
15	Ⅰ	0.15	0.05	1.88	0.27
16	Ⅰ	0.37	0.11	1.99	0.38
17	Ⅰ	−0.08	−0.08	1.51	0.42
18	Ⅰ	0.05	0.03	1.68	0.95
19	Ⅰ	0.01	0.00	1.26	0.60
20	Ⅰ	0.12	0.11	1.14	0.17
21	Ⅰ	−0.28	−0.27	1.27	0.51
22	Ⅱ	0.51	0.10	2.49	0.54
23	Ⅱ	0.08	0.02	2.01	0.53

续表

编号	组别	x_1	x_2	x_3	x_4
24	Ⅱ	0.38	0.11	3.27	0.35
25	Ⅱ	0.19	0.05	2.25	0.33
26	Ⅱ	0.32	0.07	4.24	0.63
27	Ⅱ	0.31	0.05	4.45	0.69
28	Ⅱ	0.12	0.05	2.52	0.69
29	Ⅱ	−0.02	0.02	2.05	0.35
30	Ⅱ	0.22	0.08	2.35	0.40
31	Ⅱ	0.17	0.07	1.80	0.52
32	Ⅱ	0.15	0.05	2.17	0.55
33	Ⅱ	−0.10	−0.01	2.50	0.58
34	Ⅱ	0.14	−0.03	0.46	0.26
35	Ⅱ	0.14	0.07	2.61	0.52
36	Ⅱ	0.15	0.06	2.23	0.56
37	Ⅱ	0.16	0.05	2.31	0.20
38	Ⅱ	0.29	0.06	1.84	0.38
39	Ⅱ	0.54	0.11	2.33	0.48
40	Ⅱ	−0.33	−0.09	3.01	0.47
41	Ⅱ	0.48	0.09	1.24	0.18
42	Ⅱ	0.56	0.11	4.29	0.44
43	Ⅱ	0.20	0.08	1.99	0.30
44	Ⅱ	0.47	0.14	2.92	0.45
45	Ⅱ	0.17	0.04	2.45	0.14
46	Ⅱ	0.58	0.04	5.06	0.13

以下使用线性判别规则(5.2.17)进行判别。

$$\bar{\boldsymbol{x}}_1=\begin{pmatrix}-0.0690\\-0.0814\\1.3667\\0.4376\end{pmatrix},\quad \bar{\boldsymbol{x}}_2=\begin{pmatrix}0.2352\\0.0556\\2.5936\\0.4268\end{pmatrix}$$

$$20\boldsymbol{S}_1=\begin{pmatrix}0.8826 & 0.5695 & 0.6899 & 0.0829\\0.5695 & 0.4201 & 0.5204 & 0.0688\\0.6899 & 0.5204 & 3.2861 & 0.6556\\0.0829 & 0.0688 & 0.6556 & 0.8916\end{pmatrix}$$

$$24\boldsymbol{S}_2=\begin{pmatrix}1.1292 & 0.2042 & 1.7983 & -0.1609\\0.2042 & 0.0570 & 0.2060 & 0.0044\\1.7983 & 0.2060 & 25.1226 & 0.7832\\-0.1609 & 0.0044 & 0.7832 & 0.6331\end{pmatrix}$$

$\boldsymbol{\Sigma}$ 的联合估计为

$$\boldsymbol{S}_p=\frac{1}{44}(20\boldsymbol{S}_1+24\boldsymbol{S}_2)=\begin{pmatrix}0.0457 & 0.0176 & 0.0566 & -0.0018\\0.0176 & 0.0108 & 0.0165 & 0.0017\\0.0566 & 0.0165 & 0.6457 & 0.0327\\-0.0018 & 0.0017 & 0.0327 & 0.0347\end{pmatrix}$$

$$\boldsymbol{S}_p^{-1}=\begin{pmatrix}67.9692 & -106.2364 & -3.8556 & 12.2182\\-106.2364 & 262.2058 & 3.6899 & -21.5137\\-3.8556 & 3.6899 & 1.9020 & -2.1693\\12.2182 & -21.5137 & -2.1693 & 32.5632\end{pmatrix}$$

$$\hat{\boldsymbol{I}}_1=\boldsymbol{S}_p^{-1}\bar{\boldsymbol{x}}_1=\begin{pmatrix}4.035\\-18.387\\1.616\\12.194\end{pmatrix},\quad \hat{\boldsymbol{I}}_2=\boldsymbol{S}_p^{-1}\bar{\boldsymbol{x}}_2=\begin{pmatrix}5.295\\-10.020\\3.306\\9.949\end{pmatrix}$$

$$\hat{c}_1=-\frac{1}{2}\bar{\boldsymbol{x}}_1'\boldsymbol{S}_p^{-1}\bar{\boldsymbol{x}}_1=-4.382,\quad \hat{c}_2=-\frac{1}{2}\bar{\boldsymbol{x}}_2'\boldsymbol{S}_p^{-1}\bar{\boldsymbol{x}}_2=-6.754$$

于是

$$\hat{\boldsymbol{I}}_1'\boldsymbol{x}+\hat{c}_1=4.035x_1-18.387x_2+1.616x_3+12.194x_4-4.382$$

$$\hat{\boldsymbol{I}}_2'\boldsymbol{x}+\hat{c}_2=5.295x_1-10.020x_2+3.306x_3+9.949x_4-6.754$$

对某个未判企业 $\boldsymbol{x}=(-0.16,-0.10,1.45,0.51)'$，计算得，

$$\hat{\boldsymbol{I}}_1'\boldsymbol{x}+\hat{c}_1=5.373,\quad \hat{\boldsymbol{I}}_2'\boldsymbol{x}+\hat{c}_2=3.268$$

按(5.2.17)式，该企业被判为破产企业。

现用(5.2.7)式的回代法来估计误判概率，计算结果列于表 5.2.2，编号旁打“*”号为误判，判别情况列于表 5.2.3。

表 5.2.2 距离判别

编号	$\hat{\boldsymbol{I}}_1'\boldsymbol{x}+\hat{c}_1$	$\hat{\boldsymbol{I}}_2'\boldsymbol{x}+\hat{c}_2$	编号	$\hat{\boldsymbol{I}}_1'\boldsymbol{x}+\hat{c}_1$	$\hat{\boldsymbol{I}}_2'\boldsymbol{x}+\hat{c}_2$
1	8.589	3.051	*15	1.634	2.440
2	3.449	−0.029	*16	2.938	4.461
3	2.002	0.681	17	4.327	2.794
4	2.504	1.157	18	9.567	8.215
5	7.560	5.441	19	5.010	3.433
6	0.902	−1.661	*20	−2.004	−1.761
7	6.677	5.379	21	7.724	3.741
8	3.530	1.984	22	6.445	8.547
9	2.444	1.628	23	5.284	5.386
10	5.165	2.879	24	4.680	8.447
11	2.934	−2.084	25	3.125	4.471
12	0.698	0.233	26	10.155	14.522
13	7.668	7.370	27	11.554	15.961
14	8.688	4.568	28	7.668	8.575

续表

编号	$\hat{l}_1'x+\hat{c}_1$	$\hat{l}_2'x+\hat{c}_2$	编号	$\hat{l}_1'x+\hat{c}_1$	$\hat{l}_2'x+\hat{c}_2$
29	2.750	3.198	38	3.292	4.043
30	3.709	5.357	39	5.392	7.480
31	4.266	4.568	40	6.536	7.026
32	5.517	6.184	41	0.098	0.775
33	6.510	6.851	42	8.152	13.667
* 34	0.648	−1.604	43	1.828	3.066
35	5.454	7.087	44	5.146	8.461
36	5.552	6.382	45	1.234	3.236
37	1.516	3.217	46	6.984	13.935

表 5.2.3 **回代法的判别情况**

真实组＼判别为	Ⅰ	Ⅱ
Ⅰ	18	3
Ⅱ	1	24

在表 5.2.3 中,估计的误判概率为

$$\hat{P}(2|1)=\frac{3}{21}=0.143,\quad \hat{P}(1|2)=\frac{1}{25}=0.04$$

如果使用(5.2.8)式的交叉验证法,则在对样本中的企业进行距离判别时,共有 5 家企业被误判,其中 4 家为原先表 5.2.2 中被误判的企业,还有 1 家是编号为 40 的企业。判别情况列于表 5.2.4。

表 5.2.4 **交叉验证法的判别情况**

真实组＼判别为	Ⅰ	Ⅱ
Ⅰ	18	3
Ⅱ	2	23

在表 5.2.4 中,估计的误判概率为

$$\hat{P}(2|1)=\frac{3}{21}=0.143,\quad \hat{P}(1|2)=\frac{2}{25}=0.08$$

如果使用二次判别规则(5.2.18)进行判别,则由回代法估算出的误判概率为

$$\hat{P}(2|1)=\frac{2}{21}=0.095,\quad \hat{P}(1|2)=\frac{1}{25}=0.04$$

由交叉验证法估算出的误判概率为

$$\hat{P}(2|1)=\frac{4}{21}=0.190,\quad \hat{P}(1|2)=\frac{1}{25}=0.04$$

从以上计算可以看到，由回代法算出的误判率总的来说较为乐观(即估计值偏小)。 □

注　例5.2.3的应用目标是，根据企业当今的 $\boldsymbol{x}=(x_1,x_2,x_3,x_4)'$ 值判别(或预测)该企业两年后会否破产。为了构造判别规则，需分别从两年后会破产和不会破产的两组企业中各自独立地抽取一个样本，但企业两年后会否破产这在当年一般是难以知道的，故也就无法实现这样的抽样。在过去两年至今后两年企业所处的经济大环境保持稳定的前提下，我们可采用如下的"变通"办法：也就是按目前破产与否将企业分为破产组和非破产组，然后从两组各自独立地抽取一个样本，调查它们两年前的 $\boldsymbol{x}$，再在此基础上建立判别函数及规则，并将此用于企业两年后会否破产的判别。对于判别为将破产的企业，必要时可采取及时的纠正行动。

§5.3　贝叶斯判别

在两组的判别中，如果组 π_1 比组 π_2 大得多，那么，只是根据样品 $\boldsymbol{x}$ 距离这两个组的远近来判别其归属就显得有些不妥。即使 $d^2(\boldsymbol{x},\pi_1)$ 比 $d^2(\boldsymbol{x},\pi_2)$ 稍大一点，人们往往仍倾向于判断 $\boldsymbol{x}$ 属于组 π_1。因为，在判别之前他们已有了"先验"的认识，即 $\boldsymbol{x}$ 来自组 π_1 比来自组 π_2 有更大的先验概率。先验概率可以根据组的大小、历史资料及经验等加以确定，常常带有一定的主观性。利用先验信息来进行判别是贝叶斯判别的一大特点。

一、最大后验概率法

设有 k 个组 $\pi_1,\pi_2,\cdots,\pi_k$，且组 π_i 的概率密度为 $f_i(\boldsymbol{x})$，样品 $\boldsymbol{x}$ 来自组 π_i 的先验概率为 p_i，$i=1,2,\cdots,k$，满足 $p_1+p_2+\cdots+p_k=1$。利用贝叶斯理论，$\boldsymbol{x}$ 属于 π_i 的后验概率(即当样品 $\boldsymbol{x}$ 已知时，它属于 π_i 的概率)为

$$P(\pi_i|\boldsymbol{x})=\frac{p_if_i(\boldsymbol{x})}{\sum_{j=1}^{k}p_jf_j(\boldsymbol{x})},\quad i=1,2,\cdots,k \tag{5.3.1}$$ [①]

(为便于理解该公式，附录5-2一给出了维数 $p=1$ 时的证明)。

最大后验概率法是采用如下的判别规则：

$$\boldsymbol{x}\in\pi_l,\quad 若\ P(\pi_l|\boldsymbol{x})=\max_{1\leqslant i\leqslant k}P(\pi_i|\boldsymbol{x}) \tag{5.3.2}$$

后验概率给出了对样品 $\boldsymbol{x}$ 归属哪一组作出正确判断的确信程度。例如，考虑两组的情形，欲判别 $\boldsymbol{x}$ 属于组 π_1 还是组 π_2。若 $P(\pi_1|\boldsymbol{x})=0.54$，$P(\pi_2|\boldsymbol{x})=0.46$，则虽判断 $\boldsymbol{x}$ 属于组 π_1，但正确判断的确信程度较低，不太有把握；若 $P(\pi_1|\boldsymbol{x})=0.97$，$P(\pi_2|\boldsymbol{x})=0.03$，则虽同样判断 $\boldsymbol{x}$ 属于组 π_1，但此时对判断的正确性是非常确信、有把握的。

例5.3.1　设有 π_1,π_2 和 π_3 三个组，欲判别某样品 $\boldsymbol{x}_0$ 属于何组，已知 $p_1=0.05$，$p_2=0.65$，$p_3=0.30$，$f_1(\boldsymbol{x}_0)=0.10$，$f_2(\boldsymbol{x}_0)=0.63$，$f_3(\boldsymbol{x}_0)=2.4$。现计算 $\boldsymbol{x}_0$ 属于各组的后验概率如下：

---

① 从该式可见，来自组 π_i 的先验概率 p_i 越大，组 π_i 在 $\boldsymbol{x}$ 处的概率密度 $f_i(\boldsymbol{x})$ 越大，样品 $\boldsymbol{x}$ 属于组 π_i 的后验概率 $P(\pi_i|\boldsymbol{x})$ 也就越大，这与我们的直觉相一致。

$$P(\pi_1|\boldsymbol{x}_0)=\frac{p_1f_1(\boldsymbol{x}_0)}{\sum_{i=1}^{3}p_if_i(\boldsymbol{x}_0)}$$
$$=\frac{0.05\times0.10}{0.05\times0.10+0.65\times0.63+0.30\times2.4}$$
$$=\frac{0.005}{1.1345}$$
$$=0.004$$
$$P(\pi_2|\boldsymbol{x}_0)=\frac{p_2f_2(\boldsymbol{x}_0)}{\sum_{i=1}^{3}p_if_i(\boldsymbol{x}_0)}=\frac{0.65\times0.63}{1.1345}=0.361$$
$$P(\pi_3|\boldsymbol{x}_0)=\frac{p_3f_3(\boldsymbol{x}_0)}{\sum_{i=1}^{3}p_if_i(\boldsymbol{x}_0)}=\frac{0.30\times2.4}{1.1345}=0.635$$

所以应将 $\boldsymbol{x}_0$ 判为组 π_3。 □

最重要的特例是 k 个组都是正态的，即 $\pi_i\sim N_p(\boldsymbol{\mu}_i,\boldsymbol{\Sigma}_i)$，$\boldsymbol{\Sigma}_i>0$，$i=1,2,\cdots,k$。这时，组 π_i 的概率密度为

$$f_i(\boldsymbol{x})=(2\pi)^{-p/2}|\boldsymbol{\Sigma}_i|^{-1/2}\exp[-0.5d^2(\boldsymbol{x},\pi_i)] \tag{5.3.3}$$

其中

$$d^2(\boldsymbol{x},\pi_i)=(\boldsymbol{x}-\boldsymbol{\mu}_i)'\boldsymbol{\Sigma}_i^{-1}(\boldsymbol{x}-\boldsymbol{\mu}_i)$$

是 $\boldsymbol{x}$ 到 π_i 的平方马氏距离。将(5.3.3)式代入(5.3.1)式可得后验概率的计算公式

$$P(\pi_i|\boldsymbol{x})=\frac{\exp\left[-\frac{1}{2}D^2(\boldsymbol{x},\pi_i)\right]}{\sum_{j=1}^{k}\exp\left[-\frac{1}{2}D^2(\boldsymbol{x},\pi_j)\right]},\quad i=1,2,\cdots,k \tag{5.3.4}$$ [①]

其中

$$D^2(\boldsymbol{x},\pi_i)=d^2(\boldsymbol{x},\pi_i)+g_i+h_i \tag{5.3.5}$$
$$g_i=\begin{cases}\ln|\boldsymbol{\Sigma}_i|, & \text{若 } \boldsymbol{\Sigma}_1,\boldsymbol{\Sigma}_2,\cdots,\boldsymbol{\Sigma}_k \text{ 不全相等}\\ 0, & \text{若 } \boldsymbol{\Sigma}_1=\boldsymbol{\Sigma}_2=\cdots=\boldsymbol{\Sigma}_k=\boldsymbol{\Sigma}\end{cases}$$
$$h_i=\begin{cases}-2\ln p_i, & \text{若 } p_1,p_2,\cdots,p_k \text{ 不全相等}\\ 0, & \text{若 } p_1=p_2=\cdots=p_k=\frac{1}{k}\end{cases}$$
$$i=1,2,\cdots,k$$

称 $D^2(\boldsymbol{x},\pi_i)$ 为 $\boldsymbol{x}$ 到 π_i 的**广义平方距离**。[②] 由(5.3.4)式知，在正态性假定下，判别规则(5.3.2)也可等价地表达为

$$\boldsymbol{x}\in\pi_l,\quad \text{若 } D^2(\boldsymbol{x},\pi_l)=\min_{1\leqslant i\leqslant k}D^2(\boldsymbol{x},\pi_i) \tag{5.3.6}$$

---

① 该后验概率公式是在各组正态性的假定下得到的，在实践中这种正态性假定往往很难(近似)满足，此时未必不可(简单地)使用(5.3.4)式和(5.3.2)式进行判别分类，只要误判概率值是我们可接受的即可。

② 广义平方距离可以不满足(这点可从有关统计软件的输出中看到)通常距离定义中必须满足的三个条件(见下一章§6.2一)中的任何一条，因此它不是真正的平方距离，只是有点像平方距离，尤其是在(5.3.6)式中。

当 $\boldsymbol{\Sigma}_1=\boldsymbol{\Sigma}_2=\cdots=\boldsymbol{\Sigma}_k=\boldsymbol{\Sigma}$ 时，由(5.3.5)和(5.2.13)式知，(5.3.4)式可简化为

$$P(\pi_i \mid \boldsymbol{x})=\frac{\exp(\boldsymbol{I}_i'\boldsymbol{x}+c_i+\ln p_i)}{\sum_{j=1}^{k}\exp(\boldsymbol{I}_j'\boldsymbol{x}+c_j+\ln p_j)},\quad i=1,2,\cdots,k \tag{5.3.7}$$

其中 $\boldsymbol{I}_i=\boldsymbol{\Sigma}^{-1}\boldsymbol{\mu}_i$，$c_i=-\frac{1}{2}\boldsymbol{\mu}_i'\boldsymbol{\Sigma}^{-1}\boldsymbol{\mu}_i$，$i=1,2,\cdots,k$。此时，判别规则(5.3.2)将等价于

$$\boldsymbol{x}\in\pi_l,\quad 若\ \boldsymbol{I}_l'\boldsymbol{x}+c_l+\ln p_l=\max_{1\leqslant i\leqslant k}(\boldsymbol{I}_i'\boldsymbol{x}+c_i+\ln p_i) \tag{5.3.8}$$

该判别规则基于线性判别函数，且不受变量单位的影响。① 如果我们对 $\boldsymbol{x}$ 来自哪一组的先验信息一无所知或难以确定，则一般可取 $p_1=p_2=\cdots=p_k=\frac{1}{k}$。这时，(5.3.8)式将退化为(5.2.14)式。因此，对于皆为正态组及各协方差矩阵相同的情形下，距离判别等价于各先验概率均相同时的贝叶斯判别。②

实际应用中，以上各式中的 $\boldsymbol{\mu}_i$ 和 $\boldsymbol{\Sigma}_i(i=1,2,\cdots,k)$ 一般都是未知的，需用相应的样本估计值代替。

例 5.3.2　在例 5.2.3 中，已知破产企业所占的比例约为 10%，可取 $p_1=0.1$，$p_2=0.9$，假定两组均为正态，且 $\boldsymbol{\Sigma}_1=\boldsymbol{\Sigma}_2=\boldsymbol{\Sigma}$，则未判企业 $\boldsymbol{x}=(-0.16,-0.10,1.45,0.51)'$ 的后验概率为

$$\begin{aligned}P(\pi_1|\boldsymbol{x})&=\frac{\exp(\hat{\boldsymbol{I}}_1'\boldsymbol{x}+\hat{c}_1+\ln p_1)}{\exp(\hat{\boldsymbol{I}}_1'\boldsymbol{x}+\hat{c}_1+\ln p_1)+\exp(\hat{\boldsymbol{I}}_2'\boldsymbol{x}+\hat{c}_2+\ln p_2)}\\&=\frac{\exp(5.373+\ln 0.1)}{\exp(5.373+\ln 0.1)+\exp(3.268+\ln 0.9)}\\&=\frac{e^{3.07}}{e^{3.07}+e^{3.163}}\\&=\frac{21.542}{45.183}\\&=0.477\end{aligned}$$

$$\begin{aligned}P(\pi_2|\boldsymbol{x})&=\frac{\exp(\hat{\boldsymbol{I}}_2'\boldsymbol{x}+\hat{c}_2+\ln p_2)}{\exp(\hat{\boldsymbol{I}}_1'\boldsymbol{x}+\hat{c}_1+\ln p_1)+\exp(\hat{\boldsymbol{I}}_2'\boldsymbol{x}+\hat{c}_2+\ln p_2)}\\&=\frac{23.641}{45.183}\\&=0.523\end{aligned}$$

由于 $P(\pi_1|\boldsymbol{x})<P(\pi_2|\boldsymbol{x})$，所以该企业被判为非破产企业，这与例 5.2.3 的距离判别结果正好相反，这正是先验概率的作用结果。□

二、最小期望误判代价法

在进行判别分析的过程中难免会发生误判，各种误判所产生的后果可能有所不同。例如，

---

① 由(5.2.13)式知，(5.3.8)式等价于

$$\boldsymbol{x}\in\pi_l,\quad 若\ d^2(\boldsymbol{x},\pi_l)-2\ln p_l=\min_{1\leqslant i\leqslant k}[d^2(\boldsymbol{x},\pi_i)-2\ln p_i]$$

而其中的马氏距离不受变量单位的影响。

② 这里未考虑稍后将提到的误判代价。如考虑误判代价，则其间需再加上条件“且各误判代价也相同”。

将一批不合格的药误判为合格的比将合格的误判为不合格的一般有着严重得多的后果；贷款给一个拖欠者的代价远超过拒绝贷款给一个非拖欠者导致的商机损失的代价；在医疗诊断中，错误地把一位癌症患者诊断为健康（假阴性）的代价远高于错误地把一个健康人诊断为患有癌症（假阳性）的代价。**误判代价**就是这种误判后果的数量表现。最大后验概率法没有涉及误判的代价，在各种误判代价明显不同的场合下，该判别法就不适宜了。例如，经计算，$P(\pi_1|\boldsymbol{x})=0.6$，$P(\pi_2|\boldsymbol{x})=0.4$，如果将 π_2 中的样品 $\boldsymbol{x}$ 误判为 π_1 的代价远超过将 π_1 中的样品 $\boldsymbol{x}$ 误判为 π_2 的代价，那么仅根据后验概率的大小判断 $\boldsymbol{x}\in\pi_1$ 是不明智的，似乎判断 $\boldsymbol{x}\in\pi_2$ 显得更合理些。

（一）两组的一般情形

设组 π_1 和 π_2 的概率密度函数分别为 $f_1(\boldsymbol{x})$ 和 $f_2(\boldsymbol{x})$，组 π_1 和 π_2 的先验概率分别为 p_1 和 p_2，$p_1+p_2=1$。又设将来自 π_i 的 $\boldsymbol{x}$ 判为 π_l 的代价为 $c(l|i)$，$l,i=1,2$，正确判别的代价为 $c(1|1)=c(2|2)=0$，可用代价矩阵表示为

		判别为	
		π_1	π_2
真实组	π_1	0	$c(2\|1)$
	π_2	$c(1\|2)$	0

(5.3.9)

我们是根据样品的 p 维观测值 $\boldsymbol{x}$ 来进行判别的，所有可能的观测值 $\boldsymbol{x}$ 的集合构成样本空间 Ω，按某一判别规则对 Ω 中的每一 $\boldsymbol{x}$ 进行判别时，它的判别归属非 π_1 即 π_2。由此可将样本空间 Ω 划分为两个不重叠的部分：$R_1=\{\boldsymbol{x}$：判别归属 $\pi_1\}$ 和 $R_2=\{\boldsymbol{x}$：判别归属 $\pi_2\}$，有 $R_1\cup R_2=\Omega$，$R_1\cap R_2=\varnothing$。对 $p=2$，可在平面图上表示出两个不同的区域，如图 5.3.1 所示。因此，给定一个判别规则本质上就是给出 Ω 的一个划分。

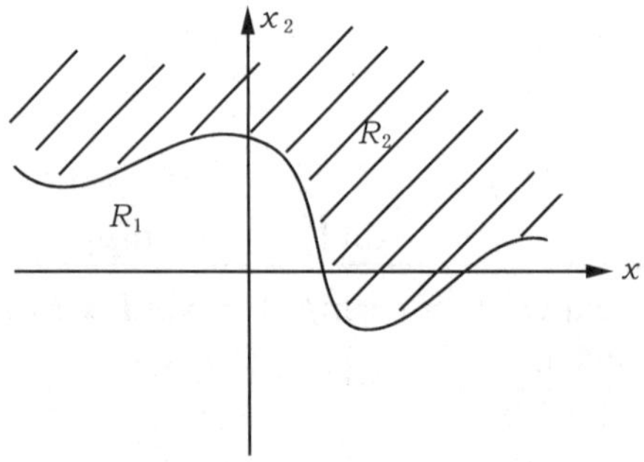

图 5.3.1 两组的判别区域

将 π_1 中的样品 $\boldsymbol{x}$ 误判到 π_2 的条件概率为

$$P(2\mid 1)=P(\boldsymbol{x}\in R_2\mid \boldsymbol{x}\in\pi_1)=\int_{R_2}f_1(\boldsymbol{x})\mathrm{d}\boldsymbol{x} \tag{5.3.10}$$

类似地，将 π_2 中的样品 $\boldsymbol{x}$ 误判到 π_1 的条件概率为

$$P(1\mid 2)=P(\boldsymbol{x}\in R_1\mid \boldsymbol{x}\in\pi_2)=\int_{R_1}f_2(\boldsymbol{x})\mathrm{d}\boldsymbol{x} \tag{5.3.11}$$

对任一判别规则，我们关心它的**平均或期望误判代价**（expected cost of misclassification），记为 ECM，可计算为

$$\begin{aligned}ECM &= E[c(l|i)]\\ &= c(1|1)P(\boldsymbol{x}\in\pi_1,\boldsymbol{x}\in R_1)+c(2|1)P(\boldsymbol{x}\in\pi_1,\boldsymbol{x}\in R_2)\\ &\quad +c(1|2)P(\boldsymbol{x}\in\pi_2,\boldsymbol{x}\in R_1)+c(2|2)P(\boldsymbol{x}\in\pi_2,\boldsymbol{x}\in R_2)\\ &= c(2|1)P(\boldsymbol{x}\in\pi_1)P(\boldsymbol{x}\in R_2|\boldsymbol{x}\in\pi_1)+c(1|2)P(\boldsymbol{x}\in\pi_2)P(\boldsymbol{x}\in R_1|\boldsymbol{x}\in\pi_2)\\ &= c(2|1)p_1P(2|1)+c(1|2)p_2P(1|2)\end{aligned} \tag{5.3.12}$$

①

最小期望误判代价法采用的是使 ECM 达到最小的判别规则，即为

$$\begin{cases}\boldsymbol{x}\in\pi_1, & 若\dfrac{f_1(\boldsymbol{x})}{f_2(\boldsymbol{x})}\geqslant\dfrac{c(1|2)p_2}{c(2|1)p_1}\\ \boldsymbol{x}\in\pi_2, & 若\dfrac{f_1(\boldsymbol{x})}{f_2(\boldsymbol{x})}<\dfrac{c(1|2)p_2}{c(2|1)p_1}\end{cases} \tag{5.3.13}$$

（证明见附录 5-2 二）

从(5.3.13)式可以看出，最小 ECM 规则需要三个比值：密度函数比、误判代价比和先验概率比。对一个新样品 $\boldsymbol{x}_0$，我们只需知道这些比值就能对它的归属作出判断。在这三个比值中，误判代价比最富有实际意义，因为在许多应用中，直接确定误判代价会有一定困难，而确定误判代价比却相对容易得多。例如，对一个做手术有一定危险，而不做手术又无法治愈的患者来说，很难确定对其做或不做手术的代价，也许我们能相对较容易地给出这两种代价的一个比较现实的比值。

例 5.3.3　设组 π_1 和 π_2 的概率密度函数分别为 $f_1(\boldsymbol{x})$和 $f_2(\boldsymbol{x})$，又知 $c(1|2)=12$ 个单位，$c(2|1)=4$ 个单位，根据以往经验给出 $p_1=0.6$，$p_2=0.4$，则最小 ECM 判别规则为

$$\begin{cases}\boldsymbol{x}\in\pi_1, & 若\dfrac{f_1(\boldsymbol{x})}{f_2(\boldsymbol{x})}\geqslant\dfrac{12\times0.4}{4\times0.6}=2\\ \boldsymbol{x}\in\pi_2, & 若\dfrac{f_1(\boldsymbol{x})}{f_2(\boldsymbol{x})}<\dfrac{12\times0.4}{4\times0.6}=2\end{cases}$$

假定在一个新样品 $\boldsymbol{x}_0$ 处算得 $f_1(\boldsymbol{x}_0)=0.36$，$f_2(\boldsymbol{x}_0)=0.24$，于是

$$\frac{f_1(\boldsymbol{x}_0)}{f_2(\boldsymbol{x}_0)}=\frac{0.36}{0.24}=1.5<2$$

因此，判 $\boldsymbol{x}_0$ 来自组 π_2。　□

我们现来看一下(5.3.13)式的一些特殊情形：

(1) 当 $p_1=p_2=0.5$ 时，(5.3.13)式简化为

$$\begin{cases}\boldsymbol{x}\in\pi_1, & 若\dfrac{f_1(\boldsymbol{x})}{f_2(\boldsymbol{x})}\geqslant\dfrac{c(1|2)}{c(2|1)}\\ \boldsymbol{x}\in\pi_2, & 若\dfrac{f_1(\boldsymbol{x})}{f_2(\boldsymbol{x})}<\dfrac{c(1|2)}{c(2|1)}\end{cases} \tag{5.3.14}$$

实际应用中，如果先验概率难以给出，则它们通常被取成相等。

(2) 当 $c(1|2)=c(2|1)$时，(5.3.13)式简化为

---

① 赋予了样品 $\boldsymbol{x}$ 来自各组的先验概率，这意味着已将 i 视为随机变量。由于 $\boldsymbol{x}$ 具有随机性，以致将其判到哪一组也具有随机性，从而 l 也是随机变量。因此，$c(l|i)$是二维随机变量(i,l)的函数，本推导正是利用了求随机变量函数的数学期望的公式。

$$\begin{cases} \boldsymbol{x} \in \pi_1, & 若\ p_1 f_1(\boldsymbol{x}) \geqslant p_2 f_2(\boldsymbol{x}) \\ \boldsymbol{x} \in \pi_2, & 若\ p_1 f_1(\boldsymbol{x}) < p_2 f_2(\boldsymbol{x}) \end{cases} \tag{5.3.15}$$

易见,(误判代价取成相等得到的)(5.3.15)式等价于(未考虑误判代价的)组数 $k=2$ 时的(5.3.2)式。实践中,若误判代价比无法确定,则通常取其比值为 1。

记 $c(1|2)=c(2|1)=c$,这时的(5.3.12)式简化为

$$ECM = c[p_1 P(2|1) + p_2 P(1|2)]$$

而

$$\begin{aligned} 总的误判概率 &= P(误判发生在组\ \pi_1\ 中) + P(误判发生在组\ \pi_2\ 中) \\ &= p_1 P(2|1) + p_2 P(1|2) \end{aligned} \tag{5.3.16}$$

可见,此时的判别规则(5.3.15)将使总的误判概率($=ECM/c$)达到最小,从而此时的最小期望误判代价判别规则即为最小总误判概率判别规则。

(3) 当 $\frac{p_1}{p_2}=\frac{c(1|2)}{c(2|1)}$[通常的情况是,$p_1=p_2=0.5$ 且 $c(1|2)=c(2|1)$]时,(5.3.13)式可进一步简化为

$$\begin{cases} \boldsymbol{x} \in \pi_1, & 若\ f_1(\boldsymbol{x}) \geqslant f_2(\boldsymbol{x}) \\ \boldsymbol{x} \in \pi_2, & 若\ f_1(\boldsymbol{x}) < f_2(\boldsymbol{x}) \end{cases} \tag{5.3.17}$$

判别规则(5.3.17)可使两个误判概率之和 $P(2|1)+P(1|2)$ 达到最小①(证明见附录 5-2 三),或者说可使平均误判概率 $0.5P(2|1)+0.5P(1|2)$ 达到最小,这个平均误判概率也是当 $p_1=p_2=0.5$ 时的总误判概率。

例 5.3.4 在例 5.2.2 中,按(5.3.17)式,判别规则可写为

$$\begin{cases} x \in \pi_1, & 若\ x \in R_1 \\ x \in \pi_2, & 若\ x \in R_2 \end{cases}$$

其中 R_1 和 R_2 是如图 5.3.2 所示的轴上区域,也就是 R_1 是由两密度曲线的两个相交点正下方处②之间形成的区域,R_2 是由区域 R_1 之外的左右两个不相交的尾部构成的区域。这是一个在两个误判概率之和达到最小意义上的最优判别规则。 □

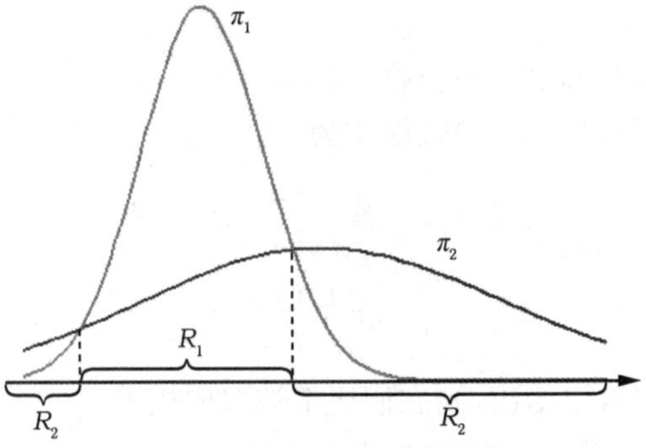

图 5.3.2 按(5.3.17)式判别的组归属区域

---

① 这未必能使总误判概率 $p_1P(2|1)+p_2P(1|2)$ 达到最小,判别规则(5.3.15)可实现这一点。

② 两相交点正下方处的确切值可通过解(5.3.20)式中的等式得到。

（二）两个正态组的情形

在统计实践中，基于正态总体的判别方法居主导地位，此时的判别方法简单而高效。现假定 $\pi_i \sim N_p(\boldsymbol{\mu}_i, \boldsymbol{\Sigma}_i)$，$\boldsymbol{\Sigma}_i > 0$，$i=1,2$。

1. $\boldsymbol{\Sigma}_1 = \boldsymbol{\Sigma}_2 = \boldsymbol{\Sigma}$ 时的判别

此时(5.3.13)式可具体写成

$$\begin{cases} \boldsymbol{x} \in \pi_1, & \text{若 } \boldsymbol{a}'(\boldsymbol{x}-\bar{\boldsymbol{\mu}}) \geqslant \ln\left[\dfrac{c(1|2)p_2}{c(2|1)p_1}\right] \\ \boldsymbol{x} \in \pi_2, & \text{若 } \boldsymbol{a}'(\boldsymbol{x}-\bar{\boldsymbol{\mu}}) < \ln\left[\dfrac{c(1|2)p_2}{c(2|1)p_1}\right] \end{cases} \tag{5.3.18}$$

（见习题5.4），其中 $\boldsymbol{a} = \boldsymbol{\Sigma}^{-1}(\boldsymbol{\mu}_1 - \boldsymbol{\mu}_2)$，$\bar{\boldsymbol{\mu}} = \dfrac{1}{2}(\boldsymbol{\mu}_1 + \boldsymbol{\mu}_2)$。若进一步假定 $p_1 = p_2$，$c(1|2) = c(2|1)$，则(5.3.18)式又将简化为(5.2.3)式。因此，在两组皆为正态组且协方差矩阵相等的情形下，距离判别(5.2.3)等价于不考虑先验概率和误判代价[相当于 $p_1 = p_2$，$c(1|2) = c(2|1)$]时的贝叶斯判别。

将多元正态密度代入(5.3.17)式，经简化即得(5.2.3)式，故判别规则(5.2.3)此时作为判别规则(5.3.17)的一个特例，它当然可使 $P(2|1)+P(1|2)$ 达到最小。由此我们得到一个**重要结论**：在两组皆为正态组且协方差矩阵相等的情形下，判别规则(5.2.3)在使两个误判概率之和（或平均误判概率）达到最小的意义上是最优的。① 实践中，因未知参数需用样本值替代，故实际所使用的判别规则(5.2.5)只是渐近最优的。

2. $\boldsymbol{\Sigma}_1 \neq \boldsymbol{\Sigma}_2$ 时的判别

(5.3.13)式可写为

$$\begin{cases} \boldsymbol{x} \in \pi_1, & \text{若 } d^2(\boldsymbol{x}, \pi_1) - d^2(\boldsymbol{x}, \pi_2) \leqslant 2\ln\left[\dfrac{c(2|1)p_1|\boldsymbol{\Sigma}_2|^{1/2}}{c(1|2)p_2|\boldsymbol{\Sigma}_1|^{1/2}}\right] \\ \boldsymbol{x} \in \pi_2, & \text{若 } d^2(\boldsymbol{x}, \pi_1) - d^2(\boldsymbol{x}, \pi_2) > 2\ln\left[\dfrac{c(2|1)p_1|\boldsymbol{\Sigma}_2|^{1/2}}{c(1|2)p_2|\boldsymbol{\Sigma}_1|^{1/2}}\right] \end{cases} \tag{5.3.19}$$

（见习题5.4），其中 $d^2(\boldsymbol{x}, \pi_i) = (\boldsymbol{x} - \boldsymbol{\mu}_i)'\boldsymbol{\Sigma}_i^{-1}(\boldsymbol{x} - \boldsymbol{\mu}_i)$ 为 $\boldsymbol{x}$ 到组 π_i 的平方马氏距离，$i=1,2$。在 $p_1 = p_2$，$c(1|2) = c(2|1)$ 的条件下，(5.3.19)式可简化为

$$\begin{cases} \boldsymbol{x} \in \pi_1, & \text{若 } d^2(\boldsymbol{x}, \pi_1) - d^2(\boldsymbol{x}, \pi_2) \leqslant 2\ln\left(\dfrac{|\boldsymbol{\Sigma}_2|^{1/2}}{|\boldsymbol{\Sigma}_1|^{1/2}}\right) \\ \boldsymbol{x} \in \pi_2, & \text{若 } d^2(\boldsymbol{x}, \pi_1) - d^2(\boldsymbol{x}, \pi_2) > 2\ln\left(\dfrac{|\boldsymbol{\Sigma}_2|^{1/2}}{|\boldsymbol{\Sigma}_1|^{1/2}}\right) \end{cases} \tag{5.3.20}$$

事实上，(5.3.20)式也可经由(5.3.3)式代入(5.3.17)式得到。因此，在两组皆为正态组的情形下，判别规则(5.3.20)作为判别规则(5.3.17)的一个特例，它在使两个误判概率之和

---

① 该结论可推广到稍后多组的情形：在皆为正态组且各协方差矩阵相等的情形下，判别规则(5.2.14)在使所有的误判概率之和 $\sum_{i=1}^{k}\sum_{\substack{l=1\\l\neq i}}^{k} P(l \mid i)$[或所有误判概率的平均值 $\dfrac{1}{k(k-1)}\sum_{i=1}^{k}\sum_{\substack{l=1\\l\neq i}}^{k} P(l \mid i)$]达到最小的意义上是最优的。

(或平均误判概率)达到最小的意义上是最优的。此时,它当然也就优于(5.2.10)式的距离判别。

基于二次函数的判别规则相比线性判别规则,其判别效果更依赖于多元正态性的假定(参见文献[30],第462页)。实践中,为了达到较理想的判别效果,需要时可以考虑先将各组的非正态性数据变换成接近正态性的数据(变换方法可参见文献[30],第4章的4.8节),然后再作判别分析。

(三)多组的情形

设 $f_i(\boldsymbol{x})$为组 π_i 的概率密度函数, $i=1,2,\cdots,k$。令

p_i——组 π_i 的先验概率, $i=1,2,\cdots,k$。

$c(l|i)$——将来自 π_i 的 $\boldsymbol{x}$ 判为 π_l 的代价, $l,i=1,2,\cdots,k$,对 $l=i$,$c(i|i)=0$, $i=1,2,\cdots,k$。

R_l——所有判为 π_l 的 $\boldsymbol{x}$ 的集合, $l=1,2,\cdots,k$。

因而对 $l,i=1,2,\cdots,k$,将来自 π_i 的样品 $\boldsymbol{x}$ 判为 π_l 的条件概率为

$$P(l \mid i)=P(\boldsymbol{x}\in R_l \mid \boldsymbol{x}\in\pi_i)=\int_{R_l} f_i(\boldsymbol{x})\mathrm{d}\boldsymbol{x} \tag{5.3.21}$$

利用数学期望等于条件数学期望的期望这一性质,可求得任一判别规则的期望误判代价。

$$\begin{aligned} ECM &= E[c(l\mid i)] \\ &= EE[c(l\mid i)\mid i] \\ &= E\left[\sum_{l=1}^{k} c(l\mid i)P(l\mid i)\right] \\ &= E\left[\sum_{\substack{l=1\\ l\neq i}}^{k} c(l\mid i)P(l\mid i)\right] \\ &= \sum_{i=1}^{k} p_i \sum_{\substack{l=1\\ l\neq i}}^{k} c(l\mid i)P(l\mid i) \end{aligned} \tag{5.3.22}$$

使 ECM 达到最小的判别规则是

$$\boldsymbol{x}\in\pi_l,\quad 若\sum_{\substack{j=1\\ j\neq l}}^{k} p_j c(l\mid j) f_j(\boldsymbol{x})=\min_{1\leqslant i\leqslant k}\sum_{\substack{j=1\\ j\neq i}}^{k} p_j c(i\mid j) f_j(\boldsymbol{x}) \tag{5.3.23}$$

(证明见附录5-2四)。当 $k=2$ 时,(5.3.23)式退化为(5.3.13)式。

例5.3.5　在例5.3.1中,假定误判代价矩阵为

		判别为		
		π_1	π_2	π_3
真实组	π_1	$c(1\|1)=0$	$c(2\|1)=10$	$c(3\|1)=200$
	π_2	$c(1\|2)=20$	$c(2\|2)=0$	$c(3\|2)=100$
	π_3	$c(1\|3)=60$	$c(2\|3)=50$	$c(3\|3)=0$

现采用最小 ECM 规则进行判别。

$$l=1:\quad p_2c(1|2)f_2(\boldsymbol{x}_0)+p_3c(1|3)f_3(\boldsymbol{x}_0)$$
$$=0.65\times20\times0.63+0.30\times60\times2.4$$
$$=51.39$$
$$l=2:\quad p_1c(2|1)f_1(\boldsymbol{x}_0)+p_3c(2|3)f_3(\boldsymbol{x}_0)$$
$$=0.05\times10\times0.10+0.30\times50\times2.4$$
$$=36.05$$
$$l=3:\quad p_1c(3|1)f_1(\boldsymbol{x}_0)+p_2c(3|2)f_2(\boldsymbol{x}_0)$$
$$=0.05\times200\times0.10+0.65\times100\times0.63$$
$$=41.95$$

由于 $l=2$ 时，$\sum_{\substack{j=1\\j\neq l}}^{3} p_jc(l|j)f_j(\boldsymbol{x}_0)=36.05$ 最小，所以将 $\boldsymbol{x}_0$ 判为 π_2。 □

现来讨论所有误判代价均相同的这一特殊情形。不失一般性，可令 $c(l|i)=1, l\neq i,\ l,i=1,2,\cdots,k$，则此时

$$ECM=\sum_{i=1}^{k}p_i\sum_{\substack{l=1\\l\neq i}}^{k}P(l\mid i)=1-\sum_{i=1}^{k}p_iP(i\mid i) \tag{5.3.24}$$①

为误判发生在各组中的概率之和，称之为**总的误判概率**。故此时的最小期望误判代价法也可称为**最小总误判概率法**，并且(5.3.23)式可简化为

$$\boldsymbol{x}\in\pi_l,\quad 若\sum_{\substack{j=1\\j\neq l}}^{k}p_jf_j(\boldsymbol{x})=\min_{1\leqslant i\leqslant k}\sum_{\substack{j=1\\j\neq i}}^{k}p_jf_j(\boldsymbol{x}) \tag{5.3.25}$$

让 $\sum_{j=1}^{k}p_jf_j(\boldsymbol{x})$ 减去上面等式的两边，即有更简洁的形式：

$$\boldsymbol{x}\in\pi_l,\quad 若\ p_lf_l(\boldsymbol{x})=\max_{1\leqslant i\leqslant k}p_if_i(\boldsymbol{x}) \tag{5.3.26}$$

显然，(5.3.26)式与(5.3.2)式是等价的。因此，此时的最小总误判概率法等同于最大后验概率法，或者说，最大后验概率法可看成是所有误判代价均相同时的最小期望误判代价法。当 $p_1=p_2=\cdots=p_k=1/k$ 时，(5.3.26)式又进一步简化为

$$\boldsymbol{x}\in\pi_l,\quad 若\ f_l(\boldsymbol{x})=\max_{1\leqslant i\leqslant k}f_i(\boldsymbol{x}) \tag{5.3.27}$$

该判别规则实际上也是一种**极大似然法**，因为 $f_i(\boldsymbol{x})$ 是单个观测值 $\boldsymbol{x}$ 的似然函数。当 $k=2$ 时，(5.3.27) 式退化为(5.3.17) 式。

---

① 令事件 $B=\{误判\}, A_i=\{样品来自\ \pi_i\},\ i=1,2,\cdots,k$，则利用全概率公式得总的误判概率为

$$P(B)=\sum_{i=1}^{k}P(A_i)P(B\mid A_i)=\sum_{i=1}^{k}p_i\sum_{\substack{l=1\\l\neq i}}^{k}P(l\mid i)$$

此外，总的正确判别概率为

$$P(\overline{B})=1-P(B)=1-\sum_{i=1}^{k}p_i\sum_{\substack{l=1\\l\neq i}}^{k}P(l\mid i)=1-\sum_{i=1}^{k}p_i[1-P(i\mid i)]=\sum_{i=1}^{k}p_iP(i\mid i)$$

§5.4 费希尔判别

一、费希尔判别的基本思想

费希尔判别(或称**典型判别**)的基本思想是投影(或降维):用 p 维向量 $\boldsymbol{x}=(x_1,x_2,\cdots,x_p)'$ 的少数几个线性组合(称为**费希尔判别函数**或**典型变量**)$y_1=\boldsymbol{a}_1'\boldsymbol{x},y_2=\boldsymbol{a}_2'\boldsymbol{x},\cdots,y_r=\boldsymbol{a}_r'\boldsymbol{x}$(一般 r 明显小于 p)来代替原始的 p 个变量 $x_1,x_2,\cdots,x_p$,以达到降维的目的,并根据这 r 个判别函数 $y_1,y_2,\cdots,y_r$ 将各组分离。成功的降维将使组的分离更为方便和有效,并且可以对前两个或前三个判别函数作图,从直观的几何图形上区别各组。

在降维的过程中难免会有部分有用信息的损失,但只要使用的方法得当,我们可以最大限度地减少这种损失,从而保留尽可能多的有用信息,即关于能够反映组之间差异的信息。为便于理解,我们以下用一个简单的二维例子来加以说明(见图 5.4.1)。

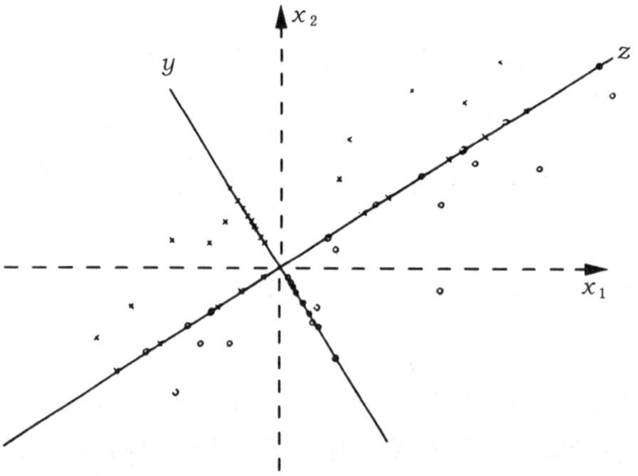

图 5.4.1 投影到某个方向再判别

如图 5.4.1 所示,两个组的所有样品都测量了两个变量 x_1 和 x_2,将所有 (x_1,x_2) 点画于直角坐标系上,一组的样品点用"×"表示,另一组的样品点用"○"表示。假定我们希望将二维空间的点投影到某条直线上分离两组,则投影到不同的直线上,分离的效果一般是不同的。从图 5.4.1 中可见,如果两组的点都投影到直线 z 上,则这两组的投影点在该直线上的分布几乎无任何差异,它们完全混合在一起,我们无法将这两组的点区别开来,这样的降维把反映两组间差异的信息都给损失了,显然是不可取的。事实上,最好的投影是投影到直线 y 上,因为它把两组的投影点很清楚地区分了开来,这种降维把有关两组差异的信息很好地保留了下来,几乎没有任何损失,如此就完全可以在一维的直线上分离开两组。

二、费希尔判别函数

我们现考虑在 R^p 中将 k 组的 p 维数据向量投影到某个具有最佳方向的 $\boldsymbol{a}$ 上,即投影到 $\boldsymbol{a}$

上的点能最大限度地显现出各组之间的差异。

设来自组 π_i 的 p 维观测值为 $\boldsymbol{x}_{ij}$，$j=1,2,\cdots,n_i$，$i=1,2,\cdots,k$，将它们共同投影到某一 p 维常数向量 $\boldsymbol{a}$ 上，得到的投影点可分别对应线性组合 $y_{ij}=\boldsymbol{a}'\boldsymbol{x}_{ij}$①，$j=1,2,\cdots,n_i$，$i=1,2,\cdots,k$。这样，所有的 p 维观测值就简化为一维观测值。下面我们用 $\bar{y}_i$ 表示组 π_i 中 y_{ij} 的均值，$\bar{y}$ 表示所有 k 组 y_{ij} 的总均值，即

$$\bar{y}_i=\frac{1}{n_i}\sum_{j=1}^{n_i}y_{ij}=\boldsymbol{a}'\bar{\boldsymbol{x}}_i$$

$$\bar{y}=\frac{1}{n}\sum_{i=1}^{k}\sum_{j=1}^{n_i}y_{ij}=\frac{1}{n}\sum_{i=1}^{k}n_i\bar{y}_i=\boldsymbol{a}'\bar{\boldsymbol{x}}$$

式中 $n=\sum_{i=1}^{k}n_i$，$\bar{\boldsymbol{x}}_i=\frac{1}{n_i}\sum_{j=1}^{n_i}\boldsymbol{x}_{ij}$，$\bar{\boldsymbol{x}}=\frac{1}{n}\sum_{i=1}^{k}n_i\bar{\boldsymbol{x}}_i$。

对于任一用来投影的 $\boldsymbol{a}$，我们需要给出一个能反映组之间分离程度的度量。比较图 5.4.2 中的上、下半图，上半图三组均值之间的差异程度与下半图是相同的，而前者组之间的分离程度却明显高于后者，原因就在于前者的组内变差要远小于后者，后者组之间有较多重叠。因此，可以考虑将组之间的分离程度度量为相对其组内变差的组间变差。在以下的讨论中，我们需假定各组的协方差矩阵相同，即 $\boldsymbol{\Sigma}_1=\boldsymbol{\Sigma}_2=\cdots=\boldsymbol{\Sigma}_k=\boldsymbol{\Sigma}$。

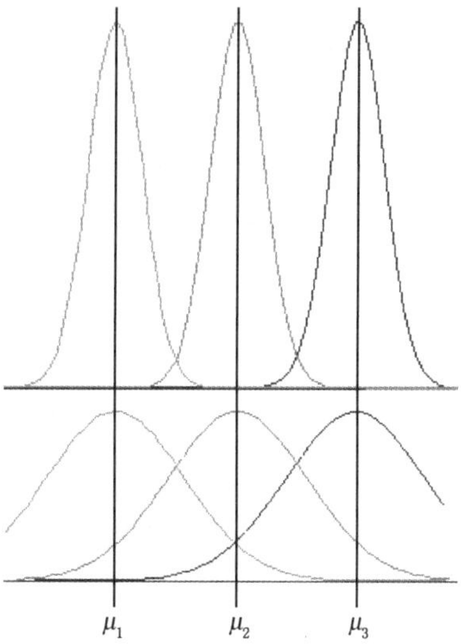

图 5.4.2　三组之间的分离程度

y_{ij} 的组间平方和

$$SSTR=\sum_{i=1}^{k}n_i(\bar{y}_i-\bar{y})^2=\sum_{i=1}^{k}n_i(\boldsymbol{a}'\bar{\boldsymbol{x}}_i-\boldsymbol{a}'\bar{\boldsymbol{x}})^2=\boldsymbol{a}'\boldsymbol{H}\boldsymbol{a}$$

---

① 由习题 1.3 可知，$\boldsymbol{x}_{ij}$ 在 $\boldsymbol{a}$ 上的投影长度是 $|\boldsymbol{a}'\boldsymbol{x}_{ij}|/\|\boldsymbol{a}\|$，用 $\boldsymbol{a}'\boldsymbol{x}_{ij}$ 来代替投影值 $\boldsymbol{a}'\boldsymbol{x}_{ij}/\|\boldsymbol{a}\|$ 将不会影响后面的讨论，并便于我们稍后直接对 $\boldsymbol{a}$ 作适当的标准化限制。

式中 $\boldsymbol{H}=\sum_{i=1}^{k} n_i(\bar{\boldsymbol{x}}_i-\bar{\boldsymbol{x}})(\bar{\boldsymbol{x}}_i-\bar{\boldsymbol{x}})'$为组间平方和及叉积和矩阵。$y_{ij}$ 的组内平方和

$$SSE=\sum_{i=1}^{k}\sum_{j=1}^{n_i}(y_{ij}-\bar{y}_i)^2=\sum_{i=1}^{k}\sum_{j=1}^{n_i}(\boldsymbol{a}'\boldsymbol{x}_{ij}-\boldsymbol{a}'\bar{\boldsymbol{x}}_i)^2=\boldsymbol{a}'\boldsymbol{E}\boldsymbol{a}$$

式中 $\boldsymbol{E}=\sum_{i=1}^{k}(n_i-1)\boldsymbol{S}_i=\sum_{i=1}^{k}\sum_{j=1}^{n_i}(\boldsymbol{x}_{ij}-\bar{\boldsymbol{x}}_i)(\boldsymbol{x}_{ij}-\bar{\boldsymbol{x}}_i)'$ 为组内平方和及叉积和矩阵。

可用来反映 y_{ij} 的组之间分离程度的一个量是

$$\Delta(\boldsymbol{a})=\frac{SSTR}{SSE}=\frac{\boldsymbol{a}'\boldsymbol{H}\boldsymbol{a}}{\boldsymbol{a}'\boldsymbol{E}\boldsymbol{a}} \tag{5.4.1}$$

我们应选择这样的 $\boldsymbol{a}$，使得 $\Delta(\boldsymbol{a})$达到最大。由于对任意非零常数 c，用 $c\boldsymbol{a}$ 代替上式中的 $\boldsymbol{a}$，$\Delta(\boldsymbol{a})$将保持不变，故考虑对 $\boldsymbol{a}$ 加以约束。我们希望判别函数 $y=\boldsymbol{a}'\boldsymbol{x}$ 具有单位方差①，即 $V(\boldsymbol{a}'\boldsymbol{x})=\boldsymbol{a}'\boldsymbol{\Sigma}\boldsymbol{a}=1$，但因 $\boldsymbol{\Sigma}$ 未知，于是用其联合无偏估计$\boldsymbol{S}_p=\frac{1}{n-k}\boldsymbol{E}$ 替代，所以 $\boldsymbol{a}$ 的约束条件实际应为 $\boldsymbol{a}'\boldsymbol{S}_p\boldsymbol{a}=1$，即判别函数的联合样本方差为 1。

设 $\boldsymbol{E}^{-1}\boldsymbol{H}$② 的全部非零特征值依次为 $\lambda_1\geqslant\lambda_2\geqslant\cdots\geqslant\lambda_s>0$③，这里 $s=\text{rank}(\boldsymbol{H})$，且有

$$s\leqslant\min(k-1,p) \tag{5.4.2}$$

(见习题 5.7，如果变量间无线性关系，则上式等号一般成立)，相应的特征向量依次记为 $\boldsymbol{t}_1$，$\boldsymbol{t}_2,\cdots,\boldsymbol{t}_s$(标准化为满足$\boldsymbol{t}_i'\boldsymbol{S}_p\boldsymbol{t}_i=1,\ i=1,2,\cdots,s$)。由(1.8.5)式知，当 $\boldsymbol{a}_1=\boldsymbol{t}_1$ 时 $\Delta(\boldsymbol{a}_1)$达到最大值 λ_1。所以，选择投影到 $\boldsymbol{t}_1$ 上能使各组的投影点最大限度地分离，称 $y_1=\boldsymbol{t}_1'\boldsymbol{x}$ 为**费希尔第一线性判别函数**，简称**第一判别函数**。在许多情况下(如组数 k 是大的，或者原始的数据向量维数 p 是大的)，仅仅使用第一判别函数也许不够，因为仅在这一个投影方向上组之间的差异可能还不够清晰，各组未能很好地分开。这时，我们应考虑建立第二个线性组合 $y_2=\boldsymbol{a}_2'\boldsymbol{x}$，为使降维最具效率，应要求 y_2(在线性关系的意义上)不重复 y_1 中的信息，即

$$\text{Cov}(y_1,y_2)=\text{Cov}(\boldsymbol{t}_1'\boldsymbol{x},\boldsymbol{a}_2'\boldsymbol{x})=\boldsymbol{t}_1'\boldsymbol{\Sigma}\boldsymbol{a}_2=0$$

用 $\boldsymbol{S}_p$ 代替未知的$\boldsymbol{\Sigma}$，于是我们在约束条件

$$\boldsymbol{t}_1'\boldsymbol{S}_p\boldsymbol{a}_2=0(\text{或 }\boldsymbol{t}_1'\boldsymbol{E}\boldsymbol{a}_2=0)$$

下寻找 $\boldsymbol{a}_2$，使得 $\Delta(\boldsymbol{a}_2)$达到最大。按(1.8.6)式，当 $\boldsymbol{a}_2=\boldsymbol{t}_2$ 时 $\Delta(\boldsymbol{a}_2)$达到最大值 λ_2，称 $y_2=\boldsymbol{t}_2'\boldsymbol{x}$ 为**第二判别函数**。如还不够，可再建立第三判别函数 y_3，依次类推。一般地，我们要求第 i 个线性组合 $y_i=\boldsymbol{a}_i'\boldsymbol{x}$ 不重复前 $i-1$ 个判别函数中的信息，即

$$\text{Cov}(y_j,y_i)=\text{Cov}(\boldsymbol{t}_j'\boldsymbol{x},\boldsymbol{a}_i'\boldsymbol{x})=\boldsymbol{t}_j'\boldsymbol{\Sigma}\boldsymbol{a}_i=0,\qquad j=1,2,\cdots,i-1$$

用 $\boldsymbol{S}_p$ 替代$\boldsymbol{\Sigma}$，上式变为

$$\boldsymbol{t}_j'\boldsymbol{S}_p\boldsymbol{a}_i=0(\text{或}\boldsymbol{t}_j'\boldsymbol{E}\boldsymbol{a}_i=0),\quad j=1,2,\cdots,i-1 \tag{5.4.3}$$

我们希望在约束条件(5.4.3)下寻找 $\boldsymbol{a}_i$，使得 $\Delta(\boldsymbol{a}_i)$达到最大。由(1.8.6)式知，当 $\boldsymbol{a}_i=\boldsymbol{t}_i$ 时

---

① 我们也许需使用两个或多个判别函数，对这些判别函数的分离各组的能力感兴趣，而对其变异性却并不感兴趣(这不同于第七章的主成分)，将各判别函数统一限制为具有单位方差有其方便之处，尤其是，这给由前两个(或三个)判别函数构成的散点图(或旋转图)的观测带来方便。

② 要使 $\boldsymbol{E}^{-1}$ 存在，须有 $n-k\geqslant p$。

③ 显然，$\boldsymbol{E}>0,\boldsymbol{H}\geqslant0$，而由§1.6一的性质(2)知，$\boldsymbol{E}^{-1}\boldsymbol{H}$ 与 $\boldsymbol{E}^{-1/2}\boldsymbol{H}\boldsymbol{E}^{-1/2}(\geqslant0)$有着相同的非零特征值。

$\Delta(\boldsymbol{a}_i)$达到最大值λ_i，称 $y_i=\boldsymbol{t}_i'\boldsymbol{x}$ 为**第 i 判别函数**，$i=2,3,\cdots,s$。

有时我们也使用中心化的费希尔判别函数，即

$$y_i=\boldsymbol{t}_i'(\boldsymbol{x}-\bar{\boldsymbol{x}}),\quad i=1,2,\cdots,s \tag{5.4.4}$$

式中 $\bar{\boldsymbol{x}}=\frac{1}{n}\sum_{i=1}^{k}\sum_{j=1}^{n_i}\boldsymbol{x}_{ij}$ 为 k 个组的总均值。

综上所述，费希尔判别函数具有这样一些**特点**：(1) 各判别函数都具有单位(联合样本)方差；(2) 各判别函数彼此之间不相关(确切地说，是彼此之间的联合样本协方差为零)；(3) 判别函数方向 $\boldsymbol{t}_1,\boldsymbol{t}_2,\cdots,\boldsymbol{t}_s$ 一般并不正交[见(5.4.3)式]，但作图时仍将它们画成直角坐标系，虽有些变形，但通常并不严重；(4) 判别函数不受变量单位的影响(证明请见附录 5-2 五)。

依(5.4.2)式可知，组数 $k=2$ 时只有一个判别函数，$k=3$ 时最多只有两个判别函数。这从直观上也不难理解，(不重合的)两个组重心(即组均值点)可在(一维)直线上有最大分离，(不在一直线上的)三个组重心也可在(二维)平面上有最大分开。一般地，由全部 s 个判别函数所构成的 s 维空间可最大限度地分离 k 个组重心。

$\Delta(\boldsymbol{t}_i)=\lambda_i$ 表明了第 i 判别函数 y_i 对分离各组的贡献大小，y_i 在所有 s 个判别函数中的**贡献率**为

$$\lambda_i\Big/\sum_{j=1}^{s}\lambda_j \tag{5.4.5}$$

而前 $r(\leqslant s)$ 个判别函数 $y_1,y_2,\cdots,y_r$ 的**累计贡献率**为

$$\sum_{i=1}^{r}\lambda_i\Big/\sum_{i=1}^{s}\lambda_i \tag{5.4.6}$$

它表明了 $y_1,y_2,\cdots,y_r$ 能代表 $y_1,y_2,\cdots,y_s$ 进行判别的能力。在实际应用中，通常我们并不使用所有 s 个判别函数，除非 s 很小，因为费希尔判别法的基本思想就是要降维。如果前 r 个判别函数的累计贡献率已达到了一个较高的比例(如 75%～95%)，则就采用这 r 个判别函数进行判别分离。此外，这 r 个判别函数有时也用于判别分类。

三、判别函数得分图

一般为作图的目的，取 $r=2$ 或 3，有时哪怕累计贡献率还欠缺一点(主要针对 $r=2$ 的场合)。当使用的判别函数个数 $r=2$ 时，可将各样品的两个判别函数得分画成平面直角坐标系上的散点图，对来自各组样品的分离情况进行观测评估或用目测法对新样品的归属进行辨别。当 $r=3$ 时，可利用有关统计软件，让样本中来自不同组的样品点呈现不同颜色(或不同形状)以区分各组，然后作(三维)旋转图从多角度来观测评估各组之间的分离效果或辨别新样品的归属，但其目测效果一般明显不如 $r=2$ 时清楚。正因如此，在实际应用中主要是取 $r=2$，如觉得累计贡献率还不够高，可在前二维得分图的基础上再观察 $r=3$ 时的旋转图。

能够利用降维后生成的图形用目测法进行判别是费希尔判别的最重要应用，图中常常能清晰地展示出(通过计算未必能得到的)丰富的信息，如各组的分离情况，发现构成各组的结构、离群样品点或数据中的其他异常情况等。

例 5.4.1 费希尔于 1936 年发表的鸢尾花(Iris)数据被广泛地作为判别分析的例子。数据是对 3 种鸢尾花：刚毛鸢尾花(第Ⅰ组)、变色鸢尾花(第Ⅱ组)和弗吉尼亚鸢尾花(第Ⅲ组)各

抽取一个容量为 50 的样本，测量其花萼长(x_1)、花萼宽(x_2)、花瓣长(x_3)、花瓣宽(x_4)，单位为 mm，部分数据列于表 5.4.1(完整数据可从本书前言中提供的网址上下载)。

表 5.4.1 鸢尾花数据

编号	组别	x_1	x_2	x_3	x_4	编号	组别	x_1	x_2	x_3	x_4
1	Ⅰ	50	33	14	02	⋮	⋮	⋮	⋮	⋮	⋮
2	Ⅲ	64	28	56	22	141	Ⅱ	55	23	40	13
3	Ⅱ	65	28	46	15	142	Ⅱ	66	30	44	14
4	Ⅲ	67	31	56	24	143	Ⅱ	68	28	48	14
5	Ⅲ	63	28	51	15	144	Ⅰ	54	34	17	02
6	Ⅰ	46	34	14	03	145	Ⅰ	51	37	15	04
7	Ⅲ	69	31	51	23	146	Ⅰ	52	35	15	02
8	Ⅱ	62	22	45	15	147	Ⅲ	58	28	51	24
9	Ⅱ	59	32	48	18	148	Ⅱ	67	30	50	17
10	Ⅰ	46	36	10	02	149	Ⅲ	63	33	60	25
⋮	⋮	⋮	⋮	⋮	⋮	150	Ⅰ	53	37	15	02

本题中，$n_1=n_2=n_3=50, n=n_1+n_2+n_3=150$。经计算，

$$\bar{\boldsymbol{x}}_1=\begin{pmatrix}50.06\\34.28\\14.62\\2.46\end{pmatrix},\quad \bar{\boldsymbol{x}}_2=\begin{pmatrix}59.36\\27.70\\42.60\\13.26\end{pmatrix},\quad \bar{\boldsymbol{x}}_3=\begin{pmatrix}65.88\\29.74\\55.52\\20.26\end{pmatrix}$$

$$\bar{\boldsymbol{x}}=\frac{1}{n}\sum_{i=1}^{3}n_i\bar{\boldsymbol{x}}_i=\begin{pmatrix}58.433\\30.573\\37.580\\11.993\end{pmatrix}$$

$$\begin{aligned}\boldsymbol{H}&=\sum_{i=1}^{3}n_i(\bar{\boldsymbol{x}}_i-\bar{\boldsymbol{x}})(\bar{\boldsymbol{x}}_i-\bar{\boldsymbol{x}})'\\&=\begin{pmatrix}6\,321.213 & -1\,995.267 & 16\,524.840 & 7\,127.933\\-1\,995.267 & 1\,134.493 & -5\,723.960 & -2\,293.267\\16\,524.840 & -5\,723.960 & 43\,710.280 & 18\,677.400\\7\,127.933 & -2\,293.267 & 18\,677.400 & 8\,041.333\end{pmatrix}\end{aligned}$$

$$\begin{aligned}\boldsymbol{E}&=\sum_{i=1}^{3}\sum_{j=1}^{n_i}(\boldsymbol{x}_{ij}-\bar{\boldsymbol{x}}_i)(\boldsymbol{x}_{ij}-\bar{\boldsymbol{x}}_i)'\\&=\begin{pmatrix}3\,895.620 & 1\,363.000 & 2\,462.460 & 564.500\\1\,363.000 & 1\,696.200 & 812.080 & 480.840\\2\,462.460 & 812.080 & 2\,722.260 & 627.180\\564.500 & 480.840 & 627.180 & 615.660\end{pmatrix}\end{aligned}$$

$$E^{-1}H=\begin{pmatrix} -3.058 & 1.081 & -8.112 & -3.459 \\ -5.562 & 2.178 & -14.965 & -6.308 \\ 8.077 & -2.943 & 21.512 & 9.142 \\ 10.497 & -3.420 & 27.549 & 11.846 \end{pmatrix}$$

$E^{-1}H$ 的正特征值个数 $s=\min(k-1,p)=\min(2,4)=2$,可求得两个正特征值

$$\lambda_1=32.192,\quad \lambda_2=0.285$$

相应的标准化特征向量(其长度满足 $t_i'S_pt_i=1,\ i=1,2$)

$$t_1=\begin{pmatrix} 0.083 \\ 0.153 \\ -0.220 \\ -0.281 \end{pmatrix},\quad t_2=\begin{pmatrix} -0.002 \\ -0.216 \\ 0.093 \\ -0.284 \end{pmatrix}$$

所以,两个判别函数的贡献率分别为

$$\frac{\lambda_1}{\lambda_1+\lambda_2}=\frac{32.192}{32.192+0.285}=0.9912$$

$$\frac{\lambda_2}{\lambda_1+\lambda_2}=\frac{0.285}{32.192+0.285}=0.0088$$

其累计贡献率分别为 0.9912 和 1。中心化的费希尔判别函数为

$$\begin{aligned} y_1&=t_1'(x-\bar{x}) \\ &=0.083\times(x_1-58.433)+0.153\times(x_2-30.573) \\ &\quad -0.220\times(x_3-37.580)-0.281\times(x_4-11.993) \\ y_2&=t_2'(x-\bar{x}) \\ &=-0.002\times(x_1-58.433)-0.216\times(x_2-30.573) \\ &\quad +0.093\times(x_3-37.580)-0.284\times(x_4-11.993) \end{aligned}$$

两个判别函数的组均值为

$$\bar{y}_{11}=7.608,\quad \bar{y}_{21}=-1.825,\quad \bar{y}_{31}=-5.783$$

$$\bar{y}_{12}=-0.215,\quad \bar{y}_{22}=0.728,\quad \bar{y}_{32}=-0.513$$

我们可以将样本中 150 个样品的判别函数得分(y_1,y_2)作一散点图,图 5.4.3 是 R 的输出结果。图中,LD1,LD2 分别是指 y_1,y_2。组Ⅰ、组Ⅱ和组Ⅲ的点分别用“1”“2”和“3”标出。从图中可见,分离的效果相当好。正如我们预期的,三个组的分离很大程度上显现在 LD1 上,在 LD2 上只有很小的分离。① 对于一个新样品 x_0,如要判别它的归属,则可将 x_0 的两个判别函数得分在图中标出,用目测法从直觉上加以辨别。

各组如能在前几个判别函数构成的低维空间中分离得较好,则在原始变量的更高维空间中一般也会分离得好;反之未必(如稍后的图 5.4.4)。图 5.4.3 是四维空间向二维空间的一种投影,而由前两个判别函数构成的二维空间能使三个组很好地分开,这说明在由原始变量构成的四维空间中三个组的分离也是很好的,且一般应分离得更好。

---

① 图中纵轴刻度相对于横轴刻度有很大的拉伸,这么做是为了便于视觉上看清楚各组点在 LD2 上的差异。

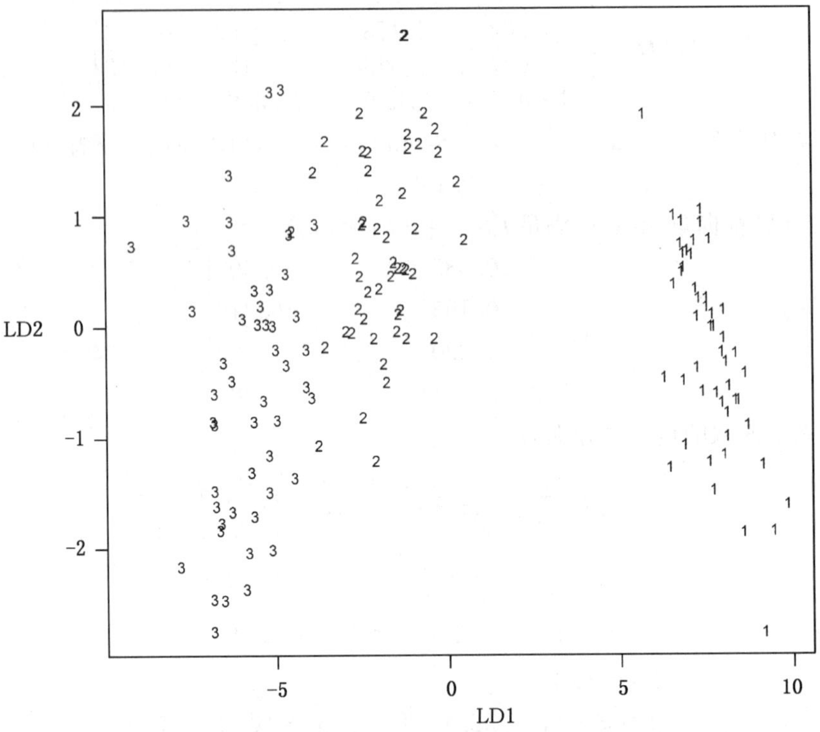

图 5.4.3 鸢尾花数据两个判别函数得分的散点图①

费希尔判别虽是一种很好的降维投影方法,但该方法也有其不适用的场合。在图 5.4.4 中,共有两个组:一组由样品点"×"组成,另一组由样品点"○"组成。两个组分离得很开,但无论往哪个一维方向上投影,两个组都高度重叠,无法进行有效的分离。

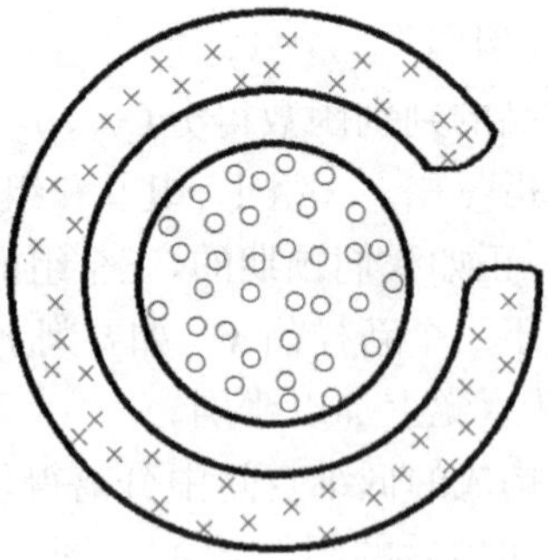

图 5.4.4 不适合使用费希尔判别的一个例子

① 横轴和纵轴坐标的中心都是 0,这缘于 R 中的费希尔判别函数采用的是(5.4.4)式的中心化形式,这使得产生的散点图中所有点的中心位置一目了然。

四、判别规则[①]

*（一）一般情形

在确定了需使用的 r 个判别函数 $y_1,y_2,\cdots,y_r$ 之后，可制定相应的判别规则。由于各判别函数都具有单位方差且彼此不相关，故此时的马氏距离等同于欧氏距离。我们采用距离判别法，依据$(y_1,y_2,\cdots,y_r)$值，判别新样品归属离它最近的那一组，即判别规则为

$$\boldsymbol{x}\in\pi_l,\quad 若\sum_{j=1}^{r}(y_j-\bar{y}_{lj})^2=\min_{1\leqslant i\leqslant k}\sum_{j=1}^{r}(y_j-\bar{y}_{ij})^2 \tag{5.4.7}$$

其中 $\bar{y}_{ij}=\boldsymbol{t}_j'\bar{\boldsymbol{x}}_i$，$\bar{\boldsymbol{x}}_i=\dfrac{1}{n_i}\sum_{j=1}^{n_i}\boldsymbol{x}_{ij}$，$\bar{y}_{ij}$ 为第 j 判别函数在组 π_i 的样本均值，$\sum_{j=1}^{r}(y_j-\bar{y}_{ij})^2$ 为 $\boldsymbol{y}=(y_1,y_2,\cdots,y_r)'$ 到前 r 个判别函数在组 π_i 的重心（即平均得分）$\bar{\boldsymbol{y}}_i=(\bar{y}_{i1},\bar{y}_{i2},\cdots,\bar{y}_{ir})'$ 的平方欧氏距离，$i=1,2,\cdots,k$。(5.4.7) 式也可表达为

$$\boldsymbol{x}\in\pi_l,\quad 若\sum_{j=1}^{r}[\boldsymbol{t}_j'(\boldsymbol{x}-\bar{\boldsymbol{x}}_l)]^2=\min_{1\leqslant i\leqslant k}\sum_{j=1}^{r}[\boldsymbol{t}_j'(\boldsymbol{x}-\bar{\boldsymbol{x}}_i)]^2 \tag{5.4.7$'$}$$

如果只使用一个判别函数进行判别（即 $r=1$），则(5.4.7)式可简化为

$$\boldsymbol{x}\in\pi_l,\quad 若|y-\bar{y}_l|=\min_{1\leqslant i\leqslant k}|y-\bar{y}_i| \tag{5.4.8}$$

式中 y 和 $\bar{y}_i(i=1,2,\cdots,k)$分别是(5.4.7)式中的 y_1 和 $\bar{y}_{i1}(i=1,2,\cdots,k)$。

如果使用所有 s 个判别函数作判别（即 $r=s$），则费希尔判别(5.4.7)等价于距离判别(5.2.17)（证明请见附录 5-2 六），自然对各组皆为正态也等价于协方差矩阵相等且先验概率和误判代价也均相同的贝叶斯判别。

例 5.4.2　在例 5.4.1 中，$k=3$，取 $r=s(=2)$，使用(5.4.7)式[或(5.2.17)式]进行判别分类。由于 n_1,n_2,n_3 都很大，故此时（为方便起见）可考虑用回代法估计误判概率，回代法的判别情况列于表 5.4.2。由此可得，

表 5.4.2　　**回代法的判别情况**

真实组＼判别为	Ⅰ	Ⅱ	Ⅲ
Ⅰ	50	0	0
Ⅱ	0	48	2
Ⅲ	0	1	49

$$\hat{P}(2|1)=0,\quad \hat{P}(3|1)=0$$

$$\hat{P}(1|2)=0,\quad \hat{P}(3|2)=\frac{2}{50}=0.04$$

$$\hat{P}(1|3)=0,\quad \hat{P}(2|3)=\frac{1}{50}=0.02$$

这些误判率都是比较低的。□

当 $r<s$ 时，费希尔判别规则(5.4.7)相比其他判别规则的优势主要是可减少对待判样品

① 当判别分析的目标是分离时并不涉及判别规则，判别规则只有当目标是分类时才涉及到。

进行判别的计算量，这对有大量判别变量和海量待判样品的情形也许是有用的。

(二)两组情形

对于两组的判别，费希尔判别函数只有一个，有 $r=s=1$，从而由前述知，(5.4.7)式等价于(5.2.17)式，而后者此时又退化为(5.2.6)式。因此，两组的费希尔判别等价于协方差矩阵相等的距离判别，对两个正态组也等价于协方差矩阵相等且先验概率和误判代价也均相同的贝叶斯判别。

§5.5 逐步判别

本章我们讨论了如何根据观测到的变量数据进行判别分析，其实还有一个问题很重要，就是变量选择的问题。在实际应用中，首先应主要根据(与所研究问题有关的)专业知识和经验选择变量，这些变量应是(相对)较易得到的，且应能在一定程度上反映各组之间的差别。有时，这样初步选择到的变量也许有很多[①]，在这种情况下，我们希望选择一个包含较少变量同时又能保留与原变量集几乎一样多信息的子集，这就是本节介绍的方法所要达到的目标。

理想的子集似乎应是从原变量集的所有可能子集中按某准则(如最小化误判率或最大化“判别能力”等)挑选出“最好的”子集，但当原变量集较大时，这样的做法往往是难以承受、行不通的。**逐步判别法**是判别分析中一种自动搜索变量子集的方法，它未必最优，但往往却是有效的，是一种应用最广泛的判别变量选择方法。逐步判别法的基本思想及基本步骤类似于回归分析中的逐步回归法。

一、附加信息检验

设 $\boldsymbol{x}'=(\boldsymbol{x}_1',\boldsymbol{x}_2')$，其中 $\boldsymbol{x}_1=(x_1,x_2,\cdots,x_r)'$ 是原先用作判别的变量，而 $\boldsymbol{x}_2=(x_{r+1},x_{r+2},\cdots,x_p)'$ 是新引入的变量。我们希望知道，在已有 $\boldsymbol{x}_1$ 用作判别的条件下，$\boldsymbol{x}_2$ 所提供的(超越 $\boldsymbol{x}_1$ 所含信息的)附加信息能否使区分各组的能力有显著的提高。如果没有显著提高，则就认为 $\boldsymbol{x}_2$ 的引入是不值得的。

设有 k 个组 $\pi_1,\pi_2,\cdots,\pi_k$，其 $\boldsymbol{x}$ 的分布皆为 p 元正态分布，且具有相同的协方差矩阵。从这 k 个组中各自独立地抽取一个样本，n 为 k 个组的总样本容量。欲检验

$$H_0:\text{各组的} E(\boldsymbol{x}_2|\boldsymbol{x}_1)\text{相等}, \quad H_1:\text{各组的} E(\boldsymbol{x}_2|\boldsymbol{x}_1)\text{不全相等} \tag{5.5.1}$$ [②]

这是一个在 $\boldsymbol{x}_1$ 已选用的条件下判断 $\boldsymbol{x}_2$ 对区分各组有无(附加的)显著作用的检验。

---

① 如果用来判别的变量是大量的，明显过多了，则建议先依据专业知识和经验主观判断哪些变量对判别明显不太重要，并删除之。这是因为，包含过多的不重要变量将会对使用统计方法进行的变量筛选起不必要的干扰作用，更容易造成一些重要变量最终被排除在外。

② 在已引入 $\boldsymbol{x}_1$ 的条件下，我们对检验

$$H_0:\text{各组的} E(\boldsymbol{x}_2)\text{相等}, \quad H_1:\text{各组的} E(\boldsymbol{x}_2)\text{不全相等}$$

不感兴趣，因为这只是用来判断单个 $\boldsymbol{x}_2$ 是否可显著地区分各组。$\boldsymbol{x}_2$ 和 $\boldsymbol{x}_1$ 所含的信息可能有许多是重复的，新引入 $\boldsymbol{x}_2$ 的价值取决于 $\boldsymbol{x}_2$ 中所含的与 $\boldsymbol{x}_1$ 不重复的(反映各组区别的)那部分信息。

上述假设可以这样来理解：$E(\boldsymbol{x}_2|\boldsymbol{x}_1)$是 $\boldsymbol{x}_2$ 对 $\boldsymbol{x}_1$ 的多元多重回归函数[见(3.2.6)′式][1]，反映了 $\boldsymbol{x}_2$ 对 $\boldsymbol{x}_1$ 的统计依赖关系。原假设 H_0 为真[即各组有相同的 $E(\boldsymbol{x}_2|\boldsymbol{x}_1)$]，意味着各组都有着同样的 $\boldsymbol{x}_2$ 对 $\boldsymbol{x}_1$ 的统计依赖关系，这样 $\boldsymbol{x}_2$ 就不具有区分各组的附加信息（即超出 $\boldsymbol{x}_1$ 所含信息之外的信息）。

将组内平方和及叉积和矩阵 $\boldsymbol{E}$，组间平方和及叉积和矩阵 $\boldsymbol{H}$ 分块为：

$$\boldsymbol{E}=\begin{pmatrix}\boldsymbol{E}_{11} & \boldsymbol{E}_{12}\\ \boldsymbol{E}_{21} & \boldsymbol{E}_{22}\end{pmatrix}\begin{matrix}r\\ p-r\end{matrix},\quad \boldsymbol{H}=\begin{pmatrix}\boldsymbol{H}_{11} & \boldsymbol{H}_{12}\\ \boldsymbol{H}_{21} & \boldsymbol{H}_{22}\end{pmatrix}\begin{matrix}r\\ p-r\end{matrix}$$
$$\begin{matrix}r & p-r\end{matrix}\qquad\qquad\begin{matrix}r & p-r\end{matrix}$$

则假设(5.5.1)的检验统计量为

$$\Lambda(\boldsymbol{x}_2|\boldsymbol{x}_1)=\frac{\Lambda(\boldsymbol{x}_1,\boldsymbol{x}_2)}{\Lambda(\boldsymbol{x}_1)} \tag{5.5.2}$$

其中

$$\Lambda(\boldsymbol{x}_1,\boldsymbol{x}_2)=\frac{|\boldsymbol{E}|}{|\boldsymbol{E}+\boldsymbol{H}|},\quad \Lambda(\boldsymbol{x}_1)=\frac{|\boldsymbol{E}_{11}|}{|\boldsymbol{E}_{11}+\boldsymbol{H}_{11}|}$$

当 H_0 为真时，$\Lambda(\boldsymbol{x}_2|\boldsymbol{x}_1)$服从 $\Lambda(p-r,k-1,n-k-r)$。我们特别感兴趣的是 $p-r=1$（即 $r=p-1$）时的情形，此时

$$\Lambda=\Lambda(x_p|x_1,x_2,\cdots,x_{p-1})=\frac{\Lambda(x_1,x_2,\cdots,x_p)}{\Lambda(x_1,x_2,\cdots,x_{p-1})} \tag{5.5.3}$$

服从 $\Lambda(1,k-1,n-k-p+1)$。由(4-3.5)知，

$$F=F(x_p|x_1,x_2,\cdots,x_{p-1})=\frac{1-\Lambda}{\Lambda}\frac{n-k-p+1}{k-1} \tag{5.5.4}$$

服从 $F(k-1,n-k-p+1)$。通常称(5.5.3)式的统计量为**偏 Λ 统计量**，称(5.5.4)式的统计量为**偏 F 统计量**。对给定的显著性水平 α，拒绝规则为：

$$\text{若 } F\geqslant F_\alpha(k-1,n-k-p+1),\ \text{则拒绝 } H_0 \tag{5.5.5}$$

二、变量选择的方法

类似于回归分析，判别分析的变量选择方法也相应地有前进法、后退法和逐步判别法。前进法开始时没有用作判别的变量，每次选入一个对判别能力的提高有最显著作用的变量，过程只进不出，当不再有未被选入的变量达到临界值时，前进选入的过程停止。后退法的过程与前进法相反，开始时引入所有变量，每次剔除一个对判别能力的提高最不显著的变量，过程只出不进，当余下的变量都达到用作判别的标准时，后退剔除的过程停止。逐步判别法是前进法和后退法的结合，在变量的选择过程中有进有出。实践中，逐步判别法往往最受欢迎，以下仅给出这一种方法的详细步骤，读者不难从中自行得到另两种方法的具体步骤。

为表述方便，又不失一般性，假设选入的变量是按自然的次序。给定显著性水平 α，逐步判别法的基本步骤如下：

(1) 对每个 x_i，计算其一元方差分析的 F 统计量 $F(x_i)$，不妨设 $F(x_1)=\max\limits_i F(x_i)$，即

---

[1] 事实上，$E(\boldsymbol{x}_2|\boldsymbol{x}_1)$是用 $\boldsymbol{x}_1$ 对 $\boldsymbol{x}_2$ 的最优预测，在 $\boldsymbol{x}$ 服从多元正态的假定下，该最优预测是一个线性预测。

x_1 有最大的判别能力。若 $F(x_1)<F_\alpha(k-1,n-k)$，则表明没有一个变量可以选入；若 $F(x_1)\geqslant F_\alpha(k-1,n-k)$，则 x_1 选入，并进入下一步。

(2) 对(1)中每一未选入的变量，计算偏 F 统计量 $F(x_i|x_1)$，不妨设 $F(x_2|x_1)=\max\limits_{2\leqslant i\leqslant p}F(x_i|x_1)$，即 x_2 对判别能力的提升有最大贡献。若 $F(x_2|x_1)<F_\alpha(k-1,n-k-1)$，则选变量过程结束；若 $F(x_2|x_1)\geqslant F_\alpha(k-1,n-k-1)$，则 x_2 选入，并进入下一步。

一般地，如已选入了 r 个变量，不妨设是 $x_1,x_2,\cdots,x_r$，并设 $F(x_{r+1}|x_1,x_2,\cdots,x_r)=\max\limits_{r+1\leqslant i\leqslant p}F(x_i|x_1,x_2,\cdots,x_r)$。若 $F(x_{r+1}|x_1,x_2,\cdots,x_r)<F_\alpha(k-1,n-k-r)$，则选变量过程结束；若 $F(x_{r+1}|x_1,x_2,\cdots,x_r)\geqslant F_\alpha(k-1,n-k-r)$，则 x_{r+1} 选入，并进入下一步。

(3) 在第 $r+1$ 个变量选入后，要重新核实较早选入的 r 个变量，应将对判别效果不再显著的变量剔除出去。不妨设 $F(x_l|x_1,\cdots,x_{l-1},x_{l+1},\cdots,x_{r+1})=\min\limits_{1\leqslant i\leqslant r}F(x_i|x_1,\cdots,x_{i-1},x_{i+1},\cdots,x_{r+1})$，若 $F(x_l|x_1,\cdots,x_{l-1},x_{l+1},\cdots,x_{r+1})\geqslant F_\alpha(k-1,n-k-r)$，则没有变量需剔除，回到(2)；若 $F(x_l|x_1,\cdots,x_{l-1},x_{l+1},\cdots,x_{r+1})<F_\alpha(k-1,n-k-r)$，则剔除变量 x_l，再对其余 $r-1$ 个变量继续进行核实，直至无变量可剔除为止，然后再回到(2)。

(4) 经过(2)和(3)的不断选入和剔除的过程，最后既不能选进新变量，也不能剔除已选入的变量，变量选择过程到此结束。

如果选入变量的临界值 $F_{进}$ 和剔除变量的临界值 $F_{出}$ 相同，则有很小的可能性会使得变量的选入和剔除过程无休止、连续不断地循环进行下去。但只要在确定临界值时让 $F_{出}$ 比 $F_{进}$ 略微小一点，这种可能性就可以被排除。

进行逐步判别实际上是在做逐步多元方差分析，在变量的筛选过程中没有任何判别函数被计算。在变量筛选完成后，我们方可以对选择的变量计算判别函数和建立判别规则。

例 5.5.1 对例 5.4.1 中的数据作逐步判别，具体步骤如下：

(1) 对每一变量分别计算一元方差分析的 F 统计量和 p 值，并列于表 5.5.1。因 x_3 相应的 $F=1\ 180.16$ 为最大，且 $p<0.000\ 1$，故 x_3 第一个选入，它是最能分离各组的变量。

表 5.5.1　　F 统计量和 p 值

变量	x_1	x_2	x_3	x_4
F	119.26	49.16	1 180.16	960.01
p 值	<0.000 1	<0.000 1	<0.000 1	<0.000 1

(2) 计算偏 F 统计量 $F(x_i|x_3)$ 及 p 值，由(5.5.3)和(5.5.4)式知，

$$\Lambda(x_i|x_3)=\frac{\Lambda(x_3,x_i)}{\Lambda(x_3)}$$

$$F(x_i|x_3)=\frac{1-\Lambda(x_i|x_3)}{\Lambda(x_i|x_3)}\frac{n-k-1}{k-1}$$

$i=1,2,4$，计算结果列于表 5.5.2。x_2 因具有最大的偏 F，且 $p<0.000\ 1$，于是 x_2 选入。

表 5.5.2　　x_3 已选入时的偏 F 统计量和 p 值

变量	x_1	x_2	x_4
偏 F	34.32	43.04	24.77
p 值	<0.0001	<0.0001	<0.0001

(3) 核实 x_3 是否因 x_2 的选入仍保持显著。经计算，$F(x_3|x_2)=1\,112.95$，$p<0.000\,1$，从而保留 x_3。接着仍按(5.5.3)和(5.5.4)式计算偏 F 统计量 $F(x_i|\,x_2,x_3)$，即有

$$\Lambda(x_i|x_2,x_3)=\frac{\Lambda(x_2,x_3,x_i)}{\Lambda(x_2,x_3)}$$

$$F(x_i|x_2,x_3)=\frac{1-\Lambda(x_i|x_2,x_3)}{\Lambda(x_i|x_2,x_3)}\frac{n-k-2}{k-1}$$

$i=1,4$，结果见表 5.5.3。可见，x_4 选入。

表 5.5.3　　x_2,x_3 已选入时的偏 F 统计量和 p 值

变量	x_1	x_4
偏 F	12.27	34.57
p 值	<0.0001	<0.0001

(4) 核实 x_4 选入后早先已选入的 x_2 和 x_3 是否还显著，计算偏 F 统计量 $F(x_2|x_3,x_4)$ 和 $F(x_3|x_2,x_4)$，结果列于表 5.5.4。可见，x_2 和 x_3 皆保留。继续计算

表 5.5.4　　选入 x_4 后核实 x_2 和 x_3 是否还显著的偏 F 统计量和 p 值

变量	x_2	x_3
偏 F	54.58	38.72
p 值	<0.0001	<0.0001

$$\Lambda(x_1|x_2,x_3,x_4)=\frac{\Lambda(x_1,x_2,x_3,x_4)}{\Lambda(x_2,x_3,x_4)}$$

$$F(x_1|x_2,x_3,x_4)=\frac{1-\Lambda(x_1|x_2,x_3,x_4)}{\Lambda(x_1|x_2,x_3,x_4)}\frac{n-k-3}{k-1}$$

可得 $F(x_1|\,x_2,x_3,x_4)=4.72$，$p=0.010\,3$，故 x_1 也选入。

(5) 核实 x_1 选入后原已选入的 x_2,x_3,x_4 是否还是显著的，计算偏 F 统计量 $F(x_2|x_1,x_3,x_4)$，$F(x_3|x_1,x_2,x_4)$ 和 $F(x_4|\,x_1,x_2,x_3)$，结果列于表 5.5.5。计算结果表明，已选入的变量无一剔除。

表 5.5.5 选入 x_1 后核实 x_2,x_3 和 x_4 是否还显著的偏 F 统计量和 p 值

变量	x_2	x_3	x_4
偏 F	21.94	35.59	24.90
p 值	$<0.000\ 1$	$<0.000\ 1$	$<0.000\ 1$

(6) 我们将上述变量选择过程汇总于表 5.5.6 中。

表 5.5.6 变量选择过程汇总

步骤	1	2	3	4
变量	x_3	x_2	x_4	x_1
F	1 180.16	43.04	34.57	4.72
p 值	$<0.000\ 1$	$<0.000\ 1$	$<0.000\ 1$	0.010 3

□

小 结

1. 判别分析的目标有两个:一是分类,根据已知所属组的样本给出判别函数,并制定判别规则,再依此判断(或预测)每一新样品应归属的组别。另一是分离,用图形法或代数法描述各组样品之间的差异性,尽可能地分离开各组。

2. 本章介绍的判别分类方法有距离判别、贝叶斯判别和费希尔判别,这些都是基于判别变量为定量变量的方法。距离判别和贝叶斯判别只能用于判别分类,费希尔判别既可用于分类,也可用于分离,且更常用来分离,描述各组样品之间的差异性。

3. 在距离判别中,马氏距离的特点决定了用它来度量样品到组的距离通常是非常合适的。

4. 判别分类与假设检验是两种不同的统计判断问题。判别分类中各组的地位及各种误判的后果允许看作是相同的,而在假设检验中,两个假设的地位及犯两类错误的后果一般是不同的,通常将犯第一类错误的后果看得更严重些。再者,假设检验通常只有两个可能结果,而判别分类的结果完全不局限于两个。

5. 进行判别分析难免会出现误判,误判概率一般需通过样本来作出估计。估计误判概率有三种常用的非参数方法,其中交叉验证法在样本容量不是非常大的情形下最值得推荐。虽然本章是在距离判别中介绍了这三种非参数方法,但它们也同样适用于贝叶斯判别、费希尔判别等判别方法。

6. 如果对使用线性还是二次判别函数拿不准,则可以同时采用这两种方法分别进行判别,然后用交叉验证法来比较其误判概率的大小,以判断到底采用哪种规则更为合适。但小样本情形下得到的误判概率估计不够可靠。

7. 利用了先验概率和误判代价是贝叶斯判别相比于其他判别方法的最主要优势。最大后验概率法只考虑到了先验概率,忽略了误判代价,该方法等价于误判代价相同时的最小期望误判代价法,此时的总误判概率达到最小,也可称为最小总误判概率法。

8. 费希尔判别的基本思想就是降维,用少数几个费希尔判别函数(典型变量)代替 p 个原始变量。各判别函数都具有单位方差,且彼此不相关,但各判别函数的方向并不正交,而作图时仍将它们画成直角坐标系。从降维后的图形上观测各组之间的分离状况是费希尔判别的最重要应用,为作图的需要,通常取判别函数个数 $r=2$(绝大多数情况)或 3(偶尔)。

9. 费希尔判别一般需假定各组的协方差矩阵相等。对于两组的判别,费希尔判别等价于协方差矩阵相等的距离判别。对两个正态组,它也等价于协方差矩阵相等且先验概率和误判代价均也相同的贝叶斯判别,且此时的判别规则(5.2.3)是最优的。

10. 本章介绍的变量选择方法有前进法、后退法和逐步判别法,其中逐步判别法最为常用。

附录 5-1 R的应用

以下R代码中假定文本数据的存储目录为"D:/mvdata/"。

一、对例 5.2.3 作判别分析

```
> examp5.2.3=read.table("D:/mvdata/examp5.2.3.csv", header=TRUE, sep=",")
> head(examp5.2.3, 2)
     x1     x2    x3    x4  g
1  -0.45  -0.41  1.09  0.45  1
2  -0.56  -0.31  1.51  0.16  1
> library(MASS)
```

(一)进行基于两组协差阵相等的贝叶斯判别

```
> ld1=lda(g~x1+x2+x3+x4, prior=c(0.5, 0.5), examp5.2.3)  #先验概率相等的线性判别,先验概率缺省时按与各组样本容量大小成比例的概率
> ld1
Call:
lda(g ~ x1 + x2 + x3 + x4, data = examp5.2.3, prior = c(0.5, 0.5))
Prior probabilities of groups:
  1    2
0.5  0.5
Group means:
           x1           x2        x3        x4
1  -0.06904762  -0.08142857  1.366667  0.437619
2   0.23520000   0.05560000  2.593600  0.426800
> Z=predict(ld1)  #根据线性判别函数预测所属类别
> round(Z$posterior, 3)  #后验概率结果
      1      2
1   0.996  0.004
2   0.970  0.030
⋮     ⋮      ⋮
45  0.119  0.881
46  0.001  0.999
```

```
> newg=Z$class  #预测的所属类别结果
> cbind(g=examp5.2.3$g, round(Z$posterior, 3), newg)  #按列合并的结果
    g     1     2  newg
1   1 0.996 0.004     1
2   1 0.970 0.030     1
⋮   ⋮     ⋮     ⋮     ⋮
45  2 0.119 0.881     2
46  2 0.001 0.999     2
> table1=table(g=examp5.2.3$g, newg)  #判别情况表
> table1
   newg
g    1  2
  1 18  3
  2  1 24
> round(prop.table(table1, 1), 3)  #正确和错误判别率
   newg
g       1     2
  1 0.857 0.143
  2 0.040 0.960
> ld2=lda(g~x1+x2+x3+x4, prior=c(0.5, 0.5), CV=TRUE, examp5.2.3)  #选项"CV=TRUE"表示采用交叉验证法
> newg=ld2$class  #预测的所属类别结果
> cbind(g=examp5.2.3$g, round(ld2$posterior, 3), newg)
    g     1     2  newg
1   1 0.998 0.002     1
2   1 0.964 0.036     1
⋮   ⋮     ⋮     ⋮     ⋮
45  2 0.137 0.863     2
46  2 0.000 1.000     2
> table2=table(g=examp5.2.3$g, newg); table2
   newg
g    1  2
  1 18  3
  2  2 23
> round(prop.table(table2, 1), 3)
```

```
      newg
g          1      2
   1  0.857  0.143
   2  0.080  0.920
```

（二）进行基于两组协差阵不等的贝叶斯判别

```
> qd1=qda(g~x1+x2+x3+x4, prior=c(0.5, 0.5), examp5.2.3)  #二次判别
> Z=predict(qd1)  #根据二次判别函数预测所属类别
> newg=Z$class
> cbind(g=examp5.2.3$g, round(Z$posterior, 3), newg)
     g     1      2   newg
1    1  1.000  0.000    1
2    1  1.000  0.000    1
⋮    ⋮    ⋮      ⋮      ⋮
45   2  0.004  0.996    2
46   2  0.000  1.000    2
> table3=table(g=examp5.2.3$g, newg); table3
      newg
g      1   2
   1  19   2
   2   1  24
> round(prop.table(table3, 1), 3)
      newg
g          1      2
   1  0.905  0.095
   2  0.040  0.960
> qd2=qda(g~x1+x2+x3+x4, prior=c(0.5, 0.5), CV=TRUE, examp5.2.3)  #使用交叉验证法
> newg=qd2$class
> cbind(g=examp5.2.3$g, round(qd2$posterior, 3), newg)
     g     1      2   newg
1    1  1.000  0.000    1
2    1  1.000  0.000    1
⋮    ⋮    ⋮      ⋮      ⋮
45   2  0.007  0.993    2
46   2  0.000  1.000    2
> table4=table(g=examp5.2.3$g, newg); table4
```

```
    newg
g     1   2
  1  18   3
  2   2  23
> round(prop.table(table4, 1), 3)
    newg
g       1      2
  1  0.857  0.143
  2  0.080  0.920
```

以上所得的所有后验概率皆需假定各组均服从正态分布。

二、对例 5.3.2 作判别分析

```
> examp5.2.3=read.table("D:/mvdata/examp5.2.3.csv", header=TRUE, sep=",")
> library(MASS)
> ld=lda(g~x1+x2+x3+x4, prior=c(0.1, 0.9), examp5.2.3)  #先验概率不相等的线性判别
> examp5.3.2=read.table("D:/mvdata/examp5.3.2.csv", header=TRUE, sep=",")
#读取新样品的文本文件
> examp5.3.2
     x1    x2    x3    x4
1  -0.16  -0.1  1.45  0.51
> newZ=predict(ld, examp5.3.2)  #预测新样品所属类别
> newZ
$class
[1] 2
Levels: 1 2
$posterior
          1          2
1  0.4770096  0.5229904
```

三、对例 5.4.1 作判别分析

```
> examp5.4.1=read.table("D:/mvdata/examp5.4.1.csv", header=TRUE, sep=",")
> head(examp5.4.1, 2)
  x1  x2  x3  x4  g
1 50  33  14   2  1
2 64  28  56  22  3
> n=dim(examp5.4.1)[1]; k=3
> library(MASS)
```

```
> ld=lda(g~x1+x2+x3+x4, examp5.4.1)
> ev=ld$svd^2*(k-1)/(n-k)   #特征值
> round(ev, 3)
[1] 32.192  0.285
> prop=ev/sum(ev)   #判别函数的贡献率
> round(prop, 4)
[1] 0.9912 0.0088
> round(cumsum(prop), 4)    #累计贡献率
[1] 0.9912 1.0000
> round(ld$scaling, 3)  #原始判别系数
        LD1     LD2
x1    0.083  -0.002
x2    0.153  -0.216
x3   -0.220   0.093
x4   -0.281  -0.284
> Z=predict(ld)
> round(Z$x, 3) #费希尔判别得分
         LD1     LD2
1      7.672   0.135
2     -6.800  -0.581
⋮        ⋮       ⋮
149   -7.839  -2.140
150    8.314  -0.645
> plot(Z$x, cex=0)   #作散点图
> text(Z$x[, 1], Z$x[, 2], cex=0.7, examp5.4.1$g)   #为散点标号
(输出见图 5.4.3)
```

附录 5-2 若干证明

一、(5.3.1)式维数 $p=1$ 时的证明

(5.3.1)式中的 π_i 表示事件{样品属于组 π_i},以下用 X 表示随机变量时的 x,并使用贝叶斯公式。

$$P(\pi_i \mid x)=\lim_{\Delta x\to 0+} P(\pi_i \mid x < X \leqslant x+\Delta x)$$

$$=\lim_{\Delta x\to 0+}\frac{P(\pi_i)P(x < X \leqslant x+\Delta x \mid \pi_i)}{\sum_{j=1}^{k} P(\pi_j)P(x < X \leqslant x+\Delta x \mid \pi_j)}$$

$$=\lim_{\Delta x\to 0+}\frac{p_i\int_x^{x+\Delta x}f_i(t)\,\mathrm{d}t\Big/\Delta x}{\sum_{j=1}^{k}p_j\int_x^{x+\Delta x}f_j(t)\,\mathrm{d}t\Big/\Delta x}$$

$$=\frac{p_if_i(x)}{\sum_{j=1}^{k}p_jf_j(x)},\qquad i=1,2,\cdots,k$$

二、(5.3.13)式的证明[①]

对样本空间 Ω 的任一划分 R_1,R_2，

$$\begin{aligned}ECM(R_1,R_2)&=c(2\mid 1)p_1P(2\mid 1)+c(1\mid 2)p_2P(1\mid 2)\\&=c(2\mid 1)p_1\int_{R_2}f_1(\boldsymbol{x})\,\mathrm{d}\boldsymbol{x}+c(1\mid 2)p_2\int_{R_1}f_2(\boldsymbol{x})\,\mathrm{d}\boldsymbol{x}\\&=\int_{R_2}h_2(\boldsymbol{x})\,\mathrm{d}\boldsymbol{x}+\int_{R_1}h_1(\boldsymbol{x})\,\mathrm{d}\boldsymbol{x}\end{aligned}$$

其中 $h_1(\boldsymbol{x})=c(1|2)p_2f_2(\boldsymbol{x}),h_2(\boldsymbol{x})=c(2|1)p_1f_1(\boldsymbol{x})$。令

$$R_1^*=\{\boldsymbol{x}:h_2(\boldsymbol{x})\geqslant h_1(\boldsymbol{x})\},\quad R_2^*=\{\boldsymbol{x}:h_2(\boldsymbol{x})<h_1(\boldsymbol{x})\}$$

则 R_1^*,R_2^* 是 Ω 的一个划分，于是

$$ECM(R_1^*,R_2^*)=\int_{R_2^*}h_2(\boldsymbol{x})\,\mathrm{d}\boldsymbol{x}+\int_{R_1^*}h_1(\boldsymbol{x})\,\mathrm{d}\boldsymbol{x}$$

从而

$$\begin{aligned}&ECM(R_1^*,R_2^*)-ECM(R_1,R_2)\\&=\left[\int_{R_2^*}h_2(\boldsymbol{x})\,\mathrm{d}\boldsymbol{x}+\int_{R_1^*}h_1(\boldsymbol{x})\,\mathrm{d}\boldsymbol{x}\right]-\left[\int_{R_2}h_2(\boldsymbol{x})\,\mathrm{d}\boldsymbol{x}+\int_{R_1}h_1(\boldsymbol{x})\,\mathrm{d}\boldsymbol{x}\right]\\&=\left[\int_{R_2^*\cap R_1}h_2(\boldsymbol{x})\,\mathrm{d}\boldsymbol{x}+\int_{R_2^*\cap R_2}h_2(\boldsymbol{x})\,\mathrm{d}\boldsymbol{x}+\int_{R_1^*\cap R_1}h_1(\boldsymbol{x})\,\mathrm{d}\boldsymbol{x}+\int_{R_1^*\cap R_2}h_1(\boldsymbol{x})\,\mathrm{d}\boldsymbol{x}\right]\\&\quad-\left[\int_{R_2\cap R_1^*}h_2(\boldsymbol{x})\,\mathrm{d}\boldsymbol{x}+\int_{R_2\cap R_2^*}h_2(\boldsymbol{x})\,\mathrm{d}\boldsymbol{x}+\int_{R_1\cap R_1^*}h_1(\boldsymbol{x})\,\mathrm{d}\boldsymbol{x}+\int_{R_1\cap R_2^*}h_1(\boldsymbol{x})\,\mathrm{d}\boldsymbol{x}\right]\\&=\int_{R_2^*\cap R_1}[h_2(\boldsymbol{x})-h_1(\boldsymbol{x})]\,\mathrm{d}\boldsymbol{x}+\int_{R_1^*\cap R_2}[h_1(\boldsymbol{x})-h_2(\boldsymbol{x})]\,\mathrm{d}\boldsymbol{x}\\&\leqslant 0\end{aligned}$$

故 R_1^*,R_2^* 是使 ECM 达到最小的划分，相应的判别规则为

$$\begin{cases}\boldsymbol{x}\in\pi_1, & 若\ h_2(x)\geqslant h_1(\boldsymbol{x})\\ \boldsymbol{x}\in\pi_2, & 若\ h_2(\boldsymbol{x})<h_1(\boldsymbol{x})\end{cases}$$

即

$$\begin{cases}\boldsymbol{x}\in\pi_1, & 若\dfrac{f_1(\boldsymbol{x})}{f_2(\boldsymbol{x})}\geqslant\dfrac{c(1|2)p_2}{c(2|1)p_1}\\ \boldsymbol{x}\in\pi_2, & 若\dfrac{f_1(\boldsymbol{x})}{f_2(\boldsymbol{x})}<\dfrac{c(1|2)p_2}{c(2|1)p_1}\end{cases}$$

---

① 该证明实际上是稍后(5.3.23)式证明(即第四部分)$k=2$ 时的一个特例，这里之所以还给出此证明，是因为它比(5.3.23)式的证明更易于理解和掌握，且有助于对后者的理解。

三、判别规则(5.3.17)可使两个误判概率之和达到最小①

证明　对 Ω 的任一划分 R_1,R_2，令

$$g(R_1,R_2)=P(2\mid 1)+P(1\mid 2)=\int_{R_2} f_1(\boldsymbol{x})\,\mathrm{d}\boldsymbol{x}+\int_{R_1} f_2(\boldsymbol{x})\,\mathrm{d}\boldsymbol{x}$$

再令

$$R_1^*=\{\boldsymbol{x}:f_1(\boldsymbol{x})\geqslant f_2(\boldsymbol{x})\},\quad R_2^*=\{\boldsymbol{x}:f_1(\boldsymbol{x})<f_2(\boldsymbol{x})\}$$

则 R_1^*,R_2^* 是 Ω 的一个划分，于是

$$g(R_1^*,R_2^*)=\int_{R_2^*} f_1(\boldsymbol{x})\,\mathrm{d}\boldsymbol{x}+\int_{R_1^*} f_2(\boldsymbol{x})\,\mathrm{d}\boldsymbol{x}$$

从而

$$\begin{aligned}
&g(R_1^*,R_2^*)-g(R_1,R_2)\\
&=\left[\int_{R_2^*} f_1(\boldsymbol{x})\,\mathrm{d}\boldsymbol{x}+\int_{R_1^*} f_2(\boldsymbol{x})\,\mathrm{d}\boldsymbol{x}\right]-\left[\int_{R_2} f_1(\boldsymbol{x})\,\mathrm{d}\boldsymbol{x}+\int_{R_1} f_2(\boldsymbol{x})\,\mathrm{d}\boldsymbol{x}\right]\\
&=\left[\int_{R_2^*\cap R_1} f_1(\boldsymbol{x})\,\mathrm{d}\boldsymbol{x}+\int_{R_2^*\cap R_2} f_1(\boldsymbol{x})\,\mathrm{d}\boldsymbol{x}+\int_{R_1^*\cap R_1} f_2(\boldsymbol{x})\,\mathrm{d}\boldsymbol{x}+\int_{R_1^*\cap R_2} f_2(\boldsymbol{x})\,\mathrm{d}\boldsymbol{x}\right]\\
&\quad-\left[\int_{R_2\cap R_1^*} f_1(\boldsymbol{x})\,\mathrm{d}\boldsymbol{x}+\int_{R_2\cap R_2^*} f_1(\boldsymbol{x})\,\mathrm{d}\boldsymbol{x}+\int_{R_1\cap R_1^*} f_2(\boldsymbol{x})\,\mathrm{d}\boldsymbol{x}+\int_{R_1\cap R_2^*} f_2(\boldsymbol{x})\,\mathrm{d}\boldsymbol{x}\right]\\
&=\int_{R_2^*\cap R_1}[f_1(\boldsymbol{x})-f_2(\boldsymbol{x})]\,\mathrm{d}\boldsymbol{x}+\int_{R_1^*\cap R_2}[f_2(\boldsymbol{x})-f_1(\boldsymbol{x})]\,\mathrm{d}\boldsymbol{x}\\
&\leqslant 0
\end{aligned}$$

故 R_1^*,R_2^* 是使 $P(2|1)+P(1|2)$ 达到最小的划分，相应的判别规则为

$$\begin{cases}\boldsymbol{x}\in\pi_1, & \text{若 } f_1(\boldsymbol{x})\geqslant f_2(\boldsymbol{x})\\ \boldsymbol{x}\in\pi_2, & \text{若 } f_1(\boldsymbol{x})<f_2(\boldsymbol{x})\end{cases}$$

四、(5.3.23)式的证明

对样本空间 Ω 的任一划分 $R_1,R_2,\cdots,R_k$，由(5.3.22)和(5.3.21)式知，其期望误判代价为

$$ECM(R_1,R_2,\cdots,R_k)=\sum_{i=1}^{k}p_i\sum_{\substack{l=1\\ l\neq i}}^{k}c(l\mid i)\int_{R_l} f_i(\boldsymbol{x})\,\mathrm{d}\boldsymbol{x}=\sum_{l=1}^{k}\int_{R_l} h_l(\boldsymbol{x})\,\mathrm{d}\boldsymbol{x}$$

其中 $h_l(\boldsymbol{x})=\sum\limits_{\substack{i=1\\ i\neq l}}^{k}p_ic(l\mid i)f_i(\boldsymbol{x})$，$l=1,2,\cdots,k$。令

$$R_l^*=\{\boldsymbol{x}:h_l(\boldsymbol{x})=\min_{1\leqslant i\leqslant k}h_i(\boldsymbol{x})\},\quad l=1,2,\cdots,k$$

显然，$R_1^*\cup R_2^*\cup\cdots\cup R_k^*=\Omega$。由于 $\boldsymbol{x}$ 是连续型随机向量，从而 $\boldsymbol{x}$ 落入 $R_1^*,R_2^*,\cdots,R_k^*$ 的有重叠区域②的概率为零，所以在忽略零概率重叠区域的意义上 $R_1^*,R_2^*,\cdots,R_k^*$ 是样本空间 Ω 的一个划分。

---

① 本证明可看成是上述第二部分证明的一个特例，只要在其证明过程中令 $c(2|1)p_1=c(1|2)p_2=1$ 即可。

② 有重叠区域 $=\{\boldsymbol{x}:h_1(\boldsymbol{x}),h_2(\boldsymbol{x}),\cdots,h_k(\boldsymbol{x})$ 中至少有两个同时达到最小$\}$（例如，$h_1(\boldsymbol{x})$ 和 $h_2(\boldsymbol{x})$ 同时达到最小就意味着 R_1^* 和 R_2^* 之间有重叠），而 $h_1(\boldsymbol{x}),h_2(\boldsymbol{x}),\cdots,h_k(\boldsymbol{x})$ 中有相等出现的概率为零。

$$\begin{aligned}
&ECM(R_1^*,R_2^*,\cdots,R_k^*)-ECM(R_1,R_2,\cdots,R_k)\\
&=\sum_{l=1}^{k}\int_{R_l^*}h_l(\boldsymbol{x})\,\mathrm{d}\boldsymbol{x}-\sum_{i=1}^{k}\int_{R_i}h_i(\boldsymbol{x})\,\mathrm{d}\boldsymbol{x}\\
&=\sum_{i=1}^{k}\sum_{l=1}^{k}\int_{R_l^*\cap R_i}[h_l(\boldsymbol{x})-h_i(\boldsymbol{x})]\,\mathrm{d}\boldsymbol{x}\text{ ①}
\end{aligned}$$

因为在 R_l^* 上恒有 $h_l(\boldsymbol{x})\leqslant h_i(\boldsymbol{x})$，$1\leqslant i\neq l\leqslant k$，于是

$$ECM(R_1^*,R_2^*,\cdots,R_k^*)\leqslant ECM(R_1,R_2,\cdots,R_k)$$

故 $R_1^*,R_2^*,\cdots,R_k^*$ 是使 ECM 达到最小的划分，相应的判别规则为

$$\boldsymbol{x}\in\pi_l,\quad 若\ h_l(\boldsymbol{x})=\min_{1\leqslant i\leqslant k}h_i(\boldsymbol{x})$$

即(5.3.23)式。

五、费希尔判别函数 $y_i=\boldsymbol{t}_i'\boldsymbol{x}$ 对形式 $\boldsymbol{z}=\boldsymbol{C}\boldsymbol{x}$（$\boldsymbol{C}$ 为非退化常数矩阵）下度量单位的改变具有不变性②

证明 原数据经变换 $\boldsymbol{z}=\boldsymbol{C}\boldsymbol{x}$ 后为 $\boldsymbol{z}_{ij}=\boldsymbol{C}\boldsymbol{x}_{ij}$，$j=1,2,\cdots,n_i$，$i=1,2,\cdots,k$，相应的组均值 $\bar{\boldsymbol{z}}_i=\boldsymbol{C}\bar{\boldsymbol{x}}_i$，$i=1,2,\cdots,k$，总均值 $\bar{\boldsymbol{z}}=\boldsymbol{C}\bar{\boldsymbol{x}}$，其组间平方和及叉积和矩阵为

$$\begin{aligned}
\boldsymbol{H}_z&=\sum_{i=1}^{k}n_i(\bar{\boldsymbol{z}}_i-\bar{\boldsymbol{z}})(\bar{\boldsymbol{z}}_i-\bar{\boldsymbol{z}})'=\sum_{i=1}^{k}n_i\boldsymbol{C}(\bar{\boldsymbol{x}}_i-\bar{\boldsymbol{x}})(\bar{\boldsymbol{x}}_i-\bar{\boldsymbol{x}})'\boldsymbol{C}'\\
&=\boldsymbol{CHC}'
\end{aligned}$$

组内平方和及叉积和矩阵为

$$\begin{aligned}
\boldsymbol{E}_z&=\sum_{i=1}^{k}\sum_{j=1}^{n_i}n_i(\boldsymbol{z}_{ij}-\bar{\boldsymbol{z}}_i)(\boldsymbol{z}_{ij}-\bar{\boldsymbol{z}}_i)'=\sum_{i=1}^{k}\sum_{j=1}^{n_i}n_i\boldsymbol{C}(\boldsymbol{x}_{ij}-\bar{\boldsymbol{x}}_i)(\boldsymbol{x}_{ij}-\bar{\boldsymbol{x}}_i)'\boldsymbol{C}'\\
&=\boldsymbol{CEC}'
\end{aligned}$$

令 $\boldsymbol{u}_i=(\boldsymbol{C}')^{-1}\boldsymbol{t}_i$，则

---

① 读者如对后一等式的理解感到困难，可看一下如下（一般可省略的）更细致的推导过程。因为

$$R_l^*=R_l^*\cap\Omega=R_l^*\cap\left(\bigcup_{i=1}^{k}R_i\right)=\bigcup_{i=1}^{k}(R_l^*\cap R_i)$$

$$R_i=R_i\cap\Omega=R_i\cap\left(\bigcup_{l=1}^{k}R_l^*\right)=\bigcup_{l=1}^{k}(R_l^*\cap R_i)$$

再考虑到有重叠区域的测度（或落入其的概率）为零，故

$$\begin{aligned}
&\sum_{l=1}^{k}\int_{R_l^*}h_l(\boldsymbol{x})\mathrm{d}\boldsymbol{x}-\sum_{i=1}^{k}\int_{R_i}h_i(\boldsymbol{x})\mathrm{d}\boldsymbol{x}\\
&=\sum_{l=1}^{k}\int_{\bigcup_{i=1}^{k}(R_l^*\cap R_i)}h_l(\boldsymbol{x})\mathrm{d}\boldsymbol{x}-\sum_{i=1}^{k}\int_{\bigcup_{l=1}^{k}(R_l^*\cap R_i)}h_i(\boldsymbol{x})\mathrm{d}\boldsymbol{x}\\
&=\sum_{l=1}^{k}\left[\sum_{i=1}^{k}\int_{R_l^*\cap R_i}h_l(\boldsymbol{x})\mathrm{d}\boldsymbol{x}\right]-\sum_{i=1}^{k}\left[\sum_{l=1}^{k}\int_{R_l^*\cap R_i}h_i(\boldsymbol{x})\mathrm{d}\boldsymbol{x}\right]\\
&=\sum_{i=1}^{k}\sum_{l=1}^{k}\int_{R_l^*\cap R_i}[h_l(\boldsymbol{x})-h_i(\boldsymbol{x})]\mathrm{d}\boldsymbol{x}
\end{aligned}$$

② 中心化的费希尔判别函数 $y_i=\boldsymbol{t}_i'(\boldsymbol{x}-\bar{\boldsymbol{x}})$ 进一步对形式 $\boldsymbol{z}=\boldsymbol{C}\boldsymbol{x}+\boldsymbol{b}$（$\boldsymbol{C}$ 为非退化常数矩阵，$\boldsymbol{b}$ 为常数向量）下度量单位的改变具有不变性。

$$\begin{aligned}\boldsymbol{E}_z^{-1}\boldsymbol{H}_z\boldsymbol{u}_i &=(\boldsymbol{CEC}')^{-1}(\boldsymbol{CHC}')\boldsymbol{u}_i=(\boldsymbol{C}')^{-1}\boldsymbol{E}^{-1}\boldsymbol{HC}'\boldsymbol{u}_i=(\boldsymbol{C}')^{-1}\boldsymbol{E}^{-1}\boldsymbol{Ht}_i\\&=(\boldsymbol{C}')^{-1}\lambda_i\boldsymbol{t}_i=\lambda_i\boldsymbol{u}_i\end{aligned}$$

$$\begin{aligned}\boldsymbol{u}_i'\left(\frac{1}{n-k}\boldsymbol{E}_z\right)\boldsymbol{u}_i &=\boldsymbol{t}_i'(\boldsymbol{C})^{-1}\left(\frac{1}{n-k}\boldsymbol{CEC}'\right)(\boldsymbol{C}')^{-1}\boldsymbol{t}_i=\boldsymbol{t}_i'\left(\frac{1}{n-k}\boldsymbol{E}\right)\boldsymbol{t}_i\\&=\boldsymbol{t}_i'\boldsymbol{S}_p\boldsymbol{t}_i=1\end{aligned}$$

可见,$\boldsymbol{E}_z^{-1}\boldsymbol{H}_z$ 的第 i 个特征值仍是 λ_i,相应的第 i 个特征向量是 $\boldsymbol{u}_i$,它也满足标准化条件。由于变换后数据的费希尔第 i 判别函数为

$$\boldsymbol{u}_i'\boldsymbol{z}=\boldsymbol{t}_i'(\boldsymbol{C})^{-1}\boldsymbol{Cx}=\boldsymbol{t}_i'\boldsymbol{x}=y_i$$

故变换 $\boldsymbol{z}=\boldsymbol{Cx}$ 后的费希尔判别函数保持不变。

注 $\boldsymbol{C}=\text{diag}(c_1,c_2,\cdots,c_p),c_i>0,\ i=1,2,\cdots,p$ 时的 $\boldsymbol{z}=\boldsymbol{Cx}$ 是我们最熟悉、最常用的变量单位变换。

六、当 $r=s$ 时费希尔判别规则(5.4.7)等价于判别规则(5.2.17)

证明 $\boldsymbol{E}^{-1}\boldsymbol{H}$ 有 s 个正特征值 $\lambda_1\geqslant\lambda_2\geqslant\cdots\geqslant\lambda_s>0$ 和 $p-s$ 个零特征值 $\lambda_{s+1}=\cdots=\lambda_p=0$,相应的特征向量分别为 $\boldsymbol{t}_1,\boldsymbol{t}_2,\cdots,\boldsymbol{t}_p$,满足 $\boldsymbol{t}_j'\boldsymbol{S}_p\boldsymbol{t}_j=1,\ j=1,2,\cdots,p,\ \boldsymbol{t}_i'\boldsymbol{S}_p\boldsymbol{t}_j=0,\ 1\leqslant i\neq j\leqslant p$。于是对 $j=s+1,\cdots,p$,可作如下推导:

$$\begin{aligned}\boldsymbol{E}^{-1}\boldsymbol{Ht}_j=0\cdot\boldsymbol{t}_j\Rightarrow\boldsymbol{Ht}_j=\boldsymbol{0}&\\&\Rightarrow\sum_{i=1}^{k}n_i(\bar{\boldsymbol{x}}_i-\bar{\boldsymbol{x}})(\bar{\boldsymbol{x}}_i-\bar{\boldsymbol{x}})'\boldsymbol{t}_j=\boldsymbol{0}\\&\Rightarrow\sum_{i=1}^{k}n_i\boldsymbol{t}_j'(\bar{\boldsymbol{x}}_i-\bar{\boldsymbol{x}})(\bar{\boldsymbol{x}}_i-\bar{\boldsymbol{x}})'\boldsymbol{t}_j=0\\&\Rightarrow\sum_{i=1}^{k}n_i[\boldsymbol{t}_j'(\bar{\boldsymbol{x}}_i-\bar{\boldsymbol{x}})]^2=0\\&\Rightarrow\boldsymbol{t}_j'(\bar{\boldsymbol{x}}_i-\bar{\boldsymbol{x}})=0\end{aligned}$$

令 $\boldsymbol{U}=(\boldsymbol{u}_1,\boldsymbol{u}_2,\cdots,\boldsymbol{u}_p)$,其中 $\boldsymbol{u}_j=\boldsymbol{S}_p^{1/2}\boldsymbol{t}_j,\ j=1,2,\cdots,p$,则 $\boldsymbol{u}_1,\boldsymbol{u}_2,\cdots,\boldsymbol{u}_p$ 是一组正交单位向量,即 $\boldsymbol{U}$ 为正交矩阵。从而

$$\begin{aligned}\sum_{j=1}^{s}(y_j-\bar{y}_{ij})^2&=\sum_{j=1}^{s}[\boldsymbol{t}_j'(\boldsymbol{x}-\bar{\boldsymbol{x}}_i)]^2\\&=\sum_{j=1}^{p}[\boldsymbol{t}_j'(\boldsymbol{x}-\bar{\boldsymbol{x}}_i)]^2-\sum_{j=s+1}^{p}[\boldsymbol{t}_j'(\boldsymbol{x}-\bar{\boldsymbol{x}}_i)]^2\\&=\sum_{j=1}^{p}[\boldsymbol{u}_j'\boldsymbol{S}_p^{-1/2}(\boldsymbol{x}-\bar{\boldsymbol{x}}_i)]^2-\sum_{j=s+1}^{p}[\boldsymbol{t}_j'(\boldsymbol{x}-\bar{\boldsymbol{x}}_i)+\boldsymbol{t}_j'(\bar{\boldsymbol{x}}_i-\bar{\boldsymbol{x}})]^2\\&=\sum_{j=1}^{p}[(\boldsymbol{x}-\bar{\boldsymbol{x}}_i)'\boldsymbol{S}_p^{-1/2}\boldsymbol{u}_j][\boldsymbol{u}_j'\boldsymbol{S}_p^{-1/2}(\boldsymbol{x}-\bar{\boldsymbol{x}}_i)]-\sum_{j=s+1}^{p}[\boldsymbol{t}_j'(\boldsymbol{x}-\bar{\boldsymbol{x}})]^2\\&=(\boldsymbol{x}-\bar{\boldsymbol{x}}_i)'\boldsymbol{S}_p^{-1/2}\boldsymbol{UU}'\boldsymbol{S}_p^{-1/2}(\boldsymbol{x}-\bar{\boldsymbol{x}}_i)-\sum_{j=s+1}^{p}[\boldsymbol{t}_j'(\boldsymbol{x}-\bar{\boldsymbol{x}})]^2\\&=(\boldsymbol{x}-\bar{\boldsymbol{x}}_i)'\boldsymbol{S}_p^{-1}(\boldsymbol{x}-\bar{\boldsymbol{x}}_i)-\sum_{j=s+1}^{p}[\boldsymbol{t}_j'(\boldsymbol{x}-\bar{\boldsymbol{x}})]^2\\&=-2(\hat{\boldsymbol{I}}_i'\boldsymbol{x}+\hat{c}_i)+\boldsymbol{x}'\boldsymbol{S}_p^{-1}\boldsymbol{x}-\sum_{j=s+1}^{p}[\boldsymbol{t}_j'(\boldsymbol{x}-\bar{\boldsymbol{x}})]^2\end{aligned}$$

注意到上式中的 $\boldsymbol{x}'\boldsymbol{S}_p^{-1}\boldsymbol{x}-\sum\limits_{j=s+1}^{p}[\boldsymbol{t}_j'(\boldsymbol{x}-\bar{\boldsymbol{x}})]^2$ 与 i 无关，即在每一组都相同，所以当 $r=s$ 时(5.4.7)式等价于(5.2.17)式。

习 题

5.1 试证(5.2.16)式。

5.2 设对来自组 π_1 和 π_2 的两个样本有

$$\bar{\boldsymbol{x}}_1=\begin{pmatrix}4\\2\end{pmatrix},\quad \bar{\boldsymbol{x}}_2=\begin{pmatrix}3\\-1\end{pmatrix},\quad \boldsymbol{S}_p=\begin{pmatrix}6.5&1.1\\1.1&8.4\end{pmatrix}$$

试给出距离判别规则，并将 $\boldsymbol{x}_0=(2,1)'$ 分到组 π_1 或 π_2。假定 $\boldsymbol{\Sigma}_1=\boldsymbol{\Sigma}_2$。

5.3 设先验概率，误判代价及概率密度值已列于下表。

		判别为		
		π_1	π_2	π_3
真实组	π_1	$c(1\|1)=0$	$c(2\|1)=20$	$c(3\|1)=80$
	π_2	$c(1\|2)=400$	$c(2\|2)=0$	$c(3\|2)=200$
	π_3	$c(1\|3)=100$	$c(2\|3)=50$	$c(3\|3)=0$
先验概率		$p_1=0.55$	$p_2=0.15$	$p_3=0.30$
概率密度		$f_1(\boldsymbol{x}_0)=0.46$	$f_2(\boldsymbol{x}_0)=1.5$	$f_3(\boldsymbol{x}_0)=0.70$

试将样品 $\boldsymbol{x}_0$ 分到组 π_1,π_2 和 π_3 中的一个。如果不考虑误判代价，则判别结果又将如何？

5.4 试推导出(5.3.18)和(5.3.19)两式。

5.5 根据经验，今天与昨天的湿度差 x_1 及今天的压温差(气压与温度之差) x_2 是预报明天是否下雨的两个重要因素。现收集到一批样本数据列于下表。

π_1(雨天)		π_2(非雨天)	
x_1(湿度差)	x_2(压温差)	x_1(湿度差)	x_2(压温差)
−1.9	3.2	0.2	6.2
−6.9	10.4	−0.1	7.5
5.2	2.0	0.4	14.6
5.0	2.5	2.7	8.3
7.3	0.0	2.1	0.8
6.8	12.7	−4.6	4.3
0.9	−15.4	−1.7	10.9
−12.5	−2.5	−2.6	13.1
1.5	1.3	2.6	12.8
3.8	6.8	−2.8	10.0

今测得 $x_1=0.6, x_2=3.0$，假定两组的协方差矩阵相等。

(1) 试给出距离判别规则，并预报明天是否会下雨及用回代法来估计误判概率；

(2) 假定两组的 $\boldsymbol{x}=(x_1,x_2)'$ 均服从二元正态分布，且根据其他信息及经验给出先验概率 $p_1=0.3, p_2=$

0.7,试预报明天是否下雨;

(3) 假如你现考虑是否为明天安排一项活动,该活动不太适合在雨天进行,并在(2)中假定的基础上还认为 $c(2|1)=3c(1|2)$,那么你今天是否应该为明天安排这项活动呢?

5.6　对 28 名一级(Ⅰ组)和 25 名健将级(Ⅱ组)标枪运动员测试了 6 个影响标枪成绩的训练项目,这些训练项目(成绩)为:30 米跑(x_1)、投掷小球(x_2)、挺举重量(x_3)、抛实心球(x_4)、前抛铅球(x_5)和五级跳(x_6)。数据列于下表(完整数据可从本书前言中提供的网址上下载):

编号	组别	x_1	x_2	x_3	x_4	x_5	x_6
1	Ⅰ	3.60	4.30	82.30	70.00	90.00	18.52
2	Ⅰ	3.30	4.10	87.48	80.00	100.00	18.48
⋮	⋮	⋮	⋮	⋮	⋮	⋮	⋮
28	Ⅰ	3.20	4.20	89.20	85.00	115.00	19.88
29	Ⅱ	3.40	4.00	103.00	95.00	110.00	24.80
⋮	⋮	⋮	⋮	⋮	⋮	⋮	⋮
52	Ⅱ	3.60	4.10	115.00	85.00	115.00	23.70
53	Ⅱ	3.50	4.30	97.80	75.00	100.00	24.10

另有 14 名未定级的运动员也测试了同样 6 个项目,数据列表如下:

编号	x_1	x_2	x_3	x_4	x_5	x_6
1	3.50	4.10	85.30	75.00	105.00	18.65
2	3.40	4.40	85.40	75.00	95.00	18.60
3	3.60	4.30	85.36	75.00	90.00	18.60
4	3.60	4.10	83.70	75.00	105.00	18.60
5	3.20	4.10	89.35	75.00	95.00	20.28
6	3.40	4.15	86.28	60.00	77.50	18.90
7	3.60	4.20	84.10	80.00	100.00	18.70
8	3.10	4.10	98.00	95.00	130.00	22.30
9	3.00	4.10	122.00	100.00	115.00	27.10
10	3.20	4.30	92.68	80.00	105.00	20.68
11	3.10	4.20	91.76	85.00	100.00	22.20
12	3.30	4.20	98.40	65.00	100.00	22.86
13	3.30	4.60	92.00	80.00	195.00	23.07
14	3.40	4.30	97.36	75.00	110.00	22.12

假定两组数据均来自于多元正态总体,且 $c(1|2)=c(2|1)$。

(1) 对 14 名未定级的运动员,假设 $p_1=p_2$,试在 $\boldsymbol{\Sigma}_1=\boldsymbol{\Sigma}_2=\boldsymbol{\Sigma}$ 和 $\boldsymbol{\Sigma}_1\neq\boldsymbol{\Sigma}_2$ 的两种情形下分别对他们归属何组作出贝叶斯判别;

(2) 试按回代法和交叉验证法分别对(1)的误判概率作出估计;

(3) 假设$\boldsymbol{\Sigma}_1=\boldsymbol{\Sigma}_2=\boldsymbol{\Sigma}$，$p_1=0.8$，$p_2=0.2$，试对这 14 名未定级运动员的归属作出贝叶斯判别。

5.7　试证明(5.4.2)式。

5.8　下表列出由三个美国制造商所生产的早餐方便粥的数据(完整数据可从本书前言中提供的网址上下载)。这三家厂商是，通用牛奶(Ⅰ)、克罗格(Ⅱ)和夸克(Ⅲ)。将早餐方便粥的品牌按厂商分组，每个品牌测量的指标有：卡路里(x_1)、蛋白质(x_2)、脂肪(x_3)、钠(x_4)、纤维(x_5)、碳水化合物(x_6)、糖(x_7)和钾(x_8)。试给出费希尔判别函数，并将所有品牌的两个判别函数得分画成散点图，用不同的符号表示不同的厂商。

编号	组别	x_1	x_2	x_3	x_4	x_5	x_6	x_7	x_8
1	Ⅰ	110	2	2	180	1.5	10.5	10	70
2	Ⅰ	110	6	2	290	2.0	17.0	1	105
⋮	⋮	⋮	⋮	⋮	⋮	⋮	⋮	⋮	⋮
17	Ⅰ	110	2	1	200	1.0	16.0	8	60
18	Ⅱ	70	4	1	260	9.0	7.0	5	320
⋮	⋮	⋮	⋮	⋮	⋮	⋮	⋮	⋮	⋮
37	Ⅱ	110	6	0	230	1.0	16.0	3	55
38	Ⅲ	120	1	2	220	0.0	12.0	12	35
⋮	⋮	⋮	⋮	⋮	⋮	⋮	⋮	⋮	⋮
42	Ⅲ	50	2	0	0	1.0	10.0	0	50
43	Ⅲ	100	5	2	0	2.7	1.0	1	110

5.9　试对习题 5.6 中的数据作逐步判别(取 $\alpha=0.15$)。

客观思考题

一、判断题

5.1　在判别分类中一般是利用不完备信息进行分类的。　(　　)

5.2　在两组皆为正态组及协方差矩阵不同的情形下，两组先验概率均相同且两个误判代价也都相等时的贝叶斯判别等价于距离判别。　(　　)

*5.3　离开了各组的正态性假定就必然无法使用(5.3.4)式和(5.3.2)式进行判别分类。　(　　)

5.4　对于两组的判别，最大后验概率法的判别规则可使两个误判概率之和达到最小。　(　　)

5.5　在各组协方差矩阵均相同、各组先验概率均相同及所有误判代价也都相等的情形下，贝叶斯判别等价于距离判别。　(　　)

5.6　若各组的样本容量普遍较小，则采用线性判别函数一般比采用二次判别函数更为合适。　(　　)

5.7　费希尔判别既可用于分类也可用于分离，且在实际应用中更多地用于分离。　(　　)

5.8　在费希尔判别的理论中，含有各组的协方差矩阵相同的假定。　(　　)

5.9　在费希尔判别中，如果各组点在由前两个判别函数构成的低维空间中分离得不好，则必然意味着它们在由所有原始变量构成的高维空间中也分离得不好。　(　　)

5.10　中心化的费希尔判别函数与非中心化的费希尔判别函数所起的作用本质上相同。　(　　)

5.11　在判别分析中，各组之间的分离程度取决于各组均值之间的差异程度。　(　　)

5.12　费希尔判别函数之间是不相关的，几何上它们所在方向一般并不相互垂直，但作图时仍将它们画成直角坐标系。　(　　)

5.13　在两组皆为正态组及协方差矩阵相同的情形下，两组先验概率相同且两个误判代价也相等时的贝叶斯判别等价于距离判别，也等价于费希尔判别。　(　　)

5.14　费希尔判别的判别规则既可以用来分类，也可以用来分离。　（　　）

二、单选题

5.15　以下误判概率的非参数估计方法中，（　　）给出的估计值通常偏低。

A. 回代法　　B. 划分样本

C. 交叉验证法　　D. 这三种方法都不是

5.16　在样本容量 n 不是非常大的情形下，以下一般最能给出好的误判概率估计值的非参数方法是（　　）。

A. 回代法　　B. 划分样本

C. 交叉验证法　　D. 正态假定下误判概率的估计

5.17　两组情形下的最小期望误判代价法的判别规则包含三个比值，其中最富有实际意义的是（　　）。

A. 先验概率之比　　B. 误判代价之比

C. 概率密度之比　　D. 以上三个比值

三、多选题

5.18　在两组的情形下，按最小期望误判代价法对新样品的归属进行判别，使得两个误判概率之和达到最小需要的条件是（　　）。

A. 两组皆为正态分布　　B. 两个先验概率相同

C. 两个误判代价相同　　D. 两组具有相同的协方差矩阵

5.19　贝叶斯判别可能需考虑到的已知条件有（　　）。

A. 先验概率　　B. 后验概率　　C. 各组分布　　D. 误判代价

第六章　聚类分析

§6.1　引　言

俗话说:“物以类聚,人以群分”,在现实世界中存在着大量的聚类问题。例如,在商务上,市场分析人员希望将客户基本库中的客户分成不同的客户群,并且用购买模式来刻画不同客户群的特征;在生物学上,对动植物分类和对基因分类,获得对种群中固有结构的认识;在经济学中,根据人均国民收入、人均工农业产值和人均消费水平等多项指标对世界上所有国家的经济发展状况进行分类;在选拔少年运动员时,对少年的身体形态、身体素质及生理功能的各项指标进行测试,据此对少年进行分类;在对啤酒的分类中,可依据其含有的酒精成分、钠成分和“卡路里”数值进行分类;等等。

聚类分析的目的是把分类对象按一定规则分成若干类,这些类不是事先给定的,而是根据数据的特征确定的,对类的数目和类的结构不必作任何假定。在同一类里的这些对象在某种意义上倾向于彼此相似[①],而在不同类里的对象倾向于不相似。聚类分析常常用来探索寻找“自然的”或“实在的”分类,并且这样的分类应是对所研究的问题有意义的。此外,聚类分析也能够用来概括数据。

判别分类和聚类分析都是研究事物分类(或组)的基本方法,但它们却有着不同的分类目的,彼此之间既有本质的区别又有一定的联系。它们的本质区别在于:在判别分类中,组的数目是已知的,我们将样品分配给事先已定义好的组(或类)之一;而在聚类分析中,无论是类的数目还是类本身在事先都是未知的。而它们的联系在于:如果组不是已有的,则对组的事先了解和形成有时可以通过聚类分析探索得到;还有,聚类分析的效果往往也可以通过由前两个(或三个)费希尔判别函数得分产生的散点图(或旋转图)从直觉上进行评估。

聚类分析根据分类对象不同分为**Q 型聚类分析**和 **R 型聚类分析**。Q 型聚类是指对样品的聚类,R 型聚类是指对变量的聚类。本章我们主要讨论 Q 型聚类。

§6.2　距离和相似系数

在对样品(或变量)进行分类时,样品(或变量)之间的相似性是如何度量的呢？这一节中,

---

① 实践中,何为“相似”常常取决于其是从哪个角度来看或是如何被定义的,它的不同理解或定义将产生不同的聚类结果。

我们介绍两种相似性度量:距离和相似系数。由于两个对象之间相距越远其距离就越大,故距离实际上是一个不相似性的度量。

距离和相似系数有着各种不同的定义,而这些定义与变量的类型有着非常密切的关系。通常变量按测量尺度的不同可以分为以下三类:

(1) **间隔变量**:变量用连续的量来表示,如长度、重量、速度、温度等。

(2) **有序变量**:变量度量时不用明确的数量表示,而是用等级来表示,如某产品分为一等品、二等品、三等品等有次序关系。

(3) **名义变量**:变量用一些类表示,这些类之间既无等级关系也无数量关系,如性别、职业、产品的型号等。

间隔变量也称为**定量变量**,有序变量和名义变量统称为**定性变量**或**属性变量**或**分类变量**。

对于间隔变量,距离常用来度量样品之间的相似性,而相似系数常用来度量变量之间的相似性。此外,相似系数也常用于度量基于有序或名义变量的样品之间的相似性。本章主要讨论基于间隔变量的样品聚类分析方法。

一、距离

设 $\boldsymbol{x}=(x_1,x_2,\cdots,x_p)'$ 和 $\boldsymbol{y}=(y_1,y_2,\cdots,y_p)'$ 为两个样品,则所定义的距离一般应满足如下三个条件[①]:

(1) 非负性:$d(\boldsymbol{x},\boldsymbol{y})\geqslant 0$,$d(\boldsymbol{x},\boldsymbol{y})=0$ 当且仅当 $\boldsymbol{x}=\boldsymbol{y}$;

(2) 对称性:$d(\boldsymbol{x},\boldsymbol{y})=d(\boldsymbol{y},\boldsymbol{x})$;

(3) 三角不等式:$d(\boldsymbol{x},\boldsymbol{y})\leqslant d(\boldsymbol{x},\boldsymbol{z})+d(\boldsymbol{z},\boldsymbol{y})$。

在聚类过程中,相距较近的样品点倾向于归为一类,相距较远的样品点应归属不同的类。常用的距离有如下几种:

(一)明考夫斯基(Minkowski)距离

$\boldsymbol{x}$ 和 $\boldsymbol{y}$ 之间的明考夫斯基距离(简称明氏距离)定义为

$$d(\boldsymbol{x},\boldsymbol{y})=\left[\sum_{i=1}^{p}|x_i-y_i|^q\right]^{1/q} \tag{6.2.1}$$

这里 $q\geqslant 1$。明氏距离有以下三种特殊形式:

(1) 当 $q=1$ 时,$d(\boldsymbol{x},\boldsymbol{y})=\sum_{i=1}^{p}|x_i-y_i|$,称为**绝对值距离**,常被形象地称作"城市街区"距离,该称呼缘于,当城市街区中位置点之间的远近用路程来度量时,采用绝对值距离($p=2$)是比较合适的;[②]

(2) 当 $q=2$ 时,$d(\boldsymbol{x},\boldsymbol{y})=\left[\sum_{i=1}^{p}|x_i-y_i|^2\right]^{1/2}=\sqrt{(\boldsymbol{x}-\boldsymbol{y})'(\boldsymbol{x}-\boldsymbol{y})}$,这是欧氏距离,它是聚类分析中最常用的一种距离;

---

① 在聚类分析的应用中,我们经常主观指定距离,它可能并不满足所有这三个条件(尤其是三角不等式)。这不是真正的距离,但不同的该距离值却能直接比较出相似性的大小,将其视为距离有其理解和表达上的方便。实践中,只要有可能,我们还是建议尽量采用(满足所有这三个条件的)真正的距离。

② 特别是像北京这类城市,许多道路都是南北向或东西向的,对路程的度量使用绝对值距离要明显好于欧氏距离。

(3) 当 $q=\infty$ 时，$d(\boldsymbol{x},\boldsymbol{y})=\max\limits_{1\leqslant i\leqslant p}|x_i-y_i|$，称为**切比雪夫**(Chebyshev)**距离**。

欧氏距离对(大的)异常值较为敏感，而绝对值距离却对异常值相对不太敏感。一般说来，明氏距离(6.2.1)中，选择的 q 越大，差值大的变量在该距离计算中所起的作用就越大，从而对异常值也就越敏感。

当各变量的单位不同或变异性相差很大时，不应直接采用明氏距离，而应先对各变量的数据作标准化处理，然后用标准化后的数据计算距离。最常用的标准化处理是，令

$$x_i^*=\frac{x_i-\bar{x}_i}{\sqrt{s_{ii}}},\quad i=1,2,\cdots,p$$

其中 $\bar{x}_i$ 和 s_{ii} 分别为 x_i 的样本均值和样本方差。

(二)兰氏(Lance 和 Williams)距离

当所有的数据皆为正时，可以定义 $\boldsymbol{x}$ 与 $\boldsymbol{y}$ 之间的**兰氏距离**为

$$d(\boldsymbol{x},\boldsymbol{y})=\sum_{i=1}^{p}\frac{|x_i-y_i|}{x_i+y_i}\tag{6.2.2}$$

该距离与各变量的单位无关，且适用于高度偏斜或含异常值的数据。

(三)马氏距离

$\boldsymbol{x}$ 和 $\boldsymbol{y}$ 之间的马氏距离为

$$d(\boldsymbol{x},\boldsymbol{y})=\sqrt{(\boldsymbol{x}-\boldsymbol{y})'\boldsymbol{S}^{-1}(\boldsymbol{x}-\boldsymbol{y})}\tag{6.2.3}$$

其中 $\boldsymbol{S}$ 为样本协方差矩阵。使用马氏距离的好处是考虑到了各变量之间的相关性，并且与各变量的单位无关。但马氏距离在这里有一个很大的缺陷，聚类过程中的类一直变化着，这就使得类内的样本协方差矩阵(或联合协方差矩阵)难以确定，除非有关于不同类的先验知识。因此，在实际聚类分析中，马氏距离一般不是理想的距离。

以上几种距离的定义均要求变量是间隔尺度的，如果使用的变量是有序尺度或名义尺度的，则有相应的一些定义样品之间距离和相似系数的方法。下例给出了对二值名义变量的一种简单距离定义。关于二值变量相似性度量的更多讨论可参见文献[30]中的第 12 章 12.2 节。

例 6.2.1 某高校举办一个培训班，从学员的资料中得到这样六个变量(括号内为取值)：

x_1：性别(男，女)
x_2：外语语种(英语，非英语)
x_3：专业(统计，非统计)
x_4：职业(教师，非教师)
x_5：居住处(校内，校外)
x_6：学位(硕士，学士)

现有两名学员：

$\boldsymbol{x}$=(男，英语，统计，非教师，校外，学士)′

$\boldsymbol{y}$=(女，英语，非统计，教师，校外，硕士)′

这两名学员的第二个变量都取值“英语”，称为**配合的**，第一个变量一个取值为“男”，另一个取值为“女”，称为**不配合的**。一般地，若记配合的变量数为 m_1，不配合的变量数为 m_2，则它们之间的距离可定义为

$$d(\boldsymbol{x},\boldsymbol{y})=\frac{m_2}{m_1+m_2}\tag{6.2.4}$$

故按此定义，本例中 $\boldsymbol{x}$ 与 $\boldsymbol{y}$ 之间的距离为 2/3。 □

二、相似系数

在对变量进行聚类时，常常采用相似系数作为变量之间相似性的度量。变量间的这种相似性度量，在一些应用中要看相似系数的大小，而在另一些应用中要看相似系数绝对值的大小。相似系数(或其绝对值)越大，认为变量之间的相似性程度就越高；反之，则越低。聚类时，比较相似的变量倾向于归为一类，不太相似的变量归属不同的类。变量 x_i 与 x_j 的相似系数用 c_{ij} 来表示，它的定义一般应满足如下三个条件：

(1) $c_{ij}=\pm 1$，当且仅当 $x_i=ax_j+b$，$a(\neq 0)$和 b 是常数；[①]

(2) $|c_{ij}|\leqslant 1$，对一切 i,j；

(3) $c_{ij}=c_{ji}$，对一切 i,j。

最常用的相似系数有如下两种：

(一)夹角余弦

设 θ_{ij} 是R^n 中变量 x_i 的观测向量$(x_{1i},x_{2i},\cdots,x_{ni})'$与变量 x_j 的观测向量$(x_{1j},x_{2j},\cdots,x_{nj})'$之间的夹角，定义 x_i 与 x_j 的相似系数为 $\cos\theta_{ij}$，记作 $c_{ij}(1)$。由习题 1.2 知，

$$c_{ij}(1)=\cos\theta_{ij}=\frac{\sum_{k=1}^{n}x_{ki}x_{kj}}{\left[\left(\sum_{k=1}^{n}x_{ki}^2\right)\left(\sum_{k=1}^{n}x_{kj}^2\right)\right]^{1/2}} \tag{6.2.5}$$

(二)相关系数

定义变量 x_i 与 x_j 的相似系数为样本相关系数 r_{ij}，记作 $c_{ij}(2)$。即有

$$c_{ij}(2)=r_{ij}=\frac{\sum_{k=1}^{n}(x_{ki}-\bar{x}_i)(x_{kj}-\bar{x}_j)}{\left\{\left[\sum_{k=1}^{n}(x_{ki}-\bar{x}_i)^2\right]\left[\sum_{k=1}^{n}(x_{kj}-\bar{x}_j)^2\right]\right\}^{1/2}} \tag{6.2.6}$$

其中 $\bar{x}_i=\frac{1}{n}\sum_{k=1}^{n}x_{ki}$，$\bar{x}_j=\frac{1}{n}\sum_{k=1}^{n}x_{kj}$。如果变量 x_i 与 x_j 皆已标准化了的，则它们间的夹角余弦就是相关系数。

相似系数除常用来度量变量之间的相似性外有时也用来度量样品之间的相似性，同样，距离有时也用来度量变量之间的相似性。由距离来构造相似系数总是可能的，如令

$$c_{ij}=\frac{1}{1+d_{ij}} \tag{6.2.7}$$

这里 d_{ij} 为第 i 个样品与第 j 个样品的距离，c_{ij} 可作为相似系数，用来度量样品之间的相似性。然而距离必须满足定义距离的三个条件，所以不是总能由相似系数构造。高尔(Gower)证明，当相似系数矩阵(c_{ij})为非负定时，如令

$$d_{ij}=\sqrt{2(1-c_{ij})} \tag{6.2.8}$$

则 d_{ij} 满足距离定义的三个条件。

一般来说，同一批数据采用不同的相似性度量，会得到不同的分类结果。在进行聚类分析

---

① 样品之间相似系数的定义不涉及这一条件。

的过程中，应根据实际情况选取合适的相似性度量。如在经济变量分析中，常用相关系数来描述变量间的相似性程度。

§6.3　系统聚类法

理论上“最优的”聚类方法似乎是，寻找一切可能的聚类，然后依照某种准则从中挑选出被认为是最好的一个聚类结果。按如此方法，将 n 个样品聚成 k 类大约有 $k^n/k!$ 个结果①，于是 n 个样品的所有可能聚类结果约有 $\sum_{k=1}^{n}\frac{k^n}{k!}$个。如取 $n=25$，则此数目将大于 10^{19}，这是一个遥不可及的天文数字。因此，这种所谓的“最优”聚类方法实际上是不可行的(除非 n 非常小)。为此，我们试图寻求切实可行且较有效的聚类方法，它可以是好的，但未必最好。本章介绍的系统聚类法及动态聚类法等都能符合这一要求，并且它们都具有较强的探索性。

系统聚类法(或**层次聚类法**，hierarchical clustering method)是通过一系列相继的合并或相继的分割来进行的，分为**聚集的**(agglomerative)和**分割的**(divisive)两种，适用于样品数目 n 不是非常大的情形。

聚集系统法的基本思想是：开始时将 n 个样品各自作为一类，并规定样品之间的距离和类与类之间的距离，然后将距离最近的两类合并成一个新类，计算新类与其他类的距离；重复进行两个最近类的合并，每次减少一类，直至所有的样品合并为一类。

分割系统法的聚类步骤与聚集系统法正相反。由 n 个样品组成一类开始，按某种最优准则将它分割成两个尽可能远离的子类，再用同样准则将每一子类进一步地分割成两类，从中选一个分割最优的子类，这样类数将由两类增加到三类。如此下去，直至所有 n 个样品各自为一类或采用某种停止规则。

聚集系统法最为常用，本节着重介绍其中常用的六种方法，另有两种方法只是在表 6.3.10 中略提一下。所有这些聚类方法的区别在于类与类之间距离的定义不同。

以下我们用 d_{ij} 表示第 i 个样品与第 j 个样品的距离，$G_1,G_2,\cdots$表示类，D_{KL} 表示 G_K 与 G_L 的距离。本节介绍的聚集系统聚类法中，所有的方法一开始每个样品自成一类，类与类之间的距离与样品之间的距离相同(除离差平方和法之外)②，即 $D_{KL}=d_{KL}$，所以起初的距离矩阵全部相同，记为 $\boldsymbol{D}_{(0)}=(d_{ij})$。

一、最短距离法

定义类与类之间的距离为两类最近样品间的距离，即

$$D_{KL}=\min_{i\in G_K,j\in G_L} d_{ij} \tag{6.3.1}$$

称这种聚集系统法为**最短距离法**或**单连接法**(single linkage method)，如图 6.3.1 所示。它的

① 将 n 个样品聚成 k 类的结果数为$\frac{1}{k!}\sum_{i=1}^{k}(-1)^{k-i}\binom{k}{i}i^n\approx\frac{k^n}{k!}$。

② 按(6.3.15)式，离差平方和法开始时类与类之间的距离是 $1/\sqrt{2}$ 倍的样品之间的距离。

聚类步骤如下：

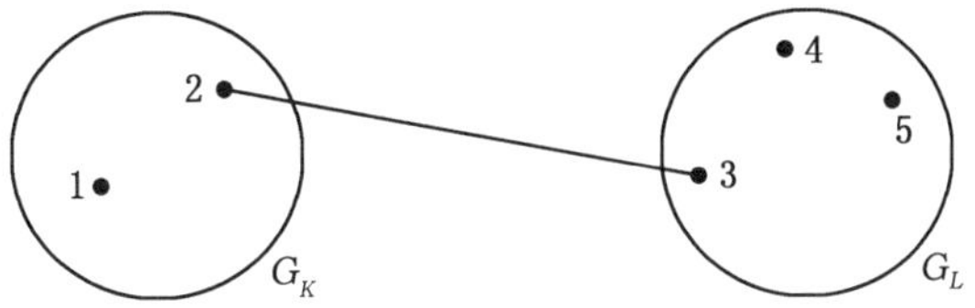

图 6.3.1 最短距离法：$D_{KL}=d_{23}$

(1) 规定样品之间的距离，计算 n 个样品的距离矩阵 $\boldsymbol{D}_{(0)}$，它是一个对称矩阵。

(2) 选择 $\boldsymbol{D}_{(0)}$ 中的最小元素，设为 D_{KL}，则将 G_K 和 G_L 合并成一个新类，记为 G_M，即 $G_M=G_K\cup G_L$。

(3) 计算新类 G_M 与任一类 G_J 之间距离的递推公式为

$$\begin{aligned}D_{MJ}&=\min_{i\in G_M,j\in G_J} d_{ij}\\&=\min\left\{\min_{i\in G_K,j\in G_J} d_{ij},\ \min_{i\in G_L,j\in G_J} d_{ij}\right\}\\&=\min\{D_{KJ},D_{LJ}\}\end{aligned}\tag{6.3.2}$$

在 $\boldsymbol{D}_{(0)}$ 中，G_K 和 G_L 所在的行和列合并成一个新行新列，对应 G_M，该行列上的新距离值由(6.3.2)式求得，其余行列上的距离值不变，这样就得到新的距离矩阵，记作 $\boldsymbol{D}_{(1)}$。

(4) 对 $\boldsymbol{D}_{(1)}$ 重复上述对 $\boldsymbol{D}_{(0)}$ 的两步得 $\boldsymbol{D}_{(2)}$，如此下去直至所有元素合并成一类为止。

例 6.3.1 设有五个样品，每个只测量了一个指标，分别是 1,2,6,8,11，试用最短距离法将它们分类。

(1) 样品间采用绝对值距离(这时它与其他的明氏距离完全相同)，计算样品间的距离矩阵 $\boldsymbol{D}_{(0)}$，列于表 6.3.1。

表 6.3.1 $\boldsymbol{D}_{(0)}$

	G_1	G_2	G_3	G_4	G_5
G_1	0				
G_2	$\boxed{1}$	0			
G_3	5	4	0		
G_4	7	6	2	0	
G_5	10	9	5	3	0

(2) $\boldsymbol{D}_{(0)}$ 中最小的元素是 $D_{12}=1$，于是将 G_1 和 G_2 合并成 G_6，并利用(6.3.2)式计算 G_6 与其他类的距离，列于表 6.3.2。

表 6.3.2 $\boldsymbol{D}_{(1)}$

	G_6	G_3	G_4	G_5
G_6	0			
G_3	4	0		
G_4	6	$\boxed{2}$	0	
G_5	9	5	3	0

(3) $\boldsymbol{D}_{(1)}$ 中的最小元素是 $D_{34}=2$，合并 G_3 和 G_4 成 G_7，G_7 与其他类间的距离计算为表 6.3.3。距离矩阵 $\boldsymbol{D}_{(1)}$ 和随后的距离矩阵中的所有元素都包含在原始距离矩阵 $\boldsymbol{D}_{(0)}$ 中。

表 6.3.3 $\boldsymbol{D}_{(2)}$

	G_6	G_7	G_5
G_6	0		
G_7	4	0	
G_5	9	$\boxed{3}$	0

(4) $\boldsymbol{D}_{(2)}$ 中的最小元素是 $D_{57}=3$，将 G_5 和 G_7 并为 G_8，新的距离矩阵列于表 6.3.4。

表 6.3.4 $\boldsymbol{D}_{(3)}$

	G_6	G_8
G_6	0	
G_8	4	0

(5) 最后将 G_6 和 G_8 合并为 G_9，这时所有五个样品聚为一类，过程终止。

上述聚类过程可以画成一张**树形图**(或称**谱系图**，dendrogram)，如图 6.3.2 所示。横坐标的刻度是并类的距离，从图上看，直觉上分两类较为合适，即可在坐标区间(3,4)内的任一处切一刀(见图中虚线)，便形成两类：{1,2}和{6,8,11}。 □

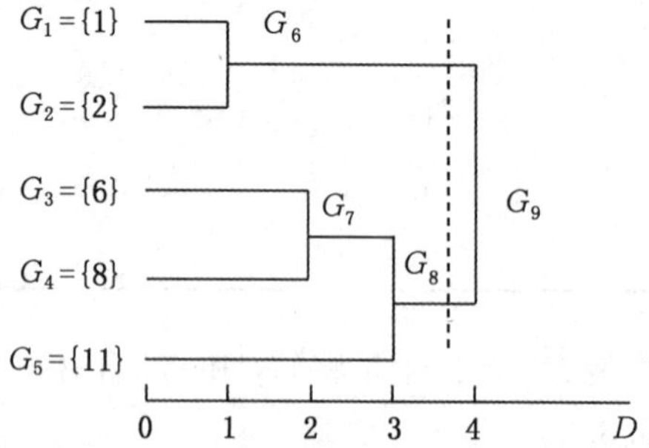

图 6.3.2 最短距离法树形图

如果聚类中的某一步 $D_{(m)}$ 中最小的元素不止一个，则称此现象为**结**(tie)[①]，对应这些最小元素的类可以任选一对合并或同时合并，对结的不同处理方法会得出不同的树形图。最短距离法最容易产生结，且有一种挑选长链状聚类的倾向，称为**链接**(chaining)倾向(参见例6.3.4)。[②] 由于最短距离法是用两类之间最近样本点的距离来聚的，因此该方法不适合对分离得很差的群体进行聚类。

二、最长距离法

类与类之间的距离定义为两类最远样品间的距离，即

$$D_{KL}=\max_{i\in G_K, j\in G_L} d_{ij} \tag{6.3.3}$$

称这种系统聚类法为**最长距离法**或**完全连接法**(complete linkage method)，如图 6.3.3 所示。最长距离法与最短距离法的并类步骤完全相同，只是类间距离的递推公式有所不同。设某步将类 G_K 和 G_L 合并成新类 G_M，则 G_M 与任一类 G_J 的距离递推公式为

$$D_{MJ}=\max\{D_{KJ}, D_{LJ}\} \tag{6.3.4}$$

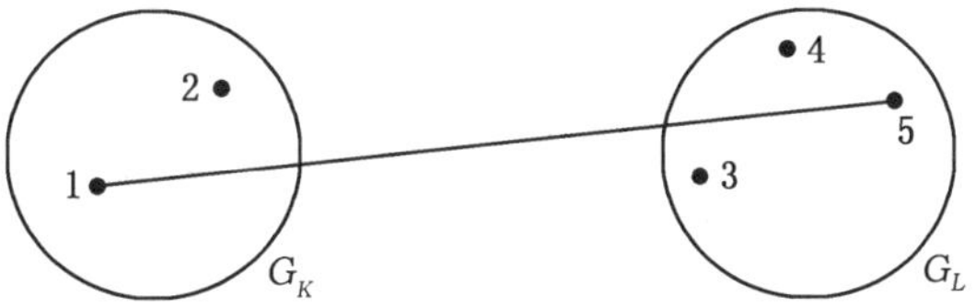

图 6.3.3　最长距离法：$D_{KL}=d_{15}$

对例 6.3.1 采用最长距离法(见习题 6.1)，其树形图如图 6.3.4 所示，它与图 6.3.2 有相似的形状，但并类的距离要比图 6.3.2 大一些，仍分成两类为宜。

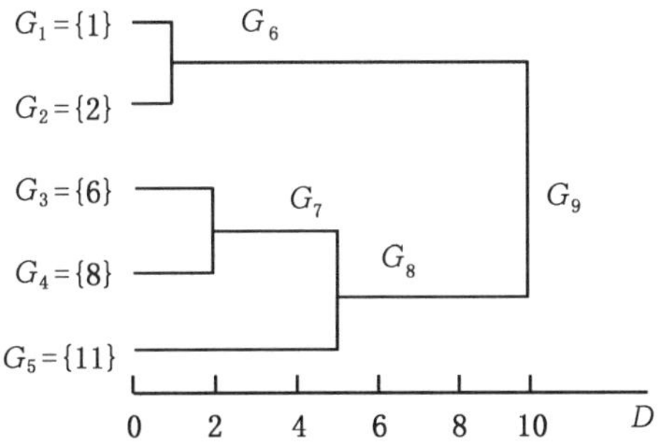

图 6.3.4　最长距离法树形图

由于异常值通常出现在 p 维空间的“边远”区域，使得一个类内的异常值常常位于离其他

---

① 在系统聚类法中，如果聚类过程中未出现结，则该过程是唯一的；反之，则过程并不唯一。

② 我们一般不太乐见聚类结果中出现长链接。

类大多都较远的位置，从而容易造成用最长距离法算出的距离被异常值过分夸大，因此最长距离法容易被异常值严重地扭曲。

三、类平均法

类平均法或称**平均连接法**(average linkage method)有两种定义，一种定义方法是把类与类之间的距离定义为所有样品对之间的平均距离，即定义 G_K 和 G_L 之间的距离为

$$D_{KL}=\frac{1}{n_K n_L}\sum_{i\in G_K,j\in G_L} d_{ij} \tag{6.3.5}$$

其中 n_K 和 n_L 分别为类 G_K 和 G_L 的样品个数，d_{ij} 为 G_K 中的样品 i 与 G_L 中的样品 j 之间的距离，如图 6.3.5 所示。容易得到它的一个递推公式：

$$\begin{aligned}D_{MJ}&=\frac{1}{n_M n_J}\sum_{i\in G_M,j\in G_J} d_{ij}\\&=\frac{1}{n_M n_J}\left(\sum_{i\in G_K,j\in G_J} d_{ij}+\sum_{i\in G_L,j\in G_J} d_{ij}\right)\\&=\frac{n_K}{n_M}D_{KJ}+\frac{n_L}{n_M}D_{LJ}\end{aligned} \tag{6.3.6}$$

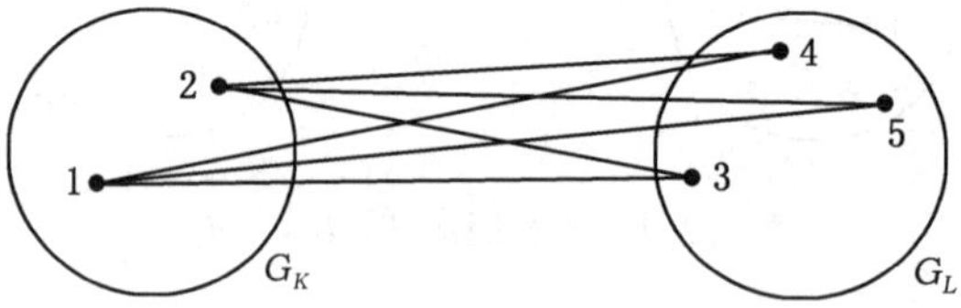

图 6.3.5　类平均法：$D_{KL}=\dfrac{d_{13}+d_{14}+d_{15}+d_{23}+d_{24}+d_{25}}{6}$

另一种定义方法是定义类与类之间的平方距离为样品对之间平方距离的平均值，即

$$D_{KL}^2=\frac{1}{n_K n_L}\sum_{i\in G_K,j\in G_L} d_{ij}^2 \tag{6.3.7}$$

它的递推公式类似于(6.3.6)式，即

$$D_{MJ}^2=\frac{n_K}{n_M}D_{KJ}^2+\frac{n_L}{n_M}D_{LJ}^2 \tag{6.3.8}$$

类平均法较好地利用了所有样品之间的信息，在很多情况下它被认为是一种比较好的系统聚类法。

例 6.3.2　在例 6.3.1 中，采用(6.3.7)式的类平均法进行聚类。如果我们一开始就将 $\boldsymbol{D}_{(0)}$ 的每个元素都平方，并记作 $\boldsymbol{D}_{(0)}^2$，则使用递推公式会比较方便。

(1) 计算 $\boldsymbol{D}_{(0)}^2$，见表 6.3.5，它是将表 6.3.1 的各数平方。

表 6.3.5 $\boldsymbol{D}_{(0)}^2$

	G_1	G_2	G_3	G_4	G_5
G_1	0				
G_2	$\boxed{1}$	0			
G_3	25	16	0		
G_4	49	36	4	0	
G_5	100	81	25	9	0

(2) 找 $\boldsymbol{D}_{(0)}^2$ 中的最小元素，它是 $D_{12}^2=1$，将 G_1 和 G_2 合并为 G_6，计算 G_6 与 $G_J(J=3,4,5)$的距离。这时 $n_1=n_2=1,n_6=2$，由(6.3.8)式计算得，

$$D_{63}^2=\frac{1}{2}D_{13}^2+\frac{1}{2}D_{23}^2=20.5$$

同样可算得 D_{64}^2 和 D_{65}^2，列于表 6.3.6。

表 6.3.6 $\boldsymbol{D}_{(1)}^2$

	G_6	G_3	G_4	G_5
G_6	0			
G_3	20.5	0		
G_4	42.5	$\boxed{4}$	0	
G_5	90.5	25	9	0

(3) 对 $\boldsymbol{D}_{(1)}^2$ 重复上述步骤，将 G_3 和 G_4 并为 G_7，得平方距离矩阵 $\boldsymbol{D}_{(2)}^2$(见表 6.3.7)，再将 G_5 和 G_7 合并成 G_8 得 $\boldsymbol{D}_{(3)}^2$(见表 6.3.8)，最后将 G_8 和 G_6 合并成 G_9，聚类过程终止。其树形图如图 6.3.6 所示。 □

表 6.3.7 $\boldsymbol{D}_{(2)}^2$

	G_6	G_7	G_5
G_6	0		
G_7	31.5	0	
G_5	90.5	$\boxed{17}$	0

表 6.3.8 $\boldsymbol{D}_{(3)}^2$

	G_6	G_8
G_6	0	
G_8	51.17	0

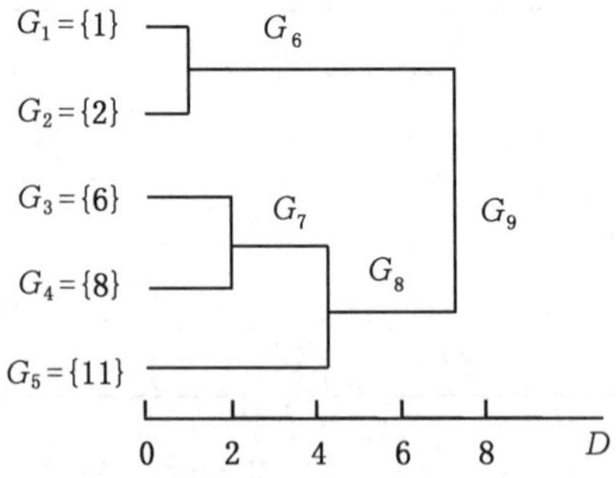

图 6.3.6 类平均法树形图

四、重心法

类与类之间的距离定义为它们的重心(均值)之间的欧氏距离。设 G_K 和 G_L 的重心分别为 $\bar{\boldsymbol{x}}_K$ 和 $\bar{\boldsymbol{x}}_L$,则 G_K 与 G_L 之间的平方距离为

$$D_{KL}^2=d_{\bar{x}_K\bar{x}_L}^2=(\bar{\boldsymbol{x}}_K-\bar{\boldsymbol{x}}_L)'(\bar{\boldsymbol{x}}_K-\bar{\boldsymbol{x}}_L) \tag{6.3.9}$$

这种系统聚类法称为**重心法**(centroid method),如图 6.3.7 所示。

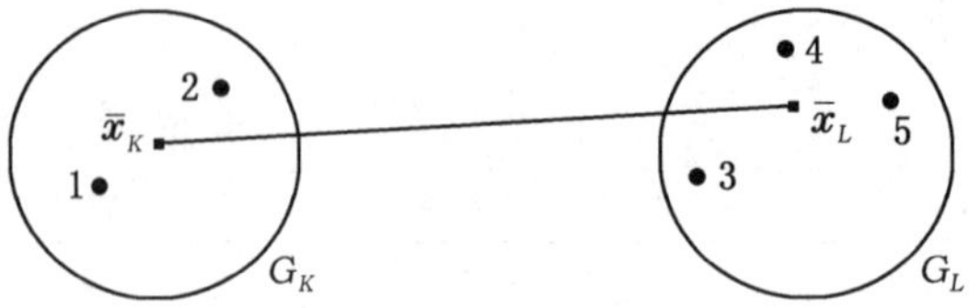

图 6.3.7 重心法:$D_{KL}=d_{\bar{x}_K\bar{x}_L}$

合并 G_K 和 G_L 之后的新类 G_M 的重心是

$$\bar{\boldsymbol{x}}_M=\frac{n_K\bar{\boldsymbol{x}}_K+n_L\bar{\boldsymbol{x}}_L}{n_M} \tag{6.3.10}$$

它是 $\bar{\boldsymbol{x}}_K$ 和 $\bar{\boldsymbol{x}}_L$ 的加权平均,其中 $n_M=n_K+n_L$ 为 G_M 的样品个数。重心法的递推公式为

$$D_{MJ}^2=\frac{n_K}{n_M}D_{KJ}^2+\frac{n_L}{n_M}D_{LJ}^2-\frac{n_Kn_L}{n_M^2}D_{KL}^2 \tag{6.3.11}$$

(推导请见附录 6-2 一)。

在实际数据中异常值往往只占很小的比例,类内的异常值经与类中其余值平均后其对聚类的影响一般将大为减弱。与其他系统聚类法相比,重心法在处理异常值方面更稳健,但是在别的方面一般不如类平均法和(稍后介绍的)离差平方和法的效果好。

* 五、中间距离法

在重心法中,如果两个类 G_K 和 G_L 的大小差异较大,则由(6.3.10)式知,合并后的新类 G_M 的重心将明显靠近于原先较大类的重心。有时,为避免按类的大小进行加权,我们可以考

虑用中间值

$$\boldsymbol{m}_M=\frac{1}{2}(\bar{\boldsymbol{x}}_K+\bar{\boldsymbol{x}}_L) \tag{6.3.12}$$

替代重心$\bar{\boldsymbol{x}}_M$，该方法称为**中间距离法**(median method)。我们知道，在重心法的聚类过程中，一开始 n 个样品点可视作 n 个(类)重心，并类后计算新类的重心$\bar{\boldsymbol{x}}_M$，类之间的距离就是其重心间的距离。完全类似地，在中间距离法的聚类过程中，一开始可将 n 个样品点视作 n 个中间值，并类后计算新类的中间值$\boldsymbol{m}_M$，类之间的距离就是其新中间值间的距离。

中间距离法也可等价地表述为：在一个由 D_{KJ}，D_{LJ} 和 D_{KL} 为边长组成的三角形中(如图 6.3.8 所示)，取 D_{KL} 边的中线作为 D_{MJ}。由初等平面几何的余弦定理可推得，D_{MJ} 的递推公式为

$$D_{MJ}^2=\frac{1}{2}D_{KJ}^2+\frac{1}{2}D_{LJ}^2-\frac{1}{4}D_{KL}^2 \tag{6.3.13}$$

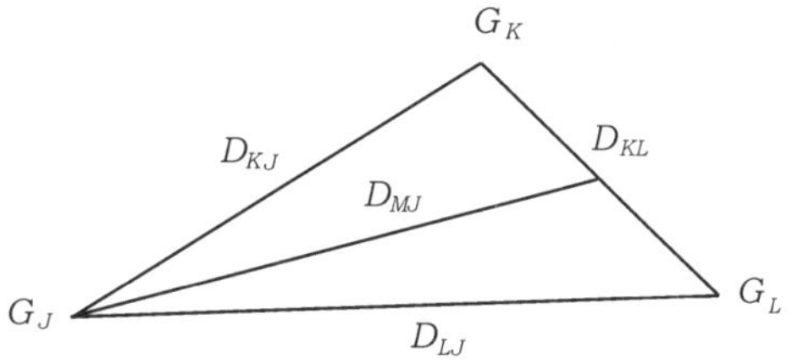

图 6.3.8　中间距离法的几何表示

六、离差平方和法

类中各样品到类重心的平方欧氏距离之和称为(类内)**离差平方和**。设类 G_K 和G_L 合并成新类G_M，则 G_K，G_L 和G_M 的离差平方和分别是

$$W_K=\sum_{i\in G_K}(\boldsymbol{x}_i-\bar{\boldsymbol{x}}_K)'(\boldsymbol{x}_i-\bar{\boldsymbol{x}}_K)$$

$$W_L=\sum_{i\in G_L}(\boldsymbol{x}_i-\bar{\boldsymbol{x}}_L)'(\boldsymbol{x}_i-\bar{\boldsymbol{x}}_L)$$

$$W_M=\sum_{i\in G_M}(\boldsymbol{x}_i-\bar{\boldsymbol{x}}_M)'(\boldsymbol{x}_i-\bar{\boldsymbol{x}}_M)$$

对固定的类内样品数，它们反映了各自类内样品的分散程度。如果 G_K 和G_L 这两类相距较近，则合并后所增加的离差平方和 $W_M-W_K-W_L$ 应较小；否则，应较大。于是我们定义 G_K 和G_L 之间的平方距离为

$$D_{KL}^2=W_M-W_K-W_L \tag{6.3.14}$$

这种系统聚类法称为**离差平方和法**或 **Ward 方法**(Ward's method)。实际上，该方法就是在每一步合并使离差平方和增量达到最小的两个类。

D_{KL}^2 也可表达为

$$D_{KL}^2=\frac{n_K n_L}{n_M}(\bar{\boldsymbol{x}}_K-\bar{\boldsymbol{x}}_L)'(\bar{\boldsymbol{x}}_K-\bar{\boldsymbol{x}}_L) \tag{6.3.15}$$

(推导请见附录 6-2 二)。可见,这个距离与由(6.3.9)式给出的重心法距离只相差一个常数倍。重心法的类间距离与两类的大小无关,而离差平方和法的类间距离与两类的大小有较大关系。为看清这一点,将上式中的系数 $n_K n_L/n_M$ 写为

$$\frac{n_K n_L}{n_K+n_L}=\frac{1}{1/n_L+1/n_K}$$

可见,n_K 和 n_L 越大,$n_K n_L/n_M$ 也就越大。为增加感性认识,不妨看一下 $n_K=n_L$ 时的情形,此时,$n_K n_L/n_M=n_K/2$。因此,离差平方和法使得两个大的类容易产生大的距离,因而不易合并;相反,两个小的类却因容易产生小的距离而易于合并。而这往往符合我们对聚类的实际要求,因为在应用中我们常常值得将过大的类再进一步划分,而不太值得为小类的分开增加类的个数。在图 6.3.9 中,从重心法来看,两个大类 G_1 与 G_2 间的距离要小于两个小类 G_3 与 G_4 间的距离,从而接着应合并 G_1 和 G_2;但从离差平方和法来看,类 G_1 与 G_2 的距离要大于类 G_3 与 G_4 的距离,应先合并 G_3 和 G_4。显然,在该图中离差平方和法似乎更为合理。事实上,离差平方和法在许多场合下优于重心法,是比较好的一种系统聚类法。但该方法对异常值很敏感,因为(6.3.15)式中的系数 $n_K n_L/n_M$ 可以将异常值的影响放大许多倍数。

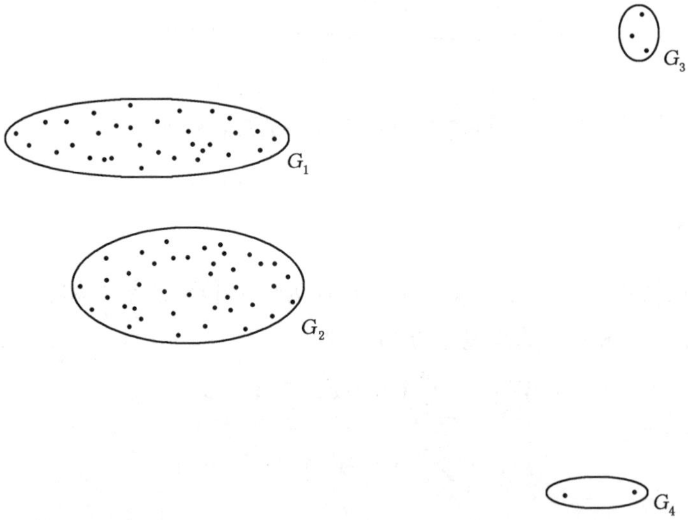

图 6.3.9　离差平方和法与重心法的聚类比较

离差平方和法的平方距离递推公式为

$$D_{MJ}^2=\frac{n_J+n_K}{n_J+n_M}D_{KJ}^2+\frac{n_J+n_L}{n_J+n_M}D_{LJ}^2-\frac{n_J}{n_J+n_M}D_{KL}^2 \tag{6.3.16}$$

(推导请见附录 6-2 三)。

对例 6.3.1 采用离差平方和法进行聚类的树形图如图 6.3.10 所示。

以上我们对例 6.3.1 采用了多种系统聚类法进行聚类,其结果都是相同的,原因是该例只有很少几个样品,此时聚类的过程不易有什么变化。一般来说,只要聚类的样品不是太少,各

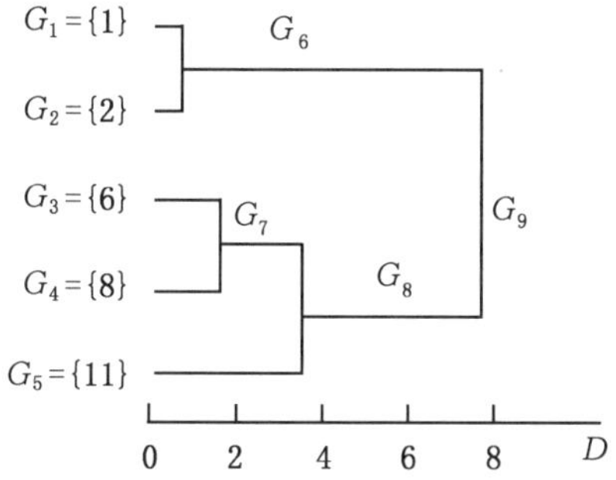

图 6.3.10　离差平方和法树形图

种聚类方法所产生的聚类结果一般是不同的，甚至会有大的差异。

例 6.3.3　表 6.3.9 列出了 1999 年全国 31 个省、直辖市和自治区的城镇居民家庭平均每人全年消费性支出的八个主要变量数据。这八个变量是

x_1：食品　　x_5：交通和通讯

x_2：衣着　　x_6：娱乐教育文化服务

x_3：家庭设备用品及服务　　x_7：居住

x_4：医疗保健　　x_8：杂项商品和服务

我们分别用最短距离法、重心法和 Ward 方法对各地区作聚类分析。为避免各变量方差之间差异较大的影响，在作聚类前，先对各变量作标准化变换。图 6.3.11 至图 6.3.13 是运用 SAS 软件生成的这三种聚类方法的树形图。

表 6.3.9　　**消费性支出数据**　　单位：元

地区	x_1	x_2	x_3	x_4	x_5	x_6	x_7	x_8
北京	2 959.19	730.79	749.41	513.34	467.87	1 141.82	478.42	457.64
天津	2 459.77	495.47	697.33	302.87	284.19	735.97	570.84	305.08
河北	1 495.63	515.90	362.37	285.32	272.95	540.58	364.91	188.63
山西	1 406.33	477.77	290.15	208.57	201.50	414.72	281.84	212.10
内蒙古	1 303.97	524.29	254.83	192.17	249.81	463.09	287.87	192.96
辽宁	1 730.84	553.90	246.91	279.81	239.18	445.20	330.24	163.86
吉林	1 561.86	492.42	200.49	218.36	220.69	459.62	360.48	147.76
黑龙江	1 410.11	510.71	211.88	277.11	224.65	376.82	317.61	152.85
上海	3 712.31	550.74	893.37	346.93	527.00	1 034.98	720.33	462.03
江苏	2 207.58	449.37	572.40	211.92	302.09	585.23	429.77	252.54
浙江	2 629.16	557.32	689.73	435.69	514.66	795.87	575.76	323.36
安徽	1 844.78	430.29	271.28	126.33	250.56	513.18	314.00	151.39
福建	2 709.46	428.11	334.12	160.77	405.14	461.67	535.13	232.29
江西	1 563.78	303.65	233.81	107.90	209.70	393.99	509.39	160.12

续表

地区	x_1	x_2	x_3	x_4	x_5	x_6	x_7	x_8
山东	1 675.75	613.32	550.71	219.79	272.59	599.43	371.62	211.84
河南	1 427.65	431.79	288.55	208.14	217.00	337.76	421.31	165.32
湖北	1 783.43	511.88	282.84	201.01	237.60	617.74	523.52	182.52
湖南	1 942.23	512.27	401.39	206.06	321.29	697.22	492.60	226.45
广东	3 055.17	353.23	564.56	356.27	811.88	873.06	1 082.82	420.81
广西	2 033.87	300.82	338.65	157.78	329.06	621.74	587.02	218.27
海南	2 057.86	186.44	202.72	171.79	329.65	477.17	312.93	279.19
重庆	2 303.29	589.99	516.21	236.55	403.92	730.05	438.41	225.80
四川	1 974.28	507.76	344.79	203.21	240.24	575.10	430.36	223.46
贵州	1 673.82	437.75	461.61	153.32	254.66	445.59	346.11	191.48
云南	2 194.25	537.01	369.07	249.54	290.84	561.91	407.70	330.95
西藏	2 646.61	839.70	204.44	209.11	379.30	371.04	269.59	389.33
陕西	1 472.95	390.89	447.95	259.51	230.61	490.90	469.10	191.34
甘肃	1 525.57	472.98	328.90	219.86	206.65	449.69	249.66	228.19
青海	1 654.69	437.77	258.78	303.00	244.93	479.53	288.56	236.51
宁夏	1 375.46	480.89	273.84	317.32	251.08	424.75	228.73	195.93
新疆	1 608.82	536.05	432.46	235.82	250.28	541.30	344.85	214.40

资料来源:2000 年《中国统计年鉴》。

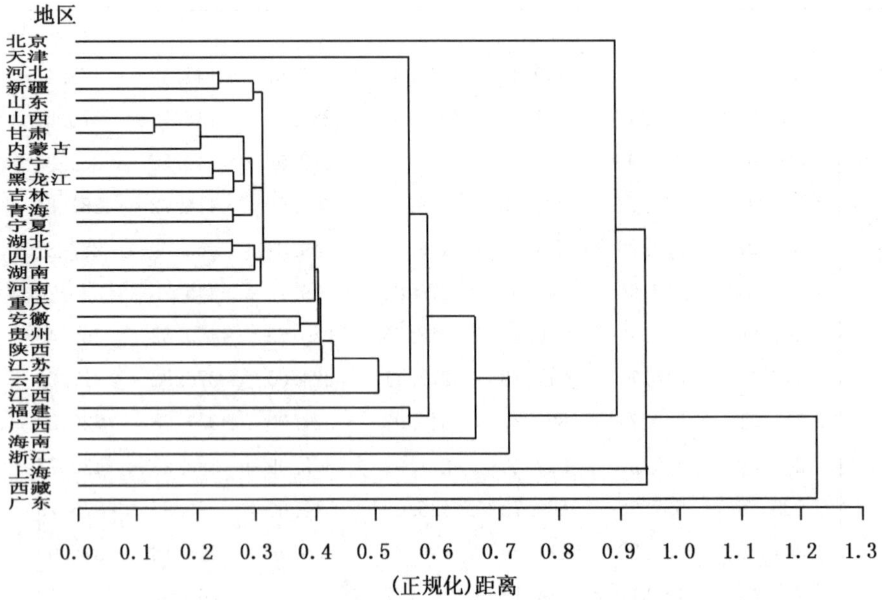

图 6.3.11 最短距离法

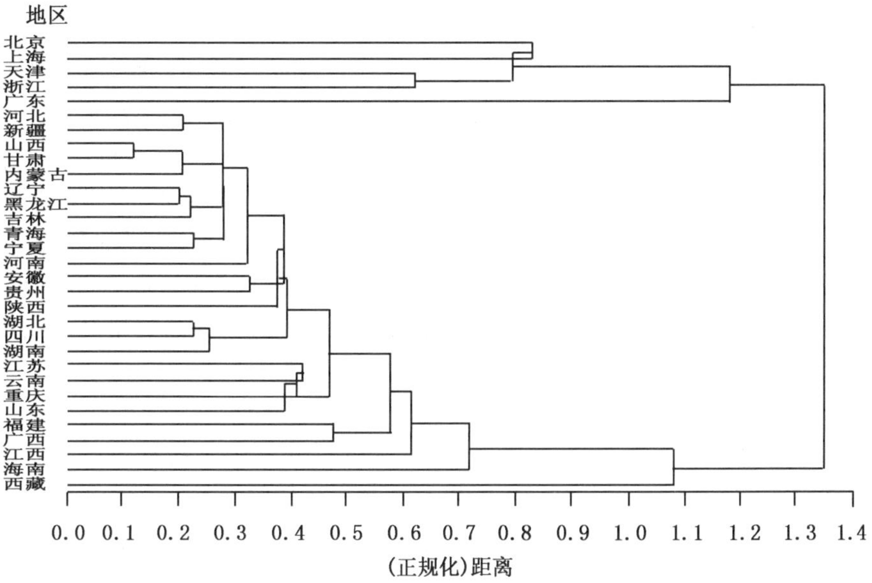

图 6.3.12　重心法

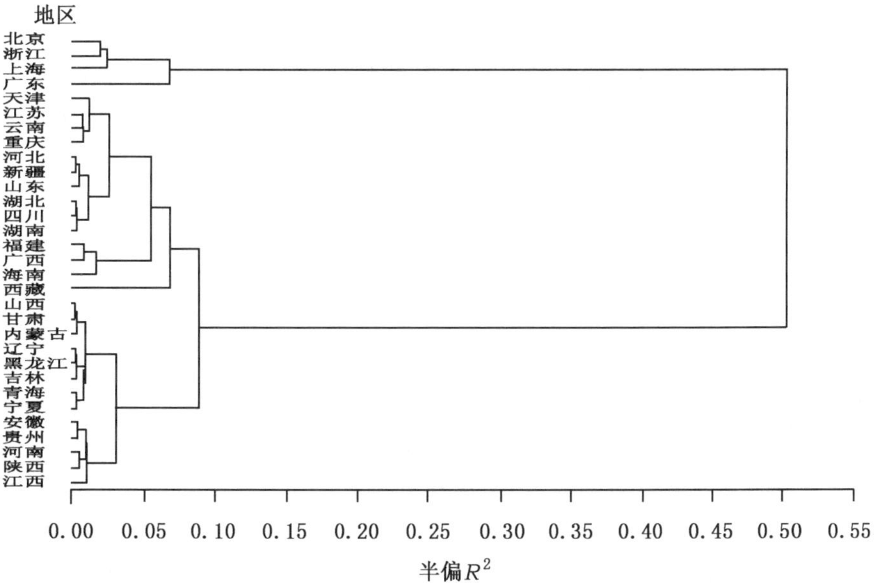

图 6.3.13　离差平方和法

注　图 6.3.11 和图 6.3.12 中的聚类距离是 SAS 输出中给出的正规化距离，前者是将原有距离除以所有样品之间的平均距离，后者是将原有距离除以所有样品之间的均方根距离（即所有样品之间平均平方距离的算术平方根，除数选择均方根是因为距离递推公式中涉及平方距离）。使用正规化距离的好处是，所有样品之间的平均（或均方根）正规化距离为 1，这样就能以 1 为参照物来迅速了解各距离的相对大小，而聚类中我们实际上只对距离之间的相对大小感兴趣。图 6.3.13 中坐标上的半偏 R^2[见稍后(6.3.23)式]本是用于确定类个数的一个统计量，它是类之间平方距离 D_{KL}^2 的正常数倍。SAS 在该树形图中使用半偏 R^2 的好处在于，该图既可以反映并类距离的相对大小，也可以用来确定类的个数，可谓一举两得。

单从统计(思考的)角度来看，理想的聚类结果似乎应是：类的个数适当[①]，类之间较为分开而类内相近，未出现不合理的过大的类等。在图 6.3.11 中，如分成 2 至 7 类，则都将聚成为 1 个相对庞大的类和其他一些只有单个地区形成的(最小限度的)类，这样的聚类结果显然不是我们想要的。超过 7 类的聚类明显超出了我们希望的类个数，更不可取。可见，将最短距离法用于本例是很不成功的。从图 6.3.12 来看，重心法似乎比最短距离法略好一点，但也是不大成功的。这两种聚类法用于本例单从统计角度就已否定掉了。

我们再来看 Ward 方法树形图(见图 6.3.13)，若在坐标区间(0.067 5，0.088 8)[②]内切一刀，则分成三类；若在(0.055 3，0.067 4)内切一刀，则分为五类。从统计角度来看，聚成三类和五类的结果应都是不错的。但我们还不能据此就断定所作的聚类是富有实际意义的，还得看一下各类的(消费等)特征是否明显不同。理想的聚类结果应是类之间的特征明显不同而类内的特征彼此接近。从经济意义来看，分三类似乎更符合我们的传统习惯，将 31 个地区分成三类的结果如下：

第Ⅰ类：北京、浙江、上海和广东。这些都是我国经济最发达、城镇居民消费水平最高的地区。

第Ⅱ类：天津、江苏、云南、重庆、河北、新疆、山东、湖北、四川、湖南、福建、广西、海南和西藏。这些地区在我国基本上属于经济发展水平和城镇居民消费水平中等的地区。

第Ⅲ类：山西、甘肃、内蒙古、辽宁、黑龙江、吉林、青海、宁夏、安徽、贵州、河南、陕西和江西。这些地区在我国基本上属于经济欠发达地区，城镇居民的消费水平也较低。

如果分为五类，则广东和西藏将分别从上述第Ⅰ类和第Ⅱ类中分出来自成一类。

注　(1) 在聚类之前先对各变量作了标准化变换，这就意味着各变量在聚类中所起的作用相同。(2) 如果聚类的目标仅仅是为了划分各地区城镇居民的消费水平高低，则我们应根据消费性总支出 $x_0=\sum_{i=1}^{8} x_i$ 这一个指标来进行聚类，只需将各地区按 x_0 值由大到小排个序，然后指定两个合适的分界点即可将其分成三类。[③] (3) 如果聚类的目标是要从所有八个城镇居民消费支出指标的全面角度划分各地区，则应使用本例中的方法。其聚类过程既能够反映出我国各地区城镇居民消费水平的高低，也能反映出各地区消费支出结构上的差异。(4) 本例中用 Ward 方法聚成的三个大类反映出各地区城镇居民消费支出上的差异主要表现在总的消费水平方面，这一结论与我国各地区经济发展水平很不平衡的实际国情吻合。在图 6.3.13 中，如果各大类再进一步分类(比如，从第Ⅰ类中分出广东，从第Ⅱ类中分出西藏)，则每一大类

---

① 如果希望通过聚类发现离群点，则可增加类的个数。

② 区间端点可从 SAS 输出中看到。

③ 对于只使用一个变量的聚类，一般应采用按大小排序后再(按某种规则或主观)确定若干个分界点的方法，不建议采用通常的正规聚类方法(如系统聚类法和下一节的动态聚类法)。因为这些正规聚类方法并未考虑到样品之间的这种有序性。

内子类之间的差异主要表现在某种消费性支出结构上，下一章的图 7.3.3 很清楚地揭示了这一点。

＊七、系统聚类法的统一

以上我们介绍了常用的六种系统聚类法，所有这些方法的并类原则和过程是基本相同的，不同之处在于类与类之间的距离有不同的定义，因而有着不同的距离递推公式。如果能把它们统一成一个公式，则将大大有利于计算机原始程序中不同方法的统一编制。Lance 和 Williams 于 1967 年将这些递推公式统一为：

$$D_{MJ}^2=\alpha_K D_{KJ}^2+\alpha_L D_{LJ}^2+\beta D_{KL}^2+\gamma\left|D_{KJ}^2-D_{LJ}^2\right| \tag{6.3.17}$$

其中 $\alpha_K,\alpha_L,\beta,\gamma$ 是参数，对不同的系统聚类法，它们有不同的取值。表 6.3.10 列出了上述六种方法四个参数的取值，读者不妨对前述的递推公式作一验证。此外，表 6.3.10 还列举了另外两种系统聚类法（分别称为**可变法**和**可变类平均法**）四个参数的取值，这两种方法的参数选择都具有灵活性。

表 6.3.10 **系统聚类法参数表**

方　法	α_K	α_L	β	γ
最短距离法	$\frac{1}{2}$	$\frac{1}{2}$	0	$-\frac{1}{2}$
最长距离法	$\frac{1}{2}$	$\frac{1}{2}$	0	$\frac{1}{2}$
类平均法	n_K/n_M	n_L/n_M	0	0
重心法	n_K/n_M	n_L/n_M	$-\alpha_K\alpha_L$	0
＊中间距离法	$\frac{1}{2}$	$\frac{1}{2}$	$-\frac{1}{4}$	0
离差平方和法	$\frac{n_J+n_K}{n_J+n_M}$	$\frac{n_J+n_L}{n_J+n_M}$	$-\frac{n_J}{n_J+n_M}$	0
＊可变法	$(1-\beta)/2$	$(1-\beta)/2$	$\beta(<1)$	0
＊可变类平均法	$(1-\beta)n_K/n_M$	$(1-\beta)n_L/n_M$	$\beta(<1)$	0

八、系统聚类法的性质

各种系统聚类方法都有其适用的场合，选用哪种方法需视实际情况和对聚类结果的要求而定。为了能取得较好的聚类效果，有必要对聚类的一些性质有较清楚的认识。下面我们介绍系统聚类法的两个性质。

（一）单调性

令 D_i 是系统聚类法中第 i 次并类时的距离，如例 6.3.1 中，用最短距离法时，有 $D_1=1$，$D_2=2$，$D_3=3$，$D_4=4$，且有 $D_1<D_2<D_3<D_4$。如果一种系统聚类法能满足 $D_1\leqslant D_2\leqslant D_3\leqslant\cdots$，则称它具有**单调性**。这种单调性符合系统聚类法的思想，先合并较相似的类，后合并较疏

远的类。可以证明，最短距离法、最长距离法、类平均法、离差平方和法、可变法和可变类平均法都具有单调性，但重心法和中间距离法不具有单调性。作为一个例子，图 6.3.12 是一个不具有单调性的树形图。

*(二)空间的浓缩与扩张

比较图 6.3.2 和图 6.3.4 可以看到，对同一问题采用不同的系统聚类法作树形图时，并类距离坐标的范围可以相差很大，最短距离法的范围≤4，最长距离法的范围≤10。

设 $\boldsymbol{A}=(a_{ij})$ 和 $\boldsymbol{B}=(b_{ij})$ 是两个元素非负的同阶矩阵，若 $a_{ij}\geqslant b_{ij}$（对一切 i,j），则记作 $\boldsymbol{A}\geqslant\boldsymbol{B}$。这个记号仅在本节中使用，请勿与通常涉及非负定矩阵的记号 $\boldsymbol{A}\geqslant\boldsymbol{B}$ 相混。

设有两种系统聚类法，它们在第 i 步的距离矩阵分别为 $\boldsymbol{A}_i$ 和 $\boldsymbol{B}_i$，$i=0,1,\cdots,n-1$，若 $\boldsymbol{A}_i\geqslant\boldsymbol{B}_i$，$i=1,\cdots,n-1$，则称第一种方法比第二种方法**使空间扩张**，或第二种方法比第一种方法**使空间浓缩**。设聚类中的某步将类 G_K 和 G_L 合并成新类 G_M，由于接下来的一步在计算类之间的距离时，老类之间的距离仍保持不变，故比较不同聚类法的聚类距离我们只需比较任一老类 G_J 到新类 G_M 的距离即可。用 $\boldsymbol{D}(*)$ 表示用某方法聚类时的距离矩阵，其中“*”为所用聚类方法的(临时)简称。我们以类平均法为基准，其他方法都与它作比较，可以证明有如下一些结论：

(1) $\boldsymbol{D}$(短)≤$\boldsymbol{D}$(平)，$\boldsymbol{D}$(重)≤$\boldsymbol{D}$(平)，即最短距离法和重心法比类平均法使空间浓缩。

(2) $\boldsymbol{D}$(长)≥$\boldsymbol{D}$(平)，即最长距离法比类平均法使空间扩张。

(3) 当 $0<\beta<1$ 时，$\boldsymbol{D}$(变平)≤$\boldsymbol{D}$(平)，即这时可变类平均法比类平均法使空间浓缩；当 $\beta<0$ 时，$\boldsymbol{D}$(变平)≥$\boldsymbol{D}$(平)，即此时可变类平均法比类平均法使空间扩张。

比较以上的这些方法可见，太浓缩的方法不够灵敏，太扩张的方法可能因灵敏度过高而容易失真。类平均法比较适中，它既不太浓缩也不太扩张，因此它在这方面是比较理想的。最短距离法是一种非常浓缩的方法，容易出现链接倾向，这一点从下面的例子中容易看到。

(三)一个说明性的例子①

例 6.3.4　考虑画于图 6.3.14 中的(二维)数据，A 点群和 C 点群是两个明显不同的部分，如对由 A 点群和 C 点群组成的样本进行聚类，聚类结果必然是 A 点群和 C 点群各自构成一类。如果在 A 点群和 C 点群之间插入图中的若干 B 点，那聚类情况又将会怎样呢？我们以下分别采用最短距离法和(非平方的)类平均法进行聚类。

(1) 采用最短距离法。可以算得，当聚成两类时，C_1 和 C_{11} 组成一类，其余所有的点组成另一类，这里出现了明显的(我们一般不乐见的)链接现象；当聚成三类时，C_1 和 C_{11} 组成第Ⅰ类，其余的 C 点组成第Ⅱ类，所有的 A 点和 B 点组成第Ⅲ类。

(2) 采用类平均法。经算得，当聚成两类时，一类由所有 C 点构成，另一类由所有 A 点和所有 B 点构成；当聚成三类时，A 点群、B 点群和 C 点群各自作为一类。

从本例数据的聚类结果来看，最短距离法的效果不太好，而类平均法的聚类效果似乎颇为理想，将分别由 A 点、B 点和 C 点构成的三个自然类完美地分开了。□

---

① 如果读者在阅读中略过了上面第 2 小部分，则可只是从如下角度来阅读例 6.3.4：(i) 最短距离法容易产生长链状结构的类；(ii) 比较所用两种聚类方法的效果。

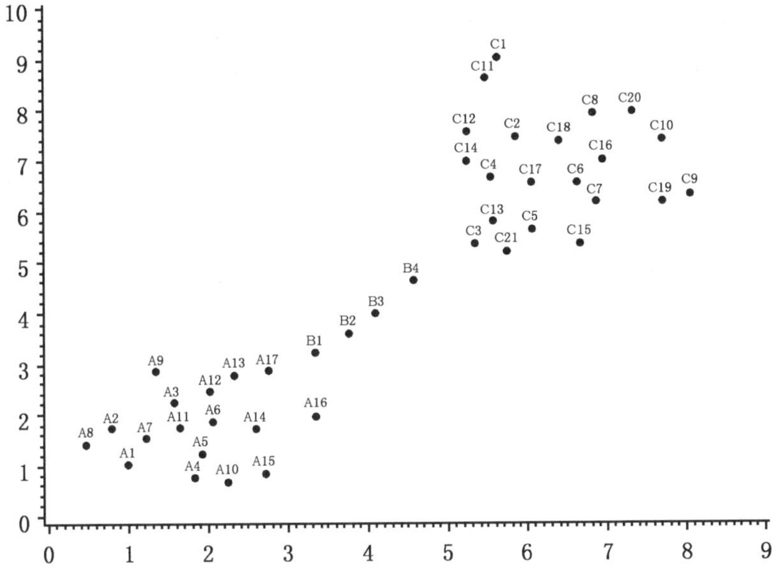

图 6.3.14 两个明显不同的类并伴有介于中间的若干点

九、使用图形作聚类及对聚类效果的评估

(一)使用图形作直观的聚类

当 $p=2$ 时,可以直接在散点图上进行主观的聚类,其效果未必逊于、甚至好于正规的聚类方法,特别是在寻找"自然的"类和符合我们实际需要的类方面。当 $p=3$ 时,我们可使用统计软件产生三维旋转图,通过旋转三维坐标轴从各个角度来观测散点图,作直观的聚类。但由于其视觉效果及易操作性远不如平面散点图,故实践中很少采用。当 $p\geqslant 3$ 时,有时我们可采用主成分分析(见第七章,这里允许不对主成分给出解释)或因子分析(见第八章,一般只在对因子的解释感兴趣时使用,实践中很少采用)的技术将维数降至 2(或 3)维,然后再生成散点图(或旋转图),从直觉上进行主观的聚类。

(二)使用图形对聚类效果的评估

经聚类分析已将类分好之后,常常希望从统计的角度看一下聚类的效果:不同类之间是否分离得较好,同一类内的样品(或变量)是否彼此相似。我们通常可通过构造图形作直观的观测,所使用的图形有这样两种:一种是将 p 维数据画于平面图上,方法有平行(坐标)图、星形图、切尔诺夫脸谱图、星座图和安德鲁曲线图等;另一种是使用费希尔判别的降维方法,将 p 维数据降至 2(或 3)维再构造散点图(或旋转图)。如果后一种方法能够成功,则往往更值得推荐,尤其是在样品数很大的场合下。

例 6.3.5 在例 6.3.3 中,为了从原始数据的直观图形上来看一下按 Ward 方法聚成三类的效果,使用 JMP 软件的聚类结果中带有的并排**平行图**(parallel plots,或称**轮廓图**,如图 6.3.15 所示)。平行图中的八个变量轴相互平行等间隔,各变量轴上的坐标是已标准化了的值。从图中可见,在同一类中的轮廓基本上彼此相似,而在不同类中的轮廓则彼此不太相似,说明聚类的效果还是不错的。前两类中的高亮轮廓线分别属于广东和西藏,它们在类内显得较为异类，需要时皆可自成一类。在JMP软件中，点击数据表中的地区名称或平行图中的轮廓线即可使其同时高亮，从而可识别之。

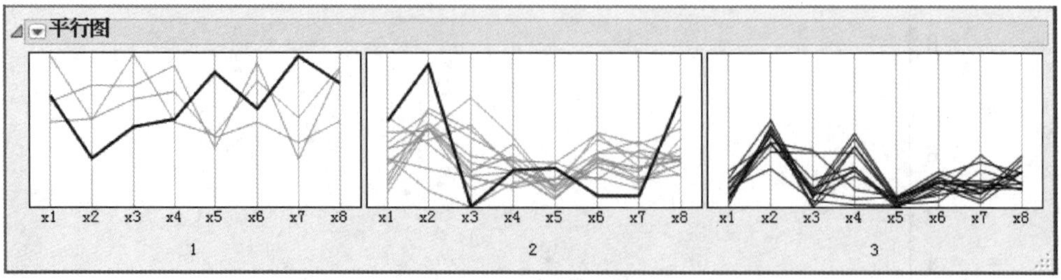

图 6.3.15 离差平方和法所分三类的平行图

注 上述平行图也可用星形图、切尔诺夫脸谱图（见附录 6-1 五）等来代替。但在我们看来，对于展示聚类效果，平行图比星形图显示得更为清楚；切尔诺夫脸虽有较强的视觉效果，但在此似乎不及平行图简单实用和精确。

例 6.3.6 在例 6.3.3 中按 Ward 方法聚类，如分成三类，则两个费希尔判别函数得分的散点图如图 6.3.16 所示。从该图可见，第Ⅰ类与第Ⅱ，Ⅲ类之间分离得相距较远，第Ⅱ类和第Ⅲ类虽紧连着但中间却有一条基本上泾渭分明的界限。如分成五类，则两个费希尔判别函数得分的散点图如图 6.3.17 所示，广东和西藏都各自为一类，分别作为第Ⅳ类和第Ⅴ类。图 6.3.17 中，除第Ⅱ和第Ⅲ类之间紧连着之外，其他的类之间都是很分开的，第Ⅱ和第Ⅲ类之间的分离情况与图 6.3.16 中的类似。

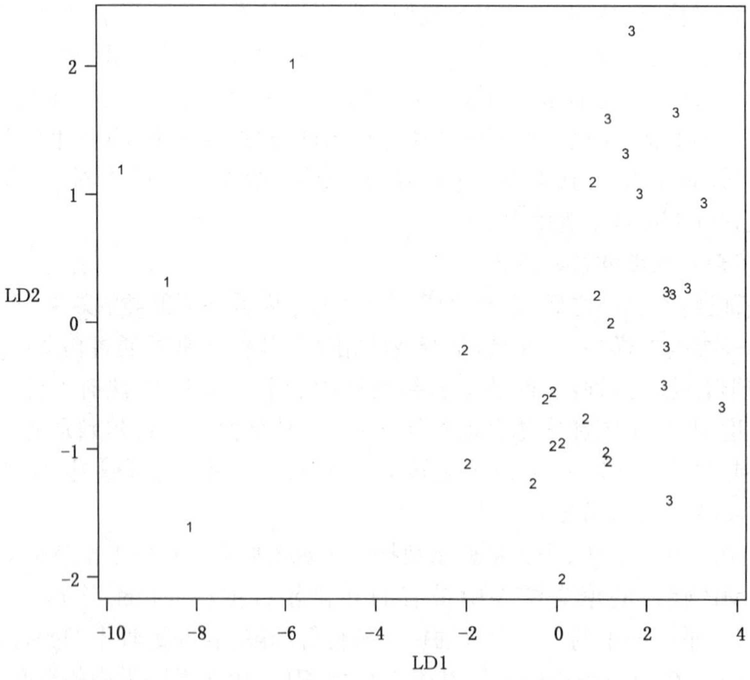

图 6.3.16 按图 6.3.13 分三类的两个判别函数得分的散点图

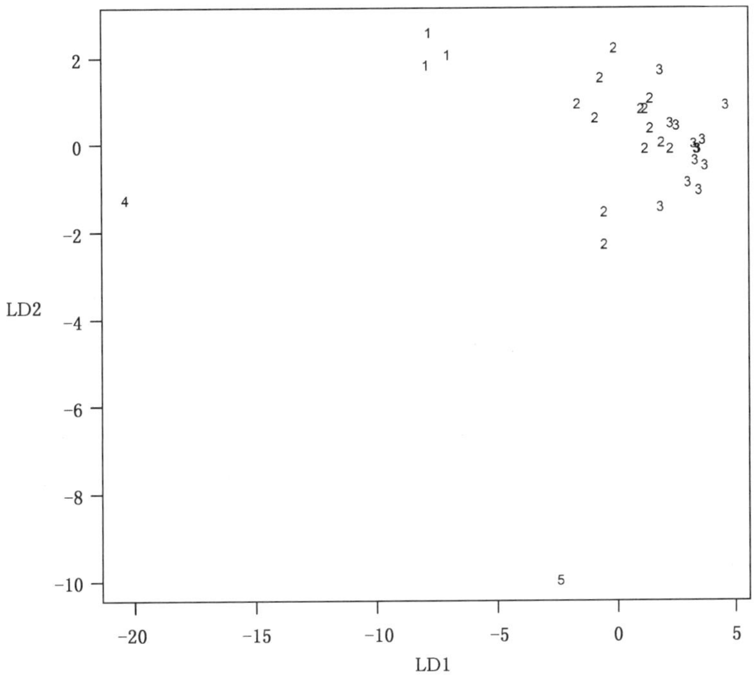

图 6.3.17　按图 6.3.13 分五类的两个判别函数得分的散点图

注　图 6.3.16 和图 6.3.17 都是 8 维空间向 2 维空间的投影，但其投影的方向是不同的。前者是往最大限度地分离所聚三个类的方向投影，而后者是往最大限度地分离所聚五个类的方向投影。

十、对变量的聚类

最短距离法、最长距离法和类平均法都属于连接方法，它们既可以用于样品的聚类，也能够用于变量的聚类。不过并非所有的系统聚类方法都适用于对变量的聚类。

例 6.3.7　对 305 名女中学生测量八个体型指标：

x_1：身高	x_5：体重
x_2：手臂长	x_6：颈围
x_3：上肢长	x_7：胸围
x_4：下肢长	x_8：胸宽

相关矩阵列于表 6.3.11，我们用相关系数来度量各对变量之间的相似性。从该表中可见，x_1，x_2，x_3，x_4 之间的相关系数都较大，x_5，x_6，x_7，x_8 之间的相关系数也都较大，而 x_1，x_2，x_3，x_4 与 x_5，x_6，x_7，x_8 之间的相关系数却较小。因此，单从该相关矩阵我们就可直观地判断出这八个变量可清楚地聚成两类：$\{x_1,x_2,x_3,x_4\}$和$\{x_5,x_6,x_7,x_8\}$，这两类的特征明显，其类内变量分别都是身材方面的“纵向”指标和“横向”指标。

表 6.3.11　　各对变量之间的相关系数

	x_1	x_2	x_3	x_4	x_5	x_6	x_7	x_8
x_1	1.000							
x_2	0.846	1.000						
x_3	0.805	0.881	1.000					
x_4	0.859	0.826	0.801	1.000				
x_5	0.473	0.376	0.380	0.436	1.000			
x_6	0.398	0.326	0.319	0.329	0.762	1.000		
x_7	0.301	0.277	0.237	0.327	0.730	0.583	1.000	
x_8	0.382	0.415	0.345	0.365	0.629	0.577	0.539	1.000

以下我们分别用最短距离法、最长距离法和(6.3.5)式的类平均法对变量进行聚类，这三种方法的类与类之间的相似系数分别定义为两类变量间的最大、最小和平均相关系数，每次聚类时合并两个相似系数最大的类。为节省篇幅，这里只给出最长距离法的树形图，如图 6.3.18 所示。从该图可见，八个变量聚成$\{x_1,x_2,x_3,x_4\}$和$\{x_5,x_6,x_7,x_8\}$两类。从本例的 SAS 输出中可知，最短距离法和类平均法也都有与此相同的聚成两类的结果。　□

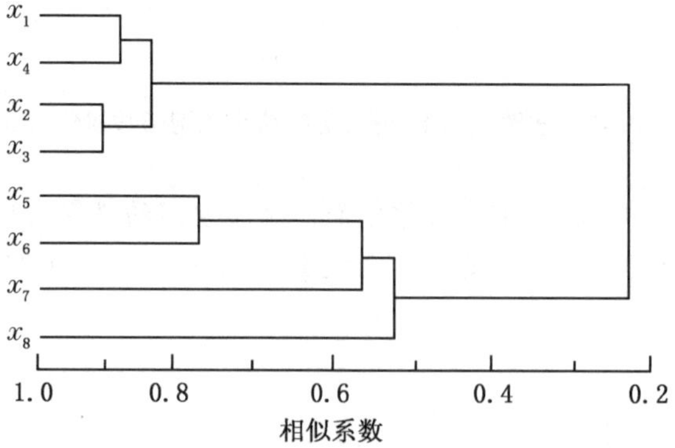

图 6.3.18　八个体型变量的最长距离法树形图

注　第八章我们使用因子分析方法也将上例中的八个变量聚成同样的两类结果。之所以所有这些方法的聚成两类的结果都相同，其原因在于$\{x_1,x_2,x_3,x_4\}$和$\{x_5,x_6,x_7,x_8\}$是两个具有明显不同特征的自然类，彼此分离得很开。

十一、类的个数

在聚类过程中类的个数如何确定才是适宜的呢？这往往是一个十分困难的问题，至今仍未找到令人满意的方法，但这又是一个不可回避的问题。如果能够分成若干很分开的类，则类的个数就比较容易确定；反之，如果无论怎样分都很难分成明显分开的若干类，则类个数的确定可能就比较困难了。例如，在图 6.3.14 中，如果样本仅由 A 点和 C 点组成，那就很容易确定聚类的个数为 2，因为 A 点群和 C 点群分得很开。可以想象，如果我们在 A 点群和 C 点群之间较密集、均匀地插入一些点，使所有的点连成一片，那我们就很难从统计角度判断应分多少个类较为合适。下面我们只是从统计角度介绍确定类个数的几种常用方法，实践中类个数的确定还需考虑(有关专业上的)实际需要。

(一)给定一个阈值 T

通过观测树形图,给出一个你认为合适的阈值 T,要求类与类之间的距离要大于 T,有些样品可能会因此而归不了类或只能自成一类。这种方法有较强的主观性,这是它的不足之处。在图 6.3.2 等中我们已多次采用过该方法。

(二)观测样品的散点图

如果样品只有两个(或三个)变量,则可通过观测数据的散点图(或旋转图)来主观确定类的个数。如果变量个数超过三个,则可对每一可能考虑的聚类结果,将所有样品的前两个(或三个)费希尔判别函数得分制作成散点图(或旋转图),目测类之间是否分离得较好。该图既能帮助我们评估聚类效果的好坏,也能有助于我们判断所定的类数目是否恰当。

在例 6.3.6 中,图 6.3.16 显示分为三类是合适的,图 6.3.17 显示分为五类也是合适的。最终到底分为几类还需综合考虑,该例分成三类似乎更符合实际的需要。

*(三)使用统计量

1. R^2 统计量

设总样品数为 n,聚类时把所有样品合并成 k 个类 $G_1,G_2,\cdots,G_k$,类 G_i 的样品数和重心分别是 n_i 和 $\bar{\boldsymbol{x}}_i$, $i=1,2,\cdots,k$,则 $\sum_{i=1}^{k} n_i=n$,所有样品的总重心 $\bar{\boldsymbol{x}}=\frac{1}{n}\sum_{i=1}^{k} n_i\bar{\boldsymbol{x}}_i$。令

$$W=\sum_{j=1}^{n}(\boldsymbol{x}_j-\bar{\boldsymbol{x}})'(\boldsymbol{x}_j-\bar{\boldsymbol{x}}) \tag{6.3.18}$$

为所有样品的总离差平方和,

$$W_i=\sum_{j\in G_i}(\boldsymbol{x}_j-\bar{\boldsymbol{x}}_i)'(\boldsymbol{x}_j-\bar{\boldsymbol{x}}_i) \tag{6.3.19}$$

为类 G_i 中样品的类内离差平方和,

$$P_k=\sum_{i=1}^{k}W_i \tag{6.3.20}$$

为 k 个类的类内离差平方和之和。W 可作如下分解

$$\begin{aligned}
W&=\sum_{j=1}^{n}(\boldsymbol{x}_j-\bar{\boldsymbol{x}})'(\boldsymbol{x}_j-\bar{\boldsymbol{x}})\\
&=\sum_{i=1}^{k}\sum_{j\in G_i}(\boldsymbol{x}_j-\bar{\boldsymbol{x}})'(\boldsymbol{x}_j-\bar{\boldsymbol{x}})\\
&=\sum_{i=1}^{k}\sum_{j\in G_i}(\boldsymbol{x}_j-\bar{\boldsymbol{x}}_i+\bar{\boldsymbol{x}}_i-\bar{\boldsymbol{x}})'(\boldsymbol{x}_j-\bar{\boldsymbol{x}}_i+\bar{\boldsymbol{x}}_i-\bar{\boldsymbol{x}})\\
&=\sum_{i=1}^{k}\Big[\sum_{j\in G_i}(\boldsymbol{x}_j-\bar{\boldsymbol{x}}_i)'(\boldsymbol{x}_j-\bar{\boldsymbol{x}}_i)+n_i(\bar{\boldsymbol{x}}_i-\bar{\boldsymbol{x}})'(\bar{\boldsymbol{x}}_i-\bar{\boldsymbol{x}})\\
&\quad+2\sum_{j\in G_i}(\boldsymbol{x}_j-\bar{\boldsymbol{x}}_i)'(\bar{\boldsymbol{x}}_i-\bar{\boldsymbol{x}})\Big]\\
&=P_k+\sum_{i=1}^{k}n_i(\bar{\boldsymbol{x}}_i-\bar{\boldsymbol{x}})'(\bar{\boldsymbol{x}}_i-\bar{\boldsymbol{x}}) \qquad (6.3.21)
\end{aligned}$$

再令

$$R^2 = 1 - P_k / W = \sum_{i=1}^{k} n_i (\bar{\boldsymbol{x}}_i - \bar{\boldsymbol{x}})'(\bar{\boldsymbol{x}}_i - \bar{\boldsymbol{x}}) \Big/ W \qquad (6.3.22)$$

P_k/W 值越小(即 R^2 越大),表明类内离差平方和之和在总离差平方和中所占的比例越小,也就说明 k 个类分得越开。因此,R^2 统计量可用于评价合并成 k 个类时的聚类效果,R^2 值越大,聚类效果似乎越好。

R^2 的取值范围在 0 与 1 之间,它总是随着分类个数的减少而变小。聚类刚开始时,n 个样品各自为一类,这时 $R^2=1$;当 n 个样品最后合并成一类时 $R^2=0$。一般来说,我们希望类的个数尽可能地少,同时 R^2 又保持较大。因此,类个数的进一步减少一般不应以 R^2 的大为减少作为代价。比如,假定分为 4 类之前的并类过程中 R^2 的减少是缓慢的、变化不大的;分为 4 类时,$R^2=0.80$;而下一次合并后分为 3 类时 R^2 下降许多,$R^2=0.32$。这时我们可以认为分为 4 类是最合适的。

2. 半偏 R^2 统计量

$$\text{半偏 } R^2 = D_{KL}^2 / W \qquad (6.3.23)$$

其中 $D_{KL}^2 = W_M - W_K - W_L$。半偏 R^2 值是上一步 R^2 值与该步 R^2 值之差,因此半偏 R^2 值越大,说明上一次聚类的效果是好的。

3. 伪 F 统计量

$$\text{伪 } F = \frac{(W - P_k)/(k-1)}{P_k/(n-k)} \qquad (6.3.24)$$

上式也可写成

$$\text{伪 } F = \frac{n-k}{k-1}\frac{R^2}{1-R^2} \qquad (6.3.24)'$$

$\dfrac{R^2}{1-R^2}$与 R^2 的作用一样,它也随分类个数 k 的减少而变小。$\dfrac{n-k}{k-1}$可看作是一个随 k 减小而增大的调整系数,能够使得伪 F 值不随 k 的减少而变小,并且可以直接根据伪 F 值的大小作出分几类为合适的判断。伪 F 值越大,表明此时的分类效果越好。伪 F 统计量不具有 F 分布。

4. 伪 t^2 统计量

$$\text{伪 } t^2 = \frac{D_{KL}^2}{(W_K + W_L)/(n_K + n_L - 2)} \qquad (6.3.25)$$

伪 t^2 值大表示 G_K 和 G_L 合并成新类 G_M 后,类内离差平方和的增量 D_{KL}^2 相对于原 G_K 和 G_L 两类的类内离差平方和是大的,这说明被合并的两个类 G_K 和 G_L 是很分开的,也即上一次聚类的效果是好的。伪 t^2 统计量是确定类个数的有用指标,但不具有像随机变量 t^2 那样的分布。①

§6.4　动态聚类法

在系统聚类法中,对于那些先前已被“错误”分类的样品不再提供重新分类的机会,而**动态**

① 如果数据是来自多元正态总体的独立样本,且聚类方法将各样品随机分类(实际上没有聚类方法能实现这一点,并且这样的聚类也无实际意义),则伪 F 统计量将具有自由度为 $p(k-1)$ 和 $p(n-k)$ 的 F 分布,伪 t^2 统计量将具有自由度为 p 和 $p(n_K+n_L-2)$ 的 F 分布。

聚类法(或称**逐步聚类法**)却允许样品从一个类移动到另一个类中。此外,动态聚类法的计算量要比建立在距离矩阵基础上的系统聚类法小得多。因此,使用动态聚类法计算机所能承受的样品数目 n 要远远超过使用系统聚类法所能承受的 n。

动态聚类法的基本思想是,选择一批凝聚点或给出一个初始的分类,让样品按某种原则向凝聚点凝聚,对凝聚点进行不断的修改或迭代,直至分类比较合理或迭代稳定为止。类的个数 k 需先指定一个。选择初始凝聚点(或给出初始分类)的一种简单方法是采用随机抽选(或随机分割)样品的方法,可以要求凝聚点之间至少应间隔某个距离值。需要指出,动态聚类法只能用于对样品的聚类,而不能用于对变量的聚类。

动态聚类法有许多种方法,在这一节中,我们将讨论一种比较流行的动态聚类法——***k* 均值法**。它是由麦奎因(MacQueen,1967)提出并命名的一种算法。其**基本步骤**为:

(1) 选择 k 个样品作为初始凝聚点,或者将所有样品分成 k 个初始类,然后将这 k 个类的重心(均值)作为初始凝聚点。

(2) 对所有的样品逐个归类,将每个样品归入凝聚点离它最近的那个类(通常采用欧氏距离),该类的凝聚点更新为这一类目前的均值,直至所有样品都归了类。

(3) 重复步骤(2),直至所有的样品都不能再分配为止。

最终的聚类结果在一定程度上依赖于初始凝聚点或初始分类的选择,故应尽可能采用合理的这种初始选择。经验表明,聚类过程中的绝大多数重要变化均发生在第一次再分配中。

例 6.4.1　对例 6.3.1 采用 k 均值法聚类,指定 $k=2$,具体步骤如下:

(1) 我们随意将这些样品分成 $G_1^{(0)}=\{1,6,8\}$ 和 $G_2^{(0)}=\{2,11\}$ 两类,则这两个初始类的均值分别是 5 和 $6\frac{1}{2}$。

(2) 计算 1 到两个类(均值)的欧氏距离

$$d(1,G_1^{(0)})=|1-5|=4$$

$$d(1,G_2^{(0)})=\left|1-6\frac{1}{2}\right|=5\frac{1}{2}$$

由于 1 到 $G_1^{(0)}$ 的距离小于到 $G_2^{(0)}$ 的距离,因此 1 不用重新分配,计算 6 到两个类的距离

$$d(6,G_1^{(0)})=|6-5|=1$$

$$d(6,G_2^{(0)})=\left|6-6\frac{1}{2}\right|=\frac{1}{2}$$

故 6 应重新分配到 $G_2^{(0)}$ 中,修正后的两个类为 $G_1^{(1)}=\{1,8\}$,$G_2^{(1)}=\{2,6,11\}$,新的类均值分别为 $4\frac{1}{2}$ 和 $6\frac{1}{3}$。计算

$$d(8,G_1^{(1)})=\left|8-4\frac{1}{2}\right|=3\frac{1}{2}$$

$$d(8,G_2^{(1)})=\left|8-6\frac{1}{3}\right|=1\frac{2}{3}$$

结果 8 重新分配到 $G_2^{(1)}$ 中,两个新类为 $G_1^{(2)}=\{1\}$,$G_2^{(2)}=\{2,6,8,11\}$,其类均值分别为 1 和 $6\frac{3}{4}$。再计算

$$d(2,G_1^{(2)})=|\ 2-1\ |=1$$

$$d(2,G_2^{(2)})=|\ 2-6\frac{3}{4}\ |=4\frac{3}{4}$$

重新分配 2 到 $G_1^{(2)}$ 中，两个新类为 $G_1^{(3)}=\{1,2\}$，$G_2^{(3)}=\{6,8,11\}$，其类均值分别为 $1\frac{1}{2}$ 和 $8\frac{1}{3}$。第一轮最后的 11 不需要重新分配是显然的。

(3) 再次计算每个样品到类均值的距离，结果列于表 6.4.1。

可见，每个样品都已被分给了类均值离它更近的类。因此，最终得到的两个类为{1,2}和{6,8,11}。 □

表 6.4.1 各样品到类均值的距离

类 \ 样品	1	2	6	8	11
$G_1^{(3)}=\{1,2\}$	$\frac{1}{2}$	$\frac{1}{2}$	$4\frac{1}{2}$	$6\frac{1}{2}$	$9\frac{1}{2}$
$G_2^{(3)}=\{6,8,11\}$	$7\frac{1}{3}$	$6\frac{1}{3}$	$2\frac{1}{3}$	$\frac{1}{3}$	$2\frac{2}{3}$

例 6.4.2 对例 6.3.3 使用 k 均值法进行聚类，聚类前对各变量作标准化变换，聚成 5 类的结果如下：

第Ⅰ类：北京、上海和浙江。

第Ⅱ类：广东。

第Ⅲ类：天津、江苏、福建、山东、湖南、广西、重庆、四川和云南。

第Ⅳ类：河北、山西、内蒙古、辽宁、吉林、黑龙江、安徽、江西、河南、湖北、海南、贵州、陕西、甘肃、青海、宁夏和新疆。

第Ⅴ类：西藏。

本例中初始凝聚点的选择采用的是 SAS 代码中默认的方法(见文献[4]，第 660 页)，该方法对异常点很敏感，聚类后异常点很有可能单个地自成一类。例中的广东和西藏似乎都有些异常，主要反映在这两个地区城镇居民的消费结构与其他地区相比有一定的特殊性。 □

由于 k 均值法对凝聚点的初始选择有一定敏感性，故再试一下其他初始的凝聚点也许是个不错的想法。如果不同初始凝聚点的选择产生明显不同的最终聚类结果，或者迭代的收敛是极缓慢的，那么可能表明没有自然的类可以形成。

k 均值法有时也可用来改进系统聚类的结果，例如，先用类平均法聚类，然后将其各类的重心作为 k 均值法的初始凝聚点重新聚类，这可使得系统聚类时错分的样品能有机会获得重新的分类。不过，k 均值法能否有效地改善系统聚类，我们不能一概而论，还应视聚类的最终结果而定。

小 结

1. 判别分类和聚类分析是两种不同目的的分类方法，彼此之间既有区别又有联系。

2. 聚类分析根据分类对象不同分为Q型和R型聚类分析。

3. 距离和相似系数的定义与变量的测量尺度有着密切的关系。通常测量变量有三种尺度:间隔尺度、有序尺度和名义尺度,本章的讨论主要基于间隔尺度。在聚类分析中,欧氏距离是最常用的一种距离。

4. 距离和相似系数这两个概念度量了对象之间的相似程度。相似程度越高(低),一般两个对象间的距离就越小(大)或相似系数(或其绝对值)就越大(小)。由距离来构造相似系数总是可能的,但反过来由相似系数来构造距离则需要条件。

5. 系统聚类法分为聚集系统法和分割系统法,两者的聚类步骤正相反。聚集系统法是最常用的一种聚类方法,其中主要有最短距离法、最长距离法、类平均法、重心法、中间距离法、离差平方和法、可变法和可变类平均法等。所有这些方法各有其适用的场合和需注意的问题。在许多应用中,类平均法和离差平方和法的聚类效果相对较好。

6. 当变量数 $p=2$ 或 3 时,可通过观测散点图或旋转图从直观角度判断用正规方法所作的聚类是否合适。我们也可以直接在散点图上进行主观的聚类,其效果未必逊于、甚至好于正规的聚类方法,特别是在寻找"自然的"类和符合我们实际需要的类方面。当 $p\geqslant3$ 时,有时我们可以取前两个主成分(见第七章)或前两个因子(见第八章)作散点图,从直觉上进行主观的聚类;偶尔也取前三个作旋转图,但直觉效果明显不如平面散点图。

7. 当变量数 $p>3$ 时,如希望从直观的降维图形来观测聚类的效果,应取前两个(或前三个)费希尔判别函数作散点图(或旋转图)。运用该图往往可有效地观测各类之间的分离状况,并描述分类,帮助我们更好地理解类之间的差异。

8. 类数目的确定方法主要有三种:给定阈值、观测散点图和使用统计量。

9. 用系统聚类法聚类,一旦样品并入了某类将不会再分开,而动态聚类法允许样品从一个类移动到另一个类中。此外,在计算机的使用上,系统聚类法因计算量大较受样品数目 n 的限制,而动态聚类法则可用来处理大量数据。k 均值法是一种最常用的动态聚类法。

10. 最短距离法、最长距离法和类平均法这些连接方法,除可用于样品的聚类外,还能用于变量的聚类,但并非所有的系统聚类方法都适用于对变量的聚类。动态聚类法只能用于对样品的聚类,而不能用于对变量的聚类。

附录 6-1 R 的应用

以下R代码中假定文本数据的存储目录为"D:/mvdata/"。

一、对习题 6.2 中的美国十个城市作系统聚类分析

```
> exec6.2=read.table("D:/mvdata/exec6.2.csv", header=TRUE, sep=",")
> d=as.dist(exec6.2[-1], diag=TRUE)   #转换为距离矩阵
> d
```

	亚特兰大	芝加哥	丹佛	休斯顿	洛杉矶	迈阿密	纽约	旧金山	西雅图	华盛顿
亚特兰大	0									
芝加哥	587	0								
丹佛	1212	920	0							
休斯顿	701	940	879	0						
洛杉矶	1936	1745	831	1374	0					
迈阿密	604	1188	1726	968	2339	0				
纽约	748	713	1631	1420	2451	1092	0			
旧金山	2139	1858	949	1645	347	2594	2571	0		
西雅图	2182	1737	1021	1891	959	2734	2408	678	0	
华盛顿	543	597	1494	1220	2300	923	205	2442	2329	0

```
> hc=hclust(d, "single") #最短距离法(以该方法为例)。方法还包括:"complete"(最长距离法),"average"(类平均法),"centroid"(重心法),"median"(中间距离法)和"ward.D"(离差平方和法)等
> cbind(hc$merge, hc$height)  #聚类过程
      [,1] [,2] [,3]
[1,]   -7  -10  205
[2,]   -5   -8  347
[3,]   -1    1  543
[4,]   -2    3  587
[5,]   -6    4  604
[6,]   -9    2  678
[7,]   -4    5  701
[8,]   -3    6  831
[9,]    7    8  879
```

上述聚类过程中,前两列的"$-j$"表示在此步第 j 个样品被并类,"j"表示早先在第 j 步并的类,其在此步被并类;hc$height 为并类时的距离。

```
> plot(hc, hang=-1)  #聚类树形图,hang指定标签在图形中所处的高度(负值时挂在0下面)
> rect.hclust(hc, k=2)  #将聚成的2类用边框界定
```

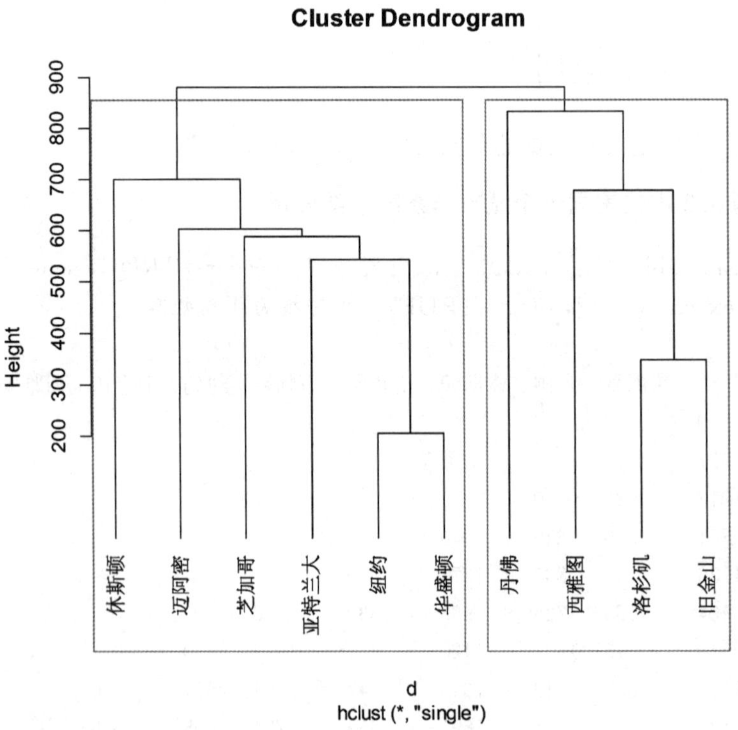

二、对例6.3.7中的八个体型变量作系统聚类分析

```
> examp6.3.7=read.table("D:/mvdata/examp6.3.7.csv", header=TRUE, sep=",")
> d=as.dist(1-examp6.3.7[-1], diag=TRUE)
> d
```

	身高	手臂长	上肢长	下肢长	体重	颈围	胸围	胸宽
身高	0.000							
手臂长	0.154	0.000						
上肢长	0.195	0.119	0.000					
下肢长	0.141	0.174	0.199	0.000				
体重	0.527	0.624	0.620	0.564	0.000			
颈围	0.602	0.674	0.681	0.671	0.238	0.000		
胸围	0.699	0.723	0.763	0.673	0.270	0.417	0.000	
胸宽	0.618	0.585	0.655	0.635	0.371	0.423	0.461	0.000

在上述代码中，首先将变量间的相关矩阵转换为距离矩阵，采用的方法是，令 x_i 与 x_j 的距离 $d_{ij}=1-r_{ij}$①，其中 r_{ij} 为 x_i 与 x_j 的相关系数，然后在此距离矩阵的基础上对八个变量作聚类。

```
> hc=hclust(d, "complete")   #最长距离法(以该方法为例)
> cbind(hc$merge, hc$height)   #聚类过程
(输出略)
> plot(hc, hang=-1)
> rect.hclust(hc, k=2)
(参见图6.3.18,输出图与之只是形式上的差异,略)
```

三、对例6.3.3中的全国各地区作系统聚类分析

```
> examp6.3.3=read.table("D:/mvdata/examp6.3.3.csv", header=TRUE, row.names
                        ="地区", sep=",")   #row.names为指定行标签的参数
> head(examp6.3.3, 2)
```

	食品	衣着	家庭设备用品及服务	医疗保健	交通和通讯	娱乐教育文化服务
北京	2959.19	730.79	749.41	513.34	467.87	1141.82
天津	2459.77	495.47	697.33	302.87	284.19	735.97

	居住	杂项商品和服务
北京	478.42	457.64
天津	570.84	305.08

```
> d=dist(scale(examp6.3.3), method="euclidean", diag=TRUE, upper=FALSE)
```

① 这里的距离未必满足距离定义中要求满足的三个条件之一：三角不等式，但接下来的 hclust( )函数需要有定义的距离，该距离只要能用来比较不相似性程度即可，且距离越大越不相似，它可以不是严格意义上的满足三个条件的距离。

```
#method为距离计算方法,缺省时为"euclidean"(欧氏距离),还包括:"manhattan"(绝对值距离),"minkowski"(明氏距离,伴随的参数p为明氏距离的幂,p=2即为欧氏距离),"canberra"(兰氏距离)等。diag为是否包括对角线元素(缺省时为FALSE),upper为是否包括上三角距离(缺省时为FALSE)
#或略去上述dist()函数中取缺省值的部分,简化为
> d=dist(scale(examp6.3.3), diag=TRUE)  #数据标准化后计算欧氏距离
> hc=hclust(d, "ward.D")  #离差平方和法(以该方法为例)
> cbind(hc$merge, round(hc$height, 2))  #聚类过程
      [,1] [,2]  [,3]
 [1,]   -4  -28  0.46
 [2,]   -6   -8  0.79
 [3,]   -3  -31  0.82
   ⋮     ⋮    ⋮     ⋮
[28,]   18   25  7.39
[29,]   27   28  9.32
[30,]   26   29 26.71
> plot(hc, hang=-1)
> rect.hclust(hc, k=3)
```

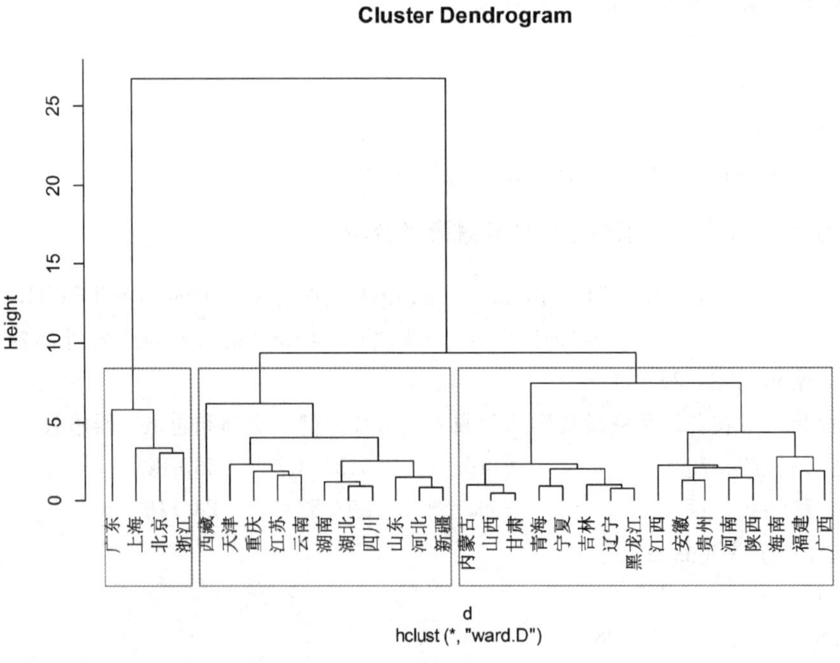

该树形图的纵轴是并类距离,而(由SAS输出的)图6.3.13中的横轴是并类平方距离的正常数倍。

```
> cutree(hc, k=3) #将聚成3类的结果分别以1,2,3表示
```

```
北京   天津   河北   山西   内蒙古   辽宁   吉林   黑龙江   上海   江苏   浙江
  1      2      2      3       3      3      3        3      1      2      1
安徽   福建   江西   山东     河南   湖北   湖南     广东   广西   海南   重庆
  3      3      3      2       3      2      2        1      3      3      2
四川   贵州   云南   西藏     陕西   甘肃   青海     宁夏   新疆
  2      3      2      2       3      3      3        3      2
```

四、对例 6.4.2 中的全国各地区作 *k* 均值聚类分析

```
> examp6.3.3=read.table("D:/mvdata/examp6.3.3.csv", header=TRUE, row.names
                        ="地区", sep=",")
> km=kmeans(scale(examp6.3.3), 5)   #数据标准化后使用 k 均值法，聚成 5 类，随机选
择 5 行作为初始凝聚点
> sort(km$cluster)   #对聚类结果进行排序
  天津   江苏   山东   湖南   重庆   云南   河北   山西   内蒙古   辽宁   吉林
    1      1      1      1      1      1      2      2       2      2      2
黑龙江   安徽   河南   湖北   四川   贵州   陕西   甘肃     青海   宁夏   新疆
    2      2      2      2      2      2      2      2       2      2      2
  西藏   福建   江西   广西   海南   北京   上海   浙江     广东
    3      4      4      4      4      5      5      5       5
```

由于初始凝聚点是随机选择的，故每次运行后的输出结果一般会不同。

五、在例 6.3.5 中作平行图、星形图和切尔诺夫脸谱图

```
> examp6.3.3disc5=read.table("D:/mvdata/examp6.3.3disc5.csv", row.names=
                             "region", header=TRUE, sep=",")
> head(examp6.3.3disc5, 2)
          x1      x2      x3      x4      x5       x6      x7      x8  g
北京 2959.19  730.79  749.41  513.34  467.87  1141.82  478.42  457.64  1
天津 2459.77  495.47  697.33  302.87  284.19   735.97  570.84  305.08  2
> ex=examp6.3.3disc5[order(examp6.3.3disc5$g), ]   #按组排序
> t(ex[9])   #列出各地区的类别
  北京 上海 浙江 天津 河北 江苏 福建 山东 湖北 湖南 广西 海南 重庆 四川 云南
g    1    1    1    2    2    2    2    2    2    2    2    2    2    2    2
  新疆 山西 内蒙古 辽宁 吉林 黑龙江 安徽 江西 河南 贵州 陕西 甘肃 青海 宁夏
g    2    3      3    3    3      3    3    3    3    3    3    3    3    3
  广东 西藏
g    4    5
```

(一)平行图

```
> install.packages("GGally")
> library(GGally)
> examp6.3.3disc5$g=factor(examp6.3.3disc5$g)  #转换成因子
> ggparcoord(examp6.3.3disc5, columns=1:8, groupColumn="g", scale="std")  #平行图,选择前 8 个变量,分组变量为 g,"std"是 scale 的缺省选项(即各变量变换后的均值为 0,方差为 1)
```

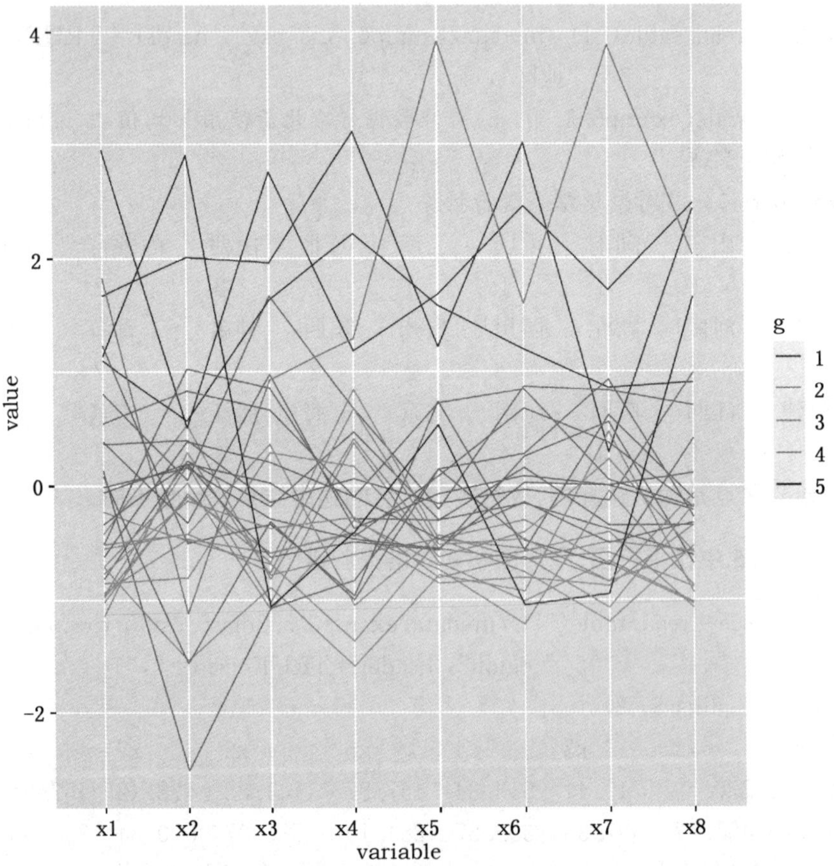

该输出图中,5 个类的轮廓分别使用了各自不同的颜色,右边的图例标示了每个类的线条颜色,便于识别类别。

(二)星形图

星形图(star plots),也称**雷达图**(radar plots)或**蜘蛛图**(spider plots),对 p 维样品,星形图的画法如下:先作一个圆,将圆 p 等分,连接圆心和各分点,形成由圆心引出的 p 条等角射线,将其分别作为 p 个变量的(以圆心为起始点的)坐标轴。对一个 p 维样品,可以分别在 p 个轴上的坐标处点一下,然后依次连接 p 个点,形成一个星形图(p 边形)。这样,就将每一个样品用一个星形图表示出来。为便于星形图的观察,通常考虑对各变量作标准化变换,其方法可有多种。

```
> stars(ex[1:8], key.loc=c(13, 1.5))  #星形图
```

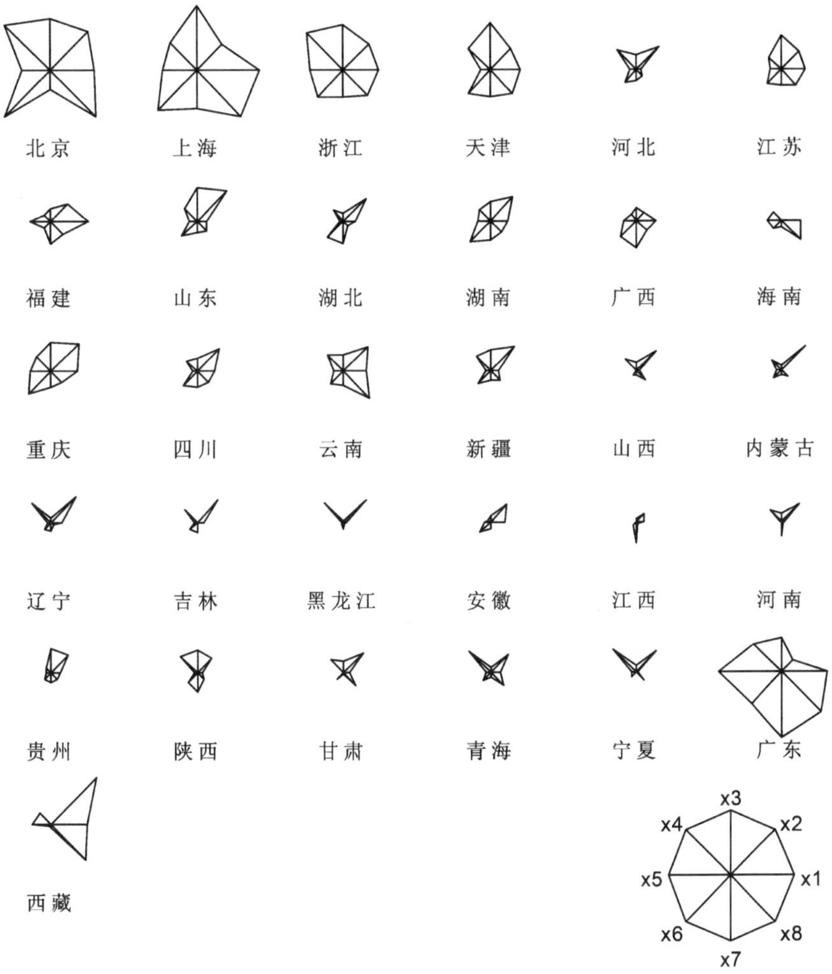

stars( )函数缺省的标准化变换是,使所有变量变换后的最大值为 1,最小值为 0,这样画出的星形图都在半径为 1 的圆内。

(三)切尔诺夫脸谱图

切尔诺夫脸谱图(Chernoff faces)是统计学家切尔诺夫于 1973 年提出的,它把多达 18 个变量的多维数据以卡通人脸显示,用脸的要素(如眼、耳、口和鼻等)的形状、大小、位置和方向表示相应变量的值。脸部容貌的对应变量分配是由实验者指定的,不同的选择会产生不同、甚至很不同的结果。

```
> install.packages("aplpack")
> library(aplpack)
> faces(ex[1:8], cex=1, ncol.plot=7)  #脸谱图,每行 7 个
```

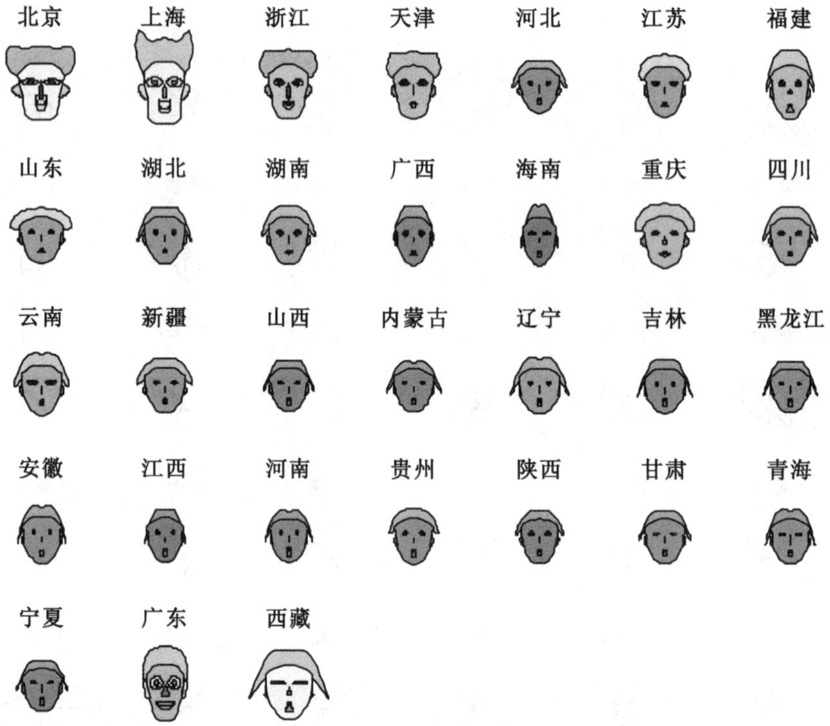

输出的该脸谱图在电脑显示屏上是呈现彩色的，而这里只是黑白显示，影响了些观察效果。输出中还列出了如下的各变量与脸谱图部位的对应。

```
effect of variables:
 modified item          Var
 "height of face    "   "x1"
 "width of face     "   "x2"
 "structure of face "   "x3"
 "height of mouth   "   "x4"
 "width of mouth    "   "x5"
 "smiling           "   "x6"
 "height of eyes    "   "x7"
 "width of eyes     "   "x8"
 "height of hair    "   "x1"
 "width of hair     "   "x2"
 "style of hair     "   "x3"
 "height of nose    "   "x4"
 "width of nose     "   "x5"
 "width of ear      "   "x6"
 "height of ear     "   "x7"
```

上述输出的星形图、脸谱图和平行图的用途类似，都可利用图形(主观)的相似性对样品进行聚类(只适合样品不太多的情形)或评判聚类的效果(是主要用途)。脸谱图的一个局限是不能显示具体的数据值，故它只适合观察脸的相似性或变化，而不太适合查看各变量的具体情况。

附录 6-2 若干公式的推导

一、(6.3.11)式的推导

设某一步将 G_K 和 G_L 合并成 G_M，它们的重心分别是 $\bar{\boldsymbol{x}}_K$，$\bar{\boldsymbol{x}}_L$ 和 $\bar{\boldsymbol{x}}_M$，它们各有 n_K，n_L 和 n_M($n_M=n_K+n_L$)个样品，显然

$$\bar{\boldsymbol{x}}_M=\frac{1}{n_M}(n_K\bar{\boldsymbol{x}}_K+n_L\bar{\boldsymbol{x}}_L)$$

新类 G_M 与任一类 G_J(重心为 $\bar{\boldsymbol{x}}_J$)的平方距离是

$$\begin{aligned}
D_{MJ}^2&=(\bar{\boldsymbol{x}}_J-\bar{\boldsymbol{x}}_M)'(\bar{\boldsymbol{x}}_J-\bar{\boldsymbol{x}}_M)\\
&=\left[\bar{\boldsymbol{x}}_J-\frac{1}{n_M}(n_K\bar{\boldsymbol{x}}_K+n_L\bar{\boldsymbol{x}}_L)\right]'\left[\bar{\boldsymbol{x}}_J-\frac{1}{n_M}(n_K\bar{\boldsymbol{x}}_K+n_L\bar{\boldsymbol{x}}_L)\right]\\
&=\bar{\boldsymbol{x}}_J'\bar{\boldsymbol{x}}_J-2\cdot\frac{n_K}{n_M}\bar{\boldsymbol{x}}_J'\bar{\boldsymbol{x}}_K-2\cdot\frac{n_L}{n_M}\bar{\boldsymbol{x}}_J'\bar{\boldsymbol{x}}_L+\frac{1}{n_M^2}(n_K^2\bar{\boldsymbol{x}}_K'\bar{\boldsymbol{x}}_K+2n_Kn_L\bar{\boldsymbol{x}}_K'\bar{\boldsymbol{x}}_L+n_L^2\bar{\boldsymbol{x}}_L'\bar{\boldsymbol{x}}_L)\\
&=\frac{n_K}{n_M}(\bar{\boldsymbol{x}}_J'\bar{\boldsymbol{x}}_J-2\bar{\boldsymbol{x}}_J'\bar{\boldsymbol{x}}_K+\bar{\boldsymbol{x}}_K'\bar{\boldsymbol{x}}_K)+\frac{n_L}{n_M}(\bar{\boldsymbol{x}}_J'\bar{\boldsymbol{x}}_J-2\bar{\boldsymbol{x}}_J'\bar{\boldsymbol{x}}_L+\bar{\boldsymbol{x}}_L'\bar{\boldsymbol{x}}_L)\\
&\quad-\frac{n_Kn_L}{n_M^2}(\bar{\boldsymbol{x}}_K'\bar{\boldsymbol{x}}_K-2\bar{\boldsymbol{x}}_K'\bar{\boldsymbol{x}}_L+\bar{\boldsymbol{x}}_L'\bar{\boldsymbol{x}}_L)\\
&=\frac{n_K}{n_M}(\bar{\boldsymbol{x}}_J-\bar{\boldsymbol{x}}_K)'(\bar{\boldsymbol{x}}_J-\bar{\boldsymbol{x}}_K)+\frac{n_L}{n_M}(\bar{\boldsymbol{x}}_J-\bar{\boldsymbol{x}}_L)'(\bar{\boldsymbol{x}}_J-\bar{\boldsymbol{x}}_L)\\
&\quad-\frac{n_Kn_L}{n_M^2}(\bar{\boldsymbol{x}}_K-\bar{\boldsymbol{x}}_L)'(\bar{\boldsymbol{x}}_K-\bar{\boldsymbol{x}}_L)\\
&=\frac{n_K}{n_M}D_{KJ}^2+\frac{n_L}{n_M}D_{LJ}^2-\frac{n_Kn_L}{n_M^2}D_{KL}^2
\end{aligned}$$

二、(6.3.15)式的推导

$$\begin{aligned}
W_M&=\sum_{i\in G_M}(\boldsymbol{x}_i-\bar{\boldsymbol{x}}_M)'(\boldsymbol{x}_i-\bar{\boldsymbol{x}}_M)\\
&=\sum_{i\in G_M}(\boldsymbol{x}_i-\bar{\boldsymbol{x}}_K+\bar{\boldsymbol{x}}_K-\bar{\boldsymbol{x}}_M)'(\boldsymbol{x}_i-\bar{\boldsymbol{x}}_K+\bar{\boldsymbol{x}}_K-\bar{\boldsymbol{x}}_M)\\
&=\sum_{i\in G_M}(\boldsymbol{x}_i-\bar{\boldsymbol{x}}_K)'(\boldsymbol{x}_i-\bar{\boldsymbol{x}}_K)+\sum_{i\in G_M}(\boldsymbol{x}_i-\bar{\boldsymbol{x}}_K)'(\bar{\boldsymbol{x}}_K-\bar{\boldsymbol{x}}_M)\\
&\quad+\sum_{i\in G_M}(\bar{\boldsymbol{x}}_K-\bar{\boldsymbol{x}}_M)'(\boldsymbol{x}_i-\bar{\boldsymbol{x}}_K)+\sum_{i\in G_M}(\bar{\boldsymbol{x}}_K-\bar{\boldsymbol{x}}_M)'(\bar{\boldsymbol{x}}_K-\bar{\boldsymbol{x}}_M)
\end{aligned}$$

$$
\begin{aligned}
&=W_K+\sum_{i\in G_L}(\boldsymbol{x}_i-\bar{\boldsymbol{x}}_K)'(\boldsymbol{x}_i-\bar{\boldsymbol{x}}_K)+2(\bar{\boldsymbol{x}}_K-\bar{\boldsymbol{x}}_M)'\sum_{i\in G_M}(\boldsymbol{x}_i-\bar{\boldsymbol{x}}_K)\\
&\quad+n_M(\bar{\boldsymbol{x}}_K-\bar{\boldsymbol{x}}_M)'(\bar{\boldsymbol{x}}_K-\bar{\boldsymbol{x}}_M)\\
&=W_K+\sum_{i\in G_L}(\boldsymbol{x}_i-\bar{\boldsymbol{x}}_L+\bar{\boldsymbol{x}}_L-\bar{\boldsymbol{x}}_K)'(\boldsymbol{x}_i-\bar{\boldsymbol{x}}_L+\bar{\boldsymbol{x}}_L-\bar{\boldsymbol{x}}_K)\\
&\quad-n_M(\bar{\boldsymbol{x}}_K-\bar{\boldsymbol{x}}_M)'(\bar{\boldsymbol{x}}_K-\bar{\boldsymbol{x}}_M)\\
&=W_K+\sum_{i\in G_L}(\boldsymbol{x}_i-\bar{\boldsymbol{x}}_L)'(\boldsymbol{x}_i-\bar{\boldsymbol{x}}_L)+n_L(\bar{\boldsymbol{x}}_K-\bar{\boldsymbol{x}}_L)'(\bar{\boldsymbol{x}}_K-\bar{\boldsymbol{x}}_L)\\
&\quad-n_M\left(\bar{\boldsymbol{x}}_K-\frac{n_K\bar{\boldsymbol{x}}_K+n_L\bar{\boldsymbol{x}}_L}{n_M}\right)'\left(\bar{\boldsymbol{x}}_K-\frac{n_K\bar{\boldsymbol{x}}_K+n_L\bar{\boldsymbol{x}}_L}{n_M}\right)\\
&=W_K+W_L+n_L(\bar{\boldsymbol{x}}_K-\bar{\boldsymbol{x}}_L)'(\bar{\boldsymbol{x}}_K-\bar{\boldsymbol{x}}_L)-\frac{n_L^2}{n_M}(\bar{\boldsymbol{x}}_K-\bar{\boldsymbol{x}}_L)'(\bar{\boldsymbol{x}}_K-\bar{\boldsymbol{x}}_L)\\
&=W_K+W_L+\frac{n_Ln_K}{n_M}(\bar{\boldsymbol{x}}_K-\bar{\boldsymbol{x}}_L)'(\bar{\boldsymbol{x}}_K-\bar{\boldsymbol{x}}_L)
\end{aligned}
$$

故

$$D_{KL}^2=\frac{n_Ln_K}{n_M}(\bar{\boldsymbol{x}}_K-\bar{\boldsymbol{x}}_L)'(\bar{\boldsymbol{x}}_K-\bar{\boldsymbol{x}}_L)$$

三、(6.3.16)式的推导

由(6.3.15)式和(6.3.11)式可以推得该式。

$$
\begin{aligned}
D_{MJ}^2&=\frac{n_Jn_M}{n_J+n_M}(\bar{\boldsymbol{x}}_M-\bar{\boldsymbol{x}}_J)'(\bar{\boldsymbol{x}}_M-\bar{\boldsymbol{x}}_J)\\
&=\frac{n_Jn_M}{n_J+n_M}\left[\frac{n_K}{n_M}(\bar{\boldsymbol{x}}_J-\bar{\boldsymbol{x}}_K)'(\bar{\boldsymbol{x}}_J-\bar{\boldsymbol{x}}_K)+\frac{n_L}{n_M}(\bar{\boldsymbol{x}}_J-\bar{\boldsymbol{x}}_L)'(\bar{\boldsymbol{x}}_J-\bar{\boldsymbol{x}}_L)\right.\\
&\quad\left.-\frac{n_Kn_L}{n_M^2}(\bar{\boldsymbol{x}}_K-\bar{\boldsymbol{x}}_L)'(\bar{\boldsymbol{x}}_K-\bar{\boldsymbol{x}}_L)\right]\\
&=\frac{n_J+n_K}{n_J+n_M}\,\frac{n_Jn_K}{n_J+n_K}(\bar{\boldsymbol{x}}_J-\bar{\boldsymbol{x}}_K)'(\bar{\boldsymbol{x}}_J-\bar{\boldsymbol{x}}_K)+\frac{n_J+n_L}{n_J+n_M}\,\frac{n_Jn_L}{n_J+n_L}\\
&\quad\cdot(\bar{\boldsymbol{x}}_J-\bar{\boldsymbol{x}}_L)'(\bar{\boldsymbol{x}}_J-\bar{\boldsymbol{x}}_L)-\frac{n_J}{n_J+n_M}\,\frac{n_Kn_L}{n_M}(\bar{\boldsymbol{x}}_K-\bar{\boldsymbol{x}}_L)'(\bar{\boldsymbol{x}}_K-\bar{\boldsymbol{x}}_L)\\
&=\frac{n_J+n_K}{n_J+n_M}D_{KJ}^2+\frac{n_J+n_L}{n_J+n_M}D_{LJ}^2-\frac{n_J}{n_J+n_M}D_{KL}^2
\end{aligned}
$$

习 题

6.1 试对例 6.3.1 分别使用最长距离法、(6.3.5)式的类平均法、重心法和中间距离法作聚类分析。

6.2 美国十个城市间飞行里程的数据如下：

	亚特兰大	芝加哥	丹佛	休斯顿	洛杉矶	迈阿密	纽约	旧金山	西雅图	华盛顿
亚特兰大	0									
芝加哥	587	0								
丹佛	1212	920	0							
休斯顿	701	940	879	0						
洛杉矶	1936	1745	831	1374	0					
迈阿密	604	1188	1726	968	2339	0				
纽约	748	713	1631	1420	2451	1092	0			
旧金山	2139	1858	949	1645	347	2594	2571	0		
西雅图	2182	1737	1021	1891	959	2734	2408	678	0	
华盛顿	543	597	1494	1220	2300	923	205	2442	2329	0

试按这十个城市间的飞行里程，分别使用最短距离法、类平均法、重心法和离差平方和法对它们进行聚类分析。

6.3　我国制定服装标准时，对 3 454 位成年女子测量了 14 个部位，它们是：上体长(x_1)、手臂长(x_2)、胸围(x_3)、颈围(x_4)、总肩宽(x_5)、前胸宽(x_6)、后背宽(x_7)、前腰节高(x_8)、后腰节高(x_9)、总体高(x_{10})、身高(x_{11})、下体长(x_{12})、腰围(x_{13})和臀围(x_{14})，其样本相关矩阵如下：

	x_1	x_2	x_3	x_4	x_5	x_6	x_7	x_8	x_9	x_{10}	x_{11}	x_{12}	x_{13}	x_{14}
x_1	1.000													
x_2	0.366	1.000												
x_3	0.242	0.233	1.000											
x_4	0.280	0.194	0.590	1.000										
x_5	0.360	0.324	0.476	0.435	1.000									
x_6	0.282	0.263	0.483	0.470	0.452	1.000								
x_7	0.245	0.265	0.540	0.478	0.535	0.633	1.000							
x_8	0.448	0.345	0.452	0.404	0.431	0.322	0.266	1.000						
x_9	0.486	0.367	0.365	0.357	0.429	0.283	0.287	0.820	1.000					
x_{10}	0.648	0.662	0.216	0.316	0.429	0.283	0.263	0.527	0.547	1.000				
x_{11}	0.679	0.681	0.243	0.314	0.430	0.302	0.294	0.520	0.558	0.957	1.000			
x_{12}	0.486	0.636	0.174	0.243	0.375	0.290	0.255	0.403	0.417	0.857	0.852	1.000		
x_{13}	0.133	0.153	0.732	0.477	0.339	0.392	0.446	0.266	0.241	0.054	0.099	0.055	1.000	
x_{14}	0.376	0.252	0.676	0.581	0.441	0.447	0.440	0.424	0.372	0.363	0.376	0.321	0.627	1.000

试对这 14 个指标分别使用最短距离法、最长距离法和(6.3.5)式的类平均法进行聚类分析。

6.4　在例 6.4.1 中，若选择初始凝聚点为 6 和 8，则聚类结果又将如何？

6.5　在例 6.3.3 和例 6.4.2 中，不对数据作标准化变换，用同样的方法进行聚类分析，并比较结果。

6.6　下表中列出各国家和地区男子径赛记录的数据，试分别用(6.3.7)式的类平均法、离差平方和法和 k 均值法进行聚类分析，聚类前先对各变量作标准化变换。

国家和地区	100 米(秒)	200 米(秒)	400 米(秒)	800 米(分)	1 500 米(分)	5 000 米(分)	10 000 米(分)	马拉松(分)
阿根廷	10.39	20.81	46.84	1.81	3.70	14.04	29.36	137.72
澳大利亚	10.31	20.06	44.84	1.74	3.57	13.28	27.66	128.30
奥地利	10.44	20.81	46.82	1.79	3.60	13.26	27.72	135.90
比利时	10.34	20.68	45.04	1.73	3.60	13.22	27.45	129.95
百慕大	10.28	20.58	45.91	1.80	3.75	14.68	30.55	146.62
巴西	10.22	20.43	45.21	1.73	3.66	13.62	28.62	133.13
缅甸	10.64	21.52	48.30	1.80	3.85	14.45	30.28	139.95
加拿大	10.17	20.22	45.68	1.76	3.63	13.55	28.09	130.15
智利	10.34	20.80	46.20	1.79	3.71	13.61	29.30	134.03
中国	10.51	21.04	47.30	1.81	3.73	13.90	29.13	133.53
哥伦比亚	10.43	21.05	46.10	1.82	3.74	13.49	27.88	131.35
库克群岛	12.18	23.20	52.94	2.02	4.24	16.70	35.38	164.70
哥斯达黎加	10.94	21.90	48.66	1.87	3.84	14.03	28.81	136.58
捷克斯洛伐克	10.35	20.65	45.64	1.76	3.58	13.42	28.19	134.32
丹麦	10.56	20.52	45.89	1.78	3.61	13.50	28.11	130.78
多米尼加共和国	10.14	20.65	46.80	1.82	3.82	14.91	31.45	154.12
芬兰	10.43	20.69	45.49	1.74	3.61	13.27	27.52	130.87
法国	10.11	20.38	45.28	1.73	3.57	13.34	27.97	132.30
德意志民主共和国	10.12	20.33	44.87	1.73	3.56	13.17	27.42	129.92
德意志联邦共和国	10.16	20.37	44.50	1.73	3.53	13.21	27.61	132.23
大不列颠及北爱尔兰	10.11	20.21	44.93	1.70	3.51	13.01	27.51	129.13
希腊	10.22	20.71	46.56	1.78	3.64	14.59	28.45	134.60
危地马拉	10.98	21.82	48.40	1.89	3.80	14.16	30.11	139.33
匈牙利	10.26	20.62	46.02	1.77	3.62	13.49	28.44	132.58
印度	10.60	21.42	45.73	1.76	3.73	13.77	28.81	131.98
印度尼西亚	10.59	21.49	47.80	1.84	3.92	14.73	30.79	148.83
以色列	10.61	20.96	46.30	1.79	3.56	13.32	27.81	132.35
爱尔兰	10.71	21.00	47.80	1.77	3.72	13.66	28.93	137.55
意大利	10.01	19.72	45.26	1.73	3.60	13.23	27.52	131.08
日本	10.34	20.81	45.86	1.79	3.64	13.41	27.72	128.63
肯尼亚	10.46	20.66	44.92	1.73	3.55	13.10	27.38	129.75
韩国	10.34	20.89	46.90	1.79	3.77	13.96	29.23	136.25
朝鲜人民民主共和国	10.91	21.94	47.30	1.85	3.77	14.13	29.67	130.87
卢森堡	10.35	20.77	47.40	1.82	3.67	13.64	29.08	141.27
马来西亚	10.40	20.92	46.30	1.82	3.80	14.64	31.01	154.10

续表

国家和地区	100 米（秒）	200 米（秒）	400 米（秒）	800 米（分）	1 500 米（分）	5 000 米（分）	10 000 米（分）	马拉松（分）
毛里求斯	11.19	22.45	47.70	1.88	3.83	15.06	31.77	152.23
墨西哥	10.42	21.30	46.10	1.80	3.65	13.46	27.95	129.20
荷兰	10.52	20.95	45.10	1.74	3.62	13.36	27.61	129.02
新西兰	10.51	20.88	46.10	1.74	3.54	13.21	27.70	128.98
挪威	10.55	21.16	46.71	1.76	3.62	13.34	27.69	131.48
巴布亚新几内亚	10.96	21.78	47.90	1.90	4.01	14.72	31.36	148.22
菲律宾	10.78	21.64	46.24	1.81	3.83	14.74	30.64	145.27
波兰	10.16	20.24	45.36	1.76	3.60	13.29	27.89	131.58
葡萄牙	10.53	21.17	46.70	1.79	3.62	13.13	27.38	128.65
罗马尼亚	10.41	20.98	45.87	1.76	3.64	13.25	27.67	132.50
新加坡	10.38	21.28	47.40	1.88	3.89	15.11	31.32	157.77
西班牙	10.42	20.77	45.98	1.76	3.55	13.31	27.73	131.57
瑞士	10.25	20.61	45.63	1.77	3.61	13.29	27.94	130.63
瑞典	10.37	20.46	45.78	1.78	3.55	13.22	27.91	131.20
中国台北	10.59	21.29	46.80	1.79	3.77	14.07	30.07	139.27
泰国	10.39	21.09	47.91	1.83	3.84	15.23	32.56	149.90
土耳其	10.71	21.43	47.60	1.79	3.67	13.56	28.58	131.50
美国	9.93	19.75	43.86	1.73	3.53	13.20	27.43	128.22
苏联	10.07	20.00	44.60	1.75	3.59	13.20	27.53	130.55
西萨摩亚	10.82	21.86	49.00	2.02	4.24	16.28	34.71	161.83

数据来源：1984 年洛杉矶奥运会 IAAF/ATFS 田径统计手册。

客观思考题

一、判断题

6.1　距离和相似系数的定义与变量的尺度无关。　　（　　）

6.2　在聚类分析中，可以采用只满足非负性和对称性而不满足三角不等式的“距离”。　　（　　）

6.3　样品之间的相似性只能用距离来度量，变量之间的相似性只能用相似系数来度量。　　（　　）

6.4　马氏距离也常用于进行聚类分析。　　（　　）

6.5　所有的系统聚类法都满足单调性。　　（　　）

6.6　k 均值法的聚类结果与初始凝聚点的选择无关。　　（　　）

6.7　k 均值法的类个数需事先指定。　　（　　）

6.8　k 均值法有改善系统聚类法聚类结果的可能性。　　（　　）

二、单选题

6.9　如果对某公司在一个城市中的各个营业点按彼此之间的路程远近来进行聚类，则最适合采用的距离是（　　）。

A. 欧氏距离　　B. 绝对值距离　　C. 马氏距离　　D. 各变量标准化之后的欧氏距离

6.10　不适合用于对变量聚类的方法是（　　）。

A. 最短距离法　　B. 最长距离法　　C. 类平均法　　D. k 均值法

6.11　容易产生链接倾向，不适合对分离得很差的群体进行聚类的系统聚类法是(　　)。

A. 最短距离法　　B. 最长距离法　　C. 类平均法　　D. 离差平方和法

6.12　大的类之间不易合并，而小的类之间易于合并的系统聚类法是(　　)。

A. 最短距离法　　B. 类平均法　　C. 重心法　　D. 离差平方和法

6.13　以下系统聚类法中，(　　)不具有单调性。

A. 最长距离法　　B. 类平均法　　C. 重心法　　D. 离差平方和法

6.14　聚类变量个数为(　　)时，一般最不建议使用系统聚类法或 k 均值法等正规聚类方法直接进行聚类。

A. 1　　B. 2　　C. 3　　D. 大于 3

三、多选题

6.15　通常容易对异常值敏感的系统聚类法有(　　)。

A. 最短距离法　　B. 最长距离法　　C. 类平均法　　D. 离差平方和法

6.16　(　　)这两种系统聚类法在许多场合下被认为是更值得推荐的方法。

A. 最短距离法　　B. 类平均法　　C. 重心法　　D. 离差平方和法

6.17　一般的理想聚类结果应是(　　)。

A. 类的个数很少　　B. 类之间较为分开而类内相近

C. 类之间的特征明显不同　　D. 类内的特征彼此接近

6.18　系统聚类法包括(　　)。

A. 类平均法　　B. 离差平方和法　　C. 分割聚类法　　D. k 均值法

第七章　主成分分析

§7.1　引　言

我们在作数据分析时，涉及的(间隔)变量往往较多，这会给问题的分析带来复杂性。然而，这些变量彼此之间常常存在着一定程度的、有时甚至是相当高的相关性，这就使含在观测数据中的信息在一定程度上有所重叠。正是这种变量间信息的重叠，使得变量的降维成为可能，从而可使问题的分析得以简化。

主成分分析(principal component analysis)由皮尔逊(Pearson，1901)首先引入，后来被霍特林(Hotelling，1933)发展了。主成分分析是一种通过降维技术把多个变量化为少数几个主成分(综合变量)的统计分析方法。这些主成分能够反映原始变量的绝大部分信息，它们通常表示为原始变量的某种线性组合。为了实现最有效率的降维，应使这些主成分所含的信息(在线性关系的意义上)互不重叠，也就是要求它们之间互不相关。简言之，主成分分析就是一种用一组较少的不相关(综合)变量来代替大量相关变量的统计降维方法。

主成分的应用可分为这样两类：(1) 在一些应用中①，用前少数几个主成分替代众原始变量以作分析，这些主成分本身就成了分析的目标。它们要能够派用处，其大致的含义必须明白，也就是需要给出这前几个主成分一个符合实际背景和意义的解释。(2) 在更多的另一些应用中，主成分只是要达到目标的一个中间结果(或步骤)，而非目标本身。例如，将主成分用于聚类(主成分聚类)、回归(主成分回归)、评估正态性和寻找异常值，以及通过方差接近于零的主成分发现原始变量间的多重共线性关系等。此时的主成分可不必给出解释。

为便于对主成分分析的理解，我们考虑(间隔)变量个数 $p=2$ 的情形，假设共有 n 个样品，每个样品都测量了两个变量(x_1,x_2)，它们大致分布在一个椭圆内，如图 7.1.1 所示。显然，在坐标系 x_1Ox_2 中，n 个点的坐标 x_1 和 x_2 呈现某种(线性)相关性。我们将该坐标系按逆时针方向旋转某个角度 θ 变成新坐标系 y_1Oy_2，这里 y_1 是椭圆的长轴方向，y_2 是短轴方向。旋转公式为

$$\begin{cases} y_1 = x_1\cos\theta + x_2\sin\theta \\ y_2 = -x_1\sin\theta + x_2\cos\theta \end{cases} \tag{7.1.1}$$

---

① 此种应用绝大多数为(下一章的)因子分析所取代。

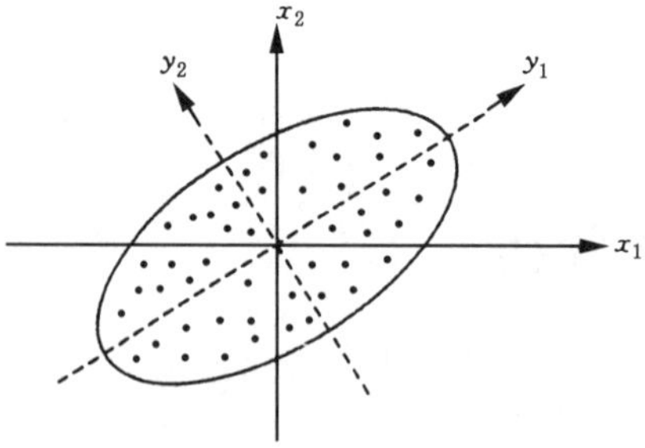

图 7.1.1　寻找主成分的正交旋转

易见，n 个点在新坐标系下的坐标 y_1 和 y_2 不相关。它们在 y_1 轴上的方差达到最大，即在此方向上所含的有关 n 个样品间差异的信息是最多的。因此，若欲将二维空间的点投影到某个一维方向，则选择 y_1 轴方向能使信息的损失降到最低，我们称 y_1 为第一主成分。而在与 y_1 轴正交的 y_2 轴上，有着较小的方差，称 y_2 为第二主成分。图 7.1.1 中，第一主成分的效果与椭圆的形状有很大的关系，椭圆越是扁平(即 x_1 和 x_2 的相关程度越高)，n 个点在 y_1 轴上的方差就相对越大(同时在 y_2 轴上的方差就相对越小)，用第一主成分代替二维空间所造成的信息损失也就越小。考虑这样两种极端的情形：一种是椭圆的长轴与短轴的长度相等，即椭圆变成圆，第一主成分只含有二维空间点的约一半信息，若仅用这一个主成分，则将损失约 50%的信息，这显然是不可取的。造成它的原因是，原始变量 x_1 和 x_2 的相关程度几乎为零，也就是说，x_1 和 x_2 所包含的信息几乎互不重叠，因此无法用一个一维的综合变量来代替它们。另一种是椭圆扁平到了极限，变成 y_1 轴上的一条线段，第一主成分包含有二维空间点的 100%信息，仅用这一个主成分代替原始的二维变量不会有任何的信息损失。

§7.2　总体的主成分

一、主成分的定义及导出

设 $\boldsymbol{x}=(x_1,x_2,\cdots,x_p)'$ 为一个 p 维随机向量，并假定二阶矩存在，记 $\boldsymbol{\mu}=E(\boldsymbol{x})$，$\boldsymbol{\Sigma}=V(\boldsymbol{x})$。考虑如下的线性变换

$$\begin{cases} y_1=a_{11}x_1+a_{21}x_2+\cdots+a_{p1}x_p=\boldsymbol{a}'_1\boldsymbol{x} \\ y_2=a_{12}x_1+a_{22}x_2+\cdots+a_{p2}x_p=\boldsymbol{a}'_2\boldsymbol{x} \\ \quad\vdots \\ y_p=a_{1p}x_1+a_{2p}x_2+\cdots+a_{pp}x_p=\boldsymbol{a}'_p\boldsymbol{x} \end{cases} \tag{7.2.1}$$

这里 $y_1,y_2,\cdots,y_p$ 在本章中都有特定的含义。我们首先试图用一个综合变量 y_1 来代表原始的 p 个变量，为使 y_1 在 $x_1,x_2,\cdots,x_p$ 的一切线性组合中最具代表性，应使其方差最大化，以最大限度地保留这组变量的方差和协方差结构的信息。由于对任意的常数 k，有 $V(k\boldsymbol{a}'_1\boldsymbol{x})=k^2V(\boldsymbol{a}'_1\boldsymbol{x})$，所以如不对 $\boldsymbol{a}_1$ 加以限制，方差的最大化就变得没有什么意义。于是我们将限制

$\boldsymbol{a}_1$ 为单位向量，即 $\|\boldsymbol{a}_1\|=1$，希望在此约束条件下寻求向量 $\boldsymbol{a}_1$，使得 $V(y_1)=\boldsymbol{a}_1'\boldsymbol{\Sigma}\boldsymbol{a}_1$ 达到最大，y_1 就称为**第一主成分**。

设 $\lambda_1\geqslant\cdots\geqslant\lambda_r>\lambda_{r+1}=\cdots=\lambda_p=0$ 为 $\boldsymbol{\Sigma}$ 的特征值，其中 $r=\text{rank}(\boldsymbol{\Sigma})$，$\boldsymbol{t}_1,\boldsymbol{t}_2,\cdots,\boldsymbol{t}_p$ 为相应的一组正交单位特征向量。则由（1.8.3)式知，当 $\boldsymbol{a}_1=\boldsymbol{t}_1$ 时，$V(y_1)=\boldsymbol{a}_1'\boldsymbol{\Sigma}\boldsymbol{a}_1=\lambda_1$ 达到了最大值①，所以，$y_1=\boldsymbol{t}_1'\boldsymbol{x}$ 就是所求的第一主成分。

如果第一主成分所含信息不够多，还不足以代表原始的 p 个变量，则需再考虑使用 y_2，为了使 y_2 所含的信息与 y_1 不重叠，应要求

$$\text{Cov}(y_1,y_2)=0$$

于是，我们在上式和约束条件 $\|\boldsymbol{a}_2\|=1$ 下寻求向量 $\boldsymbol{a}_2$，使得 $V(y_2)=\boldsymbol{a}_2'\boldsymbol{\Sigma}\boldsymbol{a}_2$ 达到最大，所求的 y_2 称为**第二主成分**。类似地，我们可以再定义第三主成分，…，第 p 主成分。一般来说，$\boldsymbol{x}$ 的**第 i 主成分** $y_i=\boldsymbol{a}_i'\boldsymbol{x}$ 是指，在约束条件 $\|\boldsymbol{a}_i\|=1$ 和

$$\text{Cov}(y_k,y_i)=0,\quad k=1,\cdots,i-1 \tag{7.2.2}$$

下寻求 $\boldsymbol{a}_i$，使得 $V(y_i)=\boldsymbol{a}_i'\boldsymbol{\Sigma}\boldsymbol{a}_i$ 达到最大，$i=2,\cdots,p$。

我们现来求第 i 主成分，假定前 $i-1$ 个主成分为 $y_k=\boldsymbol{t}_k'\boldsymbol{x}$，$k=1,\cdots,i-1$（采用数学归纳法，$k=1$ 时已成立），于是由(7.2.2)式知，

$$0=\text{Cov}(y_k,y_i)=\text{Cov}(\boldsymbol{t}_k'\boldsymbol{x},\boldsymbol{a}_i'\boldsymbol{x})=\boldsymbol{a}_i'\boldsymbol{\Sigma}\boldsymbol{t}_k=\lambda_k\boldsymbol{a}_i'\boldsymbol{t}_k,\qquad k=1,\cdots,i-1$$

从而

$$\boldsymbol{a}_i'\boldsymbol{t}_k=0,\quad k=1,\cdots,\min(i-1,r)$$

若 $i\leqslant r$②，则 $\min(i-1,r)=i-1$，依(1.8.4)式知，当 $\boldsymbol{a}_i=\boldsymbol{t}_i$ 时，$V(y_i)=\boldsymbol{a}_i'\boldsymbol{\Sigma}\boldsymbol{a}_i=\lambda_i$ 达到最大③；若 $i>r$，则 $\min(i-1,r)=r$，由谱分解(1.6.6)知，

$$V(y_i)=\boldsymbol{a}_i'\boldsymbol{\Sigma}\boldsymbol{a}_i=\boldsymbol{a}_i'\Big(\sum_{k=1}^{p}\lambda_k\boldsymbol{t}_k\boldsymbol{t}_k'\Big)\boldsymbol{a}_i=\sum_{k=1}^{r}\lambda_k(\boldsymbol{a}_i'\boldsymbol{t}_k)^2=0$$

可见，此时对满足上述条件的任意 $\boldsymbol{a}_i$ 恒有 $V(y_i)=0$（此种情况下最大值自然也是 0)，我们不妨取 $\boldsymbol{a}_i=\boldsymbol{t}_i$。因此，$y_i=\boldsymbol{t}_i'\boldsymbol{x}$ 就是所求的第 i 主成分④，其方差为 λ_i，$i=2,\cdots,p$。

---

① 我们也可不利用(1.8.3)式，而使用谱分解作如下的推导：

$$\boldsymbol{a}_1'\boldsymbol{\Sigma}\boldsymbol{a}_1=\sum_{k=1}^{p}\lambda_k\boldsymbol{a}_1'\boldsymbol{t}_k\boldsymbol{t}_k'\boldsymbol{a}_1=\sum_{k=1}^{p}\lambda_k(\boldsymbol{a}_1'\boldsymbol{t}_k)^2\leqslant\lambda_1\sum_{k=1}^{p}(\boldsymbol{a}_1'\boldsymbol{t}_k)^2$$
$$=\lambda_1\sum_{k=1}^{p}\boldsymbol{a}_1'\boldsymbol{t}_k\boldsymbol{t}_k'\boldsymbol{a}_1=\lambda_1\boldsymbol{a}_1'\boldsymbol{T}\boldsymbol{T}'\boldsymbol{a}_1=\lambda_1\boldsymbol{a}_1'\boldsymbol{a}_1=\lambda_1$$

其中 $\boldsymbol{T}$ 见稍后(7.2.3)式，而当取 $\boldsymbol{a}_1=\boldsymbol{t}_1$ 时，有 $\boldsymbol{t}_1'\boldsymbol{\Sigma}\boldsymbol{t}_1=\boldsymbol{t}_1'(\lambda_1\boldsymbol{t}_1)=\lambda_1$，从而达到了最大值。

② 当 $\boldsymbol{\Sigma}>0$ 时，$r=p$，自然满足条件 $i\leqslant r$。

③ 如不利用(1.8.4)式，也可使用谱分解推导如下：

$$\boldsymbol{a}_i'\boldsymbol{\Sigma}\boldsymbol{a}_i=\sum_{k=1}^{p}\lambda_k(\boldsymbol{a}_i'\boldsymbol{t}_k)^2=\sum_{k=i}^{p}\lambda_k(\boldsymbol{a}_i'\boldsymbol{t}_k)^2\leqslant\lambda_i\sum_{k=i}^{p}(\boldsymbol{a}_i'\boldsymbol{t}_k)^2=\lambda_i\sum_{k=1}^{p}(\boldsymbol{a}_i'\boldsymbol{t}_k)^2$$
$$=\lambda_i\sum_{k=1}^{p}\boldsymbol{a}_i'\boldsymbol{t}_k\boldsymbol{t}_k'\boldsymbol{a}_i=\lambda_i\boldsymbol{a}_i'\boldsymbol{T}\boldsymbol{T}'\boldsymbol{a}_i=\lambda_i\boldsymbol{a}_i'\boldsymbol{a}_i=\lambda_i$$

当取 $\boldsymbol{a}_i=\boldsymbol{t}_i$ 时，有 $\boldsymbol{t}_i'\boldsymbol{\Sigma}\boldsymbol{t}_i=\boldsymbol{t}_i'(\lambda_i\boldsymbol{t}_i)=\lambda_i$，达到了最大值。

④ 易见，第 i 主成分的另一解是 $y_i=-\boldsymbol{t}_i'\boldsymbol{x}$，两个解仅仅符号相反。如果 y_i 中所有载荷的符号一致，则一般为方便起见皆取成正的载荷，这种情形常常发生在第一主成分 y_1 上。用不同的统计软件进行主成分分析，其产生的载荷向量 $\boldsymbol{t}_i$ 有可能符号会相反。

几何上，$\boldsymbol{t}_i$ 表明了第 i 主成分的方向，y_i 是 $\boldsymbol{x}$ 在 $\boldsymbol{t}_i$ 上的投影值(从习题1.3可见)，λ_i 是这些值的方差，它反映了 $\boldsymbol{t}_i$ 上投影点的变异程度，$i=1,2,\cdots,p$。

记 $\boldsymbol{y}=(y_1,y_2,\cdots,y_p)'$，则主成分向量 $\boldsymbol{y}$ 与原始向量 $\boldsymbol{x}$ 有如下关系：

$$\boldsymbol{y}=\boldsymbol{T}'\boldsymbol{x} \tag{7.2.3}$$

其中 $\boldsymbol{T}=(\boldsymbol{t}_1,\boldsymbol{t}_2,\cdots,\boldsymbol{t}_p)=(t_{ik})$，这是一个正交矩阵。该正交变换的几何意义是，将 R^p 中由 $x_1,x_2,\cdots,x_p$ 构成的原 p 维坐标轴作一正交旋转，一组正交单位向量 $\boldsymbol{t}_1,\boldsymbol{t}_2,\cdots,\boldsymbol{t}_p$ 表明了 p 个新坐标轴的方向，这些新坐标轴彼此仍保持正交(或说垂直)。①

多元正态总体的主成分其几何意义更为鲜明，更有助于我们对主成分的了解。设总体 $\boldsymbol{x}$ 服从 $N_p(\boldsymbol{\mu},\boldsymbol{\Sigma})$，由(3.1.4)式可知，$\boldsymbol{x}$ 的密度等高面具有形式

$$(\boldsymbol{x}-\boldsymbol{\mu})'\boldsymbol{\Sigma}^{-1}(\boldsymbol{x}-\boldsymbol{\mu})=c^2$$

这里 $c>0$ 为常数。令 $\boldsymbol{\Lambda}=\mathrm{diag}(\lambda_1,\lambda_2,\cdots,\lambda_p)$，则显然有 $\boldsymbol{\Sigma}=\boldsymbol{T\Lambda T}'$，于是

$$\begin{aligned}c^2&=(\boldsymbol{x}-\boldsymbol{\mu})'\boldsymbol{\Sigma}^{-1}(\boldsymbol{x}-\boldsymbol{\mu})\\&=[\boldsymbol{T}'(\boldsymbol{x}-\boldsymbol{\mu})]'\boldsymbol{\Lambda}^{-1}[\boldsymbol{T}'(\boldsymbol{x}-\boldsymbol{\mu})]\\&=(\boldsymbol{y}-\boldsymbol{\upsilon})'\boldsymbol{\Lambda}^{-1}(\boldsymbol{y}-\boldsymbol{\upsilon})\\&=\frac{(y_1-\upsilon_1)^2}{\lambda_1}+\frac{(y_2-\upsilon_2)^2}{\lambda_2}+\cdots+\frac{(y_p-\upsilon_p)^2}{\lambda_p}\end{aligned} \tag{7.2.4}$$

其中 $\boldsymbol{\upsilon}=(\upsilon_1,\upsilon_2,\cdots,\upsilon_p)'=E(\boldsymbol{y})=\boldsymbol{T}'\boldsymbol{\mu}$。这是一个以 $\boldsymbol{\upsilon}$ 为中心，椭球轴分别沿 $\boldsymbol{t}_1,\boldsymbol{t}_2,\cdots,\boldsymbol{t}_p$ 所在方向，椭球半轴分别为 $c\sqrt{\lambda_1},c\sqrt{\lambda_2},\cdots,c\sqrt{\lambda_p}$ 的(超)椭球面。这些轴的方向相互垂直，并且第一主成分方向的椭球轴最长，第二主成分次之，其后主成分依次递减。在图3.1.2中，椭圆等高线的长、短轴方向分别是第一、第二主成分的方向。第一主成分 y_1 在椭圆长轴线上取值，而第二主成分 y_2 则在椭圆短轴线上取值，它们的标准差分别等于当 $c=1$ 时的椭圆长半轴和短半轴。

二、主成分的性质

(一)主成分向量的协方差矩阵

$$V(\boldsymbol{y})=\boldsymbol{\Lambda} \tag{7.2.5}$$

即 $V(y_i)=\lambda_i,\ i=1,2,\cdots,p$，且 $y_1,y_2,\cdots,y_p$ 互不相关。

(二)主成分的总方差

由(1.6.11)式知，

$$\sum_{i=1}^{p}\lambda_i=\sum_{i=1}^{p}\sigma_{ii} \tag{7.2.6}$$

或

$$\sum_{i=1}^{p}V(y_i)=\sum_{i=1}^{p}V(x_i) \tag{7.2.6$'$}$$

由此可以看出，主成分分析把 p 个原始变量 $x_1,x_2,\cdots,x_p$ 的总方差 $\mathrm{tr}(\boldsymbol{\Sigma})$ 重新分解成了 p 个

---

① 两个作为主成分的线性组合 $\boldsymbol{t}_i'\boldsymbol{x}$ 和 $\boldsymbol{t}_j'\boldsymbol{x}$ 互不相关，同时系数向量 $\boldsymbol{t}_i$ 和 $\boldsymbol{t}_j$ 所在的方向相互垂直。需要指出的是，这一点对一般的线性组合 $\boldsymbol{a}_i'\boldsymbol{x}$ 和 $\boldsymbol{a}_j'\boldsymbol{x}$ 未必成立，即 $\mathrm{Cov}(\boldsymbol{a}_i'\boldsymbol{x},\boldsymbol{a}_j'\boldsymbol{x})=0$ 并不能推知 $\boldsymbol{a}_i'\boldsymbol{a}_j=0$，反之亦然。

互不相关变量 $y_1,y_2,\cdots,y_p$ 的方差之和 $\sum_{i=1}^{p}\lambda_i$。这种新分解最大限度地使得在总方差的份额分配上越是靠前的主成分越能得到尽可能多的照顾，以致前面少数几个主成分往往在总方差中占有相当大的份额，从而有利于变量的降维。

总方差中属于第 i 主成分 y_i（或被 y_i 所解释）的比例为

$$\lambda_i\Big/\sum_{j=1}^{p}\lambda_j \tag{7.2.7}$$

称为主成分 y_i 的**贡献率**。第一主成分 y_1 的贡献率最大，表明它解释原始变量 $x_1,x_2,\cdots,x_p$ 的能力最强，而 $y_2,y_3,\cdots,y_p$ 的解释能力依次递减。主成分分析的目的就是为了减少变量的个数，因而一般是不会使用所有 p 个主成分的，忽略一些带有较小方差的主成分将不会给总方差带来大的影响。前 m 个主成分的贡献率之和

$$\sum_{i=1}^{m}\lambda_i\Big/\sum_{i=1}^{p}\lambda_i \tag{7.2.8}$$

称为主成分 $y_1,y_2,\cdots,y_m$ 的**累计贡献率**，它表明 $y_1,y_2,\cdots,y_m$ 解释 $x_1,x_2,\cdots,x_p$ 的能力。通常取（相对于 p）较小的 m，使得累计贡献达到一个较高的百分比（如 80%～90%）。此时，$y_1,y_2,\cdots,y_m$ 可用来代替 $x_1,x_2,\cdots,x_p$，从而达到降维的目的，而信息的损失却不多。

（三）原始变量 x_i 与主成分 y_k 之间的相关系数

由(7.2.3)式知，

$$\boldsymbol{x}=\boldsymbol{T}\boldsymbol{y} \tag{7.2.9}$$

即

$$x_i=t_{i1}y_1+t_{i2}y_2+\cdots+t_{ip}y_p,\quad i=1,2,\cdots,p \tag{7.2.9$'$}$$

所以

$$\text{Cov}(x_i,y_k)=\text{Cov}(t_{ik}y_k,y_k)=t_{ik}\lambda_k$$

$$\rho(x_i,y_k)=\frac{\text{Cov}(x_i,y_k)}{\sqrt{V(x_i)}\ \sqrt{V(y_k)}}=\frac{\sqrt{\lambda_k}}{\sqrt{\sigma_{ii}}}t_{ik},\qquad i,k=1,2,\cdots,p \tag{7.2.10}$$

在实际应用中，通常我们只对 $x_i(i=1,2,\cdots,p)$ 与 $y_k(k=1,2,\cdots,m)$ 的相关系数感兴趣。

（四）m 个主成分对原始变量的贡献率

前面提到的累计贡献率这个概念度量了 m 个主成分 $y_1,y_2,\cdots,y_m$ 从原始变量 $x_1,x_2,\cdots,x_p$ 中提取信息的多少，那么，$y_1,y_2,\cdots,y_m$ 包含有 $x_i(i=1,2,\cdots,p)$ 的多少信息应该用什么指标来度量呢？这个指标就是 x_i 与 $y_1,y_2,\cdots,y_m$ 的复相关系数的平方 $\rho^2_{i\cdot1,\cdots,m}$，由(3.4.11)式知，它是 x_i 的方差可由 $y_1,y_2,\cdots,y_m$ 联合解释的比例，称之为 m 个主成分 $y_1,y_2,\cdots,y_m$ 对原始变量 x_i 的**贡献率**。

由(3.4.2)式知，

$$\rho^2_{i\cdot1,\cdots,m}=\sum_{k=1}^{m}\rho^2(x_i,y_k)=\sum_{k=1}^{m}\frac{\lambda_k t_{ik}^2}{\sigma_{ii}} \tag{7.2.11}$$

由(7.2.9)′式知，$y_1,y_2,\cdots,y_p$ 对 x_i 的贡献率 $\rho^2_{i\cdot1,\cdots,p}=1$，所以

$$\sum_{k=1}^{p}\rho^2(x_i,y_k)=\sum_{k=1}^{p}\frac{\lambda_k t_{ik}^2}{\sigma_{ii}}=1 \tag{7.2.12}$$

例 7.2.1　设 $\boldsymbol{x}=(x_1,x_2,x_3)'$的协方差矩阵为

$$\boldsymbol{\Sigma}=\begin{pmatrix}1 & -2 & 0\\ -2 & 5 & 0\\ 0 & 0 & 2\end{pmatrix}$$

则其特征值为

$$\lambda_1=5.83,\quad \lambda_2=2.00,\quad \lambda_3=0.17$$

相应的特征向量为

$$\boldsymbol{t}_1=\begin{pmatrix}0.383\\ -0.924\\ 0.000\end{pmatrix},\quad \boldsymbol{t}_2=\begin{pmatrix}0\\ 0\\ 1\end{pmatrix},\quad \boldsymbol{t}_3=\begin{pmatrix}0.924\\ 0.383\\ 0.000\end{pmatrix}$$

若只取一个主成分，则贡献率为

$$5.83/(5.83+2.00+0.17)=0.728\ 75=72.875\%$$

进一步计算主成分对每个原始变量的贡献率，并列于表 7.2.1 中。

表 7.2.1　　**y_1 及(y_1,y_2)对每个原始变量的贡献率**

i	$\rho(y_1,x_i)$	$\rho_{i\cdot 1}^2$	$\rho(y_2,x_i)$	$\rho_{i\cdot 1,2}^2$
1	0.925	0.855	0.000	0.855
2	−0.998	0.996	0.000	0.996
3	0.000	0.000	1.000	1.000

可见，y_1 对第三个变量的贡献率为零，这是因为 x_3 与 x_1 和 x_2 都不相关，在 y_1 中未包含一点有关 x_3 的信息，这时仅取一个主成分就显得不够了，故应再取 y_2，此时累计贡献率为

$$(5.83+2.00)/8=97.875\%$$

(y_1,y_2)对每个变量 x_i 的贡献率分别为 $\rho_{1\cdot 1,2}^2=85.5\%$，$\rho_{2\cdot 1,2}^2=99.6\%$，$\rho_{3\cdot 1,2}^2=100\%$，都比较高。　□

(五)原始变量对主成分的影响

(7.2.3)式也可表达为

$$y_k=t_{1k}x_1+t_{2k}x_2+\cdots+t_{pk}x_p,\quad k=1,2,\cdots,p \tag{7.2.3$'$}$$

称 t_{ik} 为第k 主成分 y_k 在第i 个原始变量 x_i 上的**载荷**，它反映了 x_i 对 y_k 的重要程度。在解释主成分时，我们需要考察载荷，同时也应考察一下相关系数。前者是从多变量的角度，后者是从单变量的角度①，因而在从协方差矩阵出发是合适的场合下前者一般应更值得重视。由(7.2.10)式知，相关系数 $\rho(x_i,y_k)$与载荷 t_{ik} 同符号，且成正比。

由(7.2.12)式知，

$$\sigma_{ii}=t_{i1}^2\lambda_1+t_{i2}^2\lambda_2+\cdots+t_{ip}^2\lambda_p \tag{7.2.13}$$ ②

由于 $t_{i1}^2+t_{i2}^2+\cdots+t_{ip}^2=1$，故 σ_{ii} 实际上是 $\lambda_1,\lambda_2,\cdots,\lambda_p$ 的加权平均，大的 σ_{ii} 倾向于 $t_{i1},t_{i2},\cdots,t_{ip}$ 中靠前的有较大的绝对值，靠后的有较小的绝对值；相反，小的 σ_{ii} 倾向于 $t_{i1},t_{i2},\cdots,t_{ip}$

① 从多变量(或多元)的角度，是指考虑到了其他原始变量在场的情况下一个原始变量对主成分的影响；而从单变量(或一元)的角度，是指忽略了其他原始变量的情况下一个原始变量单独对主成分的影响。

② 该式也可通过在(7.2.9)$'$等式两边取方差后立即得到。

中靠前的有较小的绝对值，而靠后的有较大的绝对值。而由(7.2.3)′式注意到，t_{i1}，t_{i2}，…，t_{ip} 分别是 $y_1, y_2, \cdots, y_p$ 在 x_i 上的载荷。因此，相应于大特征值的主成分与方差大的原始变量有较密切的联系，而相应于小特征值的主成分则与方差小的原始变量有较强的联系。为降维的目的，通常我们取前几个主成分，因此所取主成分会过于照顾方差大的原始变量，而对方差小的原始变量却照顾得不够。

从(7.2.13)式容易看出

$$\max_{1 \leqslant i \leqslant p} \sigma_{ii} \leqslant \lambda_1, \quad \min_{1 \leqslant i \leqslant p} \sigma_{ii} \geqslant \lambda_p \tag{7.2.14}$$

因此，当 $\max\limits_{1 \leqslant i \leqslant p} \sigma_{ii}$ 在总方差 $\sum\limits_{i=1}^{p} \sigma_{ii}$ 中占有大的比例时，第一主成分 y_1 将有(更加)大的贡献率。实践中，第 p 主成分 y_p 的贡献率常常非常小，此时 y_p 取值的波动相对很小，可视作接近于一个常数(均值)。虽然 y_p 似乎显得不重要，一般被忽略，但它却可能揭示出原始变量之间存在着一个意外的多重共线性关系①。更进一步来说，如果后几个主成分的贡献率都非常小，则可表示变量之间有几个彼此独立的多重共线性关系②。如果 $V(y_p)=0$，则表明 $x_1, x_2, \cdots, x_p$ 之间(以概率1)存在线性关系(或者说完全共线性关系)。此时应从这些原始变量中删除“多余”的变量(一般来说，有几个主成分方差为零，就有几个“多余”的变量)，然后可以再重新进行主成分分析。

例 7.2.2　设 $\boldsymbol{x}=(x_1, x_2, x_3)'$ 的协方差矩阵为

$$\boldsymbol{\Sigma}=\begin{pmatrix} 16 & 2 & 30 \\ 2 & 1 & 4 \\ 30 & 4 & 100 \end{pmatrix}$$

经计算，$\boldsymbol{\Sigma}$ 的特征值及特征向量为

$$\lambda_1=109.793, \quad \lambda_2=6.469, \quad \lambda_3=0.738$$

$$\boldsymbol{t}_1=\begin{pmatrix} 0.305 \\ 0.041 \\ 0.951 \end{pmatrix}, \quad \boldsymbol{t}_2=\begin{pmatrix} 0.944 \\ 0.120 \\ -0.308 \end{pmatrix}, \quad \boldsymbol{t}_3=\begin{pmatrix} -0.127 \\ 0.992 \\ -0.002 \end{pmatrix}$$

相应的主成分分别为

$$y_1=0.305x_1+0.041x_2+0.951x_3$$
$$y_2=0.944x_1+0.120x_2-0.308x_3$$
$$y_3=-0.127x_1+0.992x_2-0.002x_3$$

可见，方差大的原始变量 x_3 在很大程度上控制了第一主成分 y_1，方差小的原始变量 x_2 几乎完全控制了第三主成分 y_3，方差介于中间的 x_1 则基本控制了第二主成分 y_2。y_1 的贡献率为

$$\frac{\lambda_1}{\lambda_1+\lambda_2+\lambda_3}=\frac{109.793}{117}=0.938$$

这么高的贡献率首先归因于 x_3 的方差比 x_1 和 x_2 的方差大得多，其次是 x_1, x_2, x_3 相互之间存在着一定的相关性。③ y_3 相应的特征值相对很小，表明 x_1, x_2, x_3 之间有这样一个多重共线性关系：

---

① 所谓多重共线性，是指 $\boldsymbol{x}$ 的各分量之间存在近似的线性关系，也就是 $\boldsymbol{x}$ 的某个线性函数的方差近似为零。

② k 个彼此独立的(多重共)线性关系是指，相应的 k 个系数向量是线性无关的。

③ 在作主成分分析计算之前就可由(7.2.14)式知，第一主成分的贡献率不低于$\frac{100}{117}=0.855$。该贡献率高于此下限的部分 0.938－0.855＝0.083 是缘于原始变量之间的相关性(习题 7.1 有助于理解之)。

$$-0.127x_1+0.992x_2-0.002x_3\approx c$$

其中 $c=-0.127\mu_1+0.992\mu_2-0.002\mu_3$ 为一常数。 □

三、从相关矩阵出发求主成分

通常有两种情形不适合直接从协方差矩阵 $\boldsymbol{\Sigma}$ 出发进行主成分分析。一种是各变量的单位不全相同的情形，此时对同样的变量使用不同的单位其主成分分析的结果一般是不一样的，甚至相差甚大，这样作出的分析通常没有意义。另一种是各变量的单位虽相同，但其变量方差的差异较大（在应用中常表现为各变量数据间的数值大小相差较大）的情形，以致主成分分析的结果过于照顾方差大的变量，而方差小的变量几乎被忽略了。对这两种情形，我们常常首先将各原始变量作标准化处理，然后从标准化变量（一般已无单位）的协方差矩阵出发求主成分。

最常用的标准化变换是令

$$x_i^*=\frac{x_i-\mu_i}{\sqrt{\sigma_{ii}}},\quad i=1,2,\cdots,p \tag{7.2.15}$$ [①]

由(2.2.21)式知，$\boldsymbol{x}^*=(x_1^*,x_2^*,\cdots,x_p^*)'$ 的协方差矩阵正是 $\boldsymbol{x}$ 的相关矩阵 $\boldsymbol{R}$，故我们只需直接从 $\boldsymbol{R}$ 出发求主成分，此时的主成分分析将均等地对待每一个原始变量。

从 $\boldsymbol{R}$ 出发求得主成分的方法与从 $\boldsymbol{\Sigma}$ 出发是完全类似的，并且主成分的一些性质具有更简洁的数学形式。设 $\lambda_1^*\geqslant\lambda_2^*\geqslant\cdots\geqslant\lambda_p^*\geqslant 0$ 为 $\boldsymbol{R}$ 的 p 个特征值，$\boldsymbol{t}_1^*,\boldsymbol{t}_2^*,\cdots,\boldsymbol{t}_p^*$ 为相应的单位特征向量，且相互正交，则 p 个主成分为 $y_1^*=\boldsymbol{t}_1^{*\prime}\boldsymbol{x}^*,y_2^*=\boldsymbol{t}_2^{*\prime}\boldsymbol{x}^*,\cdots,y_p^*=\boldsymbol{t}_p^{*\prime}\boldsymbol{x}^*$。记 $\boldsymbol{y}^*=(y_1^*,y_2^*,\cdots,y_p^*)',\boldsymbol{T}^*=(\boldsymbol{t}_1^*,\boldsymbol{t}_2^*,\cdots,\boldsymbol{t}_p^*)=(t_{ik}^*)$，于是

$$\boldsymbol{y}^*=\boldsymbol{T}^{*\prime}\boldsymbol{x}^* \tag{7.2.16}$$

上述主成分具有的性质可概括如下：

(1) $E(\boldsymbol{y}^*)=\boldsymbol{0},\ V(\boldsymbol{y}^*)=\boldsymbol{\Lambda}^*$，其中 $\boldsymbol{\Lambda}^*=\mathrm{diag}(\lambda_1^*,\lambda_2^*,\cdots,\lambda_p^*)$。

(2) $\sum_{i=1}^{p}\lambda_i^*=p$。

(3) 变量 x_i^* 与主成分 y_k^* 之间的相关系数

$$\rho(x_i^*,y_k^*)=\sqrt{\lambda_k^*}\,t_{ik}^*,\quad i,k=1,2,\cdots,p \tag{7.2.17}$$

即有

$$\frac{\rho(x_1^*,y_k^*)}{t_{1k}^*}=\frac{\rho(x_2^*,y_k^*)}{t_{2k}^*}=\cdots=\frac{\rho(x_p^*,y_k^*)}{t_{pk}^*}=\sqrt{\lambda_k^*}$$

由于上式中分子和分母都同号，且分子之间和分母之间的相对大小均相同，故在解释主成分 y_k^* 时，从相关矩阵 $\boldsymbol{R}$ 出发求得的载荷 $t_{1k}^*,t_{2k}^*,\cdots,t_{pk}^*$ 和相关系数 $\rho(x_1^*,y_k^*),\rho(x_2^*,y_k^*),\cdots,\rho(x_p^*,y_k^*)$ 所起的作用是完全相同的，只需选其一用来作主成分解释即可。

(4) 主成分 $y_1^*,y_2^*,\cdots,y_m^*$ 对变量 x_i^* 的贡献率

$$\rho_{i\cdot 1,\cdots,m}^2=\sum_{k=1}^{m}\rho^2(x_i^*,y_k^*)=\sum_{k=1}^{m}\lambda_k^* t_{ik}^{*2}$$

---

① 在该变换中，对主成分分析起实质作用的是标准差 $\sqrt{\sigma_{ii}}$，均值 μ_i 仅起到将变量中心化的作用，而并非主成分分析必需的。

(5) $\sum_{k=1}^{p}\rho^2(x_i^*,y_k^*)=\sum_{k=1}^{p}\lambda_k^* t_{ik}^{*2}=1$。

例 7.2.3 在例 7.2.2 中，$\boldsymbol{x}$ 的相关矩阵

$$\boldsymbol{R}=\begin{pmatrix}1.00 & 0.50 & 0.75\\0.50 & 1.00 & 0.40\\0.75 & 0.40 & 1.00\end{pmatrix}$$

$\boldsymbol{R}$ 的特征值及特征向量为

$$\lambda_1^*=2.114,\quad \lambda_2^*=0.646,\quad \lambda_3^*=0.240$$

$$\boldsymbol{t}_1^*=\begin{pmatrix}0.627\\0.497\\0.600\end{pmatrix},\quad \boldsymbol{t}_2^*=\begin{pmatrix}-0.241\\0.856\\-0.457\end{pmatrix},\quad \boldsymbol{t}_3^*=\begin{pmatrix}-0.741\\0.142\\0.656\end{pmatrix}$$

相应的主成分分别为

$$y_1^*=0.627x_1^*+0.497x_2^*+0.600x_3^*$$
$$y_2^*=-0.241x_1^*+0.856x_2^*-0.457x_3^*$$
$$y_3^*=-0.741x_1^*+0.142x_2^*+0.656x_3^*$$

y_1^* 的贡献率为

$$\frac{\lambda_1^*}{3}=\frac{2.114}{3}=0.705$$

y_1^* 和 y_2^* 累计贡献率为

$$\frac{\lambda_1^*+\lambda_2^*}{3}=\frac{2.114+0.646}{3}=0.920$$

现比较本例中从 $\boldsymbol{R}$ 出发和例 7.2.2 中从 $\boldsymbol{\Sigma}$ 出发的主成分计算结果。从 $\boldsymbol{R}$ 出发的 y_1^* 的贡献率 0.705 明显小于从 $\boldsymbol{\Sigma}$ 出发的 y_1 的贡献率 0.938，事实上，原始变量方差之间的差异越大，这一点往往也就越明显，(7.2.14)式有助于我们理解之。y_1^*,y_2^*,y_3^* 可用标准化前的原变量 x_1,x_2,x_3 表达如下：

$$\begin{aligned}y_1^*&=0.627\left(\frac{x_1-\mu_1}{4}\right)+0.497\left(\frac{x_2-\mu_2}{1}\right)+0.600\left(\frac{x_3-\mu_3}{10}\right)\\&=0.157(x_1-\mu_1)+0.497(x_2-\mu_2)+0.060(x_3-\mu_3)\\y_2^*&=-0.241\left(\frac{x_1-\mu_1}{4}\right)+0.856\left(\frac{x_2-\mu_2}{1}\right)-0.457\left(\frac{x_3-\mu_3}{10}\right)\\&=-0.060(x_1-\mu_1)+0.856(x_2-\mu_2)-0.046(x_3-\mu_3)\\y_3^*&=-0.741\left(\frac{x_1-\mu_1}{4}\right)+0.142\left(\frac{x_2-\mu_2}{1}\right)+0.656\left(\frac{x_3-\mu_3}{10}\right)\\&=-0.185(x_1-\mu_1)+0.142(x_2-\mu_2)+0.066(x_3-\mu_3)\end{aligned}$$

可见，y_i^* 在原变量 x_1,x_2,x_3 上的载荷[①]相对大小与例 7.2.2 中 y_i 在 x_1,x_2,x_3 上的载荷相对大小之间有着非常大的差异。这说明，标准化后的结论完全可能会发生很大的变化，因此标准化不是无关紧要的。 □

---

① 注意该载荷向量不是单位向量。

§7.3　样本的主成分

从上一节的讨论可知，我们可以从协方差矩阵 $\boldsymbol{\Sigma}$ 或相关矩阵 $\boldsymbol{R}$ 出发求得主成分。但在实际问题中，$\boldsymbol{\Sigma}$ 或 $\boldsymbol{R}$ 一般都是未知的，需要通过样本来进行估计。设数据矩阵为

$$\boldsymbol{X}=(\boldsymbol{x}_1,\boldsymbol{x}_2,\cdots,\boldsymbol{x}_n)'=\begin{pmatrix} x_{11} & x_{12} & \cdots & x_{1p} \\ x_{21} & x_{22} & \cdots & x_{2p} \\ \vdots & \vdots & & \vdots \\ x_{n1} & x_{n2} & \cdots & x_{np} \end{pmatrix}$$

则样本协方差矩阵和样本相关矩阵分别为

$$\boldsymbol{S}=\frac{1}{n-1}\sum_{i=1}^{n}(\boldsymbol{x}_i-\bar{\boldsymbol{x}})(\boldsymbol{x}_i-\bar{\boldsymbol{x}})'=(s_{ij})$$

$$\hat{\boldsymbol{R}}=(r_{ij}),\quad r_{ij}=\frac{s_{ij}}{\sqrt{s_{ii}}\sqrt{s_{jj}}}$$

其中 $\bar{\boldsymbol{x}}=\frac{1}{n}\sum_{i=1}^{n}\boldsymbol{x}_i$ 为样本均值。

一、样本主成分的定义

若向量 $\boldsymbol{a}_1$ 在约束条件 $\|\boldsymbol{a}_1\|=1$ 下，使得$\boldsymbol{a}_1'\boldsymbol{x}$ 的 n 个样本值$\boldsymbol{a}_1'\boldsymbol{x}_1,\boldsymbol{a}_1'\boldsymbol{x}_2,\cdots,\boldsymbol{a}_1'\boldsymbol{x}_n$ 的样本方差

$$\frac{1}{n-1}\sum_{j=1}^{n}(\boldsymbol{a}_1'\boldsymbol{x}_j-\boldsymbol{a}_1'\bar{\boldsymbol{x}})^2=\frac{1}{n-1}\sum_{j=1}^{n}\boldsymbol{a}_1'(\boldsymbol{x}_j-\bar{\boldsymbol{x}})(\boldsymbol{x}_j-\bar{\boldsymbol{x}})'\boldsymbol{a}_1=\boldsymbol{a}_1'\boldsymbol{S}\boldsymbol{a}_1$$

达到最大，则称线性组合 $\hat{y}_1=\boldsymbol{a}_1'\boldsymbol{x}$ 为**第一样本主成分**。若向量 $\boldsymbol{a}_2$ 在约束条件 $\|\boldsymbol{a}_2\|=1$ 和 $(\boldsymbol{a}_1'\boldsymbol{x},\boldsymbol{a}_2'\boldsymbol{x})$ 的 n 对样本值$(\boldsymbol{a}_1'\boldsymbol{x}_1,\boldsymbol{a}_2'\boldsymbol{x}_1),(\boldsymbol{a}_1'\boldsymbol{x}_2,\boldsymbol{a}_2'\boldsymbol{x}_2),\cdots,(\boldsymbol{a}_1'\boldsymbol{x}_n,\boldsymbol{a}_2'\boldsymbol{x}_n)$的样本协方差

$$\begin{aligned}&\frac{1}{n-1}\sum_{j=1}^{n}(\boldsymbol{a}_1'\boldsymbol{x}_j-\boldsymbol{a}_1'\bar{\boldsymbol{x}})(\boldsymbol{a}_2'\boldsymbol{x}_j-\boldsymbol{a}_2'\bar{\boldsymbol{x}})\\ &=\frac{1}{n-1}\sum_{j=1}^{n}\boldsymbol{a}_1'(\boldsymbol{x}_j-\bar{\boldsymbol{x}})(\boldsymbol{x}_j-\bar{\boldsymbol{x}})'\boldsymbol{a}_2\\ &=\boldsymbol{a}_1'\boldsymbol{S}\boldsymbol{a}_2\\ &=0\end{aligned}$$

下，使得 $\boldsymbol{a}_2'\boldsymbol{x}_1,\boldsymbol{a}_2'\boldsymbol{x}_2,\cdots,\boldsymbol{a}_2'\boldsymbol{x}_n$ 的样本方差

$$\frac{1}{n-1}\sum_{j=1}^{n}(\boldsymbol{a}_2'\boldsymbol{x}_j-\boldsymbol{a}_2'\bar{\boldsymbol{x}})^2=\boldsymbol{a}_2'\boldsymbol{S}\boldsymbol{a}_2$$

达到最大，则称 $\hat{y}_2=\boldsymbol{a}_2'\boldsymbol{x}$ 为**第二样本主成分**。一般地，若向量 $\boldsymbol{a}_i$ 在约束条件 $\|\boldsymbol{a}_i\|=1$ 和 $(\boldsymbol{a}_k'\boldsymbol{x}_1,\boldsymbol{a}_i'\boldsymbol{x}_1),(\boldsymbol{a}_k'\boldsymbol{x}_2,\boldsymbol{a}_i'\boldsymbol{x}_2),\cdots,(\boldsymbol{a}_k'\boldsymbol{x}_n,\boldsymbol{a}_i'\boldsymbol{x}_n)$的样本协方差

$$\frac{1}{n-1}\sum_{j=1}^{n}(\boldsymbol{a}_k'\boldsymbol{x}_j-\boldsymbol{a}_k'\bar{\boldsymbol{x}})(\boldsymbol{a}_i'\boldsymbol{x}_j-\boldsymbol{a}_i'\bar{\boldsymbol{x}})=\boldsymbol{a}_k'\boldsymbol{S}\boldsymbol{a}_i=0,\qquad k=1,2,\cdots,i-1$$

下，使得 $\boldsymbol{a}_i'\boldsymbol{x}_1,\boldsymbol{a}_i'\boldsymbol{x}_2,\cdots,\boldsymbol{a}_i'\boldsymbol{x}_n$ 的样本方差

$$\frac{1}{n-1}\sum_{j=1}^{n}(\boldsymbol{a}_i'\boldsymbol{x}_j-\boldsymbol{a}_i'\bar{\boldsymbol{x}})^2=\boldsymbol{a}_i'\boldsymbol{S}\boldsymbol{a}_i$$

达到最大,则称 $\hat{y}_i=\boldsymbol{a}_i'\boldsymbol{x}$ 为**第 i 样本主成分**，$i=2,\cdots,p$。需要指出的是,样本主成分是使样本方差而非方差达到最大,是使样本协方差而非协方差为零。

二、从 $\boldsymbol{S}$ 出发求主成分

用类似于上一节的方法,以 $\boldsymbol{S}$ 代替 $\boldsymbol{\Sigma}$ 即可求得样本主成分。设 $\hat{\lambda}_1\geqslant\hat{\lambda}_2\geqslant\cdots\geqslant\hat{\lambda}_p\geqslant 0$ 为 $\boldsymbol{S}$ 的特征值,$\hat{\boldsymbol{t}}_1,\hat{\boldsymbol{t}}_2,\cdots,\hat{\boldsymbol{t}}_p$ 为相应的单位特征向量,且彼此正交。则第 i 样本主成分为 $\hat{y}_i=\hat{\boldsymbol{t}}_i'\boldsymbol{x}$,它具有样本方差 $\hat{\lambda}_i$，$i=1,2,\cdots,p$,各主成分之间的样本协方差为零。在几何上,p 个样本主成分的方向为 $\hat{\boldsymbol{t}}_1,\hat{\boldsymbol{t}}_2,\cdots,\hat{\boldsymbol{t}}_p$ 所在的方向,且彼此垂直。n 个样品点在 $\hat{\boldsymbol{t}}_1$ 上的投影点最为分散,在其余 $\hat{\boldsymbol{t}}_2,\cdots,\hat{\boldsymbol{t}}_p$ 上投影点的分散程度依次递减。

类似于总体主成分的(7.2.6)和(7.2.10)式,相应地有,总样本方差

$$\sum_{i=1}^{p}s_{ii}=\sum_{i=1}^{p}\hat{\lambda}_i \tag{7.3.1}$$

x_i 与 $\hat{y}_k$ 的样本相关系数

$$r(x_i,\hat{y}_k)=\frac{\sqrt{\hat{\lambda}_k}}{\sqrt{s_{ii}}}\hat{t}_{ik},\quad i,k=1,2,\cdots,p \tag{7.3.2}$$

其中 $\hat{\boldsymbol{t}}_k=(\hat{t}_{1k},\hat{t}_{2k},\cdots,\hat{t}_{pk})'$，$k=1,2,\cdots,p$。

在实际应用中,我们常常让 $\boldsymbol{x}_j$ 减去 $\bar{\boldsymbol{x}}$,使样本数据中心化。这并不影响样本协方差矩阵 $\boldsymbol{S}$,在前面的论述中唯一需要变化的是,将第 i 主成分改写成中心化的形式,即

$$\hat{y}_i=\hat{\boldsymbol{t}}_i'(\boldsymbol{x}-\bar{\boldsymbol{x}}),\quad i=1,2,\cdots,p \tag{7.3.3}$$

若将各观测值 $\boldsymbol{x}_j$ 代替上式中的观测值向量 $\boldsymbol{x}$,则第 i 主成分的值

$$\hat{y}_{ji}=\hat{\boldsymbol{t}}_i'(\boldsymbol{x}_j-\bar{\boldsymbol{x}}),\quad i=1,2,\cdots,p \tag{7.3.4}$$

称之为观测值 $\boldsymbol{x}_j$ 的**第 i 主成分得分**。所有观测值的平均主成分得分

$$\bar{\hat{y}}_i=\frac{1}{n}\sum_{j=1}^{n}\hat{y}_{ji}=\frac{1}{n}\hat{\boldsymbol{t}}_i'\left(\sum_{j=1}^{n}\boldsymbol{x}_j-n\bar{\boldsymbol{x}}\right)=0,\qquad i=1,2,\cdots,p \tag{7.3.5}$$

可见,上述中心化的好处就在于可以以零作为参照物来观察主成分得分的大小,如某样品的第 i 主成分得分接近于零,则表明该样品的第 i 主成分得分基本处于平均水平。

三、从 $\hat{\boldsymbol{R}}$ 出发求主成分

设样本相关矩阵 $\hat{\boldsymbol{R}}$ 的 p 个特征值为 $\hat{\lambda}_1^*\geqslant\hat{\lambda}_2^*\geqslant\cdots\geqslant\hat{\lambda}_p^*\geqslant 0$，$\hat{\boldsymbol{t}}_1^*,\hat{\boldsymbol{t}}_2^*,\cdots,\hat{\boldsymbol{t}}_p^*$ 为相应的正交单位特征向量,则第 i 样本主成分

$$\hat{y}_i^*=\hat{\boldsymbol{t}}_i^{*\prime}\boldsymbol{x}^*,\quad i=1,2,\cdots,p \tag{7.3.6}$$

其中 $\boldsymbol{x}^*$ 是各分量经(样本)标准化了的向量,即

$$\boldsymbol{x}^*=\hat{\boldsymbol{D}}^{-1}(\boldsymbol{x}-\bar{\boldsymbol{x}}),\quad \hat{\boldsymbol{D}}=\mathrm{diag}(\sqrt{s_{11}},\sqrt{s_{22}},\cdots,\sqrt{s_{pp}})$$

令

$$\boldsymbol{x}_j^* = \hat{\boldsymbol{D}}^{-1}(\boldsymbol{x}_j - \bar{\boldsymbol{x}}) \tag{7.3.7}$$①

这是 $\boldsymbol{x}_j$ 的各分量数据经标准化后的数据向量，将其代替(7.3.6)式中的 $\boldsymbol{x}^*$，即得观测值 $\boldsymbol{x}_j$ 在第 i 主成分上的得分

$$\hat{y}_{ji}^* = \hat{\boldsymbol{t}}_i^{*\prime} \boldsymbol{x}_j^*, \quad i = 1, 2, \cdots, p \tag{7.3.8}$$

所有观测值的平均主成分得分

$$\bar{\hat{y}}_i^* = \frac{1}{n} \sum_{j=1}^{n} \hat{y}_{ji}^* = \frac{1}{n} \hat{\boldsymbol{t}}_i^{*\prime} \sum_{j=1}^{n} \boldsymbol{x}_j^* = 0, \qquad i = 1, 2, \cdots, p \tag{7.3.9}$$

四、主成分分析的应用

在本身作为目标的主成分分析中，我们首先应保证所提取的前几个主成分的累计贡献率达到一个较高的水平(即变量降维后的信息量须保持在一个较高水平上)，其次对这些被提取的主成分必须都能够给出符合实际背景和意义的解释(否则主成分将空有信息量而无实际含义)。主成分的解释其含义一般多少带有点模糊性，不像原始变量的含义那么清楚、确切，这是变量降维过程中不得不付出的代价。因此，提取的主成分个数 m 通常应明显小于原始变量个数 p(除非 p 本身很小)，否则维数降低的"利"可能抵不过主成分含义不如原始变量清楚及信息有所损失的"弊"。

如果原始变量之间具有较高的相关性，则前面少数几个主成分的累计贡献率通常就能达到一个较高水平，也就是说，此时的累计贡献率通常较易得到满足。主成分分析的困难之处主要在于要能够给出主成分的较好解释，所提取的主成分中如有一个主成分解释不了，本身作为目标的整个主成分分析也就失败了。简单地说，该方法要应用得成功，一是靠原始变量的合理选取，二是靠"运气"。

在以下的例子中，我们将不区分从 $\boldsymbol{S}$ 和从 $\hat{\boldsymbol{R}}$ 出发求得值的符号。

例 7.3.1　在制定服装标准的过程中，对 128 名成年男子的身材进行了测量，每人测得的指标中含有这样六项：身高(x_1)、坐高(x_2)、胸围(x_3)、手臂长(x_4)、肋围(x_5)和腰围(x_6)。所得样本相关矩阵列于表 7.3.1。

表 7.3.1　　　　　　**男子身材六项指标的样本相关矩阵**

	x_1	x_2	x_3	x_4	x_5	x_6
x_1	1.00					
x_2	0.79	1.00				
x_3	0.36	0.31	1.00			
x_4	0.76	0.55	0.35	1.00		
x_5	0.25	0.17	0.64	0.16	1.00	
x_6	0.51	0.35	0.58	0.38	0.63	1.00

① 从该式出发容易证明，数据经标准化之后样本协方差矩阵等于样本相关矩阵 $\hat{\boldsymbol{R}}$。

经计算，相关矩阵 $\hat{\boldsymbol{R}}$ 的前三个特征值、相应的特征向量以及贡献率列于表7.3.2。前三个主成分分别为①

$$\hat{y}_1=0.469x_1^*+0.404x_2^*+0.394x_3^*+0.408x_4^*+0.337x_5^*+0.427x_6^*$$

$$\hat{y}_2=-0.365x_1^*-0.397x_2^*+0.397x_3^*-0.365x_4^*+0.569x_5^*+0.308x_6^*$$

$$\hat{y}_3=0.092x_1^*+0.613x_2^*-0.279x_3^*-0.705x_4^*+0.164x_5^*+0.119x_6^*$$

表7.3.2　$\hat{\boldsymbol{R}}$ 的前三个特征值、特征向量以及贡献率

特征向量	$\hat{\boldsymbol{t}}_1$	$\hat{\boldsymbol{t}}_2$	$\hat{\boldsymbol{t}}_3$
x_1^*:身高	0.469	−0.365	0.092
x_2^*:坐高	0.404	−0.397	0.613
x_3^*:胸围	0.394	0.397	−0.279
x_4^*:手臂长	0.408	−0.365	−0.705
x_5^*:肋围	0.337	0.569	0.164
x_6^*:腰围	0.427	0.308	0.119
特征值	3.287	1.406	0.459
贡献率	0.548	0.234	0.077
累计贡献率	0.548	0.782	0.859

从表7.3.2可以看到，前两个主成分的累计贡献率已达78.2%，前三个主成分的累计贡献率达到了85.9%。因此，从提取信息量的角度可以考虑只取前面两个或三个主成分，且似乎更倾向于取三个。如果要取三个主成分，则必须有这三个主成分都能得到成功的解释；如果第三个主成分解释不出，而前面两个都能够获得合理的解释，则应取两个主成分；如果前两个中有其一无法解释，则主成分分析就失败了。

利用表7.3.2中的特征向量值，我们试图对各主成分作出符合实际意义的解释。第一主成分 $\hat{y}_1$ 对所有(标准化)原始变量都有近似相等的正载荷。大的 $\hat{y}_1$ 值意味着各变量普遍倾向于有大的值，即表示身材魁梧；反之，小的 $\hat{y}_1$ 值意味着各变量普遍倾向于有小的值，即表示身材矮小。因此，我们称第一主成分为**(身材)大小成分**。第二主成分 $\hat{y}_2$ 在 x_3^*,x_5^*,x_6^* 上有中等程度的正载荷，而在 x_1^*,x_2^*,x_4^* 上有中等程度的负载荷。大(小)的 $\hat{y}_2$ 值意味着变量 x_3,x_5,x_6 倾向于有大(小)的值，而变量 x_1,x_2 和 x_4 倾向于有小(大)的值，说明体型较胖(瘦)。因此，称第二主成分为**形状成分**(或**胖瘦成分**)。第三主成分 $\hat{y}_3$ 在 x_2^* 上有大的正载荷，在 x_4^* 上有大的负载荷，而在其余变量上的载荷都较小。大(小)的 $\hat{y}_3$ 值意味着变量 x_2 倾向于有大(小)的值，变量 x_4 倾向于有小(大)的值。这个主成分基本上是坐高(x_2)与手臂长(x_4)的对比，反映手臂相对于坐高的长短，故可称第三主成分为**臂长成分**。由于第三主成分的实际意义(在一般情况下)似乎不太大，且其贡献率也不是太高(7.65%)以及前两个主成分的贡献率已

① 这里写出主成分的表达式只是为了帮助初次接触主成分分析的读者理解对主成分的解释，一般情况下无需写出这些表达式，可直接根据表7.3.2中的载荷值对主成分进行解释。

基本够了(78.2%)，因此我们更倾向于取前两个主成分(取三个主成分也是可以的)。

为了研究六个原始变量间是否存在多重共线性，我们需要观察一下最末一个主成分，计算结果为

$$\hat{\lambda}_6=0.126,\quad \hat{t}_6=(-0.786,0.443,-0.125,0.371,0.034,0.179)'$$

由于 $\hat{\lambda}_6$ 非常小，所以存在这样一个多重共线性关系：

$$-0.786x_1^*+0.443x_2^*-0.125x_3^*+0.371x_4^*+0.034x_5^*+0.179x_6^*\approx 0$$ □

注　在该例中，第一主成分 $\hat{y}_1$ 被解释为身材大小成分，这丝毫不表明 $\hat{y}_1$ 是 $x_1^*,x_2^*,\cdots,x_6^*$ 的所有线性组合中最具身材大小含义的变量，人为地给出这一名称(或解释)只是为了让人们看懂 $\hat{y}_1$ 大致是个什么意思。第二主成分 $\hat{y}_2$ 被解释为身材胖瘦成分也是同样的道理。前两个主成分 $\hat{y}_1$ 和 $\hat{y}_2$ 的意义不在于它们用来描述身材大小和身材胖瘦的含义有多么确切，而在于它们合在一起能最大限度地保留关于 $x_1,x_2,\cdots,x_6$ 的(反映成年男子身材差异的)信息，从而达到有效降维的目的以便于分析。本例中 $\hat{y}_1$ 的信息量不够大(贡献率仅为 54.8%)，不适合单独使用(除非出于排序的需要)。然而，无论 $\hat{y}_1$ 的贡献率有多大，$\hat{y}_2$ 是绝对不能单独使用的，离开了 $\hat{y}_1$ 的 $\hat{y}_2$ 是没有实际价值的，$\hat{y}_2$ 的价值仅在于它是 $\hat{y}_1$ 的重要补充。

例 7.3.2　在习题 6.6 中，有如下八项男子径赛运动记录：

x_1:100 米(秒)	x_5:1 500 米(分)
x_2:200 米(秒)	x_6:5 000 米(分)
x_3:400 米(秒)	x_7:10 000 米(分)
x_4:800 米(秒)	x_8:马拉松(分)

经计算，$x_1,x_2,\cdots,x_8$ 的样本相关矩阵列于表 7.3.3。从该表可见，八个变量之间的相关系数有一个有趣的现象：x_1 与 $x_2,x_3,\cdots,x_8$ 的相关系数基本上依次递减，同样，x_2 与 $x_3,x_4,\cdots,x_8$ 的相关系数也是基本上依次递减，其余的依此类推。这完全符合我们对径赛项目的认识，因为跑的距离越是相近，项目之间就应有越大的相关性。样本相关矩阵 $\hat{\boldsymbol{R}}$ 的特征值、特征向量以及贡献率的计算结果列于表 7.3.4。

表 7.3.3　　八项男子径赛运动记录的样本相关矩阵

	x_1	x_2	x_3	x_4	x_5	x_6	x_7	x_8
x_1	1.000							
x_2	0.923	1.000						
x_3	0.841	0.851	1.000					
x_4	0.756	0.807	0.870	1.000				
x_5	0.700	0.775	0.835	0.918	1.000			
x_6	0.619	0.695	0.779	0.864	0.928	1.000		
x_7	0.633	0.697	0.787	0.869	0.935	0.975	1.000	
x_8	0.520	0.596	0.705	0.806	0.866	0.932	0.943	1.000

表 7.3.4 **$\hat{R}$ 的前三个特征值、特征向量及贡献率**

特征向量	$\hat{t}_1$	$\hat{t}_2$	$\hat{t}_3$
x_1^*:100 米	0.318	0.567	0.332
x_2^*:200 米	0.337	0.462	0.361
x_3^*:400 米	0.356	0.248	−0.560
x_4^*:800 米	0.369	0.012	−0.532
x_5^*:1 500 米	0.373	−0.140	−0.153
x_6^*:5 000 米	0.364	−0.312	0.190
x_7^*:10 000 米	0.367	−0.307	0.182
x_8^*:马拉松	0.342	−0.439	0.263
特征值	6.622	0.878	0.159
贡献率	0.828	0.110	0.020
累计贡献率	0.828	0.938	0.958

由表 7.3.4 可知，前两个主成分的累计贡献率已高达 93.8%，几乎解释了整个总方差。将八个原始变量"压缩"得如此成功，其原因在于原始变量间的高度相关性。第一主成分 $\hat{y}_1$ 在所有变量上有几乎相等的(正)载荷，可称为在径赛项目上的**强弱成分**，且 $\hat{y}_1$ 得分越小(大)，表明越强(弱)。第二主成分 $\hat{y}_2$ 在 $x_1^*, x_2^*, \cdots, x_8^*$ 上的载荷基本上逐个递减，反映了(短跑)速度与耐力成绩的对比。从载荷中可以看出，$\hat{y}_2$ 得分越小(大)，表明速度成绩相对于耐力成绩越好(差)。第三主成分 $\hat{y}_3$ 的贡献率只有 2%，实在太低，无论其有多么好的解释也不予考虑，故我们只取前两个主成分。 □

在主成分分析中，有一个令我们感到有兴趣的**结论**：如果原始变量间的所有相关系数(或协方差)都是正的，则第一个特征向量 $\boldsymbol{t}_1$ 的所有元素也皆为正(也可皆为负)。由于其余的特征向量 $\boldsymbol{t}_2, \cdots, \boldsymbol{t}_p$ 都与 $\boldsymbol{t}_1$ 正交，故它们的元素必然有正有负。例 7.3.1 和例 7.3.2 都是这方面的例子。

例 7.3.3 对例 6.3.3 中的数据从相关矩阵出发进行主成分分析。图 7.3.1 和图 7.3.2 是使用 JMP 软件进行主成分分析所生成的结果。在屏幕输出中，正的相关系数显示为蓝色，负的则显示为红色。并且，相关系数的绝对值越大，其值的颜色越深；反之，则越淡。图 7.3.2 中的载荷不对正负区分颜色，其绝对值越大(小)，其值显示得越深(淡)。这样的显示是 JMP 软件的一个特色，可使应用者对输出值的大小等一目了然，并便于更迅速、便捷地了解问题的本质。

相关性

	x1	x2	x3	x4	x5	x6	x7	x8
x1	1.0000	0.2473	0.6978	0.4678	0.8278	0.7686	0.6700	0.8772
x2	0.2473	1.0000	0.2579	0.4233	0.0859	0.2552	-0.2011	0.3493
x3	0.6978	0.2579	1.0000	0.6208	0.5853	0.8564	0.5686	0.6674
x4	0.4678	0.4233	0.6208	1.0000	0.5313	0.6836	0.3140	0.6282
x5	0.8278	0.0859	0.5853	0.5313	1.0000	0.7081	0.8004	0.7763
x6	0.7686	0.2552	0.8564	0.6836	0.7081	1.0000	0.6472	0.7449
x7	0.6700	-0.2011	0.5686	0.3140	0.8004	0.6472	1.0000	0.5250
x8	0.8772	0.3493	0.6674	0.6282	0.7763	0.7449	0.5250	1.0000

图 7.3.1 相关矩阵

特征值

数量	特征值	百分比	20 40 60 80	累积百分比
1	5.0977	63.721		63.721
2	1.3523	16.903		80.625
3	0.5747	7.184		87.809
4	0.4063	5.079		92.887
5	0.2813	3.516		96.403
6	0.1223	1.528		97.932
7	0.0927	1.158		99.090
8	0.0728	0.910		100.000

特征向量

	主成分1	主成分2	主成分3	主成分4	主成分5	主成分6	主成分7	主成分8
x1：食品	0.40104	-0.07720	0.41506	-0.20922	-0.22055	-0.04512	-0.06531	0.74981
x2：衣着	0.13203	0.74919	0.33179	-0.15185	0.52931	0.01483	0.06693	-0.05711
x3：家庭设备用品及服务	0.37512	0.06507	-0.44171	-0.54657	-0.06969	0.55923	-0.18079	-0.10454
x4：医疗保健	0.31999	0.34469	-0.47773	0.65881	-0.06054	0.09267	0.09498	0.30866
x5：交通和通讯	0.38780	-0.23176	0.27913	0.36564	0.21400	0.10260	-0.67326	-0.27329
x6：娱乐教育文化服务	0.40583	0.02715	-0.30983	-0.23347	0.00352	-0.80625	-0.08645	-0.16291
x7：居住	0.32629	-0.49603	-0.03393	0.02644	0.58038	0.09179	0.54751	0.02450
x8：杂项商品和服务	0.39631	0.09599	0.34533	0.10723	-0.52916	0.08620	0.43478	-0.47592

图 7.3.2　特征值和特征向量①

从图 7.3.2 中可见，前两个和三个主成分的累计贡献率分别达到 80.6%和 87.8%。第一主成分 $\hat{y}_1$ 在所有变量(除在 x_2^* 上的载荷稍偏小外)上都有近似相等的正载荷，反映了消费性支出的总体水平，故第一主成分可称为**综合消费性支出成分**。第二主成分 $\hat{y}_2$ 在变量 x_2^* 上有很高的正载荷，在变量 x_4^* 上有中等的正载荷，而在其余变量上有负载荷或很小的正载荷。可认为该主成分度量了受地区气候影响的消费性支出(主要是衣着 x_2，其次是医疗保健 $x_4$②)在消费性支出结构中占的比重③，第二主成分可称为(受地区气候影响的)**消费(结构)倾向成分**，后面表 7.3.6 中的排序进一步支持了这一解释。第三主成分很难给出明显的解释，因此我们只取前面两个主成分。

表 7.3.5 和表 7.3.6 是把 31 个地区分别按第一(综合消费性支出)和第二(消费倾向)主成分得分从小到大重新排序后的结果。表 7.3.6 表明，第二主成分的得分基本上是“南低北高”，即该表中的顺序大致是从温暖的南方地区逐渐地排到寒冷的北方地区。

---

①　JMP 输出的计算值一般与 SAS 相同(这两款软件都同属于 SAS 公司)。

②　可从表 6.3.9 计算出医疗保健在消费性总支出中占的比重 $x_4\Big/\sum_{i=1}^{8}x_i$，然后进行由大到小的排序，各地区的顺序依次为：宁夏、黑龙江、青海、河北、辽宁、北京、浙江、陕西、甘肃、山西、吉林、河南、新疆、内蒙古、天津、云南、山东、广东、湖北、四川、重庆、湖南、海南、江苏、上海、西藏、贵州、广西、安徽、江西和福建，大致由寒冷的北方地区排到温暖的南方地区。这使我们似乎有理由认为，(至少在当时)气候的寒冷易导致医疗保健费用的增加，因此，可以认为除衣着 x_2 外医疗保健 x_4 在一定程度上也是受地区气候影响的变量。

③　对第二主成分的解释首先想到的是 x_2，x_4 与 x_7，x_5 的对比，但因无法对其给出解释，故转而试图从 x_2，x_4 所占比重的角度进行解释。

表 7.3.5　　按第一主成分排序的 31 个地区

地区	$\hat{y}_1$	$\hat{y}_2$	地区	$\hat{y}_1$	$\hat{y}_2$
江西	−2.234	−1.867	新疆	−0.697	0.647
河南	−1.947	−0.388	四川	−0.534	0.042
黑龙江	−1.928	0.637	广西	−0.252	−2.058
吉林	−1.860	0.151	山东	−0.147	0.984
山西	−1.849	0.404	福建	0.201	−1.338
内蒙古	−1.827	0.510	湖南	0.219	−0.204
安徽	−1.797	−0.519	江苏	0.407	−0.312
甘肃	−1.549	0.526	云南	0.436	0.479
宁夏	−1.502	0.907	西藏	0.437	2.365
辽宁	−1.314	0.845	重庆	1.116	0.410
贵州	−1.298	−0.342	天津	2.006	0.045
海南	−1.158	−1.913	浙江	3.584	0.532
青海	−1.045	0.426	北京	5.426	2.467
陕西	−0.859	−0.501	广东	5.584	−3.072
河北	−0.770	0.580	上海	5.867	−0.196
湖北	−0.717	−0.247			

表 7.3.6　　按第二主成分排序的 31 个地区

地区	$\hat{y}_1$	$\hat{y}_2$	地区	$\hat{y}_1$	$\hat{y}_2$
广东	5.584	−3.072	山西	−1.849	0.404
广西	−0.252	−2.058	重庆	1.116	0.410
海南	−1.158	−1.913	青海	−1.045	0.426
江西	−2.234	−1.867	云南	0.436	0.479
福建	0.201	−1.338	内蒙古	−1.827	0.510
安徽	−1.797	−0.519	甘肃	−1.549	0.526
陕西	−0.859	−0.501	浙江	3.584	0.532
河南	−1.947	−0.388	河北	−0.770	0.580
贵州	−1.298	−0.342	黑龙江	−1.928	0.637
江苏	0.407	−0.312	新疆	−0.697	0.647
湖北	−0.717	−0.247	辽宁	−1.314	0.845
湖南	0.219	−0.204	宁夏	−1.502	0.907
上海	5.867	−0.196	山东	−0.147	0.984
四川	−0.534	0.042	西藏	0.437	2.365
天津	2.006	0.045	北京	5.426	2.467
吉林	−1.860	0.151			

图 7.3.3 是关于第一和第二主成分得分的散点图，该图可以看成是（各变量经标准化后的）八维数据点群向最能散开各投影点的二维平面上的投影。[①] 该图可用来直观描述比较各地区的消费性支出。

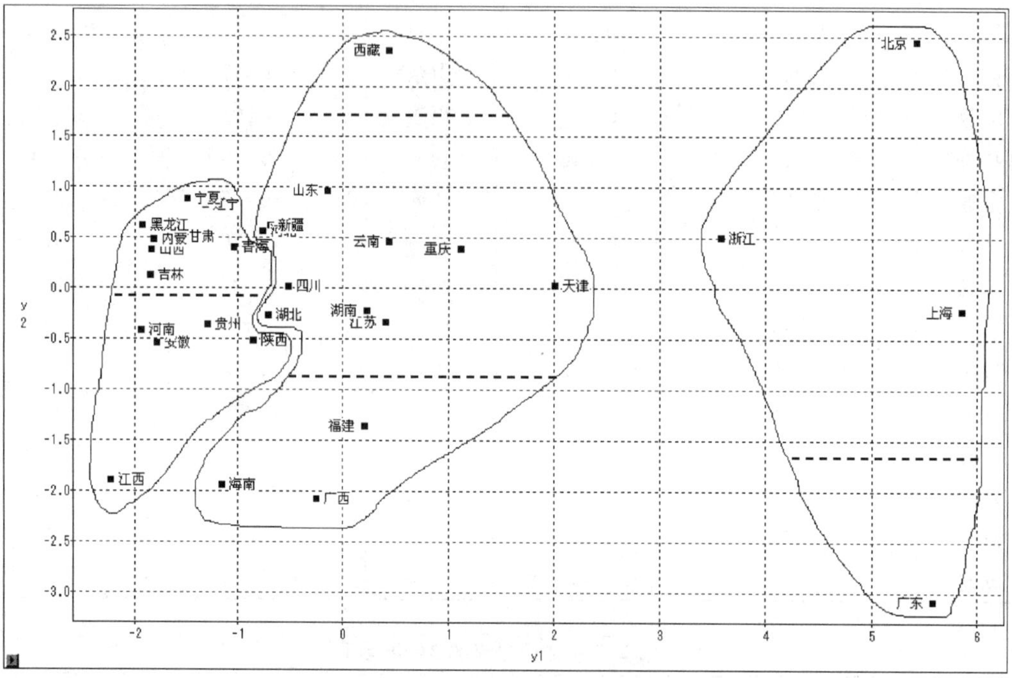

图 7.3.3　前两个主成分的散点图及聚类

从图 7.3.3 中可以看出，上海、广东和北京在最右边，城镇居民综合消费性支出是最高的；其次是浙江和天津；江西在散点图的最左边，表明综合消费性支出最低；北京和西藏在散点图的最上边，说明受地区气候影响的消费性支出占的比重最高；广东在最底部，表明受地区气候影响的消费性支出占的比重最低。对图中的每一地区，我们都可按其在两个坐标轴上的坐标来描述该地区消费性支出的相对状况。

利用图 7.3.3，我们可以用目测法对各地区进行主观的分类。该方法的优点是可从直觉上把控聚类结果的合理性，并从该图可能获得一些使用正规的聚类方法不易得到的信息。

我们现将例 6.3.3 中 Ward 方法的聚类结果（见图 6.3.13）显现在图 7.3.3 中，图中画的三个圈是使用该聚类法得到的三个大类，每个圈内的虚线显示的是对该大类的进一步分割。这样的分类结果能够在图 7.3.3 中表现出较好的统计上的合理性。

我们还可从图 7.3.3 中清晰看到，三个圈所代表的三个大类之间的差异主要反映在综合消费性支出水平上，而每一大类内（由虚线分割的）子类之间的差异主要反映在受地区气候影响的消费结构上。

---

① 一般地，当 p 维数据点群向 $m(<p)$ 维空间投影时，往由前 m 个主成分构成的空间投影能最大限度地散开各投影点。

在图 6.3.13 所示的树形图中,各地区之间消费性支出的差异虽能够有所显现,但显得不够清楚、较为粗糙,而图 7.3.3 所示的前两个主成分的散点图则对这种地区差异的相对大小(可用该平面图中点之间的欧氏距离近似度量,近似程度如何主要取决于累计贡献率)表现得相当清晰,一目了然。 □

注 该例中,如果我们只是要根据 $x_1,x_2,\cdots,x_8$ 来比较各地区城镇居民消费性支出的总水平,则消费性总支出 $x_0=\sum_{i=1}^{8}x_i$ 无疑是最合适的,它的含义确切且富有很好的实际意义。但如果我们要比较的不是总水平而是整体水平,则使用单个变量 x_0 就有其不足之处,它的信息量不够足,未能较充分地提取 $x_1,x_2,\cdots,x_8$ 中的有用信息。本例所进行的主成分分析却能弥补此种不足,(从 $\hat{\boldsymbol{R}}$ 出发的)前两个主成分 $\hat{y}_1$ 和 $\hat{y}_2$ 合在一起能够包含有 $x_1,x_2,\cdots,x_8$ 的较多信息,除了 $\hat{y}_1$ 能在某种意义上反映消费性支出总水平外,$\hat{y}_2$ 还能进一步反映对各地区消费性支出差异起较重要作用的某种消费结构倾向。

$\hat{y}_1$ 和 x_0 之间存在着高达 $r=0.989$ 的正相关性,虽然这两个变量高度相关,且意义相近,但两者还是有着本质区别,主要表现在如下几点:(1) $x_1,x_2,\cdots,x_8$ 中各变量对 x_0 的作用有很大的不同(如 x_1 的作用就特别大),而 $\hat{y}_1$ 是对 $x_1,x_2,\cdots,x_8$ 作标准化变换(意味着对每项消费性支出平等看待)后得到的,依据 $\hat{y}_1$ 的表达式,$x_1,x_2,\cdots,x_8$ 中的每个变量对 $\hat{y}_1$ 的作用是大致相同的。(2) 某地区的 x_0 值取决于该地区 $x_1,x_2,\cdots,x_8$ 的绝对数值,而其 $\hat{y}_1$ 值则取决于该地区 $x_1,x_2,\cdots,x_8$ 中的每个变量值在所有 31 个地区中的相对大小,它是这八个变量值相对大小的综合值。(3) x_0 的含义是完全清楚的,而 $\hat{y}_1$ 的含义是在某种意义上(即在某线性组合意义上)的,不像 x_0 的含义那么清楚。

§7.4　若干补充及主成分应用中需注意的问题

本节所作的阐述有些只是针对主成分分析,而也有一些同样适用于其他许多多元分析方法。

*一、第一主成分与线性回归线的区别

几何上第一主成分所在方向与(线性)回归线很像,但这两者是不同的。为便于理解,我们在 $p=2$ 的情形下来说明它们的区别。图 7.4.1 中,x_2 对 x_1 的回归线是使得各点到该直线的纵向距离平方和达到最小的那条线[见图中(1)];类似地,x_1 对 x_2 的回归线是使得各点到该直线的横向距离平方和达到最小的那条线[见图中(2)];而第一主成分 y_1 线却是使得各点到该直线的垂直(指与该直线垂直)距离平方和达到最小的那条线[见图中(3)]。① 一般来说,y_1 线的方向介于那两条回归线之间,这三条线的方向虽是不同的,但通常比较接近。

---

① $\frac{1}{n-1}\sum_{j=1}^{n}(\hat{y}_{j1}-\bar{\hat{y}}_1)^2=\max \Leftrightarrow \frac{1}{n-1}\sum_{j=1}^{n}(\hat{y}_{j2}-\bar{\hat{y}}_2)^2=\min \Leftrightarrow \sum_{j=1}^{n}(\hat{y}_{j2}-\bar{\hat{y}}_2)^2=\min$。

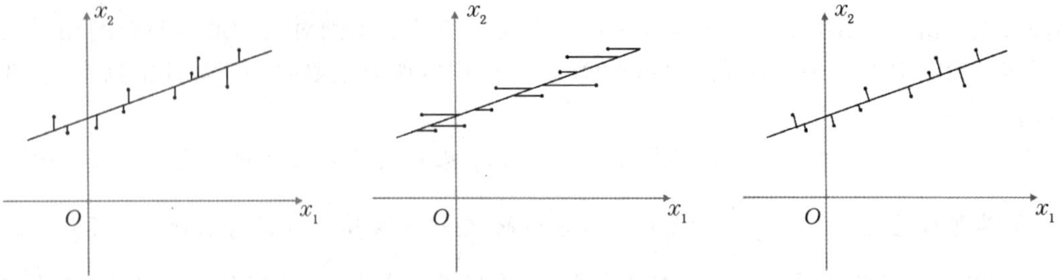

(1) x_2 对 x_1 的回归线　　(2) x_1 对 x_2 的回归线　　(3) x_1,x_2 的第一主成分线

图 7.4.1　回归线和第一主成分线

二、主成分的保留个数

应保留多少个主成分要视具体情况，很难一概而论，最终一般还得依赖于主观判断。单从保留信息量的角度通常有以下几种选择主成分个数的方法：

(1) 保留的前几个主成分能使其累计贡献率达到一个较高的百分比，具体需主观判断确定，这是本章前文中一直使用的，也是我们最为推荐的方法。

(2) 当从 $\boldsymbol{S}$（或 $\hat{\boldsymbol{R}}$）出发求主成分时，有一个经验规则是只保留特征值大于其平均值 $\frac{1}{p}\sum_{i=1}^{p}\lambda_i$（或 1）的主成分。这是一个粗略的经验规则，并没有多少理论支持，只宜作为选择主成分个数的初步参考，而不应盲目作为最终确定的依据。许多统计软件中缺省时输出多少个主成分依据的是该经验规则，但这只是因其方法不依赖于主观判断而使软件易于实现，并非表明该规则值得推荐。在例 7.3.2 的情况下，保留特征值小于 1 的 $\hat{y}_2$ 是明智的。

(3) 一种能够帮助我们确定主成分个数的视觉工具，即所谓的陡坡图，请见附录 7-1 二中的陡坡图输出及其说明。

(4) 采用对主成分所相应的特征值进行显著性检验的方法，限于篇幅这里不作介绍，有兴趣的读者可参阅文献[21]中的 12.6 节。该方法在实践中较少采用。

如果我们需要对主成分进行解释，则选用多少个主成分就还需考虑所选主成分是否都能作出成功的解释，有时可能会为此降低了点累计贡献率。如果不需要对主成分作出解释(此时的主成分得分通常只是作为进入下一阶段分析的输入数据，即主成分仅是整个分析的中间结果)，则主成分个数的选择一般更倾向于保持一个足够高的累计贡献率，除非需要画散点图。

取多少个主成分有时也要视作图或排序的需要而定。当取三个和四个主成分都可行时，选取三个有一大好处，就是可以利用三维旋转图对所有样品的三个主成分得分进行直观的比较分析。当取两个和三个主成分都可行时，选取两个的主要好处是，平面散点图可以比三维旋转图观测得更为清楚和方便，且可打印输出。当取一个和两个主成分都可行时，取一个的优点是可以对各样品进行排序(如果这种排序是有实际意义的)①，取两个的优点是可以画散点图

① 只取一个主成分，其贡献率往往很难达到通常主成分分析的累计贡献率要求，故一般可将保留信息量的要求降低些。

及保留更多的信息。如果我们对样品的排序不感兴趣，则一般应考虑取两个主成分，哪怕第二主成分的贡献率明显偏低些，因为取一个主成分不利于作图。此外，通过对前两个或三个主成分的作图，还可以帮助我们从直觉上发现异常值、评估正态性以及进行其他的探索性分析等。

三、关于样本容量 n 的大小

不同于判别分析，在主成分的计算过程中不涉及 $\boldsymbol{S}$（或 $\hat{\boldsymbol{R}}$）的逆，故理论上允许 $n\leqslant p$，但在实际应用中除少数情况外[①]，一般（特别是在主成分本身作为目标的分析中）较理想的是能满足 n 很大（如 $n\geqslant 50$）且 n 至少是 p 的五倍，这样通常可使 $\boldsymbol{S}$（或 $\hat{\boldsymbol{R}}$）的值比较稳定，分析结果一般也就不会随样本的变化而发生较大的改变，从而结论更加可信。

四、关于异常值的影响

有时少数几个异常值就可对 $\boldsymbol{S}$（或 $\hat{\boldsymbol{R}}$）的值产生较大、甚至是非常大的影响，下一章例 8.4.4 的原数据是这方面的一个典型例子，具体可见该例的"注"。遇到这种异常值通常可有两种处理方法：一种是从数据中找出并直接删除之，如例 8.4.4 的"注"中所说明的；另一种是采用 $\boldsymbol{\Sigma}$（或 $\boldsymbol{R}$）的稳健估计，而不是计算成 $\boldsymbol{S}$（或 $\hat{\boldsymbol{R}}$），从而得到一个受异常值影响程度相对较小的估计，这种方法超出了本书的范围，这里不作讨论。

五、关于时间序列数据

当 $\boldsymbol{x}_1,\boldsymbol{x}_2,\cdots,\boldsymbol{x}_n$ 是一组 p 维时间序列数据时，进行主成分分析等需格外小心。在绝大多数场合下，时间序列数据 $\boldsymbol{x}_1,\boldsymbol{x}_2,\cdots,\boldsymbol{x}_n$ 彼此间不是独立的，而是相关的，从而不是一个简单随机样本。此时，由 $\boldsymbol{x}_1,\boldsymbol{x}_2,\cdots,\boldsymbol{x}_n$ 算得的 $\boldsymbol{S}$ 一般将不再是 $\boldsymbol{\Sigma}$ 的无偏估计，尤其当 $\boldsymbol{x}_1,\boldsymbol{x}_2,\cdots,\boldsymbol{x}_n$ 彼此间的相关程度较高时，用 $\boldsymbol{S}$ 估计 $\boldsymbol{\Sigma}$ 一般会有较严重的偏差，$\boldsymbol{S}$ 也就不适合作为 $\boldsymbol{\Sigma}$ 的估计了，连带 $\hat{\boldsymbol{R}}$ 也不宜用来估计 $\boldsymbol{R}$ 了。举一个较极端例子，无论 $\boldsymbol{\Sigma}$ 是怎样的，若 $\boldsymbol{x}_1,\boldsymbol{x}_2,\cdots,\boldsymbol{x}_n$ 近似相等，则 $\boldsymbol{S}\approx\boldsymbol{0}$，显然这时无法用 $\boldsymbol{S}$ 来估计 $\boldsymbol{\Sigma}$。当 $\boldsymbol{S}$（或 $\hat{\boldsymbol{R}}$）无法用来估计 $\boldsymbol{\Sigma}$（或 $\boldsymbol{R}$ ）时，从 $\boldsymbol{S}$（或 $\hat{\boldsymbol{R}}$）出发进行的主成分分析（或其他分析，如第八章的因子分析等）是没有意义的，也即所作的分析是徒劳的。在本章习题 7.7 中，研究的数据虽是时间序列数据，但由于它们是股票每周的周回报率，而周回报率（近似看作同分布）之间可近似看作是独立的，从而 $\boldsymbol{S}$（或 $\hat{\boldsymbol{R}}$）可用来估计 $\boldsymbol{\Sigma}$（或 $\boldsymbol{R}$），故可进一步试图作主成分分析。如果该题中研究的数据改为每周的周五收盘价，则由于每周的周五收盘价之间有着较高的相关性，以致 $\boldsymbol{S}$ 和 $\hat{\boldsymbol{R}}$ 都没有了实际意义，这样也就无法进行主成分分析了。

---

① 在某些主成分的应用中相对不是很介意 $n\leqslant p$ 情况的出现。例如，在多个均值向量的比较检验中，可用前几个主成分代替 p 个原始变量进行相应的均值向量的比较检验，以克服因样本容量不足而带来的无法计算有关逆矩阵的问题。

六、主成分用于聚类分析

(一)用目测法在主成分得分图上聚类

当前两个主成分 $\hat{y}_1,\hat{y}_2$ 的累计贡献率达到了一个较高百分比时,可将各样品 $\hat{y}_1,\hat{y}_2$ 的得分画成如图 7.3.3 一样的散点图,然后用目测的方法直接在图上进行直观的聚类。尽管仅使用两个主成分会使信息有所损失,但样品散点图中却常常包含着正规的聚类方法所反映不出的丰富信息,这也许能足以弥补因降维而造成的信息损失,并由此或许可以得到比正规聚类方法更为合理的聚类结果。当取前三个主成分 $\hat{y}_1,\hat{y}_2,\hat{y}_3$ 才能使累计贡献率达到了一个较高百分比时,可使用统计软件产生各样品 $\hat{y}_1,\hat{y}_2,\hat{y}_3$ 得分的三维旋转图,通过该图的不断旋转用目测法作主观的聚类,不同类中的样品点可用不同颜色或不同的点形状标记,不断调试。目测三维旋转图要比目测平面散点图困难许多,以致相对而言不太容易将类合理地分好,故在实践中一般很少使用三个主成分进行聚类。在实际应用中,我们也可将由(客观的)正规聚类方法得到结果显示于(降维后的)图形中,然后对聚类结果的合理性进行(主观的)评估,并在必要时对聚类结果作(主观的)适当调整,以使所作的聚类更为合理、更符合我们的实际需要。

(二)对样品之间距离的计算主成分不如原始变量

主成分用于聚类的优势就在于能够从直观的散点图上进行(或许更有效、合理的)分类,而如将主成分得分用来计算各样品之间的距离,那优势就不再了,与从原始变量出发相比一般反而处于劣势。我们以下就欧氏距离来说明之。

设 $\boldsymbol{x}_1,\boldsymbol{x}_2,\cdots,\boldsymbol{x}_n$ 是 n 个样品,从 $\boldsymbol{S}$(或 $\hat{\boldsymbol{R}}$)出发可求得第 j 个样品的第 i 主成分得分为 $\hat{y}_{ji}=\hat{\boldsymbol{t}}_i'\boldsymbol{x}_j$, $i=1,2,\cdots,p$, $j=1,2,\cdots,n$,于是 $\hat{\boldsymbol{y}}_j=\boldsymbol{T}'\boldsymbol{x}_j$,其中 $\hat{\boldsymbol{y}}_j=(\hat{y}_{j1},\hat{y}_{j2},\cdots,\hat{y}_{jp})'$ 为第 j 个样品的主成分得分向量,$\boldsymbol{T}=(\hat{\boldsymbol{t}}_1,\hat{\boldsymbol{t}}_2,\cdots,\hat{\boldsymbol{t}}_p)$ 为正交矩阵。在由前 m 个主成分构成的 m 维欧氏空间中,第 j 个样品点与第 k 个样品点之间的欧氏距离为

$$\sqrt{(\hat{y}_{j1}-\hat{y}_{k1})^2+\cdots+(\hat{y}_{jm}-\hat{y}_{km})^2} \tag{7.4.1}$$

上式根号内的平方和中,第 i 项的平均值

$$\frac{1}{n(n-1)}\sum_{1\leqslant j\neq k\leqslant n}(\hat{y}_{ji}-\hat{y}_{ki})^2=2\hat{\lambda}_i \tag{7.4.2}$$

(推导见附录 7-2),其中 $\hat{\lambda}_i$ 为 $\boldsymbol{S}$(或 $\hat{\boldsymbol{R}}$)的第 i 个特征值,它是第 i 主成分的样本方差。因此,(7.4.1)式根号内的各主成分项在平方和中所起的作用平均来说与 $\hat{\lambda}_i$(或相应贡献率)成正比。可见,该式中各主成分已自然地起到与其重要性相称的作用(不应再画蛇添足地进行加权)。

为聚类的目的,各样品之间距离计算的关键不在于少用计算变量而在于要尽可能地计算准确。由前 m 个主成分构成的 m 维欧氏空间是由所有 p 个主成分构成的 p 维欧氏空间的一个子空间,在前者中计算样品点之间的距离自然不如在后者中计算准确。例如,在图 7.1.1 中,利用 y_1 在一维空间上计算点之间的距离当然不如利用 y_1 和 y_2 在二维空间上计算得更准确、合理,即使 y_1 的贡献率很高(此时椭圆是很扁平的)也是如此。因此,使用(7.4.1)式一般还不如使用下式

$$\sqrt{(\hat{y}_{j1}-\hat{y}_{k1})^2+\cdots+(\hat{y}_{jp}-\hat{y}_{kp})^2}=\sqrt{(\hat{\boldsymbol{y}}_j-\hat{\boldsymbol{y}}_k)'(\hat{\boldsymbol{y}}_j-\hat{\boldsymbol{y}}_k)}$$
$$=\sqrt{(\boldsymbol{T}'\boldsymbol{x}_j-\boldsymbol{T}'\boldsymbol{x}_k)'(\boldsymbol{T}'\boldsymbol{x}_j-\boldsymbol{T}'\boldsymbol{x}_k)}$$
$$=\sqrt{(\boldsymbol{x}_j-\boldsymbol{x}_k)'(\boldsymbol{x}_j-\boldsymbol{x}_k)} \tag{7.4.3}$$

该式实际上就是 $\boldsymbol{x}_j$ 与 $\boldsymbol{x}_k$ 之间的欧氏距离[①]，因此使用主成分计算样品之间的距离一般还不如直接用原始变量来计算。

在例 7.3.3 中，前两个主成分的累计贡献率为 80.6%，故平均来说，图 7.3.3 中样品点之间的平方欧氏距离可以解释原始八维空间中样品点之间的平方欧氏距离的 80.6%。

（三）费希尔判别函数比主成分更适用于对聚类结果的图形评估

如果我们希望用图形的方法来评估最终的聚类结果，则使用费希尔判别函数比使用主成分更为合适。[②] 原因就在于，由两个（或三个）费希尔判别得分构成的散点图（或三维旋转图）能最大限度地显现出类之间的差异，而由同样个数的主成分得分构成的图形最大限度显现的却是样品之间的差异，相对来说不是最适合聚类效果评估的要求。例如，在图 5.4.1 中，费希尔判别的投影是将样品点投影到直线 y 上，而第一主成分的投影是将样品点投影到接近于直线 z 的直线上，此时的主成分投影完全不能用来分离各类。不过，图 5.4.1 只是一个较极端的例子。从经验来看，在大多数的实际数据中，由主成分得分构成的散点图还是能够基本反映聚类效果的，只是相比费希尔判别的得分散点图一般要逊色一些，读者不妨可比较一下图 7.3.3 和图 6.3.16。

顺便指出，判别分析中有组的存在，而主成分分析中是将所有的样品合在一起进行分析的，通常情况下并不涉及组的概念。

七、关于不同时期的主成分分析

例 7.3.3 是 1999 年的数据，如果用 1998 年的数据（缺西藏）来算，得到的结果是相近的，前两个主成分的累计贡献率为 83.8%，它们得到的解释与例 7.3.3 相同。一般来说，对于同样的一些原始变量，某个时期的主成分分析能成功未必意味着其他时期的主成分分析也能成功；不同时期同样成功的主成分分析其主成分解释可能相同，也可能有差异；即使给出相同的解释，其主成分的具体内涵（代数上表现为线性组合，几何上表现为主成分所在方向）一般也不会完全相同，故不同时期的主成分之间一般是不可比较的。

八、关于定性数据

当是有序变量数据时，一般可将其转化为间隔变量数据，然后再进行主成分分析。例如，假设变量依次有由低到高的五个等级是 A，B，C，D，E，如认为相邻等级的差异基本相同，则可分别转化为 1，2，3，4，5 或 5，4，3，2，1（也可 2，4，6，8，10 等，效果完全相同，但不够简化）；如认

---

① (7.4.3)式实际上可从直观上容易看出，主成分变换几何上是一个正交旋转，样品点之间的距离并不随正交旋转而改变。

② 需指出，费希尔判别函数得分图并不适合用来聚类，因为聚类之前类还未形成，以致不能得到费希尔判别函数。而使用主成分得分图进行聚类就无此类似问题。

为等级D与E之间的差异是其余相邻等级的两倍，则可分别转化为1,2,3,4,6或6,5,4,3,1。该转化一般也可用于其他的专门用于间隔变量的统计方法，转化效果如何取决于我们对各相邻等级之间相对差异的认识程度。

对于名义变量，由于减法没有实际意义，以致无法通过将其转化为间隔变量来计算协方差矩阵或相关矩阵，从而不能进行主成分分析。当然，也不能进行基于协方差矩阵或相关矩阵的任何统计分析，如后面章节中的因子分析和典型相关分析等。

九、对主成分综合得分方法的质疑

在多元数据分析中，国内流行一种通过建立主成分的综合评价函数来对所有样品进行综合排名的方法。[①] 该方法是这样的：对 p 个原始变量 $x_1, x_2, \cdots, x_p$，通过主成分分析，取累计贡献率已达较高水平的前 m 个主成分 $y_1, y_2, \cdots, y_m$，其方差分别为 $\lambda_1, \lambda_2, \cdots, \lambda_m$，以每个主成分 y_i 的贡献率 $\alpha_i = \lambda_i \Big/ \sum_{i=1}^{p} \lambda_i$ 作为权数，构造综合评价函数

$$F = \alpha_1 y_1 + \alpha_2 y_2 + \cdots + \alpha_m y_m$$

计算出每个样品的综合得分，然后依这个得分的大小对所有样品进行综合排名。该方法粗看起来似乎有一定道理且很有吸引力(似乎可以综合排名了)，但仔细推敲之后就会发现这一方法是对主成分思想、方法的误解和错用，是不科学的，没有任何理论和应用上的价值。

在许多实际问题中，我们确实非常需要一个综合指标来对所有样品进行排序，但这个综合指标不应想当然地从前几个主成分的线性组合来产生。上述综合评价函数存在以下一些问题：

(1) 主成分 $y_1, y_2, \cdots, y_m$ 取相反符号后分别变为 $-y_1, -y_2, \cdots, -y_m$，这些也仍是前 m 个主成分。即使 y_1 中都是正载荷，后面 $m-1$ 个主成分也可以有 2^{m-1} 种组合，以致可以构造出 2^{m-1} 个不同的综合评价函数，在应用时到底应相信哪一个呢?[②] 即使应用此方法者给出一个所谓“合理”的选择，但从以下阐述的各点来看，该综合得分方法仍然是很不科学的。

(2) 主成分 $y_1, y_2, \cdots, y_m$ 的线性组合一般没有意义，其原因有如下两点：

(i) $y_1, y_2, \cdots, y_m$ 的首要价值就在于它们合在一起拥有最大量的信息，这种信息对原始的 p 个变量绝对不是包罗万象的(如并不含有关于原始变量均值等的信息)，而仅是体现在数据的变异性上。把反映数据变异性信息的前 m 个主成分线性组合起来将会瓦解主成分在变异性信息上的优势，不伦不类。主成分分析一旦离开了反映变异性的信息量，也就没有价值和意义了。

(ii) 通过构造主成分 $y_1, y_2, \cdots, y_m$ 的线性组合来产生一个综合指标，本质上完全不同于

---

① 该所谓综合得分方法目前在国内如此广泛地使用且有那么多国内多元统计书籍在介绍，不得不说这是国内统计学应用中的一大悲哀。为著书慎重起见，作者曾就此问题查阅过所能见到的国外多元统计书籍30多本，至今未发现有其中一本书介绍或提到所谓的主成分或因子的综合得分方法(不排除非多元统计专业书籍有此内容的可能性)。统计软件SAS，SPSS和JMP等中也没有该方法。即使我们从非技术角度试想一下，如果这种综合得分方法是正确的或合理的，那国外大多数多元统计书籍都应该介绍此方法，因为实际问题中我们有时很需要综合排名。

② 在所谓因子分析(见下一章)的综合得分方法中也存在与之类似的问题，m 个因子 $f_1, f_2, \cdots, f_m$ 中的任意若干个取相反符号(都取相反符号即为 $-f_1, -f_2, \cdots, -f_m$)后仍满足因子模型，仍可作为因子，这样所谓的综合得分函数就可以有 2^m 种不同的组合。此外，使用不同的因子旋转法会得到不同的因子，从而综合评价函数也就不同，究竟应该相信哪一个呢?

由原始变量 $x_1,x_2,\cdots,x_p$ 的线性组合产生的综合指标，后者只要加权得合理且有意义完全是可以的。这是因为，原始变量的含义是实在的、确切的，这是看懂和理解线性组合含义的基础；而主成分是人为定义、意义含糊的（可以有无数个与主成分解释相同的线性组合），并不像原始变量那样具有实质意义。依靠主成分的解释去理解综合评价函数 F，其含义过于模糊，只有将 F 再表达为 $x_1,x_2,\cdots,x_p$ 的线性组合才可能较清楚地看出其大致的含义。

（3）由于

$$\begin{aligned}V(F)&=\alpha_1^2V(y_1)+\alpha_2^2V(y_2)+\cdots+\alpha_m^2V(y_m)\\&=\frac{\lambda_1^3}{\left(\sum_{i=1}^{p}\lambda_i\right)^2}+\frac{\lambda_2^3}{\left(\sum_{i=1}^{p}\lambda_i\right)^2}+\cdots+\frac{\lambda_m^3}{\left(\sum_{i=1}^{p}\lambda_i\right)^2}\\&=\frac{\sum_{i=1}^{m}\lambda_i^3}{\left(\sum_{i=1}^{p}\lambda_i\right)^2}\end{aligned}$$

$$\begin{aligned}\rho(y_i,F)&=\frac{\mathrm{Cov}(y_i,F)}{\sqrt{V(y_i)}\sqrt{V(F)}}\\&=\frac{\alpha_iV(y_i)}{\sqrt{V(y_i)}\sqrt{V(F)}}\\&=\frac{\lambda_i}{\sum_{j=1}^{p}\lambda_j}\cdot\sqrt{\lambda_i}\cdot\frac{\sum_{j=1}^{p}\lambda_j}{\sqrt{\sum_{j=1}^{m}\lambda_j^3}}\\&=\frac{\lambda_i^{3/2}}{\sqrt{\sum_{j=1}^{m}\lambda_j^3}},\qquad i=1,2,\cdots,m\end{aligned}$$

故第 i 个主成分 y_i 对 F 的方差贡献所占的比例与 $\rho^2(y_i,F)$ 相同，皆为 $\lambda_i^3\Big/\sum_{j=1}^{m}\lambda_j^3$。在主成分分析中，$\lambda_1$ 一般会远大于其他的 $\lambda_i(i=2,\cdots,m)$，以致 y_1 对 F 的方差贡献所占的比例 $[=\rho^2(y_1,F)]$ 通常是很大的，而其他 y_i 对 F 的方差贡献所占的比例 $[=\rho^2(y_i,F)]$ 通常都很小，因此 F 只是在大量重复 y_1 的信息，而未能对 $y_i(i=2,\cdots,m)$ 起到什么“综合”作用。表 7.3.7 是对本章中所有进行主成分分析的例题和习题所做的有关计算。其计算结果表明，综合得分 F 基本上只是重复 y_1 的信息（但不如 y_1 有价值），而只含有 y_2 的很少信息。

（4）F 到底包含有原始变量 $x_1,x_2,\cdots,x_p$ 的多少信息，F 到底具有什么样的实际含义，应用此方法者都未作说明和解释，只是笼统地理解为所谓的“综合”指标。对于样品的排序，不同的需要和标准就应有不同的排序。用像 F 这种不知其具体含义的指标来对所有样品进行排序是非常欠妥的。

表 7.3.7　　本章中所有进行主成分分析的例题和习题的有关计算

例　题	例 7.3.1	例 7.3.2	例 7.3.3	习题 7.5	习题 7.6	习题 7.7
原始变量数 p	6	8	8	8	7	5
提取的主成分数 m	2	2	2	2	2	2
第一特征值 λ_1	3.287	6.622	5.098	4.673	4.115	2.857
第二特征值 λ_2	1.406	0.878	1.352	1.771	1.239	0.809
累计贡献率	0.782	0.937	0.806	0.806	0.765	0.733
$\rho^2(y_1,F)$	0.927 4	0.997 7	0.981 7	0.948 4	0.973 4	0.977 8
$\rho^2(y_2,F)$	0.072 6	0.002 3	0.018 3	0.051 6	0.026 6	0.022 2
$\rho(y_1,F)$	0.963 0	0.998 8	0.990 8	0.973 8	0.986 6	0.988 8
$\rho(y_2,F)$	0.269 4	0.048 2	0.135 3	0.227 2	0.163 0	0.149 0

(5) 在综合评价函数中，对各主成分 $y_1,y_2,\cdots,y_m$ 分别使用权数 $\alpha_1,\alpha_2,\cdots,\alpha_m$ 是错上加错。也就是说，使用 $F=\alpha_1 y_1+\alpha_2 y_2+\cdots+\alpha_m y_m$ 比使用 $F^*=y_1+y_2+\cdots+y_m$ 更不可思议。y_i 对 F^* 的方差贡献所占的比例为 $\lambda_i\Big/\sum_{j=1}^{m}\lambda_j\left[=\rho^2(y_i,F^*)\right]$，与 y_i 的贡献率成正比。

在下一章的因子分析中，对因子得分建立类似综合评价函数的方法同样也是错误的。

小　结

1. 主成分的应用可分为两类：(1) 在一些应用中，主成分本身就是分析的目标，此时需要对其给出一个具有实际意义的解释，这是本章主要讨论的内容。(2) 在更多的另一些应用中，主成分只是要达到目标的一个中间结果(或步骤)，此时可不必对主成分进行解释。

2. 主成分与原始变量之间的关系 $\boldsymbol{y}=\boldsymbol{T}'\boldsymbol{x}$[或 $\boldsymbol{x}=\boldsymbol{T}\boldsymbol{y}$，$\boldsymbol{T}=(t_{ik})$ 为正交矩阵]在几何上是一种正交旋转的关系。$y_1,y_2,\cdots,y_p$ 与 $x_1,x_2,\cdots,x_p$ 之间的线性表出关系可以通过下表来表达。

	y_1	y_2	$\cdots$	y_p
x_1	t_{11}	t_{12}	$\cdots$	t_{1p}
x_2	t_{21}	t_{22}	$\cdots$	t_{2p}
$\vdots$	$\vdots$	$\vdots$		$\vdots$
x_p	t_{p1}	t_{p2}	$\cdots$	t_{pp}

3. 第一主成分所包含的信息量最大，第二主成分其次，其他主成分依次递减。各主成分之间互不相关，这就保证了各主成分所含的信息在线性关系的意义上互不重复，从而达到了最大限度的降维。

4. 特征值很小的主成分能够揭示出原始变量间的多重共线性关系。

5. 当各变量的单位不全相同或虽单位相同但不同变量的变异性相差较大时，可考虑从相关矩阵 $\boldsymbol{R}$ 出发来进行主成分分析。

6.（本身作为目标的）成功的主成分分析应是：(1) 在维数大为减少的同时，所取主成分仍保留着原始变量的绝大部分信息；(2) 能够给出主成分的符合实际背景和意义的解释。

7. 解释主成分时，既要考察主成分在原始变量上的载荷，也应考察主成分与原始变量的相关系数，而在从协方差矩阵出发是合适的场合下一般考察前者更为重要。若求出的主成分是从相关矩阵 $\boldsymbol{R}$ 出发的，则对前者和后者的考察是等价的。

8. 应取多少个主成分，很难给出一个客观的标准。所取（前几个）主成分的累计贡献率必须达到一个较高的比例，这个比例应至少为多少，很难一概而论，比例越高（在达到明显降维的前提下），所作的分析就越可靠。在（本身作为目标的）主成分分析中，所取的主成分必须都能得到符合实际意义的解释，取多少个主成分必须考虑到这一点。

9. 在累计贡献率足够大且所取主成分都能得到较好实际解释（如果需要这种解释）的前提下，取两个或三个主成分的一大好处是可制作散点图或旋转图，以利从直觉上进行分析。取一个主成分的好处是可以对各样品进行排序，如果我们对这种排序不感兴趣，则为作图的需要一般应考虑取两个主成分，哪怕第二主成分的贡献率明显偏低。此外，通过对前两个或三个主成分的作图，还可以帮助我们发现一些有用的信息。

附录 7-1　R 的应用

以下 R 代码中假定文本数据的存储目录为“D:/mvdata/”。

一、对例 7.3.1 作主成分分析

```
> examp7.3.1=read.table("D:/mvdata/examp7.3.1.csv", header=TRUE, sep=",")
> pc=eigen(examp7.3.1[, -1])
> lam=pc$values
> prop=lam/sum(lam)
> cumprop=cumsum(prop)
> lpc=data.frame(特征值=lam, 贡献率=prop, 累计贡献率=cumprop)
> round(lpc, 3)
  特征值  贡献率  累计贡献率
1  3.287  0.548       0.548
2  1.406  0.234       0.782
3  0.459  0.077       0.859
4  0.426  0.071       0.930
5  0.295  0.049       0.979
6  0.126  0.021       1.000
> comp=pc$vectors
> rownames(comp)=examp7.3.1[, 1]  #添加行名
> colnames(comp)=paste("主成分", 1:length(lam), sep="")  #添加列名
> round(comp, 3)
```

	主成分 1	主成分 2	主成分 3	主成分 4	主成分 5	主成分 6
身高	−0.469	0.365	−0.092	0.122	−0.080	0.786
坐高	−0.404	0.397	−0.613	−0.326	0.027	−0.443
胸围	−0.394	−0.397	0.279	−0.656	0.405	0.125
手臂长	−0.408	0.365	0.705	0.108	−0.235	−0.371
肋围	−0.337	−0.569	−0.164	0.019	−0.731	−0.034
腰围	−0.427	−0.308	−0.119	0.661	0.490	−0.179

二、对例 7.3.3 作主成分分析

```
> examp6.3.3=read.table("D:/mvdata/examp6.3.3.csv", header=TRUE, row.names
                       ="地区", sep=",")
> PCA=princomp(examp6.3.3, cor=TRUE)  #进行主成分分析,cor为是否从相关矩阵出发(cor=FALSE为从协方差矩阵出发,为缺省选项)
> summary(PCA, loadings=TRUE)  #主成分分析的结果概要
```

Importance of components:

	Comp. 1	Comp. 2	Comp. 3	Comp. 4
Standard deviation	2.2578087	1.1628692	0.75810535	0.63740988
Proportion of Variance	0.6372125	0.1690331	0.07184047	0.05078642
Cumulative Proportion	0.6372125	0.8062456	0.87808609	0.92887251

	Comp. 5	Comp. 6	Comp. 7	Comp. 8
Standard deviation	0.5303471	0.3496810	0.30443012	0.269809906
Proportion of Variance	0.0351585	0.0152846	0.01158471	0.009099673
Cumulative Proportion	0.9640310	0.9793156	0.99090033	1.000000000

Loadings:

	Comp. 1	Comp. 2	Comp. 3	Comp. 4	Comp. 5	Comp. 6	Comp. 7	Comp. 8
食品	0.401		0.415	0.209	0.221			0.750
衣着	0.132	−0.749	0.332	0.152	−0.529			
家庭设备用品及服务	0.375		−0.442	0.547		−0.559	0.181	−0.105
医疗保健	0.320	−0.345	−0.478	−0.659				0.309
交通和通讯	0.388	0.232	0.279	−0.366	−0.214	−0.103	0.673	−0.273
娱乐教育文化服务	0.406		−0.310	0.233		0.806		−0.163
居住	0.326	0.496			−0.580		−0.548	
杂项商品和服务	0.396		0.345	−0.107	0.529		−0.435	−0.476

在上述输出中,标准差即为图 7.3.2 中特征值的算术平方根,特征向量与图 7.3.2 中的特征向量或相同或为相反符号,绝对值小于 0.1 的载荷处留白未显示。

```
> screeplot(PCA, type="lines")  #陡坡图,用直线图类型
```

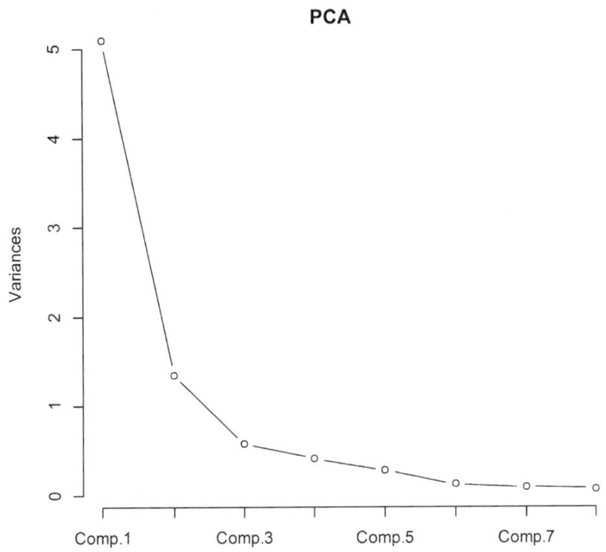

该图称为**陡坡图**(或称**碎石图**,scree plot),它是能帮助我们确定主成分个数的视觉工具。在陡坡图中,从第三个主成分起,线段开始变得平坦,意味着从λ_3起特征值的变化开始明显变小。单从该图来看,似乎倾向于只取前面两个主成分,但主成分个数的最终确定还得要进一步看累计贡献率的大小以及主成分能否得到有效的解释(如果所作的分析需要这种解释)。

```
> scores=round(PCA$scores[, c(1, 2)], 3)  #主成分得分
> scores[order(scores[, 1]), ]  #按第一主成分排序
        Comp. 1  Comp. 2
江西    -2.271   1.898
河南    -1.979   0.395
黑龙江  -1.959  -0.647
  ⋮       ⋮        ⋮
北京     5.516  -2.507
广东     5.676   3.123
上海     5.964   0.199
> scores[order(scores[, 2]), ]  #按第二主成分排序
        Comp. 1  Comp. 2
北京     5.516  -2.507
西藏     0.445  -2.404
山东    -0.150  -1.000
  ⋮       ⋮        ⋮
海南    -1.177   1.945
广西    -0.256   2.093
广东     5.676   3.123
```

上述主成分得分与表 7.3.5 中的得分相比，除第二主成分得分为相反符号外，得分的绝对值也是略有差异的。表 7.3.5 中的得分是 SAS(及 JMP)的计算结果，为精确计算，而上述 R 输出结果则为非精确计算。

```
> plot(scores[,1], scores[,2], xlab=colnames(scores)[1], ylab=colnames(scores)[2],
      xlim=c(-2.5, 6.5), ylim=c(-3, 3.5))  #作散点图
> text(scores[,1], scores[,2], row.names(examp6.3.3), pos=4, cex=0.7)  #为散点添标签
> abline(v=0, h=0, lty=3)  #划分象限
```

(类似于图 7.3.3 中的散点图，略)

附录 7-2 (7.4.2)式的证明

$$
\begin{aligned}
&\frac{1}{n(n-1)}\sum_{1\leqslant j\neq k\leqslant n}(\hat{y}_{ji}-\hat{y}_{ki})^2\\
=&\frac{1}{n(n-1)}\sum_{j=1}^{n}\sum_{k=1}^{n}[(\hat{y}_{ji}-\bar{\hat{y}}_i)-(\hat{y}_{ki}-\bar{\hat{y}}_i)]^2\\
=&\frac{1}{n(n-1)}\sum_{j=1}^{n}\sum_{k=1}^{n}[(\hat{y}_{ji}-\bar{\hat{y}}_i)^2+(\hat{y}_{ki}-\bar{\hat{y}}_i)^2-2(\hat{y}_{ji}-\bar{\hat{y}}_i)(\hat{y}_{ki}-\bar{\hat{y}}_i)]\\
=&\frac{1}{n(n-1)}\left[n\sum_{j=1}^{n}(\hat{y}_{ji}-\bar{\hat{y}}_i)^2+n\sum_{k=1}^{n}(\hat{y}_{ki}-\bar{\hat{y}}_i)^2-2\sum_{j=1}^{n}(\hat{y}_{ji}-\bar{\hat{y}}_i)\sum_{k=1}^{n}(\hat{y}_{ki}-\bar{\hat{y}}_i)\right]\\
=&\frac{1}{n-1}\left[\sum_{j=1}^{n}(\hat{y}_{ji}-\bar{\hat{y}}_i)^2+\sum_{k=1}^{n}(\hat{y}_{ki}-\bar{\hat{y}}_i)^2\right]\\
=&2\hat{\lambda}_i
\end{aligned}
$$

其中 $\bar{\hat{y}}_i=\frac{1}{n}\sum_{j=1}^{n}\hat{y}_{ji}$ 为第 i 主成分的样本均值。

习 题

7.1(有用结论) 设 $\boldsymbol{x}=(x_1,x_2,\cdots,x_p)'$ 的协方差矩阵为

$$
\boldsymbol{\Sigma}=\begin{pmatrix}\sigma_{11} & & & 0\\ & \sigma_{22} & & \\ & & \ddots & \\ 0 & & & \sigma_{pp}\end{pmatrix}
$$

其中 $\sigma_{11}\geqslant\sigma_{22}\geqslant\cdots\geqslant\sigma_{pp}$，试求 $\boldsymbol{x}$ 的主成分及主成分具有的特征值。该题说明了什么？

7.2(有用结论) 试证多元正态变量的主成分仍为正态变量且相互独立。

7.3(有用结论) 二维随机向量 $\boldsymbol{x}=(x_1,x_2)'$ 的相关矩阵总能表示为

$$
\boldsymbol{R}=\begin{pmatrix}1 & \rho\\ \rho & 1\end{pmatrix}
$$

故当 $\rho \neq 0$ 时从 $\boldsymbol{R}$ 出发的 $\boldsymbol{x}$ 的主成分及其贡献率应有统一的表达式，试求之。主成分所在方向与 ρ 有关吗？

7.4（有用结论）　设 $\boldsymbol{x}=(x_1,x_2,\cdots,x_p)'$ 的相关矩阵为

$$\boldsymbol{R}=\begin{pmatrix} 1 & \rho & \cdots & \rho \\ \rho & 1 & \cdots & \rho \\ \vdots & \vdots & & \vdots \\ \rho & \rho & \cdots & 1 \end{pmatrix}$$

其中 $\rho>0$，该相关矩阵常用于描述诸如生物大小等生态学变量之间的对应关系，试求 $\boldsymbol{R}$ 的特征值、特征向量及主成分的贡献率。

7.5　试对例 6.3.7 进行主成分分析。

7.6　下表中给出的是美国 50 个州每 100 000 个人中七种犯罪的比率数据，这七种犯罪是：杀人罪(x_1)、强奸罪(x_2)、抢劫罪(x_3)、伤害罪(x_4)、夜盗罪(x_5)、盗窃罪(x_6)和汽车犯罪(x_7)。试对表中犯罪数据进行主成分分析。

州	x_1	x_2	x_3	x_4	x_5	x_6	x_7
Alabama	14.2	25.2	96.8	278.3	1 135.5	1 881.9	280.7
Alaska	10.8	51.6	96.8	284.0	1 331.7	3 369.8	753.3
Arizona	9.5	34.2	138.2	312.3	2 346.1	4 467.4	439.5
Arkansas	8.8	27.6	83.2	203.4	972.6	1 862.1	183.4
California	11.5	49.4	287.0	358.0	2 139.4	3 499.8	663.5
Colorado	6.3	42.0	170.7	292.9	1 935.2	3 903.2	477.1
Connecticut	4.2	16.8	129.5	131.8	1 346.0	2 620.7	593.2
Delaware	6.0	24.9	157.0	194.2	1 682.6	3 678.4	467.0
Florida	10.2	39.6	187.9	449.1	1 859.9	3 840.5	351.4
Georgia	11.7	31.1	140.5	256.5	1 351.1	2 170.2	297.9
Hawaii	7.2	25.5	128.0	64.1	1 911.5	3 920.4	489.4
Idaho	5.5	19.4	39.6	172.5	1 050.8	2 599.6	237.6
Illinois	9.9	21.8	211.3	209.0	1 085.0	2 828.5	528.6
Indiana	7.4	26.5	123.2	153.5	1 086.2	2 498.7	377.4
Iowa	2.3	10.6	41.2	89.8	812.5	2 685.1	219.9
Kansas	6.6	22.0	100.7	180.5	1 270.4	2 739.3	244.3
Kentucky	10.1	19.1	81.1	123.3	872.2	1 662.1	245.4
Louisiana	15.5	30.9	142.9	335.5	1 165.5	2 469.9	337.7
Maine	2.4	13.5	38.7	170.0	1 253.1	2 350.7	246.9
Maryland	8.0	34.8	292.1	358.9	1 400.0	3 177.7	428.5
Massachusetts	3.1	20.8	169.1	231.6	1 532.2	2 311.3	1 140.1
Michigan	9.3	38.9	261.9	274.6	1 522.7	3 159.0	545.5
Minnesota	2.7	19.5	85.9	85.8	1 134.7	2 559.3	343.1
Mississippi	14.3	19.6	65.7	189.1	915.6	1 239.9	144.4
Missouri	9.6	28.3	189.0	233.5	1 318.3	2 424.2	378.4

续表

州	x_1	x_2	x_3	x_4	x_5	x_6	x_7
Montana	5.4	16.7	39.2	156.8	804.9	2 773.2	309.2
Nebraska	3.9	18.1	64.7	112.7	760.0	2 316.1	249.1
Nevada	15.8	49.1	323.1	355.0	2 453.1	4 212.6	559.2
New Hampshire	3.2	10.7	23.2	76.0	1 041.7	2 343.9	293.4
New Jersey	5.6	21.0	180.4	185.1	1 435.8	2 774.5	511.5
New Mexico	8.8	39.1	109.6	343.4	1 418.7	3 008.6	259.5
New York	10.7	29.4	472.6	319.1	1 728.0	2 782.0	745.8
North Carolina	10.6	17.0	61.3	318.3	1 154.1	2 037.8	192.1
Ohio	7.8	27.3	190.5	181.1	1 216.0	2 696.8	400.4
North Dakota	0.9	9.0	13.3	43.8	446.1	1 843.0	144.7
Oklahoma	8.6	29.2	73.8	205.0	1 288.2	2 228.1	326.8
Oregon	4.9	39.9	124.1	286.9	1 636.4	3 506.1	388.9
Pennsylvania	5.6	19.0	130.3	128.0	877.5	1 624.1	333.2
Rhode Island	3.6	10.5	86.5	201.0	1 489.5	2 844.1	791.4
South Carolina	11.9	33.0	105.9	485.3	1 613.6	2 342.4	245.1
South Dakota	2.0	13.5	17.9	155.7	570.5	1 704.4	147.5
Tennessee	10.1	29.7	145.8	203.9	1 259.7	1 776.5	314.0
Texas	13.3	33.8	152.4	208.2	1 603.1	2 988.7	397.6
Utah	3.5	20.3	68.8	147.3	1 171.6	3 004.6	334.5
Vermont	1.4	15.9	30.8	101.2	1 348.2	2 201.0	265.2
Virginia	9.0	23.3	92.1	165.7	986.2	2 521.2	226.7
Washington	4.3	39.6	106.2	224.8	1 605.6	3 386.9	360.3
West Virginia	6.0	13.2	42.2	90.9	597.4	1 341.7	163.3
Wisconsin	2.8	12.9	52.2	63.7	846.9	2 614.2	220.7
Wyoming	5.4	21.9	39.7	173.9	811.6	2 772.2	282.0

7.7 下表(完整数据可从本书前言中提供的网页上下载)是纽约股票交易所的五只股票(阿莱德化学、杜邦、联合碳化物、埃克森和德士古)从 1975 年 1 月到 1976 年 12 月期间的周回报率。周回报率定义为

$$周回报率=\frac{本周五收盘价-上周五收盘价}{上周五收盘价}$$

有拆股和支付股息时对收盘价进行调整,试作主成分分析。

周	阿莱德化学	杜邦	联合碳化物	埃克森	德士古
1	0.000 00	0.000 00	0.000 00	0.039 473	0.000 000
2	0.027 03	−0.044 86	−0.003 03	−0.014 466	0.043 478
3	0.122 81	0.060 77	0.088 15	0.086 238	0.078 124
4	0.057 03	0.029 95	0.066 81	0.013 513	0.019 512

续表

周	阿莱德化学	杜邦	联合碳化物	埃克森	德士古
5	0.063 67	−0.003 79	−0.039 79	−0.018 644	−0.024 154
6	0.003 52	0.050 76	0.082 87	0.074 265	0.049 504
7	−0.045 61	−0.033 01	0.002 55	−0.009 646	−0.028 301
8	0.058 82	0.041 72	0.081 43	−0.014 610	0.014 563
9	0.000 00	−0.019 42	0.002 35	0.001 647	−0.028 708
10	0.006 94	−0.025 99	0.007 04	−0.041 118	−0.024 630
⋮	⋮	⋮	⋮	⋮	⋮
91	−0.044 068	0.020 704	−0.006 224	−0.018 518	0.004 694
92	0.039 007	0.038 540	0.024 988	−0.028 301	0.032 710
93	−0.039 457	−0.029 297	−0.065 844	−0.015 837	−0.045 758
94	0.039 568	0.024 145	−0.006 608	0.028 423	−0.009 661
95	−0.031 142	−0.007 941	0.011 080	0.007 537	0.014 634
96	0.000 000	−0.020 080	−0.006 579	0.029 925	−0.004 807
97	0.021 429	0.049 180	0.006 622	−0.002 421	0.028 985
98	0.045 454	0.046 375	0.074 561	0.014 563	0.018 779
99	0.050 167	0.036 380	0.004 082	−0.011 961	0.009 216
100	0.019 108	−0.033 303	0.008 362	0.033 898	0.004 566

注：阿莱德化学、杜邦和联合碳化物属于化工类股票，埃克森和德士古属于石油类股票。

客观思考题

一、判断题

7.1　主成分所含的信息是全方位的(即所有原始变量所含的各方面信息)。　(　)

7.2　具有很小方差的最后一个主成分有时也有应用价值。　(　)

7.3　即使各原始变量的方差差异很大，从 $\boldsymbol{R}$ 出发和从 $\boldsymbol{\Sigma}$ 出发得到的主成分结果一般也比较接近。　(　)

7.4　第 i 主成分变成相反符号后仍然是第 i 主成分。　(　)

7.5　在主成分分析中，主成分和原始变量的相关系数，它与该主成分在该原始变量上的载荷同符号，且成正比。　(　)

7.6　在任何情况下，主成分都需要进行解释。　(　)

7.7　中心化的主成分与非中心化的主成分在主成分分析中所起的作用本质上相同。　(　)

7.8　在聚类分析中使用主成分的目的是为了更好地计算样品间的距离。　(　)

7.9　在大多数情况下，对时间序列数据进行主成分分析是没有意义的。　(　)

7.10　对于同样的样品和同样的原始变量，某时期的主成分分析能成功未必意味着其他时期的主成分分析也能成功。　(　)

7.11　对同样的样品和变量，按不同时期的数据各自得出的主成分一般可比较其得分大小。　(　)

7.12　名义变量数据可以用来进行主成分分析。　(　)

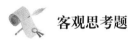

7.13 在计算主成分时,理论上样品的观测个数必须大于原始变量的个数。 ( )

7.14 对于有序变量数据,往往也可用来进行主成分分析。 ( )

二、单选题

7.15 当从相关矩阵出发进行主成分分析时,对于主成分的解释,下列表述中正确的是( )。

A. 应从载荷角度,而不应从相关系数角度

B. 应从相关系数角度,而不应从载荷角度

C. 从载荷角度好于从相关系数角度

D. 从载荷角度等价于从相关系数角度

7.16 关于主成分的含义,以下表述中,( )一般是正确的。

A. 主成分的含义和原始变量的含义同样清楚

B. 主成分的含义不如原始变量的含义清楚

C. 原始变量的含义不如主成分的含义清楚

D. 主成分的含义和原始变量的含义哪个更清楚往往不一定

7.17 利用降维之后的散点图对聚类效果进行评估,以下表述中正确的是( )。

A. 主成分得分散点图优于费希尔判别得分散点图

B. 费希尔判别得分散点图优于主成分得分散点图

C. 费希尔判别得分散点图和主成分得分散点图的效果相同

D. 费希尔判别得分散点图和主成分得分散点图哪个效果好很难给出一般的结论

7.18 利用降维之后的散点图进行聚类分析,以下表述中正确的是( )。

A. 应使用主成分得分散点图,而一般不适合使用费希尔判别得分散点图

B. 应使用费希尔判别得分散点图,而一般不适合使用主成分得分散点图

C. 一般既可使用费希尔判别得分散点图,也可使用主成分得分散点图

D. 应使用费希尔判别得分散点图还是应使用主成分得分散点图,这没有一般的说法

三、多选题

7.19 主成分分析中各主成分之间一定是( )的。

A. 相互独立　　B. 互不相关　　C. 彼此相关　　D. 所在方向彼此垂直

7.20 从样本出发求得的主成分,( )。

A. 在一定条件下使方差达到最大

B. 在一定条件下使样本方差达到最大

C. 彼此之间的协方差为零

D. 彼此之间的样本协方差为零

第八章　因子分析

§8.1　引　言

上一章我们对主成分分析作了讨论。通常，只要变量之间存在至少中等程度的相关性，前几个主成分往往就能具有较高的累计贡献率，从而较好地达到降维目的。然而，在很多情况下只是对变量作了降维还不行，还必须对主成分给出符合实际背景和意义的解释。进行这种解释，往往正是主成分分析的困难之处。本章将介绍的因子分析(factor analysis)可看作是对主成分分析的推广和发展，它也是一种重要的降维方法，其目的和用途与主成分分析类似。

因子分析起源于 20 世纪初，K. 皮尔逊(Pearson)和 C. 斯皮尔曼(Spearman)等学者为定义和测定智力所作的统计分析。因子分析的目的是，试图用几个潜在的、不可观测的随机变量(因子)来描述原始变量间的协方差或相关关系。

因子分析与主成分分析主要有如下一些区别①：(1) 主成分分析涉及的只是一般的变量变换，它不能作为一个模型来描述，本质上几乎不需要任何假定；而因子分析需要构造一个因子模型，并伴有几个关键性的假定。(2) 主成分是原始变量的线性组合；而在因子分析中，原始变量是因子的线性组合，但因子却一般不能表示为原始变量的线性组合。(3) 在主成分分析中，强调的是用少数几个主成分解释总方差；而在因子分析中，强调的是用少数几个因子去描述协方差或相关系数。(4) 主成分的解是唯一的(除非含有相同的特征值或特征向量为相反符号)；而因子的解可以有很多，表现得较为灵活(主要体现在因子旋转上)，这种灵活性使得变量在降维之后更易得到解释，这是因子分析比(需对主成分作出解释的)主成分分析有更广泛应用的一个重要原因。(5) 主成分不会因其提取个数的改变而变化，但因子往往会随模型中因子个数的不同而变化。

例 8.1.1　林登(Linden)根据他收集的来自 139 名运动员的比赛数据，对第二次世界大战以来奥林匹克十项全能比赛的得分作了因子分析研究。这十个全能项目为：100 米跑(x_1)，跳远(x_2)，铅球(x_3)，跳高(x_4)，400 米跑(x_5)，110 米跨栏(x_6)，铁饼(x_7)，撑杆跳高(x_8)，标枪(x_9)，1 500 米跑(x_{10})(样本相关矩阵见习题 8.4)。对 x_1，x_2，…，x_{10} 经标准化后所作的因子分析表明，十项得分基本上可归结于他们的爆发性臂力强度、短跑速度、爆发性腿部强度和跑的耐力这四个方面，每一方面都称为一个因子。十项得分与这四个因子之间的关系可以描述为如下的因子模型：

---

① 这里罗列出了两者的区别，读者可先有个初步的认识，待本章基本学完后再回过来进一步理解之。

$$x_i=\mu_i+a_{i1}f_1+a_{i2}f_2+a_{i3}f_3+a_{i4}f_4+\varepsilon_i,\quad i=1,2,\cdots,10$$

其中,μ_i 是 x_i 的均值;f_1, f_2, f_3, f_4 表示四个因子,称为**公共因子**(common factor),十个原始变量基本上由四个公共因子产生,各原始变量可近似表达为 f_1, f_2, f_3, f_4 的各自不同线性组合;a_{ij} 称为 x_i 在因子 f_j 上的**载荷**(loading),它反映了因子 f_j 对变量 x_i 的重要性,且被用于 f_j 的解释;ε_i 是 x_i 不能被四个公共因子解释的部分,称之为**误差**或**特殊因子**(specific factor)。

上述因子模型形式上与线性回归模型很像,但它们却有着如下本质的区别:(i) 回归模型中的自变量可以是常数,也可以是随机变量,都是可以被观测得到的;而上述因子模型中的 f_1, f_2, f_3, f_4 是潜(随机)变量,它不能被测量或观测,这使得该模型理解起来稍感困难。(ii) 两个模型的参数意义很不相同。(iii) 回归模型中描述了所有 n 个观测,而因子模型中只有一个观测向量。 □

例 8.1.2　为了评价即将进大学的高中学生的学习能力,抽了 200 名高中生进行问卷调查,共 50 个问题。所有这些问题可简单地归结为阅读理解、数学水平和艺术修养这三个方面。这也是一个因子分析模型,每一方面就是一个因子。 □

例 8.1.3　公司老板对 48 名应聘者进行面试,并给出他们在 15 个方面所得的分数,这 15 个方面是:

x_1:申请书的形式	x_9:经验
x_2:外貌	x_{10}:积极性
x_3:专业能力	x_{11}:抱负
x_4:讨人喜欢	x_{12}:理解能力
x_5:自信心	x_{13}:潜力
x_6:精明	x_{14}:交际能力
x_7:诚实	x_{15}:适应性
x_8:推销能力	

(数据见习题 8.6)。通过因子分析,这 15 个方面可以归结为应聘者的进取能干、经验、讨人喜欢的程度、专业能力和外貌这五个因子。 □

§8.2　正交因子模型

一、数学模型

设有 p 维可观测的随机向量 $\boldsymbol{x}=(x_1,x_2,\cdots,x_p)'$,其均值为 $\boldsymbol{\mu}=(\mu_1,\mu_2,\cdots,\mu_p)'$,协方差矩阵为 $\boldsymbol{\Sigma}=(\sigma_{ij})$。因子分析的一般模型为

$$\begin{cases}x_1=\mu_1+a_{11}f_1+a_{12}f_2+\cdots+a_{1m}f_m+\varepsilon_1\\x_2=\mu_2+a_{21}f_1+a_{22}f_2+\cdots+a_{2m}f_m+\varepsilon_2\\\quad\vdots\\x_p=\mu_p+a_{p1}f_1+a_{p2}f_2+\cdots+a_{pm}f_m+\varepsilon_p\end{cases}\tag{8.2.1}$$

其中 $f_1,f_2,\cdots,f_m$ 为公共因子,$\varepsilon_1,\varepsilon_2,\cdots,\varepsilon_p$ 为特殊因子,它们都是不可观测的随机变量。公

共因子 $f_1,f_2,\cdots,f_m$ 出现在每一个原始变量 $x_i(i=1,2,\cdots,p)$ 的表达式中,可理解为原始变量共同具有的公共因素;每个公共因子 $f_j(j=1,2,\cdots,m)$ 一般应至少对两个原始变量有作用,否则原则上可考虑将它归入特殊因子。每个特殊因子 $\varepsilon_i(i=1,2,\cdots,p)$ 仅仅出现在与之相应的第 i 个原始变量 x_i 的表达式中,它只对这个原始变量有作用。

(8.2.1)式可用矩阵、向量表示为

$$\boldsymbol{x}=\boldsymbol{\mu}+\boldsymbol{A}\boldsymbol{f}+\boldsymbol{\varepsilon} \tag{8.2.2}$$

式中 $\boldsymbol{f}=(f_1,f_2,\cdots,f_m)'$ 为公共因子向量,$\boldsymbol{\varepsilon}=(\varepsilon_1,\varepsilon_2,\cdots,\varepsilon_p)'$ 为特殊因子向量,$\boldsymbol{A}=(a_{ij}):p\times m$ 称为**因子载荷矩阵**。通常假定

$$\begin{cases}E(\boldsymbol{f})=\boldsymbol{0}\\ E(\boldsymbol{\varepsilon})=\boldsymbol{0}\\ V(\boldsymbol{f})=\boldsymbol{I}\\ V(\boldsymbol{\varepsilon})=\boldsymbol{D}=\mathrm{diag}(\sigma_1^2,\sigma_2^2,\cdots,\sigma_p^2)\\ \mathrm{Cov}(\boldsymbol{f},\boldsymbol{\varepsilon})=E(\boldsymbol{f}\boldsymbol{\varepsilon}')=\boldsymbol{0}\end{cases} \tag{8.2.3}$$

该假定和关系式(8.2.2)构成了**正交因子模型**。[①]

假定(8.2.3)中有五条,都是很自然的,我们可理解如下:(1) 为降维彻底(即因子数 m 达到最小),应要求公共因子 $f_1,f_2,\cdots,f_m$ 互不相关,即它们(在线性关系意义上)的信息互不重复。(2) ε_i 是 x_i 中不能被 $f_1,f_2,\cdots,f_m$(线性)解释的误差部分,故 ε_i 中应不含有 $f_1,f_2,\cdots,f_m$(在线性意义上)的信息,即 ε_i 与 $f_1,f_2,\cdots,f_m$ 都不相关,$i=1,2,\cdots,p$。(3) 进一步假定 $\varepsilon_1,\varepsilon_2,\cdots,\varepsilon_p$ 之间互不相关,意味着 $f_1,f_2,\cdots,f_m$ 可以描述 $x_1,x_2,\cdots,x_p$ 之间的所有协方差或相关系数,也就是这种协方差或相关系数与 $\varepsilon_1,\varepsilon_2,\cdots,\varepsilon_p$ 无关[②][除脚注外也可从稍后(8.2.5)或(8.2.7)式来理解]。(4) 因误差的变异性难以控制,故允许误差 $\varepsilon_1,\varepsilon_2,\cdots,\varepsilon_p$ 的方差不同。(5) $E(\boldsymbol{f})=\boldsymbol{0},E(\boldsymbol{\varepsilon})=\boldsymbol{0}$ 以及 $V(f_i)=1,\ i=1,2,\cdots,m$ 的假定只是为了使模型具有尽可能简单的结构,且不失一般性。[③]

由于因子分析中我们关注的主要是公共因子,因此今后常将公共因子简称为因子。[④]

二、正交因子模型的性质

(一)$\boldsymbol{x}$ 的协方差矩阵 $\boldsymbol{\Sigma}$ 的分解

$$\boldsymbol{\Sigma}=V(\boldsymbol{A}\boldsymbol{f}+\boldsymbol{\varepsilon})=V(\boldsymbol{A}\boldsymbol{f})+V(\boldsymbol{\varepsilon})=\boldsymbol{A}V(\boldsymbol{f})\boldsymbol{A}'+V(\boldsymbol{\varepsilon})=\boldsymbol{A}\boldsymbol{A}'+\boldsymbol{D} \tag{8.2.4}$$

---

① 如果允许 $f_1,f_2,\cdots,f_m$ 彼此间是相关的,即 $V(\boldsymbol{f})$ 不是对角矩阵,则构成的是斜交因子模型,该模型本书不作讨论。

② x_i 和 x_j 的协方差完全可用公共因子 $f_1,f_2,\cdots,f_m$ 表达如下:

$$\begin{aligned}\mathrm{Cov}(x_i,x_j)&=\mathrm{Cov}(\mu_i+a_{i1}f_1+a_{i2}f_2+\cdots+a_{im}f_m+\varepsilon_i,\ \mu_j+a_{j1}f_1+a_{j2}f_2+\cdots+a_{jm}f_m+\varepsilon_j)\\&=\mathrm{Cov}(a_{i1}f_1+a_{i2}f_2+\cdots+a_{im}f_m,\ a_{j1}f_1+a_{j2}f_2+\cdots+a_{jm}f_m)\end{aligned}$$

可见,该协方差与特殊因子 $\varepsilon_1,\varepsilon_2,\cdots,\varepsilon_p$ 无关。若原始变量已作了标准化,则上述协方差即为相关系数。

③ 如果 $E(\boldsymbol{f})\neq\boldsymbol{0},E(\boldsymbol{\varepsilon})\neq\boldsymbol{0}$ 和 $V(f_i)$ 不全为 1 但大于 0,则只需令 $\boldsymbol{\mu}^*=\boldsymbol{\mu}+\boldsymbol{A}E(\boldsymbol{f})+E(\boldsymbol{\varepsilon}),\boldsymbol{\varepsilon}^*=\boldsymbol{\varepsilon}-E(\boldsymbol{\varepsilon}),\boldsymbol{f}^*=\boldsymbol{Q}^{-1}[\boldsymbol{f}-E(\boldsymbol{f})],\boldsymbol{A}^*=\boldsymbol{A}\boldsymbol{Q}$,其中 $\boldsymbol{Q}=\mathrm{diag}(\sqrt{V(f_1)},\cdots,\sqrt{V(f_p)})$。于是,此时模型(8.2.2)可改写为

$$\boldsymbol{x}=\boldsymbol{\mu}^*+\boldsymbol{A}^*\boldsymbol{f}^*+\boldsymbol{\varepsilon}^*$$

其中 $\boldsymbol{f}^*,\boldsymbol{\varepsilon}^*$ 满足假定(8.2.3)。

④ 对第 j 个因子 f_j,$-f_j$ 也可作为第 j 个因子,相应地,载荷矩阵 $\boldsymbol{A}$ 的第 j 列元素改变正负号。

如果 $\boldsymbol{A}$ 只有少数几列，则上述分解式揭示了 $\boldsymbol{\Sigma}$ 的一个简单结构。由于 $\boldsymbol{D}$ 是对角矩阵，故 $\boldsymbol{\Sigma}$ 的非对角线元素可由 $\boldsymbol{A}$ 的元素确定，即因子载荷完全决定了原始变量之间的协方差，具体有

$$\sigma_{ij}=a_{i1}a_{j1}+a_{i2}a_{j2}+\cdots+a_{im}a_{jm},\quad 1\leqslant i\neq j\leqslant p \tag{8.2.5}$$

如果 $\boldsymbol{x}$ 为各分量已标准化了的随机向量，则 $\boldsymbol{\Sigma}$ 就是相关矩阵 $\boldsymbol{R}$，即有

$$\boldsymbol{R}=\boldsymbol{AA}'+\boldsymbol{D} \tag{8.2.6}$$

相应地有

$$\rho_{ij}=a_{i1}a_{j1}+a_{i2}a_{j2}+\cdots+a_{im}a_{jm},\quad 1\leqslant i\neq j\leqslant p \tag{8.2.7}$$

例 8.2.1　设随机向量 $\boldsymbol{x}=(x_1,x_2,x_3,x_4)'$ 的协方差矩阵为

$$\boldsymbol{\Sigma}=\begin{pmatrix} 9 & -11 & -5 & 20 \\ -11 & 27 & 17 & -42 \\ -5 & 17 & 52 & -5 \\ 20 & -42 & -5 & 86 \end{pmatrix}$$

则 $\boldsymbol{\Sigma}$ 可分解为

$$\boldsymbol{\Sigma}=\boldsymbol{AA}'+\boldsymbol{D}$$

其中

$$\boldsymbol{A}=\begin{pmatrix} 2 & -1 \\ -4 & 3 \\ 1 & 7 \\ 9 & -2 \end{pmatrix},\quad \boldsymbol{D}=\begin{pmatrix} 4 & 0 & 0 & 0 \\ 0 & 2 & 0 & 0 \\ 0 & 0 & 2 & 0 \\ 0 & 0 & 0 & 1 \end{pmatrix}$$

分解式(8.2.4)是在 $\boldsymbol{x}$ 满足正交因子模型的假定下推导出的，而对一般的 $\boldsymbol{x}$ 此假定往往是不满足的，这样(8.2.4)式就不易准确得到。当 $m=p$ 时，任何协方差矩阵 $\boldsymbol{\Sigma}$ 均可按(8.2.4)式进行分解，如可取 $\boldsymbol{A}=\boldsymbol{\Sigma}^{1/2}$，$\boldsymbol{D}=\boldsymbol{0}$，但此时的分解对因子分析来说毫无意义，因为进行因子分析的目的就是要降维。在因子分析的一般应用中，出于尽量降维的需要，我们希望 m 要比 p 小得多(除非 p 本身很小)，通常只能使这种分解近似成立。近似程度越好，表明因子模型拟合得越佳，以致用少数 m 个因子去描述原始变量间的协方差关系(或从 $\boldsymbol{R}$ 出发的相关关系)也就越有效。在因子数 m 的选择上，我们既希望 m 尽可能小，又希望因子模型的拟合尽可能好，而这两个目标是彼此矛盾的，因为通常 m 越大(小)因子模型拟合得就越佳(差)，实践中我们应根据实际情况确定一个折中、合理的 m。

(二)模型不受单位的影响

将 $\boldsymbol{x}$ 的单位作变化，通常是作一变换 $\boldsymbol{x}^*=\boldsymbol{Cx}$，这里 $\boldsymbol{C}=\mathrm{diag}(c_1,c_2,\cdots,c_p)$，$c_i>0$，$i=1,2,\cdots,p$，于是

$$\boldsymbol{x}^*=\boldsymbol{C\mu}+\boldsymbol{CAf}+\boldsymbol{C\varepsilon}$$

令 $\boldsymbol{\mu}^*=\boldsymbol{C\mu}$，$\boldsymbol{A}^*=\boldsymbol{CA}$，$\boldsymbol{\varepsilon}^*=\boldsymbol{C\varepsilon}$，则有

$$\boldsymbol{x}^*=\boldsymbol{\mu}^*+\boldsymbol{A}^*\boldsymbol{f}+\boldsymbol{\varepsilon}^*$$

这个模型能满足完全类似于(8.2.3)式的假定，即

$$\begin{cases} E(\boldsymbol{f})=\boldsymbol{0} \\ E(\boldsymbol{\varepsilon}^*)=\boldsymbol{0} \\ V(\boldsymbol{f})=\boldsymbol{I} \\ V(\boldsymbol{\varepsilon}^*)=\boldsymbol{D}^* \\ \mathrm{Cov}(\boldsymbol{f},\boldsymbol{\varepsilon}^*)=\mathrm{Cov}(\boldsymbol{f},\boldsymbol{\varepsilon})\boldsymbol{C}'=\boldsymbol{0} \end{cases}$$

其中 $\boldsymbol{D}^*=\mathrm{diag}(\sigma_1^{*2},\sigma_2^{*2},\cdots,\sigma_p^{*2})$，$\sigma_i^{*2}=c_i^2\sigma_i^2$，$i=1,2,\cdots,p$。因此，单位变换后新的模型仍为正交因子模型。

（三）因子载荷是不唯一的

设 $\boldsymbol{T}$ 为任一 $m\times m$ 正交矩阵，令 $\boldsymbol{A}^*=\boldsymbol{AT}$，$\boldsymbol{f}^*=\boldsymbol{T}'\boldsymbol{f}$，则模型(8.2.2)能表示为

$$\boldsymbol{x}=\boldsymbol{\mu}+\boldsymbol{A}^*\boldsymbol{f}^*+\boldsymbol{\varepsilon} \tag{8.2.8}$$

因为

$$E(\boldsymbol{f}^*)=\boldsymbol{T}'E(\boldsymbol{f})=\boldsymbol{0}$$
$$V(\boldsymbol{f}^*)=\boldsymbol{T}'V(\boldsymbol{f})\boldsymbol{T}=\boldsymbol{T}'\boldsymbol{T}=\boldsymbol{I}$$
$$\mathrm{Cov}(\boldsymbol{f}^*,\boldsymbol{\varepsilon})=E(\boldsymbol{f}^*\boldsymbol{\varepsilon}')=\boldsymbol{T}'E(\boldsymbol{f}\boldsymbol{\varepsilon}')=\boldsymbol{0}$$

所以仍满足条件(8.2.3)。从(8.2.4)或(8.2.8)式都可看出，$\boldsymbol{\Sigma}$ 也可分解为

$$\boldsymbol{\Sigma}=\boldsymbol{A}^*\boldsymbol{A}^{*\prime}+\boldsymbol{D} \tag{8.2.9}$$

显然，因子载荷矩阵 $\boldsymbol{A}$ 不是唯一的，在实际应用中常常利用这一点，通过因子的旋转（见稍后的§8.4），使得新的因子有更好的实际意义。

三、因子载荷矩阵的统计意义

（一）$\boldsymbol{A}$ 的元素

由(8.2.2)式知，

$$\mathrm{Cov}(\boldsymbol{x},\boldsymbol{f})=\mathrm{Cov}(\boldsymbol{Af}+\boldsymbol{\varepsilon},\boldsymbol{f})=\boldsymbol{A}V(\boldsymbol{f})+\mathrm{Cov}(\boldsymbol{\varepsilon},\boldsymbol{f})=\boldsymbol{A} \tag{8.2.10}$$

上式亦可表达为

$$\mathrm{Cov}(x_i,f_j)=a_{ij},\quad i=1,2,\cdots,p,\ j=1,2,\cdots,m \tag{8.2.10$'$}$$

即 a_{ij} 是 x_i 与 f_j 之间的协方差。若 $\boldsymbol{x}$ 为各分量已标准化了的随机向量，则

$$\rho(x_i,f_j)=\frac{\mathrm{Cov}(x_i,f_j)}{\sqrt{V(x_i)V(f_j)}}=\mathrm{Cov}(x_i,f_j)=a_{ij}$$
$$i=1,2,\cdots,p,\quad j=1,2,\cdots,m \tag{8.2.11}$$

此时载荷 a_{ij} 表示 x_i 与 f_j 之间的相关系数。

（二）$\boldsymbol{A}$ 的行元素平方和

(8.2.1)式可重新表达为

$$x_i=\mu_i+a_{i1}f_1+a_{i2}f_2+\cdots+a_{im}f_m+\varepsilon_i,\quad i=1,2,\cdots,p \tag{8.2.12}$$

等式两边取方差，得

$$\begin{aligned} V(x_i)&=a_{i1}^2V(f_1)+a_{i2}^2V(f_2)+\cdots+a_{im}^2V(f_m)+V(\varepsilon_i) \\ &=a_{i1}^2+a_{i2}^2+\cdots+a_{im}^2+\sigma_i^2,\qquad i=1,2,\cdots,p \end{aligned} \tag{8.2.13}$$

令

$$h_i^2=\sum_{j=1}^{m} a_{ij}^2,\quad i=1,2,\cdots,p \tag{8.2.14}$$

于是

$$\sigma_{ii}=h_i^2+\sigma_i^2,\quad i=1,2,\cdots,p \tag{8.2.15}$$

h_i^2 反映了公共因子对 x_i 的影响，可以看成是公共因子 $f_1,f_2,\cdots,f_m$ 对 x_i 的方差贡献，称为**共性方差**（communality）；而 σ_i^2 是特殊因子 ε_i 对 x_i 的方差贡献，称为**特殊方差**（specific variance）。当 $\boldsymbol{x}$ 为各分量已标准化了的随机向量时，$\sigma_{ii}=1$，此时有

$$h_i^2+\sigma_i^2=1,\quad i=1,2,\cdots,p \tag{8.2.16}$$

（三）**A** 的列元素平方和

由(8.2.13)式得，

$$\begin{aligned}\sum_{i=1}^{p} V(x_i)&=\sum_{i=1}^{p} a_{i1}^2 V(f_1)+\sum_{i=1}^{p} a_{i2}^2 V(f_2)+\cdots+\sum_{i=1}^{p} a_{im}^2 V(f_m)+\sum_{i=1}^{p} V(\varepsilon_i)\\&=g_1^2+g_2^2+\cdots+g_m^2+\sum_{i=1}^{p}\sigma_i^2\end{aligned} \tag{8.2.17}$$

其中

$$g_j^2=\sum_{i=1}^{p} a_{ij}^2,\quad j=1,2,\cdots,m \tag{8.2.18}$$

g_j^2 反映了公共因子 f_j 对 $x_1,x_2,\cdots,x_p$ 的影响，它是衡量公共因子 f_j 重要性的一个尺度，可视为公共因子 f_j 对 $x_1,x_2,\cdots,x_p$ 的总方差贡献。f_j 所解释的总方差的比例（或称贡献率）为 $g_j^2\Big/\sum\limits_{i=1}^{p}V(x_i)$，如果各原始变量已作了标准化，则该比例就简化为 g_j^2/p。

（四）**A** 的元素平方和

A 的元素平方和为

$$\operatorname{tr}(\boldsymbol{AA}')=\sum_{i=1}^{p}\sum_{j=1}^{m} a_{ij}^2=\sum_{i=1}^{p} h_i^2 \tag{8.2.19}$$

或表达为

$$\operatorname{tr}(\boldsymbol{A}'\boldsymbol{A})=\sum_{j=1}^{m}\sum_{i=1}^{p} a_{ij}^2=\sum_{j=1}^{m} g_j^2 \tag{8.2.20}$$

这是 $f_1, f_2,\cdots, f_m$ 对总方差的累计贡献，$f_1, f_2,\cdots, f_m$ 所解释的总方差的累计比例（或称累计贡献率）为 $\sum\limits_{j=1}^{m} g_j^2\Big/\sum\limits_{i=1}^{p}V(x_i)\left[=\sum\limits_{i=1}^{p}h_i^2\Big/\sum\limits_{i=1}^{p}V(x_i)\right]$，对于标准化了的原始变量可简化为 $\sum\limits_{j=1}^{m} g_j^2\Big/p\left(=\sum\limits_{i=1}^{p}h_i^2\Big/p\right)$。

需要指出，在正交因子模型中虽然因子 $f_1, f_2,\cdots, f_m$ 可100%地解释原始变量之间的所有协方差或相关系数，但并不能保证这些因子一定能解释 $x_1,x_2,\cdots,x_p$ 总方差的多大比例。理论上该比例可以是较低的，甚至很低，下面的例子可说明之。

例 8.2.2　对例 8.2.1 作如下修改，用 $\boldsymbol{D}^*=b\boldsymbol{D}$ 替代 $\boldsymbol{D}$，用 $\boldsymbol{\Sigma}^*=\boldsymbol{\Sigma}+(b-1)\boldsymbol{D}$ 替代 $\boldsymbol{\Sigma}$，$\boldsymbol{A}$

仍保持不变,其中常数 $b>0$①,则 $\boldsymbol{x}=(x_1,x_2,x_3,x_4)'$ 的协方差矩阵 $\boldsymbol{\Sigma}^*$ 可分解为

$$\boldsymbol{\Sigma}^*=\boldsymbol{AA}'+\boldsymbol{D}^*$$

于是,两个因子 f_1 和 f_2 所解释总方差的累计比例为

$$\frac{\operatorname{tr}(\boldsymbol{AA}')}{\operatorname{tr}(\boldsymbol{\Sigma}^*)}=\frac{\operatorname{tr}(\boldsymbol{\Sigma})-\operatorname{tr}(\boldsymbol{D})}{\operatorname{tr}(\boldsymbol{\Sigma})+(b-1)\operatorname{tr}(\boldsymbol{D})}=\frac{174-9}{174+9(b-1)}=\frac{165}{165+9b}$$

可见,b 越大(小),该累计比例就越小(大)。如取 $b=165$,则累计比例就只有 10%,当然这属于较极端的情况,实际应用中对于拟合得这么好的因子模型,这么低的累计比例一般不太会出现。□

尽管如上所述,但在因子分析的许多实践中,因子模型在拟合得好的同时,公共因子所解释的总方差的累计比例往往也是较高的。正因如此,因子分析常常如同主成分分析那样用于分析样品之间的差异性。在此种应用中,公共因子所解释的总方差的累计比例需要达到一个较高的水平。

§8.3　参数估计

设 $\boldsymbol{x}_1,\boldsymbol{x}_2,\cdots,\boldsymbol{x}_n$ 是一组 p 维样本,则 $\boldsymbol{\mu}$ 和 $\boldsymbol{\Sigma}$ 可分别估计为

$$\bar{\boldsymbol{x}}=\frac{1}{n}\sum_{i=1}^{n}\boldsymbol{x}_i \quad 和 \quad \boldsymbol{S}=\frac{1}{n-1}\sum_{i=1}^{n}(\boldsymbol{x}_i-\bar{\boldsymbol{x}})(\boldsymbol{x}_i-\bar{\boldsymbol{x}})'$$

为建立因子模型,需估计因子载荷矩阵 $\boldsymbol{A}=(a_{ij}):p\times m$ 和特殊方差矩阵 $\boldsymbol{D}=\operatorname{diag}(\sigma_1^2,\sigma_2^2,\cdots,\sigma_p^2)$。常用的参数估计方法有如下三种:主成分法、主因子法和极大似然法。②

一、主成分法

设样本协方差矩阵 $\boldsymbol{S}$ 的特征值依次为 $\hat{\lambda}_1\geqslant\hat{\lambda}_2\geqslant\cdots\geqslant\hat{\lambda}_p\geqslant0$,相应的正交单位特征向量为 $\hat{\boldsymbol{t}}_1,\hat{\boldsymbol{t}}_2,\cdots,\hat{\boldsymbol{t}}_p$。选取相对较小的因子数 m,并使得累计贡献率 $\sum_{i=1}^{m}\hat{\lambda}_i\Big/\sum_{i=1}^{p}\hat{\lambda}_i$ 达到一个较高的百分比,此时,$\hat{\lambda}_{m+1},\cdots,\hat{\lambda}_p$ 一般已相对较小,于是 $\boldsymbol{S}$ 可作如下的近似分解:

$$\begin{aligned}\boldsymbol{S}&=\hat{\lambda}_1\hat{\boldsymbol{t}}_1\hat{\boldsymbol{t}}_1'+\cdots+\hat{\lambda}_m\hat{\boldsymbol{t}}_m\hat{\boldsymbol{t}}_m'+\hat{\lambda}_{m+1}\hat{\boldsymbol{t}}_{m+1}\hat{\boldsymbol{t}}_{m+1}'+\cdots+\hat{\lambda}_p\hat{\boldsymbol{t}}_p\hat{\boldsymbol{t}}_p'\\&\approx\hat{\lambda}_1\hat{\boldsymbol{t}}_1\hat{\boldsymbol{t}}_1'+\cdots+\hat{\lambda}_m\hat{\boldsymbol{t}}_m\hat{\boldsymbol{t}}_m'+\hat{\boldsymbol{D}}\\&=\hat{\boldsymbol{A}}\hat{\boldsymbol{A}}'+\hat{\boldsymbol{D}}\end{aligned}\qquad(8.3.1)③$$

其中 $\hat{\boldsymbol{A}}=(\sqrt{\hat{\lambda}_1}\hat{\boldsymbol{t}}_1,\cdots,\sqrt{\hat{\lambda}_m}\hat{\boldsymbol{t}}_m)=(\hat{a}_{ij})$ 为 $p\times m$ 矩阵,$\hat{\boldsymbol{D}}$ 是由 $\hat{\lambda}_{m+1}\hat{\boldsymbol{t}}_{m+1}\hat{\boldsymbol{t}}_{m+1}'+\cdots+\hat{\lambda}_p\hat{\boldsymbol{t}}_p\hat{\boldsymbol{t}}_p'$ 的对角线元素构成的对角矩阵,即有 $\hat{\boldsymbol{D}}=\operatorname{diag}(\hat{\sigma}_1^2,\cdots,\hat{\sigma}_p^2)$, $\hat{\sigma}_i^2=s_{ii}-\sum_{j=1}^{m}\hat{a}_{ij}^2$, $i=1,2,\cdots,p$。这

---

① 显然,$\boldsymbol{D}^*$ 仍是对角线元素皆为正的对角矩阵,$\boldsymbol{\Sigma}^*$ 仍是正定矩阵(由 $\boldsymbol{AA}'\geqslant0,\boldsymbol{D}^*>0$ 可推得)。

② 主成分中的载荷可以从 $\boldsymbol{\Sigma}$ 或 $\boldsymbol{R}$ 出发解得,但因子载荷一般却很难从 $\boldsymbol{\Sigma}$ 或 $\boldsymbol{R}$ 出发解得,很可能根本无解(因为因子模型是我们人为地设定出来的)。所以,既然得不到准确解,我们就直接从样本出发求近似解。

③ 注意到 $\hat{\boldsymbol{t}}_1\hat{\boldsymbol{t}}_1',\cdots,\hat{\boldsymbol{t}}_p\hat{\boldsymbol{t}}_p'$ 都是一个单位向量乘上它的转置,故都属同一大小量级的 p 阶方阵。

里的 $\hat{\boldsymbol{A}}$ 和 $\hat{\boldsymbol{D}}$ 就是因子模型的一个解。因子载荷矩阵 $\hat{\boldsymbol{A}}$ 的第 j 列与从 $\boldsymbol{S}$ 出发求得的第 j 个主成分的系数向量仅相差一个倍数 $\sqrt{\hat{\lambda}_j}$ $(j=1,2,\cdots,m)$，因此这个解就称为**主成分解**。对主成分解，显然 $\hat{\boldsymbol{A}}$ 的第 j 列元素平方和 $\hat{g}_j^2=\hat{\lambda}_j$，从而 $\hat{\lambda}_j$ 可看成是第 j 个因子 f_j 对 $\boldsymbol{x}$ 的总方差贡献。还有，当因子数增加时，原来因子的估计载荷并不变。

需要指出，主成分法与主成分分析有着很相似的名称，两者很容易混淆。虽然估计的在第 j 个因子上的载荷与第 j 个样本主成分的载荷只是相差了一个正常数倍，以致第 j 个因子与第 j 个主成分的解释完全相同(稍后将说明)，但主成分法与主成分分析本质上却是两个不同的概念。主成分法是因子分析中的一种参数估计方法，它并不计算任何主成分，且旋转后的因子解释一般就与主成分明显不同了。

称 $\boldsymbol{S}-(\hat{\boldsymbol{A}}\hat{\boldsymbol{A}}'+\hat{\boldsymbol{D}})$ 为**残差矩阵**，它的对角线元素为 0，当其他非对角线元素都很小时，我们可以认为取 m 个因子的模型很好地拟合了原始数据。对于主成分解，有

$$\boldsymbol{S}-(\hat{\boldsymbol{A}}\hat{\boldsymbol{A}}'+\hat{\boldsymbol{D}})\text{的元素平方和}\leqslant\hat{\lambda}_{m+1}^2+\cdots+\hat{\lambda}_p^2 \tag{8.3.2}$$

(见习题 8.1)。因而，当被略去的特征值的平方和较小时，表明因子模型的拟合是较好的。

当 p 个原始变量的单位不同，或虽单位相同，但各变量的数值变异性相差较大时，我们应首先对原始变量作标准化变换，此时的样本协方差矩阵即为原始变量的样本相关矩阵 $\hat{\boldsymbol{R}}$，用 $\hat{\boldsymbol{R}}$ 代替(8.3.1)式中的 $\boldsymbol{S}$，可类似地求得主成分解。从(7.2.17)式可以看出，此时得到的因子载荷矩阵 $\hat{\boldsymbol{A}}$ 正是 p 个原始变量和(从 $\hat{\boldsymbol{R}}$ 出发的)前 m 个主成分的样本相关矩阵。因此，在一些统计软件(如 SPSS)中，该相关矩阵既作为因子分析的输出结果，也作为主成分分析的输出结果。

例 8.3.1　在例 7.3.2 中，分别取 $m=1$ 和 $m=2$，用主成分法估计的因子载荷和共性方差列于表 8.3.1。f_1 和 f_2 所解释的总方差的比例分别为

表 8.3.1　　**当 $m=1$ 和 $m=2$ 时的主成分解**

变量	$m=1$		$m=2$		
	因子载荷 f_1	共性方差 $\hat{h}_i^2$	因子载荷 f_1	因子载荷 f_2	共性方差 $\hat{h}_i^2$
x_1^*:100 米	0.817	0.668	0.817	0.531	0.950
x_2^*:200 米	0.867	0.752	0.867	0.432	0.939
x_3^*:400 米	0.915	0.838	0.915	0.233	0.892
x_4^*:800 米	0.949	0.900	0.949	0.012	0.900
x_5^*:1 500 米	0.959	0.920	0.959	−0.131	0.938
x_6^*:5 000 米	0.938	0.879	0.938	−0.292	0.965
x_7^*:10 000 米	0.944	0.891	0.944	−0.287	0.973
x_8^*:马拉松	0.880	0.774	0.880	−0.411	0.943
所解释的总方差的累计比例	0.828		0.828	0.938	

$$\frac{g_1^2}{8}=\frac{\hat{\lambda}_1}{8}=\frac{6.622}{8}=0.828 \quad 和 \quad \frac{g_2^2}{8}=\frac{\hat{\lambda}_2}{8}=\frac{0.878}{8}=0.110$$

我们取因子数 $m=2$，此时的残差矩阵为

$$\hat{\boldsymbol{R}}-\hat{\boldsymbol{A}}\hat{\boldsymbol{A}}'-\hat{\boldsymbol{D}}$$

$$=\begin{pmatrix} 0.000 & & & & & & & \\ -0.016 & 0.000 & & & & & & \\ -0.030 & -0.043 & 0.000 & & & & & \\ -0.025 & -0.021 & -0.001 & 0.000 & & & & \\ -0.014 & -0.000 & -0.012 & 0.009 & 0.000 & & & \\ 0.008 & 0.009 & -0.012 & -0.023 & -0.010 & 0.000 & & \\ 0.014 & 0.002 & -0.010 & -0.023 & -0.008 & 0.006 & 0.000 & \\ 0.019 & 0.011 & -0.005 & -0.024 & -0.032 & -0.013 & -0.006 & 0.000 \end{pmatrix}$$

该残差矩阵中的元素都很小，因此我们认为两因子模型很好地拟合了该数据。表 8.3.1 中两因子的共性方差估计都很大，表明两个因子能够解释各变量方差的绝大部分。

从表 8.3.1 可见，$x_1^*,x_2^*,\cdots,x_8^*$ 在 f_1 上的载荷皆为正，且大小接近，可见 f_1 对各 x_i^* 所起的作用是近似相同的。如某国家(或地区)的 f_1 值大(小)，则认为它的各 x_i^* 值都倾向于大(小)，也就是其在径赛项目上的总体实力较弱(强)。因此，因子 f_1 代表在径赛项目上的总体实力，可称为**强弱因子**。$x_1^*,x_2^*,\cdots,x_8^*$ 在 f_2 上的载荷由大到小排下来，某国家(或地区)的 f_2 值大(小)，则倾向于认为其(短跑)速度相比于耐力较弱(强)，故 f_2 反映了速度与耐力的对比。 □

例 8.3.1 中因子 f_1 和 f_2 的解释分别与例 7.3.2 中主成分 $\hat{y}_1$ 和 $\hat{y}_2$ 的解释完全一致，这并非偶然。由于第 i 个因子 f_i 的解释取决于$\sqrt{\hat{\lambda}_i}\hat{\boldsymbol{t}}_i$ 分量的符号和相对数值大小，而这与第 i 个主成分 $\hat{y}_i$ 的解释取决于 $\hat{\boldsymbol{t}}_i$ 分量的符号和相对数值大小是完全一致的，所以主成分法的因子解释与主成分分析中的主成分解释是完全相同的。

由于因子分析中强调的是用因子来描述原始变量间的协方差或相关系数而非方差，所以相比于主成分分析，因子分析有更多的场合适合从 $\hat{\boldsymbol{R}}$ 出发。

二、主因子法

主因子法是对主成分法的修正，我们这里假定原始向量 $\boldsymbol{x}$ 的各分量已作了标准化变换。如果随机向量 $\boldsymbol{x}$ 满足因子模型(8.2.2)，则有

$$\boldsymbol{R}=\boldsymbol{A}\boldsymbol{A}'+\boldsymbol{D}$$

其中 $\boldsymbol{R}$ 为 $\boldsymbol{x}$ 的相关矩阵，令

$$\boldsymbol{R}^*=\boldsymbol{R}-\boldsymbol{D}=\boldsymbol{A}\boldsymbol{A}' \tag{8.3.3}$$

则称 $\boldsymbol{R}^*$ 为 $\boldsymbol{x}$ 的**约相关矩阵**(reduced correlation matrix)。易见，$\boldsymbol{R}^*$ 中的对角线元素是 h_i^2，而不是 1，非对角线元素和 $\boldsymbol{R}$ 中是完全一样的，并且 $\boldsymbol{R}^*$ 也是一个非负定矩阵。

设 $\hat{\sigma}_i^2$ 是特殊方差 σ_i^2 的一个合适的初始估计，则约相关矩阵可估计为

$$\hat{\boldsymbol{R}}^* = \hat{\boldsymbol{R}} - \hat{\boldsymbol{D}} = \begin{pmatrix} \hat{h}_1^2 & r_{12} & \cdots & r_{1p} \\ r_{21} & \hat{h}_2^2 & \cdots & r_{2p} \\ \vdots & \vdots & & \vdots \\ r_{p1} & r_{p2} & \cdots & \hat{h}_p^2 \end{pmatrix}$$

其中$\hat{\boldsymbol{R}}=(r_{ij})$，$\hat{\boldsymbol{D}}=\mathrm{diag}(\hat{\sigma}_1^2,\hat{\sigma}_2^2,\cdots,\hat{\sigma}_p^2)$，$\hat{h}_i^2=1-\hat{\sigma}_i^2$ 是 h_i^2 的初始估计。又设$\hat{\boldsymbol{R}}^*$的前 m 个特征值依次为$\hat{\lambda}_1^*\geqslant\hat{\lambda}_2^*\geqslant\cdots\geqslant\hat{\lambda}_m^*>0$，相应的正交单位特征向量为$\hat{\boldsymbol{t}}_1^*,\hat{\boldsymbol{t}}_2^*,\cdots,\hat{\boldsymbol{t}}_m^*$，则$\boldsymbol{A}$ 的**主因子解**为

$$\hat{\boldsymbol{A}}=(\sqrt{\hat{\lambda}_1^*}\,\hat{\boldsymbol{t}}_1^*,\ \sqrt{\hat{\lambda}_2^*}\,\hat{\boldsymbol{t}}_2^*,\cdots,\ \sqrt{\hat{\lambda}_m^*}\,\hat{\boldsymbol{t}}_m^*) \qquad (8.3.4)^{①}$$

由此我们可以重新估计特殊方差，σ_i^2 的最终估计为

$$\hat{\sigma}_i^2=1-\hat{h}_i^2=1-\sum_{j=1}^m \hat{a}_{ij}^2, \qquad i=1,2,\cdots,p \qquad (8.3.5)$$

如果我们希望求得拟合程度更好的解，则可以采用迭代的方法，即利用(8.3.5)式中的$\hat{\sigma}_i^2$ 再作为特殊方差的初始估计，重复上述步骤，直至解稳定为止。该估计方法称为**迭代主因子法**。需要指出，对某些数据该迭代方法是不收敛的，且有可能导致共性方差$\hat{h}_i^2>1$②(当分解$\hat{\boldsymbol{R}}$时)。

特殊方差σ_i^2(或共性方差h_i^2)的常用初始估计方法有如下几种：

(1) 取$\hat{\sigma}_i^2=1/r^{ii}$，其中$r^{ii}$ 是$\hat{\boldsymbol{R}}^{-1}$ 的第 i 个对角线元素，此时共性方差的估计为$\hat{h}_i^2=1-\hat{\sigma}_i^2$，它是$x_i$ 和其他 $p-1$ 个变量间样本复相关系数的平方(见习题 8.2)，这是一种最为常用的初始估计方法，但该方法一般要求$\hat{\boldsymbol{R}}$ 满秩。如$\hat{\boldsymbol{R}}$ 不满秩，则可考虑下面的初始估计方法。

(2) 取$\hat{h}_i^2=\max\limits_{j\neq i}|r_{ij}|$，此时$\hat{\sigma}_i^2=1-\hat{h}_i^2$。

(3) 取$\hat{h}_i^2=1$，此时$\hat{\sigma}_i^2=0$，得到的$\hat{\boldsymbol{A}}$ 是一个主成分解。

对主因子法还需指出这样几点：

(1) $\hat{\boldsymbol{R}}^*$常常有一些小的负特征值，原因有二：(i) 实践中，因子模型的假定一般未必能完全成立，以致(8.3.3)式的后一等号未必准确成立；(ii) 即使$\boldsymbol{R}-\boldsymbol{D}$ 是非负定的，但$\hat{\boldsymbol{R}}^*$是通过两个估计矩阵$\hat{\boldsymbol{R}}$ 和$\hat{\boldsymbol{D}}$ 相减而得的，估计的误差也往往使得$\hat{\boldsymbol{R}}-\hat{\boldsymbol{D}}$ 不再保持非负定了。(2) 当因子数增加时，原来因子的估计载荷不变，f_j 对 $\boldsymbol{x}$ 的总方差贡献仍为$\hat{g}_j^2=\hat{\lambda}_j^*$。(3) 若从样本协方差矩阵$\boldsymbol{S}$ 出发来求主因子解，则可采用 $1/s^{ii}$ 作为特殊方差的初始估计，这里 s^{ii} 为$\boldsymbol{S}^{-1}$ 的第 i 个对角线元素，求解过程中需使用迭代的方法，直至解稳定为止。

例 8.3.2 在例 7.3.2 中，取 $m=2$，为求得主因子解，选用 x_i 与其他七个变量的复相关系数平方作为h_i^2 的初始估计值。计算得，

---

① 对$\hat{\boldsymbol{R}}^*$作谱分解，$\hat{\boldsymbol{R}}^*=\hat{\lambda}_1^*\hat{\boldsymbol{t}}_1^*\hat{\boldsymbol{t}}_1^{*\prime}+\cdots+\hat{\lambda}_m^*\hat{\boldsymbol{t}}_m^*\hat{\boldsymbol{t}}_m^{*\prime}+\hat{\lambda}_{m+1}^*\hat{\boldsymbol{t}}_{m+1}^*\hat{\boldsymbol{t}}_{m+1}^{*\prime}+\cdots+\hat{\lambda}_p^*\hat{\boldsymbol{t}}_p^*\hat{\boldsymbol{t}}_p^{*\prime}$，其前 m 项是$\hat{\boldsymbol{A}}\hat{\boldsymbol{A}}'$，$\sum_{i=1}^m\hat{\lambda}_i^*\Big/\sum_{i=1}^p\hat{\lambda}_i^*$ 越大，倾向认为残差矩阵$\hat{\boldsymbol{R}}^*-\hat{\boldsymbol{A}}\hat{\boldsymbol{A}}'$越接近于零矩阵，即模型拟合得越好。需注意，该累计比例不同于$\frac{1}{p}\sum_{i=1}^m\hat{\lambda}_i^*$，后者是前 m 个因子所解释的总方差的累计比例(反映了解释原始变量总方差的能力)，两者用途有所不同。

② 该结果被称为 Heywood 情况。

$$\hat{h}_1^2=0.877,\quad \hat{h}_2^2=0.888,\quad \hat{h}_3^2=0.845,\quad \hat{h}_4^2=0.884$$
$$\hat{h}_5^2=0.927,\quad \hat{h}_6^2=0.955,\quad \hat{h}_7^2=0.967,\quad \hat{h}_8^2=0.905$$

于是约相关矩阵为

$$\hat{\boldsymbol{R}}^*=\begin{pmatrix} 0.877 \\ 0.923 & 0.888 \\ 0.841 & 0.851 & 0.845 \\ 0.756 & 0.807 & 0.870 & 0.884 \\ 0.700 & 0.775 & 0.835 & 0.918 & 0.927 \\ 0.619 & 0.695 & 0.779 & 0.864 & 0.928 & 0.955 \\ 0.633 & 0.697 & 0.787 & 0.869 & 0.935 & 0.975 & 0.967 \\ 0.520 & 0.596 & 0.705 & 0.806 & 0.866 & 0.932 & 0.943 & 0.905 \end{pmatrix}$$

$\hat{\boldsymbol{R}}^*$ 的特征值为

$$\hat{\lambda}_1^*=6.530,\quad \hat{\lambda}_2^*=0.778,\quad \hat{\lambda}_3^*=0.051,\quad \hat{\lambda}_4^*=0.006$$
$$\hat{\lambda}_5^*=-0.014,\quad \hat{\lambda}_6^*=-0.015,\quad \hat{\lambda}_7^*=-0.036,\quad \hat{\lambda}_8^*=-0.053$$

从 $\hat{\lambda}_3^*$ 起特征值已接近于 0，故考虑取 $m=2$，相应的计算结果列于表 8.3.2。表中 f_1 和 f_2 所解释的总方差的比例分别计算为

$$\frac{g_1^2}{8}=\frac{\hat{\lambda}_1^*}{8}=\frac{6.530}{8}=0.816 \quad 和 \quad \frac{g_2^2}{8}=\frac{\hat{\lambda}_2^*}{8}=\frac{0.778}{8}=0.097$$

表 8.3.2　　**当 $m=2$ 时的主因子解**

变量	因子载荷		共性方差
	f_1	f_2	$\hat{h}_i^2$
x_1^* :100 米	0.807	0.496	0.897
x_2^* :200 米	0.858	0.412	0.906
x_3^* :400 米	0.900	0.216	0.856
x_4^* :800 米	0.939	0.024	0.881
x_5^* :1 500 米	0.956	−0.114	0.926
x_6^* :5 000 米	0.938	−0.282	0.960
x_7^* :10 000 米	0.946	−0.281	0.974
x_8^* :马拉松	0.874	−0.378	0.907
所解释的总方差的累计比例	0.816	0.913	

表 8.3.2 给出的结果与表 8.3.1 是类似的，因子的解释也相同。表 8.3.2 的最后一行数值不如表 8.3.1 大，这是由于主成分解的目标就是使方差得到优化。主因子解的残差矩阵为

$$\hat{\boldsymbol{R}}-\hat{\boldsymbol{A}}\hat{\boldsymbol{A}}'-\hat{\boldsymbol{D}}$$

$$=\begin{pmatrix} 0.000 \\ 0.026 & 0.000 \\ 0.008 & -0.010 & 0.000 \\ -0.013 & -0.008 & 0.021 & 0.000 \\ -0.014 & 0.002 & 0.000 & 0.024 & 0.000 \\ 0.002 & 0.007 & -0.005 & -0.010 & -0.001 & 0.000 \\ 0.009 & 0.001 & -0.003 & -0.012 & -0.002 & 0.007 & 0.000 \\ 0.002 & 0.002 & 0.000 & -0.005 & -0.013 & 0.005 & 0.010 & 0.000 \end{pmatrix}$$

比较主成分解与主因子解的残差矩阵可以看出，主因子解拟合得更好一点。□

三、极大似然法

设公共因子 $\boldsymbol{f}\sim N_m(\boldsymbol{0},\boldsymbol{I})$，特殊因子 $\boldsymbol{\varepsilon}\sim N_p(\boldsymbol{0},\boldsymbol{D})$，且相互独立，则必然有原始向量 $\boldsymbol{x}\sim N_p(\boldsymbol{\mu},\boldsymbol{\Sigma})$。由样本 $\boldsymbol{x}_1,\boldsymbol{x}_2,\cdots,\boldsymbol{x}_n$ 计算得到的似然函数是 $\boldsymbol{\mu}$ 和 $\boldsymbol{\Sigma}$ 的函数 $L(\boldsymbol{\mu},\boldsymbol{\Sigma})$。由于 $\boldsymbol{\Sigma}=\boldsymbol{A}\boldsymbol{A}'+\boldsymbol{D}$，故似然函数可更清楚地表示为 $L(\boldsymbol{\mu},\boldsymbol{A},\boldsymbol{D})$。记 $(\boldsymbol{\mu},\boldsymbol{A},\boldsymbol{D})$ 的极大似然估计为 $(\hat{\boldsymbol{\mu}},\hat{\boldsymbol{A}},\hat{\boldsymbol{D}})$，即有

$$L(\hat{\boldsymbol{\mu}},\hat{\boldsymbol{A}},\hat{\boldsymbol{D}})=\max \boldsymbol{L}(\boldsymbol{\mu},\boldsymbol{A},\boldsymbol{D})$$

可以证明，$\hat{\boldsymbol{\mu}}=\bar{\boldsymbol{x}}$，而 $\hat{\boldsymbol{A}}$ 和 $\hat{\boldsymbol{D}}$ 满足以下方程组：

$$\begin{cases}\hat{\boldsymbol{\Sigma}}\hat{\boldsymbol{D}}^{-1}\hat{\boldsymbol{A}}=\hat{\boldsymbol{A}}(\boldsymbol{I}_m+\hat{\boldsymbol{A}}'\hat{\boldsymbol{D}}^{-1}\hat{\boldsymbol{A}}) \\ \hat{\boldsymbol{D}}=\operatorname{diag}(\hat{\boldsymbol{\Sigma}}-\hat{\boldsymbol{A}}\hat{\boldsymbol{A}}')\end{cases} \tag{8.3.6}$$

其中 $\hat{\boldsymbol{\Sigma}}=\frac{1}{n}\sum_{i=1}^{n}(\boldsymbol{x}_i-\bar{\boldsymbol{x}})(\boldsymbol{x}_i-\bar{\boldsymbol{x}})'$。由于 $\boldsymbol{A}$ 的解是不唯一的，故为了得到唯一解，可附加计算上方便的唯一性条件：

$$\boldsymbol{A}'\boldsymbol{D}^{-1}\boldsymbol{A}\ \text{是对角矩阵} \tag{8.3.7}$$

(8.3.6)式中的 $\hat{\boldsymbol{A}}$ 和 $\hat{\boldsymbol{D}}$ 一般可用迭代方法解得。①

对极大似然解，各因子所解释的总方差的比例未必像主成分解及主因子解那样依次递减。还有，当因子数增加时，原来因子的估计载荷及对 $\boldsymbol{x}$ 的贡献将发生变化，这也与主成分解及主因子解不同。

上述极大似然解是在因子的正态等假定下取得的，即使正态性等假定不成立，该解也未必就不可用，其能不能用主要取决于由样本算得的残差矩阵是否接近于零。一般来说，对于任何一种(可以是上述三种估计方法之外的)估计方法产生的解，只要其残差矩阵接近于零，就是一个可接受的、较好的解。并且，从因子模型拟合的角度来说，残差矩阵越接近于零，其解就越好。

例 8.3.3　在例 7.3.2 中，取 $m=2$，极大似然法的计算结果列于表 8.3.3。h_i^2 的初始估计值与例 8.3.2 相同。表 8.3.3 中 f_1 和 f_2 所解释的总方差的比例分别计算为

$$\frac{g_1^2}{8}=\frac{6.407}{8}=0.801 \quad \text{和} \quad \frac{g_2^2}{8}=\frac{0.930}{8}=0.116$$

① 有不收敛的可能性或产生 Heywood 情况。

表 8.3.3　　**当 $m=2$ 时的极大似然解**

变量	因子载荷 f_1	因子载荷 f_2	共性方差 $\hat{h}_i^2$
x_1^*:100 米	0.731	−0.620	0.919
x_2^*:200 米	0.792	−0.545	0.924
x_3^*:400 米	0.855	−0.343	0.849
x_4^*:800 米	0.916	−0.161	0.865
x_5^*:1 500 米	0.958	−0.026	0.918
x_6^*:5 000 米	0.972	0.144	0.966
x_7^*:10 000 米	0.981	0.143	0.982
x_8^*:马拉松	0.923	0.249	0.914
所解释的总方差的累计比例	0.801	0.917	

极大似然解的残差矩阵为

$$\hat{\boldsymbol{R}}-\hat{\boldsymbol{A}}\hat{\boldsymbol{A}}'-\hat{\boldsymbol{D}}$$

$$=\begin{pmatrix} 0.000 \\ 0.006 & 0.000 \\ 0.003 & -0.013 & 0.000 \\ -0.013 & -0.006 & 0.032 & 0.000 \\ -0.016 & 0.003 & 0.008 & 0.037 & 0.000 \\ -0.002 & 0.004 & -0.003 & -0.004 & 0.000 & 0.000 \\ 0.005 & -0.002 & -0.002 & -0.006 & -0.001 & 0.001 & 0.000 \\ 0.000 & 0.002 & 0.002 & 0.001 & -0.012 & -0.001 & 0.003 & 0.000 \end{pmatrix}$$

可见,极大似然解的拟合似乎略好于主因子法。 □

§8.4　因子旋转

因子模型的参数估计完成之后,还需对模型中的公共因子进行合理的解释以有助于我们对因子的理解。与主成分分析一样,进行这种解释常常需要一定的专业知识和经验,要对每个(公共)因子给出具有实际意义的一种定义或名称。因子的解释带有一定的主观性,我们常常通过旋转因子的方法来减少这种主观性且使之更易解释。

因子是否易于解释,很大程度上取决于因子载荷矩阵 $\boldsymbol{A}$ 的元素结构。假设 $\boldsymbol{A}$ 是从相关矩阵 $\boldsymbol{R}$ 出发求得的,则 $\sum_{j=1}^{m}a_{ij}^2=h_i^2\leqslant 1$,故有 $|a_{ij}|\leqslant 1$,即 $\boldsymbol{A}$ 的所有元素均在−1 和 1 之间。如果载荷矩阵 $\boldsymbol{A}$ 的每一行元素中都有一个接近 1 或−1,而其余皆接近 0,则模型中的因子常常就易于解释,这是一种使因子解释大为简化的理想情形,称之为**简单结构**。如果载荷矩阵 $\boldsymbol{A}$ 的元素大多居中,不大不小,则对因子往往就不易作出解释。

一般地，当因子无法解释或希望改善因子的解释时，我们应考虑进行因子旋转，使得旋转之后的载荷矩阵在每一列上元素的绝对值尽量地大小拉开，也就是尽可能多地使其中的一些元素接近于0，另一些元素接近于±1，这样往往会使因子更易获得解释或改善解释。不过，需要指出的是，因子旋转并非一定能有利于因子的解释，它只是提供了因子解释成功(或改善)的更大可能性和更多机会。也有可能出现这样的情况，未旋转的因子得到了较好解释，而旋转后的因子却反而无法进行解释或解释起来变得更困难，对例7.3.3进行主成分法的因子分析就是这样一个例子。

因子旋转方法有正交旋转和斜交旋转两类，我们这里只讨论正交旋转。由(8.2.8)式知，对公共因子作正交旋转 $\boldsymbol{f}^*=\boldsymbol{T}'\boldsymbol{f}$ 的同时，载荷矩阵也相应地变为 $\boldsymbol{A}^*=\boldsymbol{AT}$。记

$$\boldsymbol{A}'=(\boldsymbol{a}_1,\boldsymbol{a}_2,\cdots,\boldsymbol{a}_p),\quad \boldsymbol{A}^{*\prime}=(\boldsymbol{a}_1^*,\boldsymbol{a}_2^*,\cdots,\boldsymbol{a}_p^*)$$

因 $\boldsymbol{A}^{*\prime}=\boldsymbol{T}'\boldsymbol{A}'$，即

$$(\boldsymbol{a}_1^*,\boldsymbol{a}_2^*,\cdots,\boldsymbol{a}_p^*)=\boldsymbol{T}'(\boldsymbol{a}_1,\boldsymbol{a}_2,\cdots,\boldsymbol{a}_p)$$

故

$$\boldsymbol{a}_i^*=\boldsymbol{T}'\boldsymbol{a}_i,\quad i=1,2,\cdots,p \tag{8.4.1}$$

几何上，考虑由变量在 m 个因子 $f_1,f_2,\cdots,f_m$ 上的载荷构成的 m 维坐标系，于是 $\boldsymbol{a}_i$ 是 x_i^* 在该坐标系下的一个坐标点。p 个坐标点 $\boldsymbol{a}_1,\boldsymbol{a}_2,\cdots,\boldsymbol{a}_p$ 经(8.4.1)式的正交旋转后转换为新坐标点 $\boldsymbol{a}_1^*,\boldsymbol{a}_2^*,\cdots,\boldsymbol{a}_p^*$，显然这 p 个点的几何结构仍保持不变。

由于

$$h_i^{*2}=\boldsymbol{a}_i^{*\prime}\boldsymbol{a}_i^*=(\boldsymbol{T}'\boldsymbol{a}_i)'(\boldsymbol{T}'\boldsymbol{a}_i)=\boldsymbol{a}_i'\boldsymbol{a}_i=h_i^2,\qquad i=1,2,\cdots,p \tag{8.4.2}$$

所以因子正交旋转并不改变共性方差，且共性方差是上述坐标点到原点的平方欧氏距离。①上式的更进一步的结论是②

$$\boldsymbol{A}^*\boldsymbol{A}^{*\prime}=\boldsymbol{ATT}'\boldsymbol{A}'=\boldsymbol{AA}' \tag{8.4.3}$$

由此得 $\mathrm{tr}(\boldsymbol{A}^*\boldsymbol{A}^{*\prime})=\mathrm{tr}(\boldsymbol{AA}')$，从而正交旋转不改变 m 个因子的累计贡献率。还有，从(8.4.3)式容易看出，经正交旋转后的残差矩阵 $\hat{\boldsymbol{R}}-(\hat{\boldsymbol{A}}^*\hat{\boldsymbol{A}}^{*\prime}+\hat{\boldsymbol{D}})=\hat{\boldsymbol{R}}-(\hat{\boldsymbol{A}}\hat{\boldsymbol{A}}'+\hat{\boldsymbol{D}})$，仍保持不变。

如果旋转后的因子载荷具有前述的简单结构，则每一变量的坐标点将接近于其中的一个新坐标轴，即它只在该轴对应的因子上有(绝对值)高的载荷，而在其余因子上仅有小的载荷。并且，此时的因子分析也能够很好地用于对变量的聚类(作聚类用途的因子未必要给出解释)。通常，因子旋转未必能达到上述这种简单结构，但旋转的目标一般应是尽可能多地让各坐标轴穿过或接近各变量点群。

例8.4.1　对十个变量从 $\boldsymbol{R}$ 出发进行因子分析，选取两个因子 f_1 和 f_2。图8.4.1中有这十个变量的坐标点，横轴 f_1 和纵轴 f_2 分别表示变量在因子 f_1 和 f_2 上的载荷③，坐标旋转后的 f_1^* 轴和 f_2^* 轴的意思类似。旋转后的因子载荷显然具有简单结构，其旋转角度可在该图中用目测法加以(主观)确定。有六个变量点在 f_1^* 轴附近，可依据这些变量的含义解释

---

① 据此也可从几何上看出共性方差对旋转的不变性。

② (8.4.2)式也可从比较(8.4.3)式的等式两边的对角线元素得出。

③ 坐标系横轴上的 f_1 并不表示因子 f_1 的取值，它只是“变量在因子 f_1 上的载荷”的简化表示；坐标系纵轴上的 f_2 含义完全类似。

f_1^*；其余四个变量点在 f_2^* 轴附近，其变量含义可解释 f_2^*。从图中能清晰看出，这十个变量可自然地聚成这样两类：{f_1^* 轴附近的六个变量}和{f_2^* 轴附近的四个变量}。 □

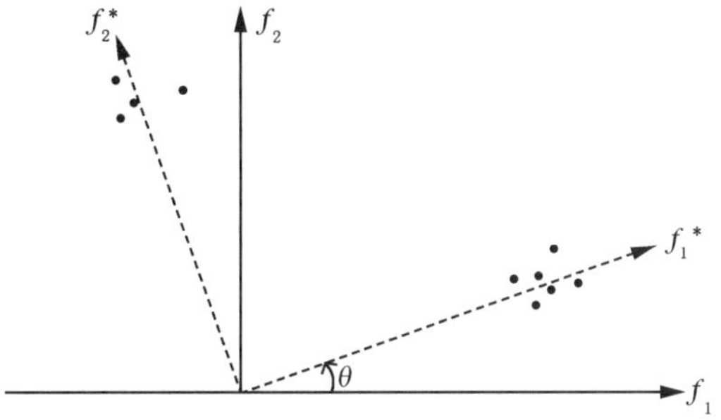

图 8.4.1　旋转后具有简单结构的因子载荷图

对 $m=2$ 时的一般情形，设按逆时针旋转的角度为 θ（如其值为负，则实为按顺时针），则旋转前后的因子载荷有如下关系式：

$$\begin{pmatrix} a_{i1}^* \\ a_{i2}^* \end{pmatrix}=\begin{pmatrix} \cos\theta & \sin\theta \\ -\sin\theta & \cos\theta \end{pmatrix}\begin{pmatrix} a_{i1} \\ a_{i2} \end{pmatrix},\quad i=1,2,\cdots,p \tag{8.4.4}$$

当因子数 $m>2$ 时，我们一般就无法通过目测确定旋转①，此时需要通过一种算法来给出正交矩阵 $\boldsymbol{T}$，不同的算法构成了正交旋转的各种不同方法，在这些方法中使用最普遍的是最大方差旋转法（varimax），本节仅介绍这一种正交旋转法。令

$$d_{ij}=\frac{a_{ij}^*}{h_i},\quad \bar{d}_j=\frac{1}{p}\sum_{i=1}^{p}d_{ij}^2$$

其中$\boldsymbol{A}^*=(a_{ij}^*)$，则 $\boldsymbol{A}^*$ 的第 j 列元素平方的**相对方差**可定义为

$$V_j=\frac{1}{p}\sum_{i=1}^{p}(d_{ij}^2-\bar{d}_j)^2 \tag{8.4.5}$$

以上用 a_{ij}^* 除以 h_i 是为了消除公共因子对各原始变量的方差贡献不同的影响，取 d_{ij}^2 是为了消除 d_{ij} 符号不同的影响。所谓**最大方差旋转法**，就是选择正交矩阵 $\boldsymbol{T}$，使得矩阵 $\boldsymbol{A}^*$ 所有 m 个列元素平方的相对方差之和

$$V=V_1+V_2+\cdots+V_m \tag{8.4.6}$$

达到最大。②

例 8.4.2　在例 8.3.1 至例 8.3.3 中分别使用最大方差旋转法，旋转后的因子载荷矩阵列于表 8.4.1。

---

① $m=3$ 时理论上可以通过目测旋转，但因实际操作麻烦尤其是旋转角度难以测量，故一般无实际价值。

② 关于 $\boldsymbol{T}$ 的求法，感兴趣的读者可从本书前言中提供的网址上下载参阅，是本书原第三版的内容。

表 8.4.1 旋转后的因子载荷估计

变量	主成分		主因子		极大似然	
	f_1^*	f_2^*	f_1^*	f_2^*	f_1^*	f_2^*
x_1^*:100 米	0.274	0.935	0.287	0.903	0.288	0.914
x_2^*:200 米	0.376	0.893	0.381	0.872	0.379	0.883
x_3^*:400 米	0.543	0.773	0.541	0.751	0.541	0.746
x_4^*:800 米	0.712	0.627	0.695	0.631	0.689	0.624
x_5^*:1 500 米	0.813	0.525	0.799	0.537	0.797	0.532
x_6^*:5 000 米	0.902	0.389	0.895	0.399	0.899	0.397
x_7^*:10 000 米	0.903	0.397	0.900	0.405	0.906	0.402
x_8^*:马拉松	0.936	0.261	0.909	0.284	0.914	0.281
所解释的总方差的累计比例	0.523	0.938	0.510	0.914	0.512	0.917

三种方法的因子载荷估计经因子旋转之后给出了大致相同的结果,$x_1^*,x_2^*,\cdots,x_8^*$ 在因子 f_1^* 上的载荷依次增大,在因子 f_2^* 上的载荷依次减小,可称 f_1^* 为**耐力因子**,称 f_2^* 为(**短跑**)**速度因子**。

将(主成分解的)因子载荷配对$(\hat{a}_{i1},\hat{a}_{i2})$在图 8.4.2 中用点表示,所有坐标点均落在以原点为中心半径为 1 的圆内,在点上标出相应变量的序号。使用最大方差旋转法后,因子按顺时针方向旋转了 40.6°($\theta=-40.6°$),点 i 在新坐标系下的坐标为旋转后的因子载荷配对$(\hat{a}_{i1}^*,\hat{a}_{i2}^*)$。从图中也可直接看出旋转后因子的实际意义。 □

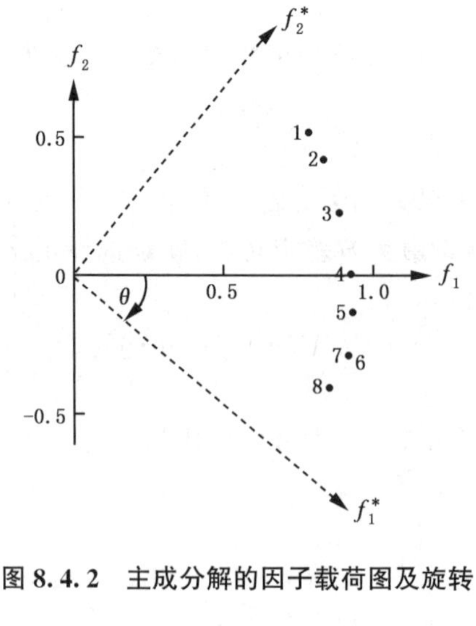

图 8.4.2 主成分解的因子载荷图及旋转

例 8.4.3 对例 6.3.7 中的八个变量进行因子分析,主成分解、主因子解和极大似然解的因子载荷见表 8.4.2。这三种解的结果相近,f_1 都可称为(**身材**)**大小因子**,f_2 也都可称为**形状**(**或胖瘦**)**因子**。

表 8.4.2　　**$m=2$ 时的因子载荷估计**

变量	主成分		主因子		极大似然	
	f_1	f_2	f_1	f_2	f_1	f_2
x_1^*:身高	0.859	−0.372	0.857	−0.317	0.880	−0.238
x_2^*:手臂长	0.842	−0.441	0.846	−0.398	0.873	−0.360
x_3^*:上肢长	0.813	−0.459	0.810	−0.402	0.846	−0.344
x_4^*:下肢长	0.840	−0.395	0.832	−0.335	0.855	−0.264
x_5^*:体重	0.758	0.525	0.728	0.537	0.705	0.643
x_6^*:颈围	0.674	0.533	0.627	0.494	0.589	0.538
x_7^*:胸围	0.617	0.580	0.567	0.516	0.527	0.554
x_8^*:胸宽	0.671	0.418	0.607	0.360	0.574	0.365
所解释的总方差的累计比例	0.584	0.806	0.551	0.734	0.554	0.744

经最大方差旋转法旋转后的因子载荷见表 8.4.3。该表显示的三种方法的因子载荷也都很相似,并都呈现出几乎相同的简单结构,以致因子的解释也都相同。x_1^*,x_2^*,x_3^*,x_4^* 在 f_1^* 上有很高的正载荷,x_5^*,x_6^*,x_7^*,x_8^* 在 f_1^* 上有小的正载荷,故 f_1^* 可称为(**身材**)**纵向**(或**长度**)**因子**;而 x_1^*,x_2^*,x_3^*,x_4^* 在 f_2^* 上有小的正载荷,x_5^*,x_6^*,x_7^*,x_8^* 在 f_2^* 上有较高的正载荷,故 f_2^* 可称为(**身材**)**横向**(或**宽度**或**围度**)**因子**。

表 8.4.3　　**旋转后的因子载荷估计**

变量	主成分		主因子		极大似然	
	f_1^*	f_2^*	f_1^*	f_2^*	f_1^*	f_2^*
x_1^*:身高	0.900	0.260	0.870	0.279	0.863	0.293
x_2^*:手臂长	0.930	0.195	0.911	0.209	0.926	0.187
x_3^*:上肢长	0.919	0.164	0.885	0.183	0.894	0.185
x_4^*:下肢长	0.899	0.229	0.862	0.250	0.857	0.258
x_5^*:体重	0.251	0.887	0.242	0.872	0.227	0.927
x_6^*:颈围	0.181	0.840	0.188	0.776	0.189	0.775
x_7^*:胸围	0.107	0.840	0.128	0.756	0.129	0.753
x_8^*:胸宽	0.251	0.750	0.255	0.658	0.273	0.623
所解释的总方差的累计比例	0.437	0.806	0.410	0.734	0.414	0.744

比较因子旋转前后的因子解释,应该说旋转后的因子不如旋转前的因子有更符合实际需要的解释。单从这一点来看,所作的因子旋转并不是很成功。不过,旋转后因子载荷所呈现出的简单结构却可以很好地被用来对变量进行聚类。① 以上三种解都可将所有八个变量分为与

① 当 $m=2$ 时,未必需要通过旋转得到因子载荷的简单结构来对变量进行聚类,也可从因子载荷图(如图 8.4.1)中直接观测进行聚类。

f_1^* 关系密切的$\{x_1^*, x_2^*, x_3^*, x_4^*\}$和与 f_2^* 关系密切的$\{x_5^*, x_6^*, x_7^*, x_8^*\}$两类，这与例 6.3.7 中的各聚类方法得到的结果相同。 □

注 给因子取名只是指出其大致含义而非确切含义，从表面名称来看，纵向因子和横向因子似乎应是相关的，但实际上（正交因子模型中的）因子之间是彼此不相关的，在这一点上我们不能被因子表面的名称所迷惑。

例 8.4.4 沪市 604 家上市公司 2001 年财务报表中有这样十个主要财务指标（数据可从本书前言中提供的网址上下载）：

x_1：主营业务收入（元） x_6：每股净资产（元）
x_2：主营业务利润（元） x_7：净资产收益率（%）
x_3：利润总额（元） x_8：总资产收益率（%）
x_4：净利润（元） x_9：资产总计（元）
x_5：每股收益（元） x_{10}：股本

上述十个指标的样本相关矩阵列于表 8.4.4。

表 8.4.4 十个财务指标的样本相关矩阵

	x_1	x_2	x_3	x_4	x_5	x_6	x_7	x_8	x_9	x_{10}
x_1	1.000									
x_2	0.723	1.000								
x_3	0.427	0.743	1.000							
x_4	0.407	0.697	0.982	1.000						
x_5	0.171	0.325	0.539	0.559	1.000					
x_6	0.149	0.228	0.284	0.274	0.585	1.000				
x_7	0.096	0.177	0.362	0.402	0.776	0.218	1.000			
x_8	0.066	0.204	0.455	0.500	0.849	0.290	0.833	1.000		
x_9	0.748	0.768	0.574	0.567	0.125	0.138	0.067	0.058	1.000	
x_{10}	0.622	0.619	0.485	0.500	0.002	−0.066	0.033	0.051	0.861	1.000

我们从相关矩阵出发，选择主成分法，相关矩阵的前四个特征值为

$$\hat{\lambda}_1=4.879,\quad \hat{\lambda}_2=2.574,\quad \hat{\lambda}_3=0.929,\quad \hat{\lambda}_4=0.713$$

取三个和四个因子的所解释总方差的累计比例分别达到 83.82%和 90.95%，如取因子数 $m=3$，则相应结果列于表 8.4.5。

根据表 8.4.5 中的因子载荷估计很难给出公共因子的解释，我们采用最大方差旋转法旋转因子，旋转后的因子载荷估计列于表 8.4.6 中。

从表 8.4.6 可见，$x_1^*, x_2^*, x_3^*, x_4^*, x_9^*, x_{10}^*$ 在因子 f_1^* 上都具有大的正载荷，而 $x_5^*, x_6^*, x_7^*, x_8^*$ 在 f_1^* 上的载荷都很小，因而该因子可称为股票的**规模因子**。在因子 f_2^* 上，x_5^*, x_7^*, x_8^* 都有很大的正载荷，x_3^* 和 x_4^* 有中等的正载荷，而其余变量只有小的载荷，该因子可称为股票的（主要反映相对量的）**盈利因子**。在因子 f_3^* 上，x_6^* 有很大的正载荷，x_5^* 有中等的正载荷，而其余变量的载荷基本都较小，这个因子可称为股票的**每股价值因子**。

表 8.4.5 **$m=3$ 时的主成分解**

变量	因子载荷			共性方差
	f_1	f_2	f_3	$\hat{h}_i^2$
x_1^*:主营业务收入	0.659	−0.472	0.121	0.672
x_2^*:主营业务利润	0.835	−0.346	0.097	0.826
x_3^*:利润总额	0.886	0.003	−0.037	0.786
x_4^*:净利润	0.888	0.037	−0.082	0.796
x_5^*:每股收益	0.666	0.692	0.109	0.934
x_6^*:每股净资产	0.391	0.367	0.814	0.951
x_7^*:净资产收益率	0.527	0.670	−0.325	0.832
x_8^*:总资产收益率	0.581	0.703	−0.260	0.899
x_9^*:资产总计	0.747	−0.564	0.019	0.877
x_{10}^*:股本	0.636	−0.596	−0.219	0.808
所解释的总方差的累计比例	0.488	0.745	0.838	

表 8.4.6 **旋转后的因子载荷估计**

变量	因子载荷			共性方差
	f_1^*	f_2^*	f_3^*	$\hat{h}_i^2$
x_1^*:主营业务收入	0.809	−0.029	0.129	0.672
x_2^*:主营业务利润	0.874	0.171	0.182	0.826
x_3^*:利润总额	0.706	0.509	0.167	0.786
x_4^*:净利润	0.688	0.552	0.135	0.796
x_5^*:每股收益	0.115	0.849	0.447	0.934
x_6^*:每股净资产	0.082	0.199	0.951	0.951
x_7^*:净资产收益率	0.022	0.912	0.004	0.832
x_8^*:总资产收益率	0.045	0.943	0.087	0.899
x_9^*:资产总计	0.936	−0.012	0.028	0.877
x_{10}^*:股本	0.869	−0.013	−0.228	0.808
所解释的总方差的累计比例	0.404	0.712	0.838	

如取因子数 $m=4$,则因子经最大方差旋转法旋转之后的有关结果见表 8.4.7。该表中的因子已不同于表 8.4.6 中的因子,但表 8.4.7 中 f_1^*,f_2^*,f_4^* 的解释与表 8.4.6 中的因子解释基本相同。我们称 f_1^* 为**规模因子**,称 f_2^* 为**相对盈利因子**,称 f_3^* 为**利润因子**,称 f_4^* 为**每股价值因子**。□

表 8.4.7　　$m=4$ 时经旋转后的因子载荷估计

变量	因子载荷				共性方差
	f_1^*	f_2^*	f_3^*	f_4^*	$\hat{h}_i^2$
x_1^*:主营业务收入	0.903	0.065	0.041	0.156	0.846
x_2^*:主营业务利润	0.725	0.087	0.515	0.172	0.828
x_3^*:利润总额	0.354	0.273	0.876	0.124	0.983
x_4^*:净利润	0.343	0.322	0.864	0.094	0.977
x_5^*:每股收益	0.037	0.814	0.288	0.443	0.944
x_6^*:每股净资产	0.047	0.186	0.122	0.950	0.955
x_7^*:净资产收益率	0.049	0.951	0.085	0.014	0.915
x_8^*:总资产收益率	−0.009	0.924	0.237	0.085	0.917
x_9^*:资产总计	0.900	−0.014	0.305	0.036	0.904
x_{10}^*:股本	0.838	−0.015	0.276	−0.221	0.827
所解释的总方差的累计比例	0.310	0.575	0.786	0.910	

注　在该例中,我们原先共收集到 611 只股票的公司财务报表,在作因子分析之前应先删去一些数据异常的股票。首先,删去这样三只股票:“PT 郑百”($x_6=-6.166$ 元),“ST 同达”($x_6=-0.488$ 元)和“PT 红光”($x_6=0.006$ 元)。其原因有两个:(1)这三只股票的每股净资产为负或非常接近于零,它们的净资产收益率没有意义。(2)“PT 红光”和“ST 同达”的净资产收益率(x_7)分别是 621.15 和 82.34,在数值上比排名第三的 40.20 要大许多,特别是前者为一个非常大的异常值,会对因子分析的结果产生明显的不良影响。其次,通过对留下的 608 只股票的前两个主成分得分作散点图检测出数据异常的四只股票,它们是“中国石化”“宝钢股份”“华能国际”和“浦发银行”,这是样本中规模最大的四只股票。在进行因子分析前,应将它们剔除,尤其是“中国石化”为一个规模特大的股票,会明显影响所作因子分析的结果。表 8.4.8 是根据 608 家数据计算出的上述十个财务指标的样本相关矩阵,对照表 8.4.4 可以看出,表 8.4.8 中的许多样本相关系数值严重地受到了这四个异常值的影响。

表 8.4.8　　由 608 家上市公司数据计算的样本相关矩阵

	x_1	x_2	x_3	x_4	x_5	x_6	x_7	x_8	x_9	x_{10}
x_1	1.000									
x_2	0.993	1.000								
x_3	0.970	0.983	1.000							
x_4	0.956	0.972	0.997	1.000						
x_5	0.024	0.044	0.108	0.133	1.000					
x_6	−0.018	−0.008	0.017	0.027	0.585	1.000				
x_7	0.032	0.041	0.088	0.109	0.776	0.218	1.000			
x_8	0.016	0.036	0.093	0.118	0.846	0.291	0.831	1.000		
x_9	0.905	0.899	0.917	0.911	0.041	−0.013	0.040	0.009	1.000	
x_{10}	0.989	0.990	0.975	0.964	0.001	−0.051	0.024	0.016	0.911	1.000

§8.5　因子得分

在前面的讨论中，我们根据样本 $\boldsymbol{x}_1,\boldsymbol{x}_2,\cdots,\boldsymbol{x}_n$ 建立了因子模型，包括选择合适的公共因子个数 m，估计出因子载荷矩阵 $\boldsymbol{A}$ 和特殊方差矩阵 $\boldsymbol{D}$，并试图对公共因子 $f_1, f_2, \cdots, f_m$ 进行合理的解释。如果对这些因子还难以作出解释或希望得到更好的解释，就试图再作因子旋转，以使新的因子能有更鲜明的实际意义。在一些应用中，所做的这些已经达到了因子分析的目的。而在另一些应用中，我们感兴趣的还有另外一个问题，就是给出每一样品 $\boldsymbol{x}_j$ 关于 m 个公共因子的得分。这样，就可以用 m 个因子得分取代 p 个原始变量值，以实现降维后再对各样品进行比较分析等的目的。必须指出的是，因子得分的计算并不是通常意义下的参数估计，而是对不可观测的随机变量 $f_1, f_2, \cdots, f_m$ 的取值作出估计。本节我们介绍两种常用的因子得分估计方法：加权最小二乘法和回归法，并对两者进行比较。回归法相比加权最小二乘法有着更高的估计精度（见本节第三部分），因而在实际应用中，回归法应用得最为广泛。

一、加权最小二乘法

在因子模型(8.2.1)中，我们可以采用类似于求解线性回归模型的方法来得到 $f_1, f_2, \cdots, f_m$ 的近似解。由于 p 个特殊方差一般并不假定相等，因此应采用加权的最小二乘估计法，也就是寻求 $f_1, f_2, \cdots, f_m$ 的一组取值 $\hat{f}_1,\hat{f}_2,\cdots,\hat{f}_m$，使得加权的"偏差"平方和

$$\sum_{i=1}^{p}[x_i-(\mu_i+a_{i1}\hat{f}_1+a_{i2}\hat{f}_2+\cdots+a_{im}\hat{f}_m)]^2/\sigma_i^2 \tag{8.5.1}$$

达到最小，这样求得的解 $\hat{f}_1,\hat{f}_2,\cdots,\hat{f}_m$ 就是用加权最小二乘法得到的因子得分，有时称之为**巴特莱特**(Bartlett，1937)**因子得分**。

(8.5.1)式可用矩阵表示为

$$(\boldsymbol{x}-\boldsymbol{\mu}-\boldsymbol{A}\hat{\boldsymbol{f}})'\boldsymbol{D}^{-1}(\boldsymbol{x}-\boldsymbol{\mu}-\boldsymbol{A}\hat{\boldsymbol{f}}) \tag{8.5.2}$$

其中 $\hat{\boldsymbol{f}}=(\hat{f}_1,\hat{f}_2,\cdots,\hat{f}_m)'$。用微分学求极值的方法可以解得因子得分为

$$\hat{\boldsymbol{f}}=(\boldsymbol{A}'\boldsymbol{D}^{-1}\boldsymbol{A})^{-1}\boldsymbol{A}'\boldsymbol{D}^{-1}(\boldsymbol{x}-\boldsymbol{\mu}) \tag{8.5.3}$$

在实际应用中，用估计值 $\bar{\boldsymbol{x}},\hat{\boldsymbol{A}},\hat{\boldsymbol{D}}$ 分别代替上述公式中的 $\boldsymbol{\mu},\boldsymbol{A},\boldsymbol{D}$，并将每个样品的数据 $\boldsymbol{x}_j$ 代入，便可得到相应的因子得分

$$\hat{\boldsymbol{f}}_j=(\hat{\boldsymbol{A}}'\hat{\boldsymbol{D}}^{-1}\hat{\boldsymbol{A}})^{-1}\hat{\boldsymbol{A}}'\hat{\boldsymbol{D}}^{-1}(\boldsymbol{x}_j-\bar{\boldsymbol{x}}) \tag{8.5.4}$$

二、回归法

在因子模型(8.2.2)中，假设 $\begin{pmatrix}\boldsymbol{f}\\ \boldsymbol{\varepsilon}\end{pmatrix}$ 服从 $(m+p)$ 元正态分布，则

$$\begin{pmatrix}\boldsymbol{f}\\\boldsymbol{x}\end{pmatrix}=\begin{pmatrix}\boldsymbol{f}\\\boldsymbol{\mu}+\boldsymbol{A}\boldsymbol{f}+\boldsymbol{\varepsilon}\end{pmatrix}=\begin{pmatrix}\boldsymbol{0}\\\boldsymbol{\mu}\end{pmatrix}+\begin{pmatrix}\boldsymbol{I}_m&\boldsymbol{0}\\\boldsymbol{A}&\boldsymbol{I}_p\end{pmatrix}\begin{pmatrix}\boldsymbol{f}\\\boldsymbol{\varepsilon}\end{pmatrix}\tag{8.5.5}$$

亦服从$(m+p)$元正态分布。由(8.2.3)和(8.5.5)式可得其均值和协方差矩阵分别为

$$E\begin{pmatrix}\boldsymbol{f}\\\boldsymbol{x}\end{pmatrix}=\begin{pmatrix}\boldsymbol{0}\\\boldsymbol{\mu}\end{pmatrix}\tag{8.5.6}$$

$$\begin{aligned}V\begin{pmatrix}\boldsymbol{f}\\\boldsymbol{x}\end{pmatrix}&=\begin{pmatrix}\boldsymbol{I}_m&\boldsymbol{0}\\\boldsymbol{A}&\boldsymbol{I}_p\end{pmatrix}V\begin{pmatrix}\boldsymbol{f}\\\boldsymbol{\varepsilon}\end{pmatrix}\begin{pmatrix}\boldsymbol{I}_m&\boldsymbol{0}\\\boldsymbol{A}&\boldsymbol{I}_p\end{pmatrix}'=\begin{pmatrix}\boldsymbol{I}_m&\boldsymbol{0}\\\boldsymbol{A}&\boldsymbol{I}_p\end{pmatrix}\begin{pmatrix}\boldsymbol{I}_m&\boldsymbol{0}\\\boldsymbol{0}&\boldsymbol{D}\end{pmatrix}\begin{pmatrix}\boldsymbol{I}_m&\boldsymbol{A}'\\\boldsymbol{0}&\boldsymbol{I}_p\end{pmatrix}\\&=\begin{pmatrix}\boldsymbol{I}_m&\boldsymbol{A}'\\\boldsymbol{A}&\boldsymbol{A}\boldsymbol{A}'+\boldsymbol{D}\end{pmatrix}=\begin{pmatrix}\boldsymbol{I}_m&\boldsymbol{A}'\\\boldsymbol{A}&\boldsymbol{\Sigma}\end{pmatrix}\end{aligned}\tag{8.5.7}$$

[该式也可利用(8.2.10)式直接推得]。

由(3.2.6)式知,在 $\boldsymbol{x}$ 给定的条件下,$\boldsymbol{f}$ 的条件数学期望

$$\hat{\boldsymbol{f}}=E(\boldsymbol{f}\mid\boldsymbol{x})=\boldsymbol{A}'\boldsymbol{\Sigma}^{-1}(\boldsymbol{x}-\boldsymbol{\mu})\tag{8.5.8}$$

再由(8.2.4)式知,$\boldsymbol{\Sigma}=\boldsymbol{A}\boldsymbol{A}'+\boldsymbol{D}$,因此(8.5.8)式也可表示为

$$\hat{\boldsymbol{f}}=\boldsymbol{A}'(\boldsymbol{A}\boldsymbol{A}'+\boldsymbol{D})^{-1}(\boldsymbol{x}-\boldsymbol{\mu})\tag{8.5.9}$$

或者

$$\hat{\boldsymbol{f}}=(\boldsymbol{I}+\boldsymbol{A}'\boldsymbol{D}^{-1}\boldsymbol{A})^{-1}\boldsymbol{A}'\boldsymbol{D}^{-1}(\boldsymbol{x}-\boldsymbol{\mu})\tag{8.5.10}$$

上面两式相等,这是因为(可以直接验证)

$$\boldsymbol{A}'(\boldsymbol{A}\boldsymbol{A}'+\boldsymbol{D})^{-1}=(\boldsymbol{I}+\boldsymbol{A}'\boldsymbol{D}^{-1}\boldsymbol{A})^{-1}\boldsymbol{A}'\boldsymbol{D}^{-1}$$

$\hat{\boldsymbol{f}}$ 就是用回归法得到的因子得分,有时称之为**汤姆森**(Thompson,1951)**因子得分**。在实际应用中,可用 $\bar{\boldsymbol{x}}$,$\hat{\boldsymbol{A}}$,$\hat{\boldsymbol{D}}$ 分别代替(8.5.9)或(8.5.10)式中的 $\boldsymbol{\mu}$,$\boldsymbol{A}$,$\boldsymbol{D}$,但我们更倾向于用 $\bar{\boldsymbol{x}}$,$\hat{\boldsymbol{A}}$,$\boldsymbol{S}$ 代替(8.5.8)式中 $\boldsymbol{\mu}$, $\boldsymbol{A}$, $\boldsymbol{\Sigma}$ 的方式来求得因子得分,这样可减少估计的误差(因为 $\hat{\boldsymbol{A}}$ 和 $\hat{\boldsymbol{D}}$ 是从 $\boldsymbol{S}$ 出发近似得到的)。样品 $\boldsymbol{x}_j$ 的因子得分

$$\hat{\boldsymbol{f}}_j=\hat{\boldsymbol{A}}'\boldsymbol{S}^{-1}(\boldsymbol{x}_j-\bar{\boldsymbol{x}})\tag{8.5.11}$$

需要指出,虽然(8.5.3)和(8.5.10)式的因子得分都表达为原始变量的线性组合,但这都只是由因子取值的估计方法产生的结果,并不表明因子真的可以表达为原始变量的线性组合,事实上做不到这一点。

例 8.5.1　在例 8.4.4 中,取 $m=3$,用回归法得到的因子得分为

$$\hat{\boldsymbol{f}}^*=\hat{\boldsymbol{A}}^{*\prime}\hat{\boldsymbol{R}}^{-1}\boldsymbol{x}^*$$

其中 $\boldsymbol{x}^*=(x_1^*,x_2^*,\cdots,x_p^*)'$,$x_i^*$ 为 x_i 的标准化值, $i=1,2,\cdots,p$。经计算,

$$\begin{aligned}\hat{f}_1^*=&0.217x_1^*+0.216x_2^*+0.145x_3^*+0.138x_4^*-0.054x_5^*\\&-0.032x_6^*-0.066x_7^*-0.066x_8^*+0.254x_9^*+0.246x_{10}^*\end{aligned}$$

$$\begin{aligned}\hat{f}_2^*=&-0.109x_1^*-0.043x_2^*+0.116x_3^*+0.144x_4^*+0.235x_5^*\\&-0.165x_6^*+0.381x_7^*+0.371x_8^*-0.086x_9^*-0.016x_{10}^*\end{aligned}$$

$$\begin{aligned}\hat{f}_3^*=&0.100x_1^*+0.098x_2^*+0.004x_3^*-0.037x_4^*+0.216x_5^*\\&+0.876x_6^*-0.229x_7^*-0.157x_8^*-0.008x_9^*-0.255x_{10}^*\end{aligned}$$

将 604 家上市公司财务报表中的十个指标数值 $x_1, x_2, \cdots, x_{10}$ 经标准化后代入上述因子得分公式可得每个股票的三个因子得分数值。分别按因子得分 $\hat{f}_1^*$，$\hat{f}_2^*$，$\hat{f}_3^*$ 的数值大小由高到低排序列于表 8.5.1、表 8.5.2 和表 8.5.3，限于篇幅，每张表只列出了排在前十位和后十位的股票。从表 8.4.6 可知，表 8.5.1 中各股票的顺序反映了股票的规模由大到小的排序，表 8.5.2 中的股票顺序反映了股票的盈利由高到低的排序，表 8.5.3 中的股票顺序反映了股票的每股价值由高到低的排序。

表 8.5.1　　按规模因子得分 $\hat{f}_1^*$ 的排序

序号	股票名称	因子得分			序号	股票名称	因子得分		
		$\hat{f}_1^*$	$\hat{f}_2^*$	$\hat{f}_3^*$			$\hat{f}_1^*$	$\hat{f}_2^*$	$\hat{f}_3^*$
1	上海石化	8.580	−2.704	−2.168	⋮	⋮	⋮	⋮	⋮
2	东方航空	7.446	−2.089	−1.861	595	康美药业	−0.701	0.231	1.624
3	兖州煤业	6.924	1.513	−0.044	596	潜江制药	−0.706	−0.430	2.085
4	马钢股份	6.175	−1.251	−2.804	597	浏阳花炮	−0.709	0.146	0.655
5	宁沪高速	5.341	0.835	−2.220	598	浪潮软件	−0.713	1.625	−1.313
6	广州控股	4.101	2.596	0.640	599	兆维科技	−0.728	2.511	−1.366
7	青岛海尔	4.022	0.954	3.160	600	PT 农商社	−0.751	0.516	0.510
8	四川长虹	3.996	−2.027	1.907	601	三佳模具	−0.776	0.527	0.385
9	仪征化纤	3.873	−0.964	−1.598	602	雄震集团	−0.817	1.175	−1.407
10	上海汽车	3.834	1.293	−0.666	603	中软股份	−1.023	2.715	−1.685
⋮	⋮	⋮	⋮	⋮	604	天地科技	−1.023	2.355	−0.946

表 8.5.2　　按盈利因子得分 $\hat{f}_2^*$ 的排序

序号	股票名称	因子得分			序号	股票名称	因子得分		
		$\hat{f}_1^*$	$\hat{f}_2^*$	$\hat{f}_3^*$			$\hat{f}_1^*$	$\hat{f}_2^*$	$\hat{f}_3^*$
1	中软股份	−1.023	2.715	−1.685	⋮	⋮	⋮	⋮	⋮
2	广州控股	4.101	2.596	0.640	595	东方电机	−0.246	−3.212	−0.385
3	广汇股份	0.517	2.534	−1.608	596	ST 嘉陵	−0.144	−3.570	−0.284
4	兆维科技	−0.728	2.511	−1.366	597	ST 海药	−0.089	−3.709	0.225
5	长江通信	−0.657	2.369	1.899	598	鼎天科技	0.034	−4.230	−0.209
6	天地科技	−1.023	2.355	−0.946	599	大元股份	0.111	−4.559	0.284
7	申能股份	3.248	2.158	−0.498	600	新城 B 股	−0.080	−4.687	−0.086
8	上港集箱	2.992	2.112	1.624	601	银鸽投资	−0.063	−4.869	−0.086
9	中远航运	−0.588	1.957	−1.449	602	济南百货	0.083	−4.968	0.012
10	创业环保	0.797	1.755	−2.099	603	ST 东锅	0.263	−5.979	0.272
⋮	⋮	⋮	⋮	⋮	604	国嘉实业	0.491	−7.730	1.055

表 8.5.3　　按每股价值因子得分 $\hat{f}_3^*$ 的排序

序号	股票名称	因子得分			序号	股票名称	因子得分		
		$\hat{f}_1^*$	$\hat{f}_2^*$	$\hat{f}_3^*$			$\hat{f}_1^*$	$\hat{f}_2^*$	$\hat{f}_3^*$
1	贵州茅台	0.877	1.366	5.750	⋮	⋮	⋮	⋮	⋮
2	用友软件	−0.581	−0.061	5.165	595	PT 宝信	−0.571	1.145	−1.760
3	亿阳信通	−0.523	0.124	4.059	596	东方航空	7.446	−2.089	−1.861
4	华泰股份	−0.224	0.061	3.420	597	ST 成量	−0.525	0.042	−1.873
5	太太药业	0.047	0.747	3.234	598	ST 自仪	−0.185	−0.012	−1.905
6	赣粤高速	0.206	0.100	3.178	599	创业环保	0.797	1.755	−2.099
7	青岛海尔	4.022	0.954	3.160	600	上海石化	8.580	−2.704	−2.168
8	美克股份	−0.699	0.088	2.752	601	山东基建	2.275	0.797	−2.180
9	宇通客车	−0.264	0.604	2.619	602	ST 中纺机	−0.390	0.278	−2.182
10	东方通信	2.401	−0.750	2.593	603	宁沪高速	5.341	0.835	−2.220
⋮	⋮	⋮	⋮	⋮	604	马钢股份	6.175	−1.251	−2.804

正如我们所预期的，$\hat{f}_1^*,\hat{f}_2^*,\hat{f}_3^*$ 之间的样本相关系数接近于零，也就是说这三者所含的信息几乎互不重复。因子的这种不相关性实践中往往表现为是基本彼此独立的，这一点容易从因子得分的散点图中清楚地看出。由表 8.5.1、表 8.5.2 和表 8.5.3 可知，三个因子得分的取值范围分别是：$-1.023\leqslant\hat{f}_1^*\leqslant 8.580$，$-7.730\leqslant\hat{f}_2^*\leqslant 2.715$，$-2.804\leqslant\hat{f}_3^*\leqslant 5.750$。虽然各因子得分的最大值和最小值关于零不对称，甚至很不对称，但因子得分 $\hat{f}_1^*,\hat{f}_2^*,\hat{f}_3^*$ 的平均值都是零。若得分值接近零，则表明该股票在这个因子上的得分接近于平均水平。

从表 8.5.1 可见，在规模排名最后的那些 $\hat{f}_1^*$ 值都较为接近，并未出现异常小的值，这是因为按有关规定股票上市的公司都必须具备一定的规模，这样就不会出现规模特别小的上市公司。在表 8.5.2 中，没有特别大的 $\hat{f}_2^*$ 值，但有一些取负值而绝对值特别大的 $\hat{f}_2^*$ 值，这表明没有盈利特别好的股票，但却有一些盈利特别差的、严重亏损的上市公司股票。

从表 8.5.1、表 8.5.2 和表 8.5.3 中可以看出，有这样一些财务指标数值特殊的股票：(1)“上海石化”、“东方航空”、“马钢股份”和“宁沪高速”这四只股票的规模得分排在前五位中，但它们的每股价值得分却排在最后九位中。(2)“广州控股”不但规模得分排在第六位，而且盈利得分也是非常高的，排在第二位。(3)“中软股份”、“天地科技”和“兆维科技”这三只科技类股票的规模得分排在最后六位中，但它们的盈利得分都非常高，排在前六位。

除了通过表 8.5.1、表 8.5.2 和表 8.5.3 来了解每只股票外，还可使用统计软件对 $\hat{f}_1^*$，$\hat{f}_2^*,\hat{f}_3^*$ 作三维旋转图，从不断旋转的图中可对每只股票有一个更直观的了解。需要指出的是，三个因子 $\hat{f}_1^*,\hat{f}_2^*,\hat{f}_3^*$ 是一个整体，必须同时运用，不可将其中一个或两个单独拿出来使用，否则因子所含的信息量是不够的，以致不足以代表原始变量。　□

注 (1) 因子个数的确定最终要靠主观的判断，任何客观的方法一般只能作为(重要)参考依据。(2) 对本例这么一个大数据集，可将其一分为二，分别执行因子分析。比较这两个结果，并与从完整数据集所得的本例结果作比较，以检查解的稳定性。

*三、两种因子得分方法的比较

暂记 $\hat{\boldsymbol{f}}_b$ 为巴特莱特因子得分，$\hat{\boldsymbol{f}}_t$ 为汤姆森因子得分，以示区别。以下从无偏性和有效性的角度来对两者进行比较。

(一)无偏性

若将 $\boldsymbol{f}$ 和 $\boldsymbol{\varepsilon}$ 不相关的假定加强为相互独立，则在 $\boldsymbol{f}$ 值已知的条件下，由(8.5.3)和(8.2.2)式可得因子得分 $\hat{\boldsymbol{f}}_b$ 的条件数学期望

$$\begin{aligned}E(\hat{\boldsymbol{f}}_b|\boldsymbol{f})&=(\boldsymbol{A}'\boldsymbol{D}^{-1}\boldsymbol{A})^{-1}\boldsymbol{A}'\boldsymbol{D}^{-1}E(\boldsymbol{A}\boldsymbol{f}+\boldsymbol{\varepsilon}|\boldsymbol{f})\\&=(\boldsymbol{A}'\boldsymbol{D}^{-1}\boldsymbol{A})^{-1}\boldsymbol{A}'\boldsymbol{D}^{-1}\boldsymbol{A}\boldsymbol{f}\\&=\boldsymbol{f}\end{aligned}\tag{8.5.12}$$

因此，从条件意义上来说加权最小二乘法的因子得分 $\hat{\boldsymbol{f}}_b$ 是无偏的。

由(8.5.10)和(8.2.2)式，并注意到联合正态假定下的 $\boldsymbol{f}$ 和 $\boldsymbol{\varepsilon}$ 相互独立，于是

$$\begin{aligned}E(\hat{\boldsymbol{f}}_t|\boldsymbol{f})&=(\boldsymbol{I}+\boldsymbol{A}'\boldsymbol{D}^{-1}\boldsymbol{A})^{-1}\boldsymbol{A}'\boldsymbol{D}^{-1}E(\boldsymbol{A}\boldsymbol{f}+\boldsymbol{\varepsilon}|\boldsymbol{f})\\&=(\boldsymbol{I}+\boldsymbol{A}'\boldsymbol{D}^{-1}\boldsymbol{A})^{-1}\boldsymbol{A}'\boldsymbol{D}^{-1}\boldsymbol{A}\boldsymbol{f}\\&=(\boldsymbol{I}+\boldsymbol{A}'\boldsymbol{D}^{-1}\boldsymbol{A})^{-1}(\boldsymbol{A}'\boldsymbol{D}^{-1}\boldsymbol{A}+\boldsymbol{I}-\boldsymbol{I})\boldsymbol{f}\\&=\boldsymbol{f}-(\boldsymbol{I}+\boldsymbol{A}'\boldsymbol{D}^{-1}\boldsymbol{A})^{-1}\boldsymbol{f}\end{aligned}\tag{8.5.13}$$

(该式的推导不必依赖于正态性的假定，只需假定 $\boldsymbol{f}$ 和 $\boldsymbol{\varepsilon}$ 独立)。所以，回归法的因子得分 $\hat{\boldsymbol{f}}_t$ 从条件意义上来说是有偏的。可见，从无偏性角度来看，加权最小二乘法要优于回归法。

(二)有效性

我们先来计算反映 $\hat{\boldsymbol{f}}_b$ 估计精度的平均预报误差矩阵 $E[(\hat{\boldsymbol{f}}_b-\boldsymbol{f})(\hat{\boldsymbol{f}}_b-\boldsymbol{f})']$，由(8.5.3)和(8.2.2)式得，

$$\begin{aligned}\hat{\boldsymbol{f}}_b-\boldsymbol{f}&=(\boldsymbol{A}'\boldsymbol{D}^{-1}\boldsymbol{A})^{-1}\boldsymbol{A}'\boldsymbol{D}^{-1}(\boldsymbol{A}\boldsymbol{f}+\boldsymbol{\varepsilon})-\boldsymbol{f}\\&=(\boldsymbol{A}'\boldsymbol{D}^{-1}\boldsymbol{A})^{-1}\boldsymbol{A}'\boldsymbol{D}^{-1}\boldsymbol{\varepsilon}\end{aligned}$$

故

$$\begin{aligned}&E[(\hat{\boldsymbol{f}}_b-\boldsymbol{f})(\hat{\boldsymbol{f}}_b-\boldsymbol{f})']\\&=(\boldsymbol{A}'\boldsymbol{D}^{-1}\boldsymbol{A})^{-1}\boldsymbol{A}'\boldsymbol{D}^{-1}E(\boldsymbol{\varepsilon}\boldsymbol{\varepsilon}')\boldsymbol{D}^{-1}\boldsymbol{A}(\boldsymbol{A}'\boldsymbol{D}^{-1}\boldsymbol{A})^{-1}\\&=(\boldsymbol{A}'\boldsymbol{D}^{-1}\boldsymbol{A})^{-1}\boldsymbol{A}'\boldsymbol{D}^{-1}\boldsymbol{D}\boldsymbol{D}^{-1}\boldsymbol{A}(\boldsymbol{A}'\boldsymbol{D}^{-1}\boldsymbol{A})^{-1}\\&=(\boldsymbol{A}'\boldsymbol{D}^{-1}\boldsymbol{A})^{-1}\end{aligned}\tag{8.5.14}$$

再来计算反映 $\hat{\boldsymbol{f}}_t$ 估计精度的平均预报误差矩阵，由于

$$\begin{aligned}\hat{\boldsymbol{f}}_t-\boldsymbol{f}&=(\boldsymbol{I}+\boldsymbol{A}'\boldsymbol{D}^{-1}\boldsymbol{A})^{-1}\boldsymbol{A}'\boldsymbol{D}^{-1}(\boldsymbol{A}\boldsymbol{f}+\boldsymbol{\varepsilon})-\boldsymbol{f}\\&=(\boldsymbol{I}+\boldsymbol{A}'\boldsymbol{D}^{-1}\boldsymbol{A})^{-1}\boldsymbol{A}'\boldsymbol{D}^{-1}\boldsymbol{\varepsilon}-(\boldsymbol{I}+\boldsymbol{A}'\boldsymbol{D}^{-1}\boldsymbol{A})^{-1}\boldsymbol{f}\end{aligned}$$

故 $\hat{\boldsymbol{f}}_t$ 的平均预报误差矩阵

$$\begin{aligned}&E[(\hat{\boldsymbol{f}}_t-\boldsymbol{f})(\hat{\boldsymbol{f}}_t-\boldsymbol{f})']\\&=(\boldsymbol{I}+\boldsymbol{A}'\boldsymbol{D}^{-1}\boldsymbol{A})^{-1}\boldsymbol{A}'\boldsymbol{D}^{-1}E(\boldsymbol{\varepsilon}\boldsymbol{\varepsilon}')\boldsymbol{D}^{-1}\boldsymbol{A}(\boldsymbol{I}+\boldsymbol{A}'\boldsymbol{D}^{-1}\boldsymbol{A})^{-1}\\&\quad+(\boldsymbol{I}+\boldsymbol{A}'\boldsymbol{D}^{-1}\boldsymbol{A})^{-1}E(\boldsymbol{f}\boldsymbol{f}')(\boldsymbol{I}+\boldsymbol{A}'\boldsymbol{D}^{-1}\boldsymbol{A})^{-1}\\&=(\boldsymbol{I}+\boldsymbol{A}'\boldsymbol{D}^{-1}\boldsymbol{A})^{-1}(\boldsymbol{A}'\boldsymbol{D}^{-1}\boldsymbol{A}+\boldsymbol{I})(\boldsymbol{I}+\boldsymbol{A}'\boldsymbol{D}^{-1}\boldsymbol{A})^{-1}\\&=(\boldsymbol{I}+\boldsymbol{A}'\boldsymbol{D}^{-1}\boldsymbol{A})^{-1}\end{aligned}\tag{8.5.15}$$

比较(8.5.15)与(8.5.14)两式，由于 $(\boldsymbol{A}'\boldsymbol{D}^{-1}\boldsymbol{A})^{-1}-(\boldsymbol{I}+\boldsymbol{A}'\boldsymbol{D}^{-1}\boldsymbol{A})^{-1}$ 是正定矩阵（见习题 8.3），因此用回归法得到的因子得分比用加权最小二乘法得到的因子得分有更高的估计精度，即在有效性方面回归法要优于加权最小二乘法。由于(8.5.15)式的导出无需正态性的假定，即其估计精度不受正态性的影响，故对于偏离正态性假定的情形，用（正态假定下的）回归法得到的因子得分依然可以有效使用。

小 结

1. 因子分析是主成分分析的推广，也是一种降维技术，其目的是用几个潜在的、不可观测的因子来描述原始变量间的协方差或相关系数。

2. 正交因子模型在形式上与线性回归模型很相似，但两者本质上有很大不同。

3. 因子载荷矩阵的元素、行平方和、列平方和以及元素平方和都有很明确的统计意义。

4. 在因子分析的应用中，通常 m 较 p 明显要小（除非 p 本身很小），$\boldsymbol{\Sigma}$ 的分解式一般只能近似成立，即 $\boldsymbol{\Sigma}\approx\boldsymbol{A}\boldsymbol{A}'+\boldsymbol{D}$，近似程度越好，意味着正交因子模型拟合得越佳。

5. 正交因子模型中常用的参数估计方法有：主成分法、主因子法和极大似然法。

6. 对主成分解和主因子解，当因子数 m 增加时，原来因子的估计载荷并不变，以致原来因子对 $\boldsymbol{x}$ 的总方差贡献也不变，但这一点对极大似然解并不成立。然而无论何种解，对不同因子数的选取，经旋转后的因子一般是不同的。

7. 主成分法和主因子法是在求解的过程中确定因子数 m 的，而极大似然法却必须在求解之前确定 m。

8. 因子旋转不改变共性方差和残差矩阵，旋转后的因子往往有更鲜明的实际意义。

9. 在实际应用中，当各变量的单位不全相同或虽单位相同但数值变异性相差较大时，一般应对各变量作合适的标准化变换，最常见的是从相关矩阵 $\boldsymbol{R}$ 出发进行因子分析。

10. 常用的因子得分估计方法有加权最小二乘法和回归法，在条件意义上前者是无偏的，而后者是有偏的，但后者较前者有着更好的估计精度，以致后者更为常用。

附录 8-1 R 的应用

这里基于习题 6.6 中的数据介绍 R 在因子分析中的应用，以下 R 代码中假定文本数据的存储目录为“D:/mvdata/”。

```
> exec6.6=read.table("D:/mvdata/exec6.6.csv", header=TRUE, row.names=
                     "nation", sep=",")
> head(exec6.6, 2)
            x1     x2     x3    x4    x5     x6     x7      x8
阿根廷    10.39  20.81  46.84  1.81  3.70  14.04  29.36  137.72
澳大利亚  10.31  20.06  44.84  1.74  3.57  13.28  27.66  128.30
> install.packages("psych")
> library(psych)
```

（一）主成分法

```
> pc = principal(exec6.6, nfactors = 2, residuals = TRUE, rotate = "none", covar =
                 FALSE)  #主成分法因子分析，从相关矩阵出发（即covar=FALSE，为
缺省选项），选取2个因子，残差矩阵，未旋转
> pc$loadings  #因子载荷矩阵，列元素的平方和、因子所解释的总方差的比例及累计比例
Loadings:
     PC1     PC2
x1  0.817   0.531
x2  0.867   0.432
x3  0.915   0.233
x4  0.949
x5  0.959  -0.131
x6  0.938  -0.292
x7  0.944  -0.287
x8  0.880  -0.411
                 PC1    PC2
SS loadings     6.622  0.878
Proportion Var  0.828  0.110
Cumulative Var  0.828  0.937
> round(pc$communality, 3)  #共性方差
   x1     x2     x3     x4     x5     x6     x7     x8
0.950  0.939  0.892  0.900  0.938  0.965  0.973  0.943
> residual=pc$residual-diag(diag(pc$residual))  #残差矩阵（pc$residual的对角线元素
是特殊方差）
> round(residual, 3)
```

	x1	x2	x3	x4	x5	x6	x7	x8
x1	0.000	−0.016	−0.030	−0.025	−0.014	0.008	0.014	0.019
x2	−0.016	0.000	−0.043	−0.021	0.000	0.009	0.002	0.011
x3	−0.030	−0.043	0.000	−0.001	−0.012	−0.012	−0.010	−0.005
x4	−0.025	−0.021	−0.001	0.000	0.009	−0.023	−0.023	−0.024
x5	−0.014	0.000	−0.012	0.009	0.000	−0.010	−0.008	−0.032
x6	0.008	0.009	−0.012	−0.023	−0.010	0.000	0.006	−0.013
x7	0.014	0.002	−0.010	−0.023	−0.008	0.006	0.000	−0.006
x8	0.019	0.011	−0.005	−0.024	−0.032	−0.013	−0.006	0.000

```
> rc=principal(exec6.6, nfactors=2, rotate="varimax", scores=TRUE)  #使用最大方差旋转法,计算因子得分(缺省时为回归法)
> round(rc$rot.mat, 3)  #旋转矩阵,(8.4.1)式中的T
       [,1]   [,2]
[1,]   0.761  0.649
[2,]  -0.649  0.761
> rc$loadings  #旋转后的因子载荷矩阵等
Loadings:
    RC1    RC2
x1  0.277  0.934
x2  0.379  0.892
x3  0.545  0.771
x4  0.714  0.625
x5  0.815  0.523
x6  0.903  0.386
x7  0.905  0.394
x8  0.936  0.258
                 RC1    RC2
SS loadings      4.202  3.298
Proportion Var   0.525  0.412
Cumulative Var   0.525  0.937
> factor.plot(rc, xlim=c(0, 1.0), ylim=c(0, 1.0))  #因子载荷图
```

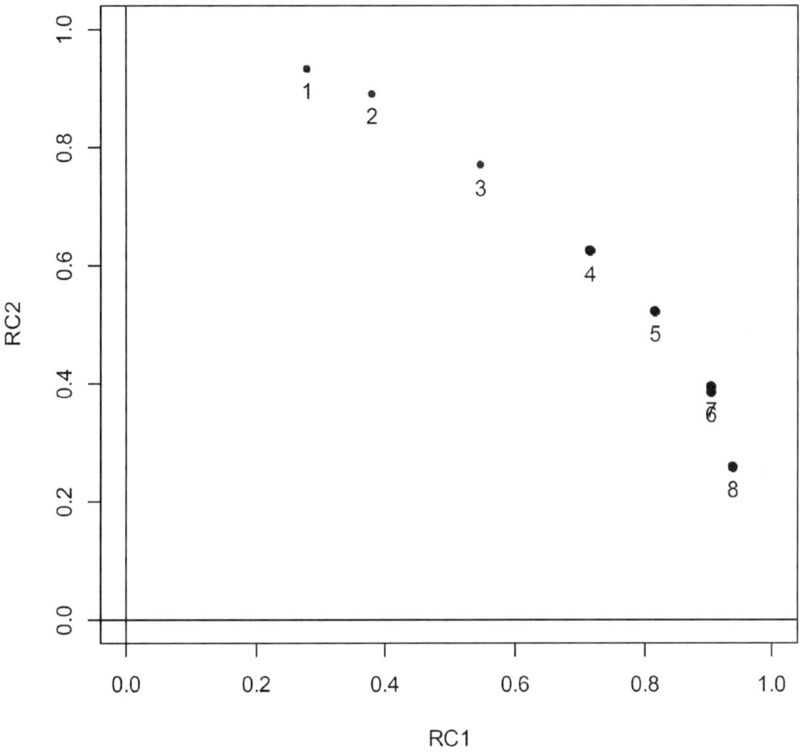


```
> round(rc$weights, 3)    # 标准化得分系数
        RC1     RC2
x1   -0.299   0.540
x2   -0.220   0.460
x3   -0.067   0.291
x4    0.100   0.103
x5    0.207  -0.019
x6    0.324  -0.161
x7    0.321  -0.157
x8    0.405  -0.270
```

表明有如下表达式：

$$\hat{f}_1^* = -0.299x_1^* - 0.220x_2^* - 0.067x_3^* + 0.100x_4^* + 0.207x_5^* + 0.324x_6^* + 0.321x_7^* + 0.405x_8^*$$

$$\hat{f}_2^* = 0.540x_1^* + 0.460x_2^* + 0.291x_3^* + 0.103x_4^* - 0.019x_5^* - 0.161x_6^* - 0.157x_7^* - 0.270x_8^*$$

```
> scores=round(rc$scores, 3)    # 因子得分
> scores[order(scores[, 1]), ]    # 按因子 1 得分排序
```

```
            RC1      RC2
葡萄牙    -1.175    0.828
新西兰    -1.113    0.346
  ⋮         ⋮        ⋮
多米尼加   2.204   -1.556
西萨摩亚   3.456    0.279
> scores[order(scores[, 2]), ]  #按因子 2 得分排序
            RC1      RC2
美国      -0.245   -1.767
多米尼加   2.204   -1.556
  ⋮         ⋮        ⋮
哥斯达黎  -0.479    1.936
库克群岛   2.075    3.888
> plot(scores[,1], scores[,2], xlab=colnames(scores)[1], ylab=colnames(scores)[2],
       xlim=c(-1.3, 3.9), ylim=c(-1.8, 3.8))
> text(scores[,1], scores[,2], row.names(exec6.6), pos=4, cex=0.7)
> abline(v=0, h=0, lty=3)
```

(输出图见下页)

(二)主因子法

代码如下：

```
fapa=fa(exec6.6, nfactors=2, residuals=TRUE, rotate="none", fm="pa", covar=
        FALSE, SMC=TRUE)  #主因子法因子分析(fm="pa"),从相关矩阵出发(covar
=FALSE,为缺省选项),对每个原始变量取初始共性方差为该变量与其余所有变量的样本复
相关系数的平方(SMC=TRUE,为缺省选项)
fapa$loadings  #因子载荷矩阵,列元素的平方和、因子所解释的总方差的比例及累计比例
round(fapa$communality, 3)  #共性方差
residual=fapa$residual-diag(diag(fapa$residual))  #残差矩阵
round(residual, 3)
fapa.varimax=fa(exec6.6, nfactors=2, rotate="varimax", fm="pa", scores=
        "regression")  #"regression"是 scores 的缺省选项,即按回归法计算因子
得分
round(fapa.varimax$rot.mat, 3)  #旋转矩阵,(8.4.1)式中的 T
fapa.varimax$loadings  #旋转后的因子载荷矩阵,列元素的平方和、因子所解释的总方差的
比例及累计比例
factor.plot(fapa.varimax, xlim=c(0, 1.0), ylim=c(0, 1.0))  #因子载荷图
round(fapa.varimax$weights, 3)  #标准化得分系数
scores=round(fapa.varimax$scores, 3)  #因子得分
scores[order(scores[, 1]), ]  #按因子 1 得分排序
```

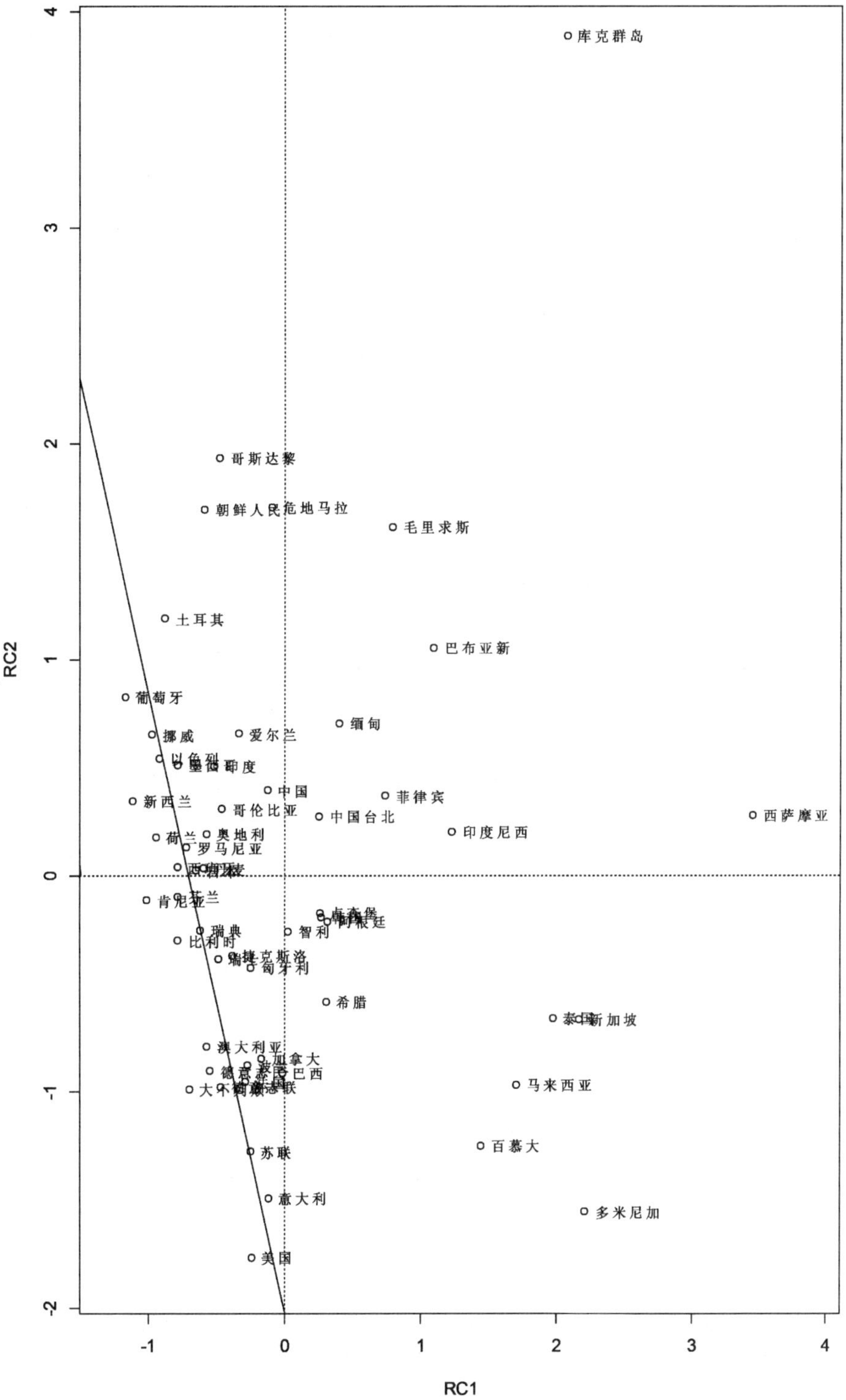
库克群岛
哥斯达黎
朝鲜人民
危地马拉
毛里求斯
土耳其
巴布亚新
葡萄牙
缅甸
挪威
爱尔兰
以色列
印度
中国
菲律宾
新西兰
哥伦比亚
中国台北
西萨摩亚
奥地利
印度尼西
荷兰
罗马尼亚
肯尼亚
阿根廷
智利
瑞典
比利时
匈牙利
希腊
新加坡
澳大利亚
加拿大
巴西
马来西亚
苏联
百慕大
意大利
多米尼加
美国
RC2
RC1
4
3
2
1
0
-1
-2
-1
0
1
2
3
4

注 (一)中的输出图。

```
scores[order(scores[, 2]), ]  #按因子2得分排序
plot(scores[,1], scores[,2], xlab=colnames(scores)[1], ylab=colnames(scores)[2],
   xlim=c(-1.3, 3.9), ylim=c(-1.8, 3.8))
text(scores[,1], scores[,2], row.names(exec6.6), pos=4, cex=0.7)
abline(v=0, h=0, lty=3)
```

以上代码运行后的输出皆与前面主成分法的类似，这里略。

(三)极大似然法

将前面主因子法代码中 fa( )函数的参数 fm 的选项由"pa"改为"ml"，再作其他类似的调整，具体代码可从本书前言提供的网址上下载，略。

需提醒注意，以上 R 的有些计算结果与本章正文中的结果(来自 SAS 输出，精确计算)略有差异。

习 题

*8.1 试证(8.3.2)式。

[提示：$(\boldsymbol{S}-\hat{\boldsymbol{A}}\hat{\boldsymbol{A}}'-\hat{\boldsymbol{D}})$的元素平方和$\leqslant(\boldsymbol{S}-\hat{\boldsymbol{A}}\hat{\boldsymbol{A}}')$的元素平方和，

$$\boldsymbol{S}-\hat{\boldsymbol{A}}\hat{\boldsymbol{A}}'=\hat{\lambda}_{m+1}\hat{\boldsymbol{t}}_{m+1}\hat{\boldsymbol{t}}'_{m+1}+\cdots+\hat{\lambda}_p\hat{\boldsymbol{t}}_p\hat{\boldsymbol{t}}'_p=(\hat{\boldsymbol{t}}_{m+1},\cdots,\hat{\boldsymbol{t}}_p)\begin{pmatrix}\hat{\lambda}_{m+1} & & 0\\ & \ddots & \\ 0 & & \hat{\lambda}_p\end{pmatrix}\begin{pmatrix}\hat{\boldsymbol{t}}'_{m+1}\\ \vdots\\ \hat{\boldsymbol{t}}'_p\end{pmatrix}$$

利用(1.6.10)式]

*8.2(有用结论) 设 r^{ii} 是$\boldsymbol{R}^{-1}$ 的第 i 个对角线元素，试证 $1-1/r^{ii}$ 是 x_i 和其他 $p-1$ 个变量间样本复相关系数的平方。

*8.3 比较(8.5.15)与(8.5.14)两式，试证$(\boldsymbol{A}'\boldsymbol{D}^{-1}\boldsymbol{A})^{-1}-(\boldsymbol{I}+\boldsymbol{A}'\boldsymbol{D}^{-1}\boldsymbol{A})^{-1}$ 是正定矩阵。

8.4 在例 8.1.1 中，十项全能运动得分的样本相关矩阵为

$$\hat{\boldsymbol{R}}=\begin{pmatrix}
1.00 \\
0.59 & 1.00 \\
0.35 & 0.42 & 1.00 \\
0.34 & 0.51 & 0.38 & 1.00 \\
0.63 & 0.49 & 0.19 & 0.29 & 1.00 \\
0.40 & 0.52 & 0.36 & 0.46 & 0.34 & 1.00 \\
0.28 & 0.31 & 0.73 & 0.27 & 0.17 & 0.32 & 1.00 \\
0.20 & 0.36 & 0.24 & 0.39 & 0.23 & 0.33 & 0.24 & 1.00 \\
0.11 & 0.21 & 0.44 & 0.17 & 0.13 & 0.18 & 0.34 & 0.24 & 1.00 \\
-0.07 & 0.09 & -0.08 & 0.18 & 0.39 & 0.00 & -0.02 & 0.17 & -0.00 & 1.00
\end{pmatrix}$$

试作因子分析。

8.5 下表给出的数据是在洛杉矶十二个标准大都市居民统计地区中进行人口调查获得的。它有五个社会经济变量，它们分别是人口总数(x_1)、居民的教育程度或教育年数的中位数(x_2)、佣人总数(x_3)、各种服务行业的人数(x_4)和房价中位数(x_5)。

编号	x_1	x_2	x_3	x_4	x_5
1	5 700	12.8	2 500	270	25 000
2	1 000	10.9	600	10	10 000
3	3 400	8.8	1 000	10	9 000
4	3 800	13.6	1 700	140	25 000
5	4 000	12.8	1 600	140	25 000
6	8 200	8.3	2 600	60	12 000
7	1 200	11.4	400	10	16 000
8	9 100	11.5	3 300	60	14 000
9	9 900	12.5	3 400	180	18 000
10	9 600	13.7	3 600	390	25 000
11	9 600	9.6	3 300	80	12 000
12	9 400	11.4	4 000	100	13 000

试作因子分析。

8.6　例8.1.3中应征者十五个方面的得分列于下表(完整数据可从本书前言中提供的网址上下载)：

应征者	x_1	x_2	x_3	x_4	x_5	x_6	x_7	x_8	x_9	x_{10}	x_{11}	x_{12}	x_{13}	x_{14}	x_{15}
1	6	7	2	5	8	7	8	8	3	8	9	7	5	7	10
2	9	10	5	8	10	9	9	10	5	9	9	8	8	8	10
3	7	8	3	6	9	8	9	7	4	9	9	8	6	8	10
4	5	6	8	5	6	5	9	2	8	4	5	8	7	6	5
5	6	8	8	8	4	4	9	2	8	5	5	8	8	7	7
⋮	⋮	⋮	⋮	⋮	⋮	⋮	⋮	⋮	⋮	⋮	⋮	⋮	⋮	⋮	⋮
44	7	7	7	6	9	8	8	6	8	8	10	8	8	6	5
45	9	6	10	9	7	7	10	2	1	5	5	7	8	4	5
46	9	8	10	10	7	9	10	3	1	5	7	9	9	4	4
47	0	7	10	3	5	0	10	0	0	2	2	0	0	0	0
48	0	6	10	1	5	0	10	0	0	2	2	0	0	0	0

试作因子分析。

客观思考题

一、判断题

8.1　在因子模型中,因子是可以观测得到的。　(　　)

8.2　第 i 因子变成相反符号后仍可以是第 i 因子。（　　）

8.3　在正交因子模型中，因子载荷完全决定了原始变量之间的协方差或相关系数。（　　）

8.4　随机向量 $\boldsymbol{x}$ 的协方差矩阵 $\boldsymbol{\Sigma}$ 总可有如下分解式：

$$\boldsymbol{\Sigma}=\boldsymbol{AA}'+\boldsymbol{D}$$

其中 $\boldsymbol{A}$ 的列数小于行数，$\boldsymbol{D}$ 是对角线元素为非负的对角矩阵。（　　）

8.5　因子模型不受变量单位的影响。（　　）

8.6　所有共性方差之和是所有（公共）因子对总方差的累计贡献。（　　）

8.7　若正交因子模型拟合得很好，则公共因子解释原始变量总方差的累计比例一定较高。（　　）

8.8　主成分法和主成分分析是一回事。（　　）

8.9　主成分法的（未旋转的）因子解释与主成分分析中相应主成分的解释一定会完全相同。（　　）

8.10　主成分法可以看成是一个特殊的主因子法。（　　）

8.11　对因子分析中的主因子解，约相关矩阵的一些特征值为负属于正常现象。（　　）

8.12　正交旋转将改变共性方差。（　　）

8.13　正交旋转将改变所有（公共）因子的累计贡献率。（　　）

8.14　因子旋转一定有利于因子的解释。（　　）

8.15　因子分析中对因子解释成功的可能性一般大于主成分分析中对主成分解释成功的可能性。（　　）

8.16　已知有个别异常观测值会对样本相关矩阵的计算结果造成非常大的影响。如果从此样本相关矩阵出发进行因子分析，并按载荷矩阵的计算结果能给出因子的较好解释，则这样的因子分析结果仍是可接受的。（　　）

8.17　因子载荷图中的坐标轴是因子的取值。（　　）

8.18　当只取两个因子时，因子旋转角度也可通过目测主观确定（　　）

8.19　在正交因子模型中，正交旋转后残差矩阵保持不变。（　　）

8.20　若在因子模型中只含有一个因子，则就不存在因子旋转的问题。（　　）

8.21　因子可以准确地表达为原始变量的线性组合。（　　）

8.22　极大似然解离开了因子的正态假定就必然无法使用。（　　）

二、单选题

8.23　设 $\boldsymbol{A}$ 是载荷矩阵，则共性方差是（　　）。

A. $\boldsymbol{A}$ 的元素　　B. $\boldsymbol{A}$ 的行元素平方和

C. $\boldsymbol{A}$ 的列元素平方和　　D. $\boldsymbol{A}$ 的元素平方和

8.24　设 $\boldsymbol{A}$ 是载荷矩阵，则衡量（公共）因子重要性的一个量是（　　）。

A. $\boldsymbol{A}$ 的元素　　B. $\boldsymbol{A}$ 的行元素平方和

C. $\boldsymbol{A}$ 的列元素平方和　　D. $\boldsymbol{A}$ 的元素平方和

8.25　在对各原始变量都做了标准化变换的正交因子模型中，因子载荷必是（　　）。

A. 原始变量与因子的协方差　　B. 原始变量与因子的相关系数

C. 原始变量之间的协方差　　D. 原始变量之间的相关系数

8.26　因子旋转的主要目的是为了（　　）。

A. 使因子更易于解释　　B. 增加因子的累计贡献率

C. 增加共性方差　　D. 提高因子模型的拟合程度

三、多选题

8.27　对因子模型作参数估计，当因子数增加时，原来因子的估计载荷并不变的解有（　　）。

A. 主成分解　　B. 主因子解

C. 极大似然解　　　　　　　　　　　D. 以上有的解在因子旋转之后的结果

8.28 若旋转后的因子载荷具有简单结构,则(　　)。

A. 一定会更有利于对因子的解释

B. 往往会更有利于对因子的解释,但不能完全保证

C. 可用于对变量的聚类

D. 因子模型会拟合得更好

8.29 对变量进行聚类,可能的方法有(　　)。

A. 最短距离法　　　　　　　　　　　B. 类平均法

C. k 均值法　　　　　　　　　　　D. 因子分析方法

第九章　对应分析

§9.1　引　言

对应分析(Correspondence analysis)是用于寻找列联表的行和列之间关联的一种低维图形表示法,它同时可以揭示同一分类变量的各个类别之间的差异。对应分析是由法国人Benzecri于1970年提出的,起初在法国和日本最为流行,然后引入到美国。

在对应分析中,列联表的每一行对应(最常是二维)图中的一点,每一列也对应同一图中的一点。本质上,这些点都是列联表的各行各列向一个二维欧氏空间的投影,这种投影最大限度地保持了各行(或各列)之间的关系。该图形方法特别适用于有许多类别的列联表,它能有效地用直观、简洁的图形来描述庞杂的列联表数据中所蕴含的对应关系。由于列联表中行变量和列变量的地位是对称的,所以对应分析方法本身及其所得结论对于行和列也是对称的。

本章我们只介绍二维列联表的(简单)对应分析,对于高维列联表则有相应的多重(multiple)对应分析,限于篇幅这里不作讨论。

§9.2　行轮廓和列轮廓

一、列联表

表9.2.1是一个$p\times q$列联表,n_{ij}是第i行、第j列类别组合的频数,$i=1,2\cdots,p$, $j=1,2,\cdots,q$。第i行的频数之和为$n_{i\cdot}=\sum_{j=1}^{q}n_{ij}$, $i=1,2,\cdots,p$;第j列的频数之和为$n_{\cdot j}=\sum_{i=1}^{p}n_{ij}$, $j=1,2,\cdots,q$;所有类别组合的频数总和为$n=\sum_{i=1}^{p}n_{i\cdot}=\sum_{j=1}^{q}n_{\cdot j}=\sum_{i=1}^{p}\sum_{j=1}^{q}n_{ij}$。

二、对应矩阵

用n除表9.2.1中的所有元素,得表9.2.2,其中$p_{ij}=\frac{n_{ij}}{n}$是第i行、第j列类别组合的频率, $i=1,2,\cdots,p$, $j=1,2,\cdots,q$;$p_{i\cdot}=\sum_{j=1}^{q}p_{ij}=\frac{n_{i\cdot}}{n}$是第$i$行类别的频率, $i=1,2,\cdots,p$;

$p_{\cdot j}=\sum_{i=1}^{p} p_{ij}=\frac{n_{\cdot j}}{n}$ 是第 j 列类别的频率，$j=1,2,\cdots,q$；显然有 $\sum_{i=1}^{p} p_{i\cdot}=\sum_{j=1}^{q} p_{\cdot j}=1$。①

表 9.2.1　　$p\times q$ 列联表

行＼列	1	2	…	q	合计
1	n_{11}	n_{12}	…	n_{1q}	$n_{1\cdot}$
2	n_{21}	n_{22}	…	n_{2q}	$n_{2\cdot}$
⋮	⋮	⋮		⋮	⋮
p	n_{p1}	n_{p2}	…	n_{pq}	$n_{p\cdot}$
合计	$n_{\cdot 1}$	$n_{\cdot 2}$	…	$n_{\cdot q}$	n

表 9.2.2　　对应矩阵

行＼列	1	2	…	q	合计
1	p_{11}	p_{12}	…	p_{1q}	$p_{1\cdot}$
2	p_{21}	p_{22}	…	p_{2q}	$p_{2\cdot}$
⋮	⋮	⋮		⋮	⋮
p	p_{p1}	p_{p2}	…	p_{pq}	$p_{p\cdot}$
合计	$p_{\cdot 1}$	$p_{\cdot 2}$	…	$p_{\cdot q}$	1

称频率矩阵

$$\boldsymbol{P}=(p_{ij})=(n_{ij}/n) \tag{9.2.1}$$

为**对应矩阵**。将表 9.2.2 中的最后一列用 $\boldsymbol{r}$ 表示，即

$$\boldsymbol{r}=\boldsymbol{P1}=(p_{1\cdot},p_{2\cdot},\cdots,p_{p\cdot})' \tag{9.2.2}$$

其中 $\mathbf{1}=(1,1,\cdots,1)'$ 是元素均为 1 的 q 维向量，最后一行用 $\boldsymbol{c}'$ 表示，即

$$\boldsymbol{c}'=\mathbf{1}'\boldsymbol{P}=(p_{\cdot 1},p_{\cdot 2},\cdots,p_{\cdot q}) \tag{9.2.3}$$

其中 $\mathbf{1}=(1,1,\cdots,1)'$ 是元素均为 1 的 p 维向量，向量 $\boldsymbol{r}$ 和 $\boldsymbol{c}$ 的元素分别是行边缘频率和列边缘频率，有时分别称为**行**和**列密度**(或**质量**，mass)。

三、行、列轮廓

称

$$\boldsymbol{r}_i'=\left(\frac{p_{i1}}{p_{i\cdot}},\frac{p_{i2}}{p_{i\cdot}},\cdots,\frac{p_{iq}}{p_{i\cdot}}\right)=\left(\frac{n_{i1}}{n_{i\cdot}},\frac{n_{i2}}{n_{i\cdot}},\cdots,\frac{n_{iq}}{n_{i\cdot}}\right) \tag{9.2.4}$$

为**第 i 行轮廓**(profile)，其各元素之和等于 1，即

---

① 在通常的列联表分析中，一般用 p_{ij}，$p_{i\cdot}$，$p_{\cdot j}$ 等表示概率，而用 $\hat{p}_{ij}$，$\hat{p}_{i\cdot}$，$\hat{p}_{\cdot j}$ 等表示相应的频率，但在本章的列联表讨论中几乎只涉及频率，故为简化符号我们用 p_{ij}，$p_{i\cdot}$，$p_{\cdot j}$ 等表示频率。

$$\boldsymbol{r}_i'\boldsymbol{1}=1 \tag{9.2.5}$$

$i=1,2,\cdots,p$；称

$$\boldsymbol{c}_j=\left(\frac{p_{1j}}{p_{\cdot j}},\frac{p_{2j}}{p_{\cdot j}},\cdots,\frac{p_{pj}}{p_{\cdot j}}\right)'=\left(\frac{n_{1j}}{n_{\cdot j}},\frac{n_{2j}}{n_{\cdot j}},\cdots,\frac{n_{pj}}{n_{\cdot j}}\right)' \tag{9.2.6}$$

为**第 j 列轮廓**，其各元素之和也等于1，即

$$\boldsymbol{1}'\boldsymbol{c}_j=1 \tag{9.2.7}$$

$j=1,2,\cdots,q$。实际上，这里的行轮廓和列轮廓都表示一个条件（频率）分布，两个行（列）轮廓相近意味着这两个行（列）有着相似的条件分布。

令边缘（频率）对角矩阵

$$\boldsymbol{D}_r=\mathrm{diag}(p_{1\cdot},p_{2\cdot},\cdots,p_{p\cdot}),\quad \boldsymbol{D}_c=\mathrm{diag}(p_{\cdot 1},p_{\cdot 2},\cdots,p_{\cdot q}) \tag{9.2.8}$$

则行轮廓和列轮廓的矩阵为

$$\boldsymbol{R}=\boldsymbol{D}_r^{-1}\boldsymbol{P}=\begin{pmatrix}\boldsymbol{r}_1'\\\boldsymbol{r}_2'\\\vdots\\\boldsymbol{r}_p'\end{pmatrix}=\begin{pmatrix}\frac{p_{11}}{p_{1\cdot}} & \frac{p_{12}}{p_{1\cdot}} & \cdots & \frac{p_{1q}}{p_{1\cdot}}\\ \frac{p_{21}}{p_{2\cdot}} & \frac{p_{22}}{p_{2\cdot}} & \cdots & \frac{p_{2q}}{p_{2\cdot}}\\ \vdots & \vdots & & \vdots\\ \frac{p_{p1}}{p_{p\cdot}} & \frac{p_{p2}}{p_{p\cdot}} & \cdots & \frac{p_{pq}}{p_{p\cdot}}\end{pmatrix} \tag{9.2.9}$$

$$\boldsymbol{C}=\boldsymbol{P}\boldsymbol{D}_c^{-1}=(\boldsymbol{c}_1,\boldsymbol{c}_2,\cdots,\boldsymbol{c}_q)=\begin{pmatrix}\frac{p_{11}}{p_{\cdot 1}} & \frac{p_{12}}{p_{\cdot 2}} & \cdots & \frac{p_{1q}}{p_{\cdot q}}\\ \frac{p_{21}}{p_{\cdot 1}} & \frac{p_{22}}{p_{\cdot 2}} & \cdots & \frac{p_{2q}}{p_{\cdot q}}\\ \vdots & \vdots & & \vdots\\ \frac{p_{p1}}{p_{\cdot 1}} & \frac{p_{p2}}{p_{\cdot 2}} & \cdots & \frac{p_{pq}}{p_{\cdot q}}\end{pmatrix} \tag{9.2.10}$$

由(9.2.2)和(9.2.10)式知，

$$\boldsymbol{r}=\boldsymbol{P}\boldsymbol{1}=(\boldsymbol{P}\boldsymbol{D}_c^{-1})(\boldsymbol{D}_c\boldsymbol{1})=(\boldsymbol{c}_1,\boldsymbol{c}_2,\cdots,\boldsymbol{c}_q)\begin{pmatrix}p_{\cdot 1}\\p_{\cdot 2}\\\vdots\\p_{\cdot q}\end{pmatrix}=\sum_{j=1}^{q}p_{\cdot j}\boldsymbol{c}_j \tag{9.2.11}$$ [①]

可见，$\boldsymbol{r}$ 是各列轮廓的加权平均，可看成是 $\boldsymbol{c}_1,\boldsymbol{c}_2,\cdots,\boldsymbol{c}_q$ 的（某种）中心。类似地，由(9.2.3)和(9.2.9)式可得，

---

① 另一种便于直观理解的推导如下：

$$\boldsymbol{r}=\begin{pmatrix}p_{1\cdot}\\p_{2\cdot}\\\vdots\\p_{p\cdot}\end{pmatrix}=\sum_{j=1}^{q}\begin{pmatrix}p_{1j}\\p_{2j}\\\vdots\\p_{pj}\end{pmatrix}=\sum_{j=1}^{q}p_{\cdot j}\begin{pmatrix}p_{1j}/p_{\cdot j}\\p_{2j}/p_{\cdot j}\\\vdots\\p_{pj}/p_{\cdot j}\end{pmatrix}=\sum_{j=1}^{q}p_{\cdot j}\boldsymbol{c}_j$$

$$c' = \mathbf{1}'P = (\mathbf{1}'D_r)(D_r^{-1}P) = \sum_{i=1}^{p} p_{i\cdot}\, r_i' \qquad (9.2.12)$$①

即 c' 是各行轮廓的加权平均，可看成是 $r_1', r_2', \cdots, r_p'$ 的(某种)中心。

例 9.2.1　将由 $n=1\ 660$ 个人组成的样本按心理健康状况与父母社会经济地位进行交叉分类，分类结果见表 9.2.3。

表 9.2.3　　心理健康状况-父母社会经济地位数据

心理健康状况 \ 父母社会经济地位	A(高)	B	C	D	E(低)
0(好)	121	57	72	36	21
1(轻微症状形成)	188	105	141	97	71
2(中等症状形成)	112	65	77	54	54
3(受损)	86	60	94	78	71

将表 9.2.3 中的数据除以 $n=1\ 660$，得到对应矩阵，列于表 9.2.4 中。该表给出的行边缘频率和列边缘频率向量为

$$r = \begin{pmatrix} 0.185 \\ 0.363 \\ 0.218 \\ 0.234 \end{pmatrix}, \quad c' = (0.305,\ 0.173,\ 0.231,\ 0.160,\ 0.131)$$

表 9.2.4　　从表 9.2.3 算得的对应矩阵

心理健康状况 \ 父母社会经济地位	A(高)	B	C	D	E(低)	合计
0(好)	0.073	0.034	0.043	0.022	0.013	0.185
1(轻微症状形成)	0.113	0.063	0.085	0.058	0.043	0.363
2(中等症状形成)	0.067	0.039	0.046	0.033	0.033	0.218
3(受损)	0.052	0.036	0.057	0.047	0.043	0.234
合计	0.305	0.173	0.231	0.160	0.131	1.000

由(9.2.9)式可得行轮廓的矩阵为

① 另一种便于直观理解的推导是：

$$c' = (p_{\cdot 1}, p_{\cdot 2}, \cdots, p_{\cdot q}) = \sum_{i=1}^{p}(p_{i1}, p_{i2}, \cdots, p_{iq}) = \sum_{i=1}^{p} p_{i\cdot}\left(\frac{p_{i1}}{p_{i\cdot}}, \frac{p_{i2}}{p_{i\cdot}}, \cdots, \frac{p_{iq}}{p_{i\cdot}}\right) = \sum_{i=1}^{p} p_{i\cdot}\, r_i'$$

$$R=D_r^{-1}P=\begin{pmatrix}0.394 & 0.186 & 0.235 & 0.117 & 0.068\\0.312 & 0.174 & 0.234 & 0.161 & 0.118\\0.309 & 0.180 & 0.213 & 0.149 & 0.149\\0.221 & 0.154 & 0.242 & 0.201 & 0.183\end{pmatrix}$$

由(9.2.10)式得到的列轮廓矩阵为

$$C=PD_c^{-1}=\begin{pmatrix}0.239 & 0.199 & 0.188 & 0.136 & 0.097\\0.371 & 0.366 & 0.367 & 0.366 & 0.327\\0.221 & 0.226 & 0.201 & 0.204 & 0.249\\0.170 & 0.209 & 0.245 & 0.294 & 0.327\end{pmatrix}$$

实际上，$\boldsymbol{c}'$是$\boldsymbol{R}$的各行的加权平均，$\boldsymbol{r}$是$\boldsymbol{C}$的各列的加权平均。

图 9.2.1 中的两个马赛克图(mosaic plot)展示了上述行轮廓、行边缘频率以及列轮廓、列边缘频率的计算数据。在图(1)中，对心理健康的每一种状况，A，B，C，D，E 五个小方块的宽度显示了行轮廓，0，1，2，3 四种心理健康状况的小方块高度显示了行边缘频率。在图(2)中，对父母社会经济的每一种地位，0，1，2，3 四个小方块的高度显示了列轮廓，A，B，C，D，E 五种父母社会经济地位的小方块宽度显示了列边缘频率。 □

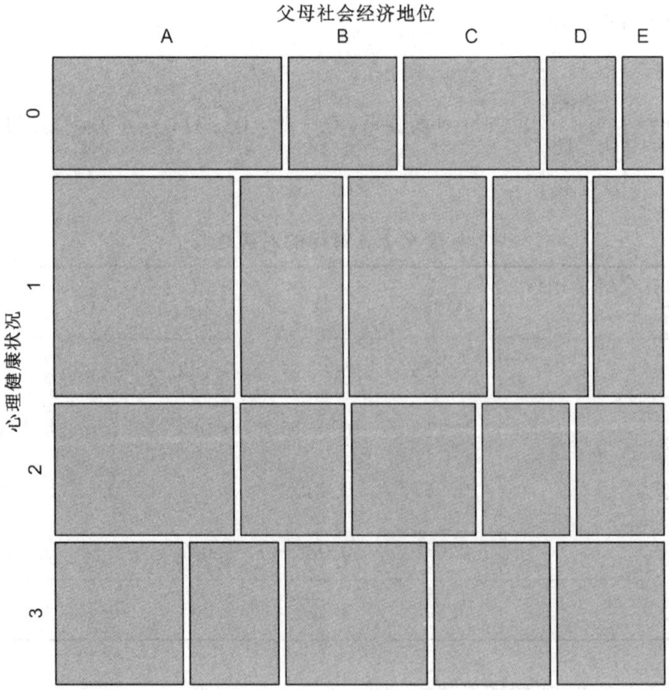

(1) 行轮廓及行边缘频率

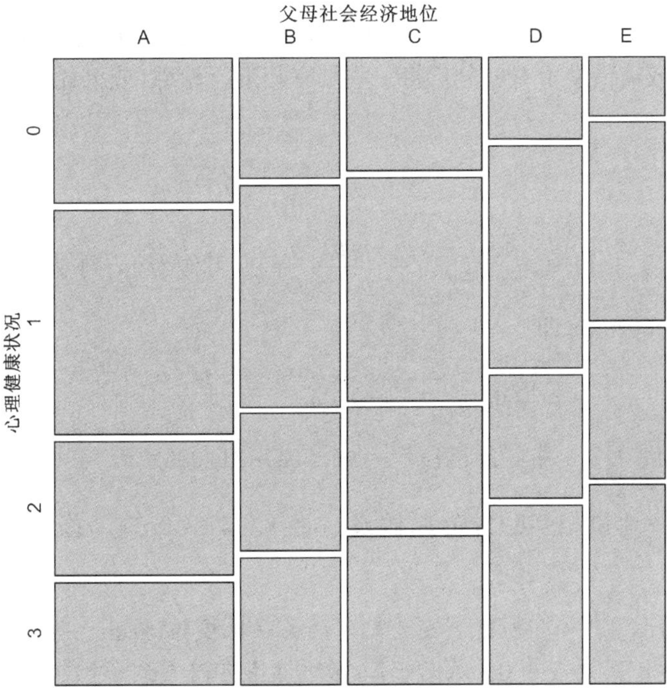

（2）列轮廓及列边缘频率

两个图形宽和高的满刻度都是1（100%）

图 9.2.1　心理健康状况-父母社会经济地位数据的轮廓及边缘频率

§9.3　独立性的检验和总惯量

一、行、列独立的检验

对列联表中行变量和列变量之间的独立性进行检验，其检验统计量为

$$\chi^2 = n\sum_{i=1}^{p}\sum_{j=1}^{q}\frac{(p_{ij}-p_{i\cdot}\, p_{\cdot j})^2}{p_{i\cdot}\, p_{\cdot j}} \tag{9.3.1}$$

当独立性的原假设为真，且样本容量 n 充分大，期望频数 $np_{i\cdot}p_{\cdot j}\geqslant 5$，$i=1,2,\cdots,p$，$j=1,2,\cdots,q$ 时，χ^2 近似服从自由度为$(p-1)(q-1)$的卡方分布。拒绝规则为

$$\text{若 } \chi^2\geqslant\chi_\alpha^2[(p-1)(q-1)]\text{，则拒绝独立性的原假设} \tag{9.3.2}$$

其中 $\chi_\alpha^2[(p-1)(q-1)]$是 $\chi^2[(p-1)(q-1)]$的上 α 分位数。上述拒绝形式应该不难理解：χ^2 值取决于 n 和 $\sum_{i=1}^{p}\sum_{j=1}^{q}\frac{(p_{ij}-p_{i\cdot}\, p_{\cdot j})^2}{p_{i\cdot}\, p_{\cdot j}}$ 这两部分，$\sum_{i=1}^{p}\sum_{j=1}^{q}\frac{(p_{ij}-p_{i\cdot}\, p_{\cdot j})^2}{p_{i\cdot}\, p_{\cdot j}}$越大，表明实际频率 p_{ij} 与独立假设下的期望频率 $p_{i\cdot}\, p_{\cdot j}$ 总体上差异越大，也就认为样本数据越是偏离行、列变量相互独立的情形，从而越应拒绝独立性的原假设；n 越大，表明样本所含的信息越多，越易检

测出对原假设的偏离。

如果表 9.2.1 的列联表中有些单元格的频数很小或为零，上述的 χ^2 近似就不会很令人满意，在这种情况下或需借助于对应分析将一些具有相近行轮廓（或列轮廓）的类别合并以增加单元格的频数。

二、总惯量

在 χ^2 表达式(9.3.1)中，$\sum_{i=1}^{p}\sum_{j=1}^{q}\frac{(p_{ij}-p_{i\cdot}p_{\cdot j})^2}{p_{i\cdot}p_{\cdot j}}$ 可作为行、列变量之间关联性的度量，称为**总惯量**(total inertia)，即

$$\text{总惯量}=\frac{\chi^2}{n}=\sum_{i=1}^{p}\sum_{j=1}^{q}\frac{(p_{ij}-p_{i\cdot}p_{\cdot j})^2}{p_{i\cdot}p_{\cdot j}} \tag{9.3.3}$$

例 9.3.1 在例 9.2.1 中，经计算，$\chi^2=45.594>21.026=\chi^2_{0.05}(12)$，故拒绝心理健康状况与父母社会经济地位相互独立的原假设($p=8.15\times10^{-6}$)。总惯量 $=\frac{\chi^2}{n}=\frac{45.594}{1\ 660}=0.027\ 5$。 □

注 该例的总惯量较小，即行、列变量之间的关联性较弱，检验之所以拒绝了原假设，主要是因为总样本容量 n 高达 1 660。从后面章节的讨论可以看到，对应分析的结果（包括总惯量）只依赖于对应矩阵 $\boldsymbol{P}$，而与 n 没什么关系，不像检验的结果较依赖于 n。

总惯量还可以行轮廓和列轮廓的形式表达如下：

$$\text{总惯量}=\sum_{i=1}^{p}p_{i\cdot}\sum_{j=1}^{q}\frac{(p_{ij}/p_{i\cdot}-p_{\cdot j})^2}{p_{\cdot j}}=\sum_{i=1}^{p}p_{i\cdot}(\boldsymbol{r}_i-\boldsymbol{c})'\boldsymbol{D}_c^{-1}(\boldsymbol{r}_i-\boldsymbol{c}) \tag{9.3.4}$$

$$\text{总惯量}=\sum_{j=1}^{q}p_{\cdot j}\sum_{i=1}^{p}\frac{(p_{ij}/p_{\cdot j}-p_{i\cdot})^2}{p_{i\cdot}}=\sum_{j=1}^{q}p_{\cdot j}(\boldsymbol{c}_j-\boldsymbol{r})'\boldsymbol{D}_r^{-1}(\boldsymbol{c}_j-\boldsymbol{r}) \tag{9.3.5}$$

其中

$$(\boldsymbol{r}_i-\boldsymbol{c})'\boldsymbol{D}_c^{-1}(\boldsymbol{r}_i-\boldsymbol{c})=\sum_{j=1}^{q}\frac{(p_{ij}/p_{i\cdot}-p_{\cdot j})^2}{p_{\cdot j}}$$

称为第 i 行轮廓 $\boldsymbol{r}_i$ 到行轮廓中心 $\boldsymbol{c}$ 的**卡方($\boldsymbol{\chi}^2$)距离**①，它可看作是一个权数为 $1/p_{\cdot j}(j=1,2,\cdots,q)$ 的加权②平方欧氏距离。同样，

$$(\boldsymbol{c}_j-\boldsymbol{r})'\boldsymbol{D}_r^{-1}(\boldsymbol{c}_j-\boldsymbol{r})=\sum_{i=1}^{p}\frac{(p_{ij}/p_{\cdot j}-p_{i\cdot})^2}{p_{i\cdot}}$$

是第 j 列轮廓 $\boldsymbol{c}_j$ 到列轮廓中心 $\boldsymbol{r}$ 的卡方距离。因此，总惯量可看成是行轮廓到其中心的卡方距离的加权平均，也可看成是列轮廓到其中心的卡方距离的加权平均。它既度量了行轮廓之

---

① 注意，这是一个平方距离。

② 这里的权数之和不为 1。

间的总变差,也度量了列轮廓之间的总变差。① 由此可见,行和列之间的关联性越强,行(列)轮廓之间的差异性就越大;反之亦然。在图 9.2.1 中,行轮廓之间和列轮廓之间都比较接近,这缘于该例的总惯量较小。

总惯量为零是一种极端的情形,在实际中几乎不会出现(因为是根据样本数据算得的),但讨论它的其他等价形式有助于我们对一些概念的理解。总惯量为零与以下三种情形的任一种等价:

(1) $p_{ij}=p_{i.}p_{.j}$, $i=1,2,\cdots,p$, $j=1,2,\cdots,q$,或表示为 $\boldsymbol{P}=\boldsymbol{rc}'$;

(2) 所有的行轮廓相等,即 $\boldsymbol{r}_1'=\boldsymbol{r}_2'=\cdots=\boldsymbol{r}_p'=\boldsymbol{c}'$;

(3) 所有的列轮廓相等,即 $\boldsymbol{c}_1=\boldsymbol{c}_2=\cdots=\boldsymbol{c}_q=\boldsymbol{r}$。

以上三点可分别从(9.3.3)、(9.3.4)和(9.3.5)式容易证得。② 总惯量为零,意味着行变量与列变量基本上是独立的(或者说是近似独立的)。③

如果行变量与列变量相互独立,则(作为样本值的)总惯量将接近于零,上述三点也就近似成立。此时,我们也可将它们表述为:(1) 实际频率 p_{ij} 接近于(行、列独立情形下的)期望频率 $p_{i.}p_{.j}$,或者说实际频数 $n_{ij}=np_{ij}$ 接近于期望频数 $n_{i.}n_{.j}/n=np_{i.}p_{.j}$, $i=1,2,\cdots,p$, $j=1,2,\cdots,q$;(2) 所有的行有相近的轮廓;(3) 所有的列亦有相近的轮廓。

例 9.3.2 在表 9.3.1 中,显然所有的行轮廓都相同,从而总惯量必为零,故这也意味着所有的列轮廓也都相同,且每一行、列类别组合的实际频数等于相应的期望频数。

表 9.3.1 行(或列)轮廓都相同的数据④

行变量 \ 列变量	A	B	C	D	合计
1	10	34	7	4	55
2	100	340	70	40	550
3	30	102	21	12	165
合计	140	476	98	56	770

---

① 设 $x_1,x_2,\cdots,x_n$ 为一组样本数据,采用如下定义的样本方差:

$$s_n^2=\frac{1}{n}\sum_{i=1}^{n}(x_i-\bar{x})^2=\sum_{i=1}^{n}\frac{1}{n}d^2(x_i,\bar{x})$$

其中 $\bar{x}=\frac{1}{n}\sum_{i=1}^{n}x_i$ 是样本均值,可视为该组数据的中心,$d^2(x_i,\bar{x})=(x_i-\bar{x})^2$ 是 x_i 到中心 $\bar{x}$ 的平方(欧氏)距离,上述 s_n^2 中的 $\frac{1}{n}$ 可看成是等权的权数。我们知道,s_n^2 反映了 $x_1,x_2,\cdots,x_n$ 之间的变差(或变异性)。

在表达形式上,总惯量可看成是 s_n^2 的一种推广。这是因为,权数 $p_{i.}$ 可视为等权数 $\frac{1}{n}$ 的推广,$\boldsymbol{r}_1,\boldsymbol{r}_2,\cdots,\boldsymbol{r}_p$ 的中心 $\boldsymbol{c}$ 可视为 $\bar{x}$ 的推广,$\boldsymbol{r}_i$ 到中心 $\boldsymbol{c}$ 的卡方距离 $\tilde{d}_c^2(\boldsymbol{r}_i,\boldsymbol{c})=(\boldsymbol{r}_i-\boldsymbol{c})'\boldsymbol{D}_c^{-1}(\boldsymbol{r}_i-\boldsymbol{c})$ 可视为 x_i 到中心 $\bar{x}$ 的平方(欧氏)距离 $d^2(x_i,\bar{x})=(x_i-\bar{x})^2$ 的推广。因此,由(9.3.4)式知,总惯量(类似于 s_n^2)反映了 $\boldsymbol{r}_1,\boldsymbol{r}_2,\cdots,\boldsymbol{r}_p$ 之间的总变差。同理,由(9.3.5)式知,总惯量也反映了 $\boldsymbol{c}_1,\boldsymbol{c}_2,\cdots,\boldsymbol{c}_q$ 之间的总变差。

② 实际上,(1)和(2)的等价以及(1)和(3)的等价都可直接验证。

③ 行变量与列变量相互独立,当且仅当行、列变量所有取值组合的联合概率等于相应的边缘概率的乘积。本章列联表中的数据皆为样本数据,只涉及样本频率而不涉及取值的概率,故无法得出行变量与列变量相互独立的结论。

④ 如果行变量与列变量相互独立,则由此构成的列联表就显得毫无价值,我们只需对行变量和列变量各自独立地进行统计分析即可。列联表存在的价值就在于行、列变量之间有着一定的关联性。

$\boldsymbol{P}-\boldsymbol{rc}'=(p_{ij}-p_{i.}p_{.j})$是对对应矩阵$\boldsymbol{P}=(p_{ij})$的中心化，对$\boldsymbol{P}$的标准化是令

$$\boldsymbol{Z}=\boldsymbol{D}_r^{-1/2}(\boldsymbol{P}-\boldsymbol{rc}')\boldsymbol{D}_c^{-1/2} \tag{9.3.6}$$

其元素为

$$z_{ij}=\frac{p_{ij}-p_{i.}p_{.j}}{\sqrt{p_{i.}p_{.j}}} \tag{9.3.7}$$①

记$k=\text{rank}(\boldsymbol{Z})$，有$k\leqslant\min(p-1,q-1)$②，这是因为

$$(\boldsymbol{P}-\boldsymbol{rc}')\boldsymbol{1}=\boldsymbol{P1}-\boldsymbol{rc}'\boldsymbol{1}=\boldsymbol{r}-\boldsymbol{r}=\boldsymbol{0}$$
$$\boldsymbol{1}'(\boldsymbol{P}-\boldsymbol{rc}')=\boldsymbol{c}'-\boldsymbol{c}'=\boldsymbol{0}'$$

对$\boldsymbol{Z}$按(1.6.7)式进行奇异值分解，得

$$\boldsymbol{Z}=\boldsymbol{U\Lambda V}'=\sum_{i=1}^{k}\lambda_i\boldsymbol{u}_i\boldsymbol{v}_i' \tag{9.3.8}$$

其中$\boldsymbol{U}=(\boldsymbol{u}_1,\boldsymbol{u}_2,\cdots,\boldsymbol{u}_k)$，$\boldsymbol{V}=(\boldsymbol{v}_1,\boldsymbol{v}_2,\cdots,\boldsymbol{v}_k)$，$\boldsymbol{\Lambda}=\text{diag}(\lambda_1,\lambda_2,\cdots,\lambda_k)$，这里$\boldsymbol{u}_1,\boldsymbol{u}_2,\cdots,\boldsymbol{u}_k$是一组$p$维正交单位向量，$\boldsymbol{v}_1,\boldsymbol{v}_2,\cdots,\boldsymbol{v}_k$是一组$q$维正交单位向量，即有$\boldsymbol{U}'\boldsymbol{U}=\boldsymbol{V}'\boldsymbol{V}=\boldsymbol{I}_k$，$\lambda_1\geqslant\lambda_2\geqslant\cdots\geqslant\lambda_k>0$是$\boldsymbol{Z}$的$k$个奇异值。由(1.6.8)式知，$\lambda_1^2\geqslant\lambda_2^2\geqslant\cdots\geqslant\lambda_k^2>0$是$\boldsymbol{ZZ}'$的正特征值。因此

$$\begin{aligned}\text{总惯量}&=\sum_{i=1}^{p}\sum_{j=1}^{q}\frac{(p_{ij}-p_{i.}p_{.j})^2}{p_{i.}p_{.j}}=\sum_{i=1}^{p}\sum_{j=1}^{q}z_{ij}^2\\&=\text{tr}(\boldsymbol{ZZ}')=\sum_{i=1}^{k}\lambda_i^2\end{aligned} \tag{9.3.9}$$

§9.4　行、列轮廓的坐标

令

$$\underset{p\times k}{\boldsymbol{A}}=(\boldsymbol{a}_1,\boldsymbol{a}_2,\cdots,\boldsymbol{a}_k)=\boldsymbol{D}_r^{1/2}\boldsymbol{U},\quad \underset{q\times k}{\boldsymbol{B}}=(\boldsymbol{b}_1,\boldsymbol{b}_2,\cdots,\boldsymbol{b}_k)=\boldsymbol{D}_c^{1/2}\boldsymbol{V} \tag{9.4.1}$$

其中$\boldsymbol{D}_r$和$\boldsymbol{D}_c$见(9.2.8)式，$\boldsymbol{U}$和$\boldsymbol{V}$见(9.3.8)式。由于$\text{rank}(\boldsymbol{A})=\text{rank}(\boldsymbol{U})=k$，$\text{rank}(\boldsymbol{B})=\text{rank}(\boldsymbol{V})=k$，从而$\boldsymbol{A}$和$\boldsymbol{B}$都是列满秩的，故$\boldsymbol{a}_1,\boldsymbol{a}_2,\cdots,\boldsymbol{a}_k$是一组线性无关的$p$维向量，而$\boldsymbol{b}_1,\boldsymbol{b}_2,\cdots,\boldsymbol{b}_k$是一组线性无关的$q$维向量。中心化的第$i$行轮廓③可表达为

$$\boldsymbol{r}_i'-\boldsymbol{c}'=x_{i1}\boldsymbol{b}_1'+x_{i2}\boldsymbol{b}_2'+\cdots+x_{ik}\boldsymbol{b}_k' \tag{9.4.2}$$

即它在由$\boldsymbol{b}_1,\boldsymbol{b}_2,\cdots,\boldsymbol{b}_k$④构成的坐标系中的坐标为$(x_{i1},x_{i2},\cdots,x_{ik})$，$i=1,2,\cdots,p$。同样，中心化的第$j$列轮廓亦可表达为

$$\boldsymbol{c}_j-\boldsymbol{r}=y_{j1}\boldsymbol{a}_1+y_{j2}\boldsymbol{a}_2+\cdots+y_{jk}\boldsymbol{a}_k \tag{9.4.3}$$

（以上两式的推导见附录9-2一），即它在由$\boldsymbol{a}_1,\boldsymbol{a}_2,\cdots,\boldsymbol{a}_k$构成的坐标系中的坐标为$(y_{j1},y_{j2},\cdots,y_{jk})$，$j=1,2,\cdots,q$。

---

① 当行变量与列变量相互独立时，z_{ij}的均值皆近似于0，标准差皆近似相同。

② 通常有$k=\min(p-1,q-1)$。

③ 注意，此时的轮廓已不再是条件分布。

④ $\boldsymbol{b}_1,\boldsymbol{b}_2,\cdots,\boldsymbol{b}_k$和$\boldsymbol{b}_1',\boldsymbol{b}_2',\cdots,\boldsymbol{b}_k'$在几何上是一回事。

从(9.2.12)和(9.4.2)式可知，

$$\begin{aligned}\mathbf{0}' &= \sum_{i=1}^{p} p_{i\cdot}(\boldsymbol{r}_i' - \boldsymbol{c}') \\ &= \sum_{i=1}^{p} p_{i\cdot}(x_{i1}\boldsymbol{b}_1' + x_{i2}\boldsymbol{b}_2' + \cdots + x_{ik}\boldsymbol{b}_k') \\ &= \left(\sum_{i=1}^{p} p_{i\cdot} x_{i1}\right)\boldsymbol{b}_1' + \left(\sum_{i=1}^{p} p_{i\cdot} x_{i2}\right)\boldsymbol{b}_2' + \cdots + \left(\sum_{i=1}^{p} p_{i\cdot} x_{ik}\right)\boldsymbol{b}_k'\end{aligned}$$

从而

$$\sum_{j=1}^{p} p_{j\cdot} x_{ji} = 0, \quad i = 1, 2, \cdots, k \tag{9.4.4}$$

即各行点在坐标轴 $\boldsymbol{b}_i$ 上坐标的加权平均值为 0，$i=1,2,\cdots,k$。同理可得，

$$\sum_{j=1}^{q} p_{\cdot j} y_{ji} = 0, \quad i = 1, 2, \cdots, k \tag{9.4.5}$$

即各列点在坐标轴 $\boldsymbol{a}_i$ 上坐标的加权平均值也为 0，$i=1,2,\cdots,k$。

可推得(见附录 9-2 二)，

$$\sum_{j=1}^{p} p_{j\cdot} x_{ji}^2 = \sum_{j=1}^{q} p_{\cdot j} y_{ji}^2 = \lambda_i^2, \qquad i = 1, 2, \cdots, k \tag{9.4.6}$$

即各行点和列点在第 i 坐标轴上的坐标平方的加权平均都等于 λ_i^2，称之为**第 *i* 主惯量**(principal inertia)，或**第 *i* 惯量**，$i=1,2,\cdots,k$。第 i 主惯量度量了在第 i 坐标轴上的变差[①]，它反映了列联表数据在第 i 维上的信息量，其在对应分析中的角色相当于主成分分析中的第 i 主成分的方差。(9.3.9)式表明，总惯量可以分解为各主惯量之和，这类似于主成分分析中总方差可分解为各主成分方差之和。由(9.4.4)、(9.4.5)和(9.4.6)式知，在行点和列点各自某种加权的意义上，各行点和各列点在每一坐标轴上的中心都是 0，且变差程度(即主惯量)相同。因此，从视觉上我们可以接受作图时将行点和列点置于同一个坐标系中，并使用同一坐标刻度。这种把两个散点图重叠在同一坐标系中的用途我们将在下一节中看到。

---

① 设 $x_1, x_2, \cdots, x_n$ 为一组样本数据，则样本均值和样本方差可分别表达为

$$\bar{x} = \frac{1}{n}\sum_{i=1}^{n} x_i = \sum_{i=1}^{n}\frac{1}{n}x_i \quad 和 \quad s_n^2 = \frac{1}{n}\sum_{i=1}^{n}(x_i - \bar{x})^2 = \sum_{i=1}^{n}\frac{1}{n}(x_i - \bar{x})^2$$

它们分别反映了这组数据的中心和变差。将上述等权数 $\frac{1}{n}$ 推广到一般的权数 w_i，满足 $\sum_{i=1}^{n} w_i = 1, w_i > 0, i = 1, 2, \cdots, n$，则

$$\bar{x}_w = \sum_{i=1}^{n} w_i x_i \quad 和 \quad s_w^2 = \sum_{i=1}^{n} w_i (x_i - \bar{x}_w)^2$$

也分别反映了这组数据的中心和变差，当 $\bar{x}_w = 0$ 时，$s_w^2 = \sum_{i=1}^{n} w_i x_i^2$。因此，按(9.4.4)和(9.4.6)式，$\lambda_i^2$ 反映了 $x_{1i}, x_{2i}, \cdots, x_{pi}$ 之间的变差，又按(9.4.5)和(9.4.6)式，λ_i^2 也反映了 $y_{1i}, y_{2i}, \cdots, y_{qi}$ 之间的变差，$i = 1, 2, \cdots, k$。

§ 9.5　对应分析图

由上一节的讨论我们知道，中心化的(q 维)行轮廓和(p 维)列轮廓都可以在 k [$\leqslant \min(p-1,q-1)$]维坐标系中用坐标点标出，而各坐标轴上的信息量(用主惯量度量)一般是不同的，通常信息量主要集中在前几维上。因此，可以考虑像主成分分析那样，通过取前几维进行降维。具体地说，当 $\sum_{i=1}^{m}\lambda_i^2 \Big/ \sum_{i=1}^{k}\lambda_i^2$ 足够大时，可将(9.4.2)和(9.4.3)式中后面的 $k-m$ 项省略掉①，即有

$$\boldsymbol{r}_i'-\boldsymbol{c}'\approx x_{i1}\boldsymbol{b}_1'+\cdots+x_{im}\boldsymbol{b}_m',\quad i=1,2,\cdots,p \tag{9.5.1}$$

$$\boldsymbol{c}_j-\boldsymbol{r}\approx y_{j1}\boldsymbol{a}_1+\cdots+y_{jm}\boldsymbol{a}_m,\quad j=1,2,\cdots,q \tag{9.5.2}$$

(推导见附录 9-2 三)。

为了作图的目的，我们通常取维数 $m=1,2,3$，可将各(中心化的)行轮廓和列轮廓在 m 维坐标系上用点标出，并同时作到同一张图上。在以下的讨论中，为表述方便，我们只涉及最常用、最典型的 $m=2$ 时的情形，$m=1$ 或 3 时情形的讨论是完全类似的。

一、对应分析图的构建

第 i 个中心化的行轮廓 $\boldsymbol{r}_i'-\boldsymbol{c}'$ 在由 $\boldsymbol{b}_1$ 和 $\boldsymbol{b}_2$ 构成的平面坐标系中的坐标是(x_{i1}，x_{i2})，第 j 个中心化的列轮廓 $\boldsymbol{c}_j-\boldsymbol{r}$ 在由 $\boldsymbol{a}_1$ 和 $\boldsymbol{a}_2$ 构成的平面坐标系中的坐标是(y_{j1}，y_{j2})。现将这两个坐标系重叠在一个平面坐标系中，$\boldsymbol{b}_1$ 和 $\boldsymbol{a}_1$ 重叠在第一维坐标轴上，具有同一主惯量 λ_1^2，其对总惯量的贡献率为 $\lambda_1^2 \Big/ \sum_{i=1}^{k}\lambda_i^2$。$\boldsymbol{b}_2$ 和 $\boldsymbol{a}_2$ 重叠在第二维上，皆有主惯量 λ_2^2，其贡献率为 $\lambda_2^2 \Big/ \sum_{i=1}^{k}\lambda_i^2$。前二维对总惯量的累计贡献率为 $(\lambda_1^2+\lambda_2^2) \Big/ \sum_{i=1}^{k}\lambda_i^2$，该值如很大，则说明所作的对应分析图几乎解释了列联表数据的所有变差。虽然 $\boldsymbol{b}_1$ 与 $\boldsymbol{b}_2$ 及 $\boldsymbol{a}_1$ 与 $\boldsymbol{a}_2$ 一般都不正交，但作图时我们仍将第一维和第二维坐标轴画成是垂直的。如果还要取第三维坐标轴，则这三个维的坐标轴应作成彼此垂直。

二、行(列)点之间的距离

为了看清楚对应分析图中行(列)点之间的欧氏距离到底说明了什么，我们以下给出有关的近似等式，其近似等号处需假定前二维坐标轴的累计贡献率 $(\lambda_1^2+\lambda_2^2) \Big/ \sum_{i=1}^{k}\lambda_i^2$ 足够大，以达到较好的近似目的。

在对应分析图中，第 i 个行点(x_{i1}，x_{i2})与第 j 个行点(x_{j1}，x_{j2})之间的平方欧氏距离

---

① 我们也可从直观上来理解，这些省略项相应坐标轴上的主惯量都较小，以致各行(列)点于这些坐标轴上的坐标在(作为中心的)0 附近的波动都较小，基本上都接近于常数 0，故可考虑省略这些项。

$$d_{ij}^2(r)=(x_{i1}-x_{j1})^2+(x_{i2}-x_{j2})^2\approx(\boldsymbol{r}_i-\boldsymbol{r}_j)'\boldsymbol{D}_c^{-1}(\boldsymbol{r}_i-\boldsymbol{r}_j)$$
$$=\tilde{d}_{ij}^2(r)\tag{9.5.3}$$

(推导见附录 9-2 四),其中 $\tilde{d}_{ij}^2(r)$ 是第 i 行轮廓 $\boldsymbol{r}_i$ 与第 j 行轮廓 $\boldsymbol{r}_j$ 之间的卡方距离。因此,第 i 个行点与第 j 个行点之间的欧氏距离 $d_{ij}(r)$ 近似为相应的两个行轮廓之间的卡(χ)距离(即卡方距离的算术平方根)$\tilde{d}_{ij}(r)$。类似地,我们也可推得,

$$d_{ij}^2(c)=(y_{i1}-y_{j1})^2+(y_{i2}-y_{j2})^2\approx(\boldsymbol{c}_i-\boldsymbol{c}_j)'\boldsymbol{D}_r^{-1}(\boldsymbol{c}_i-\boldsymbol{c}_j)$$
$$=\tilde{d}_{ij}^2(c)\tag{9.5.4}$$

即对应分析图中第 i 个列点与第 j 个列点之间的欧氏距离 $d_{ij}(c)$ 近似为相应的两个列轮廓之间的卡距离 $\tilde{d}_{ij}(c)$。

可见,如果两个行(列)点越接近(远离),则表明相应的两个行(列)轮廓越相似(不相似)。此外,对应分析图中行(列)点的方位是富有意义的,而行点与列点之间的距离并没有意义。

三、行点和列点相近的意涵

如果对应分析图上第 i 个行点和第 j 个列点相近,即有

$$(x_{i1},x_{i2})\approx(y_{j1},y_{j2})$$

则在 $(\lambda_1^2+\lambda_2^2)\Big/\sum_{i=1}^{k}\lambda_i^2$ 足够大的条件下,有

$$\frac{n_{ij}-n_{i.}n_{.j}/n}{n_{i.}n_{.j}/n}\approx\frac{x_{i1}^2}{\lambda_1}+\frac{x_{i2}^2}{\lambda_2}\geqslant 0\tag{9.5.5}$$

和

$$\frac{n_{ij}-n_{i.}n_{.j}/n}{n_{i.}n_{.j}/n}\approx\frac{y_{j1}^2}{\lambda_1}+\frac{y_{j2}^2}{\lambda_2}\geqslant 0\tag{9.5.6}$$

(推导见附录 9-2 五)。

可见,如果一个行点和一个列点相近,则表明行、列两个变量的相应类别组合发生的实际频数(n_{ij})一般会高于这两个变量相互独立情形下的期望频数($n_{i.}n_{.j}/n$),也就意味着该行类别与该列类别相关联。至于其关联的程度,理论上可度量为 $\frac{n_{ij}-n_{i.}n_{.j}/n}{n_{i.}n_{.j}/n}$,即实际频数高出上述期望频数的比例。但对应分析是种(降了维的)图形方法,通常我们希望能从图形上直观看出行点和列点之间的关联性。在对应分析图上,按(9.5.5)和(9.5.6)式,此种关联程度约为 $\frac{x_{i1}^2}{\lambda_1}+\frac{x_{i2}^2}{\lambda_2}$ 或 $\frac{y_{j1}^2}{\lambda_1}+\frac{y_{j2}^2}{\lambda_2}$,即行点或列点到原点的加权平方欧氏距离。应用中我们基本上是凭直觉判断行、列点离原点的远近,从而大致了解其关联性的强弱。

综上所述,一般地,对于相近的行点和列点,它们离原点越远,其关联性就越强,也就是其类别组合的实际频数越是明显高于两变量独立情形下的期望频数。如果它们都在原点附近,则其关联性一般较弱、甚至可能几乎无关联性。

需要指出,我们观察哪些行类别与哪些列类别之间关系密切,不能只是直接比较各类别组合的原始频数大小。这样的比较之所以不合理,是因为各类别的合计频数并不相同,合计频数高的类别,与其有关的类别组合频数自然相对偏高。例如,例 9.3.2 的表 9.3.1 中,行类别 2

和列类别 B 的组合频数高达 340，远大于其他的组合频数，但行类别 2 和列类别 B 之间并不存在任何关联。

例 9.5.1 在例 9.2.1 中，经计算，奇异值、主惯量以及贡献率等的计算结果列于表 9.5.1 中。总惯量的 94.75%可由第一维来解释，前二维解释了高达 99.76%的总惯量，几乎解释了列联表数据的所有变差。

表 9.5.1 **奇异值、主惯量以及贡献率**

维数	1	2	3	
奇异值	0.161 3	0.037 1	0.008 2	总值
主惯量	0.026 0	0.001 4	0.000 1	0.027 5
贡献率	0.947 5	0.050 1	0.002 4	1.000 0
累计贡献率	0.947 5	0.997 6	1.000 0	

所有行点和列点的前二维坐标可分别用矩阵表示为

$$\boldsymbol{X}_1=\begin{pmatrix}-0.260 & 0.013\\ -0.029 & 0.023\\ 0.014 & -0.070\\ 0.237 & 0.020\end{pmatrix},\quad \boldsymbol{Y}_1=\begin{pmatrix}-0.183 & -0.016\\ -0.059 & -0.022\\ 0.009 & 0.042\\ 0.165 & 0.043\\ 0.288 & -0.062\end{pmatrix}$$

将各行点和列点置于同一坐标系中，构成对应分析图，如图 9.5.1 所示。

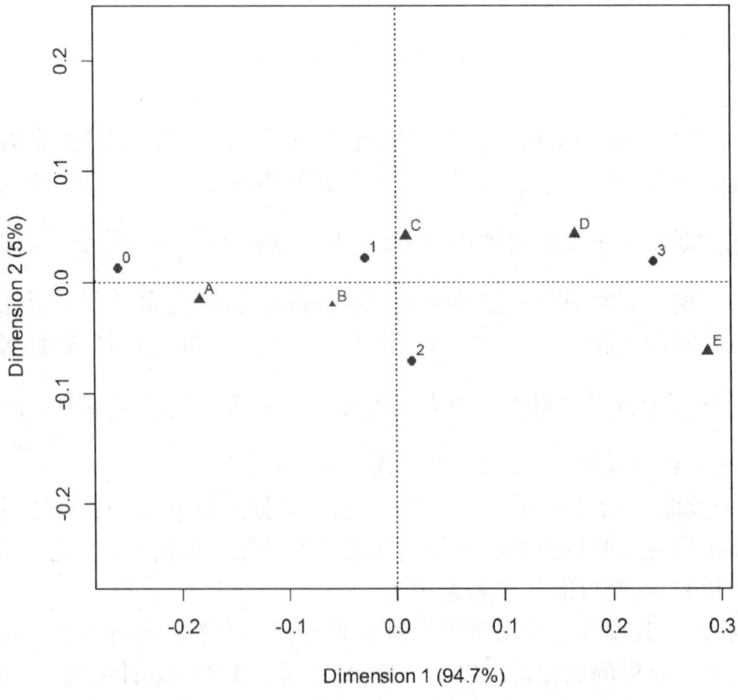

图 9.5.1 心理健康状况-父母社会经济地位数据的对应分析图

我们先从图 9.5.1 中实际感受一下对应分析图的应有特征：在第一维坐标轴上，0 是行点的中心，也是列点的中心，行点和列点的散布程度一致；第二维坐标轴上的情况同样如此。在图 9.5.1 的第一维坐标轴上，从上至下的行点依次是 0,1,2,3，列点依次是 A,B,C,D,E，这种自然的排序与行、列变量都是有序尺度的有很大的关系。第一维实际上既反映了心理健康状况的好坏，也反映了父母社会经济地位的高低。

图 9.5.1 显示，1 和 2 具有相似的轮廓(两个行点彼此靠近)，0 和 3 的轮廓最不相同(两个行点远离)；B 和 C 的轮廓相似(两个列点靠得近)，A 和 E 的轮廓最不相似(两个列点相距很远)。结合图 9.5.1 和图 9.2.1 来看，正如我们所预料的，图 9.5.1 中行(列)点之间的距离远近与图 9.2.1 中显现的行(列)轮廓图之间的相似程度是相当一致的，基本上就是行(列)点之间的距离越近(远)，其相应轮廓图之间就越相似(不同)。

从图 9.5.1 可见，彼此靠得较近的行点和列点有：0 和 A，1 和 C，1 和 B，2 和 B，3 和 D，3 和 E。相应类别组合的实际频数及行、列独立情形下的期望频数列于表 9.5.2 中(括号内的是期望值)，其中 0 和 A，3 和 D，3 和 E 的类别组合实际频数都明显高于其相应的期望频数(都远离原点，关联性明显)，而 1 和 C，1 和 B，2 和 B 的类别组合实际频数却都只是略高于其相应的期望频数(都接近于原点，关联性不明显)。因此，我们可直接从对应分析图中看出，心理健康状况好(0)与父母社会经济地位高(A)相关联，心理健康状况受损(3)与父母社会经济地位低(D 和 E)相关联。 □

表 9.5.2　　行点和列点靠近的类别组合频数及行、列独立情形下的频数期望值

心理健康状况 \ 父母社会经济地位	A(高)	B	C	D	E(低)
0(好)	121(93.8)	57	72	36	21
1(轻微症状形成)	188	105(104.1)	141(139.3)	97	71
2(中等症状形成)	112	65(62.6)	77	54	54
3(受损)	86	60	94	78(62.1)	71(50.9)

例 9.5.2 表 9.5.3 中的数据来源于奶酪品尝的实验，实验记录了九种不同响应和四种不同奶酪添加剂的交叉频数。九种不同的响应是从最不喜欢到最喜欢，品尝者依次打分为 1，2，…，9，四种不同的奶酪添加剂分别为 A,B,C,D。

以下的图 9.5.2 至图 9.5.7 是使用 JMP 软件生成的。在图 9.5.2 中的(1)显示了四种奶酪添加剂的轮廓和边缘频率以及九种响应的边缘频率(见图的右端)，图中的(2)显示了九种响应的轮廓和边缘频率以及四种奶酪添加剂的边缘频率(见右端)。图 9.5.3 显示了一些计算结果，包括：奇异值、主惯量(惯量)、贡献率(对应部分)、累计贡献率(累积)以及行、列点在第一、二、三维坐标轴(c1,c2,c3)上的坐标。

表 9.5.3 奶酪品尝的实验数据

编号	奶酪添加剂	响应	频数	编号	奶酪添加剂	响应	频数
1	A	1	0	19	C	1	1
2	A	2	0	20	C	2	1
3	A	3	1	21	C	3	6
4	A	4	7	22	C	4	8
5	A	5	8	23	C	5	23
6	A	6	8	24	C	6	7
7	A	7	19	25	C	7	5
8	A	8	8	26	C	8	1
9	A	9	1	27	C	9	0
10	B	1	6	28	D	1	0
11	B	2	9	29	D	2	0
12	B	3	12	30	D	3	0
13	B	4	11	31	D	4	1
14	B	5	7	32	D	5	3
15	B	6	6	33	D	6	7
16	B	7	1	34	D	7	14
17	B	8	0	35	D	8	16
18	B	9	0	36	D	9	11

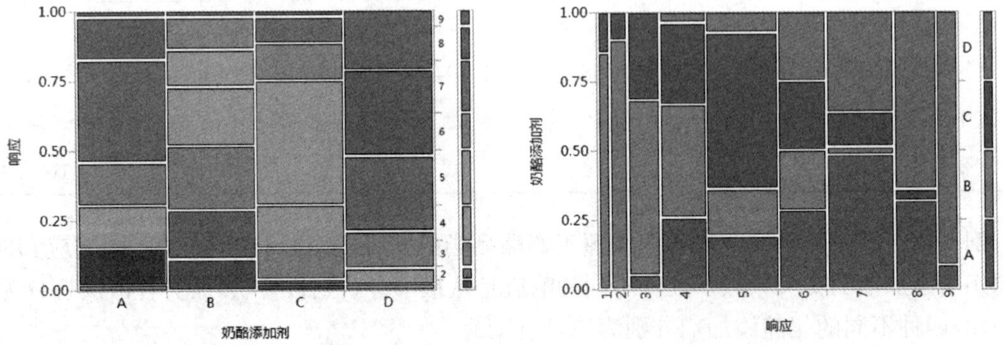

(1) 奶酪添加剂轮廓及边缘频率 (2) 响应轮廓及边缘频率

图 9.5.2 奶酪添加剂-响应数据的轮廓及边缘频率

前二维的累计贡献率已达 91.95%，故可考虑取前二维，其对应分析图如图 9.5.4 所示。从该图中可得出如下一些结论：(1) 第一维坐标轴 c1 似乎对应于总的满意程度，由上至下从最不喜欢到最喜欢，这主要缘于响应变量是有序尺度的。(2) 1 和 2 几乎有相同的响应轮廓，1，2

和 9 的响应轮廓都最为不同①；四种奶酪添加剂轮廓彼此都不太相似，其中 B 和 D 的轮廓差异最大。(3) B 是最不受喜欢的，因它和 1、2、3 相关联；C 是较少受喜欢的，因它和 4、5 相关联；A 是较受喜欢的，因它和 6、7 相关联；D 是最受喜欢的，因它和 7、8、9 相关联。

奇异值	惯量	对应部分	累积
0.73609	0.54183	0.6936	0.6936
0.42010	0.17649	0.2259	0.9195
0.25070	0.06285	0.0805	1.0000

奶酪添加剂	c1	c2	c3
A	-0.3763	-0.2528	-0.3865
B	0.9553	0.4728	-0.0554
C	0.3981	-0.5540	0.2467
D	-0.9771	0.3340	0.1952

响应	c1	c2	c3
1	1.190	0.7764	-0.0490
2	1.222	0.8811	-0.1006
3	0.964	0.2628	0.0900
4	0.507	-0.0588	-0.1693
5	0.328	-0.6068	0.2705
6	-0.065	-0.0617	-0.0472
7	-0.623	-0.1480	-0.3510
8	-0.991	0.2634	0.0443
9	-1.259	0.6786	0.5852

图 9.5.3　奇异值、主惯量、贡献率以及行、列点的坐标

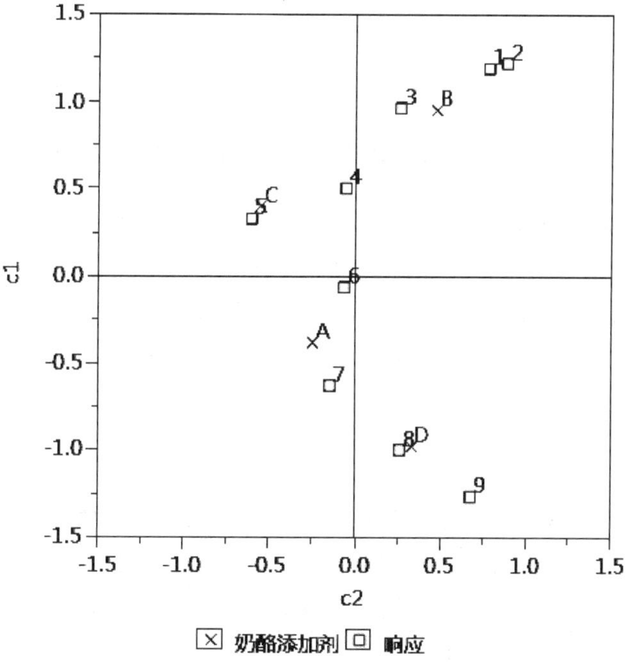

图 9.5.4　奶酪添加剂-响应数据的对应分析图

如果希望更全面、细致地观察对应分析图，则可在观察图 9.5.4 的基础上进一步观察由所

① 响应轮廓之间的相似与否既可从图 9.5.2 的(2)中看，也可从图 9.5.4 中看，前者的优势在于精确作图，但不如后者更易于判断。类别数越多，利用对应分析图观察轮廓相似性的优越性就越大，当然图中的累计贡献率还得有保证。

有三个维构成的三维对应分析(旋转)图,如图 9.5.5 所示。

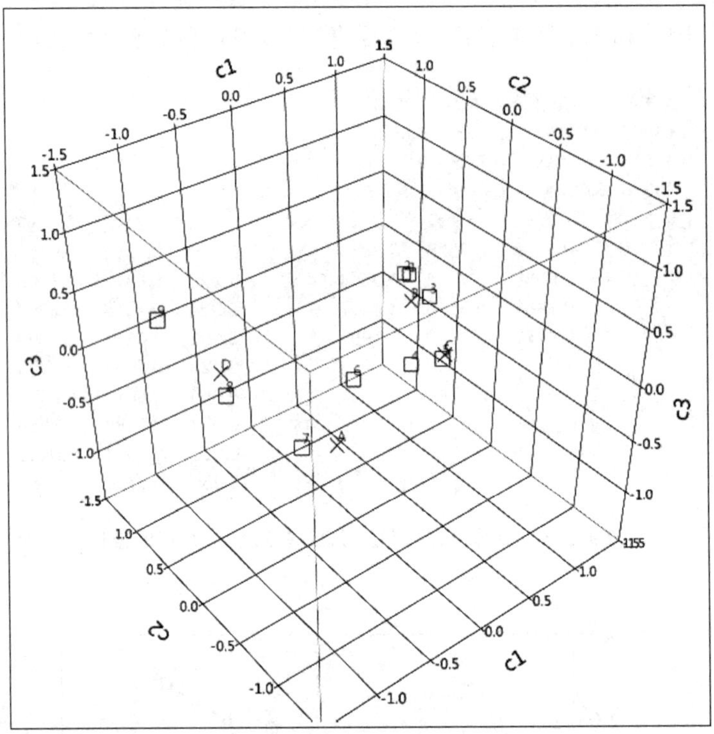

图 9.5.5　奶酪添加剂-响应数据的三维对应分析图

图 9.5.6 显示了实际频数(格子中上一行数据)和两变量独立情形下的期望频数(格子中下一行数据)。为便于看清楚对应分析图中显现的关联性在图 9.5.6 的表中是怎样的结果,我们对其相应的格子加了框。从该图可见,其中的 C 和 4,A 和 6 都是弱关联的,其实这在对应分析图中已有所反映。图 9.5.4 中,6 几乎就在原点,4 也在原点的附近,自然其关联性倾向于不明显。

		响应									
	计数 期望值	1	2	3	4	5	6	7	8	9	合计
奶酪添加剂	A	0 1.75	0 2.5	1 4.75	7 6.75	8 10.25	8 7	19 9.75	8 6.25	1 3	52
	B	6 1.75	9 2.5	12 4.75	11 6.75	7 10.25	6 7	1 9.75	0 6.25	0 3	52
	C	1 1.75	1 2.5	6 4.75	8 6.75	23 10.25	7 7	5 9.75	1 6.25	0 3	52
	D	0 1.75	0 2.5	0 4.75	1 6.75	3 10.25	7 7	14 9.75	16 6.25	11 3	52
	合计	7	10	19	27	41	28	39	25	12	208

图 9.5.6　类别组合的实际频数及两变量独立情形下的期望频数

图 9.5.4 的对应分析图已揭示出四种奶酪添加剂的受欢迎程度依次为 D,A,C,B,我们还可从如图 9.5.7 所示的奶酪添加剂轮廓中作详细的补充观察。从图 9.5.7 的表中可见,对 D 的打分主要在 6 至 9 分,其次在 5 分,从 5 至 8 分的比例逐步上升,8 分的比例达到最高,之后 9 分的比例在下降;A 的分数主要在 4 至 8 分,打 7 分的比例特别高;C 的分数主要在 3 至 7 分,从 3 至 5 分的比例逐步上升,之后分数的比例开始逐步下降,5 分的比例特别高;B 的分数主要在 1 至 6 分,从 1 至 3 分的比例逐步上升,之后分数的比例逐步下降,3 分的比例最高。

□

		响应								
	行百分比	1	2	3	4	5	6	7	8	9
奶酪添加剂	A	0.00	0.00	1.92	13.46	15.38	15.38	36.54	15.38	1.92
	B	11.54	17.31	23.08	21.15	13.46	11.54	1.92	0.00	0.00
	C	1.92	1.92	11.54	15.38	44.23	13.46	9.62	1.92	0.00
	D	0.00	0.00	0.00	1.92	5.77	13.46	26.92	30.77	21.15

图 9.5.7 奶酪添加剂的轮廓(%)

注 例 9.5.2 中,行、列之间的关联性也可直接从图 9.5.6 所示的表中进行分析,该表中显示出的关联性要比对应分析图中的精确,但前者不如后者直观、方便(对于行数或列数很多的列联表,对应分析图的方便性显得尤为重要)。对应分析图可用来对关联性作初步的直观判断,如需要可进一步结合图 9.5.6 所示的表进行更细致、深入的分析。例如,图 9.5.4 中 B 和 4 之间不够接近,似乎较难判断它们之间是否存在关联性,为此我们可再查看一下图 9.5.6 中的表,该表证实了 B 和 4 之间确实存在着关联性。

小 结

1. 对应分析是用于寻找列联表的行和列之间关联的一种低维图形表示法,它同时可以揭示同一分类变量的各个类别之间的差异。

2. 列(行)边缘频率向量可以表示成各行(列)轮廓的加权平均,故可将其视为各行(列)轮廓的中心。

3. 总惯量与列联表行、列独立性检验的 χ^2 统计量有着极为密切的关系,两者仅相差一个常数倍,即总惯量等于用样本容量 n 除 χ^2。

4. 总惯量既度量了列联表中行、列变量之间关联性,也度量了行(列)轮廓之间的总变差。主惯量度量了在一坐标轴上的变差,类似于主成分的方差。总惯量可以分解为各主惯量之和,类似于主成分分析中总方差可分解为各主成分方差之和。

5. 由于对应的坐标轴具有相同的中心和主惯量,行点和列点所在的坐标系可以方便地重叠在一起,并使用同一坐标刻度,从而形成(低维的)对应分析图。

6. 如果两个行(列)点接近,则表明相应的两个行(列)轮廓是相似的;反之,如果两个行(列)点远离,则表明相应的两个行(列)轮廓是很不相同的。行点与列点之间的距离是没有意义的,但彼此靠近的行点和列点能揭示出它们之间的关联性,且它们离原点越远,其关联倾向就越明显。

附录 9-1 R 的应用

我们现对例 9.2.1 中的数据作对应分析，以下 R 代码中假定文本数据的存储目录为"D:/mvdata/"。

```
> examp9.2.1=read.table("D:/mvdata/examp9.2.1.csv", header=TRUE, sep=",")
> head(examp9.2.1)
  父母社会经济地位  心理健康状况  频数
1                A            0   121
2                A            1   188
3                A            2   112
4                A            3    86
5                B            0    57
6                B            1   105
> mytable=xtabs(频数~心理健康状况+父母社会经济地位, examp9.2.1)  #创建一个列联表
> addmargins(mytable)  #在列联表 mytable 上添加行、列边缘频数
            父母社会经济地位
心理健康状况    A    B    C    D    E  Sum
         0    121   57   72   36   21  307
         1    188  105  141   97   71  602
         2    112   65   77   54   54  362
         3     86   60   94   78   71  389
         Sum  507  287  384  265  217 1660
> P=prop.table(mytable)  #对应矩阵
> round(addmargins(P), 3)  #在对应矩阵上添加行、列边缘频率
            父母社会经济地位
心理健康状况     A     B     C     D     E   Sum
         0    0.073 0.034 0.043 0.022 0.013 0.185
         1    0.113 0.063 0.085 0.058 0.043 0.363
         2    0.067 0.039 0.046 0.033 0.033 0.218
         3    0.052 0.036 0.057 0.047 0.043 0.234
         Sum  0.305 0.173 0.231 0.160 0.131 1.000
> R=prop.table(mytable, 1)  #行轮廓矩阵
> round(R, 3)
```

```
            父母社会经济地位
心理健康状况       A      B      C      D      E
     0        0.394  0.186  0.235  0.117  0.068
     1        0.312  0.174  0.234  0.161  0.118
     2        0.309  0.180  0.213  0.149  0.149
     3        0.221  0.154  0.242  0.201  0.183
> C=prop.table(mytable, 2)   #列轮廓矩阵
> round(C, 3)
            父母社会经济地位
心理健康状况       A      B      C      D      E
     0        0.239  0.199  0.188  0.136  0.097
     1        0.371  0.366  0.367  0.366  0.327
     2        0.221  0.226  0.201  0.204  0.249
     3        0.170  0.209  0.245  0.294  0.327
> chisq.test(mytable)   #行、列独立的卡方检验
        Pearson's Chi-squared test
data: mytable
X-squared = 45.594, df = 12, p-value = 8.149e-06
> total=chisq.test(mytable)$statistic/sum(examp9.2.1$频数)   #计算总惯量
> round(total, 4)
X-squared
   0.0275
> expected=chisq.test(mytable)$expected   #行、列独立情形下的期望频数
> round(addmargins(expected),1)   #在矩阵 expected 上添加行、列边缘频数
            父母社会经济地位
心理健康状况       A      B      C      D      E    Sum
     0          93.8   53.1   71.0   49.0   40.1   307
     1         183.9  104.1  139.3   96.1   78.7   602
     2         110.6   62.6   83.7   57.8   47.3   362
     3         118.8   67.3   90.0   62.1   50.9   389
     Sum       507.0  287.0  384.0  265.0  217.0  1660
> install.packages("vcd")
> library(vcd)
> mosaic(mytable, 1)   #行轮廓马赛克图
(输出见图 9.2.1(1))
> mosaic(mytable, 2)   #列轮廓马赛克图
(输出见图 9.2.1(2))
> install.packages("ca")
```

```
> library(ca)
> ca=ca(mytable)
> summary(ca)  #输出(主)惯量、总惯量、贡献率及累计贡献率等
Principal inertias (eigenvalues):

 dim   value        %    cum%   scree plot
 1     0.026024    94.7   94.7  *************************
 2     0.001376     5.0   99.8  *
 3     6.7e-050     0.2  100.0
       -----       ---
 Total: 0.027466  100.0
> ca$sv  #奇异值
[1] 0.161318423 0.037087765 0.008195156
> X=ca$rowcoord%*%diag(ca$sv)  #行点坐标
> round(X, 3)
     [,1]    [,2]    [,3]
0  -0.260   0.013   0.011
1  -0.029   0.023  -0.010
2   0.014  -0.070  -0.001
3   0.237   0.020   0.007
> Y=ca$colcoord%*%diag(ca$sv)  #列点坐标
> round(Y, 3)
     [,1]    [,2]    [,3]
A  -0.183  -0.016   0.001
B  -0.059  -0.022  -0.010
C   0.009   0.042   0.010
D   0.165   0.043  -0.011
E   0.288  -0.062   0.007
> plot(ca)
(输出见图 9.5.1)
```

附录 9-2　若干推导

一、(9.4.2)和(9.4.3)式的推导

由(9.3.6)和(9.3.8)式,得

$$\boldsymbol{D}_r^{-1/2}(\boldsymbol{P}-\boldsymbol{r}\boldsymbol{c}')\boldsymbol{D}_c^{-1/2}=\boldsymbol{U}\boldsymbol{\Lambda}\boldsymbol{V}'$$

于是

$$\boldsymbol{P}-\boldsymbol{r}\boldsymbol{c}'=\boldsymbol{D}_r^{1/2}\boldsymbol{U}\boldsymbol{\Lambda}\boldsymbol{V}'\boldsymbol{D}_c^{1/2}=\boldsymbol{A}\boldsymbol{\Lambda}\boldsymbol{B}'=\sum_{i=1}^{k}\lambda_i\boldsymbol{a}_i\boldsymbol{b}_i' \tag{9-2-1}$$

常称之为**广义奇异值分解**。将行轮廓矩阵 $\boldsymbol{R}$ 中心化(即每一行减去 $\boldsymbol{c}'$),再由(9-2-1)式得,

$$\boldsymbol{R}-\boldsymbol{1}\boldsymbol{c}'=\boldsymbol{D}_r^{-1}(\boldsymbol{P}-\boldsymbol{r}\boldsymbol{c}')=\boldsymbol{D}_r^{-1}\boldsymbol{A}\boldsymbol{\Lambda}\boldsymbol{B}'=\boldsymbol{X}\boldsymbol{B}' \tag{9-2-2}$$

其中

$$\boldsymbol{X}=(x_{ij})=\boldsymbol{D}_r^{-1}\boldsymbol{A}\boldsymbol{\Lambda} \tag{9-2-3}$$

比较等式(9-2-2)两边矩阵的第 i 行即得(9.4.2)式。类似地,将列轮廓矩阵 $\boldsymbol{C}$ 中心化(即每一列减去 $\boldsymbol{r}$),得

$$\boldsymbol{C}-\boldsymbol{r}\boldsymbol{1}'=(\boldsymbol{P}-\boldsymbol{r}\boldsymbol{c}')\boldsymbol{D}_c^{-1}=\boldsymbol{A}\boldsymbol{\Lambda}\boldsymbol{B}'\boldsymbol{D}_c^{-1}=\boldsymbol{A}\boldsymbol{Y}' \tag{9-2-4}$$

其中

$$\boldsymbol{Y}=(y_{ij})=\boldsymbol{D}_c^{-1}\boldsymbol{B}\boldsymbol{\Lambda} \tag{9-2-5}$$

比较等式(9-2-4)两边矩阵的第 j 列即得(9.4.3)式。

二、(9.4.6)式的推导

由于 $\boldsymbol{U}'\boldsymbol{U}=\boldsymbol{V}'\boldsymbol{V}=\boldsymbol{I}_k$,从而依(9.4.1)式,有

$$\boldsymbol{A}'\boldsymbol{D}_r^{-1}\boldsymbol{A}=\boldsymbol{B}'\boldsymbol{D}_c^{-1}\boldsymbol{B}=\boldsymbol{I}_k \tag{9-2-6}$$

由(9-2-3)、(9-2-5)和(9-2-6)式知,

$$\boldsymbol{X}'\boldsymbol{D}_r\boldsymbol{X}=\boldsymbol{\Lambda}\boldsymbol{A}'\boldsymbol{D}_r^{-1}\boldsymbol{D}_r\boldsymbol{D}_r^{-1}\boldsymbol{A}\boldsymbol{\Lambda}=\boldsymbol{\Lambda}^2$$

$$\boldsymbol{Y}'\boldsymbol{D}_c\boldsymbol{Y}=\boldsymbol{\Lambda}\boldsymbol{B}'\boldsymbol{D}_c^{-1}\boldsymbol{D}_c\boldsymbol{D}_c^{-1}\boldsymbol{B}\boldsymbol{\Lambda}=\boldsymbol{\Lambda}^2$$

即有

$$\boldsymbol{X}'\boldsymbol{D}_r\boldsymbol{X}=\boldsymbol{Y}'\boldsymbol{D}_c\boldsymbol{Y}=\boldsymbol{\Lambda}^2 \tag{9-2-7}$$

比较上述等式各边矩阵的对角线元素即得(9.4.6)式。

三、(9.5.1)和(9.5.2)式的推导

$\boldsymbol{P}-\boldsymbol{r}\boldsymbol{c}'$ 的降秩到 m 的最优逼近为①

$$\boldsymbol{P}-\boldsymbol{r}\boldsymbol{c}'\approx\lambda_1\boldsymbol{a}_1\boldsymbol{b}_1'+\cdots+\lambda_m\boldsymbol{a}_m\boldsymbol{b}_m' \tag{9-2-8}$$

由于 $\sum_{i=1}^{m}\lambda_i^2\Big/\sum_{i=1}^{k}\lambda_i^2$ 足够大,故上述近似等式能较好成立,于是

$$\begin{aligned}\boldsymbol{R}-\boldsymbol{1}\boldsymbol{c}'&=\boldsymbol{D}_r^{-1}(\boldsymbol{P}-\boldsymbol{r}\boldsymbol{c}')\approx(\lambda_1\boldsymbol{D}_r^{-1}\boldsymbol{a}_1)\boldsymbol{b}_1'+\cdots+(\lambda_m\boldsymbol{D}_r^{-1}\boldsymbol{a}_m)\boldsymbol{b}_m'\\&=\boldsymbol{X}_1\boldsymbol{B}_1'\end{aligned} \tag{9-2-9}$$

其中 $\boldsymbol{B}_1=(\boldsymbol{b}_1,\cdots,\boldsymbol{b}_m)$,

$$\boldsymbol{X}_1=(\lambda_1\boldsymbol{D}_r^{-1}\boldsymbol{a}_1,\cdots,\lambda_m\boldsymbol{D}_r^{-1}\boldsymbol{a}_m)=\boldsymbol{D}_r^{-1}\boldsymbol{A}_1\boldsymbol{\Lambda}_1 \tag{9-2-10}$$

$\boldsymbol{A}_1=(\boldsymbol{a}_1,\cdots,\boldsymbol{a}_m)$,$\boldsymbol{\Lambda}_1=\mathrm{diag}(\lambda_1,\cdots,\lambda_m)$。注意到(9-2-3)式也可表达为

$$\boldsymbol{X}=(\lambda_1\boldsymbol{D}_r^{-1}\boldsymbol{a}_1,\cdots,\lambda_k\boldsymbol{D}_r^{-1}\boldsymbol{a}_k) \tag{9-2-3$'$}$$

---

① 该句话的含义是,在一切秩不超过 m 的 $p\times q$ 矩阵中用(秩为 m 的)矩阵 $\lambda_1\boldsymbol{a}_1\boldsymbol{b}_1'+\cdots+\lambda_m\boldsymbol{a}_m\boldsymbol{b}_m'$ 逼近(秩为 k 的)矩阵 $\boldsymbol{P}-\boldsymbol{r}\boldsymbol{c}'$ 是最优的。最优逼近的详细论述请见文献[30]中的第 560 和 561 页。

可见,$\boldsymbol{X}_1$ 是由 $\boldsymbol{X}$ 的前 m 列构成的,从而可得(9.5.1)式。类似地,由(9-2-1)式还可得,

$$\boldsymbol{C}-\boldsymbol{r}\boldsymbol{1}'=(\boldsymbol{P}-\boldsymbol{r}\boldsymbol{c}')\boldsymbol{D}_c^{-1}\approx\boldsymbol{a}_1(\lambda_1\boldsymbol{D}_c^{-1}\boldsymbol{b}_1)'+\cdots+\boldsymbol{a}_m(\lambda_m\boldsymbol{D}_c^{-1}\boldsymbol{b}_m)' =\boldsymbol{A}_1\boldsymbol{Y}_1' \tag{9-2-11}$$

其中 $\boldsymbol{A}_1=(\boldsymbol{a}_1,\cdots,\boldsymbol{a}_m)$,

$$\boldsymbol{Y}_1=(\lambda_1\boldsymbol{D}_c^{-1}\boldsymbol{b}_1,\cdots,\lambda_m\boldsymbol{D}_c^{-1}\boldsymbol{b}_m)=\boldsymbol{D}_c^{-1}\boldsymbol{B}_1\boldsymbol{\Lambda}_1 \tag{9-2-12}$$

可将(9-2-5)式表达为

$$\boldsymbol{Y}=(\lambda_1\boldsymbol{D}_c^{-1}\boldsymbol{b}_1,\cdots,\lambda_k\boldsymbol{D}_c^{-1}\boldsymbol{b}_k) \qquad (9\text{-}2\text{-}5)'$$

可见,$\boldsymbol{Y}_1$ 是由 $\boldsymbol{Y}$ 的前 m 列构成的,故有(9.5.2)式。

四、(9.5.3)式的推导

令 p 维向量 $\boldsymbol{e}_i=(0,\cdots,0,1,0,\cdots,0)'$,这里 1 位于第 i 个位置上,p 维向量 $\boldsymbol{e}_j=(0,\cdots,0,1,0,\cdots,0)'$,这里 1 位于第 j 个位置上,则在对应分析图上第 i 个行点 (x_{i1},x_{i2}) 与第 j 个行点 (x_{j1},x_{j2}) 之间的平方欧氏距离为

$$\begin{aligned} d_{ij}^2(r)&=(x_{i1}-x_{j1})^2+(x_{i2}-x_{j2})^2\\ &=(x_{i1}-x_{j1},x_{i2}-x_{j2})\begin{pmatrix}x_{i1}-x_{j1}\\ x_{i2}-x_{j2}\end{pmatrix}\\ &=(\boldsymbol{e}_i'\boldsymbol{X}_1-\boldsymbol{e}_j'\boldsymbol{X}_1)(\boldsymbol{e}_i'\boldsymbol{X}_1-\boldsymbol{e}_j'\boldsymbol{X}_1)'\\ &=(\boldsymbol{e}_i-\boldsymbol{e}_j)'\boldsymbol{X}_1\boldsymbol{X}_1'(\boldsymbol{e}_i-\boldsymbol{e}_j)\end{aligned}$$

其中 $\boldsymbol{X}_1=(\lambda_1\boldsymbol{D}_r^{-1}\boldsymbol{a}_1,\lambda_2\boldsymbol{D}_r^{-1}\boldsymbol{a}_2)=\begin{pmatrix}x_{11}&x_{12}\\ x_{21}&x_{22}\\ \vdots&\vdots\\ x_{p1}&x_{p2}\end{pmatrix}$,而

$$\begin{aligned}\boldsymbol{X}_1\boldsymbol{X}_1'&=(\lambda_1\boldsymbol{D}_r^{-1}\boldsymbol{a}_1,\lambda_2\boldsymbol{D}_r^{-1}\boldsymbol{a}_2)\begin{pmatrix}\lambda_1\boldsymbol{a}_1'\boldsymbol{D}_r^{-1}\\ \lambda_2\boldsymbol{a}_2'\boldsymbol{D}_r^{-1}\end{pmatrix}\\ &=\lambda_1^2\boldsymbol{D}_r^{-1}\boldsymbol{a}_1\boldsymbol{a}_1'\boldsymbol{D}_r^{-1}+\lambda_2^2\boldsymbol{D}_r^{-1}\boldsymbol{a}_2\boldsymbol{a}_2'\boldsymbol{D}_r^{-1}\\ &=\boldsymbol{D}_r^{-1}(\lambda_1^2\boldsymbol{a}_1\boldsymbol{a}_1'+\lambda_2^2\boldsymbol{a}_2\boldsymbol{a}_2')\boldsymbol{D}_r^{-1}\\ &\approx\boldsymbol{D}_r^{-1}(\lambda_1^2\boldsymbol{a}_1\boldsymbol{a}_1'+\lambda_2^2\boldsymbol{a}_2\boldsymbol{a}_2'+\cdots+\lambda_k^2\boldsymbol{a}_k\boldsymbol{a}_k')\boldsymbol{D}_r^{-1}\end{aligned}$$

[由(9.4.1)和(9.3.8)式知,$\boldsymbol{a}_i=\boldsymbol{D}_r^{1/2}\boldsymbol{u}_i$,而 $\boldsymbol{u}_i$ 都是单位向量,以致诸 $\boldsymbol{a}_i\boldsymbol{a}_i'=\boldsymbol{D}_r^{1/2}\boldsymbol{u}_i\boldsymbol{u}_i'\boldsymbol{D}_r^{1/2}$ 都是同一数量大小级别的矩阵,再则已假定 $(\lambda_1^2+\lambda_2^2)\Big/\sum_{i=1}^{k}\lambda_i^2$ 足够大]

$$\begin{aligned}&=\boldsymbol{D}_r^{-1}\boldsymbol{A}\boldsymbol{\Lambda}^2\boldsymbol{A}'\boldsymbol{D}_r^{-1}\\ &=\boldsymbol{D}_r^{-1}\boldsymbol{A}\boldsymbol{\Lambda}(\boldsymbol{B}'\boldsymbol{D}_c^{-1}\boldsymbol{B})\boldsymbol{\Lambda}\boldsymbol{A}'\boldsymbol{D}_r^{-1} && [\text{见(9-2-6)式}]\\ &=(\boldsymbol{R}-\boldsymbol{1}\boldsymbol{c}')\boldsymbol{D}_c^{-1}(\boldsymbol{R}-\boldsymbol{1}\boldsymbol{c}')' && [\text{见(9-2-2)式}]\end{aligned}$$

所以

$$\begin{aligned}d_{ij}^2(r)&\approx(\boldsymbol{e}_i-\boldsymbol{e}_j)'(\boldsymbol{R}-\boldsymbol{1}\boldsymbol{c}')\boldsymbol{D}_c^{-1}(\boldsymbol{R}-\boldsymbol{1}\boldsymbol{c}')'(\boldsymbol{e}_i-\boldsymbol{e}_j)\\ &=(\boldsymbol{e}_i'\boldsymbol{R}-\boldsymbol{e}_j'\boldsymbol{R})\boldsymbol{D}_c^{-1}(\boldsymbol{e}_i'\boldsymbol{R}-\boldsymbol{e}_j'\boldsymbol{R})'\\ &=(\boldsymbol{r}_i-\boldsymbol{r}_j)'\boldsymbol{D}_c^{-1}(\boldsymbol{r}_i-\boldsymbol{r}_j)\\ &=\tilde{d}_{ij}^2(r)\end{aligned}$$

五、(9.5.5)和(9.5.6)式的推导

近似等式$(x_{i1},x_{i2})\approx(y_{j1},y_{j2})$可以写成

$$\boldsymbol{e}_i'\boldsymbol{X}_1\approx\boldsymbol{e}_j'\boldsymbol{Y}_1$$

其中 p 维向量$\boldsymbol{e}_i=(0,\cdots,0,1,0,\cdots,0)'$,这里 1 位于第 i 个位置上,q 维向量$\boldsymbol{e}_j=(0,\cdots,0,1,0,\cdots,0)'$,这里 1 位于第 j 个位置上。将 $m=2$ 时的(9-2-10)和(9-2-12)式代入上式,并在该近似式两边右乘$\begin{pmatrix}\boldsymbol{b}_1'\\\boldsymbol{b}_2'\end{pmatrix}$,得

$$\boldsymbol{e}_i'(\lambda_1\boldsymbol{D}_r^{-1}\boldsymbol{a}_1,\lambda_2\boldsymbol{D}_r^{-1}\boldsymbol{a}_2)\begin{pmatrix}\boldsymbol{b}_1'\\\boldsymbol{b}_2'\end{pmatrix}\approx\boldsymbol{e}_j'(\lambda_1\boldsymbol{D}_c^{-1}\boldsymbol{b}_1,\lambda_2\boldsymbol{D}_c^{-1}\boldsymbol{b}_2)\begin{pmatrix}\boldsymbol{b}_1'\\\boldsymbol{b}_2'\end{pmatrix}$$

$$\boldsymbol{e}_i'\boldsymbol{D}_r^{-1}(\lambda_1\boldsymbol{a}_1\boldsymbol{b}_1'+\lambda_2\boldsymbol{a}_2\boldsymbol{b}_2')\approx\boldsymbol{e}_j'\boldsymbol{D}_c^{-1}\boldsymbol{B}_1\boldsymbol{\Lambda}_1\boldsymbol{B}_1'$$

其中$\boldsymbol{B}_1=(\boldsymbol{b}_1,\boldsymbol{b}_2)$,$\boldsymbol{\Lambda}_1=\begin{pmatrix}\lambda_1&0\\0&\lambda_2\end{pmatrix}$,由于已假定$(\lambda_1^2+\lambda_2^2)\Big/\sum_{i=1}^{k}\lambda_i^2$足够大,于是由(9-2-8)式知,

$$\lambda_1\boldsymbol{a}_1\boldsymbol{b}_1'+\lambda_2\boldsymbol{a}_2\boldsymbol{b}_2'\approx\boldsymbol{P}-\boldsymbol{rc}'$$

因而

$$\boldsymbol{e}_i'\boldsymbol{D}_r^{-1}(\boldsymbol{P}-\boldsymbol{rc}')\approx\boldsymbol{e}_j'\boldsymbol{D}_c^{-1}\boldsymbol{B}_1\boldsymbol{\Lambda}_1\boldsymbol{B}_1'$$

故由(9-2-12)式以及上式得,

$$\begin{aligned}\frac{n_{ij}-n_{i\cdot}n_{\cdot j}/n}{n_{i\cdot}n_{\cdot j}/n}&=\frac{p_{ij}-p_{i\cdot}p_{\cdot j}}{p_{i\cdot}p_{\cdot j}}\\&=\boldsymbol{e}_i'[\boldsymbol{D}_r^{-1}(\boldsymbol{P}-\boldsymbol{rc}')\boldsymbol{D}_c^{-1}]\boldsymbol{e}_j\\&\approx\boldsymbol{e}_j'\boldsymbol{D}_c^{-1}\boldsymbol{B}_1\boldsymbol{\Lambda}_1\boldsymbol{B}_1'\boldsymbol{D}_c^{-1}\boldsymbol{e}_j\\&=(\boldsymbol{\Lambda}_1\boldsymbol{B}_1'\boldsymbol{D}_c^{-1}\boldsymbol{e}_j)'\boldsymbol{\Lambda}_1^{-1}(\boldsymbol{\Lambda}_1\boldsymbol{B}_1'\boldsymbol{D}_c^{-1}\boldsymbol{e}_j)\\&=(\boldsymbol{Y}_1'\boldsymbol{e}_j)'\boldsymbol{\Lambda}_1^{-1}(\boldsymbol{Y}_1'\boldsymbol{e}_j)\\&=(y_{j1},y_{j2})\begin{pmatrix}\lambda_1^{-1}&0\\0&\lambda_2^{-1}\end{pmatrix}\begin{pmatrix}y_{j1}\\y_{j2}\end{pmatrix}\\&=\frac{y_{j1}^2}{\lambda_1}+\frac{y_{j2}^2}{\lambda_2}\\&\geqslant 0\end{aligned}$$

即得(9.5.6)式。同理可证得(9.5.5)式。

习　题

9.1　将一个由 901 个人组成的样本按 3 个收入类别和 4 个职业满意度类别进行交叉分类,分类结果见下表。试作对应分析,解释所得结果。行和列之间的关联能否很好地在一维中表示出来?

收入＼职业满意度	A(非常不满意)	B(有些不满意)	C(比较满意)	D(非常满意)
1(＜40 000元)	42	62	184	207
2(40 000～80 000元)	13	28	81	113
3(＞80 000元)	7	18	54	92

9.2　下表包含在美国西南部7个考古场所挖掘出来的4种不同类型陶器的频数，试作对应分析，解释所得结果。

考古场所＼陶器类型	A	B	C	D
P0	30	10	10	39
P1	53	4	16	2
P2	73	1	41	1
P3	20	6	1	4
P4	46	36	37	13
P5	45	6	59	10
P6	16	28	169	5

9.3　下表是美国在1973年到1978年间授予6个学科的博士数目，试完成对应分析，解释所得结果。

学科＼年	1973	1974	1975	1976	1977	1978
L(生命科学)	4 489	4 303	4 402	4 350	4 266	4 361
P(物理学)	4 101	3 800	3 749	3 572	3 410	3 234
S(社会学)	3 354	3 286	3 344	3 278	3 137	3 008
B(行为科学)	2 444	2 587	2 749	2 878	2 960	3 049
E(工程学)	3 338	3 144	2 959	2 791	2 641	2 432
M(数学)	1 222	1 196	1 149	1 003	959	959

客观思考题

一、判断题

9.1　列边缘频率向量可看成是各列轮廓的中心。　(　　)

9.2　在列联表中，若各行轮廓之间的差异大，则各列轮廓之间的差异也必然大；反之亦然。　(　　)

9.3　在列联表的行、列变量独立性的检验中，一旦检验拒绝了原假设，就意味着行变量和列变量之间必然就有不弱的关联性。　(　　)

9.4　所有行点(或列点)在每一维坐标轴上的平均坐标值为零。　(　　)

9.5　零是所有行点在每一维坐标轴上的中心，对所有列点亦是如此。（　）

9.6　对应分析中，行点和列点在三维坐标系中的前二维坐标等于二维坐标系中的坐标。（　）

9.7　列联表中类别组合的频数越大，表明相应行类别和列类别的关联性就越强。（　）

9.8　对应分析图中每一维坐标轴上各行点(或列点)坐标的变异性是用方差来度量的。（　）

9.9　对应分析图中的所有坐标轴上的(主)惯量之和必等于总惯量。（　）

9.10　对应分析图中行点和列点之间的距离是没有意义的。（　）

9.11　列联表中的两个分类变量，哪个作为行变量哪个作为列变量不影响对应分析的分析结果。（　）

二、单选题

9.12　对应分析图中，对于相近的行点和列点，以下正确的表述是(　　)。

A. 它们离原点越远，其关联性就倾向于越弱

B. 它们离原点越远，其关联性就倾向于越强

C. 从它们离原点远近的角度，一般看不出其关联性的相对强弱

D. 无论它们离原点远还是近，其关联性都是相同的

三、多选题

9.13　总惯量反映了(　　)。

A. 行轮廓之间的变异程度　　B. 列轮廓之间的变异程度

C. 行变量与列变量之间的关联程度　　D. 列联表中的一切信息

9.14　若总惯量为零，则(　　)。

A. 行变量与列变量近似独立　　B. 行变量与列变量一定独立

C. 所有行轮廓相等　　D. 所有列轮廓相等

9.15　对应分析图中散点的坐标一般会是(　　)。

A. 行轮廓的坐标　　B. 中心化的行轮廓坐标

C. 列轮廓的坐标　　D. 中心化的列轮廓坐标

9.16　能够直接看清楚单个行轮廓的有(　　)。

A. 行轮廓的马赛克图　　B. 行轮廓矩阵

C. 对应分析图　　D. 对应矩阵

第十章　典型相关分析

§10.1　引　言

典型相关分析(canonical correlation analysis)是研究两组变量之间相关关系的一种统计分析方法,它能够有效地揭示两组变量之间的相互线性依赖关系。这一方法是由霍特林(Hotelling,1935,1936)首先提出的。

在实际应用中,经常遇到研究一部分变量与另一部分变量相关关系的问题。例如,在工厂里,考察产品的 q 个质量指标$(y_1,y_2,\cdots,y_q)$与原材料的 p 个质量指标$(x_1,x_2,\cdots,x_p)$之间的相关关系;牛肉、猪肉的价格与按人均的牛肉、猪肉的消费量之间的相关关系;初一学生的阅读速度、阅读才能与数学运算速度、数学运算才能之间的相关关系;硕士研究生入学考试的各科成绩与本科阶段一些主要课程成绩之间的相关关系;一组政府政策变量与一组经济目标变量之间的相关关系;等等。

两组变量 $x_1,x_2,\cdots,x_p$ 和 $y_1,y_2,\cdots,y_q$ 之间的相关系数有 pq 个,当 p 和 q 较大时,用这么多的相关系数来整体地描述两组变量之间的相关性似乎显得过于"繁杂",不得要领,基本上是没有希望的。因此,一般考虑采用类似于主成分的降维思想,并将复相关系数的概念推广到两组变量之间的情形。度量一个变量和一组变量之间的相关性只使用了复相关系数这一个指标,而度量两组变量之间的相关性就未必只使用一个指标,也许需使用两个或多个所谓的典型相关系数指标。

§10.2　总体典型相关

一、典型相关的定义及导出

设 $\boldsymbol{x}=(x_1,x_2,\cdots,x_p)'$ 和 $\boldsymbol{y}=(y_1,y_2,\cdots,y_q)'$ 是两组随机变量,且 $V(\boldsymbol{x})=\boldsymbol{\Sigma}_{11}(>0)$,$V(\boldsymbol{y})=\boldsymbol{\Sigma}_{22}(>0)$,$\mathrm{Cov}(\boldsymbol{x},\boldsymbol{y})=\boldsymbol{\Sigma}_{12}$,即有

$$V\begin{pmatrix}\boldsymbol{x}\\\boldsymbol{y}\end{pmatrix}=\begin{pmatrix}\boldsymbol{\Sigma}_{11}&\boldsymbol{\Sigma}_{12}\\\boldsymbol{\Sigma}_{21}&\boldsymbol{\Sigma}_{22}\end{pmatrix}$$

其中 $\boldsymbol{\Sigma}_{21}=\boldsymbol{\Sigma}_{12}'$。

我们先考虑用一个指标来最大限度地反映两组变量之间的相关性,想法如下:将 p 维的 $\boldsymbol{x}$

和 q 维的 $\boldsymbol{y}$ 分别以线性函数的形式压缩成单变量 $u=\boldsymbol{a}'\boldsymbol{x}$ 和 $v=\boldsymbol{b}'\boldsymbol{y}$，其中 $\boldsymbol{a}=(a_1,a_2,\cdots,a_p)'$ 和 $\boldsymbol{b}=(b_1,b_2,\cdots,b_q)'$ 皆为非零常数向量，再计算 u 与 v 的相关系数，并使之达到最大。

接下来我们来寻找这两个线性函数，并给出其相关系数。因为

$$\mathrm{Cov}(u,v)=\mathrm{Cov}(\boldsymbol{a}'\boldsymbol{x},\boldsymbol{b}'\boldsymbol{y})=\boldsymbol{a}'\mathrm{Cov}(\boldsymbol{x},\boldsymbol{y})\boldsymbol{b}=\boldsymbol{a}'\boldsymbol{\Sigma}_{12}\boldsymbol{b} \tag{10.2.1}$$

$$\begin{aligned} V(u)&=V(\boldsymbol{a}'\boldsymbol{x})=\boldsymbol{a}'V(\boldsymbol{x})\boldsymbol{a}=\boldsymbol{a}'\boldsymbol{\Sigma}_{11}\boldsymbol{a} \\ V(v)&=V(\boldsymbol{b}'\boldsymbol{y})=\boldsymbol{b}'V(\boldsymbol{y})\boldsymbol{b}=\boldsymbol{b}'\boldsymbol{\Sigma}_{22}\boldsymbol{b} \end{aligned} \tag{10.2.2}$$

所以，u 与 v 的相关系数

$$\rho(u,v)=\frac{\boldsymbol{a}'\boldsymbol{\Sigma}_{12}\boldsymbol{b}}{\sqrt{\boldsymbol{a}'\boldsymbol{\Sigma}_{11}\boldsymbol{a}}\ \sqrt{\boldsymbol{b}'\boldsymbol{\Sigma}_{22}\boldsymbol{b}}} \tag{10.2.3}$$

由于对任意非零常数 k_1 和 k_2，有

$$\rho(k_1u,k_2v)=\rho(u,v)$$

因此，为避免不必要的结果重复，我们常常限定 u 与 v 均为标准化的变量，即附加约束条件

$$V(u)=1,\quad V(v)=1 \tag{10.2.4}$$

也就是

$$\boldsymbol{a}'\boldsymbol{\Sigma}_{11}\boldsymbol{a}=1,\quad \boldsymbol{b}'\boldsymbol{\Sigma}_{22}\boldsymbol{b}=1 \tag{10.2.5}$$

我们希望在约束条件(10.2.5)下，求 $\boldsymbol{a}\in R^p$ 和 $\boldsymbol{b}\in R^q$，使得

$$\rho(u,v)=\boldsymbol{a}'\boldsymbol{\Sigma}_{12}\boldsymbol{b} \tag{10.2.6}$$

达到最大。在给出结果之前，以下先介绍一下后面将要用到的一些记号及数学结论。

由§1.6一的性质(2)知，$\boldsymbol{\Sigma}_{11}^{-1}\boldsymbol{\Sigma}_{12}\boldsymbol{\Sigma}_{22}^{-1}\boldsymbol{\Sigma}_{21}$，$\boldsymbol{\Sigma}_{22}^{-1}\boldsymbol{\Sigma}_{21}\boldsymbol{\Sigma}_{11}^{-1}\boldsymbol{\Sigma}_{12}$，$\boldsymbol{\Sigma}_{11}^{-1/2}\boldsymbol{\Sigma}_{12}\boldsymbol{\Sigma}_{22}^{-1}\boldsymbol{\Sigma}_{21}\boldsymbol{\Sigma}_{11}^{-1/2}(\geqslant 0)$ 和 $\boldsymbol{\Sigma}_{22}^{-1/2}\boldsymbol{\Sigma}_{21}\boldsymbol{\Sigma}_{11}^{-1}\boldsymbol{\Sigma}_{12}\boldsymbol{\Sigma}_{22}^{-1/2}(\geqslant 0)$ 都有着相同的非零特征值，可记为 $\rho_1^2\geqslant\rho_2^2\geqslant\cdots\geqslant\rho_m^2>0$，这里 m 为 $\boldsymbol{\Sigma}_{12}$ 的秩。这是因为，按§1.5的性质(8)可有

$$\mathrm{rank}(\boldsymbol{\Sigma}_{22}^{-1/2}\boldsymbol{\Sigma}_{21}\boldsymbol{\Sigma}_{11}^{-1}\boldsymbol{\Sigma}_{12}\boldsymbol{\Sigma}_{22}^{-1/2})=\mathrm{rank}(\boldsymbol{\Sigma}_{11}^{-1/2}\boldsymbol{\Sigma}_{12}\boldsymbol{\Sigma}_{22}^{-1/2})=\mathrm{rank}(\boldsymbol{\Sigma}_{12})=m$$

记 ρ_i 是 ρ_i^2 的算术平方根，$i=1,2,\cdots,m$。

设 $\boldsymbol{\Sigma}_{22}^{-1/2}\boldsymbol{\Sigma}_{21}\boldsymbol{\Sigma}_{11}^{-1}\boldsymbol{\Sigma}_{12}\boldsymbol{\Sigma}_{22}^{-1/2}$ 相应于 $\rho_1^2,\rho_2^2,\cdots,\rho_m^2$ 的正交单位特征向量为 $\boldsymbol{\beta}_1,\boldsymbol{\beta}_2,\cdots,\boldsymbol{\beta}_m$，令

$$\boldsymbol{\alpha}_i=\frac{1}{\rho_i}\boldsymbol{\Sigma}_{11}^{-1/2}\boldsymbol{\Sigma}_{12}\boldsymbol{\Sigma}_{22}^{-1/2}\boldsymbol{\beta}_i,\quad \boldsymbol{a}_i=\boldsymbol{\Sigma}_{11}^{-1/2}\boldsymbol{\alpha}_i,\quad \boldsymbol{b}_i=\boldsymbol{\Sigma}_{22}^{-1/2}\boldsymbol{\beta}_i$$

$$i=1,2,\cdots,m \tag{10.2.7}$$

则 $\boldsymbol{\alpha}_1,\boldsymbol{\alpha}_2,\cdots,\boldsymbol{\alpha}_m$ 为 $\boldsymbol{\Sigma}_{11}^{-1/2}\boldsymbol{\Sigma}_{12}\boldsymbol{\Sigma}_{22}^{-1}\boldsymbol{\Sigma}_{21}\boldsymbol{\Sigma}_{11}^{-1/2}$ 相应于 $\rho_1^2,\rho_2^2,\cdots,\rho_m^2$ 的正交单位特征向量，$\boldsymbol{a}_1,\boldsymbol{a}_2,\cdots,\boldsymbol{a}_m$ 为 $\boldsymbol{\Sigma}_{11}^{-1}\boldsymbol{\Sigma}_{12}\boldsymbol{\Sigma}_{22}^{-1}\boldsymbol{\Sigma}_{21}$ 的相应于 $\rho_1^2,\rho_2^2,\cdots,\rho_m^2$ 的特征向量，$\boldsymbol{b}_1,\boldsymbol{b}_2,\cdots,\boldsymbol{b}_m$ 为 $\boldsymbol{\Sigma}_{22}^{-1}\boldsymbol{\Sigma}_{21}\boldsymbol{\Sigma}_{11}^{-1}\boldsymbol{\Sigma}_{12}$ 的相应于 $\rho_1^2,\rho_2^2,\cdots,\rho_m^2$ 的特征向量(推导见附录10-2一)。

当取 $\boldsymbol{a}=\boldsymbol{a}_1,\boldsymbol{b}=\boldsymbol{b}_1$ 时，满足约束条件(10.2.5)，且 $\rho(u,v)=\boldsymbol{a}'\boldsymbol{\Sigma}_{12}\boldsymbol{b}$ 达到最大值 ρ_1(推导见附录10-2二)，自然 $\rho_1\leqslant 1$。我们称

$$u_1=\boldsymbol{a}_1'\boldsymbol{x},\quad v_1=\boldsymbol{b}_1'\boldsymbol{y} \tag{10.2.8}$$

为**第一对典型变量**，称 $\boldsymbol{a}_1,\boldsymbol{b}_1$ 为**第一对典型系数向量**，称 ρ_1 为**第一典型相关系数**。

第一对典型变量 u_1,v_1 提取了原始变量 $\boldsymbol{x}$ 与 $\boldsymbol{y}$ 之间相关的最主要部分，如果这一部分还显得不够，可以在剩余相关中再求出第二对典型变量 $u_2=\boldsymbol{a}'\boldsymbol{x}$，$v_2=\boldsymbol{b}'\boldsymbol{y}$，也就是 $\boldsymbol{a},\boldsymbol{b}$ 应满足(10.2.5)式，且应使得第二对典型变量不包括第一对典型变量所含的信息，即

$$\rho(u_2,u_1)=\rho(\boldsymbol{a}'\boldsymbol{x},\boldsymbol{a}_1'\boldsymbol{x})=\mathrm{Cov}(\boldsymbol{a}'\boldsymbol{x},\boldsymbol{a}_1'\boldsymbol{x})=\boldsymbol{a}'\boldsymbol{\Sigma}_{11}\boldsymbol{a}_1=0$$

$$\rho(v_2,v_1)=\rho(\boldsymbol{b}'\boldsymbol{y},\boldsymbol{b}_1'\boldsymbol{y})=\mathrm{Cov}(\boldsymbol{b}'\boldsymbol{y},\boldsymbol{b}_1'\boldsymbol{y})=\boldsymbol{b}'\boldsymbol{\Sigma}_{22}\boldsymbol{b}_1=0$$

在这些约束条件下使得

$$\rho(u_2,v_2)=\rho(\boldsymbol{a}'\boldsymbol{x},\boldsymbol{b}'\boldsymbol{y})=\boldsymbol{a}'\boldsymbol{\Sigma}_{12}\boldsymbol{b}$$

达到最大。一般地,**第 $\boldsymbol{i}$**$(1<i\leqslant m)$**对典型变量** $u_i=\boldsymbol{a}'\boldsymbol{x}$, $v_i=\boldsymbol{b}'\boldsymbol{y}$ 是指,找出 $\boldsymbol{a}\in R^p,\boldsymbol{b}\in R^q$,在约束条件

$$\begin{gathered}\boldsymbol{a}'\boldsymbol{\Sigma}_{11}\boldsymbol{a}=1,\quad \boldsymbol{b}'\boldsymbol{\Sigma}_{22}\boldsymbol{b}=1\\ \boldsymbol{a}'\boldsymbol{\Sigma}_{11}\boldsymbol{a}_k=0,\quad \boldsymbol{b}'\boldsymbol{\Sigma}_{22}\boldsymbol{b}_k=0,\qquad k=1,2,\cdots,i-1\end{gathered}\tag{10.2.9}$$

下,使得

$$\rho(u_i,v_i)=\rho(\boldsymbol{a}'\boldsymbol{x},\boldsymbol{b}'\boldsymbol{y})=\boldsymbol{a}'\boldsymbol{\Sigma}_{12}\boldsymbol{b}\tag{10.2.10}$$

达到最大。

当取 $\boldsymbol{a}=\boldsymbol{a}_i,\boldsymbol{b}=\boldsymbol{b}_i$ 时,能满足约束条件(10.2.9),并使 $\rho(u_i,v_i)$ 达到最大值 ρ_i(推导见附录 10-2 三),称它为**第 $\boldsymbol{i}$ 典型相关系数**,称 $\boldsymbol{a}_i,\boldsymbol{b}_i$ 为**第 $\boldsymbol{i}$ 对典型系数向量**。①

二、典型变量的性质

(一)同一组的典型变量互不相关

$\boldsymbol{x},\boldsymbol{y}$ 的第 i 对典型变量为

$$u_i=\boldsymbol{a}_i'\boldsymbol{x},\quad v_i=\boldsymbol{b}_i'\boldsymbol{y},\qquad i=1,2,\cdots,m\tag{10.2.11}$$

于是

$$\begin{gathered}V(u_i)=\boldsymbol{a}_i'\boldsymbol{\Sigma}_{11}\boldsymbol{a}_i=1,\quad V(v_i)=\boldsymbol{b}_i'\boldsymbol{\Sigma}_{22}\boldsymbol{b}_i=1,\qquad i=1,2,\cdots,m\\ \rho(u_i,u_j)=\mathrm{Cov}(u_i,u_j)=\boldsymbol{a}_i'\boldsymbol{\Sigma}_{11}\boldsymbol{a}_j=0,\qquad 1\leqslant i\neq j\leqslant m\\ \rho(v_i,v_j)=\mathrm{Cov}(v_i,v_j)=\boldsymbol{b}_i'\boldsymbol{\Sigma}_{22}\boldsymbol{b}_j=0,\qquad 1\leqslant i\neq j\leqslant m\end{gathered}\tag{10.2.12}$$

表明由 $\boldsymbol{x}$ 组成的第一组典型变量 $u_1,u_2,\cdots,u_m$ 互不相关,且均有单位方差;同样,由 $\boldsymbol{y}$ 组成的第二组典型变量 $v_1,v_2,\cdots,v_m$ 也互不相关,且也均有单位方差。

(二)不同组的典型变量之间的相关性

$$\rho(u_i,v_i)=\rho_i,\quad i=1,2,\cdots,m\tag{10.2.13}$$

$$\begin{aligned}\rho(u_i,v_j)&=\mathrm{Cov}(u_i,v_j)\\ &=\mathrm{Cov}(\boldsymbol{a}_i'\boldsymbol{x},\boldsymbol{b}_j'\boldsymbol{y})\\ &=\boldsymbol{a}_i'\mathrm{Cov}(\boldsymbol{x},\boldsymbol{y})\boldsymbol{b}_j\\ &=\boldsymbol{\alpha}_i'\boldsymbol{\Sigma}_{11}^{-1/2}\boldsymbol{\Sigma}_{12}\boldsymbol{\Sigma}_{22}^{-1/2}\boldsymbol{\beta}_j\\ &=\rho_j\boldsymbol{\alpha}_i'\boldsymbol{\alpha}_j\\ &=0,\qquad 1\leqslant i\neq j\leqslant m\end{aligned}\tag{10.2.14}$$

表明不同组的任意两个典型变量,当 $i=j$ 时,相关系数为 ρ_i;当 $i\neq j$ 时是彼此不相关的。

记 $\boldsymbol{u}=(u_1,u_2,\cdots,u_m)'$, $\boldsymbol{v}=(v_1,v_2,\cdots,v_m)'$,则上述两个性质可用矩阵表示为

$$V(\boldsymbol{u})=\boldsymbol{I},\quad V(\boldsymbol{v})=\boldsymbol{I},\quad \mathrm{Cov}(\boldsymbol{u},\boldsymbol{v})=\boldsymbol{\Lambda}\tag{10.2.15}$$

或

---

① 按典型相关的定义,$-\boldsymbol{a}_i,-\boldsymbol{b}_i$ 也可作为第 i 对典型系数向量,不同统计软件输出的该系数对可能会相差一个符号。

$$V\begin{pmatrix}\boldsymbol{u}\\\boldsymbol{v}\end{pmatrix}=\begin{pmatrix}\boldsymbol{I} & \boldsymbol{\Lambda}\\\boldsymbol{\Lambda} & \boldsymbol{I}\end{pmatrix} \tag{10.2.15$'$}$$

其中 $\boldsymbol{\Lambda}=\mathrm{diag}(\rho_1,\rho_2,\cdots,\rho_m)$。

（三）原始变量与典型变量之间的相关系数

记 $\boldsymbol{A}=(\boldsymbol{a}_1,\boldsymbol{a}_2,\cdots,\boldsymbol{a}_m)$，$\boldsymbol{B}=(\boldsymbol{b}_1,\boldsymbol{b}_2,\cdots,\boldsymbol{b}_m)$，则

$$\boldsymbol{u}=\boldsymbol{A}'\boldsymbol{x},\quad \boldsymbol{v}=\boldsymbol{B}'\boldsymbol{y} \tag{10.2.16}$$

于是原始变量与典型变量之间的协方差矩阵为

$$\begin{aligned}\mathrm{Cov}(\boldsymbol{x},\boldsymbol{u})&=\mathrm{Cov}(\boldsymbol{x},\boldsymbol{A}'\boldsymbol{x})=\boldsymbol{\Sigma}_{11}\boldsymbol{A}\\\mathrm{Cov}(\boldsymbol{x},\boldsymbol{v})&=\mathrm{Cov}(\boldsymbol{x},\boldsymbol{B}'\boldsymbol{y})=\boldsymbol{\Sigma}_{12}\boldsymbol{B}\\\mathrm{Cov}(\boldsymbol{y},\boldsymbol{u})&=\mathrm{Cov}(\boldsymbol{y},\boldsymbol{A}'\boldsymbol{x})=\boldsymbol{\Sigma}_{21}\boldsymbol{A}\\\mathrm{Cov}(\boldsymbol{y},\boldsymbol{v})&=\mathrm{Cov}(\boldsymbol{y},\boldsymbol{B}'\boldsymbol{y})=\boldsymbol{\Sigma}_{22}\boldsymbol{B}\end{aligned} \tag{10.2.17}$$

原始变量与典型变量之间的相关矩阵为

$$\begin{aligned}\rho(\boldsymbol{x},\boldsymbol{u})&=\boldsymbol{D}_1^{-1}\boldsymbol{\Sigma}_{11}\boldsymbol{A},\quad \rho(\boldsymbol{x},\boldsymbol{v})=\boldsymbol{D}_1^{-1}\boldsymbol{\Sigma}_{12}\boldsymbol{B}\\\rho(\boldsymbol{y},\boldsymbol{u})&=\boldsymbol{D}_2^{-1}\boldsymbol{\Sigma}_{21}\boldsymbol{A},\quad \rho(\boldsymbol{y},\boldsymbol{v})=\boldsymbol{D}_2^{-1}\boldsymbol{\Sigma}_{22}\boldsymbol{B}\end{aligned} \tag{10.2.18}$$

其中 $\boldsymbol{D}_1=\mathrm{diag}(\sqrt{V(x_1)},\cdots,\sqrt{V(x_p)})$，$\boldsymbol{D}_2=\mathrm{diag}(\sqrt{V(y_1)},\cdots,\sqrt{V(y_q)})$。

现来证明(10.2.18)式的第一个等式，其余三个等式的证明是完全类似的。令

$$\boldsymbol{x}^*=\boldsymbol{D}_1^{-1}(\boldsymbol{x}-\boldsymbol{\mu}_1),\quad \boldsymbol{y}^*=\boldsymbol{D}_2^{-1}(\boldsymbol{y}-\boldsymbol{\mu}_2) \tag{10.2.19}$$

其中 $\boldsymbol{\mu}_1=E(\boldsymbol{x})$，$\boldsymbol{\mu}_2=E(\boldsymbol{y})$，即对 $\boldsymbol{x}$ 和 $\boldsymbol{y}$ 的各分量作标准化变换，于是

$$\begin{aligned}\rho(\boldsymbol{x},\boldsymbol{u})&=\rho(\boldsymbol{x}^*,\boldsymbol{u})\\&=\mathrm{Cov}(\boldsymbol{x}^*,\boldsymbol{u})\\&=\mathrm{Cov}[\boldsymbol{D}_1^{-1}(\boldsymbol{x}-\boldsymbol{\mu}_1),\boldsymbol{u}]\\&=\boldsymbol{D}_1^{-1}\mathrm{Cov}(\boldsymbol{x},\boldsymbol{u})\\&=\boldsymbol{D}_1^{-1}\boldsymbol{\Sigma}_{11}\boldsymbol{A}\end{aligned}$$

（四）典型相关系数也是某种复相关系数

$u_i=\boldsymbol{a}_i'\boldsymbol{x}$ 与 $\boldsymbol{y}$ 的复相关系数为

$$\rho_{u_i\cdot \boldsymbol{y}}=\rho_i,\quad i=1,2,\cdots,m \tag{10.2.20}$$

$v_i=\boldsymbol{b}_i'\boldsymbol{y}$ 与 $\boldsymbol{x}$ 的复相关系数为

$$\rho_{v_i\cdot \boldsymbol{x}}=\rho_i,\quad i=1,2,\cdots,m \tag{10.2.21}$$

（见习题 10.1）。

（五）简单相关、复相关和典型相关之间的关系

从典型相关的定义易见，当 $p=q=1$ 时，$\boldsymbol{x}$ 与 $\boldsymbol{y}$ 之间的（唯一）典型相关就是它们之间简单相关的绝对值；当 $p=1$ 或 $q=1$ 时，$\boldsymbol{x}$ 与 $\boldsymbol{y}$ 之间的（唯一）典型相关就是它们之间的复相关。可见，复相关是典型相关的一个特例，而简单相关的绝对值是复相关的一个特例。

第一典型相关系数至少同 $\boldsymbol{x}$（或 $\boldsymbol{y}$）的任一分量与 $\boldsymbol{y}$（或 $\boldsymbol{x}$）的复相关系数一样大（可从第一典型相关的定义看出），即使所有这些复相关系数都较小，第一典型相关系数仍可能很大。同样，当 $p=1$（或 $q=1$）时，x（或 y）与 $\boldsymbol{y}$（或 $\boldsymbol{x}$）之间的复相关系数也不会小于 x（或 y）与 $\boldsymbol{y}$（或 $\boldsymbol{x}$）的任一分量之间相关系数的绝对值（可从复相关的定义看出），即使所有这些相关系数的绝

对值都较小,复相关系数仍可能很大。以下是一个说明性的例子。

例 10.2.1　设 $y=x_1+x_2$,$V(x_1)=V(x_2)=1$,$\rho(x_1,x_2)=\rho$,则由例 3.4.1 知,$\rho_{y\cdot x_1,x_2}=1$。我们再来计算 $\rho(y,x_1)$和 $\rho(y,x_2)$,由于

$$V(y)=V(x_1+x_2)=V(x_1)+V(x_2)+2\mathrm{Cov}(x_1,x_2)=2(1+\rho)$$
$$\mathrm{Cov}(y,x_1)=\mathrm{Cov}(x_1+x_2,x_1)=V(x_1)+\mathrm{Cov}(x_2,x_1)=1+\rho$$
$$\mathrm{Cov}(y,x_2)=\mathrm{Cov}(x_1+x_2,x_2)=\mathrm{Cov}(x_1,x_2)+V(x_2)=1+\rho$$

故

$$\rho(y,x_1)=\frac{\mathrm{Cov}(y,x_1)}{\sqrt{V(y)}\sqrt{V(x_1)}}=\frac{1+\rho}{\sqrt{2(1+\rho)}}=\sqrt{\frac{1+\rho}{2}}$$

同理,$\rho(y,x_2)=\sqrt{\dfrac{1+\rho}{2}}$。当 ρ 接近于-1 时,$\rho(y,x_1)$和 $\rho(y,x_2)$都接近于 0。可见,虽然此时 y 与 x_1 和 x_2 的相关系数($\geqslant 0$)都很小,但 y 与 x_1 和 x_2 的复相关系数可以达到最大值 1。

三、从相关矩阵出发计算典型相关

有时,$\boldsymbol{x}$ 和 $\boldsymbol{y}$ 的各分量的单位不全相同,我们希望在对各分量作标准化变换之后再作典型相关分析。

设 $\boldsymbol{R}=\begin{pmatrix}\boldsymbol{R}_{11} & \boldsymbol{R}_{12}\\ \boldsymbol{R}_{21} & \boldsymbol{R}_{22}\end{pmatrix}$为$\begin{pmatrix}\boldsymbol{x}\\ \boldsymbol{y}\end{pmatrix}$的相关矩阵,现来求各分量都已标准化了的 $\boldsymbol{x}^*$ 和 $\boldsymbol{y}^*$ 的典型变量 $\boldsymbol{a}_i^{*\prime}\boldsymbol{x}^*$, $\boldsymbol{b}_i^{*\prime}\boldsymbol{y}^*$, $i=1,2,\cdots,m$。

$$V(\boldsymbol{x}^*)=\boldsymbol{D}_1^{-1}V(\boldsymbol{x})\boldsymbol{D}_1^{-1}=\boldsymbol{D}_1^{-1}\boldsymbol{\Sigma}_{11}\boldsymbol{D}_1^{-1}=\boldsymbol{R}_{11}$$
$$V(\boldsymbol{y}^*)=\boldsymbol{D}_2^{-1}V(\boldsymbol{y})\boldsymbol{D}_2^{-1}=\boldsymbol{D}_2^{-1}\boldsymbol{\Sigma}_{22}\boldsymbol{D}_2^{-1}=\boldsymbol{R}_{22}$$
$$\mathrm{Cov}(\boldsymbol{x}^*,\boldsymbol{y}^*)=\boldsymbol{D}_1^{-1}\mathrm{Cov}(\boldsymbol{x},\boldsymbol{y})\boldsymbol{D}_2^{-1}=\boldsymbol{D}_1^{-1}\boldsymbol{\Sigma}_{12}\boldsymbol{D}_2^{-1}=\boldsymbol{R}_{12}$$
$$\mathrm{Cov}(\boldsymbol{y}^*,\boldsymbol{x}^*)=\boldsymbol{D}_2^{-1}\mathrm{Cov}(\boldsymbol{y},\boldsymbol{x})\boldsymbol{D}_1^{-1}=\boldsymbol{D}_2^{-1}\boldsymbol{\Sigma}_{21}\boldsymbol{D}_1^{-1}=\boldsymbol{R}_{21}$$

于是

$$\begin{aligned}\boldsymbol{R}_{11}^{-1}\boldsymbol{R}_{12}\boldsymbol{R}_{22}^{-1}\boldsymbol{R}_{21}&=(\boldsymbol{D}_1^{-1}\boldsymbol{\Sigma}_{11}\boldsymbol{D}_1^{-1})^{-1}\boldsymbol{D}_1^{-1}\boldsymbol{\Sigma}_{12}\boldsymbol{D}_2^{-1}(\boldsymbol{D}_2^{-1}\boldsymbol{\Sigma}_{22}\boldsymbol{D}_2^{-1})^{-1}\boldsymbol{D}_2^{-1}\boldsymbol{\Sigma}_{21}\boldsymbol{D}_1^{-1}\\&=\boldsymbol{D}_1\boldsymbol{\Sigma}_{11}^{-1}\boldsymbol{\Sigma}_{12}\boldsymbol{\Sigma}_{22}^{-1}\boldsymbol{\Sigma}_{21}\boldsymbol{D}_1^{-1}\end{aligned}\tag{10.2.22}$$

因为

$$\boldsymbol{\Sigma}_{11}^{-1}\boldsymbol{\Sigma}_{12}\boldsymbol{\Sigma}_{22}^{-1}\boldsymbol{\Sigma}_{21}\boldsymbol{a}_i=\rho_i^2\boldsymbol{a}_i$$

等式两边左乘 $\boldsymbol{D}_1$,得

$$\boldsymbol{D}_1\boldsymbol{\Sigma}_{11}^{-1}\boldsymbol{\Sigma}_{12}\boldsymbol{\Sigma}_{22}^{-1}\boldsymbol{\Sigma}_{21}\boldsymbol{D}_1^{-1}(\boldsymbol{D}_1\boldsymbol{a}_i)=\rho_i^2(\boldsymbol{D}_1\boldsymbol{a}_i)$$

所以

$$\boldsymbol{R}_{11}^{-1}\boldsymbol{R}_{12}\boldsymbol{R}_{22}^{-1}\boldsymbol{R}_{21}\boldsymbol{a}_i^*=\rho_i^2\boldsymbol{a}_i^*$$

式中 $\boldsymbol{a}_i^*=\boldsymbol{D}_1\boldsymbol{a}_i$,有 $\boldsymbol{a}_i^{*\prime}\boldsymbol{R}_{11}\boldsymbol{a}_i^*=\boldsymbol{a}_i'\boldsymbol{D}_1\boldsymbol{R}_{11}\boldsymbol{D}_1\boldsymbol{a}_i=\boldsymbol{a}_i'\boldsymbol{\Sigma}_{11}\boldsymbol{a}_i=1$。同理

$$\boldsymbol{R}_{22}^{-1}\boldsymbol{R}_{21}\boldsymbol{R}_{11}^{-1}\boldsymbol{R}_{12}\boldsymbol{b}_i^*=\rho_i^2\boldsymbol{b}_i^*$$

式中 $\boldsymbol{b}_i^*=\boldsymbol{D}_2\boldsymbol{b}_i$,有 $\boldsymbol{b}_i^{*\prime}\boldsymbol{R}_{22}\boldsymbol{b}_i^*=\boldsymbol{b}_i'\boldsymbol{D}_2\boldsymbol{R}_{22}\boldsymbol{D}_2\boldsymbol{b}_i=\boldsymbol{b}_i'\boldsymbol{\Sigma}_{22}\boldsymbol{b}_i=1$。由此可见,$\boldsymbol{a}_i^*$,$\boldsymbol{b}_i^*$ 为 $\boldsymbol{x}^*$ 和 $\boldsymbol{y}^*$ 的第 i 对典型系数向量,其第 i 典型相关系数仍为 ρ_i[也可从(10.2.22)式直接看出],在标准化

变换下具有不变性①，这一点与主成分分析有所不同。

由于

$$u_i^* = a_i^{*\prime} x^* = a_i' D_1 D_1^{-1}(x-\mu_1) = a_i' x - a_i'\mu_1 = u_i - a_i'\mu_1 \tag{10.2.23}$$

$$v_i^* = b_i^{*\prime} y^* = b_i' D_2 D_2^{-1}(y-\mu_2) = b_i' y - b_i'\mu_2 = v_i - b_i'\mu_2 \tag{10.2.24}$$

故 x^* 和 y^* 的第 i 对典型变量 $u_i^* = a_i^{*\prime} x^*$，$v_i^* = b_i^{*\prime} y^*$ 是 x 和 y 的第 i 对典型变量 $u_i = a_i' x$，$v_i = b_i' y$ 的中心化值，自然都具有零均值。

例 10.2.2　设 x，y 有如下相关矩阵：

$$R_{11} = \begin{pmatrix} 1 & \alpha \\ \alpha & 1 \end{pmatrix},\quad R_{22} = \begin{pmatrix} 1 & \gamma \\ \gamma & 1 \end{pmatrix},\quad R_{12} = \begin{pmatrix} \beta & \beta \\ \beta & \beta \end{pmatrix} = \beta \mathbf{1}\mathbf{1}'$$

这里 $|\alpha|<1$，$|\gamma|<1$，可以保证 R_{11}^{-1}，R_{22}^{-1} 存在，而 $\mathbf{1}=(1,1)'$。

$$\begin{aligned} R_{11}^{-1} R_{12} R_{22}^{-1} R_{21} &= \frac{1}{1-\alpha^2}\begin{pmatrix} 1 & -\alpha \\ -\alpha & 1 \end{pmatrix}\beta\mathbf{1}\mathbf{1}' \cdot \frac{1}{1-\gamma^2}\begin{pmatrix} 1 & -\gamma \\ -\gamma & 1 \end{pmatrix}\beta\mathbf{1}\mathbf{1}' \\ &= \frac{\beta^2}{(1-\alpha^2)(1-\gamma^2)}\begin{pmatrix} 1-\alpha \\ 1-\alpha \end{pmatrix}(1-\gamma, 1-\gamma)\mathbf{1}\mathbf{1}' \\ &= \frac{\beta^2}{(1+\alpha)(1+\gamma)}\mathbf{1}\mathbf{1}'\mathbf{1}\mathbf{1}' \\ &= \frac{2\beta^2}{(1+\alpha)(1+\gamma)}\mathbf{1}\mathbf{1}' \end{aligned}$$

由于 $\mathbf{1}\mathbf{1}'$ 有唯一的非零特征值 $\mathbf{1}'\mathbf{1}=2$，故 $R_{11}^{-1}R_{12}R_{22}^{-1}R_{21}$ 有唯一非零特征值

$$\rho_1^2 = \frac{4\beta^2}{(1+\alpha)(1+\gamma)}$$

显然，$\mathbf{1}$ 是 $\mathbf{1}\mathbf{1}'$ 的相应于特征值 2 的一个特征向量，由此容易得出，在约束条件 $a_1^{*\prime} R_{11} a_1^* = 1$ 下，$R_{11}^{-1}R_{12}R_{22}^{-1}R_{21}$ 相应于特征值 ρ_1^2 的特征向量为 $a_1^* = [2(1+\alpha)]^{-1/2}\mathbf{1}$。同理，在约束条件 $b_1^{*\prime} R_{22} b_1^* = 1$ 下，$R_{22}^{-1}R_{21}R_{11}^{-1}R_{12}$ 相应于特征值 ρ_1^2 的特征向量为 $b_1^* = [2(1+\gamma)]^{-1/2}\mathbf{1}$。所以，第一对典型变量为 $a_1^{*\prime} x^* = [2(1+\alpha)]^{-1/2}\mathbf{1}' x^*$，$b_1^{*\prime} y^* = [2(1+\gamma)]^{-1/2}\mathbf{1}' y^*$。第一典型相关系数为 $\rho_1 = 2|\beta|/[(1+\alpha)(1+\gamma)]^{1/2}$。由于 $|\alpha|<1$，$|\gamma|<1$，故 $\rho_1>|\beta|$，表明第一典型相关系数大于两组原始变量之间的相关系数。　□

§10.3　样本典型相关

在实际应用中，$\begin{pmatrix} x \\ y \end{pmatrix}$ 的协方差矩阵 $\Sigma = \begin{pmatrix} \Sigma_{11} & \Sigma_{12} \\ \Sigma_{21} & \Sigma_{22} \end{pmatrix}$ 或相关矩阵 $R = \begin{pmatrix} R_{11} & R_{12} \\ R_{21} & R_{22} \end{pmatrix}$ 一般是未知的，应根据样本来进行估计。设数据矩阵为

$$(X \,\vdots\, Y) = \begin{pmatrix} x_1' & \vdots & y_1' \\ \vdots & \vdots & \vdots \\ x_n' & \vdots & y_n' \end{pmatrix} = \begin{pmatrix} x_{11} & \cdots & x_{1p} & \vdots & y_{11} & \cdots & y_{1q} \\ \vdots & & \vdots & \vdots & \vdots & & \vdots \\ x_{n1} & \cdots & x_{np} & \vdots & y_{n1} & \cdots & y_{nq} \end{pmatrix}$$

---

①　该句话同时也意味着，典型相关系数对变量单位的改变具有不变性。该不变性是简单相关和复相关向典型相关的推广。

则样本协方差矩阵为

$$\boldsymbol{S}=\begin{pmatrix}\boldsymbol{S}_{11} & \boldsymbol{S}_{12}\\ \boldsymbol{S}_{21} & \boldsymbol{S}_{22}\end{pmatrix}$$

式中

$$\boldsymbol{S}_{11}=\frac{1}{n-1}\sum_{i=1}^{n}(\boldsymbol{x}_i-\bar{\boldsymbol{x}})(\boldsymbol{x}_i-\bar{\boldsymbol{x}})',\quad \boldsymbol{S}_{22}=\frac{1}{n-1}\sum_{i=1}^{n}(\boldsymbol{y}_i-\bar{\boldsymbol{y}})(\boldsymbol{y}_i-\bar{\boldsymbol{y}})'$$

$$\boldsymbol{S}_{12}=\frac{1}{n-1}\sum_{i=1}^{n}(\boldsymbol{x}_i-\bar{\boldsymbol{x}})(\boldsymbol{y}_i-\bar{\boldsymbol{y}})',\quad \boldsymbol{S}_{21}=\frac{1}{n-1}\sum_{i=1}^{n}(\boldsymbol{y}_i-\bar{\boldsymbol{y}})(\boldsymbol{x}_i-\bar{\boldsymbol{x}})'$$

$$\bar{\boldsymbol{x}}=\frac{1}{n}\sum_{i=1}^{n}\boldsymbol{x}_i,\quad \bar{\boldsymbol{y}}=\frac{1}{n}\sum_{i=1}^{n}\boldsymbol{y}_i$$

$\boldsymbol{S}$ 可用来作为 $\boldsymbol{\Sigma}$ 的估计。当 $n>p+q$ 时,在一般情况下,$\boldsymbol{S}$ 是正定矩阵,故一般可认为 $\boldsymbol{S}_{11}^{-1}$,$\boldsymbol{S}_{22}^{-1}$ 存在。$\boldsymbol{S}_{11}^{-1}\boldsymbol{S}_{12}\boldsymbol{S}_{22}^{-1}\boldsymbol{S}_{21}$ 和 $\boldsymbol{S}_{22}^{-1}\boldsymbol{S}_{21}\boldsymbol{S}_{11}^{-1}\boldsymbol{S}_{12}$ 可分别作为 $\boldsymbol{\Sigma}_{11}^{-1}\boldsymbol{\Sigma}_{12}\boldsymbol{\Sigma}_{22}^{-1}\boldsymbol{\Sigma}_{21}$ 和 $\boldsymbol{\Sigma}_{22}^{-1}\boldsymbol{\Sigma}_{21}\boldsymbol{\Sigma}_{11}^{-1}\boldsymbol{\Sigma}_{12}$ 的估计;它们的非零特征值 $r_1^2\geqslant r_2^2\geqslant\cdots\geqslant r_m^2$ 可用来估计 $\rho_1^2\geqslant\rho_2^2\geqslant\cdots\geqslant\rho_m^2$;相应的特征向量 $\hat{\boldsymbol{a}}_1,\hat{\boldsymbol{a}}_2,\cdots,\hat{\boldsymbol{a}}_m$ 作为 $\boldsymbol{a}_1,\boldsymbol{a}_2,\cdots,\boldsymbol{a}_m$ 的估计,$\hat{\boldsymbol{b}}_1,\hat{\boldsymbol{b}}_2,\cdots,\hat{\boldsymbol{b}}_m$ 作为 $\boldsymbol{b}_1,\boldsymbol{b}_2,\cdots,\boldsymbol{b}_m$ 的估计。r_i^2 的算术平方根 r_i 称为**第 i 样本典型相关系数**,$\hat{\boldsymbol{a}}_i'\boldsymbol{x}$ 和 $\hat{\boldsymbol{b}}_i'\boldsymbol{y}$ 称为**第 i 对样本典型变量**,$i=1,2,\cdots,m$。在实际应用中,我们常常采用中心化的典型变量,即使用的 m 对典型变量为

$$u_i=\hat{\boldsymbol{a}}_i'(\boldsymbol{x}-\bar{\boldsymbol{x}}),\quad v_i=\hat{\boldsymbol{b}}_i'(\boldsymbol{y}-\bar{\boldsymbol{y}}),\qquad i=1,2,\cdots,m \tag{10.3.1}$$

将样本$(\boldsymbol{x}_j,\boldsymbol{y}_j)$,$j=1,2,\cdots,n$ 代入上式,有

$$u_{ji}=\hat{\boldsymbol{a}}_i'(\boldsymbol{x}_j-\bar{\boldsymbol{x}}),\quad v_{ji}=\hat{\boldsymbol{b}}_i'(\boldsymbol{y}_j-\bar{\boldsymbol{y}}),\qquad j=1,2,\cdots,n,\quad i=1,2,\cdots,m \tag{10.3.2}$$

分别称 u_{ji} 和 v_{ji} 为(第 j 个样品的)$\boldsymbol{x}_j$ 和 $\boldsymbol{y}_j$ 的**第 i 对(样本)典型变量得分**。由约束条件 $\hat{\boldsymbol{a}}_i'\boldsymbol{S}_{11}\hat{\boldsymbol{a}}_i=1$ 可得,典型变量 u_i 的样本方差

$$\frac{1}{n-1}\sum_{j=1}^{n}u_{ji}^2=\frac{1}{n-1}\hat{\boldsymbol{a}}_i'\sum_{j=1}^{n}(\boldsymbol{x}_j-\bar{\boldsymbol{x}})(\boldsymbol{x}_j-\bar{\boldsymbol{x}})'\hat{\boldsymbol{a}}_i=\hat{\boldsymbol{a}}_i'\boldsymbol{S}_{11}\hat{\boldsymbol{a}}_i=1$$
$$i=1,2,\cdots,m \tag{10.3.3}$$

同理可得典型变量 v_i 的样本方差

$$\frac{1}{n-1}\sum_{j=1}^{n}v_{ji}^2=1,\quad i=1,2,\cdots,m \tag{10.3.4}$$

我们可画出第一对典型变量得分(u_{j1},v_{j1}),$j=1,2,\cdots,n$ 的散点图,该图能最大限度地呈现两组变量之间的相关性,也可用来检查是否有(影响两组相关性的)异常值出现。如需要,可再画出第二对或更多对的典型变量得分散点图。

需要指出的是,样本典型变量对(在前述的约束条件下)使样本相关系数达到最大,而非使(总体)相关系数达到最大;同组的样本典型变量之间是样本相关系数为零,而非(总体)相关系数为零;样本典型变量的样本方差为 1,而非(总体)方差为 1。不过,通常为表述方便,往往省略了"样本"二字。

不难证明,从样本相关矩阵 $\hat{\boldsymbol{R}}$ 出发算得的样本典型相关系数与从 $\boldsymbol{S}$ 出发算得的相同,且样本典型变量对(u_i^*,v_i^*)也与(10.3.1)式(经中心化)的(u_i,v_i)相同,$i=1,2,\cdots,m$。u_i^* 和 v_i^* 通常都表达为相应标准化原始变量的线性组合,而这种表达常常更有利于对典型变量

含义的解释。

例 10.3.1　某康复俱乐部对 20 名中年人测量了三个生理指标：体重(x_1)、腰围(x_2)、脉搏(x_3)和三个训练指标：引体向上(y_1)、起坐次数(y_2)、跳跃次数(y_3)。其数据列于表 10.3.1。

表 10.3.1　**某康复俱乐部的生理指标和训练指标数据**

编号	x_1	x_2	x_3	y_1	y_2	y_3
1	191	36	50	5	162	60
2	189	37	52	2	110	60
3	193	38	58	12	101	101
4	162	35	62	12	105	37
5	189	35	46	13	155	58
6	182	36	56	4	101	42
7	211	38	56	8	101	38
8	167	34	60	6	125	40
9	176	31	74	15	200	40
10	154	33	56	17	251	250
11	169	34	50	17	120	38
12	166	33	52	13	210	115
13	154	34	64	14	215	105
14	247	46	50	1	50	50
15	193	36	46	6	70	31
16	202	37	62	12	210	120
17	176	37	54	4	60	25
18	157	32	52	11	230	80
19	156	33	54	15	225	73
20	138	33	68	2	110	43

经计算，样本相关矩阵为

$$\hat{\boldsymbol{R}}_{11}=\begin{pmatrix}1.000 & & \\ 0.870 & 1.000 & \\ -0.366 & -0.353 & 1.000\end{pmatrix},\quad \hat{\boldsymbol{R}}_{22}=\begin{pmatrix}1.000 & & \\ 0.696 & 1.000 & \\ 0.496 & 0.669 & 1.000\end{pmatrix}$$

$$\hat{\boldsymbol{R}}_{12}=\hat{\boldsymbol{R}}'_{21}=\begin{pmatrix}-0.390 & -0.493 & -0.226\\ -0.552 & -0.646 & -0.191\\ 0.151 & 0.225 & 0.035\end{pmatrix}$$

$\hat{\boldsymbol{R}}_{11}^{-1}\hat{\boldsymbol{R}}_{12}\hat{\boldsymbol{R}}_{22}^{-1}\hat{\boldsymbol{R}}_{21}$ 的特征值分别为 0.633 0，0.040 2 和 0.005 3，于是

$$r_1=0.796,\quad r_2=0.201,\quad r_3=0.073$$

相应的样本典型系数向量为

$$\hat{\boldsymbol{a}}_1^* = \begin{pmatrix} -0.775 \\ 1.579 \\ -0.059 \end{pmatrix}, \quad \hat{\boldsymbol{a}}_2^* = \begin{pmatrix} -1.884 \\ 1.181 \\ -0.231 \end{pmatrix}, \quad \hat{\boldsymbol{a}}_3^* = \begin{pmatrix} -0.191 \\ 0.506 \\ 1.051 \end{pmatrix}$$

$$\hat{\boldsymbol{b}}_1^* = \begin{pmatrix} -0.349 \\ -1.054 \\ 0.716 \end{pmatrix}, \quad \hat{\boldsymbol{b}}_2^* = \begin{pmatrix} -0.376 \\ 0.123 \\ 1.062 \end{pmatrix}, \quad \hat{\boldsymbol{b}}_3^* = \begin{pmatrix} -1.297 \\ 1.237 \\ -0.419 \end{pmatrix}$$

因此,第一对样本典型变量为

$$u_1^* = -0.775x_1^* + 1.579x_2^* - 0.059x_3^*$$
$$v_1^* = -0.349y_1^* - 1.054y_2^* + 0.716y_3^*$$

如果需要,第二对样本典型变量为

$$u_2^* = -1.884x_1^* + 1.181x_2^* - 0.231x_3^*$$
$$v_2^* = -0.376y_1^* + 0.123y_2^* + 1.062y_3^*$$

□

例 10.3.2　(选自本书文献[30])在研究组织结构对“职业满意度”的影响时,作为其中一部分,邓讷姆(Dunham)调查了职业满意度与职业特性相关的程度。对从一大型零售公司各分公司挑出的 $n=784$ 个行政人员,测量了 $p=5$ 个职业特性变量:用户反馈(x_1)、任务重要性(x_2)、任务多样性(x_3)、任务特性(x_4)及自主权(x_5)和 $q=7$ 个职业满意度量:主管满意度(y_1)、事业前景满意度(y_2)、财政满意度(y_3)、工作强度满意度(y_4)、公司地位满意度(y_5)、工种满意度(y_6)及总体满意度(y_7)。对 784 个被测者的样本相关矩阵为

$$\hat{\boldsymbol{R}}_{11} = \begin{pmatrix} 1.00 & & & & \\ 0.49 & 1.00 & & & \\ 0.53 & 0.57 & 1.00 & & \\ 0.49 & 0.46 & 0.48 & 1.00 & \\ 0.51 & 0.53 & 0.57 & 0.57 & 1.00 \end{pmatrix}$$

$$\hat{\boldsymbol{R}}_{22} = \begin{pmatrix} 1.00 & & & & & & \\ 0.43 & 1.00 & & & & & \\ 0.27 & 0.33 & 1.00 & & & & \\ 0.24 & 0.26 & 0.25 & 1.00 & & & \\ 0.34 & 0.54 & 0.46 & 0.28 & 1.00 & & \\ 0.37 & 0.32 & 0.29 & 0.30 & 0.35 & 1.00 & \\ 0.40 & 0.58 & 0.45 & 0.27 & 0.59 & 0.31 & 1.00 \end{pmatrix}$$

$$\hat{\boldsymbol{R}}_{12} = \hat{\boldsymbol{R}}'_{21} = \begin{pmatrix} 0.33 & 0.32 & 0.20 & 0.19 & 0.30 & 0.37 & 0.21 \\ 0.30 & 0.21 & 0.16 & 0.08 & 0.27 & 0.35 & 0.20 \\ 0.31 & 0.23 & 0.14 & 0.07 & 0.24 & 0.37 & 0.18 \\ 0.24 & 0.22 & 0.12 & 0.19 & 0.21 & 0.29 & 0.16 \\ 0.38 & 0.32 & 0.17 & 0.23 & 0.32 & 0.36 & 0.27 \end{pmatrix}$$

样本典型相关系数和样本典型系数列于表 10.3.2 中。第一对样本典型变量为

$$u_1^* = 0.42x_1^* + 0.20x_2^* + 0.17x_3^* - 0.02x_4^* + 0.46x_5^*$$

$$v_1^* = 0.43y_1^* + 0.21y_2^* - 0.04y_3^* + 0.02y_4^* + 0.29y_5^* + 0.52y_6^* - 0.11y_7^*$$

表 10.3.2　　典型相关系数和典型系数

标准化变量	$\hat{a}_1^*$	$\hat{a}_2^*$	$\hat{a}_3^*$	$\hat{a}_4^*$	$\hat{a}_5^*$
x_1^*	0.42	0.34	−0.86	−0.79	0.03
x_2^*	0.20	−0.67	0.44	−0.27	0.98
x_3^*	0.17	−0.85	−0.26	0.47	−0.91
x_4^*	−0.02	0.36	−0.42	1.04	0.52
x_5^*	0.46	0.73	0.98	−0.17	−0.44
r_j	0.55	0.24	0.12	0.07	0.06
标准化变量	$\hat{b}_1^*$	$\hat{b}_2^*$	$\hat{b}_3^*$	$\hat{b}_4^*$	$\hat{b}_5^*$
y_1^*	0.43	−0.09	0.49	−0.13	−0.48
y_2^*	0.21	0.44	−0.78	−0.34	−0.75
y_3^*	−0.04	−0.09	−0.48	−0.61	0.35
y_4^*	0.02	0.93	−0.01	0.40	0.31
y_5^*	0.29	−0.10	0.28	−0.45	0.70
y_6^*	0.52	−0.55	−0.41	0.69	0.18
y_7^*	−0.11	−0.03	0.93	0.27	−0.01

根据典型系数，u_1^* 主要代表了用户反馈和自主权这两个变量，三个任务变量显得并不重要；而 v_1^* 主要代表了主管满意度和工种满意度变量，其次代表了事业前景满意度和公司地位满意度变量。我们也可从相关系数的角度来解释典型变量，原始变量与第一对典型变量间的样本相关系数列于表 10.3.3 中。

表 10.3.3　　原始变量与典型变量的样本相关系数

原始变量	样本典型变量		原始变量	样本典型变量	
$\boldsymbol{x}$	u_1^*	v_1^*	$\boldsymbol{y}$	u_1^*	v_1^*
x_1：用户反馈	0.83	0.46	y_1：主管满意度	0.42	0.76
x_2：任务重要性	0.73	0.40	y_2：事业前景满意度	0.36	0.64
x_3：任务多样性	0.75	0.42	y_3：财政满意度	0.21	0.39
x_4：任务特性	0.62	0.34	y_4：工作强度满意度	0.21	0.38
x_5：自主权	0.86	0.48	y_5：公司地位满意度	0.36	0.65
			y_6：工种满意度	0.45	0.80
			y_7：总体满意度	0.28	0.50

所有五个职业特性变量与第一典型变量 u_1^* 有大致相同的相关系数，故 u_1^* 可以解释为职业特性变量，这与基于典型系数的解释不同。v_1^* 主要代表了主管满意度、事业前景满意度、公司地位满意度和工种满意度，v_1^* 可以解释为职业满意度—公司地位变量，这与基于典型系数的解释基本相一致。第一对典型变量 u_1^* 与 v_1^* 的样本相关系数 $r_1=0.55$，可见，职业特性与职业满意度之间有一定程度的相关性。□

§10.4　典型相关系数的显著性检验

设$\begin{pmatrix}\boldsymbol{x}\\ \boldsymbol{y}\end{pmatrix}\sim N_{p+q}(\boldsymbol{\mu},\boldsymbol{\Sigma}),\boldsymbol{\Sigma}>0$。又设$\boldsymbol{S}$为样本协方差矩阵，且$n>p+q$。

一、全部总体典型相关系数均为零的检验

考虑假设检验问题：

$$H_0:\rho_1=\rho_2=\cdots=\rho_m=0,\quad H_1:\rho_1,\rho_2,\cdots,\rho_m\text{ 至少有一个不为零}\tag{10.4.1}$$

其中$m=\min\{p,q\}$。若检验接受H_0，则认为讨论两组变量之间的相关性没有意义；若检验拒绝H_0，则认为第一对典型变量是显著的。从第一典型相关的定义出发容易看出，$\rho_1=0$当且仅当$\boldsymbol{\Sigma}_{12}=\boldsymbol{0}$，故(10.4.1)式等价于假设检验问题

$$H_0:\boldsymbol{\Sigma}_{12}=\boldsymbol{0},\quad H_1:\boldsymbol{\Sigma}_{12}\neq\boldsymbol{0}\tag{10.4.2}$$

H_0成立表明$\boldsymbol{x}$与$\boldsymbol{y}$互不相关。似然比检验统计量为

$$\Lambda_1=\prod_{i=1}^{m}(1-r_i^2)\tag{10.4.3}$$

对于充分大的n，当H_0成立时，统计量

$$Q_1=-\left[n-\frac{1}{2}(p+q+3)\right]\ln\Lambda_1\tag{10.4.4}$$

近似服从自由度为pq的χ^2分布。在给定的显著性水平α下，若$Q_1\geqslant\chi^2_\alpha(pq)$，则拒绝原假设$H_0$，认为典型变量$u_1$与$v_1$之间的相关性是显著的；否则，则认为第一典型相关系数不显著。

例 10.4.1　在例 10.3.1 中，假设为多元正态数据，欲检验：

$$H_0:\rho_1=\rho_2=\rho_3=0,\quad H_1:\rho_1\neq0$$

它的似然比统计量为

$$\begin{aligned}\Lambda_1&=(1-r_1^2)(1-r_2^2)(1-r_3^2)\\&=(1-0.633\,0)(1-0.040\,2)(1-0.005\,3)\\&=0.350\,4\end{aligned}$$

$$Q_1=-\left[20-\frac{1}{2}(3+3+3)\right]\ln\Lambda_1=-15.5\times\ln0.350\,4=16.255$$

查χ^2分布表得，$\chi^2_{0.10}(9)=14.684$，$\chi^2_{0.05}(9)=16.919$，因此在$\alpha=0.10$的显著性水平下，拒绝原假设H_0，也即认为至少有一个典型相关是显著的($p=0.062$)。　□

二、部分总体典型相关系数为零的检验

对两组变量$\boldsymbol{x}$和$\boldsymbol{y}$进行典型相关分析，我们希望使用尽可能少的典型变量对数，为此需要对一些较小的典型相关系数是否为零进行假设检验。若(10.4.1)式中的H_0经检验被拒绝，则应进一步检验假设

$$H_0:\rho_2=\cdots=\rho_m=0,\quad H_1:\rho_2,\cdots,\rho_m\text{ 至少有一个不为零}$$

若原假设 H_0 被接受,则认为只有第一对典型变量是显著的;若原假设 H_0 被拒绝,则认为第二对典型变量也是显著的,并进一步检验假设

$$H_0:\rho_3=\cdots=\rho_m=0,\quad H_1:\rho_3,\cdots,\rho_m \text{ 至少有一个不为零}$$

如此进行下去,直至对某个 k,假设 $H_0:\rho_{k+1}=\cdots=\rho_m=0$ 被接受,这时可认为只有前 k 对典型变量是显著的。对于假设检验问题

$$H_0:\rho_{k+1}=\cdots=\rho_m=0,\quad H_1:\rho_{k+1},\cdots,\rho_m \text{ 至少有一个不为零} \tag{10.4.5}$$

其检验统计量为

$$\Lambda_{k+1}=\prod_{i=k+1}^{m}(1-r_i^2) \tag{10.4.6}$$

对于充分大的 n,当 H_0 为真时,统计量

$$Q_{k+1}=-\left[n-\frac{1}{2}(p+q+3)\right]\ln\Lambda_{k+1} \tag{10.4.7}$$

近似服从自由度为 $(p-k)(q-k)$ 的 χ^2 分布。给定 α,若 $Q_{k+1}\geqslant\chi_\alpha^2[(p-k)(q-k)]$,则拒绝原假设 H_0,认为第 $k+1$ 个典型相关系数 ρ_{k+1} 是显著的,即第 $k+1$ 对典型变量显著相关。

以上的一系列检验实际上是一个序贯检验,检验直到对某个 k 值 H_0 未被拒绝为止。事实上,检验的总显著性水平已不是 α 了,且难以确定。还有,检验的结果易受样本容量大小的影响。检验的结果可以作为确定典型变量个数的重要参考依据,但不宜作为唯一的依据。

例 10.4.2　在例 10.3.1 中,欲进一步检验:

$$H_0:\rho_2=\rho_3=0,\quad H_1:\rho_2\neq 0$$

检验统计量为

$$\Lambda_2=(1-r_2^2)(1-r_3^2)=(1-0.040\,2)(1-0.005\,3)=0.954\,7$$

$$Q_2=-\left[20-\frac{1}{2}(3+3+3)\right]\ln\Lambda_2=-15.5\times\ln 0.954\,7=0.719$$

$$<7.779=\chi_{0.10}^2(4)$$

故接受原假设 H_0,即认为第二典型相关不显著($p=0.949$)。因此,只有一个典型相关是显著的。□

小　结

1. 典型相关是研究两组变量之间相关性的一种统计分析方法,它也是一种降维技术。复相关是典型相关的一个特例,简单相关的绝对值是复相关的一个特例。

2. 第一对典型相关包含有最多的有关两组变量间相关的信息,第二对其次,其他对依次递减。各对典型相关变量所含的信息互不重复。

3. 经标准化的两组变量间的典型相关系数与原始的两组变量间的相应典型相关系数是相同的,且前者的相应典型变量是后者的相应典型变量的中心化值。

4. 至于选取多少对典型相关变量可参考(10.4.1)和(10.4.5)式的检验结果,但最终还需综合各因素主观确定。

附录 10-1 R 的应用

在以下 R 使用的介绍中，我们首先创建一个函数来对典型相关系数进行检验，然后对例 10.3.1 作典型相关分析，假定 R 代码中文本数据的存储目录为“D:/mvdata/”。

一、创建一个函数来对典型相关系数进行检验

```
> corcoef.test=function(r, n, p, q){
+ m=min(p, q); Q=rep(0, m); df=rep(0, m); pvalues=rep(0, m); lambda=1
+ for (k in (m-1):0){
+ lambda=lambda * (1-r[k+1]^2);
+ Q[k+1]=-(n-(p+q+3)/2) * log(lambda)
+ df[k+1]=(p-k) * (q-k)
+ pvalues[k+1]=1-pchisq(Q[k+1], df[k+1])
+ }
+ data.frame(Q, df, pvalues)
+ }
```

二、对例 10.3.1 作典型相关分析

```
> examp10.3.1=read.table("D:/mvdata/examp10.3.1.csv", header=TRUE,
                          row.names="i", sep=",")
> head(examp10.3.1, 2)
   x1  x2  x3  y1  y2  y3
1 191  36  50   5 162  60
2 189  37  52   2 110  60
> p=3; q=3; m=min(p, q)
> install.packages("CCA")
> library(CCA)
> Z=scale(examp10.3.1)  #数据标准化
> cc=cc(Z[, 1:p], Z[, (p+1):(p+q)])  #典型相关分析
> round(cc$cor, 3)  #典型相关系数
[1] 0.796 0.201 0.073
> uname=paste("u", 1:m, sep="")
> vname=paste("v", 1:m, sep="")
> A=cc$xcoef  #x的典型系数
> colnames(A)=uname  #添加列名
> round(A, 3)
```

```
        u1      u2      u3
x1   0.775   1.884  -0.191
x2  -1.579  -1.181   0.506
x3   0.059   0.231   1.051
> B=cc$ycoef  #y的典型系数
> colnames(B)=vname
> round(B, 3)
        v1      v2      v3
y1   0.349   0.376  -1.297
y2   1.054  -0.123   1.237
y3  -0.716  -1.062  -0.419
> u=cc$scores$xscores  #x的典型变量得分
> colnames(u)=uname
> v=cc$scores$yscores  #y的典型变量得分
> colnames(v)=vname
> head(round(cbind(u, v), 3))  #按列合并x和y的典型变量得分
       u1      u2      u3      v1      v2      v3
1   0.043   0.530  -0.890   0.127  -0.135   1.501
2  -0.496   0.072  -0.425  -0.948  -0.246   1.209
3  -0.815   0.201   0.576  -1.011  -0.367  -1.757
4  -0.276  -0.930   0.925  -0.049   0.951  -1.155
5   0.441   0.617  -1.616   0.566   0.488  -0.583
6  -0.190   0.035   0.054  -0.715   0.287   0.687
> Rxu=cc$scores$corr.X.xscores  #x和其典型变量之间的相关系数
> colnames(Rxu)=uname
> round(Rxu, 3)
        u1      u2      u3
x1  -0.621   0.772  -0.135
x2  -0.925   0.378  -0.031
x3   0.333  -0.041   0.942
> Ryu=cc$scores$corr.Y.xscores  #y和x的典型变量之间的相关系数
> colnames(Ryu)=uname
> round(Ryu, 3)
       u1      u2      u3
y1  0.579  -0.048  -0.047
y2  0.651  -0.115   0.004
y3  0.129  -0.192  -0.017
```

```
> Rxv=cc$scores$corr.X.yscores  #x和y的典型变量之间的相关系数
> colnames(Rxv)=vname
> round(Rxv, 3)
       v1      v2      v3
x1  -0.494   0.155  -0.010
x2  -0.736   0.076  -0.002
x3   0.265  -0.008   0.068
> Ryv=cc$scores$corr.Y.yscores  #计算y和其典型变量之间的相关系数
> colnames(Ryv)=vname
> round(Ryv, 3)
      v1      v2      v3
y1  0.728  -0.237  -0.644
y2  0.818  -0.573   0.054
y3  0.162  -0.959  -0.234
> plot(u[, 1], v[, 1], xlab="u1", ylab="v1")  #作第一对典型变量得分的散点图
> text(u[, 1], v[, 1], row.names(examp10.3.1), pos=4, cex=0.7)  #为散点添标签
(输出图略)
> corcoef.test(r=cc$cor, n=dim(examp10.3.1)[1], p=p, q=q)  #使用创建的函数进行检验
           Q  df     pvalues
1  16.25495752  9  0.06174456
2   0.71818305  4  0.94906779
3   0.08184563  1  0.77481168
```

附录 10-2 若干推导

一、若干特征向量的验证

由于

$$\boldsymbol{\Sigma}_{22}^{-1/2}\boldsymbol{\Sigma}_{21}\boldsymbol{\Sigma}_{11}^{-1}\boldsymbol{\Sigma}_{12}\boldsymbol{\Sigma}_{22}^{-1/2}\boldsymbol{\beta}_i=\rho_i^2\boldsymbol{\beta}_i,\quad i=1,2,\cdots,m$$

$$\boldsymbol{\beta}_i'\boldsymbol{\beta}_j=\begin{cases}1, & i=j\\0, & i\neq j\end{cases},\qquad 1\leqslant i,j\leqslant m$$

故

$$\begin{aligned}
&\boldsymbol{\Sigma}_{11}^{-1/2}\boldsymbol{\Sigma}_{12}\boldsymbol{\Sigma}_{22}^{-1}\boldsymbol{\Sigma}_{21}\boldsymbol{\Sigma}_{11}^{-1/2}\boldsymbol{\alpha}_i\\
&=\frac{1}{\rho_i}\boldsymbol{\Sigma}_{11}^{-1/2}\boldsymbol{\Sigma}_{12}\boldsymbol{\Sigma}_{22}^{-1}\boldsymbol{\Sigma}_{21}\boldsymbol{\Sigma}_{11}^{-1}\boldsymbol{\Sigma}_{12}\boldsymbol{\Sigma}_{22}^{-1/2}\boldsymbol{\beta}_i\\
&=\frac{1}{\rho_i}\boldsymbol{\Sigma}_{11}^{-1/2}\boldsymbol{\Sigma}_{12}\boldsymbol{\Sigma}_{22}^{-1/2}(\boldsymbol{\Sigma}_{22}^{-1/2}\boldsymbol{\Sigma}_{21}\boldsymbol{\Sigma}_{11}^{-1}\boldsymbol{\Sigma}_{12}\boldsymbol{\Sigma}_{22}^{-1/2}\boldsymbol{\beta}_i)\\
&=\frac{1}{\rho_i}\boldsymbol{\Sigma}_{11}^{-1/2}\boldsymbol{\Sigma}_{12}\boldsymbol{\Sigma}_{22}^{-1/2}(\rho_i^2\boldsymbol{\beta}_i)\\
&=\rho_i^2\boldsymbol{\alpha}_i,\qquad i=1,2,\cdots,m
\end{aligned}$$

$$\begin{aligned}
\boldsymbol{\alpha}_i'\boldsymbol{\alpha}_j&=\frac{1}{\rho_i\rho_j}\boldsymbol{\beta}_i'\boldsymbol{\Sigma}_{22}^{-1/2}\boldsymbol{\Sigma}_{21}\boldsymbol{\Sigma}_{11}^{-1}\boldsymbol{\Sigma}_{12}\boldsymbol{\Sigma}_{22}^{-1/2}\boldsymbol{\beta}_j\\
&=\frac{1}{\rho_i\rho_j}\boldsymbol{\beta}_i'(\rho_j^2\boldsymbol{\beta}_j)\\
&=\frac{\rho_j}{\rho_i}\boldsymbol{\beta}_i'\boldsymbol{\beta}_j\\
&=\begin{cases}1, & i=j\\ 0, & i\neq j\end{cases},\qquad 1\leqslant i,j\leqslant m
\end{aligned}$$

$$\boldsymbol{\Sigma}_{11}^{-1}\boldsymbol{\Sigma}_{12}\boldsymbol{\Sigma}_{22}^{-1}\boldsymbol{\Sigma}_{21}\boldsymbol{a}_i=\boldsymbol{\Sigma}_{11}^{-1/2}(\boldsymbol{\Sigma}_{11}^{-1/2}\boldsymbol{\Sigma}_{12}\boldsymbol{\Sigma}_{22}^{-1}\boldsymbol{\Sigma}_{21}\boldsymbol{\Sigma}_{11}^{-1/2}\boldsymbol{\alpha}_i)=\boldsymbol{\Sigma}_{11}^{-1/2}(\rho_i^2\boldsymbol{\alpha}_i)=\rho_i^2\boldsymbol{a}_i$$
$$i=1,2,\cdots,m$$
$$\boldsymbol{\Sigma}_{22}^{-1}\boldsymbol{\Sigma}_{21}\boldsymbol{\Sigma}_{11}^{-1}\boldsymbol{\Sigma}_{12}\boldsymbol{b}_i=\boldsymbol{\Sigma}_{22}^{-1/2}(\boldsymbol{\Sigma}_{22}^{-1/2}\boldsymbol{\Sigma}_{21}\boldsymbol{\Sigma}_{11}^{-1}\boldsymbol{\Sigma}_{12}\boldsymbol{\Sigma}_{22}^{-1/2}\boldsymbol{\beta}_i)=\boldsymbol{\Sigma}_{22}^{-1/2}(\rho_i^2\boldsymbol{\beta}_i)=\rho_i^2\boldsymbol{b}_i$$
$$i=1,2,\cdots,m$$

二、第一对典型变量及其相关系数的推导

令 $\boldsymbol{\alpha}=\boldsymbol{\Sigma}_{11}^{1/2}\boldsymbol{a},\boldsymbol{\beta}=\boldsymbol{\Sigma}_{22}^{1/2}\boldsymbol{b}$，于是约束条件(10.2.5)化为

$$\boldsymbol{\alpha}'\boldsymbol{\alpha}=1,\quad \boldsymbol{\beta}'\boldsymbol{\beta}=1 \tag{10-2-1}$$

利用柯西不等式(1.8.1)，有

$$\begin{aligned}
(\boldsymbol{a}'\boldsymbol{\Sigma}_{12}\boldsymbol{b})^2&=(\boldsymbol{\alpha}'\boldsymbol{\Sigma}_{11}^{-1/2}\boldsymbol{\Sigma}_{12}\boldsymbol{\Sigma}_{22}^{-1/2}\boldsymbol{\beta})^2\\
&\leqslant(\boldsymbol{\alpha}'\boldsymbol{\alpha})[(\boldsymbol{\Sigma}_{11}^{-1/2}\boldsymbol{\Sigma}_{12}\boldsymbol{\Sigma}_{22}^{-1/2}\boldsymbol{\beta})'(\boldsymbol{\Sigma}_{11}^{-1/2}\boldsymbol{\Sigma}_{12}\boldsymbol{\Sigma}_{22}^{-1/2}\boldsymbol{\beta})]\\
&=\boldsymbol{\beta}'\boldsymbol{\Sigma}_{22}^{-1/2}\boldsymbol{\Sigma}_{21}\boldsymbol{\Sigma}_{11}^{-1}\boldsymbol{\Sigma}_{12}\boldsymbol{\Sigma}_{22}^{-1/2}\boldsymbol{\beta}
\end{aligned}\tag{10-2-2}$$

接下来的推导我们给出如下两种方法：

方法一 由(1.8.3)式知，当 $\boldsymbol{\beta}=\boldsymbol{\beta}_1$ 时，$\boldsymbol{\beta}'\boldsymbol{\Sigma}_{22}^{-1/2}\boldsymbol{\Sigma}_{21}\boldsymbol{\Sigma}_{11}^{-1}\boldsymbol{\Sigma}_{12}\boldsymbol{\Sigma}_{22}^{-1/2}\boldsymbol{\beta}$ 达到最大值 ρ_1^2。若取 $\boldsymbol{\alpha}=\boldsymbol{\alpha}_1=\frac{1}{\rho_1}\boldsymbol{\Sigma}_{11}^{-1/2}\boldsymbol{\Sigma}_{12}\boldsymbol{\Sigma}_{22}^{-1/2}\boldsymbol{\beta}_1$ 和 $\boldsymbol{\beta}=\boldsymbol{\beta}_1$，则满足(10-2-1)式，且依(1.8.1)式，(10-2-2)式中不等号处的等号成立。从而，当取 $\boldsymbol{a}=\boldsymbol{a}_1(=\boldsymbol{\Sigma}_{11}^{-1/2}\boldsymbol{\alpha}_1),\boldsymbol{b}=\boldsymbol{b}_1(=\boldsymbol{\Sigma}_{22}^{-1/2}\boldsymbol{\beta}_1)$ 时，$\rho(u,v)=\boldsymbol{a}'\boldsymbol{\Sigma}_{12}\boldsymbol{b}$ 达到最大值 ρ_1。

方法二 设 $\boldsymbol{\Sigma}_{22}^{-1/2}\boldsymbol{\Sigma}_{21}\boldsymbol{\Sigma}_{11}^{-1}\boldsymbol{\Sigma}_{12}\boldsymbol{\Sigma}_{22}^{-1/2}$ 相应于其余 $q-m$ 个零特征值的单位特征向量为 $\boldsymbol{\beta}_{m+1},\cdots,\boldsymbol{\beta}_q$，且 $\boldsymbol{T}=(\boldsymbol{\beta}_1,\boldsymbol{\beta}_2,\cdots,\boldsymbol{\beta}_q)$ 是正交矩阵。因此，由(10-2-2)式和谱分解[见(1.6.6)式]有

$$\begin{aligned}(\boldsymbol{a}'\boldsymbol{\Sigma}_{12}\boldsymbol{b})^2 &\leqslant \boldsymbol{\beta}'\Big(\sum_{k=1}^{m}\rho_k^2\boldsymbol{\beta}_k\boldsymbol{\beta}'_k\Big)\boldsymbol{\beta} = \sum_{k=1}^{m}\rho_k^2(\boldsymbol{\beta}'_k\boldsymbol{\beta})^2 \\ &\leqslant \rho_1^2\sum_{k=1}^{m}(\boldsymbol{\beta}'_k\boldsymbol{\beta})^2 \leqslant \rho_1^2\sum_{k=1}^{q}(\boldsymbol{\beta}'_k\boldsymbol{\beta})^2 \\ &= \rho_1^2\boldsymbol{\beta}'\sum_{k=1}^{q}\boldsymbol{\beta}_k\boldsymbol{\beta}'_k\boldsymbol{\beta} = \rho_1^2\boldsymbol{\beta}'\boldsymbol{T}\boldsymbol{T}'\boldsymbol{\beta} \\ &= \rho_1^2\boldsymbol{\beta}'\boldsymbol{\beta} = \rho_1^2\end{aligned}$$

当取 $\boldsymbol{a}=\boldsymbol{a}_1\left(=\boldsymbol{\Sigma}_{11}^{-1/2}\boldsymbol{\alpha}_1=\dfrac{1}{\rho_1}\boldsymbol{\Sigma}_{11}^{-1}\boldsymbol{\Sigma}_{12}\boldsymbol{\Sigma}_{22}^{-1/2}\boldsymbol{\beta}_1\right)$，$\boldsymbol{b}=\boldsymbol{b}_1(=\boldsymbol{\Sigma}_{22}^{-1/2}\boldsymbol{\beta}_1)$时，显然满足约束条件(10.2.5)，且

$$\boldsymbol{a}'_1\boldsymbol{\Sigma}_{12}\boldsymbol{b}_1=\frac{1}{\rho_1}\boldsymbol{\beta}'_1\boldsymbol{\Sigma}_{22}^{-1/2}\boldsymbol{\Sigma}_{21}\boldsymbol{\Sigma}_{11}^{-1}\boldsymbol{\Sigma}_{12}\boldsymbol{\Sigma}_{22}^{-1/2}\boldsymbol{\beta}_1=\frac{1}{\rho_1}\boldsymbol{\beta}'_1(\rho_1^2\boldsymbol{\beta}_1)=\rho_1$$

从而 $\rho(u,v)=\boldsymbol{a}'\boldsymbol{\Sigma}_{12}\boldsymbol{b}$ 达到最大值 ρ_1。

三、第 i 对典型变量及其相关系数的推导

令 $\boldsymbol{\alpha}=\boldsymbol{\Sigma}_{11}^{1/2}\boldsymbol{a}$，$\boldsymbol{\beta}=\boldsymbol{\Sigma}_{22}^{1/2}\boldsymbol{b}$，则约束条件(10.2.9)等价于

$$\begin{aligned}&\boldsymbol{\alpha}'\boldsymbol{\alpha}=1,\quad \boldsymbol{\beta}'\boldsymbol{\beta}=1\\ &\boldsymbol{\alpha}'\boldsymbol{\alpha}_k=0,\quad \boldsymbol{\beta}'\boldsymbol{\beta}_k=0,\qquad k=1,2,\cdots,i-1\end{aligned}\tag{10-2-3}$$

后面的推导也给出两种方法如下：

方法一　在约束条件(10-2-3)下，由 (1.8.4) 式知，当 $\boldsymbol{\beta}=\boldsymbol{\beta}_i$ 时，$\boldsymbol{\beta}'\boldsymbol{\Sigma}_{22}^{-1/2}\boldsymbol{\Sigma}_{21}\boldsymbol{\Sigma}_{11}^{-1}\boldsymbol{\Sigma}_{12}\boldsymbol{\Sigma}_{22}^{-1/2}\boldsymbol{\beta}$ 达到最大值 ρ_i^2。若取 $\boldsymbol{\alpha}=\boldsymbol{\alpha}_i\left(=\dfrac{1}{\rho_i}\boldsymbol{\Sigma}_{11}^{-1/2}\boldsymbol{\Sigma}_{12}\boldsymbol{\Sigma}_{22}^{-1/2}\boldsymbol{\beta}_i\right)$，$\boldsymbol{\beta}=\boldsymbol{\beta}_i$，则依 (1.8.1) 式，(10-2-2)式中不等号处的等号成立。所以，当取 $\boldsymbol{a}=\boldsymbol{a}_i(=\boldsymbol{\Sigma}_{11}^{-1/2}\boldsymbol{\alpha}_i)$，$\boldsymbol{b}=\boldsymbol{b}_i(=\boldsymbol{\Sigma}_{22}^{-1/2}\boldsymbol{\beta}_i)$时，显然满足约束条件(10.2.9)，且 $\rho(u_i,v_i)=\boldsymbol{a}'\boldsymbol{\Sigma}_{12}\boldsymbol{b}$[见(10.2.10)式]达到最大值 ρ_i。

方法二　由(10-2-2)式、谱分解以及在约束条件(10-2-3)下，有

$$\begin{aligned}(\boldsymbol{a}'\boldsymbol{\Sigma}_{12}\boldsymbol{b})^2 &\leqslant \boldsymbol{\beta}'\Big(\sum_{k=1}^{m}\rho_k^2\boldsymbol{\beta}_k\boldsymbol{\beta}'_k\Big)\boldsymbol{\beta} = \sum_{k=1}^{m}\rho_k^2(\boldsymbol{\beta}'\boldsymbol{\beta}_k)^2 \\ &= \sum_{k=i}^{m}\rho_k^2(\boldsymbol{\beta}'\boldsymbol{\beta}_k)^2 \leqslant \rho_i^2\sum_{k=i}^{m}(\boldsymbol{\beta}'\boldsymbol{\beta}_k)^2 \\ &\leqslant \rho_i^2\sum_{k=1}^{q}(\boldsymbol{\beta}'\boldsymbol{\beta}_k)^2 = \rho_i^2\boldsymbol{\beta}'\sum_{k=1}^{q}\boldsymbol{\beta}_k\boldsymbol{\beta}'_k\boldsymbol{\beta} \\ &= \rho_i^2\boldsymbol{\beta}'\boldsymbol{T}\boldsymbol{T}'\boldsymbol{\beta} = \rho_i^2\end{aligned}$$

当取 $\boldsymbol{a}=\boldsymbol{a}_i\left(=\boldsymbol{\Sigma}_{11}^{-1/2}\boldsymbol{\alpha}_i=\dfrac{1}{\rho_i}\boldsymbol{\Sigma}_{11}^{-1}\boldsymbol{\Sigma}_{12}\boldsymbol{\Sigma}_{22}^{-1/2}\boldsymbol{\beta}_i\right)$，$\boldsymbol{b}=\boldsymbol{b}_i(=\boldsymbol{\Sigma}_{22}^{-1/2}\boldsymbol{\beta}_i)$时，显然满足约束条件(10.2.9)，且

$$\begin{aligned}\boldsymbol{a}'\boldsymbol{\Sigma}_{12}\boldsymbol{b} &= \boldsymbol{a}'_i\boldsymbol{\Sigma}_{12}\boldsymbol{b}_i=\frac{1}{\rho_i}\boldsymbol{\beta}'_i\boldsymbol{\Sigma}_{22}^{-1/2}\boldsymbol{\Sigma}_{21}\boldsymbol{\Sigma}_{11}^{-1}\boldsymbol{\Sigma}_{12}\boldsymbol{\Sigma}_{22}^{-1/2}\boldsymbol{\beta}_i \\ &= \frac{1}{\rho_i}\boldsymbol{\beta}'_i(\rho_i^2\boldsymbol{\beta}_i)=\rho_i\end{aligned}$$

故 $\rho(u_i,v_i)$达到了最大值 ρ_i。

习 题

10.1 试证(10.2.20)和(10.2.21)式。

10.2 对 $n=140$ 名初一学生进行四项测试:阅读速度(x_1),阅读才能(x_2),数学运算速度(y_1),数学运算才能(y_2)。这四项测试的样本相关矩阵为

$$\hat{\boldsymbol{R}}=\begin{pmatrix}\hat{\boldsymbol{R}}_{11} & \hat{\boldsymbol{R}}_{12}\\ \hat{\boldsymbol{R}}_{21} & \hat{\boldsymbol{R}}_{22}\end{pmatrix}=\left(\begin{array}{cc:cc}1.0000 & 0.6328 & 0.2412 & 0.0586\\ 0.6328 & 1.0000 & -0.0553 & 0.0655\\ \hdashline 0.2412 & -0.0553 & 1.0000 & 0.4248\\ 0.0586 & 0.0655 & 0.4248 & 1.0000\end{array}\right)$$

试对阅读与数学测试成绩之间进行典型相关分析。

10.3 下表列出了 25 个家庭的成年长子和次子的头长和头宽:

$$x_1=\text{长子头长},\quad x_2=\text{长子头宽},\quad y_1=\text{次子头长},\quad y_2=\text{次子头宽}$$

可以想象,长子和次子之间有相当的相关性。试对长子和次子之间作出典型相关分析。

编号	x_1	x_2	y_1	y_2	编号	x_1	x_2	y_1	y_2
1	191	155	179	145	14	190	159	195	157
2	195	149	201	152	15	188	151	187	158
3	181	148	185	149	16	163	137	161	130
4	183	153	188	149	17	195	155	183	158
5	176	144	171	142	18	186	153	173	148
6	208	157	192	152	19	181	145	182	146
7	189	150	190	149	20	175	140	165	137
8	197	159	189	152	21	192	154	185	152
9	188	152	197	159	22	174	143	178	147
10	192	150	187	151	23	176	139	176	143
11	179	158	186	148	24	197	167	200	158
12	183	147	174	147	25	190	163	187	150
13	174	150	185	152					

10.4 关于人对吸烟的渴望以及心理状态和身体状态的数据,从 $n=110$ 个试验对象收集而来。数据是对 12 个问题(变量)的回答,编号为 1 到 5。与对吸烟的渴望有关的四个标准化变量为:

$$x_1^*=\text{吸烟 1(第一措词)},\quad x_2^*=\text{吸烟 2(第二措词)}$$

$$x_3^*=\text{吸烟 3(第三措词)},\quad x_4^*=\text{吸烟 4(第四措词)}$$

与心理和身体状态有关的八个标准化变量为:

$$y_1^*=\text{集中力},\ y_2^*=\text{烦恼},\ y_3^*=\text{睡眠},\ y_4^*=\text{紧张}$$

$$y_5^*=\text{警惕},\ y_6^*=\text{急躁},\ y_7^*=\text{疲劳},\ y_8^*=\text{满意}$$

由这些数据构造的样本相关矩阵为

$$\hat{\boldsymbol{R}}=\begin{pmatrix}\hat{\boldsymbol{R}}_{11} & \hat{\boldsymbol{R}}_{12}\\ \hat{\boldsymbol{R}}_{21} & \hat{\boldsymbol{R}}_{22}\end{pmatrix}$$

其中

$$\hat{\boldsymbol{R}}_{11}=\begin{pmatrix}1.000 & & & \\ 0.785 & 1.000 & & \\ 0.810 & 0.816 & 1.000 & \\ 0.775 & 0.813 & 0.845 & 1.000\end{pmatrix}$$

$$\hat{\boldsymbol{R}}_{22}=\begin{pmatrix}1.000 & & & & & & & \\ 0.562 & 1.000 & & & & & & \\ 0.457 & 0.360 & 1.000 & & & & & \\ 0.579 & 0.705 & 0.273 & 1.000 & & & & \\ 0.802 & 0.578 & 0.606 & 0.594 & 1.000 & & & \\ 0.595 & 0.796 & 0.337 & 0.725 & 0.605 & 1.000 & & \\ 0.512 & 0.413 & 0.798 & 0.364 & 0.698 & 0.428 & 1.000 & \\ 0.492 & 0.739 & 0.240 & 0.711 & 0.605 & 0.697 & 0.394 & 1.000\end{pmatrix}$$

$$\hat{\boldsymbol{R}}_{12}=\hat{\boldsymbol{R}}'_{21}=\begin{pmatrix}0.086 & 0.144 & 0.140 & 0.222 & 0.101 & 0.189 & 0.199 & 0.239\\ 0.200 & 0.119 & 0.211 & 0.301 & 0.223 & 0.221 & 0.274 & 0.235\\ 0.041 & 0.060 & 0.126 & 0.120 & 0.039 & 0.108 & 0.139 & 0.100\\ 0.228 & 0.122 & 0.277 & 0.214 & 0.201 & 0.156 & 0.271 & 0.171\end{pmatrix}$$

试作出典型相关分析。

客观思考题

一、判断题

10.1　典型变量的方差为 1。　(　　)

10.2　同一组的典型变量彼此不相关。　(　　)

10.3　不同组的典型变量之间的相关系数或为典型相关系数或为零。　(　　)

10.4　复相关可看成是典型相关的一个特例。　(　　)

10.5　从协方差矩阵出发和从相关矩阵出发求得的典型相关系数未必相同。　(　　)

10.6　从相关矩阵出发求得的典型变量是从协方差矩阵出发求得的典型变量的中心化值。　(　　)

10.7　样本典型变量使(总体)相关系数达到最大。　(　　)

10.8　典型相关系数的显著性检验需多元正态性的假定。　(　　)

10.9　典型变量个数的确定完全取决于对典型相关系数的检验结果。　(　　)

附录　习题解答[①]及客观思考题答案

第一章

习　题

1.1 $$\|\boldsymbol{x}-\boldsymbol{y}\|^2=(\boldsymbol{x}-\boldsymbol{y})'(\boldsymbol{x}-\boldsymbol{y})=\boldsymbol{x}'\boldsymbol{x}-\boldsymbol{x}'\boldsymbol{y}-\boldsymbol{y}'\boldsymbol{x}+\boldsymbol{y}'\boldsymbol{y}=\|\boldsymbol{x}\|^2-2\boldsymbol{x}'\boldsymbol{y}+\|\boldsymbol{y}\|^2$$

1.2　下面只给出利用余弦定理的证明，提示中的另一证明方法可参见文献[30]的第 41 页。

以两个向量 $\boldsymbol{a}$ 和 $\boldsymbol{b}$ 为边可形成一个三角形，其边长分别为 $\|\boldsymbol{a}\|$，$\|\boldsymbol{b}\|$ 和 $\|\boldsymbol{a}-\boldsymbol{b}\|$，根据余弦定理有

$$\|\boldsymbol{a}-\boldsymbol{b}\|^2=\|\boldsymbol{a}\|^2+\|\boldsymbol{b}\|^2-2\cos(\theta)\|\boldsymbol{a}\|\,\|\boldsymbol{b}\|$$

再由习题 1.1 知，

$$\|\boldsymbol{a}-\boldsymbol{b}\|^2=\|\boldsymbol{a}\|^2-2\boldsymbol{a}'\boldsymbol{b}+\|\boldsymbol{b}\|^2$$

故比较上述两式可得，

$$\cos(\theta)=\frac{\boldsymbol{a}'\boldsymbol{b}}{\|\boldsymbol{a}\|\,\|\boldsymbol{b}\|}$$

1.3　设向量 $\boldsymbol{a}$ 和 $\boldsymbol{b}$ 之间的夹角为 θ，则 $\boldsymbol{a}$ 在 $\boldsymbol{b}$ 上的投影是

$$[\|\boldsymbol{a}\|\cos(\theta)]\boldsymbol{b}=\left(\|\boldsymbol{a}\|\frac{\boldsymbol{a}'\boldsymbol{b}}{\|\boldsymbol{a}\|\,\|\boldsymbol{b}\|}\right)\boldsymbol{b}=(\boldsymbol{a}'\boldsymbol{b})\boldsymbol{b}$$

1.4 $$|\boldsymbol{A}|=\begin{vmatrix}1 & x & x^2 & 0\\ 0 & 1 & x & x^2\\ x^2 & 0 & 1 & x\\ x & x^2 & 0 & 1\end{vmatrix}\overset{\text{后3列都加到第1列}}{=}(1+x+x^2)\begin{vmatrix}1 & x & x^2 & 0\\ 1 & 1 & x & x^2\\ 1 & 0 & 1 & x\\ 1 & x^2 & 0 & 1\end{vmatrix}$$

$$\overset{\text{后3行都减去第1行}}{=}(1+x+x^2)\begin{vmatrix}1-x & x-x^2 & x^2\\ -x & 1-x^2 & x\\ x^2-x & -x^2 & 1\end{vmatrix}\overset{\text{第3列加到第1列}}{=}(1+x+x^2)\begin{vmatrix}1-x+x^2 & x-x^2 & x^2\\ 0 & 1-x^2 & x\\ x^2-x+1 & -x^2 & 1\end{vmatrix}$$

$$\overset{\text{第3行减去第1行}}{=}(1+x+x^2)(1-x+x^2)\begin{vmatrix}1-x^2 & x\\ -x & 1-x^2\end{vmatrix}=[(1+x^2)^2-x^2][(1-x^2)^2+x^2]$$

$$=1+x^4+x^8$$

1.5　利用(1.3.3)式可得，

$$|\boldsymbol{B}+\boldsymbol{c}\boldsymbol{c}'|=|\boldsymbol{B}(\boldsymbol{I}+\boldsymbol{B}^{-1}\boldsymbol{c}\boldsymbol{c}')|=|\boldsymbol{B}|\,|\boldsymbol{I}+(\boldsymbol{B}^{-1}\boldsymbol{c})\boldsymbol{c}'|=|\boldsymbol{B}|(1+\boldsymbol{c}'\boldsymbol{B}^{-1}\boldsymbol{c})$$

1.6 (1)

$$\begin{pmatrix}2 & -1 & 0 & 0\\ 3 & 5 & 0 & 0\\ 0 & 0 & 2 & 0\\ 0 & 0 & 0 & 4\end{pmatrix}^{-1}=\begin{pmatrix}\begin{pmatrix}2 & -1\\ 3 & 5\end{pmatrix}^{-1} & \boldsymbol{0}\\ \boldsymbol{0} & \begin{pmatrix}2 & 0\\ 0 & 4\end{pmatrix}^{-1}\end{pmatrix}=\begin{pmatrix}5/13 & 1/13 & 0 & 0\\ -3/13 & 2/13 & 0 & 0\\ 0 & 0 & 1/2 & 0\\ 0 & 0 & 0 & 1/4\end{pmatrix}$$

---

① 为节省篇幅，本解答不少题做得较为简略，使读者明白可如何解题即达到目的。教学过程中，学生做习题时还是应尽量将步骤写完整。

(2) **解一**　使用书中(1.4.1)式求得，略。

解二　作一系列行变换，有(中间步骤略)

$$\begin{pmatrix}1&2&3&1&0&0\\2&3&1&0&1&0\\3&1&2&0&0&1\end{pmatrix}\to\begin{pmatrix}1&0&0&-5/18&1/18&7/18\\0&1&0&1/18&7/18&-5/18\\0&0&1&7/18&-5/18&1/18\end{pmatrix}$$

所以

$$\begin{pmatrix}1&2&3\\2&3&1\\3&1&2\end{pmatrix}^{-1}=\frac{1}{18}\begin{pmatrix}-5&1&7\\1&7&-5\\7&-5&1\end{pmatrix}$$

1.7　新旧坐标系变换为$\begin{pmatrix}u\\v\end{pmatrix}=\begin{pmatrix}\cos\theta&\sin\theta\\-\sin\theta&\cos\theta\end{pmatrix}\begin{pmatrix}x\\y\end{pmatrix}$，故变换矩阵为$\begin{pmatrix}\cos\theta&\sin\theta\\-\sin\theta&\cos\theta\end{pmatrix}$。

1.8　(1)

$$|\boldsymbol{A}|=\begin{vmatrix}1&\rho&\cdots&\rho\\\rho&1&\cdots&\rho\\\vdots&\vdots&&\vdots\\\rho&\rho&\cdots&1\end{vmatrix}\overset{\substack{\text{后}p-1\text{列都}\\\text{加到第1列}}}{=}[1+(p-1)\rho]\begin{vmatrix}1&\rho&\cdots&\rho\\1&1&\cdots&\rho\\\vdots&\vdots&&\vdots\\1&\rho&\cdots&1\end{vmatrix}$$

$$\overset{\substack{\text{后}p-1\text{行都}\\\text{减去第1行}}}{=}[1+(p-1)\rho]\begin{vmatrix}1&\rho&\cdots&\rho\\0&1-\rho&\cdots&0\\\vdots&\vdots&&\vdots\\0&0&\cdots&1-\rho\end{vmatrix}=(1-\rho)^{p-1}[1+(p-1)\rho]$$

(2) $|\boldsymbol{A}|=(1-\rho)^{p-1}[1+(p-1)\rho]=0\Leftrightarrow\rho=1$ 或 $\rho=-1/(p-1)$；

(3)

$$0=|\boldsymbol{A}-\lambda\boldsymbol{I}|=\begin{vmatrix}1-\lambda&\rho&\cdots&\rho\\\rho&1-\lambda&\cdots&\rho\\\vdots&\vdots&&\vdots\\\rho&\rho&\cdots&1-\lambda\end{vmatrix}=[1-\lambda+(p-1)\rho]\begin{vmatrix}1&\rho&\cdots&\rho\\1&1-\lambda&\cdots&\rho\\\vdots&\vdots&&\vdots\\1&\rho&\cdots&1-\lambda\end{vmatrix}$$

$$=[1-\lambda+(p-1)\rho]\begin{vmatrix}1&\rho&\cdots&\rho\\0&1-\lambda-\rho&\cdots&0\\\vdots&\vdots&&\vdots\\0&0&\cdots&1-\lambda-\rho\end{vmatrix}=[1-\lambda+(p-1)\rho](1-\lambda-\rho)^{p-1}$$

故 $\boldsymbol{A}$ 的 p 个特征值中，有$(p-1)$个特征值为 $1-\rho$，另一个特征值为 $1+(p-1)\rho$。

1.9

$$\boldsymbol{A}=\begin{pmatrix}2&1&1\\1&2&1\\1&1&2\end{pmatrix}=2\begin{pmatrix}1&0.5&0.5\\0.5&1&0.5\\0.5&0.5&1\end{pmatrix}$$

由习题 1.8(3)知，$\boldsymbol{A}$ 的特征值为

$$\lambda_1=2[1+(p-1)\rho]=2\times(1+2\times0.5)=4$$

$$\lambda_2=\lambda_3=2(1-\rho)=2\times(1-0.5)=1$$

从$(\boldsymbol{A}-4\boldsymbol{I})\boldsymbol{x}=\boldsymbol{0}$ 可解得单位特征向量为$\boldsymbol{x}_1=\frac{1}{\sqrt{3}}\begin{pmatrix}1\\1\\1\end{pmatrix}$；同理，从$(\boldsymbol{A}-\boldsymbol{I})\boldsymbol{x}=\boldsymbol{0}$ 可解得两个可能的正交单位特征

向量为$x_2=\frac{1}{\sqrt{2}}\begin{pmatrix}1\\-1\\0\end{pmatrix}$和$x_3=\frac{1}{\sqrt{6}}\begin{pmatrix}1\\1\\-2\end{pmatrix}$。

1.10　由于$\boldsymbol{A}'(\boldsymbol{A}^{-1})'=(\boldsymbol{A}^{-1}\boldsymbol{A})'=\boldsymbol{I}$，故$(\boldsymbol{A}')^{-1}=(\boldsymbol{A}^{-1})'$；因$(\boldsymbol{AC})(\boldsymbol{C}^{-1}\boldsymbol{A}^{-1})=\boldsymbol{I}$，从而$(\boldsymbol{AC})^{-1}=\boldsymbol{C}^{-1}\boldsymbol{A}^{-1}$。

1.11　设$\boldsymbol{A}$为正交矩阵，则$\boldsymbol{AA}'=\boldsymbol{I}$，于是$|\boldsymbol{A}|^2=|\boldsymbol{AA}'|=1$，从而$|\boldsymbol{A}|=1$或$|\boldsymbol{A}|=-1$。

1.12　由例1.6.2知，$\boldsymbol{Q}'\boldsymbol{AQ}$和$\boldsymbol{A}=(\boldsymbol{AQ})\boldsymbol{Q}'$有相同的特征值。

1.13　由(1.6.3)式知，

$$\text{rank}(\boldsymbol{A})=\text{rank}(\boldsymbol{\Lambda})=\boldsymbol{A}\text{ 的非零特征值个数}$$

1.14　(1) $\sum_{i=1}^{n}(x_i-\bar{x})^2=\sum_{i=1}^{n}x_i^2-n\bar{x}^2=\boldsymbol{x}'\boldsymbol{x}-\frac{1}{n}(\boldsymbol{1}'\boldsymbol{x})^2=\boldsymbol{x}'\left(\boldsymbol{I}_n-\frac{1}{n}\boldsymbol{11}'\right)\boldsymbol{x}=\boldsymbol{x}'\boldsymbol{Ax}$

这里$\boldsymbol{x}=(x_1,x_2,\cdots,x_n)'$，$\boldsymbol{A}=\boldsymbol{I}_n-\frac{1}{n}\boldsymbol{11}'$；

(2) 显然，$\boldsymbol{A}'=\boldsymbol{A}$，又$\boldsymbol{A}^2=\left(\boldsymbol{I}_n-\frac{1}{n}\boldsymbol{11}'\right)^2=\boldsymbol{I}_n-\frac{1}{n}\boldsymbol{11}'=\boldsymbol{A}$，故$\boldsymbol{A}$是投影矩阵；

(3) 由于对任意的$\boldsymbol{x}=(x_1,x_2,\cdots,x_n)'$，$\boldsymbol{x}'\boldsymbol{Ax}=\sum_{i=1}^{n}(x_i-\bar{x})^2\geqslant 0$，故$\boldsymbol{A}\geqslant 0$。又因$\boldsymbol{A1}=\left(\boldsymbol{I}_n-\frac{1}{n}\boldsymbol{11}'\right)\boldsymbol{1}=\boldsymbol{1}-\boldsymbol{1}=\boldsymbol{0}$，从而$\boldsymbol{A}$不是列满秩的，故$\boldsymbol{A}$不是正定矩阵①；

(4) 由(1.6.12)式得，

$$\text{rank}(\boldsymbol{A})=\text{tr}(\boldsymbol{A})=\text{tr}\left(\boldsymbol{I}_n-\frac{1}{n}\boldsymbol{11}'\right)=\text{tr}(\boldsymbol{I}_n)-\frac{1}{n}\text{tr}(\boldsymbol{1}'\boldsymbol{1})=n-1$$

1.15　由(1.6.12)式知，

$$\begin{aligned}\text{rank}(\boldsymbol{B})&=\text{tr}(\boldsymbol{B})=\text{tr}[\boldsymbol{I}_n-\boldsymbol{X}(\boldsymbol{X}'\boldsymbol{X})^{-1}\boldsymbol{X}']=\text{tr}(\boldsymbol{I}_n)-\text{tr}[(\boldsymbol{X}'\boldsymbol{X})^{-1}\boldsymbol{X}'\boldsymbol{X}]\\&=\text{tr}(\boldsymbol{I}_n)-\text{tr}(\boldsymbol{I}_p)=n-p\end{aligned}$$

1.16　对$\boldsymbol{A}$作如下行变换：第三行减去3倍的第一行后皆为0，第四行减去2倍的第二行后皆为0，第五行加上第二行再减去3倍的第一行后皆为0，而第一行和第二行线性无关，故$\boldsymbol{A}$的秩为2。

1.17　易求得$\boldsymbol{A}$的特征值为$1+\rho$和$1-\rho$，相应的单位特征向量分别为$\left(\frac{1}{\sqrt{2}},\frac{1}{\sqrt{2}}\right)'$和$\left(\frac{1}{\sqrt{2}},-\frac{1}{\sqrt{2}}\right)'$，再由例1.6.4(i)可得，$\boldsymbol{A}^{-1}$的特征值为$\frac{1}{1+\rho}$和$\frac{1}{1-\rho}$，相应的单位特征向量仍分别为$\left(\frac{1}{\sqrt{2}},\frac{1}{\sqrt{2}}\right)'$和$\left(\frac{1}{\sqrt{2}},-\frac{1}{\sqrt{2}}\right)'$，从而$\boldsymbol{A}$和$\boldsymbol{A}^{-1}$的谱分解分别为

$$\boldsymbol{A}=(1+\rho)\begin{pmatrix}\frac{1}{\sqrt{2}}\\\frac{1}{\sqrt{2}}\end{pmatrix}\left(\frac{1}{\sqrt{2}},\frac{1}{\sqrt{2}}\right)+(1-\rho)\begin{pmatrix}\frac{1}{\sqrt{2}}\\-\frac{1}{\sqrt{2}}\end{pmatrix}\left(\frac{1}{\sqrt{2}},-\frac{1}{\sqrt{2}}\right)$$

$$\boldsymbol{A}^{-1}=\frac{1}{1+\rho}\begin{pmatrix}\frac{1}{\sqrt{2}}\\\frac{1}{\sqrt{2}}\end{pmatrix}\left(\frac{1}{\sqrt{2}},\frac{1}{\sqrt{2}}\right)+\frac{1}{1-\rho}\begin{pmatrix}\frac{1}{\sqrt{2}}\\-\frac{1}{\sqrt{2}}\end{pmatrix}\left(\frac{1}{\sqrt{2}},-\frac{1}{\sqrt{2}}\right)$$

两个谱分解中，相应的特征值不同且互为倒数，而相应的特征向量相同。

1.18　设$\boldsymbol{A}=(a_{ij})>0$(或$\geqslant 0$)，$a_{ii}=\boldsymbol{e}_i'\boldsymbol{Ae}_i>0$(或$\geqslant 0$)，其中$\boldsymbol{e}_i=(0,\cdots,0,1,0,\cdots,0)'$，1在第$i$个位置上。

*1.19　(1) 对任一相应维数的$\boldsymbol{x}\neq\boldsymbol{0}$，有

① 也可利用本题(4)的结果得出。

$$\boldsymbol{x}'\boldsymbol{A}_{11}\boldsymbol{x}=(\boldsymbol{x}',\boldsymbol{0}')\boldsymbol{A}\begin{pmatrix}\boldsymbol{x}\\\boldsymbol{0}\end{pmatrix}>0$$

故 $\boldsymbol{A}_{11}>0$；同理，$\boldsymbol{A}_{22}>0$；

(2) 对任一相应维数的 $\boldsymbol{x}\neq\boldsymbol{0}$，依该题的“提示”，有

$$\boldsymbol{x}'\boldsymbol{A}_{11\cdot2}\boldsymbol{x}=(\boldsymbol{x}',\boldsymbol{0}')\begin{pmatrix}\boldsymbol{A}_{11\cdot2}&\boldsymbol{0}\\\boldsymbol{0}&\boldsymbol{A}_{22}\end{pmatrix}\begin{pmatrix}\boldsymbol{x}\\\boldsymbol{0}\end{pmatrix}=(\boldsymbol{x}',\boldsymbol{0}')\begin{pmatrix}\boldsymbol{I}&-\boldsymbol{A}_{12}\boldsymbol{A}_{22}^{-1}\\\boldsymbol{0}&\boldsymbol{I}\end{pmatrix}\begin{pmatrix}\boldsymbol{A}_{11}&\boldsymbol{A}_{12}\\\boldsymbol{A}_{21}&\boldsymbol{A}_{22}\end{pmatrix}\begin{pmatrix}\boldsymbol{I}&\boldsymbol{0}\\-\boldsymbol{A}_{22}^{-1}\boldsymbol{A}_{21}&\boldsymbol{I}\end{pmatrix}\begin{pmatrix}\boldsymbol{x}\\\boldsymbol{0}\end{pmatrix}$$

$$=\left[\begin{pmatrix}\boldsymbol{I}&\boldsymbol{0}\\-\boldsymbol{A}_{22}^{-1}\boldsymbol{A}_{21}&\boldsymbol{I}\end{pmatrix}\begin{pmatrix}\boldsymbol{x}\\\boldsymbol{0}\end{pmatrix}\right]'\begin{pmatrix}\boldsymbol{A}_{11}&\boldsymbol{A}_{12}\\\boldsymbol{A}_{21}&\boldsymbol{A}_{22}\end{pmatrix}\left[\begin{pmatrix}\boldsymbol{I}&\boldsymbol{0}\\-\boldsymbol{A}_{22}^{-1}\boldsymbol{A}_{21}&\boldsymbol{I}\end{pmatrix}\begin{pmatrix}\boldsymbol{x}\\\boldsymbol{0}\end{pmatrix}\right]>0$$

故 $\boldsymbol{A}_{11\cdot2}>0$；同理可证，$\boldsymbol{A}_{22\cdot1}>0$。

*1.20　(1) 若 $|\boldsymbol{A}_{22}|\neq0$，则利用习题 1.19“提示”中的关系式，有

$$|\boldsymbol{A}|=\begin{vmatrix}\boldsymbol{I}&-\boldsymbol{A}_{12}\boldsymbol{A}_{22}^{-1}\\\boldsymbol{0}&\boldsymbol{I}\end{vmatrix}\begin{vmatrix}\boldsymbol{A}_{11}&\boldsymbol{A}_{12}\\\boldsymbol{A}_{21}&\boldsymbol{A}_{22}\end{vmatrix}\begin{vmatrix}\boldsymbol{I}&\boldsymbol{0}\\-\boldsymbol{A}_{22}^{-1}\boldsymbol{A}_{21}&\boldsymbol{I}\end{vmatrix}=\begin{vmatrix}\boldsymbol{A}_{11\cdot2}&\boldsymbol{0}\\\boldsymbol{0}&\boldsymbol{A}_{22}\end{vmatrix}=|\boldsymbol{A}_{11\cdot2}||\boldsymbol{A}_{22}|$$

同理，若 $|\boldsymbol{A}_{11}|\neq0$，则有 $|\boldsymbol{A}|=|\boldsymbol{A}_{22\cdot1}||\boldsymbol{A}_{11}|$；

(2) 在习题 1.19 的“提示”中，关系式两边取逆，得

$$\begin{pmatrix}\boldsymbol{I}&\boldsymbol{0}\\-\boldsymbol{A}_{22}^{-1}\boldsymbol{A}_{21}&\boldsymbol{I}\end{pmatrix}^{-1}\begin{pmatrix}\boldsymbol{A}_{11}&\boldsymbol{A}_{12}\\\boldsymbol{A}_{21}&\boldsymbol{A}_{22}\end{pmatrix}^{-1}\begin{pmatrix}\boldsymbol{I}&-\boldsymbol{A}_{12}\boldsymbol{A}_{22}^{-1}\\\boldsymbol{0}&\boldsymbol{I}\end{pmatrix}^{-1}=\begin{pmatrix}\boldsymbol{A}_{11\cdot2}&\boldsymbol{0}\\\boldsymbol{0}&\boldsymbol{A}_{22}\end{pmatrix}^{-1}$$

所以

$$\boldsymbol{A}^{-1}=\begin{pmatrix}\boldsymbol{I}&\boldsymbol{0}\\-\boldsymbol{A}_{22}^{-1}\boldsymbol{A}_{21}&\boldsymbol{I}\end{pmatrix}\begin{pmatrix}\boldsymbol{A}_{11\cdot2}^{-1}&\boldsymbol{0}\\\boldsymbol{0}&\boldsymbol{A}_{22}^{-1}\end{pmatrix}\begin{pmatrix}\boldsymbol{I}&-\boldsymbol{A}_{12}\boldsymbol{A}_{22}^{-1}\\\boldsymbol{0}&\boldsymbol{I}\end{pmatrix}$$

同理可证另一等式。

1.21　可求得对称矩阵 $\boldsymbol{A}$ 的最大特征值 $\lambda_1=11.745$ 和最小特征值 $\lambda_3=0.255$，这就分别是 $\boldsymbol{x}'\boldsymbol{A}\boldsymbol{x}/\boldsymbol{x}'\boldsymbol{x}$ 的最大值和最小值。

第二章

习　题

2.1　(1)　$\int_0^1\int_0^1\int_0^3 kxyz^2\,\mathrm{d}x\,\mathrm{d}y\,\mathrm{d}z=1\Rightarrow k\int_0^1 x\,\mathrm{d}x\int_0^1 y\,\mathrm{d}y\int_0^3 z^2\,\mathrm{d}z=1\Rightarrow k=\dfrac{4}{9}$

(2) **证法一**　可求得各边缘密度分别为

$$f_x(x)=\begin{cases}2x, & 0<x<1\\0, & \text{其他}\end{cases},\quad f_y(y)=\begin{cases}2y, & 0<y<1\\0, & \text{其他}\end{cases},\quad f_z(z)=\begin{cases}\dfrac{1}{9}z^2, & 0<z<3\\0, & \text{其他}\end{cases}$$

从而 $f(x,y,z)=f_x(x)f_y(y)f_z(z)$，所以 x,y,z 相互独立；

证法二　x,y,z 相互独立可由如下分解式得到①

$$f(x,y,z)=\begin{cases}kx, & 0<x<1\\0, & \text{其他}\end{cases}\cdot\begin{cases}y, & 0<y<1\\0, & \text{其他}\end{cases}\cdot\begin{cases}z^2, & 0<z<3\\0, & \text{其他}\end{cases}$$

(3) 由于 x,y,z 独立，故给定 $y=\dfrac{1}{2}$，$z=1$ 时 x 的条件分布与 x 的边缘分布相同，即为

$$f\left(x\,|\,y=\frac{1}{2},z=1\right)=f_x(x)=\begin{cases}2x, & 0<x<1\\0, & \text{其他}\end{cases}$$

① 只需将联合密度函数表达为各单变量函数的乘积即可。

2.2

$$f(x_1,x_2,x_3)=\frac{\partial^3}{\partial x_1\partial x_2\partial x_3}F(x_1,x_2,x_3)=\frac{\mathrm{d}(1-\mathrm{e}^{-ax_1})}{\mathrm{d}x_1}\frac{\mathrm{d}(1-\mathrm{e}^{-bx_2})}{\mathrm{d}x_2}\frac{\mathrm{d}(1-\mathrm{e}^{-cx_3})}{\mathrm{d}x_3}$$
$$=abc\,\mathrm{e}^{-(ax_1+bx_2+cx_3)},\qquad x_1,x_2,x_3\geqslant 0$$

2.3

$$f_1(x_1)=\int_{-\infty}^{\infty}f(x_1,x_2)\mathrm{d}x_2=\int_{-\infty}^{\infty}\frac{1}{2\pi}\mathrm{e}^{-\frac{x_1^2+x_2^2}{2}}(1+\sin x_1\sin x_2)\mathrm{d}x_2$$
$$=\frac{1}{\sqrt{2\pi}}\mathrm{e}^{-\frac{x_1^2}{2}}\int_{-\infty}^{\infty}\frac{1}{\sqrt{2\pi}}\mathrm{e}^{-\frac{x_2^2}{2}}\mathrm{d}x_2+\frac{1}{2\pi}\mathrm{e}^{-\frac{x_1^2}{2}}\sin x_1\int_{-\infty}^{\infty}\mathrm{e}^{-\frac{x_2^2}{2}}\sin x_2\mathrm{d}x_2$$

因为$\frac{1}{\sqrt{2\pi}}\mathrm{e}^{-\frac{x_2^2}{2}}$是分布 $N(0,1)$ 的密度，所以有$\int_{-\infty}^{\infty}\frac{1}{\sqrt{2\pi}}\mathrm{e}^{-\frac{x_2^2}{2}}\mathrm{d}x_2=1$，又由于$\mathrm{e}^{-\frac{x_2^2}{2}}\sin x_2$ 是奇函数，且显然其无穷积分存在，从而$\int_{-\infty}^{\infty}\mathrm{e}^{-\frac{x_2^2}{2}}\sin x_2\mathrm{d}x_2=0$，故有

$$f_1(x_1)=\frac{1}{\sqrt{2\pi}}\mathrm{e}^{-\frac{x_1^2}{2}},\quad -\infty<x_1<\infty$$

即 x_1 服从 $N(0,1)$。同理可证，x_2 亦服从 $N(0,1)$。

2.4

$$f_1(x_1)=\int_0^{2\pi}\int_0^{2\pi}\frac{1}{8\pi^3}(1-\sin x_1\sin x_2\sin x_3)\mathrm{d}x_2\mathrm{d}x_3=\frac{1}{2\pi},\qquad 0\leqslant x_1\leqslant 2\pi$$

同理

$$f_2(x_2)=\frac{1}{2\pi},\quad 0\leqslant x_2\leqslant 2\pi;\qquad f_3(x_3)=\frac{1}{2\pi},\quad 0\leqslant x_3\leqslant 2\pi$$

又

$$f_{12}(x_1,x_2)=\int_0^{2\pi}\frac{1}{8\pi^3}(1-\sin x_1\sin x_2\sin x_3)\mathrm{d}x_3=\frac{1}{4\pi^2},\qquad 0\leqslant x_1,x_2\leqslant 2\pi$$

同理

$$f_{13}(x_1,x_3)=\frac{1}{4\pi^2},\quad 0\leqslant x_1,x_3\leqslant 2\pi;\qquad f_{23}(x_2,x_3)=\frac{1}{4\pi^2},\quad 0\leqslant x_2,x_3\leqslant 2\pi$$

可见

$$f_{12}(x_1,x_2)=f_1(x_1)f_2(x_2),\quad f_{13}(x_1,x_3)=f_1(x_1)f_3(x_3),\quad f_{23}(x_2,x_3)=f_2(x_2)f_3(x_3)$$
$$f(x_1,x_2,x_3)\neq f_1(x_1)f_2(x_2)f_3(x_3)$$

故 x_1,x_2,x_3 两两独立但不相互独立。

2.5　令 $\boldsymbol{x}=(x_1,x_2,\cdots,x_p)'$，$\boldsymbol{y}=(y_1,y_2,\cdots,y_q)'$，这里仅对连续型的情形给出证明，离散型情形的证明类似。由于

$$f_{ij}(x_i,y_j)=\int_{-\infty}^{\infty}\cdots\int_{-\infty}^{\infty}f(x_1,\cdots,x_p,y_1,\cdots,y_q)\mathrm{d}x_1\cdots\mathrm{d}x_{i-1}\mathrm{d}x_{i+1}\cdots\mathrm{d}x_p\mathrm{d}y_1\cdots\mathrm{d}y_{j-1}\mathrm{d}y_{j+1}\cdots\mathrm{d}y_q$$
$$=\int_{-\infty}^{\infty}\cdots\int_{-\infty}^{\infty}f_{\boldsymbol{x}}(x_1,\cdots,x_p)\mathrm{d}x_1\cdots\mathrm{d}x_{i-1}\mathrm{d}x_{i+1}\cdots\mathrm{d}x_p$$
$$\cdot\int_{-\infty}^{\infty}\cdots\int_{-\infty}^{\infty}f_{\boldsymbol{y}}(y_1,\cdots,y_q)\mathrm{d}y_1\cdots\mathrm{d}y_{j-1}\mathrm{d}y_{j+1}\cdots\mathrm{d}y_q$$
$$=f_i(x_i)f_j(y_j),\qquad i=1,\cdots,p,\quad j=1,\cdots,q$$

故 $\boldsymbol{x}$ 的任一分量与 $\boldsymbol{y}$ 的任一分量独立。

2.6 (1) $$f_x(x)=\int_0^1 6xy(2-x-y)\mathrm{d}y=4x-3x^2,\qquad 0\leqslant x\leqslant 1$$

$$f_y(y)=\int_0^1 6xy(2-x-y)\mathrm{d}x=4y-3y^2,\qquad 0\leqslant y\leqslant 1$$

对于 $0<y\leqslant 1, f(x|y)=\dfrac{f(x,y)}{f_y(y)}=\begin{cases}\dfrac{6x(2-x-y)}{4-3y}, & 0\leqslant x\leqslant 1\\ 0, & \text{其他}\end{cases}$；

对于 $0<x\leqslant 1, f(y|x)=\dfrac{f(x,y)}{f_x(x)}=\begin{cases}\dfrac{6y(2-x-y)}{4-3x}, & 0\leqslant y\leqslant 1\\ 0, & \text{其他}\end{cases}$；

因 $f(x,y)\neq f_x(x)f_y(y)$，故 x 和 y 不独立；

(2) $$f_x(x)=\int_0^\infty 4xy\mathrm{e}^{-(x^2+y^2)}\mathrm{d}y=2x\mathrm{e}^{-x^2},\qquad x>0$$

$$f_y(y)=\int_0^\infty 4xy\mathrm{e}^{-(x^2+y^2)}\mathrm{d}x=2y\mathrm{e}^{-y^2},\qquad y>0$$

因 $f(x,y)=f_x(x)f_y(y)$，故 x 和 y 独立，并由此可得，

对于 $y>0, f(x|y)=f_x(x)=\begin{cases}2x\,\mathrm{e}^{-x^2}, & x>0\\ 0, & x\leqslant 0\end{cases}$；

对于 $x>0, f(y|x)=f_y(y)=\begin{cases}2y\,\mathrm{e}^{-y^2}, & y>0\\ 0, & y\leqslant 0\end{cases}$。

2.7 (1) $$\boldsymbol{\Sigma}=E(\boldsymbol{x}-\boldsymbol{\mu})(\boldsymbol{x}-\boldsymbol{\mu})'=E(\boldsymbol{xx}'-\boldsymbol{\mu x}'-\boldsymbol{x\mu}'+\boldsymbol{\mu\mu}')=E(\boldsymbol{xx}')-\boldsymbol{\mu\mu}'$$

所以

$$E(\boldsymbol{xx}')=\boldsymbol{\Sigma}+\boldsymbol{\mu\mu}'$$

(2) $$\begin{aligned}E(\boldsymbol{x}'\boldsymbol{Ax})&=E[\mathrm{tr}(\boldsymbol{x}'\boldsymbol{Ax})]=E[\mathrm{tr}(\boldsymbol{xx}'\boldsymbol{A})]=\mathrm{tr}[E(\boldsymbol{xx}'\boldsymbol{A})]=\mathrm{tr}[E(\boldsymbol{xx}')\boldsymbol{A}]\\&=\mathrm{tr}[(\boldsymbol{\Sigma}+\boldsymbol{\mu\mu}')\boldsymbol{A}]=\mathrm{tr}(\boldsymbol{\Sigma A})+\mathrm{tr}(\boldsymbol{\mu\mu}'\boldsymbol{A})=\mathrm{tr}(\boldsymbol{\Sigma A})+\boldsymbol{\mu}'\boldsymbol{A\mu}\end{aligned}$$

(3) $$\begin{aligned}E(\boldsymbol{x}'\boldsymbol{Ax})&=\mathrm{tr}(\boldsymbol{\Sigma A})+\boldsymbol{\mu}'\boldsymbol{A\mu}=\mathrm{tr}[(\sigma^2\boldsymbol{I})(\boldsymbol{I}-\boldsymbol{11}'/p)]+\mu^2\boldsymbol{1}'(\boldsymbol{I}-\boldsymbol{11}'/p)\boldsymbol{1}\\&=\sigma^2\mathrm{tr}(\boldsymbol{I}-\boldsymbol{11}'/p)=\sigma^2[\mathrm{tr}(\boldsymbol{I})-\mathrm{tr}(\boldsymbol{1}'\boldsymbol{1})/p]=\sigma^2(p-1)\end{aligned}$$

从而

$$E(\boldsymbol{x}'\boldsymbol{Ax})/\sigma^2=p-1$$

2.8① $$\begin{aligned}&E[(\boldsymbol{x}-\boldsymbol{\mu})'\boldsymbol{\Sigma}^{-1}(\boldsymbol{x}-\boldsymbol{\mu})]=E\{\mathrm{tr}[(\boldsymbol{x}-\boldsymbol{\mu})'\boldsymbol{\Sigma}^{-1}(\boldsymbol{x}-\boldsymbol{\mu})]\}\\&=E\{\mathrm{tr}[\boldsymbol{\Sigma}^{-1}(\boldsymbol{x}-\boldsymbol{\mu})(\boldsymbol{x}-\boldsymbol{\mu})']\}=\mathrm{tr}\{E[\boldsymbol{\Sigma}^{-1}(\boldsymbol{x}-\boldsymbol{\mu})(\boldsymbol{x}-\boldsymbol{\mu})']\}\\&=\mathrm{tr}\{\boldsymbol{\Sigma}^{-1}E[(\boldsymbol{x}-\boldsymbol{\mu})(\boldsymbol{x}-\boldsymbol{\mu})']\}=\mathrm{tr}(\boldsymbol{\Sigma}^{-1}\boldsymbol{\Sigma})=\mathrm{tr}(\boldsymbol{I})=p\end{aligned}$$

2.9 $$\boldsymbol{y}=\begin{pmatrix}y_1\\y_2\\y_3\end{pmatrix}=\begin{pmatrix}2&3&1\\1&-2&5\\0&1&-1\end{pmatrix}\boldsymbol{x}$$

$$V(\boldsymbol{y})=\begin{pmatrix}2&3&1\\1&-2&5\\0&1&-1\end{pmatrix}\begin{pmatrix}9&1&-2\\1&20&3\\-2&3&12\end{pmatrix}\begin{pmatrix}2&1&0\\3&-2&1\\1&5&-1\end{pmatrix}=\begin{pmatrix}250&-26&48\\-26&305&-76\\48&-76&26\end{pmatrix}$$

2.10 $$V\left(\sum_{i=1}^n\boldsymbol{A}_i\boldsymbol{x}_i\right)=\mathrm{Cov}\left(\sum_{i=1}^n\boldsymbol{A}_i\boldsymbol{x}_i,\sum_{j=1}^n\boldsymbol{A}_j\boldsymbol{x}_j\right)=\sum_{i=1}^n\sum_{j=1}^n\boldsymbol{A}_i\mathrm{Cov}(\boldsymbol{x}_i,\boldsymbol{x}_j)\boldsymbol{A}_j'$$

① 本题也可利用习题2.7(2)的结论证得。

$$=\sum_{i=1}^{n}\boldsymbol{A}_iV(\boldsymbol{x}_i)\boldsymbol{A}_i'+\sum_{1\leqslant i\neq j\leqslant n}\boldsymbol{A}_i\mathrm{Cov}(\boldsymbol{x}_i,\boldsymbol{x}_j)\boldsymbol{A}_j'$$

若 $\boldsymbol{x}_1,\boldsymbol{x}_2,\cdots,\boldsymbol{x}_n$ 两两不相关,则简化为

$$V\left(\sum_{i=1}^{n}\boldsymbol{A}_i\boldsymbol{x}_i\right)=\sum_{i=1}^{n}\boldsymbol{A}_iV(\boldsymbol{x}_i)\boldsymbol{A}_i'$$

2.11　由(2.2.18)式知,$\boldsymbol{\Sigma}=\boldsymbol{DRD}$,从而

$$|\boldsymbol{\Sigma}|=|\boldsymbol{D}||\boldsymbol{R}||\boldsymbol{D}|=|\boldsymbol{D}|^2|\boldsymbol{R}|=(\sigma_{11}\sigma_{22}\cdots\sigma_{pp})|\boldsymbol{R}|$$

2.12　由(2.2.18)式知,

$$\boldsymbol{R}=\boldsymbol{D}^{-1}\boldsymbol{\Sigma}\boldsymbol{D}^{-1}=\begin{pmatrix}1/4&0&0\\0&1/2&0\\0&0&1/3\end{pmatrix}\begin{pmatrix}16&-4&3\\-4&4&-2\\3&-2&9\end{pmatrix}\begin{pmatrix}1/4&0&0\\0&1/2&0\\0&0&1/3\end{pmatrix}=\begin{pmatrix}1&-1/2&1/4\\-1/2&1&-1/3\\1/4&-1/3&1\end{pmatrix}$$

2.13
$$\rho(y_1,y_2)=\frac{\mathrm{Cov}(y_1,y_2)}{\sqrt{V(y_1)}\sqrt{V(y_2)}}=\frac{ac\mathrm{Cov}(x_1,x_2)}{|a||c|\sqrt{V(x_1)}\sqrt{V(x_2)}}=\begin{cases}\rho,&ac>0\\-\rho,&ac<0\end{cases}$$

2.14　因为

$$\sigma^2c^2=\sigma^2(\boldsymbol{x}-\boldsymbol{\mu})'(\sigma^2\boldsymbol{I})^{-1}(\boldsymbol{x}-\boldsymbol{\mu})=(x_1-\mu_1)^2+(x_2-\mu_2)^2+\cdots+(x_p-\mu_p)^2$$

故此时(2.3.6)式是圆($p=2$)或圆球面($p=3$)或超圆球面($p>3$)。

客观思考题

2.1　√	2.2　×	2.3　×	2.4　√	2.5　√	2.6　×
2.7　×	2.8　√	2.9　√	2.10　×	2.11　B	2.12　C
2.13　ABD	2.14　ABC				

第三章

习　题

*3.1　由§1.7的性质(8)知,存在秩为 r 的 $p\times r$ 矩阵 $\boldsymbol{A}$,使得 $\boldsymbol{\Sigma}=\boldsymbol{AA}'$。由于 $\boldsymbol{u}\sim N_r(\boldsymbol{0},\boldsymbol{I})$,故 $\boldsymbol{\mu}+\boldsymbol{Au}\sim N_p(\boldsymbol{\mu},\boldsymbol{AA}')$,从而 $\boldsymbol{\mu}+\boldsymbol{Au}$ 与 $\boldsymbol{x}$ 服从相同的分布 $N_p(\boldsymbol{\mu},\boldsymbol{\Sigma})$。

*3.2　$\boldsymbol{\Sigma}$ 的特征值分别为6,2,0,前两个正特征值相应的单位特征向量分别为$(2/\sqrt{6},-1/\sqrt{6},-1/\sqrt{6})'$和$(0,1/\sqrt{2},-1/\sqrt{2})'$,由§1.7性质(8)的证明过程知,

$$\boldsymbol{A}=\left(\sqrt{6}\begin{pmatrix}2/\sqrt{6}\\-1/\sqrt{6}\\-1/\sqrt{6}\end{pmatrix},\sqrt{2}\begin{pmatrix}0\\1/\sqrt{2}\\-1/\sqrt{2}\end{pmatrix}\right)=\begin{pmatrix}2&0\\-1&1\\-1&-1\end{pmatrix}$$

3.3
$$E(\boldsymbol{y})=\boldsymbol{A\mu}=\begin{pmatrix}-2\\0\end{pmatrix},\quad V(\boldsymbol{y})=\boldsymbol{A\Sigma A}'=\begin{pmatrix}4&-2\\-2&2\end{pmatrix}$$

所以 $\boldsymbol{y}$ 服从 $N_2\left(\begin{pmatrix}-2\\0\end{pmatrix},\begin{pmatrix}4&-2\\-2&2\end{pmatrix}\right)$。

3.4　(1)
$$\begin{pmatrix}y_1\\y_2\end{pmatrix}=\begin{pmatrix}1&1&-2\\3&-1&2\end{pmatrix}\begin{pmatrix}x_1\\x_2\\x_3\end{pmatrix}\sim N_2\left(\begin{pmatrix}-4\\16\end{pmatrix},\begin{pmatrix}29&15\\15&37\end{pmatrix}\right)$$

(2) $N_2\left(\begin{pmatrix}3\\4\end{pmatrix},\begin{pmatrix}6&-2\\-2&4\end{pmatrix}\right)$;

(3)

$$\begin{pmatrix} x_1 \\ x_3 \\ \frac{1}{2}(x_1+x_2) \end{pmatrix} = \begin{pmatrix} 1 & 0 & 0 \\ 0 & 0 & 1 \\ \frac{1}{2} & \frac{1}{2} & 0 \end{pmatrix} \begin{pmatrix} x_1 \\ x_2 \\ x_3 \end{pmatrix} \sim N_3 \left(\begin{pmatrix} 3 \\ 4 \\ 2 \end{pmatrix}, \begin{pmatrix} 6 & -2 & 3\frac{1}{2} \\ -2 & 4 & 1 \\ 3\frac{1}{2} & 1 & 5\frac{1}{4} \end{pmatrix} \right)$$

3.5　由 $\boldsymbol{x} \sim N_p(\boldsymbol{\mu}, \boldsymbol{\Sigma})$ 可知，$x_i \sim N(\mu_i, \sigma_i^2)$。由于

$$f(\boldsymbol{x}) = (2\pi)^{-p/2} |\boldsymbol{\Sigma}|^{-1/2} \exp\left[-\frac{1}{2}(\boldsymbol{x}-\boldsymbol{\mu})'\boldsymbol{\Sigma}^{-1}(\boldsymbol{x}-\boldsymbol{\mu})\right]$$

$$= (2\pi)^{-p/2}(\sigma_1\sigma_2\cdots\sigma_p)^{-1}\exp\left[-\frac{1}{2}\sum_{i=1}^{p}\left(\frac{x_i-\mu_i}{\sigma_i}\right)^2\right] = \prod_{i=1}^{p}\frac{1}{\sqrt{2\pi}\sigma_i}e^{-\frac{(x_i-\mu_i)^2}{2\sigma_i^2}} = \prod_{i=1}^{p} f_i(x_i)$$

故 $x_1, x_2, \cdots, x_p$ 相互独立。

3.6　设 $x_i \sim N(\mu_i, \sigma_i^2)$。，且 $x_1, x_2, \cdots, x_p$ 相互独立，则

$$f(x_1, x_2, \cdots, x_p) = \prod_{i=1}^{p} f_i(x_i) = (2\pi)^{-p/2}(\sigma_1\sigma_2\cdots\sigma_p)^{-1}\exp\left[-\frac{1}{2}\sum_{i=1}^{p}\left(\frac{x_i-\mu_i}{\sigma_i}\right)^2\right]$$

$$= (2\pi)^{-p/2}|\boldsymbol{\Sigma}|^{-1/2}\exp\left[-\frac{1}{2}(\boldsymbol{x}-\boldsymbol{\mu})'\boldsymbol{\Sigma}^{-1}(\boldsymbol{x}-\boldsymbol{\mu})\right]$$

其中 $\boldsymbol{\Sigma} = \mathrm{diag}(\sigma_1^2, \sigma_2^2, \cdots, \sigma_p^2) > 0$，所以 $x_1, x_2, \cdots, x_p$ 的联合分布是多元正态的。

3.7　(1)，(3)，(4)，(6)，(7)和(9)。

3.8　由于 $\boldsymbol{x} \sim N_2(\quad,\quad)$，于是依(3.2.3)式有

$$\begin{pmatrix} x_1+x_2 \\ x_1-x_2 \end{pmatrix} = \begin{pmatrix} 1 & 1 \\ 1 & -1 \end{pmatrix}\begin{pmatrix} x_1 \\ x_2 \end{pmatrix} \sim N_2(\quad,\quad)$$

又因

$$\mathrm{Cov}(x_1+x_2, x_1-x_2) = \mathrm{Cov}\left((1,1)\begin{pmatrix} x_1 \\ x_2 \end{pmatrix}, (1,-1)\begin{pmatrix} x_1 \\ x_2 \end{pmatrix}\right) = \sigma^2(1,1)\begin{pmatrix} 1 & \rho \\ \rho & 1 \end{pmatrix}\begin{pmatrix} 1 \\ -1 \end{pmatrix} = 0$$

从而由§3.2中的性质(6)知，x_1+x_2 与 x_1-x_2 独立。

3.9　因 $\boldsymbol{x} \sim N_{2p}(\boldsymbol{\mu}, \boldsymbol{\Sigma})$，从而

$$\begin{pmatrix} \boldsymbol{x}_1+\boldsymbol{x}_2 \\ \boldsymbol{x}_1-\boldsymbol{x}_2 \end{pmatrix} = \begin{pmatrix} \boldsymbol{I}_p & \boldsymbol{I}_p \\ \boldsymbol{I}_p & -\boldsymbol{I}_p \end{pmatrix}\begin{pmatrix} \boldsymbol{x}_1 \\ \boldsymbol{x}_2 \end{pmatrix} \sim N_{2p}(\quad,\quad)$$

又因

$$\mathrm{Cov}(\boldsymbol{x}_1+\boldsymbol{x}_2, \boldsymbol{x}_1-\boldsymbol{x}_2) = \mathrm{Cov}\left((\boldsymbol{I}_p, \boldsymbol{I}_p)\begin{pmatrix} \boldsymbol{x}_1 \\ \boldsymbol{x}_2 \end{pmatrix}, (\boldsymbol{I}_p, -\boldsymbol{I}_p)\begin{pmatrix} \boldsymbol{x}_1 \\ \boldsymbol{x}_2 \end{pmatrix}\right) = (\boldsymbol{I}_p, \boldsymbol{I}_p)\begin{pmatrix} \boldsymbol{\Sigma}_1 & \boldsymbol{\Sigma}_2 \\ \boldsymbol{\Sigma}_2 & \boldsymbol{\Sigma}_1 \end{pmatrix}\begin{pmatrix} \boldsymbol{I}_p \\ -\boldsymbol{I}_p \end{pmatrix} = \boldsymbol{0}$$

故 $\boldsymbol{x}_1+\boldsymbol{x}_2$ 和 $\boldsymbol{x}_1-\boldsymbol{x}_2$ 相互独立。

3.10

$$\begin{pmatrix} x_1 \\ x_1+x_2 \end{pmatrix} = \begin{pmatrix} 1 & 0 \\ 1 & 1 \end{pmatrix}\begin{pmatrix} x_1 \\ x_2 \end{pmatrix} \sim N_2\left(\begin{pmatrix} 0 \\ 0 \end{pmatrix}, \begin{pmatrix} 1 & 1 \\ 1 & 2 \end{pmatrix}\right)$$

于是

$$E(x_1|x_1+x_2) = 0+1\times\frac{1}{2}\times[(x_1+x_2)-0] = \frac{x_1+x_2}{2}$$

$$V(x_1|x_1+x_2) = 1-1\times\frac{1}{2}\times 1 = \frac{1}{2}$$

故已知 x_1+x_2 时 x_1 的条件分布为 $N\left(\frac{x_1+x_2}{2}, \frac{1}{2}\right)$。

3.11

$$\sum_{i=1}^{n}(\boldsymbol{x}_i-\boldsymbol{\mu})'\boldsymbol{\Sigma}^{-1}(\boldsymbol{x}_i-\boldsymbol{\mu})=\sum_{i=1}^{n}[(\boldsymbol{x}_i-\bar{\boldsymbol{x}})+(\bar{\boldsymbol{x}}-\boldsymbol{\mu})]'\boldsymbol{\Sigma}^{-1}[(\boldsymbol{x}_i-\bar{\boldsymbol{x}})+(\bar{\boldsymbol{x}}-\boldsymbol{\mu})]$$
$$=\sum_{i=1}^{n}(\boldsymbol{x}_i-\bar{\boldsymbol{x}})'\boldsymbol{\Sigma}^{-1}(\boldsymbol{x}_i-\bar{\boldsymbol{x}})+n(\bar{\boldsymbol{x}}-\boldsymbol{\mu})'\boldsymbol{\Sigma}^{-1}(\bar{\boldsymbol{x}}-\boldsymbol{\mu})$$

因$\boldsymbol{\Sigma}>0$,故当$\boldsymbol{\mu}=\bar{\boldsymbol{x}}$时,上式达到最小值。

3.12 (1) $N_2\left(\begin{pmatrix}10\\4\end{pmatrix},\begin{pmatrix}9&-3\\-3&5\end{pmatrix}\right)$;

(2) 因

$$E\left(x_1\middle|\begin{pmatrix}x_2\\x_3\end{pmatrix}\right)=10+(-3,-3)\begin{pmatrix}5&1\\1&5\end{pmatrix}^{-1}\left[\begin{pmatrix}x_2\\x_3\end{pmatrix}-\begin{pmatrix}4\\7\end{pmatrix}\right]=-\frac{x_2}{2}-\frac{x_3}{2}+15\frac{1}{2}$$
$$V\left(x_1\middle|\begin{pmatrix}x_2\\x_3\end{pmatrix}\right)=9-(-3,-3)\begin{pmatrix}5&1\\1&5\end{pmatrix}^{-1}\begin{pmatrix}-3\\-3\end{pmatrix}=6$$

故$x_1\left|\begin{pmatrix}x_2\\x_3\end{pmatrix}\right.\sim N\left(-\frac{x_2}{2}-\frac{x_3}{2}+15\frac{1}{2},6\right)$;因

$$E\left(\begin{pmatrix}x_1\\x_2\end{pmatrix}\middle|x_3\right)=\begin{pmatrix}10\\4\end{pmatrix}+\begin{pmatrix}-3\\1\end{pmatrix}\frac{1}{5}(x_3-7)=\begin{pmatrix}-\frac{3}{5}x_3+14\frac{1}{5}\\\frac{1}{5}x_3+2\frac{3}{5}\end{pmatrix}$$
$$V\left(\begin{pmatrix}x_1\\x_2\end{pmatrix}\middle|x_3\right)=\begin{pmatrix}9&-3\\-3&5\end{pmatrix}-\begin{pmatrix}-3\\1\end{pmatrix}\frac{1}{5}(-3,1)=\frac{12}{5}\begin{pmatrix}3&-1\\-1&2\end{pmatrix}$$

故$\begin{pmatrix}x_1\\x_2\end{pmatrix}\left|x_3\right.\sim N_2\left(\begin{pmatrix}-\frac{3}{5}x_3+14\frac{1}{5}\\\frac{1}{5}x_3+2\frac{3}{5}\end{pmatrix},\frac{12}{5}\begin{pmatrix}3&-1\\-1&2\end{pmatrix}\right)$;

(3) 由(2)知,x_3为偏变量时,$\begin{pmatrix}x_1\\x_2\end{pmatrix}$的偏协方差矩阵为$\frac{12}{5}\begin{pmatrix}3&-1\\-1&2\end{pmatrix}$,故其偏相关系数为(注:计算时12/5可忽略)$\frac{-1}{\sqrt{3}\sqrt{2}}=-\frac{\sqrt{6}}{6}$;

(4) $\sqrt{(-3,-3)\begin{pmatrix}5&1\\1&5\end{pmatrix}^{-1}\begin{pmatrix}-3\\-3\end{pmatrix}\Big/9}=\frac{\sqrt{3}}{3}$。

3.13 (1)

$$\begin{pmatrix}x_3\\x_1\\x_2\end{pmatrix}\sim N_3\left(\begin{pmatrix}0\\0\\0\end{pmatrix},\begin{pmatrix}1&\rho_{13}&\rho_{23}\\\rho_{13}&1&\rho_{12}\\\rho_{23}&\rho_{12}&1\end{pmatrix}\right)$$
$$E\left(x_3\middle|\begin{pmatrix}x_1\\x_2\end{pmatrix}\right)=0+(\rho_{13},\rho_{23})\begin{pmatrix}1&\rho_{12}\\\rho_{12}&1\end{pmatrix}^{-1}\left[\begin{pmatrix}x_1\\x_2\end{pmatrix}-\begin{pmatrix}0\\0\end{pmatrix}\right]=\frac{\rho_{13}-\rho_{12}\rho_{23}}{1-\rho_{12}^2}x_1+\frac{\rho_{23}-\rho_{12}\rho_{13}}{1-\rho_{12}^2}x_2$$
$$V\left(x_3\middle|\begin{pmatrix}x_1\\x_2\end{pmatrix}\right)=1-(\rho_{13},\rho_{23})\begin{pmatrix}1&\rho_{12}\\\rho_{12}&1\end{pmatrix}^{-1}\begin{pmatrix}\rho_{13}\\\rho_{23}\end{pmatrix}=\frac{1-\rho_{12}^2-\rho_{13}^2-\rho_{23}^2+2\rho_{12}\rho_{13}\rho_{23}}{1-\rho_{12}^2}$$

故

$$x_3\left|\begin{pmatrix}x_1\\x_2\end{pmatrix}\right.\sim N\left(\frac{\rho_{13}-\rho_{12}\rho_{23}}{1-\rho_{12}^2}x_1+\frac{\rho_{23}-\rho_{12}\rho_{13}}{1-\rho_{12}^2}x_2,\ \frac{1-\rho_{12}^2-\rho_{13}^2-\rho_{23}^2+2\rho_{12}\rho_{13}\rho_{23}}{1-\rho_{12}^2}\right)$$

(2) 偏变量为x_3时,$\begin{pmatrix}x_1\\x_2\end{pmatrix}$的偏协方差矩阵为

$$\begin{pmatrix}1 & \rho_{12}\\ \rho_{12} & 1\end{pmatrix}-\begin{pmatrix}\rho_{13}\\ \rho_{23}\end{pmatrix}(\rho_{13},\rho_{23})=\begin{pmatrix}1-\rho_{13}^2 & \rho_{12}-\rho_{13}\rho_{23}\\ \rho_{12}-\rho_{13}\rho_{23} & 1-\rho_{23}^2\end{pmatrix}$$

可见，偏变量为 x_3 时，x_1 和 x_2 的偏协方差为 $\rho_{12}-\rho_{13}\rho_{23}$。

3.14 (1) $\boldsymbol{A}$ 的 4 个行向量均为单位向量且彼此正交，故 $\boldsymbol{A}$ 是正交矩阵；

(2) 从 $\boldsymbol{y}=\boldsymbol{A}\boldsymbol{x}$ 可见，$\boldsymbol{y}'\boldsymbol{y}=(\boldsymbol{A}\boldsymbol{x})'\boldsymbol{A}\boldsymbol{x}=\boldsymbol{x}'\boldsymbol{x}$，且 $y_1=\frac{1}{2}\sum_{i=1}^{4}x_i$，从而

$$y_2^2+y_3^2+y_4^2=\boldsymbol{y}'\boldsymbol{y}-y_1^2=\boldsymbol{x}'\boldsymbol{x}-\left(\frac{1}{2}\sum_{i=1}^{4}x_i\right)^2=\sum_{i=1}^{4}x_i^2-\frac{1}{4}\left(\sum_{i=1}^{4}x_i\right)^2$$

由于

$$\boldsymbol{y}=\boldsymbol{A}\boldsymbol{x}\sim N_4(\mu\boldsymbol{A}\boldsymbol{1},\sigma^2\boldsymbol{A}\boldsymbol{A}')=N_4(\mu\boldsymbol{A}\boldsymbol{1},\sigma^2\boldsymbol{I})$$

故 y_1, y_2, y_3, y_4 相互独立，且 $y_1\sim N(2\mu,\sigma^2)$，$y_i\sim N(0,\sigma^2)$，$i=2,3,4$。

3.15 **证法一** 易见，$\boldsymbol{A}$ 的所有行都是单位向量且彼此正交，故 $\boldsymbol{A}$ 是正交矩阵。令 $\boldsymbol{y}=\boldsymbol{A}\boldsymbol{x}$，于是 $V(\boldsymbol{y})=\boldsymbol{A}(\sigma^2\boldsymbol{I})\boldsymbol{A}'=\sigma^2\boldsymbol{A}\boldsymbol{A}'=\sigma^2\boldsymbol{I}$，从而 $\boldsymbol{y}\sim N_n(*,\sigma^2\boldsymbol{I})$，故 $y_1, y_2,\cdots,y_n$ 相互独立。因为 $y_1=\left(\frac{1}{\sqrt{n}}\boldsymbol{1}'\right)\boldsymbol{x}=\frac{1}{\sqrt{n}}\sum_{i=1}^{n}x_i$，且 $\sum_{i=1}^{n}y_i^2=\boldsymbol{y}'\boldsymbol{y}=(\boldsymbol{A}\boldsymbol{x})'(\boldsymbol{A}\boldsymbol{x})=\boldsymbol{x}'\boldsymbol{x}=\sum_{i=1}^{n}x_i^2$，于是

$$\bar{x}=\frac{1}{n}\sum_{i=1}^{n}x_i=\frac{1}{\sqrt{n}}y_1$$

$$(n-1)s^2=\sum_{i=1}^{n}x_i^2-\frac{1}{n}\left(\sum_{i=1}^{n}x_i\right)^2=\sum_{i=1}^{n}y_i^2-y_1^2=\sum_{i=2}^{n}y_i^2$$

所以 $\bar{x}$ 和 s^2 独立。

* **证法二** 因 $\boldsymbol{x}$ 为多元正态变量，且

$$\left(\frac{1}{n}\boldsymbol{1}'\right)(\sigma^2\boldsymbol{I})\left(\boldsymbol{I}-\frac{1}{n}\boldsymbol{1}\boldsymbol{1}'\right)'=\frac{\sigma^2}{n}\left(\boldsymbol{1}'-\frac{1}{n}\boldsymbol{1}'\boldsymbol{1}\boldsymbol{1}'\right)=\boldsymbol{0}'$$

于是由 §3.2 中的性质(9)知，$\bar{x}=\frac{1}{n}\boldsymbol{1}'\boldsymbol{x}$ 与 $\begin{pmatrix}x_1-\bar{x}\\ x_2-\bar{x}\\ \vdots\\ x_n-\bar{x}\end{pmatrix}=\left(\boldsymbol{I}-\frac{1}{n}\boldsymbol{1}\boldsymbol{1}'\right)\boldsymbol{x}$ 独立，而 s^2 是 $\begin{pmatrix}x_1-\bar{x}\\ x_2-\bar{x}\\ \vdots\\ x_n-\bar{x}\end{pmatrix}$ 的函数，从而 $\bar{x}$ 与 s^2 独立。

3.16 令 $\boldsymbol{B}=(\boldsymbol{x}_1-\bar{\boldsymbol{x}},\cdots,\boldsymbol{x}_n-\bar{\boldsymbol{x}})$，则

$$\boldsymbol{S}=\frac{1}{n-1}\sum_{i=1}^{n}(\boldsymbol{x}_i-\bar{\boldsymbol{x}})(\boldsymbol{x}_i-\bar{\boldsymbol{x}})'=\frac{1}{n-1}\boldsymbol{B}\boldsymbol{B}'$$

于是由 §1.5 的性质(8)及 $\boldsymbol{S}>0$ 知，

$$\text{rank}(\boldsymbol{B})=\text{rank}(\boldsymbol{B}\boldsymbol{B}')=\text{rank}(\boldsymbol{S})=p$$

由于 $\sum_{i=1}^{n}(\boldsymbol{x}_i-\bar{\boldsymbol{x}})=\boldsymbol{0}$，从而 $\boldsymbol{B}$ 不是列满秩的，即有 $\text{rank}(\boldsymbol{B})<n$，故 $n>p$。

3.17 令 $\boldsymbol{D}=\text{diag}(\sqrt{\sigma_{11}},\sqrt{\sigma_{22}},\cdots,\sqrt{\sigma_{pp}})$，其中 $\sigma_{11},\sigma_{22},\cdots,\sigma_{pp}$ 是 $\boldsymbol{\Sigma}_{xx}$ 的 p 个对角线元素，则

$$\boldsymbol{\sigma}_{xy}=\text{Cov}(\boldsymbol{x},y)=\boldsymbol{D}\rho(\boldsymbol{x},y)\sqrt{\sigma_{yy}}=\sqrt{\sigma_{yy}}\boldsymbol{D}\boldsymbol{\rho}_{xy}$$

$$\boldsymbol{\Sigma}_{xx}=\boldsymbol{D}\boldsymbol{R}_{xx}\boldsymbol{D}$$

从而

$$\frac{\boldsymbol{\sigma}_{xy}'\boldsymbol{\Sigma}_{xx}^{-1}\boldsymbol{\sigma}_{xy}}{\sigma_{yy}}=\frac{(\sqrt{\sigma_{yy}}\boldsymbol{D}\boldsymbol{\rho}_{xy})'(\boldsymbol{D}\boldsymbol{R}_{xx}\boldsymbol{D})^{-1}(\sqrt{\sigma_{yy}}\boldsymbol{D}\boldsymbol{\rho}_{xy})}{\sigma_{yy}}=\boldsymbol{\rho}_{xy}'\boldsymbol{R}_{xx}^{-1}\boldsymbol{\rho}_{xy}$$

*3.18　设 $g(\boldsymbol{x})=a+\boldsymbol{b}'(\boldsymbol{x}-\boldsymbol{\mu}_x)$，于是

$$\begin{aligned}E[y-g(\boldsymbol{x})]^2&=E\{(y-\tilde{y})+[\tilde{y}-g(\boldsymbol{x})]\}^2\\&=E(y-\tilde{y})^2+E[\tilde{y}-g(\boldsymbol{x})]^2+2E(y-\tilde{y})[\tilde{y}-g(\boldsymbol{x})]\end{aligned}$$

而

$$\begin{aligned}&E(y-\tilde{y})[\tilde{y}-g(\boldsymbol{x})]\\=&E[y-\mu_y-\boldsymbol{\sigma}_{xy}'\boldsymbol{\Sigma}_{xx}^{-1}(\boldsymbol{x}-\boldsymbol{\mu}_x)][\mu_y+\boldsymbol{\sigma}_{xy}'\boldsymbol{\Sigma}_{xx}^{-1}(\boldsymbol{x}-\boldsymbol{\mu}_x)-a-\boldsymbol{b}'(\boldsymbol{x}-\boldsymbol{\mu}_x)]\\=&E[(y-\mu_y)-\boldsymbol{\sigma}_{xy}'\boldsymbol{\Sigma}_{xx}^{-1}(\boldsymbol{x}-\boldsymbol{\mu}_x)][(\boldsymbol{\sigma}_{xy}'\boldsymbol{\Sigma}_{xx}^{-1}-\boldsymbol{b}')(\boldsymbol{x}-\boldsymbol{\mu}_x)]\\=&E[(y-\mu_y)-\boldsymbol{\sigma}_{xy}'\boldsymbol{\Sigma}_{xx}^{-1}(\boldsymbol{x}-\boldsymbol{\mu}_x)](\boldsymbol{x}-\boldsymbol{\mu}_x)'(\boldsymbol{\Sigma}_{xx}^{-1}\boldsymbol{\sigma}_{xy}-\boldsymbol{b})\\=&[\mathrm{Cov}(y,\boldsymbol{x})-\boldsymbol{\sigma}_{xy}'\boldsymbol{\Sigma}_{xx}^{-1}V(\boldsymbol{x})](\boldsymbol{\Sigma}_{xx}^{-1}\boldsymbol{\sigma}_{xy}-\boldsymbol{b})\\=&(\boldsymbol{\sigma}_{xy}'-\boldsymbol{\sigma}_{xy}'\boldsymbol{\Sigma}_{xx}^{-1}\boldsymbol{\Sigma}_{xx})(\boldsymbol{\Sigma}_{xx}^{-1}\boldsymbol{\sigma}_{xy}-\boldsymbol{b})\\=&0\end{aligned}$$

故当 $g(\boldsymbol{x})=\tilde{y}$ 时，$E[y-g(\boldsymbol{x})]^2$ 达到最小值 $E(y-\tilde{y})^2$。

*3.19　设 $g(\boldsymbol{x})=a+\boldsymbol{b}'(\boldsymbol{x}-\bar{\boldsymbol{x}})$，则

$$\begin{aligned}\sum_{i=1}^n[y_i-g(\boldsymbol{x}_i)]^2&=\sum_{i=1}^n\{(y_i-\hat{y}_i)+[\hat{y}_i-g(\boldsymbol{x}_i)]\}^2\\&=\sum_{i=1}^n(y_i-\hat{y}_i)^2+\sum_{i=1}^n[\hat{y}_i-g(\boldsymbol{x}_i)]^2+2\sum_{i=1}^n(y_i-\hat{y}_i)[\hat{y}_i-g(\boldsymbol{x}_i)]\end{aligned}$$

而

$$\begin{aligned}&\sum_{i=1}^n(y_i-\hat{y}_i)[\hat{y}_i-g(\boldsymbol{x}_i)]\\=&\sum_{i=1}^n[y_i-\bar{y}-\boldsymbol{s}_{xy}'\boldsymbol{S}_{xx}^{-1}(\boldsymbol{x}_i-\bar{\boldsymbol{x}})][\bar{y}+\boldsymbol{s}_{xy}'\boldsymbol{S}_{xx}^{-1}(\boldsymbol{x}_i-\bar{\boldsymbol{x}})-a-\boldsymbol{b}'(\boldsymbol{x}_i-\bar{\boldsymbol{x}})]\\=&\sum_{i=1}^n[(y_i-\bar{y})-\boldsymbol{s}_{xy}'\boldsymbol{S}_{xx}^{-1}(\boldsymbol{x}_i-\bar{\boldsymbol{x}})][(\boldsymbol{s}_{xy}'\boldsymbol{S}_{xx}^{-1}-\boldsymbol{b}')(\boldsymbol{x}_i-\bar{\boldsymbol{x}})]\\=&\sum_{i=1}^n[(y_i-\bar{y})-\boldsymbol{s}_{xy}'\boldsymbol{S}_{xx}^{-1}(\boldsymbol{x}_i-\bar{\boldsymbol{x}})](\boldsymbol{x}_i-\bar{\boldsymbol{x}})'(\boldsymbol{S}_{xx}^{-1}\boldsymbol{s}_{xy}-\boldsymbol{b})\\=&\left[\sum_{i=1}^n(y_i-\bar{y})(\boldsymbol{x}_i-\bar{\boldsymbol{x}})'-\boldsymbol{s}_{xy}'\boldsymbol{S}_{xx}^{-1}\sum_{i=1}^n(\boldsymbol{x}_i-\bar{\boldsymbol{x}})(\boldsymbol{x}_i-\bar{\boldsymbol{x}})'\right](\boldsymbol{S}_{xx}^{-1}\boldsymbol{s}_{xy}-\boldsymbol{b})\\=&(n-1)(\boldsymbol{s}_{xy}'-\boldsymbol{s}_{xy}'\boldsymbol{S}_{xx}^{-1}\boldsymbol{S}_{xx})(\boldsymbol{S}_{xx}^{-1}\boldsymbol{s}_{xy}-\boldsymbol{b})\\=&0\end{aligned}$$

所以当 $g(\boldsymbol{x})=\hat{y}$ 时，$\sum_{i=1}^n[y_i-g(\boldsymbol{x}_i)]^2$ 达到最小值 $\sum_{i=1}^n(y_i-\hat{y}_i)^2$。

*3.20　由于

$$\frac{1}{n}\sum_{i=1}^n\hat{y}_i=\frac{1}{n}\sum_{i=1}^n[\bar{y}+\boldsymbol{s}_{xy}'\boldsymbol{S}_{xx}^{-1}(\boldsymbol{x}_i-\bar{\boldsymbol{x}})]=\bar{y}$$

$$\hat{y}_i-\bar{y}=\boldsymbol{s}_{xy}'\boldsymbol{S}_{xx}^{-1}(\boldsymbol{x}_i-\bar{\boldsymbol{x}})=(\boldsymbol{x}_i-\bar{\boldsymbol{x}})'\boldsymbol{S}_{xx}^{-1}\boldsymbol{s}_{xy}$$

$$\sum_{i=1}^n(\hat{y}_i-\bar{y})^2=\boldsymbol{s}_{xy}'\boldsymbol{S}_{xx}^{-1}\left[\sum_{i=1}^n(\boldsymbol{x}_i-\bar{\boldsymbol{x}})(\boldsymbol{x}_i-\bar{\boldsymbol{x}})'\right]\boldsymbol{S}_{xx}^{-1}\boldsymbol{s}_{xy}=(n-1)\boldsymbol{s}_{xy}'\boldsymbol{S}_{xx}^{-1}\boldsymbol{s}_{xy}$$

所以

$$r(y,\hat{y})=\frac{\sum_{i=1}^n(y_i-\bar{y})(\hat{y}_i-\bar{y})}{\sqrt{\sum_{i=1}^n(y_i-\bar{y})^2}\sqrt{\sum_{i=1}^n(\hat{y}_i-\bar{y})^2}}=\frac{\sum_{i=1}^n(y_i-\bar{y})(\boldsymbol{x}_i-\bar{\boldsymbol{x}})'\boldsymbol{S}_{xx}^{-1}\boldsymbol{s}_{xy}}{\sqrt{(n-1)s_{yy}}\sqrt{(n-1)\boldsymbol{s}_{xy}'\boldsymbol{S}_{xx}^{-1}\boldsymbol{s}_{xy}}}$$

$$=\frac{\sqrt{\boldsymbol{s}'_{xy}\boldsymbol{S}_{xx}^{-1}\boldsymbol{s}_{xy}}}{\sqrt{s_{yy}}}=r_{y\cdot\boldsymbol{x}}$$

*3.21

$$R^2=\frac{\sum_{i=1}^{n}(\hat{y}_i-\bar{y})^2}{\sum_{i=1}^{n}(y_i-\bar{y})^2}=\frac{(n-1)\boldsymbol{s}'_{xy}\boldsymbol{S}_{xx}^{-1}\boldsymbol{s}_{xy}}{(n-1)s_{yy}}=r_{y\cdot\boldsymbol{x}}^2$$

*3.22 设$\begin{pmatrix}\boldsymbol{x}_{11}\\\boldsymbol{x}_{21}\end{pmatrix}$，$\begin{pmatrix}\boldsymbol{x}_{12}\\\boldsymbol{x}_{22}\end{pmatrix}$，…，$\begin{pmatrix}\boldsymbol{x}_{1n}\\\boldsymbol{x}_{2n}\end{pmatrix}$是来自总体$\begin{pmatrix}\boldsymbol{x}_{1}\\\boldsymbol{x}_{2}\end{pmatrix}$的一个样本，$\begin{pmatrix}\bar{\boldsymbol{x}}_{1}\\\bar{\boldsymbol{x}}_{2}\end{pmatrix}$是其样本均值，令$\hat{\boldsymbol{e}}=(\hat{e}_1,\hat{e}_2,\cdots,\hat{e}_k)'$，则由(3.4.14)和(3.4.17)式知，各样品的残差向量为

$$\hat{\boldsymbol{e}}_l=\boldsymbol{x}_{1l}-[\bar{\boldsymbol{x}}_1+\boldsymbol{S}_{12}\boldsymbol{S}_{22}^{-1}(\boldsymbol{x}_{2l}-\bar{\boldsymbol{x}}_2)],\quad l=1,2,\cdots,n$$

它的平均值为

$$\frac{1}{n}\sum_{l=1}^{n}\hat{\boldsymbol{e}}_l=\frac{1}{n}\sum_{l=1}^{n}\{\boldsymbol{x}_{1l}-[\bar{\boldsymbol{x}}_1+\boldsymbol{S}_{12}\boldsymbol{S}_{22}^{-1}(\boldsymbol{x}_{2l}-\bar{\boldsymbol{x}}_2)]\}=\boldsymbol{0}$$

从而其样本协方差矩阵为

$$\frac{1}{n-1}\sum_{l=1}^{n}\hat{\boldsymbol{e}}_l\hat{\boldsymbol{e}}'_l=\frac{1}{n-1}\sum_{l=1}^{n}[(\boldsymbol{x}_{1l}-\bar{\boldsymbol{x}}_1)-\boldsymbol{S}_{12}\boldsymbol{S}_{22}^{-1}(\boldsymbol{x}_{2l}-\bar{\boldsymbol{x}}_2)][(\boldsymbol{x}_{1l}-\bar{\boldsymbol{x}}_1)-\boldsymbol{S}_{12}\boldsymbol{S}_{22}^{-1}(\boldsymbol{x}_{2l}-\bar{\boldsymbol{x}}_2)]'$$

$$=\boldsymbol{S}_{11}-\boldsymbol{S}_{12}\boldsymbol{S}_{22}^{-1}\boldsymbol{S}_{21}-\boldsymbol{S}_{12}\boldsymbol{S}_{22}^{-1}\boldsymbol{S}_{21}+\boldsymbol{S}_{12}\boldsymbol{S}_{22}^{-1}\boldsymbol{S}_{21}=\boldsymbol{S}_{11}-\boldsymbol{S}_{12}\boldsymbol{S}_{22}^{-1}\boldsymbol{S}_{21}=\boldsymbol{S}_{11\cdot 2}$$

故(3.4.23)式成立。

客观思考题

3.1 √　3.2 ×　3.3 ×　3.4 ×　3.5 ×　3.6 √

3.7 √　3.8 B　3.9 BD

第四章

习　题

4.1 (1) 经计算，$\bar{\boldsymbol{x}}=(4.64,45.4,9.965)'$，

$$\boldsymbol{S}=\begin{pmatrix}2.8794 & 10.01 & -1.8091\\ 10.01 & 199.7884 & -5.64\\ -1.8091 & -5.64 & 3.6277\end{pmatrix},\quad \boldsymbol{S}^{-1}=\begin{pmatrix}0.5862 & -0.0221 & 0.2580\\ -0.0221 & 0.0061 & -0.0016\\ 0.2580 & -0.0016 & 0.4018\end{pmatrix}$$

于是

$$F=\frac{n-p}{p(n-1)}T^2=\frac{(n-p)n}{p(n-1)}(\bar{\boldsymbol{x}}-\boldsymbol{\mu}_0)'\boldsymbol{S}^{-1}(\bar{\boldsymbol{x}}-\boldsymbol{\mu}_0)$$

$$=\frac{(20-3)\times 20}{3\times(20-1)}(\bar{\boldsymbol{x}}-\boldsymbol{\mu}_0)'\boldsymbol{S}^{-1}(\bar{\boldsymbol{x}}-\boldsymbol{\mu}_0)=2.90<3.20=F_{0.05}(3,17)$$

故接受 H_0 ($p=0.065$)；

(2) 由(4.2.11)式得，

$$T_{0.05}^2(3,19)=\frac{3\times 19}{20-3}F_{0.05}(3,20-3)=\frac{3\times 19}{17}\times 3.20=10.7186$$

从而再由(4.2.14)式知，$\boldsymbol{\mu}=(\mu_1,\mu_2,\mu_3)'$的0.95置信椭球为：

$$20\times\begin{pmatrix}4.64-\mu_1\\ 45.4-\mu_2\\ 9.965-\mu_3\end{pmatrix}'\begin{pmatrix}0.5862 & -0.0221 & 0.2580\\ -0.0221 & 0.0061 & -0.0016\\ 0.2580 & -0.0016 & 0.4018\end{pmatrix}\begin{pmatrix}4.64-\mu_1\\ 45.4-\mu_2\\ 9.965-\mu_3\end{pmatrix}\leqslant 10.7186$$

(3) $T_{0.05}(3,19)=\sqrt{10.7186}=3.2739$，于是由(4.2.18)式得，$\mu_1,\mu_2,\mu_3$ 的 0.95T^2 联合置信区间为：

$$\mu_i:\bar{x}_i\pm 3.276\times\sqrt{s_{ii}}/\sqrt{20},\quad i=1,2,3$$

计算得，

$$\mu_1:4.64\pm 3.2739\times\sqrt{2.8794}/\sqrt{20}=(3.398,5.882)$$

$$\mu_2:45.4\pm 3.2739\times\sqrt{199.7884}/\sqrt{20}=(35.052,55.748)$$

$$\mu_3:9.965\pm 3.2739\times\sqrt{3.6277}/\sqrt{20}=(8.571,11.359)$$

即

$$3.398<\mu_1<5.882,\quad 35.052<\mu_2<55.748,\quad 8.571<\mu_3<11.359$$

使用 Excel 或统计软件的统计函数功能可得到 $t_{0.05/6}(19)=t_{0.00833}(19)=2.6251$，从而由(4.2.19)式得，$\mu_1$，$\mu_2,\mu_3$ 的 0.95 邦弗伦尼联合置信区间为：

$$\mu_i:\bar{x}_i\pm 2.6251\times\sqrt{s_{ii}}/\sqrt{20},\quad i=1,2,3$$

经计算，得

$$3.644<\mu_1<5.636,\quad 37.103<\mu_2<53.697,\quad 8.847<\mu_3<11.083$$

可见，邦弗伦尼区间比 T^2 区间窄。

4.2 令 $\boldsymbol{B}=(\boldsymbol{x}_1-\bar{\boldsymbol{x}},\cdots,\boldsymbol{x}_{n_1}-\bar{\boldsymbol{x}},\boldsymbol{y}_1-\bar{\boldsymbol{y}},\cdots,\boldsymbol{y}_{n_2}-\bar{\boldsymbol{y}})$，则

$$\begin{aligned}(n_1+n_2-2)\boldsymbol{S}_p &= (n_1-1)\boldsymbol{S}_1+(n_2-1)\boldsymbol{S}_2\\ &=\sum_{i=1}^{n_1}(\boldsymbol{x}_i-\bar{\boldsymbol{x}})(\boldsymbol{x}_i-\bar{\boldsymbol{x}})'+\sum_{i=1}^{n_2}(\boldsymbol{y}_i-\bar{\boldsymbol{y}})(\boldsymbol{y}_i-\bar{\boldsymbol{y}})'=\boldsymbol{BB}'\end{aligned}$$

因 $\boldsymbol{S}_p>0$，于是

$$\operatorname{rank}(\boldsymbol{B})=\operatorname{rank}(\boldsymbol{BB}')=\operatorname{rank}(\boldsymbol{S}_p)=p$$

现对 $\boldsymbol{B}$ 作列变换，将其前 n_1-1 列都加到第 n_1 列上，并将从 n_1+1 列至 n_1+n_2-1 列都加到第 n_1+n_2 列上，如此列变换后的第 n_1 列和第 n_1+n_2 列都是零向量，从而

$$\operatorname{rank}(\boldsymbol{B})\leqslant n_1+n_2-2$$

故

$$n_1+n_2-2\geqslant p$$

4.3 运行该题的 R 代码可得，多元检验的 $p=1.23\times10^{-6}$，故甲、乙两种品牌轮胎的耐用性指标有(十分)显著的不同。由于多元的比较检验结果拒绝了原假设，于是从该输出结果中再看一下各分量的一元比较检验结果：

$$x_1:p=0.617,\quad x_2:p=3.98\times10^{-5},\quad x_3:p=1.53\times10^{-5}$$

显然，第二和第三阶段都对拒绝多元的原假设起了很大的作用。

4.4 根据多元正态分布的性质知，$\boldsymbol{Cx}\sim N_k(\boldsymbol{C\mu},\boldsymbol{C\Sigma C}')$，由于

$$\operatorname{rank}(\boldsymbol{C\Sigma C}')=\operatorname{rank}[\boldsymbol{C\Sigma}^{1/2}(\boldsymbol{C\Sigma}^{1/2})']=\operatorname{rank}(\boldsymbol{C\Sigma}^{1/2})=\operatorname{rank}(\boldsymbol{C})=k$$

故 $\boldsymbol{C\Sigma C}'>0$。由(4.2.7)式知，检验统计量为

$$T^2=n(\boldsymbol{C}\bar{\boldsymbol{x}}-\boldsymbol{\varphi})'(\boldsymbol{CSC}')^{-1}(\boldsymbol{C}\bar{\boldsymbol{x}}-\boldsymbol{\varphi})$$

由(4.2.10)式知，给定 α 下的拒绝规则为：

$$\text{若 } T^2\geqslant T_\alpha^2(k,n-1)\text{，则拒绝 } H_0$$

4.5 $H_0:\boldsymbol{C}^*\boldsymbol{\mu}=\boldsymbol{0},H_1:\boldsymbol{C}^*\boldsymbol{\mu}\neq\boldsymbol{0}$ 的检验统计量为

$$\begin{aligned}T^{*2}&=n\bar{\boldsymbol{x}}'\boldsymbol{C}^{*\prime}(\boldsymbol{C}^*\boldsymbol{S}\boldsymbol{C}^{*\prime})^{-1}\boldsymbol{C}^*\bar{\boldsymbol{x}}=n\bar{\boldsymbol{x}}'(\boldsymbol{QC})'(\boldsymbol{QCSC}'\boldsymbol{Q}')^{-1}\boldsymbol{QC}\bar{\boldsymbol{x}}\\&=n\bar{\boldsymbol{x}}'\boldsymbol{C}'\boldsymbol{Q}'(\boldsymbol{Q}')^{-1}(\boldsymbol{CSC}')^{-1}\boldsymbol{Q}^{-1}\boldsymbol{QC}\bar{\boldsymbol{x}}=n\bar{\boldsymbol{x}}'\boldsymbol{C}'(\boldsymbol{CSC}')^{-1}\boldsymbol{C}\bar{\boldsymbol{x}}=T^2\end{aligned}$$

又 $\operatorname{rank}(\boldsymbol{C}^*)=\operatorname{rank}(\boldsymbol{QC})=\operatorname{rank}(\boldsymbol{C})=k$，从而检验的临界值仍然为 $T_\alpha^2(k,n-1)$，故该假设检验问题与上题 $\boldsymbol{\varphi}=\boldsymbol{0}$ 时的情形具有相同的检验结果。

4.6　利用习题4.4的结论进行检验。令 $\boldsymbol{C}=\begin{pmatrix}2 & -3 & 0\\ 1 & 0 & -6\end{pmatrix}$，则题中假设可表达为 $H_0:\boldsymbol{C\mu}=\boldsymbol{0}, H_1:\boldsymbol{C\mu}\neq\boldsymbol{0}$，经计算，

$$\boldsymbol{C}\bar{\boldsymbol{x}}=\begin{pmatrix}-16.6\\ -5.0\end{pmatrix},\quad \boldsymbol{CSC}'=\begin{pmatrix}58.468 & 56.660\\ 56.660 & 94.000\end{pmatrix},\quad (\boldsymbol{CSC}')^{-1}=(2\ 285.636)^{-1}\begin{pmatrix}94.000 & -56.660\\ -56.660 & 58.468\end{pmatrix}$$

故

$$\begin{aligned}F&=\frac{n-k}{k(n-1)}T^2=\frac{(n-k)n}{k(n-1)}\bar{\boldsymbol{x}}'\boldsymbol{C}'(\boldsymbol{CSC}')^{-1}\boldsymbol{C}\bar{\boldsymbol{x}}=\frac{4\times6}{2\times5}\times7.857\\&=18.857>18=F_{0.01}(2,4)\end{aligned}$$

所以拒绝 H_0，即认为这组数据与人类的一般规律不一致（$p=0.009$）。

4.7　由习题4.4的推导过程知，$\boldsymbol{Cx}\sim N_k(\boldsymbol{C\mu}_1,\boldsymbol{C\Sigma C}')$，$\boldsymbol{Cy}\sim N_k(\boldsymbol{C\mu}_2,\boldsymbol{C\Sigma C}')$，$\boldsymbol{C\Sigma C}'>0$。于是，$\boldsymbol{Cx}-\boldsymbol{\varphi}\sim N_k(\boldsymbol{C\mu}_1-\boldsymbol{\varphi},\boldsymbol{C\Sigma C}')$，并将题中的假设检验问题转化为

$$H_0:\boldsymbol{C\mu}_1-\boldsymbol{\varphi}=\boldsymbol{C\mu}_2,\quad H_1:\boldsymbol{C\mu}_1-\boldsymbol{\varphi}\neq\boldsymbol{C\mu}_2$$

由(4.3.2)式知，检验统计量为

$$\begin{aligned}T^2&=\frac{n_1n_2}{n_1+n_2}[(\boldsymbol{C}\bar{\boldsymbol{x}}-\boldsymbol{\varphi})-\boldsymbol{C}\bar{\boldsymbol{y}}]'(\boldsymbol{CS}_p\boldsymbol{C}')^{-1}[(\boldsymbol{C}\bar{\boldsymbol{x}}-\boldsymbol{\varphi})-\boldsymbol{C}\bar{\boldsymbol{y}}]\\&=\frac{n_1n_2}{n_1+n_2}[\boldsymbol{C}(\bar{\boldsymbol{x}}-\bar{\boldsymbol{y}})-\boldsymbol{\varphi}]'(\boldsymbol{CS}_p\boldsymbol{C}')^{-1}[\boldsymbol{C}(\bar{\boldsymbol{x}}-\bar{\boldsymbol{y}})-\boldsymbol{\varphi}]\end{aligned}$$

由(4.3.4)式知，给定 α 下的拒绝规则为：

$$若\ T^2\geqslant T_\alpha^2(k,n_1+n_2-2)，则拒绝\ H_0$$

4.8　利用习题4.7的结论进行检验，经计算，

$$\bar{\boldsymbol{x}}_{甲}-\bar{\boldsymbol{x}}_{乙}=\begin{pmatrix}-4.0\\ 2.6\\ -2.0\\ -4.0\\ -6.4\end{pmatrix},\quad \boldsymbol{S}_p=\begin{pmatrix}72.700 & 33.025 & 41.650 & 18.675 & 22.300\\ 33.025 & 21.250 & 21.300 & 12.725 & 11.925\\ 41.650 & 21.300 & 41.300 & 16.350 & 9.850\\ 18.675 & 12.725 & 16.350 & 11.450 & 10.200\\ 22.300 & 11.925 & 9.850 & 10.200 & 21.650\end{pmatrix}$$

$$\boldsymbol{C}(\bar{\boldsymbol{x}}_{甲}-\bar{\boldsymbol{x}}_{乙})=\begin{pmatrix}-6.6\\ 4.6\\ 2.0\\ 2.4\end{pmatrix},\quad \boldsymbol{CS}_p\boldsymbol{C}'=\begin{pmatrix}27.900 & -8.575 & 14.400 & -4.425\\ -8.575 & 19.950 & -16.375 & -5.750\\ 14.400 & -16.375 & 20.050 & 5.250\\ -4.425 & -5.750 & 5.250 & 12.700\end{pmatrix}$$

$$(\boldsymbol{CS}_p\boldsymbol{C}')^{-1}=\begin{pmatrix}0.091\ 8 & -0.031\ 0 & -0.107\ 6 & 0.062\ 5\\ -0.031\ 0 & 0.166\ 7 & 0.158\ 9 & -0.001\ 7\\ -0.107\ 6 & 0.158\ 9 & 0.278\ 2 & -0.081\ 2\\ 0.062\ 5 & -0.001\ 7 & -0.081\ 2 & 0.133\ 4\end{pmatrix}$$

$$T^2=\frac{n_1n_2}{n_1+n_2}(\bar{\boldsymbol{x}}_{甲}-\bar{\boldsymbol{x}}_{乙})'\boldsymbol{C}'(\boldsymbol{CS}_p\boldsymbol{C}')^{-1}\boldsymbol{C}(\bar{\boldsymbol{x}}_{甲}-\bar{\boldsymbol{x}}_{乙})=\frac{5\times5}{5+5}\times14.258\ 2=35.645$$

$$F=\frac{n_1+n_2-k-1}{k(n_1+n_2-2)}T^2=\frac{5+5-4-1}{4\times(5+5-2)}\times35.645=5.57>5.19=F_{0.05}(4,5)$$

故拒绝 H_0（$p=0.044$），即认为甲、乙两种品牌产品的每个指标间的差异有显著的不同。

4.9　因样本容量足够大，基于多元正态的方法仍可近似采用。

(1) 检验轮廓的平行性。

$$\boldsymbol{C}(\bar{\boldsymbol{x}}-\bar{\boldsymbol{y}})=\begin{pmatrix}-1 & 1 & 0 & 0\\ 0 & -1 & 1 & 0\\ 0 & 0 & -1 & 1\end{pmatrix}\begin{pmatrix}0.200\\ 0.033\\ -0.033\\ 0.167\end{pmatrix}=\begin{pmatrix}-0.167\\ -0.066\\ 0.200\end{pmatrix}$$

$$\boldsymbol{CS}_p\boldsymbol{C}'=\begin{pmatrix}0.719 & -0.268 & -0.125\\ -0.268 & 1.101 & -0.751\\ -0.125 & -0.751 & 1.058\end{pmatrix}$$

$$T^2=\frac{30\times30}{30+30}[\boldsymbol{C}(\bar{\boldsymbol{x}}-\bar{\boldsymbol{y}})]'(\boldsymbol{CS}_p\boldsymbol{C}')^{-1}\boldsymbol{C}(\bar{\boldsymbol{x}}-\bar{\boldsymbol{y}})=1.005$$

$$T^2_{0.05}(3,58)=\frac{(4-1)(30+30-2)}{30+30-4}F_{0.05}(3,56)=\frac{3\times58}{56}\times2.769\,4=8.605$$

因 $T^2<T^2_{0.05}(3,58)$，所以不能拒绝两总体的轮廓是平行的假设($p=0.808$)。

(2) 在接受平行轮廓的假设后，我们再检验两轮廓是否重合。

$$\boldsymbol{1}'(\bar{\boldsymbol{x}}-\bar{\boldsymbol{y}})=0.367,\qquad \boldsymbol{1}'\boldsymbol{S}_p\boldsymbol{1}=4.207$$

$$T^2=\frac{30\times30}{30+30}\frac{[\boldsymbol{1}'(\bar{\boldsymbol{x}}-\bar{\boldsymbol{y}})]^2}{\boldsymbol{1}'\boldsymbol{S}_p\boldsymbol{1}}=0.502<4.007=F_{0.05}(1,58)$$

故两总体的轮廓是重合的假设不能拒绝($p=0.482$)。

(3) 由于问题(1)和(2)是8级分制应答，而问题(3)和(4)是5级分制应答，应答的尺度不相容，所以检验共同轮廓是水平的没有意义。

4.10 经计算，

$$\bar{\boldsymbol{x}}=\frac{1}{3}(\bar{\boldsymbol{x}}_1+\bar{\boldsymbol{x}}_2+\bar{\boldsymbol{x}}_3)=\begin{pmatrix}459.88\\0.12\\-3.747\end{pmatrix}$$

$$\boldsymbol{E}=\sum_{i=1}^{3}(n_i-1)\boldsymbol{S}_i=75\times(\boldsymbol{S}_1+\boldsymbol{S}_2+\boldsymbol{S}_3)$$
$$=\begin{pmatrix}155\,520.75 & -165.75 & -10\,921.5\\ -165.75 & 0.262\,5 & 15\\ -10\,921.5 & 15 & 984.75\end{pmatrix}$$

$$\boldsymbol{H}=\sum_{i=1}^{3}n_i(\bar{\boldsymbol{x}}_i-\bar{\boldsymbol{x}})(\bar{\boldsymbol{x}}_i-\bar{\boldsymbol{x}})'=76\times\left(\sum_{i=1}^{3}\bar{\boldsymbol{x}}_i\bar{\boldsymbol{x}}_i'-3\bar{\boldsymbol{x}}\bar{\boldsymbol{x}}'\right)$$
$$=\begin{pmatrix}245\,012.1 & -160.914\,8 & -4\,342.442\\ -160.914\,8 & 0.106\,4 & 2.834\,8\\ -4\,342.442 & 2.834\,8 & 77.373\,1\end{pmatrix}$$

$$\Lambda=\frac{|\boldsymbol{E}|}{|\boldsymbol{E}+\boldsymbol{H}|}=0.142\,2$$

由(4-3.4)式知，

$$F=\frac{(n-k-p+1)(1-\sqrt{\Lambda})}{p\sqrt{\Lambda}}\sim F(2p,2(n-k-p+1))$$

于是

$$F=\frac{(76\times3-3-3+1)(1-\sqrt{0.142\,2})}{3\times\sqrt{0.142\,2}}=122.81>2.84=F_{0.01}(6,446)$$

故拒绝 H_0($p=0$)。

4.11 从R运行结果中可见，WilksΛ 检验的 $p=0.357>0.05$，故接受 H_0，即三部分的犯人耳朵长度无显著差异。

4.12 由习题4.10的解答过程知，

$$\boldsymbol{S}_p=\frac{1}{225}\boldsymbol{E}=\begin{pmatrix}691.203 & -0.736\,7 & -48.54\\ -0.736\,7 & 0.001\,2 & 0.066\,7\\ -48.54 & 0.066\,7 & 4.376\,7\end{pmatrix}$$

经计算，

$$|\boldsymbol{S}_1|=0.0014,\quad |\boldsymbol{S}_2|=0.0864,\quad |\boldsymbol{S}_3|=0.0156,\quad |\boldsymbol{S}_p|=0.1011$$

对其取自然对数，得

$$\ln|\boldsymbol{S}_1|=-6.575,\quad \ln|\boldsymbol{S}_2|=-2.448,\quad \ln|\boldsymbol{S}_3|=-4.159,\quad \ln|\boldsymbol{S}_p|=-2.292$$

于是进一步算得，

$$\begin{aligned}M&=(n-k)\ln|\boldsymbol{S}_p|-\sum_{i=1}^{3}(n_i-1)\ln|\boldsymbol{S}_i|\\&=(228-3)\times(-2.292)-(76-1)(-6.575-2.448-4.159)\\&=473.04\end{aligned}$$

$$\begin{aligned}u&=(1-c)M\\&=\left[1-\frac{(2p^2+3p-1)(k+1)}{6(p+1)(n-k)}\right]M\\&=\left[1-\frac{(2\times3^2+3\times3-1)(3+1)}{6\times(3+1)(228-3)}\right]\times473.04\\&=463.9\end{aligned}$$

自由度计算为

$$\frac{1}{2}(k-1)p(p+1)=\frac{1}{2}\times(3-1)\times3\times(3+1)=12$$

由于 $u=463.9>26.217=\chi^2_{0.01}(12)$，故在 $\alpha=0.01$ 的水平下拒绝 $H_0(\rho=0)$。

客观思考题

4.1　√　　4.2　×　　4.3　√　　4.4　×　　4.5　×　　4.6　√

4.7　√　　4.8　×　　4.9　×　　4.10　√　　4.11　√　　4.12　√

4.13　A　　4.14　ACD

第五章

习　题

5.1

$$\begin{aligned}W(\boldsymbol{x})&=\boldsymbol{a}'(\boldsymbol{x}-\bar{\boldsymbol{\mu}})\\&=(\boldsymbol{\mu}_1-\boldsymbol{\mu}_2)'\boldsymbol{\Sigma}^{-1}\boldsymbol{x}-\frac{1}{2}(\boldsymbol{\mu}_1-\boldsymbol{\mu}_2)'\boldsymbol{\Sigma}^{-1}(\boldsymbol{\mu}_1+\boldsymbol{\mu}_2)\\&=(\boldsymbol{\mu}_1'\boldsymbol{\Sigma}^{-1}\boldsymbol{x}-\boldsymbol{\mu}_2'\boldsymbol{\Sigma}^{-1}\boldsymbol{x})-\frac{1}{2}(\boldsymbol{\mu}_1'\boldsymbol{\Sigma}^{-1}\boldsymbol{\mu}_1-\boldsymbol{\mu}_2'\boldsymbol{\Sigma}^{-1}\boldsymbol{\mu}_2)\\&=(\boldsymbol{I}_1'\boldsymbol{x}+c_1)-(\boldsymbol{I}_2'\boldsymbol{x}+c_2)\end{aligned}$$

5.2　题目中未涉及先验概率和误判代价，又因两组的协方差矩阵相同，故本章介绍的距离判别、费希尔判别和正态假定下的贝叶斯判别是彼此等价的，可使用判别规则(5.2.6)。经计算，

$$\bar{\boldsymbol{x}}=\frac{1}{2}(\bar{\boldsymbol{x}}_1+\bar{\boldsymbol{x}}_2)=\begin{pmatrix}3.5\\0.5\end{pmatrix},\quad \hat{\boldsymbol{a}}=\boldsymbol{S}_p^{-1}(\bar{\boldsymbol{x}}_1-\bar{\boldsymbol{x}}_2)=\begin{pmatrix}0.096\\0.345\end{pmatrix}$$

从而判别函数为

$$\hat{W}(\boldsymbol{x})=\hat{\boldsymbol{a}}'(\boldsymbol{x}-\bar{\boldsymbol{x}})=0.096x_1+0.345x_2-0.509$$

判别规则为

$$\begin{cases}\boldsymbol{x}\in\pi_1, & 若\ 0.096x_1+0.345x_2-0.509\geqslant0\\ \boldsymbol{x}\in\pi_2, & 若\ 0.096x_1+0.345x_2-0.509<0\end{cases}\quad 或\quad \begin{cases}\boldsymbol{x}\in\pi_1, & 若\ 0.096x_1+0.345x_2\geqslant0.509\\ \boldsymbol{x}\in\pi_2, & 若\ 0.096x_1+0.345x_2<0.509\end{cases}$$

因 $\hat{W}(\boldsymbol{x}_0)=0.096\times2+0.345\times1-0.509=0.028>0$,故 $\boldsymbol{x}_0$ 判为组 π_1。

5.3　本题显然要使用贝叶斯判别。

考虑误判代价时,使用判别规则(5.3.23)。

$l=1$:$p_2c(1|2)f_2(\boldsymbol{x}_0)+p_3c(1|3)f_3(\boldsymbol{x}_0)=111$

$l=2$:$p_1c(2|1)f_1(\boldsymbol{x}_0)+p_3c(2|3)f_3(\boldsymbol{x}_0)=15.56$

$l=3$:$p_1c(3|1)f_1(\boldsymbol{x}_0)+p_2c(3|2)f_2(\boldsymbol{x}_0)=65.24$

由于 $l=2$ 时的值 15.56 达到最小,所以将 $\boldsymbol{x}_0$ 判归 π_2。

不考虑误判代价时,使用判别规则(5.3.26)或(5.3.2)。

$$p_1f_1(\boldsymbol{x}_0)=0.253,\quad p_2f_2(\boldsymbol{x}_0)=0.225,\quad p_3f_3(\boldsymbol{x}_0)=0.210$$

故将 $\boldsymbol{x}_0$ 判归 π_1。

5.4　由于 $\pi_i\sim N_p(\boldsymbol{\mu}_i,\boldsymbol{\Sigma}_i)$, $i=1,2$,于是

$$\frac{f_1(\boldsymbol{x})}{f_2(\boldsymbol{x})}=\frac{(2\pi)^{-p/2}\,|\boldsymbol{\Sigma}_1|^{-1/2}\exp\left[-\frac{1}{2}d^2(\boldsymbol{x},\pi_1)\right]}{(2\pi)^{-p/2}\,|\boldsymbol{\Sigma}_2|^{-1/2}\exp\left[-\frac{1}{2}d^2(\boldsymbol{x},\pi_2)\right]}=\frac{|\boldsymbol{\Sigma}_1|^{-1/2}}{|\boldsymbol{\Sigma}_2|^{-1/2}}\exp\left\{-\frac{1}{2}\left[d^2(\boldsymbol{x},\pi_1)-d^2(\boldsymbol{x},\pi_2)\right]\right\}$$

其中 $d^2(\boldsymbol{x},\pi_i)=(\boldsymbol{x}-\boldsymbol{\mu}_i)'\boldsymbol{\Sigma}_i^{-1}(\boldsymbol{x}-\boldsymbol{\mu}_i)$, $i=1,2$。从而(5.3.13)式可化为

$$\begin{cases}\boldsymbol{x}\in\pi_1, & \text{若}\dfrac{|\boldsymbol{\Sigma}_1|^{-1/2}}{|\boldsymbol{\Sigma}_2|^{-1/2}}\exp\left\{-\dfrac{1}{2}\left[d^2(\boldsymbol{x},\pi_1)-d^2(\boldsymbol{x},\pi_2)\right]\right\}\geqslant\dfrac{c(1|2)p_2}{c(2|1)p_1}\\ \boldsymbol{x}\in\pi_2, & \text{若}\dfrac{|\boldsymbol{\Sigma}_1|^{-1/2}}{|\boldsymbol{\Sigma}_2|^{-1/2}}\exp\left\{-\dfrac{1}{2}\left[d^2(\boldsymbol{x},\pi_1)-d^2(\boldsymbol{x},\pi_2)\right]\right\}<\dfrac{c(1|2)p_2}{c(2|1)p_1}\end{cases}$$

上式经不等式变形后即为(5.3.19)式。若 $\boldsymbol{\Sigma}_1=\boldsymbol{\Sigma}_2$,则有

$$d^2(\boldsymbol{x},\pi_1)-d^2(\boldsymbol{x},\pi_2)=-2\boldsymbol{a}'(\boldsymbol{x}-\overline{\boldsymbol{\mu}})$$

[见推导出(5.2.3)式的过程],从而(5.3.19)式可进一步简化为(5.3.18)式。

5.5　(1)两个线性判别函数为

$$\hat{\boldsymbol{I}}_1'\boldsymbol{x}+\hat{c}_1=0.033x_1+0.051x_2-0.069$$

$$\hat{\boldsymbol{I}}_2'\boldsymbol{x}+\hat{c}_2=-0.046x_1+0.230x_2-1.025$$

距离判别规则为

$$\begin{cases}\boldsymbol{x}\in\pi_1, & \text{若 } 0.033x_1+0.051x_2-0.069\geqslant-0.046x_1+0.230x_2-1.025\\ \boldsymbol{x}\in\pi_2, & \text{若 } 0.033x_1+0.051x_2-0.069<-0.046x_1+0.230x_2-1.025\end{cases}$$

或取判别函数为

$$\hat{W}(\boldsymbol{x})=(\hat{\boldsymbol{I}}_1'\boldsymbol{x}+\hat{c}_1)-(\hat{\boldsymbol{I}}_2'\boldsymbol{x}+\hat{c}_2)=0.078x_1-0.179x_2-0.957$$

相应的判别规则为

$$\begin{cases}\boldsymbol{x}\in\pi_1, & \text{若 } 0.078x_1-0.179x_2-0.957\geqslant0\\ \boldsymbol{x}\in\pi_2, & \text{若 } 0.078x_1-0.179x_2-0.957<0\end{cases}$$

将 $x_1=0.6$,$x_2=3.0$ 代入该判别规则,得 $\hat{W}(\boldsymbol{x})=0.468>0$,故判 $\boldsymbol{x}\in\pi_1$,即预报明天会下雨。

从 R 输出得到:$\hat{P}(2|1)=0.2$,$\hat{P}(1|2)=0.1$;

(2) 应使用贝叶斯判别,从 R 输出得:$P(\pi_1|\boldsymbol{x})=0.406<0.594=P(\pi_2|\boldsymbol{x})$,故判 $\boldsymbol{x}\in\pi_2$,即预报明天不下雨;

(3) 使用(5.3.18)式进行判别,且其中的未知参数用样本值代替。

$$\hat{\boldsymbol{a}}'(\boldsymbol{x}-\bar{\boldsymbol{x}})=\hat{W}(\boldsymbol{x})=0.468>-0.251=\ln\left[\frac{c(1|2)p_2}{c(2|1)p_1}\right]$$

故判 $\boldsymbol{x}\in\pi_1$，即预报明天会下雨，不应该安排这项活动。

5.6 (1) 从R输出结果可见，$\boldsymbol{\Sigma}_1=\boldsymbol{\Sigma}_2$ 时，判为一级的有编号为1～7，10及13的运动员，判为健将级的有编号为8，9，11，12及14的运动员；$\boldsymbol{\Sigma}_1\neq\boldsymbol{\Sigma}_2$ 时，判为一级的有编号为1～7级及10的运动员，判为健将级的有编号为8，9及11～14的运动员；

(2) 从R输出可见，若按回代法估计，则 $\boldsymbol{\Sigma}_1=\boldsymbol{\Sigma}_2$ 时，$\hat{P}(2|1)=0$，$\hat{P}(1|2)=0$；$\boldsymbol{\Sigma}_1\neq\boldsymbol{\Sigma}_2$ 时，$\hat{P}(2|1)=0$，$\hat{P}(1|2)=0$。若按交叉验证法估计，则 $\boldsymbol{\Sigma}_1=\boldsymbol{\Sigma}_2$ 时，$\hat{P}(2|1)=0$，$\hat{P}(1|2)=0.08$；$\boldsymbol{\Sigma}_1\neq\boldsymbol{\Sigma}_2$ 时，$\hat{P}(2|1)=0$，$\hat{P}(1|2)=0$。

(3) 从R输出可见，判为一级的有编号为1～8，10及13的运动员，判为健将级的有编号为9，11，12及14的运动员。

5.7 令 $\boldsymbol{C}=[\sqrt{n_1}(\bar{\boldsymbol{x}}_1-\bar{\boldsymbol{x}}),\cdots,\sqrt{n_k}(\bar{\boldsymbol{x}}_k-\bar{\boldsymbol{x}})]$，则 $\boldsymbol{H}=\boldsymbol{C}\boldsymbol{C}'$。由于 $\boldsymbol{C}$ 的 k 个列存在线性关系

$$\sum_{i=1}^{k}\sqrt{n_i}[\sqrt{n_i}(\bar{\boldsymbol{x}}_i-\bar{\boldsymbol{x}})]=\sum_{i=1}^{k}n_i\bar{\boldsymbol{x}}_i-n\bar{\boldsymbol{x}}=\boldsymbol{0}$$

从而 $\text{rank}(\boldsymbol{C})\leqslant k-1$，故由§1.5中的性质(8)知，

$$s=\text{rank}(\boldsymbol{H})=\text{rank}(\boldsymbol{C}\boldsymbol{C}')=\text{rank}(\boldsymbol{C})\leqslant\min(k-1,p)$$

5.8 从R输出结果可得两个费希尔判别函数为

$$y_1=0.022\times(x_1-107.907)+0.369\times(x_2-2.465)-0.838\times(x_3-0.977)-0.001\times(x_4-180.465)+1.420\times(x_5-1.714)+0.202\times(x_6-14.256)+0.195\times(x_7-7.605)-0.031\times(x_8-84.419)$$

$$y_2=0.045\times(x_1-107.907)-0.332\times(x_2-2.465)-0.386\times(x_3-0.977)-0.006\times(x_4-180.465)+1.040\times(x_5-1.714)-0.204\times(x_6-14.256)-0.235\times(x_7-7.605)-0.027\times(x_8-84.419)$$

从该R输出中可见两个判别函数得分的散点图(略)。

5.9 从SAS输出结果可将变量选择过程汇总如下：

步骤	1	2	3
变量	x_6	x_2	x_5
F	172.77	14.75	4.87
p 值	<0.0001	0.0003	0.0320

客观思考题

5.1 √	5.2 ×	5.3 ×	5.4 ×	5.5 ×	5.6 √
5.7 √	5.8 √	5.9 ×	5.10 √	5.11 ×	5.12 √
5.13 √	5.14 ×	5.15 A	5.16 C	5.17 B	5.18 BC
5.19 ACD					

第六章

习　题

6.1 最长距离法的树形图已在例题中给出，其他各聚类方法的树形图如下：

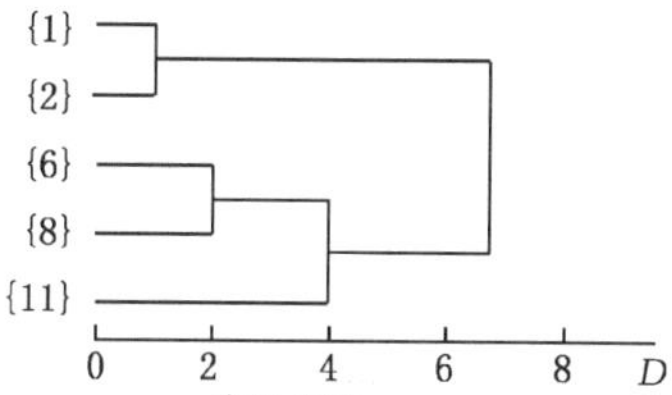

类平均法

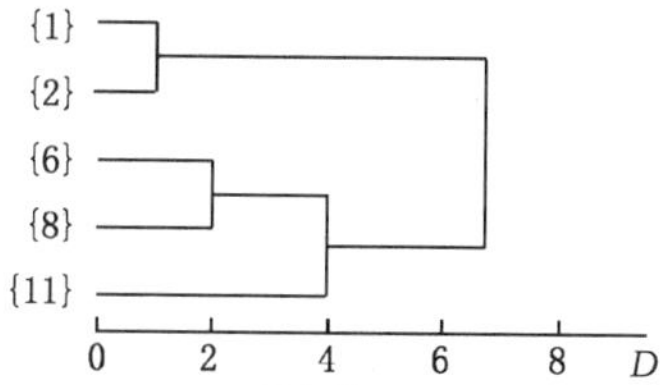

重心法

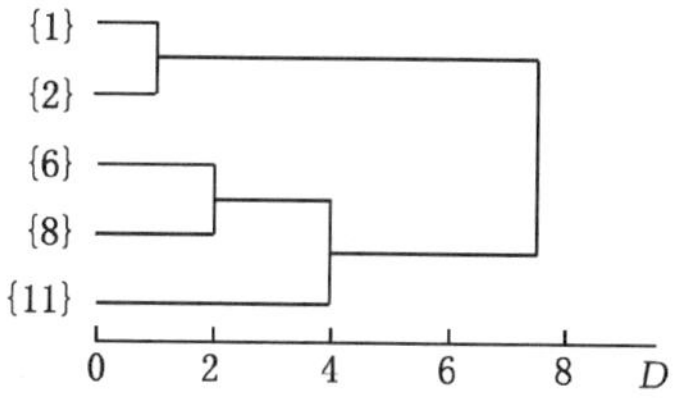

中间距离法

6.2　略，运行该题的 R 代码之后即可得到聚类结果。

6.3　三种系统聚类法的树形图见 R 输出，略。这三个树形图都显示聚成如下两类为宜：由身材纵向指标构成的$\{x_1, x_2, x_8, x_9, x_{10}, x_{11}, x_{12}\}$和由身材横向指标构成的$\{x_3, x_4, x_5, x_6, x_7, x_{13}, x_{14}\}$。

6.4　R 输出中所聚成的两类为{1,2}和{6,8,11}，这一聚类结果是将“6”先于“11”进行聚类的。我们也可将“11”先于“6”作聚类，这样所聚成的两类就为{1,2,6}和{8,11}。

6.5　略，运行该题的 R 代码即可获得聚类结果。

6.6　略，运行该题的 R 代码即可获得聚类结果。

客观思考题

6.1　×	6.2　√	6.3　×	6.4　×	6.5　×	6.6　×
6.7　√	6.8　√	6.9　B	6.10　D	6.11　A	6.12　D
6.13　C	6.14　A	6.15　BD	6.16　BD	6.17　BCD	6.18　ABC

第七章

习　题

7.1　第 i 主成分为 $y_i=x_i$，具有方差 σ_{ii}，$i=1,2,\cdots,p$。该题说明了当原始变量互不相关时，主成分为原始变量，此时进行主成分分析什么也得不到，没有意义。

7.2　由于主成分向量 $\boldsymbol{y}$ 是 p 维原始向量 $\boldsymbol{x}$ 的一个线性变换，且 $\boldsymbol{x}$ 服从 p 元正态分布，从而 $\boldsymbol{y}$ 亦服从 p 元正态分布，故主成分 $y_1,y_2,\cdots,y_p$ 皆服从正态分布，又因 $y_1,y_2,\cdots,y_p$ 互不相关，所以它们相互独立。

7.3　$\lambda_1=1+|\rho|$，$\lambda_2=1-|\rho|$，y_1 和 y_2 的贡献率分别为$(1+|\rho|)/2$和$(1-|\rho|)/2$。当 $\rho>0$ 时，$y_1=\frac{1}{\sqrt{2}}x_1^*+\frac{1}{\sqrt{2}}x_2^*\approx 0.707x_1^*+0.707x_2^*$，$y_2=\frac{1}{\sqrt{2}}x_1^*-\frac{1}{\sqrt{2}}x_2^*\approx 0.707x_1^*-0.707x_2^*$；当 $\rho<0$ 时，$y_1\approx 0.707x_1^*-0.707x_2^*$，$y_2\approx 0.707x_1^*+0.707x_2^*$。可见，主成分所在方向只与 ρ 的符号有关，而与 ρ 的绝对值大小无关。

7.4　由习题 1.8(3)得，$\lambda_1=1+(p-1)\rho$，$\lambda_2=\lambda_3=\cdots=\lambda_p=1-\rho$。可求得相应的一组正交单位特征向量为

$$\boldsymbol{t}_1=\left(\frac{1}{\sqrt{p}},\frac{1}{\sqrt{p}},\cdots,\frac{1}{\sqrt{p}}\right)'$$

$$\boldsymbol{t}_2=\left(\frac{1}{\sqrt{1\times 2}},\frac{-1}{\sqrt{1\times 2}},0,\cdots,0\right)'$$

$$\boldsymbol{t}_3=\left(\frac{1}{\sqrt{2\times 3}},\frac{1}{\sqrt{2\times 3}},\frac{-2}{\sqrt{2\times 3}},0,\cdots,0\right)'$$

$$\vdots$$

$$\boldsymbol{t}_i=\left(\frac{1}{\sqrt{(i-1)i}},\cdots,\frac{1}{\sqrt{(i-1)i}},\frac{-(i-1)}{\sqrt{(i-1)i}},0,\cdots,0\right)'$$

$\vdots$

$$t_p=\left(\frac{1}{\sqrt{(p-1)p}},\cdots,\frac{1}{\sqrt{(p-1)p}},\frac{-(p-1)}{\sqrt{(p-1)p}}\right)'$$

$y_1=\boldsymbol{t}_1'\boldsymbol{x}$ 的贡献率为$[1+(p-1)\rho]/p$，$y_2=\boldsymbol{t}_2'\boldsymbol{x},\cdots,y_p=\boldsymbol{t}_p'\boldsymbol{x}$ 的贡献率均为$(1-\rho)/p$。

7.5

特征向量	$\hat{\boldsymbol{t}}_1$	$\hat{\boldsymbol{t}}_2$	$\hat{\boldsymbol{t}}_3$
x_1^*:身高	0.398	−0.280	−0.101
x_2^*:手臂长	0.389	−0.331	0.113
x_3^*:上肢长	0.376	−0.345	0.015
x_4^*:下肢长	0.388	−0.297	−0.145
x_5^*:体重	0.351	0.394	−0.213
x_6^*:颈围	0.312	0.401	−0.073
x_7^*:胸围	0.286	0.436	−0.421
x_8^*:胸宽	0.310	0.314	0.853
特征值	4.673	1.771	0.481
贡献率	0.584	0.221	0.060
累计贡献率	0.584	0.805	0.865

第一主成分称为(身材)**大小成分**，第二主成分称为**形状成分**。

7.6

特征向量	$\hat{\boldsymbol{t}}_1$	$\hat{\boldsymbol{t}}_2$	$\hat{\boldsymbol{t}}_3$
x_1^*:杀人罪	0.300	−0.629	0.178
x_2^*:强奸罪	0.432	−0.169	−0.244
x_3^*:抢劫罪	0.397	0.042	0.496
x_4^*:伤害罪	0.397	−0.344	−0.070
x_5^*:夜盗罪	0.440	0.203	−0.210
x_6^*:盗窃罪	0.357	0.402	−0.539
x_7^*:汽车犯罪	0.295	0.502	0.568
特征值	4.115	1.239	0.726
贡献率	0.588	0.177	0.104
累计贡献率	0.588	0.765	0.869

可以认为，第一主成分是对所有犯罪率的度量，第二主成分是用于度量暴力犯罪在犯罪性质上占的比重①，第三主成分很难给出明显的解释，因此只取前两个主成分。

两个主成分得分的散点图(略)。

① 第二主成分也可解释为暴力犯罪与财产犯罪的对比，或用于度量财产犯罪在犯罪性质中占的比重，但由于人们通常更关注性质更为严重的暴力犯罪，故这两种解释都不如本解答中的解释有更好的实际意义。

7.7

特征向量	$\hat{t}_1$	$\hat{t}_2$	$\hat{t}_3$
x_1^*:阿莱德化学	0.464	−0.241	−0.613
x_2^*:杜邦	0.457	−0.509	0.178
x_3^*:联合碳化物	0.470	−0.261	0.337
x_4^*:埃克森	0.422	0.525	0.539
x_5^*:德士古	0.421	0.582	−0.434
特征值	2.856	0.809	0.540
贡献率	0.571	0.162	0.108
累计贡献率	0.571	0.733	0.841

第一主成分可称为**市场成分**,第二主成分可称为**行业成分**,只取前两个主成分。

客观思考题

7.1　×　　7.2　√　　7.3　×　　7.4　√　　7.5　√　　7.6　×

7.7　√　　7.8　×　　7.9　√　　7.10　√　　7.11　×　　7.12　×

7.13　×　　7.14　√　　7.15　D　　7.16　B　　7.17　B　　7.18　A

7.19　BD　　7.20　BD

第八章

*8.1　$(\boldsymbol{S}-\hat{\boldsymbol{A}}\hat{\boldsymbol{A}}'-\hat{\boldsymbol{D}})$和$(\boldsymbol{S}-\hat{\boldsymbol{A}}\hat{\boldsymbol{A}}')$有相同的非对角线元素,而$(\boldsymbol{S}-\hat{\boldsymbol{A}}\hat{\boldsymbol{A}}'-\hat{\boldsymbol{D}})$的对角线元素为零,从而

$$(\boldsymbol{S}-\hat{\boldsymbol{A}}\hat{\boldsymbol{A}}'-\hat{\boldsymbol{D}})\text{的元素平方和}\leqslant(\boldsymbol{S}-\hat{\boldsymbol{A}}\hat{\boldsymbol{A}}')\text{的元素平方和}$$

令 $\boldsymbol{T}_{m+1}=(\hat{\boldsymbol{t}}_{m+1},\cdots,\hat{\boldsymbol{t}}_p)$,$\boldsymbol{\Lambda}_{m+1}=\mathrm{diag}(\hat{\lambda}_{m+1},\cdots,\hat{\lambda}_p)$,则 $\boldsymbol{S}-\hat{\boldsymbol{A}}\hat{\boldsymbol{A}}'=\boldsymbol{T}_{m+1}\boldsymbol{\Lambda}_{m+1}\boldsymbol{T}_{m+1}'$,所以依(1.6.10)式,有

$$\begin{aligned}(\boldsymbol{S}-\hat{\boldsymbol{A}}\hat{\boldsymbol{A}}')\text{的元素平方和}&=\mathrm{tr}[(\boldsymbol{S}-\hat{\boldsymbol{A}}\hat{\boldsymbol{A}}')(\boldsymbol{S}-\hat{\boldsymbol{A}}\hat{\boldsymbol{A}}')']=\mathrm{tr}[(\boldsymbol{T}_{m+1}\boldsymbol{\Lambda}_{m+1}\boldsymbol{T}_{m+1}')(\boldsymbol{T}_{m+1}\boldsymbol{\Lambda}_{m+1}\boldsymbol{T}_{m+1}')']\\&=\mathrm{tr}(\boldsymbol{T}_{m+1}\boldsymbol{\Lambda}_{m+1}^2\boldsymbol{T}_{m+1}')=\mathrm{tr}(\boldsymbol{\Lambda}_{m+1}^2\boldsymbol{T}_{m+1}'\boldsymbol{T}_{m+1})=\mathrm{tr}(\boldsymbol{\Lambda}_{m+1}^2)=\hat{\lambda}_{m+1}^2+\cdots+\hat{\lambda}_p^2\end{aligned}$$

故而(8.3.2)式成立。

*8.2 记 $\boldsymbol{x}_{(i)}=(x_2,\cdots,x_{i-1},x_1,x_{i+1}\cdots,x_p)'$,$\hat{\boldsymbol{R}}_i=\begin{pmatrix}1 & \boldsymbol{r}_{i(i)}' \\ \boldsymbol{r}_{i(i)} & \hat{\boldsymbol{R}}_{(i)(i)}\end{pmatrix}$为$\begin{pmatrix}x_i\\ \boldsymbol{x}_{(i)}\end{pmatrix}$的样本相关矩阵,$\boldsymbol{I}(1,i)$是将 p 阶单位矩阵$\boldsymbol{I}$ 的第 1 行和第 i 行互换后的置换矩阵,则 $\boldsymbol{I}^2(1,i)=\boldsymbol{I}$,于是

$$\boldsymbol{I}(1,i)\hat{\boldsymbol{R}}^{-1}\boldsymbol{I}(1,i)=[\boldsymbol{I}(1,i)\hat{\boldsymbol{R}}\boldsymbol{I}(1,i)]^{-1}=[\hat{\boldsymbol{R}}_i]^{-1}$$

从而 r^{ii} 是$[\hat{\boldsymbol{R}}_i]^{-1}$ 的第 1 个对角线元素。由习题 1.20(2)知,

$$[\hat{\boldsymbol{R}}_i]^{-1}=\begin{pmatrix}1 & \boldsymbol{0}' \\ -\hat{\boldsymbol{R}}_{(i)(i)}^{-1}\boldsymbol{r}_{i(i)} & \boldsymbol{I}\end{pmatrix}\begin{pmatrix}(1-\boldsymbol{r}_{i(i)}'\hat{\boldsymbol{R}}_{(i)(i)}^{-1}\boldsymbol{r}_{i(i)})^{-1} & \boldsymbol{0}' \\ \boldsymbol{0} & \hat{\boldsymbol{R}}_{(i)(i)}^{-1}\end{pmatrix}\begin{pmatrix}1 & -\boldsymbol{r}_{i(i)}'\hat{\boldsymbol{R}}_{(i)(i)}^{-1} \\ \boldsymbol{0} & \boldsymbol{I}\end{pmatrix}$$

于是

$$r^{ii}=(1,\boldsymbol{0}')\begin{pmatrix}(1-\boldsymbol{r}_{i(i)}'\hat{\boldsymbol{R}}_{(i)(i)}^{-1}\boldsymbol{r}_{i(i)})^{-1} & \boldsymbol{0}' \\ \boldsymbol{0} & \hat{\boldsymbol{R}}_{(i)(i)}^{-1}\end{pmatrix}\begin{pmatrix}1\\ \boldsymbol{0}\end{pmatrix}=(1-\boldsymbol{r}_{i(i)}'\hat{\boldsymbol{R}}_{(i)(i)}^{-1}\boldsymbol{r}_{i(i)})^{-1}$$

故由(3.4.3)式知，$1-1/r^{ii}=\boldsymbol{r}'_{i(i)}\hat{\boldsymbol{R}}^{-1}_{(i)(i)}\boldsymbol{r}_{i(i)}$是$x_i$和$\boldsymbol{x}_{(i)}$的样本复相关系数的平方。

*8.3　显然$\boldsymbol{A}'\boldsymbol{D}^{-1}\boldsymbol{A}\geqslant 0$，又因$(\boldsymbol{A}'\boldsymbol{D}^{-1}\boldsymbol{A})^{-1}$存在，于是$\boldsymbol{A}'\boldsymbol{D}^{-1}\boldsymbol{A}>0$，从而存在正交矩阵$\boldsymbol{T}$和对角矩阵$\boldsymbol{\Lambda}=\mathrm{diag}(\lambda_1,\lambda_2,\cdots,\lambda_m)$，使得$\boldsymbol{A}'\boldsymbol{D}^{-1}\boldsymbol{A}=\boldsymbol{T\Lambda T}'$，其中$\lambda_1\geqslant\lambda_2\geqslant\cdots\geqslant\lambda_m>0$为$\boldsymbol{A}'\boldsymbol{D}^{-1}\boldsymbol{A}$的$m$个特征值。由于

$$\begin{aligned}(\boldsymbol{A}'\boldsymbol{D}^{-1}\boldsymbol{A})^{-1}-(\boldsymbol{I}+\boldsymbol{A}'\boldsymbol{D}^{-1}\boldsymbol{A})^{-1}&=(\boldsymbol{T\Lambda T}')^{-1}-(\boldsymbol{I}+\boldsymbol{T\Lambda T}')^{-1}\\&=\boldsymbol{T\Lambda}^{-1}\boldsymbol{T}'-\boldsymbol{T}(\boldsymbol{I}+\boldsymbol{\Lambda})^{-1}\boldsymbol{T}'=\boldsymbol{T}[\boldsymbol{\Lambda}^{-1}-(\boldsymbol{I}+\boldsymbol{\Lambda})^{-1}]\boldsymbol{T}'\end{aligned}$$

而

$$\boldsymbol{\Lambda}^{-1}-(\boldsymbol{I}+\boldsymbol{\Lambda})^{-1}=\mathrm{diag}\left(\frac{1}{\lambda_1}-\frac{1}{1+\lambda_1},\cdots,\frac{1}{\lambda_m}-\frac{1}{1+\lambda_m}\right)>0$$

故

$$(\boldsymbol{A}'\boldsymbol{D}^{-1}\boldsymbol{A})^{-1}-(\boldsymbol{I}+\boldsymbol{A}'\boldsymbol{D}^{-1}\boldsymbol{A})^{-1}>0$$

8.4　取因子数$m=4$，最大似然解经最大方差旋转后为

变量	因子载荷				共性方差
	f_1^*	f_2^*	f_3^*	f_4^*	$\hat{h}_i^2$
x_1^*:100 米	0.167	0.857	0.246	−0.138	0.842
x_2^*:跳远	0.240	0.477	0.580	0.011	0.621
x_3^*:掷铅球	0.966	0.154	0.200	−0.058	1.000
x_4^*:跳高	0.242	0.173	0.632	0.113	0.500
x_5^*:400 米	0.055	0.709	0.236	0.330	0.671
x_6^*:110 米跨栏	0.205	0.261	0.589	−0.071	0.462
x_7^*:铁饼	0.697	0.133	0.180	−0.009	0.536
x_8^*:撑竿跳高	0.137	0.078	0.513	0.116	0.301
x_9^*:标枪	0.416	0.019	0.175	0.002	0.204
x_{10}^*:1 500 米	−0.055	0.056	0.113	0.990	1.000
所解释的总方差的累计比例	0.180	0.342	0.499	0.614	

称f_1^*为**爆发性臂力强度因子**，f_2^*为**短跑速度因子**，f_3^*为**爆发性腿部强度因子**，f_4^*为**跑的耐力因子**。

8.5　主因子解经最大方差旋转后为

变量	因子载荷		共性方差
	f_1^*	f_2^*	$\hat{h}_i^2$
x_1^*:人口总数	0.023	0.989	0.978
x_2^*:居民的教育程度或教育年数的中位数	0.904	0.001	0.818
x_3^*:佣人总数	0.146	0.975	0.972
x_4^*:各种服务行业的人数	0.791	0.415	0.798
x_5^*:房价中位数	0.941	−0.000	0.885
所解释的总方差的累计比例	0.470	0.890	

可称f_1^*为**福利条件因子**，f_2^*为**人口因子**。

两个因子得分的散点图(略)。

8.6　主成分解经最大方差旋转后为

变量	因子载荷					共性方差
	f_1^*	f_2^*	f_3^*	f_4^*	f_5^*	$\hat{h}_i^2$
x_1^*:申请书的形式	0.107	0.830	0.096	−0.147	0.102	0.742
x_2^*:外貌	0.323	0.150	0.217	0.058	0.899	0.986
x_3^*:专业能力	0.063	0.120	−0.014	0.946	0.039	0.915
x_4^*:讨人喜欢	0.226	0.240	0.875	−0.041	0.093	0.885
x_5^*:自信心	0.909	−0.108	0.144	−0.066	0.151	0.886
x_6^*:精明	0.877	0.094	0.270	0.043	0.005	0.853
x_7^*:诚实	0.214	−0.247	0.849	0.022	0.162	0.854
x_8^*:推销能力	0.905	0.204	0.063	−0.060	0.161	0.894
x_9^*:经验	0.092	0.850	−0.043	0.232	−0.039	0.788
x_{10}^*:积极性	0.815	0.348	0.179	−0.009	−0.032	0.818
x_{11}^*:抱负	0.890	0.159	0.058	−0.071	0.270	0.899
x_{12}^*:理解能力	0.803	0.252	0.319	0.160	0.145	0.856
x_{13}^*:潜力	0.741	0.322	0.403	0.250	0.135	0.897
x_{14}^*:交际能力	0.456	0.363	0.569	−0.479	−0.031	0.894
x_{15}^*:适应性	0.368	0.796	0.052	0.072	0.151	0.799
所解释的总方差的累计比例	0.376	0.556	0.707	0.795	0.864	

f_1^* 反映了应聘者的进取能干，f_2^* 反映了应聘者的经验，f_3^* 反映了应聘者是否讨人喜欢，f_4^* 和 f_5^* 各自反映了一个变量 x_3 和 x_2。

客观思考题

8.1　×	8.2　√	8.3　√	8.4　×	8.5　√	8.6　√
8.7　×	8.8　×	8.9　√	8.10　√	8.11　√	8.12　×
8.13　×	8.14　×	8.15　√	8.16　×	8.17　×	8.18　√
8.19　√	8.20　√	8.21　×	8.22　×	8.23　B	8.24　C
8.25　B	8.26　A	8.27　AB	8.28　BC	8.29　ABD	

第九章

习　题

9.1　行轮廓和列轮廓矩阵为

$$\boldsymbol{R}=\begin{pmatrix}0.085 & 0.125 & 0.372 & 0.418\\0.055 & 0.119 & 0.345 & 0.481\\0.041 & 0.105 & 0.316 & 0.538\end{pmatrix},\quad \boldsymbol{C}=\begin{pmatrix}0.677 & 0.574 & 0.577 & 0.502\\0.210 & 0.259 & 0.254 & 0.274\\0.113 & 0.167 & 0.169 & 0.223\end{pmatrix}$$

维数	1	2	
奇异值	0.106 9	0.010 6	总值
主惯量	0.011 4	0.000 1	0.011 5
贡献率	0.990 2	0.009 8	1.000 0
累计贡献率	0.990 2	1.000 0	

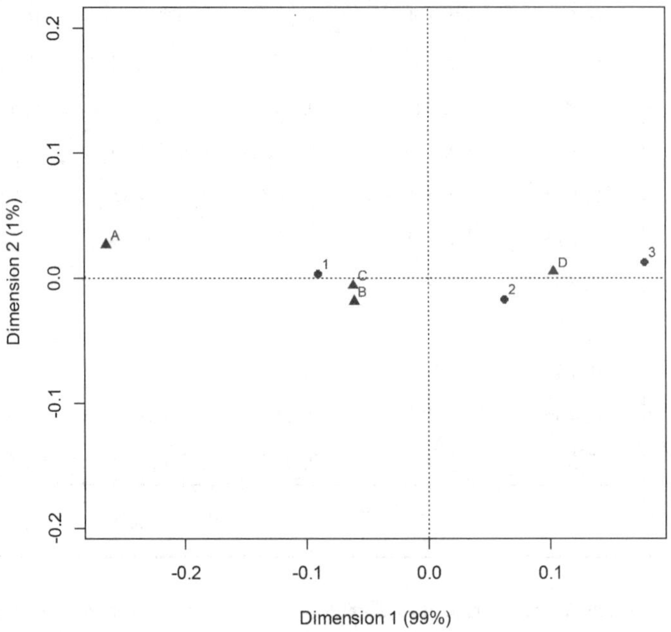

图中各符号的含义：1——4 万元以下，2——4 万至 8 万元，3——8 万元以上，A——非常不满意，B——有些不满意，C——比较满意，D——非常满意。

从对应分析图中看出，第一维坐标轴对应了收入，也基本对应了职业满意度。由于总惯量很小，故各行轮廓之间和各列轮廓之间都较为接近，行和列之间的关联性也较弱。在对应分析图中，相对而言，点 1，2，3 比较散开，说明不同收入的职业满意度轮廓彼此不是很相同，其中点 1 和 3 相应的职业满意度轮廓最为不同。点 B 和 C 非常接近，说明“有些不满意”和“比较满意”的收入轮廓几乎相同；点 D 和 A 彼此远离，说明“非常满意”和“非常不满意”的收入轮廓相对最不相同。点 1 和 C，B 都接近，表明收入“4 万元以下”与“比较满意”、“有些不满意”的满意度相关联；点 D 和点 2，3 也较接近，说明满意度“非常满意”与收入“4 万至 8 万元”、“8 万元以上”彼此存在关联。由于第一维的贡献率极高，故行和列之间的关联能很好地在一维中表现出来。

9.2　行轮廓和列轮廓矩阵为

$$\boldsymbol{R}=\begin{pmatrix}0.337 & 0.112 & 0.112 & 0.438\\ 0.707 & 0.053 & 0.213 & 0.027\\ 0.629 & 0.009 & 0.353 & 0.009\\ 0.645 & 0.194 & 0.032 & 0.129\\ 0.348 & 0.273 & 0.280 & 0.098\\ 0.375 & 0.050 & 0.492 & 0.083\\ 0.073 & 0.128 & 0.775 & 0.023\end{pmatrix},\quad \boldsymbol{C}=\begin{pmatrix}0.106 & 0.110 & 0.030 & 0.527\\ 0.187 & 0.044 & 0.048 & 0.027\\ 0.258 & 0.011 & 0.123 & 0.014\\ 0.071 & 0.066 & 0.003 & 0.054\\ 0.163 & 0.396 & 0.111 & 0.176\\ 0.159 & 0.066 & 0.177 & 0.135\\ 0.057 & 0.308 & 0.508 & 0.068\end{pmatrix}$$

维数	1	2	3	
奇异值	0.532 5	0.412 4	0.242 5	总值
主惯量	0.283 6	0.170 1	0.058 8	0.512 5
贡献率	0.553 4	0.331 9	0.114 7	1.000 0
累计贡献率	0.553 4	0.885 3	1.000 0	

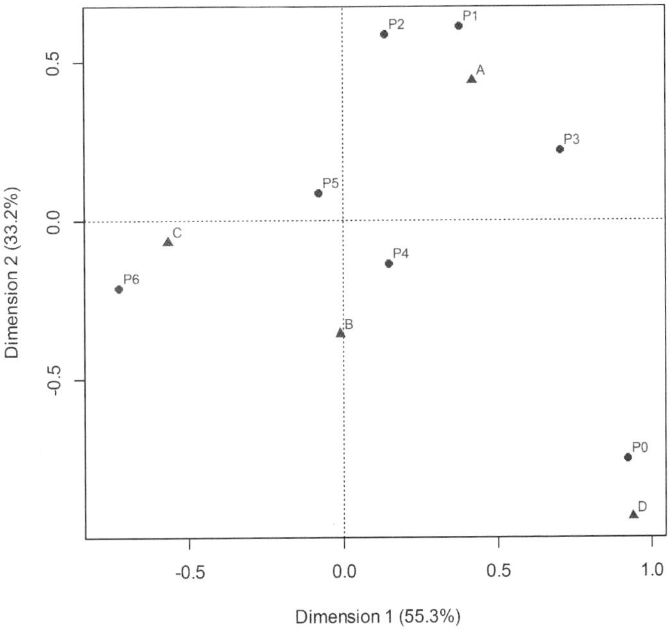

由于总惯量较大，故总的来说，各行轮廓之间和各列轮廓之间有较大差异，行和列之间的关联性也较强。从对应分析图可以看出，考古场所 P1 和 P2 具有类似的陶器类型轮廓，场所 P4 和 P5 的陶器类型轮廓也较为接近，而场所 P0 和 P6 的轮廓则很不相同。陶器类型 A，B，C，D 的场所轮廓彼此不太相同。陶器 D 与场所 P0 相关联；陶器 A 与场所 P1，P2，P3 相关联；陶器 B 与场所 P4 相关联；陶器 C 与场所 P6 相关联。这些关联性的强弱与离原点的远近有很大关系。比如，D 和 P0 离原点最远，关联性似乎最强。

9.3　行轮廓表为

年 学科	1973	1974	1975	1976	1977	1978
L(生命科学)	0.172	0.164	0.168	0.166	0.163	0.167
P(物理学)	0.188	0.174	0.171	0.163	0.156	0.148
S(社会学)	0.173	0.169	0.172	0.169	0.162	0.155
B(行为科学)	0.147	0.155	0.165	0.173	0.178	0.183
E(工程学)	0.193	0.182	0.171	0.161	0.153	0.141
M(数学)	0.188	0.184	0.177	0.155	0.148	0.148

列轮廓表为

学科＼年	1973	1974	1975	1976	1977	1978
L(生命科学)	0.237	0.235	0.240	0.243	0.246	0.256
P(物理学)	0.216	0.207	0.204	0.200	0.196	0.190
S(社会学)	0.177	0.179	0.182	0.183	0.181	0.176
B(行为科学)	0.129	0.141	0.150	0.161	0.170	0.179
E(工程学)	0.176	0.172	0.161	0.156	0.152	0.143
M(数学)	0.064	0.065	0.063	0.056	0.055	0.056

维数	1	2	3	
奇异值	0.058 5	0.008 6	0.006 9	总值
主惯量	0.003 42	0.000 07	0.000 05	0.003 56
贡献率	0.960 4	0.020 8	0.013 5	1.000 0
累计贡献率	0.960 4	0.981 2	0.994 8	

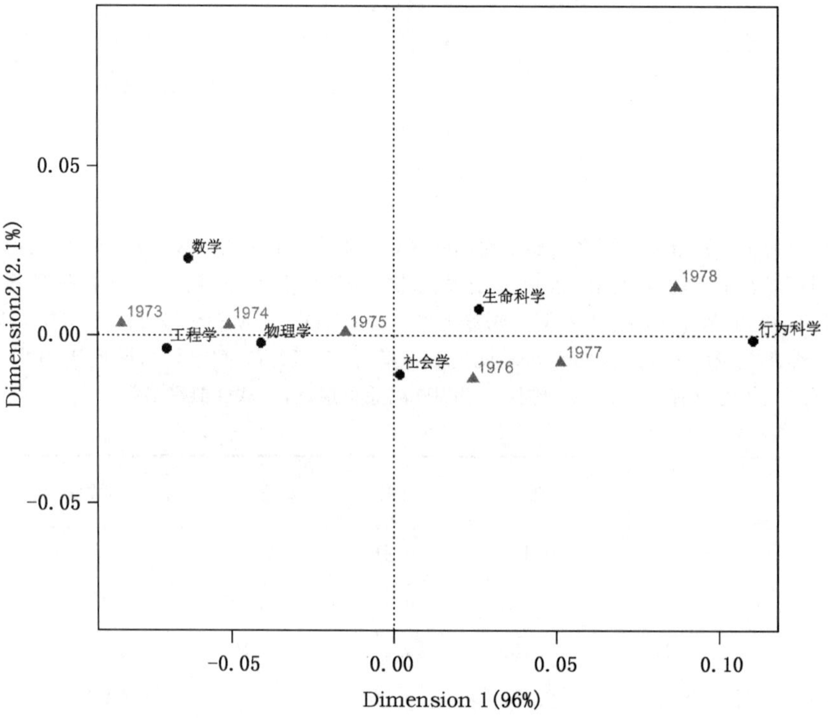

由于总惯量非常小,故各行轮廓之间和各列轮廓之间都很接近,行和列之间的关联性也很弱。从对应分析图中相对来看,“生命科学”与“社会学”具有很类似的年份轮廓,“物理学”与“社会学”的年份轮廓也有较大的相似性,“物理学”、“工程学”和“数学”三者彼此之间都有很类似的年份轮廓,而“行为科学”与“工程学”、“数学”的年份轮廓则相对最不相同。相邻年份点之间较接近,故相邻年份具有很类似的学科轮廓;1973 年与 1978 年的列点相距很远,说明它们的学科轮廓相对最不相同。“行为科学”与 1978 年相关联,“生命科学”与 1976 年、1977 年相关联,“社会学”与 1975 年、1976 年相关联,“物理学”与 1974 年、1975 年相关联,“工程学”、“数学”与 1973 年、1974 年相关联。由上述行轮廓表可见,“工程学”、“数学”和“物理学”这三门学科授予博士学位的数目随年度的变化而下降;“行为科学”则相反,该学科授予博士学位的数目随年度的变化而上升;“生命科学”和“社会学”学科授予博士学位的数目随年度的变化则不大,基本比较平稳。

客观思考题

9.1 ×	9.2 √	9.3 ×	9.4 ×	9.5 √	9.6 √
9.7 ×	9.8 ×	9.9 ×	9.10 √	9.11 √	9.12 B
9.13 ABC	9.14 ACD	9.15 BD	9.16 AB		

第十章

习 题

10.1 由(3.4.1)式知,

$$\rho_{u_i\cdot y}^2=\frac{\mathrm{Cov}(u_i,\boldsymbol{y})\boldsymbol{\Sigma}_{22}^{-1}\mathrm{Cov}(\boldsymbol{y},u_i)}{V(u_i)}=\frac{\boldsymbol{a}_i'\mathrm{Cov}(\boldsymbol{x},\boldsymbol{y})\boldsymbol{\Sigma}_{22}^{-1}\mathrm{Cov}(\boldsymbol{y},\boldsymbol{x})\boldsymbol{a}_i}{\boldsymbol{a}_i'V(\boldsymbol{x})\boldsymbol{a}_i}$$

$$=\frac{\boldsymbol{a}_i'\boldsymbol{\Sigma}_{12}\boldsymbol{\Sigma}_{22}^{-1}\boldsymbol{\Sigma}_{21}\boldsymbol{a}_i}{\boldsymbol{a}_i'\boldsymbol{\Sigma}_{11}\boldsymbol{a}_i}=\frac{\boldsymbol{a}_i'\boldsymbol{\Sigma}_{11}(\boldsymbol{\Sigma}_{11}^{-1}\boldsymbol{\Sigma}_{12}\boldsymbol{\Sigma}_{22}^{-1}\boldsymbol{\Sigma}_{21}\boldsymbol{a}_i)}{\boldsymbol{a}_i'\boldsymbol{\Sigma}_{11}\boldsymbol{a}_i}=\frac{\boldsymbol{a}_i'\boldsymbol{\Sigma}_{11}(\rho_i^2\boldsymbol{a}_i)}{\boldsymbol{a}_i'\boldsymbol{\Sigma}_{11}\boldsymbol{a}_i}=\rho_i^2$$

即有 $\rho_{u_i\cdot y}=\rho_i$, $i=1,2,\cdots,m$。

$$\rho_{v_i\cdot x}^2=\frac{\mathrm{Cov}(v_i,\boldsymbol{x})\boldsymbol{\Sigma}_{11}^{-1}\mathrm{Cov}(\boldsymbol{x},v_i)}{V(v_i)}=\frac{\boldsymbol{b}_i'\mathrm{Cov}(\boldsymbol{y},\boldsymbol{x})\boldsymbol{\Sigma}_{11}^{-1}\mathrm{Cov}(\boldsymbol{x},\boldsymbol{y})\boldsymbol{b}_i}{\boldsymbol{b}_i'V(\boldsymbol{y})\boldsymbol{b}_i}$$

$$=\frac{\boldsymbol{b}_i'\boldsymbol{\Sigma}_{21}\boldsymbol{\Sigma}_{11}^{-1}\boldsymbol{\Sigma}_{12}\boldsymbol{b}_i}{\boldsymbol{b}_i'\boldsymbol{\Sigma}_{22}\boldsymbol{b}_i}=\frac{\boldsymbol{b}_i'\boldsymbol{\Sigma}_{22}(\boldsymbol{\Sigma}_{22}^{-1}\boldsymbol{\Sigma}_{21}\boldsymbol{\Sigma}_{11}^{-1}\boldsymbol{\Sigma}_{12}\boldsymbol{b}_i)}{\boldsymbol{b}_i'\boldsymbol{\Sigma}_{22}\boldsymbol{b}_i}=\frac{\boldsymbol{b}_i'\boldsymbol{\Sigma}_{22}(\rho_i^2\boldsymbol{b}_i)}{\boldsymbol{b}_i'\boldsymbol{\Sigma}_{22}\boldsymbol{b}_i}=\rho_i^2$$

即 $\rho_{v_i\cdot x}=\rho_i$, $i=1,2,\cdots,m$。

10.2 $r_1=0.395, r_2=0.069$。第一对典型变量为

$$u_1^*=1.257x_1^*-1.025x_2^*,\quad v_1^*=1.104y_1^*-0.453y_2^*$$

第二对典型变量为

$$u_2^*=0.297x_1^*+0.785x_2^*,\quad v_2^*=-0.018y_1^*+1.008y_2^*$$

第一对典型变量与原始变量的相关系数为

$$\rho(u_1^*,x_1)=0.608,\quad \rho(u_1^*,x_2)=-0.230$$

$$\rho(v_1^*,y_1)=0.912,\quad \rho(v_1^*,y_2)=0.016$$

由于 $Q_1=23.740>9.488=\chi_{0.05}^2(4)$,故拒绝 $H_0:\rho_1=\rho_2=0$,即认为第一典型相关是显著的($p=0.0001$)。$Q_2=0.649<3.841=\chi_{0.05}^2(1)$,故接受 $H_0:\rho_2=0$,即认为第二典型相关不显著($p=0.421$)。

10.3 $r_1=0.789, r_2=0.054$。第一对典型变量为

$$u_1^*=0.552x_1^*+0.522x_2^*,\quad v_1^*=0.504y_1^*+0.538y_2^*$$

第二对典型变量为

$$u_2^*=-1.366x_1^*+1.378x_2^*,\quad v_2^*=-1.769y_1^*+1.759y_2^*$$

第一对典型变量与原始变量的相关系数为

$$\rho(u_1^*, x_1)=0.935,\quad \rho(u_1^*, x_2)=0.927$$

$$\rho(v_1^*, y_1)=0.956,\quad \rho(v_1^*, y_2)=0.962$$

因 $Q_1=20.964>9.488=\chi^2_{0.05}(4)$，故拒绝 $H_0:\rho_1=\rho_2=0$，即认为第一典型相关是显著的($p=0.0003$)。$Q_2=0.062<3.841=\chi^2_{0.05}(1)$，故接受 $H_0:\rho_2=0$，即认为第二典型相关是不显著的($p=0.803$)。

u_1^* 可解释为长子的头大小变量，v_1^* 可解释为次子的头大小变量。

10.4　典型相关系数及典型变量系数列于下表：

标准化变量	$\boldsymbol{a}_1^*$	$\boldsymbol{a}_2^*$	$\boldsymbol{a}_3^*$	$\boldsymbol{a}_4^*$
x_1^*	−0.043	1.090	1.116	−1.009
x_2^*	1.162	0.699	−1.417	0.173
x_3^*	−1.375	0.208	0.016	1.690
x_4^*	0.891	−1.651	0.832	−0.263
r_j	0.522	0.375	0.242	0.137
标准化变量	$\boldsymbol{b}_1^*$	$\boldsymbol{b}_2^*$	$\boldsymbol{b}_3^*$	$\boldsymbol{b}_4^*$
y_1^*	0.473	−0.814	0.495	−0.160
y_2^*	−0.781	−0.451	0.591	−0.719
y_3^*	0.257	−0.605	0.698	0.625
y_4^*	0.692	0.380	−0.419	0.438
y_5^*	−0.145	−0.184	−1.519	−0.725
y_6^*	−0.070	0.626	−0.334	0.876
y_7^*	0.313	0.590	0.228	0.186
y_8^*	0.336	0.487	0.833	−0.656

典型变量 u_1^* 与原始变量 $\boldsymbol{x}$ 的样本相关系数为

	x_1	x_2	x_3	x_4
u_1^*	0.446	0.730	0.291	0.640

典型变量 v_1^* 与原始变量 $\boldsymbol{y}$ 的样本相关系数为

	y_1	y_2	y_3	y_4	y_5	y_6	y_7	y_8
v_1^*	0.720	0.303	0.599	0.701	0.729	0.459	0.690	0.532

$Q_1=56.223>46.194=\chi^2_{0.05}(32)$，故拒绝 $H_0:\rho_1=\rho_2=\rho_3=\rho_4=0$，即认为第一典型相关是显著的($p=0.005$)，$Q_2=23.682<32.671=\chi^2_{0.05}(21)$，故接受 $H_0:\rho_2=\rho_3=\rho_4=0$，即认为第二典型相关不显著($p=0.309$)。

客观思考题

10.1　√　　10.2　√　　10.3　√　　10.4　√　　10.5　×　　10.6　√

10.7　×　　10.8　√　　10.9　×

参考文献

[1] 方开泰. 实用多元统计分析[M]. 上海:华东师范大学出版社,1989.

[2] 高惠璇. 应用多元统计分析[M]. 北京:北京大学出版社,2005.

[3] 高惠璇,等. SAS 系统 Base SAS 软件使用手册[M]. 北京:中国统计出版社,1997.

[4] 高惠璇,等. SAS 系统 SAS/STAT 软件使用手册[M]. 北京:中国统计出版社,1997.

[5] 何晓群. 多元统计分析[M]. 北京:中国人民大学出版社,2012.

[6] 茆诗松,王静龙. 数理统计[M]. 上海:华东师范大学出版社,1990.

[7] 孙尚拱. 应用多变量统计分析[M]. 北京:科学出版社,2011.

[8] 王斌会. 多元统计分析及 R 语言建模[M]. 北京:高等教育出版社,2020.

[9] 王静龙. 多元统计分析[M]. 北京:科学出版社,2008.

[10] 王玲玲,周纪芗. 常用统计方法[M]. 上海:华东师范大学出版社,1994.

[11] 王学民. 对主成分分析中综合得分方法的质疑[J]. 统计与决策,2007(4 下).

[12] 王学民. 概率论与数理统计[M]. 上海:复旦大学出版社,2011.

[13] 王学民. 我国各地区城镇居民消费性支出的分析研究[J]. 财经研究,2002(1).

[14] 王学民. 因子分析在股票评价中的应用[J]. 数理统计与管理,2004(3).

[15] 王学民. 主成分分析和因子分析应用中值得注意的问题[J]. 统计与决策,2007(6 上).

[16] 吴国富,安万福,刘景海. 实用数据分析方法[M]. 北京:中国统计出版社,1992.

[17] 于秀林,任雪松. 多元统计分析[M]. 北京:中国统计出版社,1999.

[18] 张润楚. 多元统计分析[M]. 北京:科学出版社,2006.

[19] 张尧庭,方开泰. 多元统计分析引论[M]. 北京:科学出版社,1982.

[20] 朱建平. 应用多元统计分析[M]. 北京:科学出版社,2021.

[21] RENCHER A C,CHRISTENSEN W F. *Methods of Multivariate Analysis*[M]. 3rd ed. John wiley & Sons,2012.

[22] ANDERSON T W. 多元统计分析导论[M]. 张润楚,程轶,等,译. 北京:人民邮电出版社,2010.

[23] CHATFIELD C,COLLINS A J. *Introduction to Multivariate Analysis*[M]. Chapman and Hall Ltd,1980.

[24] JOHNSON D E. 应用多元统计分析方法[M]. 北京:高等教育出版社,2005.

[25] KENDALL M. 多元分析[M]. 中国科学院计算中心概率统计组,译. 北京:科学出版社,1983.

[26] KRZANOWSKI W J. *Principles of Multivariate Analysis,A User's Perspective*[M]. Oxford: Clarendon Press,1988.

[27] BACKHAUS K,et al. 多元统计分析方法[M]. 2 版. 上海:格致出版社,2017.

[28] MUIRHEAD R J. *Aspects of Multivariate Statistical Theory*[M]. Wiley,1982.

[29] MATLOFF N. R 语言编程艺术[M]. 陈堰平,邱怡轩,潘岚锋,等,译. 北京:机械工业出版社,2013.

[30] JOHNSON R A,WICHERN D W. 实用多元统计分析[M]. 6 版. 陆璇,叶俊 译. 北京:清华大学出版社,2008.

[31] KABACOFF R I. R 语言实战[M]. 2 版. 王小宁，刘撷芯，黄俊文，等，译. 北京：人民邮电出版社，2016.

[32] SRIVASTAVA M S，CARTER E M. *An Introduction to Applied Multivariate Statistics*[M]. North-Holland，1983.

[33] HARDLE W K，SIMAR L. *Applied Multivariate Statistical Analysis*[M]. 5th ed. Springer Nature Switzerland AG，2019.